中国石油科技进展丛书（2006—2015年）

石油化工

主　编：蔺爱国
副主编：何盛宝　胡　杰　钱锦华　张来勇

石油工业出版社

内 容 提 要

本书全面总结了"十一五"和"十二五"期间中国石油在石油化工领域的科技进展。从重大关键核心技术的研究攻关、新产品的开发、科技创新成果的推广应用、超前技术储备等多层次、多角度介绍了中国石油取得的一批重大技术成果,在此基础上,前瞻性地对中国石油"十三五"之后在石油化工领域的技术发展做了展望。

本书可供从事石油化工的技术人员和管理人员使用,也可作为高等院校相关专业师生的参考书。

图书在版编目(CIP)数据

石油化工 / 蔺爱国主编 . —北京:石油工业出版社,2019.1

(中国石油科技进展丛书 . 2006—2015 年)

ISBN 978-7-5183-3011-9

Ⅰ . ①石… Ⅱ . ①蔺… Ⅲ . ①石油化工–技术发展 Ⅳ . ① TE65

中国版本图书馆 CIP 数据核字(2018)第 281834 号

出版发行:石油工业出版社
(北京安定门外安华里 2 区 1 号 100011)
网　　址:www.petropub.com
编辑部:(010)64523738　图书营销中心:(010)64523633
经　　销:全国新华书店
印　　刷:北京中石油彩色印刷有限责任公司

2019 年 1 月第 1 版　2019 年 1 月第 1 次印刷
787×1092 毫米　开本:1/16　印张:22
字数:540 千字

定价:180.00 元
(如出现印装质量问题,我社图书营销中心负责调换)
版权所有,翻印必究

《中国石油科技进展丛书（2006—2015年）》编委会

主　任：王宜林

副主任：焦方正　喻宝才　孙龙德

主　编：孙龙德

副主编：匡立春　袁士义　隋　军　何盛宝　张卫国

编　委：（按姓氏笔画排序）

于建宁	马德胜	王　峰	王卫国	王立昕	王红庄
王雪松	王渝明	石　林	伍贤柱	刘　合	闫伦江
汤　林	汤天知	李　峰	李忠兴	李建忠	李雪辉
吴向红	邹才能	闫希华	宋少光	宋新民	张　玮
张　研	张　镇	张子鹏	张光亚	张志伟	陈和平
陈健峰	范子菲	范向红	罗　凯	金　鼎	周灿灿
周英操	周家尧	郑俊章	赵文智	钟太贤	姚根顺
贾爱林	钱锦华	徐英俊	凌心强	黄维和	章卫兵
程杰成	傅国友	温声明	谢正凯	雷　群	蔺爱国
撒利明	潘校华	穆龙新			

专　家　组

成　员：

刘振武	童晓光	高瑞祺	沈平平	苏义脑	孙　宁
高德利	王贤清	傅诚德	徐春明	黄新生	陆大卫
钱荣钧	邱中建	胡见义	吴　奇	顾家裕	孟纯绪
罗治斌	钟树德	接铭训			

《石油化工》编写组

主　　编：蔺爱国

副 主 编：何盛宝　胡　杰　钱锦华　张来勇

编写人员：（按姓氏笔画排序）

于湧涛	万网胜	义建军	马天祥	马明燕	王　玫
王　林	王　勇	王　硕	王　锋	王力搏	王红秋
王宗宝	王建明	王春娇	王勋章	王继龙	王斯晗
车春霞	邓广金	冯丽梅	朱　军	朱博超	任文坡
刘　肖	刘　晖	刘克峰	齐永新	关　颖	汲永钢
许　磊	孙长庚	孙利民	孙爱军	李　波	李　琰
李方伟	李玉鑫	李吉春	李庆勋	李连鹏	李利军
李梦强	李雪静	杨世元	肖建文	肖海成	吴林美
吴德娟	邹恩广	宋　磊	宋玉萍	宋帮勇	宋倩倩
张　锋	张　霖	张永军	张宇航	张明强	张晓飞
陆书来	陈　昇	陈　萍	陈　雷	陈商涛	陈蓝天
陈跟平	周金波	郝春来	胡长禄	胡玉安	钟启林
娄舒洁	祖凤华	钱　颖	徐人威	徐亚荣	徐显明
高从然	郭营营	唐　硕	黄格省	黄集钺	龚光碧
梁顺琴	蒋国光	韩仁峰	韩明哲	程光剑	鲁玉莹
童俊国	褚洪岭	慕海燕	廖君谋	樊金龙	燕鹏华
魏叔梅					

序

习近平总书记指出，创新是引领发展的第一动力，是建设现代化经济体系的战略支撑，要瞄准世界科技前沿，拓展实施国家重大科技项目，突出关键共性技术、前沿引领技术、现代工程技术、颠覆性技术创新，建立以企业为主体、市场为导向、产学研深度融合的技术创新体系，加快建设创新型国家。

中国石油认真学习贯彻习近平总书记关于科技创新的一系列重要论述，把创新作为高质量发展的第一驱动力，围绕建设世界一流综合性国际能源公司的战略目标，坚持国家"自主创新、重点跨越、支撑发展、引领未来"的科技工作指导方针，贯彻公司"业务主导、自主创新、强化激励、开放共享"的科技发展理念，全力实施"优势领域持续保持领先、赶超领域跨越式提升、储备领域占领技术制高点"的科技创新三大工程。

"十一五"以来，尤其是"十二五"期间，中国石油坚持"主营业务战略驱动、发展目标导向、顶层设计"的科技工作思路，以国家科技重大专项为龙头、公司重大科技专项为抓手，取得一大批标志性成果，一批新技术实现规模化应用，一批超前储备技术获重要进展，创新能力大幅提升。为了全面系统总结这一时期中国石油在国家和公司层面形成的重大科研创新成果，强化成果的传承、宣传和推广，我们组织编写了《中国石油科技进展丛书（2006—2015年）》（以下简称《丛书》）。

《丛书》是中国石油重大科技成果的集中展示。近些年来，世界能源市场特别是油气市场供需格局发生了深刻变革，企业间围绕资源、市场、技术的竞争日趋激烈。油气资源勘探开发领域不断向低渗透、深层、海洋、非常规扩展，炼油加工资源劣质化、多元化趋势明显，化工新材料、新产品需求持续增长。国际社会更加关注气候变化，各国对生态环境保护、节能减排等方面的监管日益严格，对能源生产和消费的绿色清洁要求不断提高。面对新形势新挑战，能源企业必须将科技创新作为发展战略支点，持续提升自主创新能力，加快构筑竞争新优势。"十一五"以来，中国石油突破了一批制约主营业务发展的关键技术，多项重要技术与产品填补空白，多项重大装备与软件满足国内外生产急需。截至2015年底，共获得国家科技奖励30项、获得授权专利17813项。《丛书》全面系统地梳理了中国石油"十一五""十二五"期间各专业领域基础研究、技术开发、技术应用中取得的主要创新性成果，总结了中国石油科技创新的成功经验。

《丛书》是中国石油科技发展辉煌历史的高度凝练。中国石油的发展史，就是一部创业创新的历史。建国初期，我国石油工业基础十分薄弱，20世纪50年代以来，随着陆相生油理论和勘探技术的突破，成功发现和开发建设了大庆油田，使我国一举甩掉贫油的帽子；此后随着海相碳酸盐岩、岩性地层理论的创新发展和开发技术的进步，又陆续发现和建成了一批大中型油气田。在炼油化工方面，"五朵金花"炼化技术的开发成功打破了国外技术封锁，相继建成了一个又一个炼化企业，实现了炼化业务的不断发展壮大。重组改制后特别是"十二五"以来，我们将"创新"纳入公司总体发展战略，着力强化创新引领，这是中国石油在深入贯彻落实中央精神、系统总结"十二五"发展经验基础上、根据形势变化和公司发展需要作出的重要战略决策，意义重大而深远。《丛书》从石油地质、物探、测井、钻完井、采油、油气藏工程、提高采收率、地面工程、井下作业、油气储运、石油炼制、石油化工、安全环保、海外油气勘探开发和非常规油气勘探开发等15个方面，记述了中国石油艰难曲折的理论创新、科技进步、推广应用的历史。它的出版真实反映了一个时期中国石油科技工作者百折不挠、顽强拼搏、敢于创新的科学精神，弘扬了中国石油科技人员秉承"我为祖国献石油"的核心价值观和"三老四严"的工作作风。

《丛书》是广大科技工作者的交流平台。创新驱动的实质是人才驱动，人才是创新的第一资源。中国石油拥有21名院士、3万多名科研人员和1.6万名信息技术人员，星光璀璨、人文荟萃、成果斐然。这是我们宝贵的人才资源。我们始终致力于抓好人才培养、引进、使用三个关键环节，打造一支数量充足、结构合理、素质优良的创新型人才队伍。《丛书》的出版搭建了一个展示交流的有形化平台，丰富了中国石油科技知识共享体系，对于科技管理人员系统掌握科技发展情况，做出科学规划和决策具有重要参考价值。同时，便于科研工作者全面把握本领域技术进展现状，准确了解学科前沿技术，明确学科发展方向，更好地指导生产与科研工作，对于提高中国石油科技创新的整体水平，加强科技成果宣传和推广，也具有十分重要的意义。

掩卷沉思，深感创新艰难、良作难得。《丛书》的编写出版是一项规模宏大的科技创新历史编纂工程，参与编写的单位有60多家，参加编写的科技人员有1000多人，参加审稿的专家学者有200多人次。自编写工作启动以来，中国石油党组对这项浩大的出版工程始终非常重视和关注。我高兴地看到，两年来，在各编写单位的精心组织下，在广大科研人员的辛勤付出下，《丛书》得以高质量出版。在此，我真诚地感谢所有参与《丛书》组织、研究、编写、出版工作的广大科技工作者和参编人员，真切地希望这套《丛书》能成为广大科技管理人员和科研工作者的案头必备图书，为中国石油整体科技创新水平的提升发挥应有的作用。我们要以习近平新时代中国特色社会主义思想为指引，认真贯彻落实党中央、国务院的决策部署，坚定信心、改革攻坚，以奋发有为的精神状态、卓有成效的创新成果，不断开创中国石油稳健发展新局面，高质量建设世界一流综合性国际能源公司，为国家推动能源革命和全面建成小康社会作出新贡献。

2018年12月

丛书前言

石油工业的发展史，就是一部科技创新史。"十一五"以来尤其是"十二五"期间，中国石油进一步加大理论创新和各类新技术、新材料的研发与应用，科技贡献率进一步提高，引领和推动了可持续跨越发展。

十余年来，中国石油以国家科技发展规划为统领，坚持国家"自主创新、重点跨越、支撑发展、引领未来"的科技工作指导方针，贯彻公司"主营业务战略驱动、发展目标导向、顶层设计"的科技工作思路，实施"优势领域持续保持领先、赶超领域跨越式提升、储备领域占领技术制高点"科技创新三大工程；以国家重大专项为龙头，以公司重大科技专项为核心，以重大现场试验为抓手，按照"超前储备、技术攻关、试验配套与推广"三个层次，紧紧围绕建设世界一流综合性国际能源公司目标，组织开展了50个重大科技项目，取得一批重大成果和重要突破。

形成40项标志性成果。（1）勘探开发领域：创新发展了深层古老碳酸盐岩、冲断带深层天然气、高原咸化湖盆等地质理论与勘探配套技术，特高含水油田提高采收率技术，低渗透/特低渗透油气田勘探开发理论与配套技术，稠油/超稠油蒸汽驱开采等核心技术，全球资源评价、被动裂谷盆地石油地质理论及勘探、大型碳酸盐岩油气田开发等核心技术。（2）炼油化工领域：创新发展了清洁汽柴油生产、劣质重油加工和环烷基稠油深加工、炼化主体系列催化剂、高附加值聚烯烃和橡胶新产品等技术，千万吨级炼厂、百万吨级乙烯、大氮肥等成套技术。（3）油气储运领域：研发了高钢级大口径天然气管道建设和管网集中调控运行技术、大功率电驱和燃驱压缩机组等16大类国产化管道装备，大型天然气液化工艺和20万立方米低温储罐建设技术。（4）工程技术与装备领域：研发了G3i大型地震仪等核心装备，"两宽一高"地震勘探技术，快速与成像测井装备、大型复杂储层测井处理解释一体化软件等，8000米超深井钻机及9000米四单根立柱钻机等重大装备。（5）安全环保与节能节水领域：

研发了 CO_2 驱油与埋存、钻井液不落地、炼化能量系统优化、烟气脱硫脱硝、挥发性有机物综合管控等核心技术。（6）非常规油气与新能源领域：创新发展了致密油气成藏地质理论，致密气田规模效益开发模式，中低煤阶煤层气勘探理论和开采技术，页岩气勘探开发关键工艺与工具等。

取得15项重要进展。（1）上游领域：连续型油气聚集理论和含油气盆地全过程模拟技术创新发展，非常规资源评价与有效动用配套技术初步成型，纳米智能驱油二氧化硅载体制备方法研发形成，稠油火驱技术攻关和试验获得重大突破，井下油水分离同井注采技术系统可靠性、稳定性进一步提高；（2）下游领域：自主研发的新一代炼化催化材料及绿色制备技术、苯甲醇烷基化和甲醇制烯烃芳烃等碳一化工新技术等。

这些创新成果，有力支撑了中国石油的生产经营和各项业务快速发展。为了全面系统反映中国石油2006—2015年科技发展和创新成果，总结成功经验，提高整体水平，加强科技成果宣传推广、传承和传播，中国石油决定组织编写《中国石油科技进展丛书（2006—2015年）》（以下简称《丛书》）。

《丛书》编写工作在编委会统一组织下实施。中国石油集团董事长王宜林担任编委会主任。参与编写的单位有60多家，参加编写的科技人员1000多人，参加审稿的专家学者200多人次。《丛书》各分册编写由相关行政单位牵头，集合学术带头人、知名专家和有学术影响的技术人员组成编写团队。《丛书》编写始终坚持：一是突出站位高度，从石油工业战略发展出发，体现中国石油的最新成果；二是突出组织领导，各单位高度重视，每个分册成立编写组，确保组织架构落实有效；三是突出编写水平，集中一大批高水平专家，基本代表各个专业领域的最高水平；四是突出《丛书》质量，各分册完成初稿后，由编写单位和科技管理部共同推荐审稿专家对稿件审查把关，确保书稿质量。

《丛书》全面系统反映中国石油2006—2015年取得的标志性重大科技创新成果，重点突出"十二五"，兼顾"十一五"，以科技计划为基础，以重大研究项目和攻关项目为重点内容。丛书各分册既有重点成果，又形成相对完整的知识体系，具有以下显著特点：一是继承性。《丛书》是《中国石油"十五"科技进展丛书》的延续和发展，凸显中国石油一以贯之的科技发展脉络。二是完整性。《丛书》涵盖中国石油所有科技领域进展，全面反映科技创新成果。三是标志性。《丛书》在综合记述各领域科技发展成果基础上，突出中国石油领先、高端、前沿的标志性重大科技成果，是核心竞争力的集中展示。四是创新性。《丛书》全面梳理中国石油自主创新科技成果，总结成功经验，有助于提高科技创新整体水平。五是前瞻性。《丛书》设置专门章节对世界石油科技中长期发展做出基本预测，有助于石油工业管理者和科技工作者全面了解产业前沿、把握发展机遇。

《丛书》将中国石油技术体系按 15 个领域进行成果梳理、凝练提升、系统总结，以领域进展和重点专著两个层次的组合模式组织出版，形成专有技术集成和知识共享体系。其中，领域进展图书，综述各领域的科技进展与展望，对技术领域进行全覆盖，包括石油地质、物探、测井、钻完井、采油、油气藏工程、提高采收率、地面工程、井下作业、油气储运、石油炼制、石油化工、安全环保节能、海外油气勘探开发和非常规油气勘探开发等 15 个领域。31 部重点专著图书反映了各领域的重大标志性成果，突出专业深度和学术水平。

《丛书》的组织编写和出版工作任务量浩大，自 2016 年启动以来，得到了中国石油天然气集团公司党组的高度重视。王宜林董事长对《丛书》出版做了重要批示。在两年多的时间里，编委会组织各分册编写人员，在科研和生产任务十分紧张的情况下，高质量高标准完成了《丛书》的编写工作。在集团公司科技管理部的统一安排下，各分册编写组在完成分册稿件的编写后，进行了多轮次的内部和外部专家审稿，最终达到出版要求。石油工业出版社组织一流的编辑出版力量，将《丛书》打造成精品图书。值此《丛书》出版之际，对所有参与这项工作的院士、专家、科研人员、科技管理人员及出版工作者的辛勤工作表示衷心感谢。

人类总是在不断地创新、总结和进步。这套丛书是对中国石油 2006—2015 年主要科技创新活动的集中总结和凝练。也由于时间、人力和能力等方面原因，还有许多进展和成果不可能充分全面地吸收到《丛书》中来。我们期盼有更多的科技创新成果不断地出版发行，期望《丛书》对石油行业的同行们起到借鉴学习作用，希望广大科技工作者多提宝贵意见，使中国石油今后的科技创新工作得到更好的总结提升。

孙龙德
2018 年 12 月

前 言

　　中国石油高度重视科技创新工作，认真贯彻落实国家创新驱动发展战略，按照"自主创新、重点跨越、支撑发展、引领未来"的科技指导方针，瞄准建设世界一流综合性国际能源公司和国际知名创新型企业目标，大力实施"资源、市场、国际化、创新"战略，坚持"主营业务战略驱动、发展目标导向、顶层设计"的科技发展理念，全力推进"优势领域持续保持领先、赶超领域跨越式提升、储备领域占领制高点"的科技创新三大工程，着力突破制约中国石油发展的重大关键瓶颈技术，持续提升科技自主创新能力和核心竞争力，为推动中国石油稳健发展提供有力的技术支撑和保障。

　　化工业务是中国石油重要主营业务之一，是增加价值、提升品牌、提高竞争力的关键环节。2006—2015 年，中国石油化工科技工作立足化工主营业务发展的重大需求，全面实施科技创新三大工程，紧紧围绕大型乙烯、大型氮肥、化工催化剂、高附加值合成树脂、高性能合成橡胶、化工特色产品等关键技术领域进行集中攻关，着力突破制约化工业务发展的重大关键核心技术，着力推进化工科技创新成果的推广应用，化工整体技术水平大幅提升，关键核心技术研发应用取得重大突破，超前储备技术取得重大进展，形成一批科技创新成果，推广应用成效显著。近年来，中国石油着力构建"一个整体、两个层次"和以"研发组织、科技攻关、条件平台、科技保障"为核心的科技创新体系，初步形成了以中国石油石油化工研究院等直属科研院所，中国寰球工程有限公司等工程设计公司，独山子石化、兰州石化和吉林石化等地区公司为主体的研发组织体系；初步形成了以国家项目为龙头、中国石油重大科技专项为核心、重大技术现场试验为抓手，突出超前技术储备、突出新技术推广应用的科技攻关体系；初步建成了以国家重点实验室、国家工程技术研究中心、中国石油重点实验室和中试试验基地为主体的科技条件平台体系；构建了以科技创新人才、科技稳定投入、科技政策制度、科技合作交流和科技激励机制等为主体的科技保障体系。化工科技自主创新能力、整体技术水平与核心竞争力显著提升，为中国石油化工业务有质量、有效益、可持续发展提供了强有力的技术支撑和保障。

本书是对中国石油"十一五"和"十二五"期间化工领域取得的科技进展和成果的系统总结与集中展示，内容涉及基本有机化工原料、合成树脂、合成橡胶、化工特色产品、碳一化工、大型化工成套技术六大领域，分领域对国内外技术现状和发展趋势、中国石油主要技术进展以及未来展望等进行了阐述；书末附有"化工科技发展大事记"，以期更加清晰地展现"十一五"和"十二五"期间中国石油化工科技发展走过的不凡历程。

本书共分七章。第一章由中国石油科技管理部钱锦华牵头编写；第二章由中国石油石油化工研究院李吉春牵头编写；第三章由中国石油石油化工研究院朱博超牵头编写；第四章由中国石油石油化工研究院龚光碧牵头编写；第五章由中国石油吉林石化公司王勋章牵头编写；第六章由中国石油石油化工研究院肖海成牵头编写；第七章由中国寰球工程有限公司张来勇牵头编写。参加本书编写的单位还有中国石油独山子石化、乌鲁木齐石化、辽阳石化、大庆炼化、兰州石化及中国昆仑工程公司等。在此，向支持和关心本书出版的领导，向参加本书编写、校对及书稿审查工作的所有专家和技术人员深表谢意！

希望本书的出版对中国化工行业广大科研人员、生产技术人员、管理人员开展日常工作有所裨益。

本书涉及专业面广、跨度大，由于编者水平有限，书中难免有不妥之处，敬请批评指正。

目 录

第一章 绪论 ... 1
- 第一节 石油化工技术主要进展 ... 1
- 第二节 中国石油石油化工技术"十三五"及未来展望 ... 3
- 参考文献 ... 6

第二章 基本有机化工原料生产技术 ... 7
- 第一节 基本有机化工原料生产技术现状与发展趋势 ... 7
- 第二节 基本有机化工原料生产技术进展 ... 22
- 第三节 基本有机化工原料生产技术展望 ... 65
- 参考文献 ... 68

第三章 合成树脂生产技术及新产品开发 ... 74
- 第一节 国内外合成树脂生产技术及新产品现状与发展趋势 ... 74
- 第二节 合成树脂技术进展 ... 82
- 第三节 合成树脂生产技术及新产品展望 ... 147
- 参考文献 ... 150

第四章 合成橡胶生产技术及新产品 ... 155
- 第一节 国内外合成橡胶生产技术及新产品现状与发展趋势 ... 156
- 第二节 合成橡胶生产技术及新产品进展 ... 168
- 第三节 合成橡胶生产技术及新产品展望 ... 200
- 参考文献 ... 201

第五章 化工特色产品生产技术 ... 203
- 第一节 国内外化工特色产品生产技术现状与发展趋势 ... 203
- 第二节 化工特色产品生产技术进展 ... 213
- 第三节 化工特色产品生产技术展望 ... 248
- 参考文献 ... 252

第六章　碳一化工技术 ... 254
第一节　国内外碳一化工技术现状与发展趋势 ... 254
第二节　碳一化工技术进展 ... 261
第三节　碳一化工技术展望 ... 284
参考文献 ... 288

第七章　大型化工装置成套技术 ... 290
第一节　国内外大型化工装置技术现状与发展趋势 ... 290
第二节　大型化工装置技术进展 ... 302
第三节　大型化工装置技术展望 ... 328
参考文献 ... 330

中国石油石油化工科技发展大事记 ... 332

第一章 绪 论

"十一五"和"十二五"期间，中国石油化工科技工作坚持"自主创新、重点跨越、支撑发展、引领未来"的指导方针和"主营业务战略驱动、发展目标导向、顶层设计"的科技发展理念，紧紧围绕化工主营业务发展需求，着力突破制约化工业务发展的关键核心技术，推进化工科技创新成果的推广应用，持续推进总部层面直属研究院、重点实验室和试验基地建设，初步建成了以"研发组织、科技攻关、条件平台、科技保障"为核心的科技创新体系，培养形成了一支具有较高素质的科技创新人才队伍，取得了一批高水平的科技创新成果，化工整体技术水平、核心竞争力显著提升，为中国石油化工业务有质量、有效益、可持续发展提供了技术支撑。

第一节 石油化工技术主要进展

"十一五"和"十二五"期间，按照中国石油科技工作总体部署，紧紧围绕化工主营业务发展的重大需求，以公司重大科技专项为核心，以重大技术现场试验为抓手，按"超前储备、技术攻关、试验配套"三个层次，规划实施了一批化工科技项目。

重点围绕大型乙烯、大型氮肥、聚烯烃系列催化剂与新产品、合成橡胶成套技术与新产品、精对苯二甲酸（PTA）生产成套技术、ABS树脂成套技术与新产品、聚酯及原料、驱油用油田化学品、高性能碳纤维、碳一化工系列催化剂及工艺等领域进行集中攻关，形成一批创新成果。

化工领域共申请专利4073件，其中发明专利3420件，占申请总量的84.0%；授权专利2091件，其中发明专利1237件，占授权专利总量的59.2%。获得国家级科学技术进步奖3项（表1-1），省部级以上科技奖励200多项。

表1-1 "十一五"和"十二五"期间获得国家级科技奖励情况

年度	奖励类型、等级	获奖成果名称
2006	国家科学技术进步奖二等奖	高分子量抗盐聚丙烯酰胺工业化生产技术的研究开发与应用
2014		百万吨级精对苯二甲酸（PTA）装置成套技术开发与应用
		T300级碳纤维及在××××上的应用

（1）自主知识产权的大型乙烯工业化成套技术实现长周期运行，乙烯配套催化剂攻关取得重大进展，使中国石油成为世界上掌握乙烯成套技术的专利商之一。自主开发建成的大型乙烯成套技术、15×10^4t/a乙烯裂解炉技术实现3年以上长周期工业运行，各项指标达到国际先进。基于"非清晰分馏"及"贫油效应"概念的工程化技术、裂解炉辐射段及对流段传热设计技术等10项关键工艺技术，引风机选型技术等11项关键工程技术取得突破；开发了具有自主知识产权的乙烯裂解产物分布预测软件、乙烯裂解炉优化操作软件；成功研发出裂解汽油一段镍基加氢催化剂，并在独山子石化、大庆炼化、抚顺石化等大型

—1—

乙烯装置上推广应用；碳二后加氢催化剂中标神华煤基烯烃（MTO）工业示范装置；新型高效裂解汽油加氢二段催化剂降低成本10%以上，已经在福建炼化、兰州石化、抚顺石化、北方华锦化学工业集团有限公司以及辽阳石化等多套乙烯装置推广应用，效益显著。

（2）自主开发的大型氮肥成套技术在宁夏石化建成，五大压缩机组等大型关键设备实现国产化开发和工业应用。开发的 45×10^4 t/a 合成氨、80×10^4 t/a 尿素成套工艺技术首次实现工业应用，主体装置建成中交，待开车运行验证成功后将形成具有自主知识产权的成套技术，可为中国石油走向海外、为制氢及大型合成气气化技术提供支撑。二氧化碳压缩机等五大压缩机组、高压氨泵及高压甲铵泵等关键设备全部实现国产化开发和工业应用，可大幅度降低装置建设成本。掌握了一段转化炉、高效节能型氨合成塔、合成气废热回收等10项关键技术，为自主设计并建设具有国际先进水平的大型氮肥装置奠定基础。

（3）聚烯烃催化剂开发及工业应用实现零的突破，管材、高档膜料、医用料等高附加值聚烯烃产品开发形成系列化，2×10^4 t/a 1-己烯成套技术实现工业应用。高效球形聚丙烯催化剂 PSP-01，在抚顺石化 10×10^4 t/a 聚丙烯装置、大连石化 20×10^4 t/a 聚丙烯装置实现工业应用，累计生产三大类9个牌号产品近 20×10^4 t/a，核心专利荣获2012年度"中国专利优秀奖"。气相聚乙烯干粉催化剂 PGE-201，在大庆石化 8×10^4 t/a 线型低密度聚乙烯（LLDPE）装置实现了工业应用，产品 DFDA-7042、DFDA-7047 和 DFDA-9047 效益显著。气相聚乙烯浆液催化剂 PGE-101，在吉林石化 28×10^4 t/a LLDPE 装置完成工业试验。淤浆聚乙烯催化剂 JM-1，在辽阳石化 7×10^4 t/a 聚乙烯装置完成工业级聚合产品生产。累计开发生产60多个牌号共70多万吨聚烯烃新产品，形成管材、高档膜料、医用料等系列化高附加值产品。主要体现在：开发形成燃气管、地暖管、超高分子量聚乙烯管生产技术，建立中国石油燃气输送领域工程化应用示范小区；开发生产医用聚乙烯料 LD26D 并应用于安瓿瓶、口服液瓶等制品的应用试验，完成医用聚丙烯料 RP260 的 FDA、RoSH、塑化剂检测及安全评价；完成气相法高密度聚乙烯汽车油箱专用料的开发，在大庆石化实现专用料 DMDA 6045 工业化生产并通过加工应用试验和油箱制品的第三方检测认证。开发出具有自主知识产权的乙烯三聚合成 1-己烯成套技术，并在独山子石化建成 2×10^4 t/a 工业装置。

（4）丁苯橡胶、丁腈橡胶、乙丙橡胶及稀土顺丁橡胶等技术开发取得成功，国内最大溶聚丁苯橡胶装置实现达产全销，环保型合成橡胶新产品开发取得重大突破。溶聚丁苯橡胶新产品及其在高性能轮胎中的应用技术取得突破，独山子石化溶聚丁苯橡胶装置实现达产全销。自主开发的 5×10^4 t/a 丁腈橡胶成套工艺技术成功应用于兰州石化。建成 200×10^4 t/a 乙丙橡胶中试装置，开发出双峰分布和长链支化新产品，形成了自主知识产权的 2.5×10^4 t/a 乙丙橡胶成套技术工艺包。完成 1.5×10^4 t/a 稀土顺丁橡胶工业试验，生产出顺式-1,4结构含量大于97%的顺丁橡胶，自主开发出 5×10^4 t/a 稀土顺丁橡胶工艺包。环保型丁腈橡胶和环保型丁苯橡胶及配套环保填充油成套技术在兰州石化、独山子石化、吉林石化等实现工业应用。

（5）开发出百万吨级精对苯二甲酸（PTA、KPTA）生产成套技术，成功突破了PTA企业对国外专利商的依赖。经过十余年的不懈努力，成功开发了具有自主知识产权的PTA成套技术，示范化装置于2009年建成投产，打破了国外专利商的技术垄断，相继在国内建成投产5套百万吨级及以上规模PTA装置，该技术具有操作条件温和、产品质量好、对二甲苯（PX）等原料单耗低、综合能耗低等特点，并于2014年荣获国家科学技术进步奖二等奖。

（6）成功开发出20×10⁴t/a ABS 树脂成套技术，在吉林石化实现产业化应用，主导产品打入白色家电高端市场。成功开发了以"附聚法600nm胶乳制备技术"和"双峰分布ABS合成技术"为核心技术的20×10⁴t/a ABS 成套技术，并在吉林石化实现工业应用，开发的新产品0215H和0215ASQ成功打入格力、美的等白色家电高端市场。

（7）开发出10×10⁴t/a 新型共聚酯PETG及原料生产技术，并在辽阳石化实现工业应用，打破了国外垄断。开发出PETG共聚酯及PTT新型聚酯等两种高端聚酯成套生产技术，打破了国外技术垄断，并在辽阳石化纤维级聚酯生产线上实施技术转化，工业化试验产品成功下线，打入国内工程塑料原料市场，制品出口欧美市场。

（8）开发出高分子量抗盐聚丙烯酰胺工业化成套生产技术，生产的聚丙烯酰胺产品成功应用于大庆油田的聚合物驱油领域。在超高分子量聚合物的合成和聚合物工业水解技术等方面取得重大突破，可生产分子量300万到4000万可调的聚丙烯酰胺系列产品，已在大庆炼化聚合物一厂、二厂生产线上得到应用，工业规模达到16×10⁴t/a，产品在油田三次采油领域得到广泛应用，荣获2006年国家科学技术进步奖二等奖，2009年第十届中国发明专利金奖。

（9）开发出高性能碳纤维生产技术，应用于航空、核电装备、油田抽油杆等领域。自主开发出百吨级T300高强型碳纤维及原丝成套技术，产品成功应用于相关领域，满足了国家需要，该技术先后荣获中国石油科学技术进步特等奖和国家科学技术进步奖二等奖。自主开发了高强中模型碳纤维及原丝中试技术，率先实现10t级稳定制备和小批量供货能力，产品已完成替代进口碳纤维制作铀分离机专用筒体和缠绕气瓶应用试验，并完成百吨级工业化试验。延伸产业链，积极开展下游产品开发，开发出碳纤维抽油杆和配套工器具的制备技术，开展油田下井试验，可满足油田深井、超深井、腐蚀井使用要求，提高了碳纤维产品附加值。

第二节 中国石油石油化工技术"十三五"及未来展望

一、石油化工技术发展面临的机遇和挑战

中国经济已迈入高质量发展阶段，城镇化的快速推进、"一带一路"倡议的实施，既为石油化工发展提供了稳定增长的市场空间，也对化工产品的数量、品种、质量、性能提出了更高的要求。与此同时，社会需求的多元化、产品的个性化、互联网+、柔性制造等的兴起，极大拓展了化工产品的应用领域，掀起了化工产品技术的新革命。3D打印材料、新型储能材料等拓展了化工产品应用领域，为化工产品尤其是新材料带来了发展机遇。随着炼化一体化企业加工原料复杂程度的增加以及产品高端化步伐加快，对炼化企业的生产优化、操作优化能力也提出了更高的要求，迫切需要通过智能、优化运行等手段实现基于分子管理的炼化增效以及流程优化、区域优化新技术。

经过"十一五"和"十二五"的发展，中国石油化工科技创新能力有了显著提升，但原始创新仍较为薄弱，必须瞄准中国石油化工业务长期发展需求，持续强化自主创新，加

快开发适合中国石油原料、装置特点和市场需求的重大关键核心成套技术，为中国石油炼化结构调整优化、提质增效提供有力的技术支撑。同时密切跟踪化工行业未来发展趋势，加快战略性新技术的储备与布局，在基于分子控制的功能性合成材料、储能材料、碳一化工等领域超前谋划、掌握核心技术，占领制高点，培育形成新优势。

二、中国石油石油化工技术"十三五"发展展望

1. 基本有机化工原料生产技术

中国石油乙烯生产主要采用石脑油蒸汽裂解，生产成本高于北美和中东地区，装置平均规模、能耗、运行周期等方面与世界先进水平尚有差距，需提高现有装置盈利能力；在原料低成本、多元化，尤其是乙烯原料优化及降成本方面还有较大的提升空间；芳烃生产方面尚未形成成套的对二甲苯（PX）自主生产技术，生产成本较高，市场竞争力不强。因此，迫切需要开发完善：乙烷裂解制乙烯成套技术；丙烷脱氢制丙烯、丁烷催化脱氢制丁烯、丁烯氧化脱氢制丁二烯等低碳烷烃脱氢技术；碳二、碳三、碳四、碳五—碳八、碳九等乙烯裂解馏分加氢精制催化剂制备与工业应用技术；苯（甲苯）甲醇烷基化制备高选择性 PX 催化剂、新型甲苯择形歧化合成 PX 技术等低成本芳烃生产新技术；乙烯原料多元化、轻质化应用技术。

2. 合成树脂生产技术及新产品

中国石油需要持续开发量大、权重、附加值高的合成树脂专用料，市场竞争力有待进一步提高；装置生产运行优化和质量稳定控制水平有待提高；自主开发的催化剂尚处于应用初期，质量和品种还不能满足生产需要，也不具备催化剂生产能力，工艺技术绝大部分依赖国外，限制了聚烯烃高端产品开发和结构调整，3D 打印材料、石墨烯复合材料、特种软质塑料等功能化新材料尚属空白。因此，需要开发：气相法聚丙烯催化剂、淤浆法聚乙烯催化剂等聚烯烃催化剂制备技术；聚烯烃专用料、ABS 等合成树脂新产品生产技术；1-辛烯、癸烯等系列 α-烯烃合成技术；气相全密度聚乙烯中试装置与工业装置拟合性研究等聚烯烃装置生产优化及产品质量控制技术；3D 打印材料、石墨烯复合材料等制备技术。

3. 合成橡胶生产技术及新产品

目前，国内溶聚丁苯橡胶、乙丙橡胶、丁腈橡胶、稀土顺丁橡胶高端市场被国外产品占领，乳聚丁苯橡胶等通用橡胶市场严重过剩，同质化竞争激烈。环保化绿色轮胎和贸易壁垒对合成橡胶提出了更高的要求。中国石油合成橡胶业务面临调整产品结构、推进产品升级以及加大创新力度的问题，需从降成本、提性能、环保化等方面来寻求突破点。需要开发：高性能轮胎用溶聚丁苯橡胶（SSBR）、官能化 SSBR 等丁苯橡胶新产品生产技术；乙丙橡胶、聚丁二烯橡胶、丁腈橡胶、丁戊橡胶等合成橡胶生产技术；合成橡胶结构表征及标准制定等共性关键技术；高性能合成橡胶复合材料等高性能弹性体新材料生产技术。

4. 化工特色产品（高性能碳纤维、聚酯及原料、油田化学品）生产技术

碳纤维通用系列产品质量及稳定性不高、成本高，技术水平与国外相比还有较大差距。功能型聚酯产品开发尚处于起步阶段，单体生产技术还有待完善，需要加快形成新型聚酯及单体成套技术。面对油田开发对表面活性剂、钻井液、压裂液等化学品的需求，需要瞄准重点需求，尽快形成系列化油田化学品生产技术，更好地服务于上游主营业务。因

此，需要开发：核电装备专用碳纤维、油田用碳纤维复合材料等高性能碳纤维成套技术；汽车工业用聚酯专用料、膜用聚酯专用料等聚酯及聚合单体生产技术；耐温耐盐聚合物，适应性强、高性能、环保等新型表面活性剂等三次采油用系列油田化学品生产技术。

5. 碳一化工技术

碳一化工是含碳化合物转化的重要平台技术，可实现与传统石油化工的紧密衔接，降低生产成本，提升产业价值链。未来，随着中国石油天然气水合物等新型天然气资源勘探开发的突破，碳一化工将成为天然气大规模高值利用产业链构建的颠覆性技术。目前，中国石油碳一化工相关技术多处于实验室研究阶段，尚未实现工业化。因此，需要开发：甲烷直接转化制烯烃、芳烃及氢气富集利用新技术；合成气制钻井液、润滑油基础油、石蜡，直接合成低碳烯烃等可调变分子量的费托合成技术；甲醇转化制化工原料技术；低成本制氢与低能耗合成氨技术；石油焦及煤等气化技术；CO_2加氢制甲醇、合成气制备混合低碳醇等羰基合成制含氧化合物等技术。

6. 大型化工装置成套技术

中国石油在大型乙烯、大型氮肥、大型PTA成套技术方面取得了较大成就，但与国外技术相比，在技术创新、产业升级、提质增效、绿色发展等方面仍有一定差距。未来，仍需不断加大科技创新投入与力度，加快技术推广与升级，提升技术综合性能与核心竞争力。在大型乙烯成套技术方面：开发适用于原料多元化和轻质化的大型化乙烯装置；开展乙烯装置优化运行增效技术开发应用；加快开展非蒸汽裂解制乙烯技术开发。在大型氮肥成套技术方面：应向大型化、集成化、自动化、低能耗、低投资与环境更友好方向发展；持续加强新型工艺技术和新型催化剂的开发；优化工艺，采用先进控制技术实现装置的长周期安全运行。在大型PTA成套技术方面：持续开发反应强化技术，降低单位产品的投资成本和运行成本；不断优化工艺流程，减少设备数，降低成本；进一步挖掘低品位热能的应用空间，在能量合理利用上持续挖掘潜力；实现芳烃、PTA和PET一体化。

三、未来科技展望[1-3]

全球贸易保护主义、民粹主义势力不断抬头，地缘政治更加复杂多变，给未来经济发展增添了更多不确定性；中国经济迈入高质量发展阶段。美国页岩油气革命、中东低成本乙烷、煤化工等低成本化工原料多元化竞争更加激烈。人民对美好生活的环境、品质、个性需求等要求的日益高涨，驱使化工品向绿色、功能、特色方向发展。中国石油将紧密围绕化工主营业务发展的重大需求，全力实施科技创新三大工程，采取选择性领先的发展策略，突出重点，攻克关键，持续巩固优势技术领域，着力突破重大关键技术瓶颈，超前布局前沿技术，支撑和引领化工业务可持续发展。优势领域继续加大攻关和推广应用力度，整体技术达到国际先进水平；追赶领域实现跨越式提升，力争达到国内领先水平；储备领域占领制高点，开拓新领域，引领化工业务可持续发展。

面对世界化工行业发展主要方向，结合中国石油化工主营业务发展需求，未来科技发展战略主要包括基于分子调控的高性能合成树脂技术，基于端基官能化改性高性能合成橡胶技术，甲烷直接制乙烯和芳烃技术，合成气制备高附加值化学品技术，低成本化工原料绿色合成技术以及基于大数据的供应链优化管理和智能化工厂技术。到2030年，中国石油化工技术全面达到国际先进水平，形成多项技术指标先进、能够为中国石油提供大产业和大效益的重大化工战略性技术，持续完善化工科技创新体系，力争化工科技实力位居综合性能源公司前列。

参 考 文 献

［1］胡徐腾.走向炼化技术前沿［M］.2版.北京：石油工业出版社，2010.

［2］中国石油和化学工业联合会化工新材料专委会.中国新材料产业发展报告［M］.北京：化学工业出版社，2016.

［3］Rafael Cayuela Valencia.化学工业的未来——2050年世界化学工业发展趋势展望［M］.张志华，等译.北京：石油工业出版社，2015.

第二章 基本有机化工原料生产技术

基本有机化工原料主要包括"三烯"（乙烯、丙烯、丁二烯）和"三苯"（苯、甲苯、二甲苯），是生产合成树脂、合成橡胶、合成纤维等聚合物的基础原料[1]。基本有机化工原料主要从石油深加工和石油烃蒸汽热裂解制乙烯过程获得，其中又以乙烯最重要，其生产规模大，产品及衍生物繁多，产业链长。乙烯装置在生产"三烯""三苯"的同时副产大量的碳四、碳五烯烃及更多碳数的其他原料，由此构成了现代化学工业生产的庞大化工原料体系。乙烯工业被称为石油化工的"龙头"，是国民经济建设和社会发展的支柱型产业，占有十分重要的地位。

进入21世纪，中国的石化工业得到蓬勃发展。伴随着乙烯工业的快速发展，基本有机化工原料产能快速增长，为国内市场提供了充足的化工原料，促使更多的化工原料生产新技术和下游衍生物产品生产新技术竞相开发，提升了中国化工原料生产技术参与国际竞争的能力。截至2015年底，中国大宗基本有机化工原料产能中，乙烯产能为 2137.5×10^4 t/a，丙烯产能为 2798×10^4 t/a，丁二烯产能为 391.4×10^4 t/a；苯产能为 1050×10^4 t/a，甲苯产能为 843×10^4 t/a，二甲苯产能为 1383×10^4 t/a。总体上，中国基本有机化工原料生产规模和生产技术处于世界先进水平。

第一节 基本有机化工原料生产技术现状与发展趋势

基本有机化工原料种类繁多，化学属性各异，各具用途。其中，以"三烯""三苯"最重要，其生产规模大，产量大，消费量大，是大宗基础化工原料。因此，基本有机化工原料生产的关键技术主要是"三烯"和"三苯"的生产技术。鉴于此，本章重点概述了"三烯""三苯"的生产技术现状及发展趋势。

一、国内外基本有机化工原料生产技术现状

2005年，世界乙烯产能得到迅速增长，乙烯产能达到 1.1615×10^8 t/a。2008年后，随着中东国家凭借其廉价资源优势积极发展石化工业，以及中国、印度等发展中国家石化工业的迅速崛起，世界乙烯工业形成了北美、亚太和西欧三足鼎立的格局。截至2015年底，世界乙烯产能为 1.5937×10^8 t/a，乙烯产量为 1.42×10^8 t/a，乙烯装置平均开工率为 89.1% [2, 3]，世界乙烯消费量为 1.41443×10^8 t/a，乙烯产能主要集中在亚太、北美、中东和西欧，所占比例分别为 35.6%、22.9%、17.8% 和 14.7%。2005—2015年世界乙烯需求量和生产能力见表2-1，乙烯装置生产化工原料产品结构[4]如图2-1所示。

利用石油和天然气资源，通过石油烃蒸汽热裂解生产过程制取基本有机化工原料，其中裂解、分离、产物精制是生产乙烯等化工原料最基本的生产过程。乙烯装置不仅生产大量的乙烯、丙烯、丁烯、丁二烯、苯、甲苯、二甲苯，而且副产其他烯烃和芳烃化合物等石油化工的基础原料。石油化工产品多种多样，其中最重要的（以通俗的说法）有八大

基础化工原料、14种基本有机化工原料、三大合成材料以及其他各种化工产品[5]。八大基础化工原料是乙烯、丙烯、丁二烯、乙炔、苯、甲苯、二甲苯、萘;14种基本有机化工原料是甲醇、甲醛、乙醇、乙醛、乙酸、环氧乙烷、环氧丙烷、甘油、异丙醇、丙酮、苯酚、丁醇、辛醇、苯酐;三大合成材料是合成树脂、合成橡胶、合成纤维;其他各种化工产品有化肥、农药、炸药、合成药物、染料、涂料、溶剂、助剂等。

表2-1 2005—2015年世界乙烯需求量和生产能力   单位:10^4t/a

年份	乙烯需求量	乙烯生产能力	年份	乙烯需求量	乙烯生产能力
2005	10530.6	11614.9	2011	12682.7	14794.9
2006	10902.1	12074.0	2012	12882.6	14961.7
2007	11503.7	12551.6	2013	13285.5	15314.9
2008	10916.6	12665.0	2014	13657.5	15378.0
2009	11070.0	13274.6	2015	14144.3	15937.0
2010	12246.4	14408.0			

数据来源:IHS。

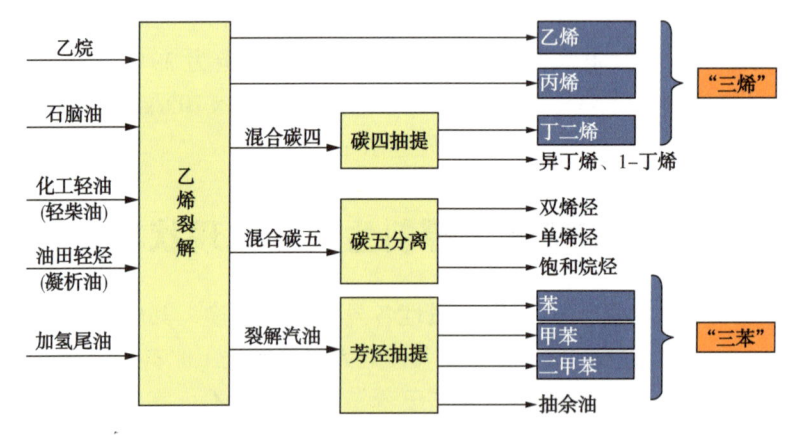

图2-1 乙烯装置生产化工原料产品结构

乙烯、丙烯、丁烯等烯烃分子中含有双键,化学性质活泼,能与许多物质发生加成反应生成一系列化合物,并易氧化和聚合,生成各种化工产品和聚合物。由于乙烯生产与多种化工中间产品和"最终"产品的生产连接在一起,因此,石油化学工业总是以乙烯生产为龙头,配套多种产品生产装置组成石油化工联合企业。乙烯装置的生产规模、成本、生产过程稳定性、产品质量等直接影响着石化企业的生产和效益。

据预测,到2020年,世界乙烯产能将达1.8807×10^8t/a。其中,亚洲产能将增长1184×10^4t/a,占世界总增量的41.3%;美洲产能将增长1167×10^4t/a,占40.7%;中东产能将增长383×10^4t/a,占13.3%。伴随着乙烯工业的高速发展,基本有机化工原料产能也将得到快速增长。

"十二五"期间,中国石油化工进入蓬勃发展期,伴随着乙烯工业的快速发展,基本有机化工原料得到快速增长。除通过乙烯装置生产"三烯""三苯"及大量的其他化工原料外,更多地以石油烯烃为原料生产的丁烯、丁二烯、戊二烯、苯乙烯、丙烯腈、环氧乙烷、环氧丙烷、环氧氯丙烷、异丙醇、异丙苯、丙酮、苯酚、丁醇、辛醇、苯酐、顺酐等化工原料和产品，使得基本有机化工原料的生产不断完善，生产规模不断扩大，产能不断增长，形成了庞大的基本有机化工原料产业链。近年来，中国在基本有机化工原料的生产技术开发方面进行了大量的研究工作，特别是在有机化工原料生产催化剂研究上取得了较多成果，其中研制的一些化工催化剂性能已达到世界先进水平。丙烯腈催化剂、裂解汽油加氢催化剂、甲苯歧化催化剂、烷基转移催化剂及成套应用技术等已在海外得到推广应用。建立起了国内化工原料产业结构完整的工业体系，形成了适于国内市场需求的化工原料生产规模和基本产能，满足了国内市场石油化工迅速发展的技术需求，促进了中国基本有机化工原料生产技术进步和规模化产能的快速增长。

二、基本有机化工原料生产技术发展趋势

1. 烯烃生产技术发展趋势

1）乙烯生产技术及发展趋势

2015年，世界乙烯、丙烯、丁二烯的生产以石油烃蒸汽热裂解制乙烯工艺为主，约98%的乙烯生产采用管式炉蒸汽裂解技术，还有约2%的乙烯产能采用甲醇制烯烃（MTO）等技术。世界上著名的石油烃管式炉蒸汽裂解制乙烯技术拥有者有ABB Lummus公司、Stone & Webster公司、KBR公司、Linde公司和Technip/KTI公司等。ABB Lummus公司的乙烯生产技术是世界上广泛采用的技术之一。

截至2015年，世界乙烯产能为1.5937×10^8t/a。其中，美国乙烯产能为2842.6×10^4t/a，占世界总产能的17.8%，是世界最大的乙烯生产国；中国排名第二，乙烯产能为2137.5×10^4t/a，占世界总产能的13.4%。2015年，世界十大乙烯生产国的产能总计达1.0725×10^8t/a[6]，占世界乙烯总产能的67.3%。其中，世界十大乙烯生产商的装置产能总计为9138.4×10^4t/a，占世界总产能的57.3%。埃克森美孚化工、沙特基础工业公司（SABIC）和陶氏化学分别位居前三位，中国石化以1071.5×10^4t/a的乙烯产能居世界第四位，中国石油以591×10^4t/a的乙烯产能居世界第六位。2015年世界乙烯产能前十位的国家或地区见表2-2。

表2-2　2015年全球十大乙烯生产公司

排名	公司名称	装置总产能，10^4t/a	实际产量，10^4t
1	埃克森美孚化工	1501.3	844.9
2	SABIC	1489.2	1177.4
3	陶氏化学	1304.5	1052.9
4	中国石化	1071.5	832.0
5	壳牌	935.8	594.7
6	中国石油	591.0	591.0
7	伊朗国家石化	573.4	573.4
8	道达尔	561.0	347.2
9	雪佛龙菲利普斯化工	560.7	535.2
10	利安德巴塞尔	550.0	550.0

数据来源：美国《油气杂志》。

2015年，世界乙烯生产装置规模进一步增大。全球共有296套蒸汽热裂解乙烯生产装置，装置平均规模为53.7×10^4t/a[6, 7]，在世界范围内已建和在建的100×10^4t/a以上乙烯裂解装置已达40多套。以乙烯为原料生产的化学产品结构如图2-2所示[4]。2010—2015年世界乙烯消费结构统计见表2-3。乙烯下游衍生物主要有聚乙烯、环氧乙烷、二氯乙烷、乙苯等。其中，聚乙烯是乙烯最大的下游衍生物产品，占乙烯总消费量的61.0%；第二大乙烯衍生物是环氧乙烷，占乙烯总消费量的15%；第三大乙烯衍生物是二氯乙烷，占乙烯总消费量的9.5%。

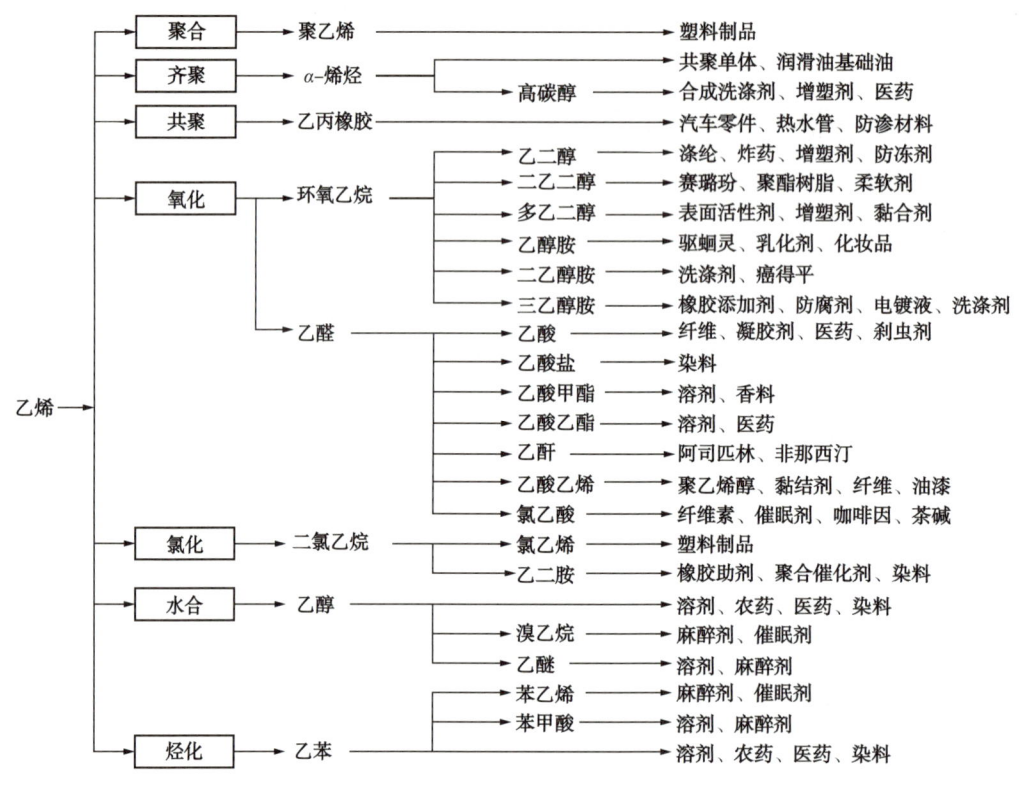

图2-2 乙烯及其衍生物产品结构图

表2-3 2010—2015年世界乙烯消费结构统计表　　　　　单位：10^3t

用途	2010年	2011年	2012年	2013年	2014年	2015年
α-烯烃	3268	3549	3581	3671	3595	3884
乙苯	7968	7959	7948	8105	8160	8129
二氯乙烷	13055	13296	13470	13509	13248	13495
环氧乙烷	18383	19265	19862	20441	20936	21550
高密度聚乙烯	34520	36032	36678	37659	38761	40820
低密度聚乙烯	18353	18559	18507	19021	19765	19288
线型低密度聚乙烯	20885	21533	21970	23490	24857	25923
醋酸乙烯	1545	1571	1646	1710	1695	1674
其他	4487	5062	5164	5250	5559	6680
合计	122464	126826	128826	132856	136576	141443

数据来源：IHS。

未来蒸汽裂解生产乙烯技术仍将向低投资、低能耗、提高裂解炉对原料的适应性和延长装置运转周期的方向发展；世界乙烯原料将进一步向轻质化、多元化方向发展。随着乙烯生产技术的进步，乙烷在乙烯原料中的比例进一步增大，石脑油所占份额逐年下降，从2000年的53%下降到2015年的44.3%。2015年，在全球乙烯原料结构中，乙烷占35.5%，预计到2020年，乙烷原料比例将增至39.3%，而石脑油原料比例将降至39.4%。

随着中国国民经济的快速发展，国内乙烯产能和需求量均呈现增长态势。2015年，国内共有乙烯生产装置45套，装置平均规模达56.9×10^{4}t/a，乙烯总产能达到2137.5×10^{4}t/a。其中，中国石化产能为1071.5×10^{4}t/a（包括合资企业），中国石油产能为591.0×10^{4}t/a，中国海油产能为95×10^{4}t/a，分别占国内乙烯产能的50.1%、27.6%和4.4%。截至2015年底，神华包头等MTO（甲醇）制乙烯企业产能合计281×10^{4}t/a，约占乙烯总产能的13.1%。国内乙烯生产已形成以中国石化、中国石油、煤（甲醇）制烯烃的产业格局。2011—2015年，中国乙烯的供需情况见表2-4。乙烯产能从2011年的1536.5×10^{4}t/a增至2015年的2137.5×10^{4}t/a，年均增长6.8%；产量从2011年的1553.6×10^{4}t/a增至2015年1730.3×10^{4}t/a，年均增长2.2%。2015年，乙烯产量为1730.3×10^{4}t，进口乙烯151.6×10^{4}t，乙烯表观消费量为1879.8×10^{4}t，乙烯自给率为91.9%。据乙烯协会统计显示，2015年国内乙烯裂解原料中石脑油约占53.85%，与欧美地区石脑油裂解原料所占44.3%相比差距较大，给国内乙烯企业带来较大的生产成本的竞争压力[9]。

表2-4 2011—2015年中国乙烯供需情况

年份	乙烯产能, 10^{4}t/a	乙烯产量, 10^{4}t	表观消费量, 10^{4}t	当量需求量, 10^{4}t
2011	1536.5	1553.6	1658.6	3132.4
2012	1676.5	1486.8	1665.5	3216.0
2013	1776.5	1620.8	1792.9	3418.8
2014	2065.5	1734.9	1884.6	3587.0
2015	2137.5	1730.3	1879.8	3733.0

"十二五"期间，中国石油的乙烯产能达到591.0×10^{4}t/a，在实现乙烯装置生产稳定运行的同时，进行了乙烯生产技术集中攻关，取得了显著进展。

（1）开发出乙烯装置工业化成套工艺技术，实现了大型乙烯装置设计技术的国产化，实现了重要化工装置自主设计与建设，降低了乙烯生产成本，提升了中国石油的综合实力和竞争力，使国产化乙烯生产技术取得具有里程碑意义的跨越式发展。

（2）开展了乙烯原料裂解性能研究，建立了乙烯原料裂解性能数据库，为乙烯生产企业了解不同裂解原料性能提供技术指导，并在中国石油天然气集团公司（以下简称集团公司）企业网站上线运行，直接服务于乙烯生产企业。

（3）发挥生产企业炼化一体化优势，实现炼厂与化工厂之间化工原料互供，优化原料结构和资源合理利用，使乙烯装置裂解原料向着轻质化、多元化方向发展。

（4）开发出乙烯裂解炉操作优化软件（EPSOS），可预测出裂解炉炉管内的裂解产物分布、温度分布、压力分布和结焦情况等数据，实现了乙烯裂解炉的优化操作，提高了乙烯收率。

（5）开展了乙烯装置生产系统能量优化技术攻关，建立能量优化利用网络，实现了乙烯装置生产系统能量的合理利用。

（6）开发出乙烯装置裂解产物配套的碳二、碳三馏分加氢除炔精制催化剂，碳四、碳五选择性加氢催化剂，裂解汽油加氢催化剂和碳九馏分加氢催化剂。研制的裂解产物配套系列加氢精制催化剂能够满足乙烯装置生产技术要求，实现了工业化应用，有效降低了乙烯装置生产物耗、能耗，推动了中国石油乙烯生产技术进步。

2）丙烯生产技术及发展趋势

丙烯是仅次于乙烯的合成高分子材料的重要化工原料。丙烯主要来自蒸汽热裂解乙烯装置，其次来自催化裂化装置以及丙烷脱氢制丙烯生产装置。2015年，全球丙烯产能达 1.34×10^8 t/a [8]，需求量达 1.1607×10^8 t，丙烯产能保持快速增长趋势。在世界丙烯生产格局中，东北亚地区丙烯产能占世界总产能的36.5%，产量占世界总量的38.3%；北美地区丙烯产能占20.4%，产量占17.6%；西欧地区丙烯产能占15%，产量占15.5%。2015年，世界主要丙烯生产企业情况见表2-5。世界上最大的丙烯生产商是中国石化，产能为 980×10^4 t/a，占世界丙烯总产能的8.4%；其次是中国石油，产能为 567×10^4 t/a，占世界丙烯总产能的5.0%；埃克森美孚公司居第三位，产能为 498×10^4 t/a，占世界丙烯总产能的4.3%。中国台塑集团居第九位，产能为 304×10^4 t/a，占世界丙烯总产能的2.6%。

表2-5　2015年世界主要丙烯生产企业情况表

序号	公司名称	丙烯产能，10^4t/a	丙烯产量占比，%
1	中国石化	980	8.4
2	中国石油	576	5.0
3	埃克森美孚	498	4.3
4	壳牌	488	4.2
5	Basell	467	4.0
6	陶氏化学	331	2.9
7	道达尔	326	2.8
8	SABIC	311	2.7
9	台塑集团	304	2.6
10	印度信诚	287	2.5
11	其他	7039	60.6
	合计	11320	100.0

2010—2015年，世界聚丙烯产品消耗丙烯量从 4658×10^4 t/a 增加到 5895×10^4 t/a，年均增长4.8%。在世界范围内，消耗丙烯的下游衍生物主要是聚丙烯、环氧丙烷、丙烯腈、异丙苯、丙烯酸、丁辛醇等化工产品，丙烯及其衍生物产品结构如图2-3[4]所示。聚丙烯是丙烯最大的下游衍生物产品，聚丙烯是五大通用合成树脂之一。2015年，聚丙烯消耗的丙烯量占世界丙烯消耗总量的64%；环氧丙烷是消耗丙烯的第二大下游衍生物产品，占世界丙烯消耗总量的7.3%，环氧丙烷又是生产多种化工产品的中间体，最主要的用途

是生产聚氨酯用聚醚多元醇。丙烯腈是消耗丙烯的第三大下游衍生物产品，占世界丙烯消耗总量的6.3%，丙烯腈是生产腈纶最主要的原料。

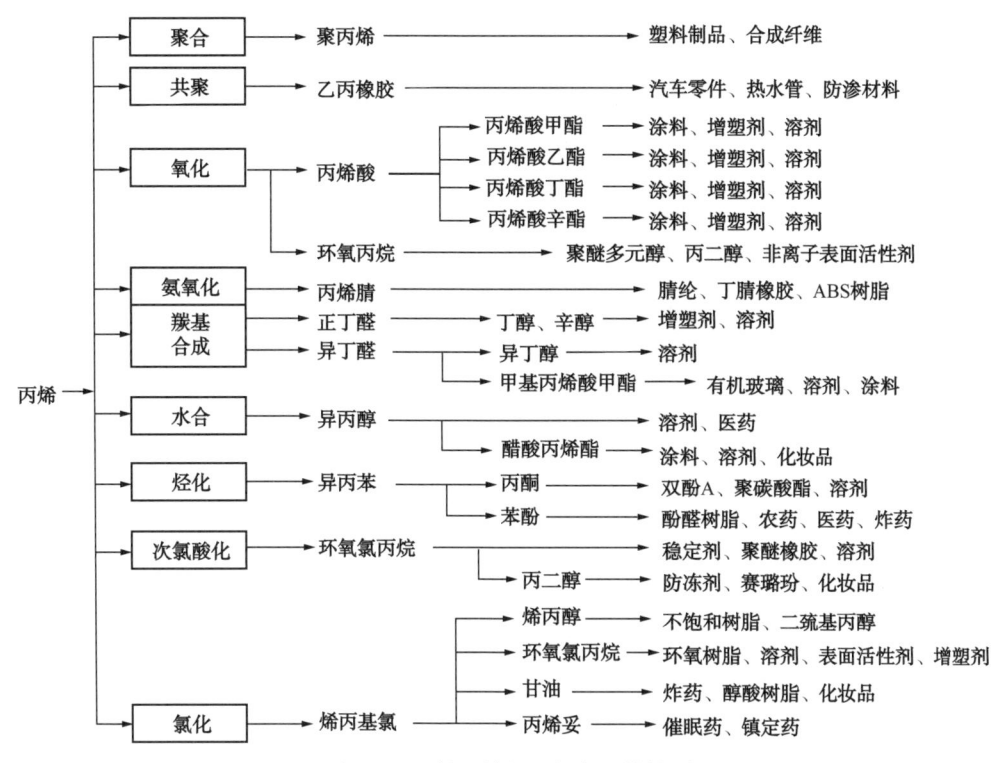

图2-3 丙烯及其衍生物产品结构图

2015年，国内丙烯产能达2798×10⁴t/a，同比增长22.2%；丙烯产量为2300×10⁴t，同比增长23.4%；丙烯装置平均开工率达82.2%。丙烯产量从2005年的792.2×10⁴t增长至2015年的2300×10⁴t，丙烯产量年均增速11.2%。表2-6列出了2013—2015年国内丙烯的生产情况，表2-7列出了2013—2015年丙烯表观消费量统计情况。2015年，国内全年丙烯表观消费量为2577.1×10⁴t，进口丙烯277.1×10⁴t，丙烯自给率为89.2%。

表2-6 2013—2015年国内丙烯产量统计

年份	丙烯产能 10⁴t/a	同比 %	丙烯产量 10⁴t	同比 %	装置开工率 %
2013	1889.1	9.0	1598	4.9	84.6
2014	2290.3	21.2	1864	16.7	81.4
2015	2798.0	22.2	2300	23.4	82.2

表2-7 2013—2015年国内丙烯表观消费量统计

年份	产量 10⁴t	进口量 10⁴t	出口量 10⁴t	表观消费量 10⁴t	自给率 %
2013	1598	264.1	0.0	1862.1	85.8
2014	1867	304.8	3.1	2165.7	86.1
2015	2300	277.1	0.0	2577.1	89.2

近年来，国内丙烯行业正在迎来一个全新的时代。传统上，中国丙烯的主要来源是蒸汽热裂解制乙烯装置和催化裂化装置生产过程，随着技术变革和丙烯资源相对紧缺，引发国内民营企业及外资企业纷纷加入投资丙烯产业链当中。其中，甲醇制烯烃和丙烷脱氢制丙烯技术的发展尤为迅猛，生产技术已经成熟，国内有多个生产装置已经投产运行。就丙烷脱氢制丙烯而言，在建或拟建的丙烷脱氢装置已有12套，产能达$391×10^4$t/a。采用的丙烷脱氢技术主要是引进UOP公司的Oleflex工艺和Lummus公司的Catofin工艺技术，丙烷脱氢已成为国内丙烯增产的新技术之一，其发展迅速受到业内瞩目。一批非石化企业已进入丙烯产业链行列中来，使得甲醇制丙烯和丙烷脱氢制丙烯的生产装置规模相对较大。世界上丙烷脱氢制丙烯生产装置公认的经济规模为$35×10^4$t/a，具有一定的竞争力。

2015年，在国内丙烯$2300×10^4$t/a产能中，MTO装置产能占15%，丙烷脱氢产能约占17%。目前，中国丙烯产业已形成以蒸汽热裂解工艺、催化裂化工艺副产、MTO制烯烃工艺和丙烷催化脱氢工艺为主的丙烯产业格局。"十二五"期间，中国石油开展了丙烷、异丁烷脱氢制烯烃的催化剂研制与中试技术开发，开发了丙烷、异丁烷脱氢制烯烃催化剂与工艺的成套技术，为低碳烷烃脱氢技术的进一步工业应用打下坚实的基础，可为炼化企业提供丙烷、异丁烷脱氢制烯烃的应用支持。

3）丁二烯生产技术及发展趋势

丁二烯是重要的石油化工原料和高分子合成材料的单体。世界上丁二烯的来源主要有两种：一种是从蒸汽热裂解乙烯装置副产的混合碳四馏分中采用溶剂抽提方法获取，溶剂抽提法生产的丁二烯价格低廉，经济上占优势，是生产丁二烯单体的主要来源；另一种是由混合丁烯经过氧化脱氢制得丁二烯，被业界逐渐视为生产丁二烯的又一重要来源。随着汽车工业和合成橡胶工业的迅速发展，合成橡胶需求量日益增加，从而导致市场上丁二烯产品短缺，供不应求现象明显加剧。

据统计，2015年世界丁二烯产能达到$1453.3×10^4$t/a，其中东北亚地区是最大的丁二烯生产地区，产能为$649.0×10^4$t/a，约占世界总产能的46.15%；其次是西欧地区，产能为$265.2×10^4$t/a，约占世界总产能的17.55%；第三是北美地区，产能为$251.1×10^4$t/a，约占世界总产能的16.62%。2015年，中国是世界上最大的丁二烯生产国，产能为$391.4×10^4$t/a，约占世界总产能的25.91%；其次是美国，产能为$239.1×10^4$t/a，约占15.83%；第三是韩国，产能为$131.8×10^4$t/a，约占8.73%。2015年，全世界共消费丁二烯$1086.7×10^4$t，世界各地区丁二烯供需状况见表2-8。丁二烯及其衍生物产品结构如图2-4所示[4]。

表2-8 2015年世界各地区丁二烯供需状况表

地区	丁二烯产能，10^4t/a	丁二烯产量，10^4t	丁二烯消费量，10^4t
非洲	0.0	0.0	6.3
中欧	27.8	18.9	22.9
独联体	52.8	47.8	48.5
中东	38.2	23.7	6.9
北美	251.1	143.1	169.2
南美	46.0	38.0	27.3
印度次大陆	43.7	31.9	21.5

续表

地区	丁二烯产能，10^4t/a	丁二烯产量，10^4t	丁二烯消费量，10^4t
东北亚	649.0	512.3	553.3
东南亚	79.5	62.1	53.4
西欧	265.2	208.5	177.4
世界	1453.3	1086.3	1086.7

数据来源：IHS Markit 报告。

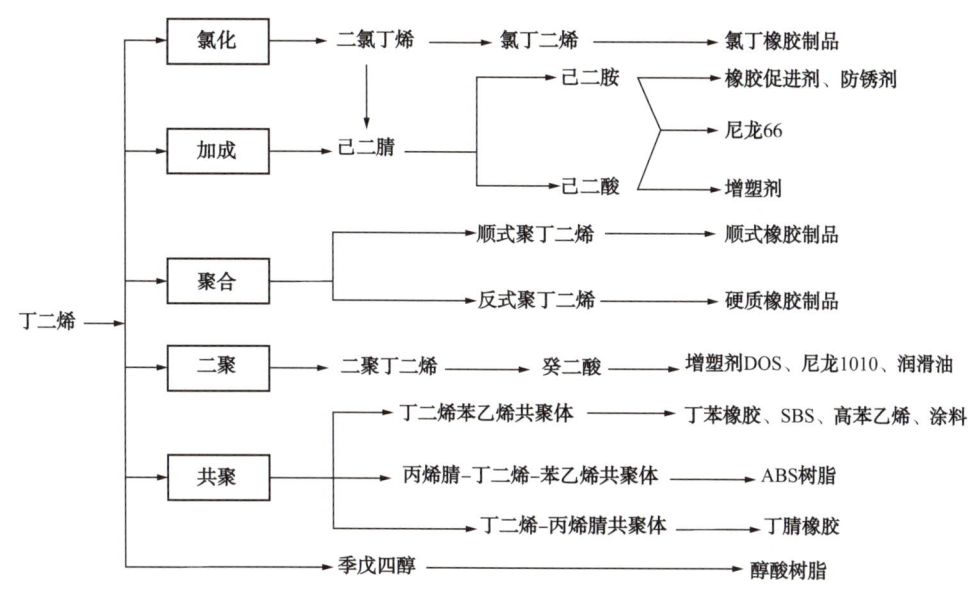

图 2-4 丁二烯及其衍生物产品结构图

2015 年，在世界丁二烯消费结构中，用于生产聚丁二烯橡胶的丁二烯为 319.9×10^4t，占丁二烯总消费量的 28.95%；用于生产丁苯橡胶单体的丁二烯为 296.6×10^4t，占 27.12%；用于生产苯乙烯热塑性弹性体（SBR）的丁二烯为 93.3×10^4t，占 8.45%；丁腈橡胶、氯丁橡胶分别消费丁二烯 57.2×10^4t、11.3×10^4t，分别占 5.18%、1.02%；丁苯胶乳消费丁二烯 83.3×10^4t，占 7.54%；其余用于树脂、己二腈等领域。未来几年，虽然世界丁二烯下游主要消费领域合成橡胶的发展速度放缓，但仍将继续发展，丁二烯的产能将不断增加。预计到 2020 年，世界丁二烯产能将达到 1620×10^4t/a，产量为 1360×10^4t/a，消费量将达到 1360×10^4t/a，年均增速达 3.5%。

2015 年底，国内共有 28 家丁二烯生产企业，丁二烯产能总计 391.4×10^4t/a（其中包括采用丁烯氧化脱氢生产丁二烯的山东玉皇、山东万达、山东齐翔、山东恩利等公司产能，总计 58×10^4t/a），丁二烯产量为 259.2×10^4t，装置开工率为 66.3%。据统计，近年来国内丁二烯产能呈逐年增长的态势，从 2005 年的 99.6×10^4t/a 增至 2015 年的 259.2×10^4t/a，年均增长 10%。2005—2015 年，国内丁二烯产能的年增长率为 12.9%。2013—2015 年，国内丁二烯产能、产量统计见表 2-9。国内丁二烯表观消费量统计见表 2-10。2015 年，国内丁二烯表观消费量达到 286.7×10^4t，增长幅度为 6.5%，丁二烯净进口量为 27.5×10^4t，丁二烯自给率为 90.4%[10]。

表 2-9　2013—2015 年中国丁二烯产能、产量统计表

年份	产能，10⁴t/a	同比，%	产量，10⁴t	同比，%	装置开工率，%
2013	337.1	15.0	242.0	8.8	71.8
2014	380.7	12.9	250.0	3.3	65.7
2015	391.4	2.6	259.2	3.7	66.3

表 2-10　2013—2015 年中国丁二烯表观消费统计表

年份	产量，10⁴t	进口量，10⁴t	出口量，10⁴t	表观消费量，10⁴t	自给率，%
2013	242.0	37.1	0.8	278.3	87.0
2014	250.0	20.3	1.2	269.1	92.9
2015	259.2	27.8	0.3	286.7	90.4

"十二五"期间，中国石油开展了丁烯氧化脱氢制丁二烯技术开发，通过技术攻关，研究解决了丁烯氧化脱氢反应器工程放大技术与装置大型化工程问题，在技术开发中综合了大型湍动流化床反应器设计技术、废水处理技术、吸收塔顶尾气油气回收技术、双塔热耦合技术、反应生成气低温热利用等多项技术于一体的持续改进。同时，进一步研制出新一代丁烯氧化脱氢催化剂，有效提高了丁二烯收率，降低了催化剂生产成本，形成了 10×10^4 t/a 丁烯氧化脱氢制丁二烯成套工艺技术，应用于山东华宇等几家生产企业，实现了中国石油丁烯氧化脱氢制丁二烯成套技术的工业应用。

2. 芳烃生产技术发展趋势

1）苯生产技术及发展趋势

苯、甲苯和二甲苯是仅次于乙烯、丙烯的重要大宗化工原料，"三苯"主要从催化重整的生成油和乙烯装置副产的裂解汽油中抽提芳烃过程获得。苯、甲苯和二甲苯是化纤、工程塑料及高性能塑料等的关键原料，广泛用于航空航天、交通运输、装饰装修等领域。随着石油化工及纺织工业的快速发展，全球对芳烃的需求量不断增长。

2015 年，全球纯苯产能为 6278×10^4 t/a，产量为 4464×10^4 t，装置开工率为 73.9%[11]。2010—2015 年，世界纯苯产能年均增速为 2.1%。世界纯苯的总消费量为 5189×10^4 t，主要集中在东北亚地区、北美地区和西欧地区，消费量分别占全球的 45%、18.9% 和 17.4%。2010—2015 年，世界苯产能、产量统计见表 2-11。苯及其衍生物产品结构[4]如图 2-5 所示。据预测，2015—2020 年世界苯的产能增速将达 2.3%。

表 2-11　2010—2015 年世界苯产能、产量统计表

年　份	2010	2013	2014	2015	年均增长率，%
产能，10⁴t/a	5646	5947	6173	6278	2.1
装置开工率，%	74.5	73.7	71.1	73.9	—
产量，10⁴t	4207	4382	4387	5189	1.4
需求量，10⁴t	4211	4347	4404	5189	1.5

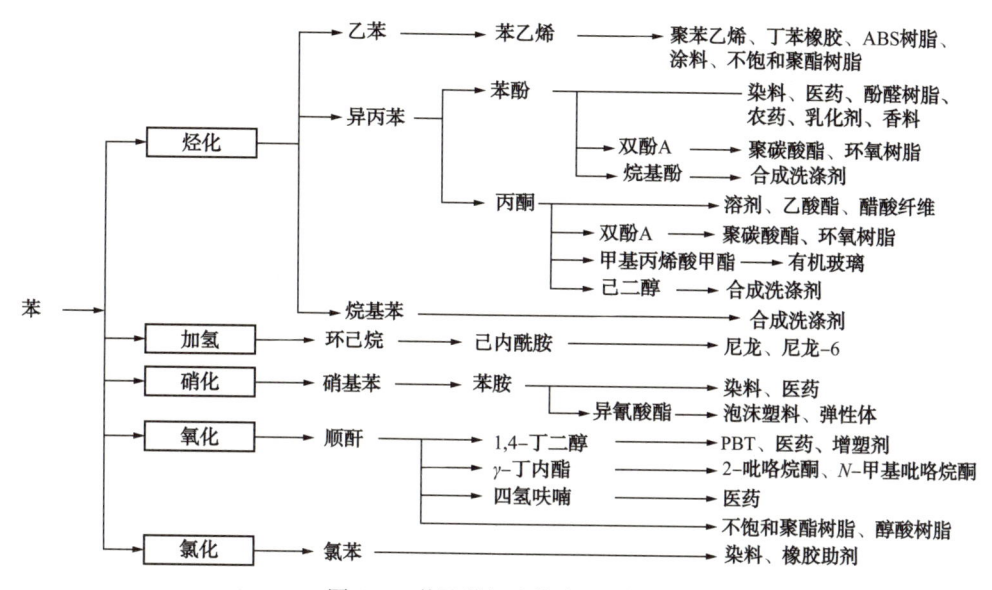

图 2-5 苯及其衍生物产品结构图

2005—2015 年，国内纯苯产业保持平稳发展，纯苯产能、产量小幅增长。截至 2015 年，国内纯苯产能约为 1050×10^4 t/a，纯苯产量为 783.1×10^4 t，同比分别增长 2.6% 和 6.5%，年均装置开工率为 74.8%。从 2005 年纯苯产能 358.7×10^4 t/a 增至 2015 年 1050×10^4 t/a，年均增速 11.3%。2013—2015 年，国内纯苯产能、产量见表 2-12，纯苯表观消费量统计结果见表 2-13。2015 年，纯苯消费量大幅增长主要是因为国际油价大跌，进口市场涌入大批投机商囤货，引起纯苯库存高于往年，导致纯苯表观消费量增长。2015 年，国内纯苯表观消费量为 894.4×10^4 t，苯产量为 783.1×10^4 t，进口苯 120.6×10^4 t，纯苯自给率为 87.6%。

表 2-12 2013—2015 年国内纯苯产能、产量统计表

年份	产能, 10^4 t/a	同比, %	产量, 10^4 t	同比, %	装置开工率, %
2013	959.9	6.3	717.9	8.3	74.6
2014	1023.6	6.6	735.6	2.5	71.9
2015	1050.0	2.6	783.1	6.5	74.8

表 2-13 2013—2015 年国内纯苯表观消费量统计表

年份	产量, 10^4 t	进口量, 10^4 t	出口量, 10^4 t	表观消费量, 10^4 t	自给率, %
2013	717.9	88.7	3.1	803.5	89.3
2014	735.6	60.1	7.5	788.2	93.3
2015	783.1	120.6	9.3	894.4	87.6

在国内纯苯下游衍生物产品中，纯苯主要用于苯胺、苯酚、苯乙烯、己二酸、己内酰胺、环己酮等行业。2015 年，苯最大的消费领域是苯乙烯，消耗苯量 420×10^4 t，占苯总消耗量的 36%；其次是己内酰胺，占苯总消耗量的 14%；第三位是苯酚，占苯总消耗量的 13%。国内纯苯生产企业已经超过 70 家，很多生产企业规模较小，且装置产能主要

与下游生产装置配套，装置规模在 20×10^4t/a 以上产能的企业有 20 家[12]，主要分布在中国石油与中国石化。其中，中国石油纯苯产能为 209.2×10^4t/a，占国内纯苯总产能的 26.72%。

芳烃为大宗基础化工原料，国内芳烃市场的特点是用量大，缺口大，对外依存度高。为开发芳烃生产技术，中国石油与大连理工大学合作开发出混合碳四烃芳构化生产混合芳烃（BTX）的催化剂与工艺的成套技术，2012 年 5 月 18 日，采用碳四烃芳构化技术，建成河南濮阳 20×10^4t/a 混合芳烃工业生产装置并成功投产，为芳烃生产拓展了新的原料来源。清华大学开发出流化床甲醇制芳烃（FMTA）的催化剂与工艺的成套技术，在陕西榆林建成万吨级甲醇制芳烃工业试验装置，2013 年 1 月，建成的万吨级甲醇制芳烃工业试验装置实现一次投料成功，装置运行平稳，技术指标达到预期目标，成为世界上首套投产的万吨级流化床甲醇制芳烃工业试验装置，实现了由甲醇生产芳烃新的技术突破。

2）甲苯生产与利用技术及发展趋势

随着合成树脂、合成橡胶、合成纤维三大合成材料的发展，苯和二甲苯需求量迅速增长，致使石油芳烃供需出现不平衡，除通过乙烯裂解装置、催化重整装置获得芳烃资源外，国内外研究开发出了不同的甲苯转化技术。其中，大约占芳烃总量 50% 的甲苯和碳九芳烃除用作汽油调和组分外，并没有较高价值的用途，使得甲苯歧化与烷基转移制二甲苯和苯的工艺应运而生。与甲苯脱烷基制苯工艺相比，甲苯歧化与烷基转移反应过程中甲基只在苯环间移动，而不是将甲基转化为甲烷，所以氢耗量较小，生产成本较低。其代表性的工艺[11]有 Mobil 公司开发的 MSTD 工艺、UOP 公司开发的 Tatoray 工艺以及 IFP/Mobil 公司开发的 TranPlus 工艺技术，使得甲苯转化技术得到长足的发展。

2015 年，世界甲苯产能为 3728×10^4t/a，产量为 2334.6×10^4t，装置开工率为 62.6%。甲苯生产主要集中在东北亚地区和北美地区，分别占世界总产能的 46.9% 和 18.8%。消费量分别占世界总消费量的 41.7% 和 26.9%。2015 年，世界主要甲苯生产企业产能情况见表 2-14。甲苯及其衍生物产品结构如图 2-6 所示。世界上最大的甲苯生产商是中国石化，产能为 308×10^4t/a，占世界总产能的 8.3%；其次是中国石油，产能为 241×10^4t/a，占世界总产能的 6.5%；埃克森美孚位居第三，产能为 229×10^4t/a，占世界总产能的 6.1%。中国台塑集团位居第十，产能为 100×10^4t/a，占世界总产能的 2.7%。排名前十位甲苯生产企业的总产能为 1551.9×10^4t/a，约占世界总产能的 41.6%。

表 2-14　2015 年世界主要甲苯生产企业产能情况

序号	公司名称	甲苯产能，10^4t/a	甲苯产量占比，%
1	中国石化	308.3	8.3
2	中国石油	241.4	6.5
3	埃克森美孚	228.9	6.1
4	新日本石油株式会社	130.2	3.5
5	SK 集团	123.4	3.3
6	NPC-Iran	112.6	3.0
7	壳牌	103.9	2.8
8	道达尔	101.6	2.7

续表

序号	公司名称	甲苯产能，10⁴t/a	甲苯产量占比，%
9	Marathon Petrol.	101.5	2.7
10	台塑集团	100.0	2.7
	其他	2176.2	58.4
	合计	3728.0	100.0

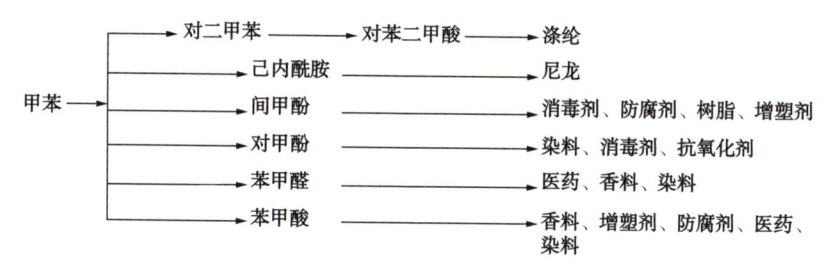

图 2-6 甲苯及其衍生物产品结构

在全球甲苯消费中，东北亚甲苯消费以溶剂、苯和二甲苯为主。北美地区甲苯消费以汽油、苯和二甲苯为主。2015 年，甲苯下游衍生物主要有苯（28%）、汽油（20%）、溶剂（20%）和二甲苯（25%）等，合计占总消费量的 93.0%。在其他衍生物生产中，甲苯二异氰酸酯（TDI）消费的甲苯占总甲苯消费量的 6%。近年来，二甲苯、TDI 和汽油的甲苯消费比例有所提升，而用于溶剂、苯的比例则在逐步下降。预计到 2020 年，世界甲苯的产能将达到 4277×10^4 t/a，需求量将达 2791×10^4 t，甲苯的需求增长速度将略快于产能的增长速度，装置开工率将略有上升，达到 69.8%[13]。未来甲苯需求增长主要来自甲苯二异氰酸酯（TDI）。

2015 年，国内甲苯产能为 843×10^4 t/a，产量为 531×10^4 t，装置开工率约为 63.0%。在过去的 10 年中，国内甲苯产能呈现增长态势，从 2005 年的 166×10^4 t/a 增至 2015 年的 843×10^4 t/a，年均增长 17.6%。而产量则从 2005 年的 90×10^4 t 增至 2015 年的 531×10^4 t，年均增长 19.4%。其中，中国石化的甲苯产能为 379.4×10^4 t/a，占甲苯总产能的 45.0%；中国石油的甲苯产能为 186×10^4 t/a，占甲苯总产能的 22.1%；其他炼化企业总产能为 277.6×10^4 t/a，占甲苯总产能的 32.9%。2011—2015 年，国内甲苯产能、产量统计结果见表 2-15。2013—2015 年，国内甲苯表观消费量统计结果见表 2-16。2015 年，国内甲苯表观消费量为 605.5×10^4 t，进口甲苯 75×10^4 t，甲苯自给率为 87.7%。

表 2-15 2011—2015 年国内甲苯产能、产量统计表

年份	产能，10⁴t/a	产量，10⁴t	装置开工率，%
2011	612	528	86.3
2012	687	469	68.3
2013	722	505	69.9
2014	759	504	66.4
2015	843	531	63.0

表2-16 2013—2015年国内甲苯表观消费量统计表

年份	产量, 10⁴t	进口量, 10⁴t	出口量, 10⁴t	表观消费量, 10⁴t	自给率, %
2013	505	81.2	0.5	585.9	86.2
2014	504	93.3	0.2	597.1	84.4
2015	531	75.0	0.5	605.5	87.7

3）二甲苯生产技术及发展趋势

二甲苯在化学结构上存在邻、间、对三种异构体，在工业上，二甲苯即指上述异构体混合物的总称。其中，对二甲苯（PX）是芳烃生产的重要产品之一，在二甲苯产品中使用量最大，主要用于生产对苯二甲酸（PTA）和对苯二甲酸二甲酯（DMT）。

2015年，世界PX产能达4697×10^4t/a，产量为3696×10^4t，装置开工率为79%[12]。2014年，因韩国、中国、印度、新加坡和沙特阿拉伯不断有新建装置投产，全球PX产能增长明显，比2013年增加了9.3%。世界PX供应主要集中在东北亚、东南亚、北美及中东，这4个地区的PX产能达3968×10^4t/a，占世界总产能的86.2%，产量为3102×10^4t/a，占世界总产量的87.6%。二甲苯及其衍生物产品结构如图2-7所示。在全球PX消费量中，用于生产PTA的PX量达3615×10^4t/a，约占PX总消费量的97.9%。DMT装置消耗的PX数量进一步减少至72×10^4t/a，仅占2.1%。由于PX与PTA具有高度紧密的上下游关联关系，因此，随着近年来东北亚PTA生产规模的迅速提升，PX的产/消量已接近70%，尽管该地区新建PX装置规模在持续增加，但仍存在巨量缺口[12]。

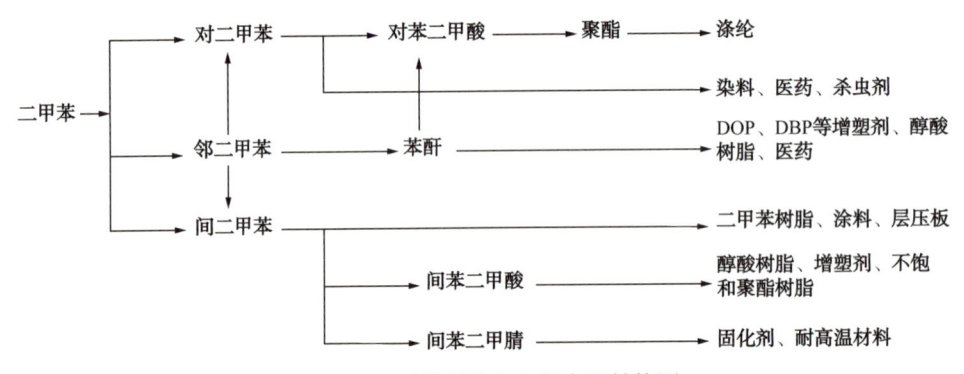

图2-7 二甲苯及其衍生物产品结构图

近年来，世界上PX生产工艺的改进研究主要集中在采用结晶法和吸附分离技术上，研究如何提高PX产品的纯度和收率；其次是开发甲苯烷基化技术，将甲苯与甲醇经过选择性沸石催化剂生产富含PX的混合苯，再经过二级冷冻结晶回收PX。催化剂的更新趋势是降低铂含量，延长催化剂使用寿命。PX的提纯有结晶法和吸附分离法。BEFS PROKEM公司推出了半间歇法利用PROADB静态结晶器分离二甲苯异构体的方法。UOP公司开发的Parex工艺，分离出的PX产品纯度达99.8%，PX回收率为90%~95%。

2015年，随着中国聚酯工业的迅速发展，带动了对二甲苯产能的不断攀升。国内共有17家PX生产企业，总产能达1383×10^4t/a，产量为882×10^4t，PX产能呈增长态势。PX总产能从2005年的268×10^4t/a增至2015年的1383×10^4t/a，年均增长17.8%[11, 14]。国内PX生产企业中，占59%的PX产能掌握在央企手中，有12%的产能带有外资背景。其中，中国石化有 PX 生产厂 9 家，总产能为 483.9×10⁴t/a，占国内总产能的 35.1%；中国石油有 PX 生产厂 3 家，总产能为 240.8×10⁴t/a，占国内总产能的 17.4%[4]。PX 产能主要集中在华北、华东和华南一带，这三个地区产能分别占全国总产能的 33%、33% 和 28%。其主要原因是以上三个地区均是下游 PTA 及聚对苯二甲酸乙二醇酯（PET）的主要生产地。2013—2015 年，国内 PX 产能、产量统计结果见表 2-17，PX 表观消费量见表 2-18。2015 年，PX 表观消费量为 2035×10⁴t，国内 PX 产量为 882×10⁴t，PX 净进口量为 1165×10⁴t，增幅为 9.9%，PX 自给率达到 43.3%。

表 2-17　2013—2015 年国内 PX 产能、产量统计表

年份	产能，10⁴t/a	同比，%	产量，10⁴t	同比，%	装置开工率，%
2013	1061	27.6	750	2.0	70.6
2014	1237	16.6	865	15.2	69.9
2015	1383	11.8	882	6.5	63.8

表 2-18　2013—2015 年国内 PX 表观消费量统计表

年份	产量，10⁴t	进口量，10⁴t	出口量，10⁴t	表观消费量，10⁴t	自给率，%
2013	750	905	18	1637	45.8
2014	865	997	10	1852	46.7
2015	882	1165	12	2035	43.3

预计到 2020 年，国内 PX 产能将达到（1870~2140）×10⁴t/a。由于下游 PTA 产能增量更大，供应缺口将大幅增至 1200×10⁴t/a，产业链风险较高，只有加快发展 PX，才能缓解国内市场供应紧张的局面，以确保 PX、PTA、PET 整个产业链的健康发展。目前，国内芳烃的大规模工业生产是通过芳烃联合装置实现的，涉及的关键技术有催化重整、芳烃抽提、甲苯歧化、烷基转移、二甲苯异构化及 PX 分离等芳烃生产技术。近年来，随着工业装置的大型化以及节能和环保要求，开发新的芳烃生产技术和高效能催化剂势在必行，如混合对二甲苯的分离技术、甲苯与甲醇烷基化技术、重芳烃轻质化技术、碳四烃芳构化生产 BTX 技术等，用来拓展芳烃生产和增加芳烃产量，已成为当今石化企业生产 PX 的新方向。

为缓解国内市场对二甲苯供应紧张的局面，国内一些企业正在致力于开发 PX 生产技术。由于芳烃生产成套技术是一个系统复杂、技术密集型的高端技术领域，其集成度高、开发难度大，从而严重制约了中国芳烃生产技术的发展。此前，全球仅美国 UOP 公司和法国 IFP 公司掌握芳烃生产成套技术，特别是 PX 生产技术，市场形成技术垄断，技术许可和专用吸附剂、催化剂价格颇为昂贵。针对此状况，历经多年的努力，中国石化率先在国内开发出具有自主创新、产权明晰的芳烃生产成套技术。2011 年，在中国石化扬子石化公司建成 3×10⁴t/a 工业试验装置并获得成功，2013 年底，在海南炼化 60×10⁴t/a 大型 PX 芳烃项目中推广应用，PX 芳烃装置一次试车成功，生产的 PX 吨产品能耗为国外先进技术的 75%，吨生产成本低 6%，PX 产品纯度为 99.8%。中国石化开发的芳烃生产成套工艺技术总体处于国际领先水平。

第二节 基本有机化工原料生产技术进展

通过"十二五"的创新驱动与技术发展，中国石油在化工原料生产新技术和新型化工催化剂开发方面取得显著成果。开发的大型乙烯成套工艺技术实现了工业应用；研制出的乙烯装置裂解产物配套系列加氢催化剂实现了工业应用，替代了进口催化剂，推动了化工原料生产技术的进步。本章将中国石油在"十二五"期间取得的技术成果分为5部分进行了总结，主要包括：乙烯成套工艺技术开发及配套加氢催化剂研制与工业应用；丙烯及其衍生物生产技术；丁烯及其衍生物生产技术；戊烯及其衍生物综合利用技术；芳烃及其衍生物生产技术。

一、乙烯成套工艺技术开发及配套加氢催化剂研制与工业应用

1. 乙烯成套工艺技术开发与工业应用

截至2011年底，国内建成投产的35套乙烯装置均从国外引进技术。乙烯装置裂解产物组分多、操作条件变化大、流程长、设备多、管道材料复杂，乙烯成套技术是一个系统复杂、技术密集型的高端技术领域，其集成度高、开发难度大。尽管中国乙烯总产能已位居世界第二，跨入乙烯生产大国行列，但并非乙烯生产强国，国内建设乙烯生产装置长期依赖国外技术。为从根本上改变乙烯技术依赖引进的现状，实现乙烯设计技术国产化，中国石油和中国石化分别积极致力于开发乙烯成套工艺技术。中国石油进行了大型乙烯装置成套技术集中攻关，集团公司设立重大科技专项——"大型乙烯装置工业化成套技术开发"，并承担国家支撑计划项目——"百万吨级乙烯成套工艺技术、关键装备研发及示范应用"。经过"十二五"的艰苦技术攻关，攻克了裂解炉、分离工艺、配套工程、裂解产物预测系统、裂解产物加氢精制催化剂生产等多项关键技术，开发出乙烯工艺成套技术，实现重要化工装置自主设计与建设，使中国石油成为世界上少数拥有大型乙烯成套工艺技术商之一，提升了中国乙烯生产的综合实力和竞争力。

1）主要技术进展

（1）石油烃裂解产物预测技术。

中国石油与清华大学合作开发出预测石油烃裂解产物分布组成的计算机软件系统——石油烃裂解产物预测系统（简称HCPC），其功能相当于Technip公司开发的SPYRO设计软件。HCPC软件的主要特性是：①适用于各种裂解炉型；②适用于乙烷、丙烷、液化气、轻烃、石脑油、加氢尾油等原料的裂解产物分布预测；③可用于乙烯装置设计、单周期或多周期裂解炉模拟与优化，以及乙烯工业装置设计过程。

（2）石油烃裂解馏分系列加氢催化剂生产技术。

研制出了适用于乙烯装置裂解产物C_2、C_3、C_4、C_5、C_6—C_8和C_9馏分等配套加氢催化剂，形成系列加氢催化剂生产技术。开发的C_2、C_3馏分加氢除炔精制催化剂性能优异，能够满足聚烯烃生产过程的技术要求；开发的C_4、C_5选择性加氢催化剂、裂解汽油加氢催化剂和C_9馏分加氢催化剂能够满足生产技术需求，催化剂加氢性能达到国外同类催化剂水准，生产的系列加氢催化剂已在国内多套乙烯装置上实现工业应用，实现了乙烯装置裂解产物全部加氢精制催化剂生产技术的国产化，不再依赖同类进口催化剂。

（3）乙烯装置成套工艺技术开发。

中国石油通过乙烯工艺技术攻关，突破了 $15×10^4$ t/a 以上规模乙烯裂解炉、分离工艺、关键工程化设计等重大技术难题，开发出大型乙烯生产装置成套工艺技术，其工艺技术特点是采用五段压缩、双塔前脱丙烷前加氢、三黄金（TGF）分割分离技术、非清晰分馏脱甲烷、超低温甲烷吸收乙烯工艺、低压乙烯塔与乙烯压缩机构成开式热泵等工艺技术等。中国石油开发的乙烯装置裂解工艺流程如图 2-8 所示。

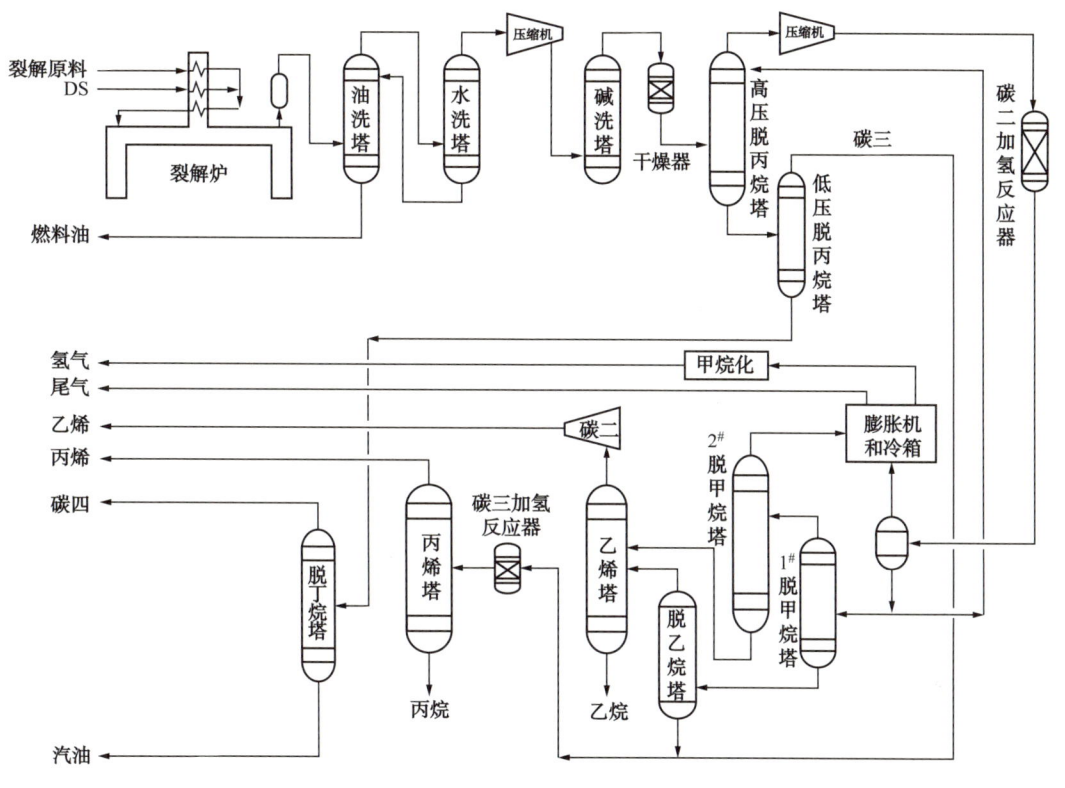

图 2-8　中国石油开发的乙烯装置裂解工艺流程示意图

开发的乙烯成套工艺关键技术有裂解技术、分离技术、开式热泵技术和热集成技术。

①裂解技术。

裂解炉由两个辐射室、一个对流室（两个辐射室共用）、烟道、引风机及烟囱组成，裂解炉采用低 NO_x 燃烧器、全底烧、自吸式结构，炉膛负压由引风机提供。液体原料采用 2 程 U 形炉管，气体原料采用 6 程 M 形炉管或 4 程 W 形炉管。炉管采用强化传热技术，可抑制管内结焦，延长裂解炉的清焦周期。裂解气急冷换热器（废热锅炉）采用双套管结构的线性急冷器，降温速度快，抑制裂解气二次反应，产气量高。

②分离技术——"非清晰分馏"技术。

采用"非清晰分馏"工艺，让脱轻组分塔底的中组分不再经过脱中组分塔而直接进入下游分离过程，降低了脱轻组分塔和脱中组分塔的负荷，从而降低了分离过程能耗。"非清晰分馏"工艺流程如图 2-9 所示。应用"贫油效应"技术，减少乙烯产品的损失并降低能耗，"贫油效应"工艺流程如图 2-10 所示。

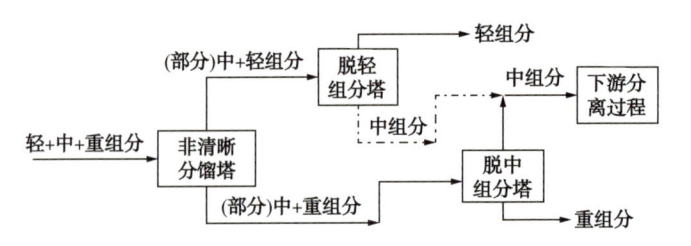

图 2-9 "非清晰分馏"工艺流程示意图

③开式热泵技术。

乙烯压缩机与乙烯塔、丙烯压缩机与丙烯塔可分别组成开式热泵系统，可节省投资、降低能耗。开式热泵系统如图 2-11 所示。

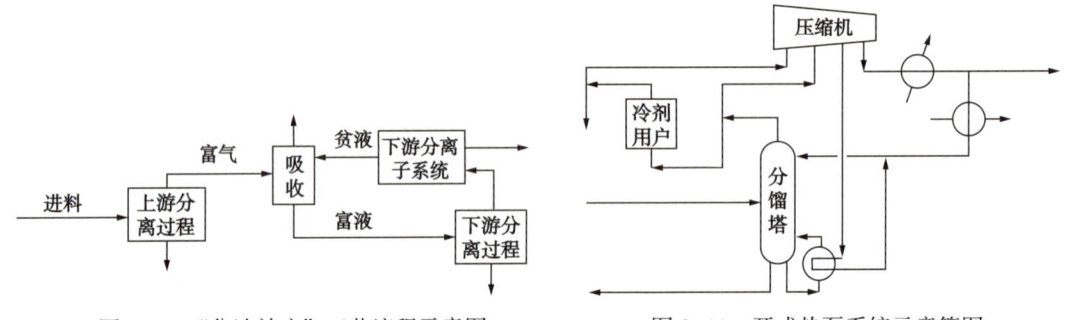

图 2-10 "贫油效应"工艺流程示意图　　图 2-11 开式热泵系统示意简图

④热集成技术。

中游分馏塔向下游分馏塔的进料被分出一股，取代原来的冷剂冷却上游分离过程的进料，然后再进入下游分馏塔，降低了制冷机的功耗，且不增加设备投资。热集成工艺流程如图 2-12 所示。

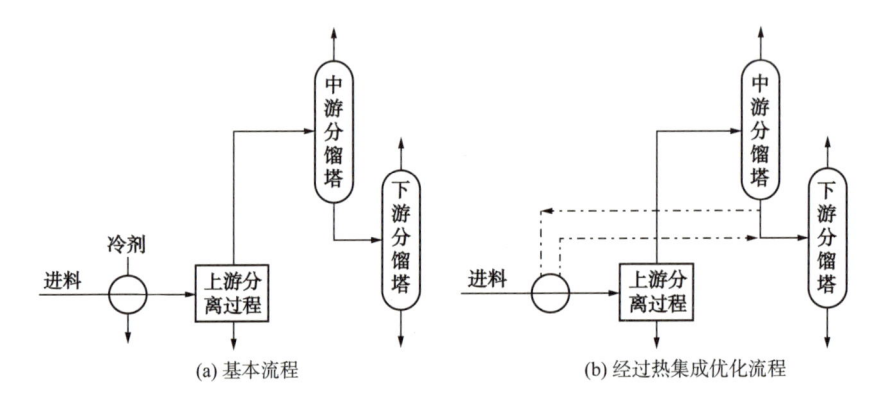

(a) 基本流程　　(b) 经过热集成优化流程

图 2-12 热集成工艺流程示意图

2012 年 10 月，采用中国石油开发的乙烯成套工艺技术，大庆石化 60×10^4 t/a 乙烯装置建成并投产成功，首次实现了大型乙烯装置工艺技术国产化。该项技术开发共申请专利 77 件，其中发明专利 23 件，形成了 34 项核心技术。2015 年，"大型乙烯装置 60×10^4 t/a 乙烯成套技术"获中国石油科学技术进步奖特等奖。2016 年，"大型乙烯装置成套工艺技术、关键装备与工业应用"获国家科学技术进步奖二等奖。

2）应用前景

经过多年的技术创新，中国石油开发出乙烯装置工艺成套技术，实现了重要化工装置自主设计与建设，具有了依靠自主技术建设百万吨级乙烯装置的能力，提升了中国石油乙烯生产技术水平，具备了参与国际市场的竞争能力和技术实力，具有广阔的应用前景。

2. 乙烯装置裂解产物配套加氢催化剂研制与应用技术

1）裂解乙烯馏分加氢除炔催化剂研制与工业应用技术

乙烯是重要的化工原料，主要用于生产聚乙烯等下游衍生产品。乙烯装置裂解生产的乙烯馏分中，还含有少量的乙炔［0.5%~2.0%（体积分数）］杂质，乙炔会严重影响乙烯的聚合过程（乙炔参与聚合反应，使聚合反应催化剂中毒，给聚合系统带来安全隐患）。因此，乙烯馏分需经选择性加氢脱除乙烯中的乙炔后才能用于聚乙烯等产品的生产[15, 16]。

乙烯装置裂解产物分离流程分为两种工艺：一种是乙烯馏分后加氢除炔精制工艺；另一种是乙烯馏分前加氢除炔精制工艺。在乙烯馏分前加氢工艺流程中，加氢反应器位于脱甲烷塔之前，而后加氢则采用顺序分离工艺流程，脱除甲烷、重组分后再进行碳二选择性加氢除炔反应，加氢反应器位于脱甲烷塔之后。后加氢工艺主要以 Lummus 公司顺序分离流程为代表。在前加氢工艺中又分为前脱乙烷前加氢和前脱丙烷前加氢两种，两种工艺流程都是在脱甲烷塔之前通过选择加氢脱除乙炔，但在前脱丙烷前加氢工艺中，进入加氢反应器的物料不仅有乙烯馏分，而且还有部分碳三馏分，在脱除乙炔的同时脱除了部分丙炔和丙二烯[17]等微量杂质。

（1）主要技术进展。

2007 年，中国石油开展了乙烯馏分选择性前加氢催化剂的研制，通过数年的艰苦努力，成功开发出乙烯馏分选择性前加氢 PEC-21 催化剂，并在大庆石化乙烯装置上应用。PEC-21 催化剂具有如下技术特点：

①制备具有特征双峰孔分布的载体技术，制备的载体可有效提高催化剂活性及选择性；通过对反应温度、反应物浓度及溶液 pH 值的关联和控制，制备出具有特征孔分布的载体，具有足够的比表面积，保证催化剂加氢活性的稳定性。

②高分子原位络合制备 Pd-Ag 合金催化剂技术，采用带羟基的联吡啶衍生物对 α-Al_2O_3 载体进行改性，在载体表面形成 Pd、Ag 有机高分子络合物，提高催化剂的加氢选择性。

③低钯含量催化剂预还原钝化处理技术，采用专用还原钝化炉，在氢气气氛下将氧化态钯变成金属态；利用表面分子控制氧化技术，在还原态的钯金属表面形成一层致密的氧化物膜，避免钯的进一步氧化。通过还原—钝化预处理降低催化剂初活性，提高催化剂应用初期的稳定性，同时解决工业装置不具备器内还原的问题。乙烯馏分前加氢 PEC-21 催化剂物性指标及加氢反应性能指标见表 2-19 和表 2-20。

表 2-19 乙烯馏分前加氢 PEC-21 催化剂物性指标

项目	外观	直径，mm	堆密度，g/cm³	比表面积，m²/g	压碎强度，N/粒
PEC-21	灰色小球	ϕ 2.5~4.0	0.85~0.95	3~8	≥ 60

表2-20 乙烯馏分前加氢PEC-21催化剂加氢反应性能指标

催化剂牌号	反应温度，℃			总乙烯选择性，%	丙炔+丙二烯转化率，%	寿命，a
	初期	稳定期	末期			
PEC-21	60~70	70~85	85~95	≥80	≥50	5

中国石油开发出用于工业应用的后加氢PEC-223（LY-C2-02）催化剂，2015年已在国内3套乙烯工业装置上应用。催化剂使用空速范围2000~11000h^{-1}，具有活性高、抗结焦性能好、选择性优异的特点，单段反应器选择性可达80%以上。乙烯装置生产的乙烯馏分经选择性加氢除炔，脱除了其中的微量乙炔，提高了乙烯纯度，以满足烯烃聚合工艺对乙炔含量的要求[20,21]。乙烯加氢精制要求反应器出口没有乙炔和氢气，残留氢气会影响后续的脱氧反应器的运行。降低加氢精制反应器入口的氢气含量，无疑为减少乙烯的损耗。因此，在工业实践中，研究通过设计两种催化剂配合来完成选择性脱除炔的任务，其中一种主要用于选择性脱除乙炔，另一种主要用于脱除反应后残余氢气[22,23]。

2013年，中国石油开发的LY-C2-12催化剂在包头神华首套大型MTO煤基油裂解乙烯生产装置上应用成功；在氢气投料量为50×10^{-6}（体积分数）、乙烯中乙炔含量为4.5×10^{-6}（体积分数）、反应器出口乙烷含量增加40×10^{-6}（体积分数）的操作条件下，通过检测分析没有氢气残留。另外，脱氧反应器的再生周期没有变化，也证明反应器出口没有氢气残留。LY-C2-12催化剂已在包头神华60×10^4t/a MTO装置上连续运行达3年以上。

（2）应用前景。

中国石油开发的乙烯馏分选择性加氢LY-C2-02催化剂具有催化活性高、抗结焦性能好、选择性好的特点，在国内乙烯馏分加氢生产装置上应用，对不同工况的加氢过程的适应能力强，可完全替代国外同类加氢催化剂，具有良好的工业应用前景。

2）裂解丙烯馏分加氢除炔催化剂制备技术开发

目前，国外开发出乙烯装置裂解丙烯馏分加氢精制催化剂的有德国南方化学公司和法国石油研究院（IFP）。德国南方化学公司研制出丙烯馏分加氢精制G-68HX催化剂，在降低加氢催化剂比表面积的同时降低了活性组分含量，从而降低了催化剂生产成本，又提高了催化剂性能，G-68HX催化剂在中国市场占有率约为15%。IFP公司开发出牌号为LD-265、LD-365及改进型LD-465催化剂，在中国市场占有率约为5%。

中国石化最早开始裂解丙烯馏分选择加氢催化剂研究，开发出丙烯馏分加氢催化剂并进行工业化应用。在此基础上，又相继研发出BC-L-83催化剂，改进型牌号为BC-H-30A催化剂实施工业应用，在国内市场占有率近80%，并推广到国外的8套装置上应用。其中，BC-H-30A催化剂综合性能更好，催化剂加氢能将丙烯馏分中含有2.0%~6.0%（体积分数）的丙炔（MA）、丙二烯（PD）脱除。其裂解丙烯馏分加氢反应原理为：

$$CH_3—C≡CH+H_2 \longrightarrow C_3H_6+165 kJ/mol \quad (2-1)$$

$$CH_2=C=CH_2+H_2 \longrightarrow C_3H_6+173 kJ/mol \quad (2-2)$$

$$C_3H_6+H_2 \longrightarrow C_3H_8+124 kJ/mol \quad (2-3)$$

$$n(C_3H_4) \longrightarrow (C_3H_4)_n 低聚物 \quad (2-4)$$

$$C_3H_6 \longrightarrow 高分子聚合物 \quad (2-5)$$

式（2-1）和式（2-2）为目标反应，式（2-3）、式（2-4）和式（2-5）为副反应。

裂解丙烯馏分加氢过程中发生副反应，会影响加氢催化剂的活性和使用寿命。

裂解丙烯馏分加氢精制工艺分为气相加氢和液相加氢两种。液相加氢工艺与气相加氢工艺所用的催化剂均属于钯基催化剂，在加氢过程中，副反应的发生会影响加氢催化剂的活性和使用寿命。丙烯馏分液相加氢指的是含有丙炔和丙二烯的丙烯馏分呈液态通过催化剂床层，在加氢催化剂的作用下，将其中的丙炔、丙二烯经选择性加氢脱除。而气相加氢则需要将丙烯馏分加热气化，呈气态通过催化剂床层。目前，新建丙烯馏分加氢装置均为液相加氢，成为丙烯馏分加氢主流工艺技术，而裂解丙烯馏分气相加氢工艺已逐步退出应用舞台。

（1）主要技术进展。

2009年，中国石油开展裂解丙烯馏分加氢LY-C3-01催化剂小试研究；丙烯馏分加氢催化剂为Al_2O_3负载型催化剂，活性组分Pd及助剂均采用浸渍法进行负载。为了得到合适的物化性能，氧化铝载体在1000~1300℃进行高温处理，采用水溶液浸渍法将Pd及助剂负载到载体表面，得到活性组分壳型分布的催化剂，在高温下活化得到氧化态催化剂。催化剂使用前在工业装置用氢气进行还原，将活性组分转化为金属态，还原压力为常压，氢气空速为200h^{-1}，还原温度为80~120℃。

2013年，中国石油研制的裂解丙烯馏分加氢除炔LY-C3-01催化剂完成中试放大，开发出LY-C3-01催化剂生产技术。中试放大LY-C3-01催化剂用于裂解丙烯馏分加氢结果表明，LY-C3-01催化剂选择性加氢性能优于进口催化剂，与中国石化生产的BC-H-30A催化剂性能相当。申请丙烯馏分加氢催化剂研制及工艺技术的发明专利10余件，开发的丙烯馏分加氢LY-C3-01催化剂已具备工业应用条件。

（2）应用前景。

中国石油开发的中试放大裂解丙烯馏分加氢除炔的LY-C3-01催化剂试验结果显示，LY-C3-01催化剂性能与中国石化生产的BC-H-30A催化剂性能相当，催化剂选择性加氢性能优于进口催化剂，LY-C3-01催化剂已通过中试放大形成催化剂生产技术，催化剂生产成本低，加氢选择性好，具有良好的工业应用前景。

3）裂解碳五馏分加氢催化剂研制与工业应用技术

裂解碳五馏分占乙烯装置产能的10%~17%（质量分数）。裂解碳五馏分经深度加氢饱和后可作为生产乙烯的裂解原料；也可将其中的异戊二烯选择性加氢后用于生产石油树脂等[24, 29]。在碳五馏分加氢催化剂技术研究方面，国内外采用较多的是Pd/Al_2O_3或Ni/Al_2O_3加氢催化剂[30, 34]。其中，钯系催化剂对原料中杂质要求比较严格，镍系催化剂对原料中杂质要求相对宽松。在实际生产中，可根据原料性质进行加氢催化剂选择[35, 36]。法国Axens公司开发的钯系催化剂，可根据不同企业实际生产工况，采用不同催化剂多级串联反应器对碳五馏分进行深度加氢。英国ENGHARD公司开发的镍系催化剂，使碳五馏分加氢产品中的烯烃含量小于0.5%，并在世界各地很多石化企业的工业装置上应用。

（1）主要技术进展。

20世纪末，中国石油开发出裂解碳五馏分加氢催化剂，针对碳五馏分烯烃加氢深度和脱硫需求，相应开发出钼—镍加氢脱烯烃LY-9702E催化剂，并兼有脱硫功能。

2005年，针对碳五馏分中二烯烃选择性加氢开发出专用钯系LY-9801F催化剂；针对不同加氢工况及生产用途，开发出专用烯烃深度加氢的高镍LY-2005催化剂。若原料烯烃较高，可将LY-2005催化剂与LY-9702E催化剂串联使用，采用两段加氢方式来满足企业的生产需求。开发的LY-2005催化剂从解决催化剂活性、抗硫性能出发，设计的催化剂采用共沉淀法制备而成，催化剂活性金属镍含量高达35%~42%。并通过引入助剂元素，很好地解决了催化剂高烯烃饱和活性、抗硫性能、抗结焦性能的使用要求。研发的裂解碳五馏分二烯烃选择加氢LY-9801F催化剂以改性氧化铝为载体，采用浸渍法在载体上负载活性金属钯，钯含量为0.35%~0.45%；为提高催化剂的加氢选择性，催化剂制备中引入某金属助剂进行改性，经干燥、550~600℃焙烧制成催化剂。在载体制备过程中，通过引入硅、磷等助剂，提高了催化剂的脱硫及脱烯烃的加氢活性。通过催化剂制备研究，形成了裂解碳五馏分系列加氢催化剂生产技术。

中国石油开发的碳五馏分系列加氢LY-2005催化剂，分别在大庆华科公司、上海石化公司、独山子天利实业公司等5套工业装置上应用。2009年4月，加氢催化剂在大庆华科公司3×10^4t/a碳五馏分选择性加氢装置应用，工业装置加氢原料中异戊二烯含量为45%~50%、单烯含量为8%~9%，在反应入口温度30~50℃、进料量1t/h、循环量26t/h、氢气量25~30kg/h、反应压力0.7MPa条件下，碳五馏分的异戊二烯加氢转化率大于90%，加氢选择性大于90%，可使加氢产品烯烃含量低于1.0%，加氢催化剂加氢活性和选择性优异。催化剂用于碳五馏分加氢的使用寿命达5年以上。2014年9月，加氢催化剂在独山子石化天利实业公司7×10^4t/a戊烷装置上工业应用，可使加氢产品烯烃含量低于1.0%。加氢结果能够满足企业裂解碳五馏分加氢的技术需求。

（2）应用前景。

中国石油开发的裂解碳五馏分系列加氢精制催化剂，在大庆华科公司、上海石化公司、独山子天利实业公司等工业装置上应用结果显示，该催化剂具有抗杂质性能强、加氢启动温度低、催化剂性能稳定的特点，具有良好的应用前景。

4）裂解汽油加氢催化剂研制与工业应用技术

裂解汽油是石油烃经蒸汽热裂解的乙烯装置生产的重要副产物，在裂解汽油中富含50%~80%的芳烃，是生产芳烃产品的重要原料。除此以外，还含有大量易聚合的不饱和烯烃及硫、氮等杂质，在抽提法生产芳烃时会大幅度降低抽提溶剂的选择性，并严重影响芳烃产品的纯度及色度，因此在裂解汽油抽提芳烃之前，采用两段加氢的方法将裂解汽油中所含杂质脱除[37, 39]。其中，一段加氢采用Pd/Al_2O_3催化剂或Ni/Al_2O_3催化剂，主要脱除双烯烃及部分单烯烃；二段加氢采用钴—钼—镍等非贵金属催化剂[40-45]，脱除剩余的烯烃及硫、氮等杂质。因此，裂解汽油加氢技术是生产芳烃抽提法工艺的关键技术，可为芳烃生产提供合格的原料。

国内外从事裂解汽油一段镍系加氢催化剂的研发单位主要有法国Axens公司、英荷Shell公司、英国庄信万丰、中国石油、中国石化、山西煤炭化学研究所等。开发出裂解汽油一段钯系加氢催化剂的公司主要有美国Engelhard、德国BASF、德国南方化学、法国Axens等国外公司以及中国石油、中国石化等国内公司。国内外开发出裂解汽油二段加氢催化剂的研发单位主要有法国Axens公司、英荷Shell公司、德国巴斯夫公司、德国南方化学公司、环球油品公司（UOP）、中国石油、中国石化、北京三聚环保公司等。目前，在世界上具有代表性的加氢催化剂为法国Axens公司研发的加氢系列催化剂。

裂解汽油一段加氢反应式[46-49]如下：

主反应

$$R\text{—}CH\text{=}CH\text{—}CH\text{=}CH\text{—}R'+H_2 \longrightarrow R\text{—}C_2H_5\text{—}CH\text{=}CH\text{—}R'$$

苯乙烯 $+H_2 \longrightarrow$ 乙苯

环戊二烯 $+H_2 \longrightarrow$ 环戊烯

副反应

$$R\text{—}CH\text{=}CH\text{—}R'+H_2 \longrightarrow R\text{—}CH\text{—}CH\text{—}R'$$

苯 $+3H_2 \longrightarrow$ 环己烷

裂解汽油一段加氢通常在较为缓和的条件下，通过加氢将原料中90%的双烯烃和苯乙烯加氢为单烯烃和乙苯，同时约有10%的单烯烃加氢为饱和烃。一段加氢采用Pd系或Ni系催化剂。Pd/Al_2O_3催化剂抗硫中毒性能较强，加氢选择性及再生性能好，对于原料性质较好的加氢装置为首选催化剂；Ni/Al_2O_3催化剂抗砷、耐胶质及抗水等杂质方面具有一定优势。因此，在杂质含量较高的情况下，Ni/Al_2O_3催化剂具有生产装置运转周期更长和运行稳定性更高的优势。

裂解汽油二段加氢反应式[47-50]如下：

主反应

$$R\text{—}CH\text{=}CH\text{—}R'+H_2 \longrightarrow R\text{—}CH\text{—}CH\text{—}R'$$

$$R\text{—}S\text{—}R'+2H_2 \longrightarrow RH\text{—}R'H+H_2S \uparrow$$

$$R\text{—}噻吩 +4H_2 \longrightarrow CH_3\text{—}CH\text{—}CH_2\text{—}CH_3+H_2S \uparrow$$

副反应

苯 $+3H_2 \longrightarrow$ 环己烷

为了更好地研究加氢脱硫催化剂的催化作用机理，需要了解加氢脱硫反应活性中心的结构和特点。但关于加氢脱硫催化剂活性中心机理到目前为止还没有定论。迄今为止，描述加氢精制催化剂活性相的理论模型有很多种，其中应用最广的为Co-Mo-S相模型，该理论认为Co-Mo-S相是HDS反应的活性相，基本结构单元是具有六方层状结构的MoS_2晶片，Co分布在层状MoS_2的边缘，并沿棱边分布。有研究者发现，不含Co或Ni助催化剂的MoS_2催化剂的加氢脱硫活性也与MoS_2的形貌有关。受催化剂制备条件、活化条件、添加物、载体种类、金属负载量等条件影响，Co-Mo-S存在单层和多层两种片状结构（图2-13），单层MoS_2是加氢活性中心，而多层MoS_2则是氢解活性中心。

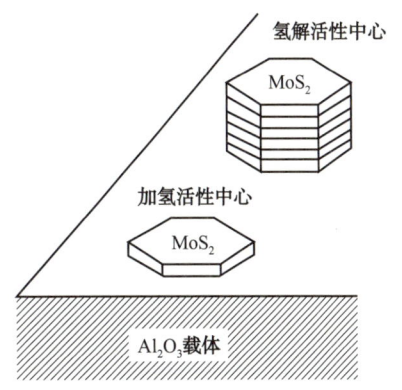

图2-13 催化剂中MoS_2加氢活性中心和氢解活性中心示意图

另有研究者发现，改变催化剂中 Co、Mo、Al 的比例，发现了两种类型的活性结构。（1）Ⅰ型 Co-Mo-S 活性结构：是一种大约 0.6nm 的单层晶体，一个小的单层板块负载在 Al_2O_3 上，Ⅰ型 Co-Mo-S 相通过 Mo-O-Al 键与 Al_2O_3 相互作用较强，是由低温硫化得到的。（2）Ⅱ型 Co-Mo-S 活性结构：由一堆小晶体组成，它的高度与直径比为 1.5~3（或由 3~5 个单层晶体层板块堆积成多层棱柱结构，高 2~3nm），Ⅱ型 Co-Mo-S 相与 Al_2O_3 载体相互作用较弱，是由高温硫化得到的，具有较高的 HDS 活性。

（1）主要技术进展。

自 20 世纪 60 年代中期起，中国石油就开展了裂解汽油一段、二段加氢催化剂研制。研究采用改性氧化铝为载体，由活性金属的盐溶液浸渍氧化铝载体，经干燥和焙烧制备出加氢催化剂产品。在国内率先开发出裂解汽油一段钯系催化剂，实现了工业装置上应用，取得了较好的经济效益和社会声誉。

经过 50 多年的创新与技术发展，以及从事加氢催化剂研发的几代人的相继持续攻关，开发出 LY-2010BH 等 6 个牌号的系列钴—钼—镍加氢催化剂，并在国内 20 余套装置上工业应用。2008 年，成功开发出性能优异的一段镍系 LY-2008 催化剂，并在中国石油独山子石化公司裂解汽油一段加氢装置上实现首次工业应用。目前，开发的裂解汽油一段加氢 LY-2008 催化剂在中国石油炼化企业加氢装置上实现了全覆盖应用。

研究开发了裂解汽油二段钴—钼—镍系催化剂制备技术，形成二段加氢催化剂生产技术，实现了工业应用。裂解汽油二段催化剂主要为 LY-9702、LY-9802 和 LY-2010BH。LY-9702 催化剂主要用于烯烃饱和加氢；LY-9802 催化剂主要用于脱硫、脱氮；LY-2010BH 催化剂为加氢保护剂，主要用于脱除杂质和脱除烯烃。加氢催化剂有氧化态和器外硫化态两种不同形态，根据厂家不同工况，可选择适宜牌号的催化剂应用。

"十二五"期间，中国石油研发的裂解汽油一段、二段加氢催化剂已在国内石化企业大规模推广应用。其中，一段加氢催化剂已在 15 套工业装置上持续应用，汽油二段加氢催化剂在 24 套工业装置上应用。截至 2015 年底，裂解汽油一段、二段加氢催化剂国内市场占有率分别达 40% 和 80% 以上。开发的一段加氢催化剂申请国家发明专利 9 件，申请国外发明专利 11 件。二段加氢催化剂申请国家发明专利 5 件，申请国外发明专利 2 件。

2009 年，裂解汽油一段、二段加氢催化剂工业应用技术获中国石油技术发明奖一等奖；2010 年，获得甘肃省科技进步奖一等奖；2011 年，获国家能源部科技进步奖二等奖；2013 年，获得第十五届中国专利优秀奖。

（2）应用前景。

中国石油相继开发出裂解汽油一段钯系 6 个牌号系列加氢催化剂，开发出裂解汽油一段镍系加氢催化剂。开发出的裂解汽油二段钴—钼—镍系 4 个牌号系列加氢催化剂均实现了工业应用。开发的催化剂具有芳烃加氢损失率低、氢耗低、抗杂质性能强、运转周期长等特点，催化剂工业应用性能和关键技术指标处于国际先进水平。目前，开发的加氢精制催化剂已在国内 50 余套工业装置上规模化推广应用，市场应用前景广阔。

5）裂解碳九馏分加氢催化剂研制与工业应用技术

裂解碳九馏分是乙烯装置的裂解副产物，占乙烯装置产能的 8%~12%。裂解碳九馏分复杂，有 150 多种组分，主要是烷烃组分及少数可聚合芳环烯烃、稠环烯烃等，由于碳九馏分组分多，且各组分含量低，沸点又非常接近，各个组分单独利用比较困难。目前，对于裂解碳九馏分，生产企业大都采用精馏分离的方式加以利用，富含烯烃的碳九馏分主要用于合成石油树脂，但所生产的石油树脂颜色较深，产品性能差，利用率和附加值较低[50-53]。其次，碳九馏分直接切割为汽油、柴油等作为调和汽油组分或燃料油使用，但存在胶质高、颜色发黄、稳定性差等问题，制约了碳九馏分的有效利用。

国内外采用预处理脱除胶质后的碳九馏分，再经加氢精制后可作为溶剂油、高辛烷值汽油调和组分或生产BTX的芳烃原料，可提高其附加值，是碳九馏分有效利用的方法之一。目前，裂解碳九馏分主要采用两段加氢方式进行处理：其中一段加氢大多采用Ni系催化剂，在低温条件下，通过选择性加氢脱除其中的双烯烃、双环戊二烯及其同系物、苯乙烯、茚及其衍生物等；二段加氢一般采用钴—钼、镍—钼、镍—钴—钼等催化剂，在高温条件下，加氢脱除一段加氢后剩余的烯烃、硫、氮、氧、氯等杂质。日本、美国等许多石油公司自20世纪90年代以来，大力发展以重芳烃为原料的芳烃溶剂油，已经形成系列产品。国内山西煤化所开发的一段镍系加氢MH-1催化剂、二段钴—钼系加氢MH-DS催化剂，燕山石化开发的一段镍系加氢YN-1催化剂、二段钴—钼—镍系加氢BY-5催化剂在独山子天利实业公司碳九装置上实现工业应用，利用碳九馏分加氢生产芳烃溶剂油。

（1）主要技术进展。

2005年，中国石油开展了裂解碳九馏分加氢催化剂及应用技术开发。2010年，开发出适于裂解碳九馏分的两段加氢催化剂及工艺技术[54, 55]。其中，一段加氢采用高镍催化剂，主要针对碳九馏分加氢催化剂入口温度高、产品双烯值高、催化剂稳定性差的问题，而设计开发出相应的加氢催化剂。裂解碳九馏分一段加氢镍系催化剂，以Al_2O_3/SiO_2为复合载体，采用共沉淀法制备而成，活性金属镍含量为35%~40%。在催化剂制备过程中，通过添加助剂A等与活性组分镍之间协同作用，提高镍的分散度，使镍不富集、不流失，提高催化剂的加氢活性；通过添加助剂B提高催化剂活性组分镍的稳定性，降低反应起始温度，提高催化剂活性组分镍的还原度。

二段加氢采用钴—钼—镍系催化剂；裂解碳九馏分二段催化剂采用改性氧化铝为载体，由活性金属钴、钼、镍的盐溶液浸渍氧化铝载体，经干燥、焙烧制备而成。在催化剂制备过程中，通过在氧化铝成胶过程中引入无定形硅铝的改性方式，制备出既具有无定形硅铝的高酸度、高比表面积特性，又具有拟薄水铝石优点的改性复合氧化铝载体，提高了催化剂低温脱烯烃的效果，还具有脱硫加氢活性高的特点。

2015年6月，一段镍系加氢催化剂在中国石油独山子石化天利实业公司$13×10^4$t/a碳九馏分加氢装置上实现了工业应用。工业生产装置运行结果表明，在裂解碳九馏分原料中的溴价为103~140g（Br）/100g、胶质为36~52mg/100mL，反应器入口温度50~80℃、进料空速0.8~1.0h^{-1}、循环量80~95t/h条件下，通过一段镍系催化剂加氢后的碳九馏分加氢产品中溴价低于50g（Br）/100g，达到工业装置生产芳烃溶剂油的指标要求，目前装置运行平稳。同时，碳九馏分加氢工业装置生产运行结果显示，该催化剂具有加氢启动温度低、烯烃加氢深度高等特点。该加氢催化剂已获中国发明专利授权2件。2014年，获得甘肃省科技进步奖三等奖。

（2）应用前景。

中国石油对裂解碳九馏分进行了针对性两段加氢催化剂研制，开发出适于裂解碳九馏分的两段加氢催化剂及加氢工艺技术。一段加氢采用高镍催化剂，主要解决碳九加氢催化剂入口温度高、产品双烯值高、催化剂稳定性差的问题，研制出的催化剂具有启动温度低、烯烃加氢深度高等特点。二段加氢采用钴—钼—镍系催化剂，提高了加氢催化剂的低温脱烯烃效果，提高了催化剂的脱硫加氢活性，催化剂加氢效果好，能够满足生产企业的技术需求。开发的裂解碳九馏分两段加氢催化剂应用效果良好，具有推广应用价值。

3. 乙烯裂解炉模拟优化系统开发及工业应用技术

近年来，乙烯生产持续向装置大型化、规模化、集约化方向发展，导致原料需求量大、来源复杂多变，如何有效降低乙烯生产成本、优化装置操作、提高裂解产物收率，已成为乙烯生产企业急需解决的技术问题。为解决乙烯生产过程中存在的上述问题，Technip 公司在多年数据积累和裂解模型研究的基础上，开发出乙烯裂解炉模拟优化软件 SPYRO[56]。目前，SPYRO 软件已应用于国内外多套乙烯装置。

1）主要技术进展

（1）EPSOS 软件开发。

2005 年，中国石油在开展乙烯原料裂解性能与裂解炉操作优化研究的基础上[57]，与清华大学合作开发乙烯裂解炉模拟优化系统（Ethylene Pyrolysis Simulation Optimization System，EPSOS）。历经 5 年技术攻关，相继开发出通用型较强的 EPSOS 1.0 版、2.0 版。EPSOS 软件结构如图 2-14 所示。

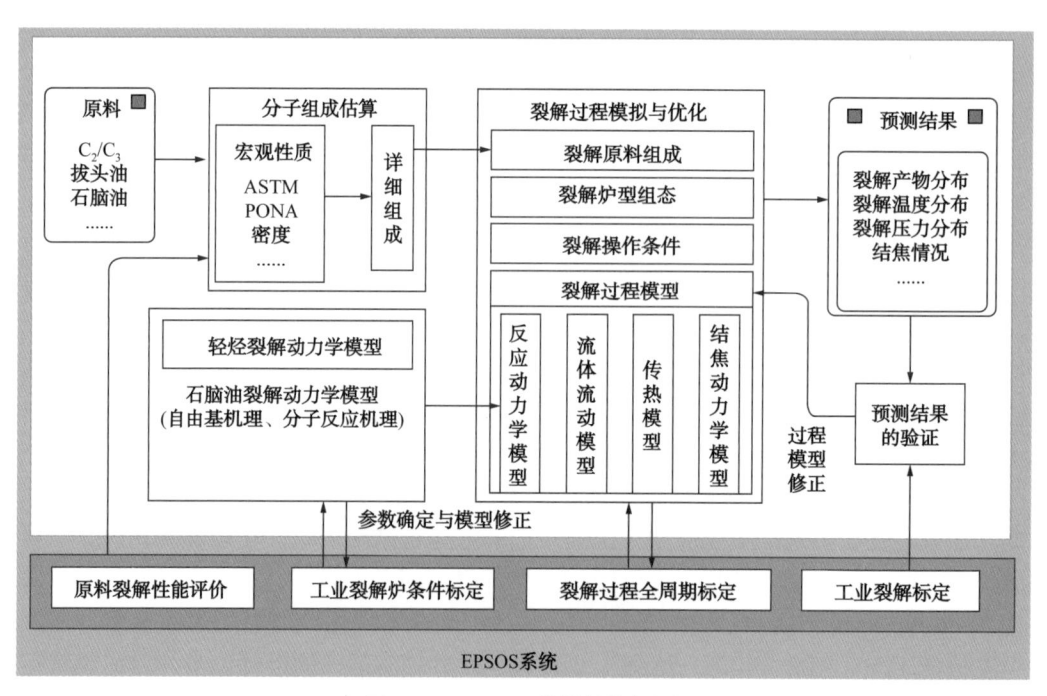

图 2-14 EPSOS 软件结构框图

EPSOS 软件以 Kumar 分子反应动力模型为基础，Kumar 模型包括 1 个一次反应方程和 21 个二次反应方程，该模型将原料油假设为具有平均分子式的单一烃，在一次反应中把复杂的混合物裂解简化为单一烃的裂解，其裂解产物再作为二次反应的原料同时进行二次复杂反应。对于不同的石脑油裂解，一次反应中的选择性系数应做相应调整，而二次反应系数则固定不变。Kumar 分子反应动力学模型[15]见表 2-21。

表 2-21 Kumar 分子反应动力学模型

序号	反应方程	活化能 E, MJ/kmol	指前因子 k_0, s^{-1}
1	$C_{8.05}H_{17.28} \longrightarrow 0.13H_2+0.88CH_4+1.066C_2H_4+0.235C_2H_6+0.543C_3H_6+0.0353C_3H_8+0.0582C_4H_{10}+0.210C_4H_8+0.221C_4H_6+0.242C_4$	219.78	6.565×10^{11}
2	$C_2H_6 \longrightarrow C_2H_4 + H_2$	272.58	4.652×10^{13}
3	$C_3H_6 \longrightarrow C_2H_2 + CH_4$	273.08	7.284×10^{12}
4	$C_2H_2 + C_2H_4 \longrightarrow C_4H_6$	172.47	1.026×10^{12}
5	$2C_2H_6 \longrightarrow C_3H_8 + CH_4$	272.75	3.75×10^{12}
6	$C_2H_4 + C_2H_6 \longrightarrow C_3H_6 + CH_4$	252.60	7.083×10^{13}
7	$C_3H_8 \longrightarrow C_3H_6 + H_2$	214.39	5.888×10^{10}
8	$C_3H_8 \rightarrow C_2H_4 + CH_4$	211.51	4.692×10^{10}
9	$C_3H_8 + C_2H_4 \longrightarrow C_2H_6 + C_3H_6$	246.87	2.536×10^{13}
10	$2C_3H_6 \longrightarrow 3C_2H_4$	268.23	7.386×10^{12}
11	$2C_3H_6 \longrightarrow 0.3C_nH_{2n-6} +0.14C_{6+} + 3CH_4$	237.84	2.424×10^{11}
12	$C_3H_6 + C_2H_6 \longrightarrow 1-C_4H_8 + CH_4$	250.84	1.0×10^{14}
13	$n-C_4H_{10} \longrightarrow C_3H_6 + CH_4$	249.30	7.0×10^{12}
14	$n-C_4H_{10} \longrightarrow 2C_2H_4 + H_2$	295.44	7.0×10^{14}
15	$n-C_4H_{10} \longrightarrow C_2H_4 + C_2H_6$	256.28	4.099×10^{12}
16	$n-C_4H_{10} \longrightarrow 1-C_4H_8 + H_2$	260.66	1.637×10^{12}
17	$1-C_4H_8 \longrightarrow 0.41C_nH_{2n-6} + 0.19C_{6+}$	212.05	2.075×10^{11}
18	$1-C_4H_8 \longrightarrow H_2 + C_4H_6$	209.0	1.0×10^{10}
19	$C_2H_4 + C_4H_6 \longrightarrow B + 2H_2$	144.46	8.385×10^9
20	$C_4H_6 + C_3H_6 \longrightarrow T + 2H_2$	148.98	9.74×10^8
21	$C_4H_6 + 1-C_4H_8 \longrightarrow EB + 2H_2$	242.31	6.4×10^{14}
22	$2C_4H_6 \longrightarrow ST + 2H_2$	124.40	1.51×10^9

研究基于在实验室装置上获得的大量的乙烯原料物性数据、原料裂解性能数据以及工业裂解炉标定数据，提出了估算石脑油原料分子组成的方法及模型，建立了轻烃和石脑油裂解动力学模型，并推算出裂解动力学模型参数。以裂解动力学模型、流体流动模型、传热模型和结焦动力学集成的裂解过程模型，结合裂解原料表征方法、裂解炉炉型组态、COT 校正方法等，开发出 EPSOS 软件，实现了在裂解炉模拟与优化操作过程中的工业应用。根据开发的 EPSOS 软件，可预测出裂解炉炉管内的裂解产物分布、温度分布、压力分布及结焦情况等数据。

EPSOS 软件具有如下特点：
①适用于乙烷、丙烷、液化气、石脑油和加氢尾油等多种裂解原料；
②具有裂解炉辐射段出口温度（COT）校正功能；
③具有炉型灵活组态功能，适用于多种裂解炉型；
④主要裂解产物的模拟预测精度高；

⑤模拟优化功能全面，适用性较强。

2007年10月，采用开发的EPSOS 1.0版在兰州石化24×10⁴t/a乙烯装置上实施工业应用。以石脑油为裂解原料时，应用EPSOS软件进行裂解炉操作优化，优化后的乙烯收率提高了0.72个百分点，丙烯收率降低了0.27个百分点，丁二烯收率提高了0.10个百分点，"三烯"总收率增加0.55个百分点。应用结果表明，EPSOS软件实现了在乙烯装置上的首次工业应用，可有效指导裂解炉优化操作，达到了提高裂解产物收率、降低乙烯生产成本的目的。

2012年7月，经改进、完善、功能扩充的EPSOS 2.0版在兰州石化46×10⁴t/a乙烯装置上进行工业应用。EPSOS软件模拟预测结果与工业炉实际标定结果吻合较好，预测的乙烯、丙烯收率的相对误差分别小于2%、3%。EPSOS指导裂解炉操作优化后，裂解炉的乙烯、"双烯"和"三烯"收率分别提高了1.53个百分点、0.65个百分点和0.60个百分点，裂解炉优化效果显著。EPSOS软件应用后的乙烯工业裂解炉优化效果见表2-22。

表2-22 EPSOS软件应用后的乙烯工业裂解炉优化效果

项 目	EPSOS 1.0版 100%负荷工况			EPSOS 2.0版 低负荷工况			EPSOS 2.0版 高负荷工况		
	优化前	优化后	差值	优化前	优化后	差值	优化前	优化后	差值
乙烯收率，%（质量分数）	33.26	33.98	0.72	30.76	32.46	1.70	<30.76	32.29	>1.53
丙烯收率，%（质量分数）	13.84	13.57	-0.27	16.74	15.83	-0.91	>16.74	15.86	<-0.88
丁二烯收率，%（质量分数）	3.75	3.85	0.10	6.53	6.48	-0.05	>6.53	6.48	<-0.05
双烯收率，%（质量分数）	47.10	47.55	0.45	47.50	48.29	0.79	<47.50	48.15	>0.65
三烯收率，%（质量分数）	50.85	51.40	0.55	54.03	54.77	0.74	<54.03	54.63	>0.60

EPSOS软件获国家软件著作权2项，获发明专利授权1件。2008年，"乙烯裂解炉模拟优化系统软件开发及工业应用"获中国石油科技进步奖一等奖。2015年，"46×10⁴t/a乙烯裂解炉模拟优化技术工业应用"获甘肃省科技进步奖二等奖。

（2）HCPC软件开发。

为完善乙烯成套技术，中国石油在2008年立项的重大科技专项"大型乙烯装置工业化成套技术开发"中，以EPSOS为基础，联合清华大学开发了一款能满足乙烯工程设计要求的裂解气预测软件——HCPC软件。该软件预测的裂解气组分及精度能够满足乙烯装置裂解炉的设计、分离工艺的设计以及乙烯配套丁二烯抽提、汽油加氢及芳烃抽提等工艺工程设计的要求。HCPC软件除主要关注氢气、乙烯、丙烯、丁二烯等重要组分含量的预测结果外，对于一些绝对含量比较少，但是对乙烯及配套工艺装置设计影响比较大的组分也提高了预测精度，如乙炔、乙烷和丙烷等。为满足乙烯裂解装置工程设计的要求，HCPC软件预测的组分包括确切组分38种，不确切组分22种。另外，还在以下几个方面做了重大改进：

①建立了裂解过程裂解结焦动力学模型，使得石油烃裂解产物预测系统实现了工业生产过程中全周期裂解产物预测和全周期裂解过程优化。

②实现了石油烃裂解自由基反应网络的自动生成和反应网络的简化，建立了轻烃（乙烷/丙烷）、石脑油、加氢尾油的裂解自由基完整反应网络和相应的简化反应网络，在提高预测组分数量及预测精度的前提下，不明显增加计算时间。

与商用预测软件只能对固定的裂解炉型进行预测不同，HCPC软件可对各种成熟的裂解炉型及新开发的裂解炉型进行预测，极大地提高了工程设计的灵活性。目前，HCPC软件已经用于中国石油所承接的系统内外新建裂解炉及新建乙烯装置的工程设计中。

2）应用前景

中国石油联合清华大学开发的EPSOS软件和HCPC软件，可应用于石脑油分子组成估算、任意单/多通道或全炉区模拟、裂解炉单周期或全周期的工程设计及优化计算，以及多种目标的优化操作计算等过程。与国外同类裂解炉模拟优化软件相比，EPSOS软件和HCPC软件具有通用性较强、适用性较广、模拟优化功能更全面等优点，适用于不同乙烯原料及多种裂解炉型乙烯装置的优化生产运行过程，可实现裂解炉模拟优化操作，提高裂解产物收率，应用前景广阔。

二、丙烯及其衍生物生产技术

1. 丙烷脱氢制丙烯催化剂制备与工艺技术开发

丙烯是仅次于乙烯的重要化工基础原料，通过乙烯装置生产过程是获得丙烯的主要途径之一。丙烯广泛用于生产聚丙烯、丙烯醛、丙烯酸、异丙醇、丙烯腈、丁辛醇、环氧丙烷[58]等衍生物生产过程，其中聚丙烯是最大的应用领域，占丙烯总产量的64%~65%。

2015年，国内丙烯产量为2300×10^4t，丙烯表观消费量为2577.1×10^4t，进口丙烯277.1×10^4t[59]，丙烯自给率为89.2%，丙烯产量年均增速为11.2%。随着市场经济的发展，丙烯下游产品的需求量迅速上涨，极大地促进了市场对丙烯的需求，丙烯的巨大需求缺口刺激了国内丙烯生产扩产的热潮。主要有煤制甲醇再制烯烃技术（MTO）和丙烷脱氢制丙烯技术（PDH）。相比传统的蒸汽热裂解技术和MTO技术，丙烷脱氢制丙烯技术工艺相对简单，生产成本最低，不同技术路线制烯烃的成本比较分析如图2-15所示。国内已建、在建的丙烷脱氢装置有12套，产能达391×10^4t/a。丙烷脱氢制丙烯技术已发展成为增产丙烯的一种重要技术手段，受到石化企业的青睐。

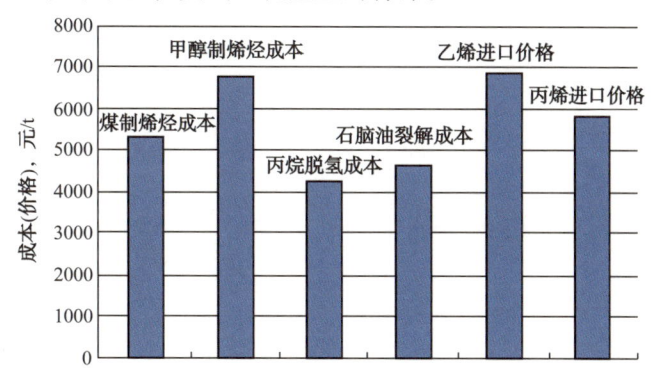

图2-15 不同技术路线制烯烃的成本比较分析

来源：亚化咨询《中国煤制烯烃年度报告2015》，所有成本和价格基于聚合级烯烃单体

丙烷催化脱氢工艺技术是在550~650℃反应温度条件下，丙烷通过催化脱氢制得丙烯和氢气两种产物，均为高附加值产品。相比于其他方法，丙烷催化脱氢生产丙烯和氢气两种产品，且工艺流程简单，产品组成不复杂。但脱氢反应需要在较高的反应温度下进行，反应过程中发生裂化和积炭等多种副反应。丙烷催化脱氢制丙烯的反应过程为：

$$C_3H_8 \xrightarrow{催化剂} C_3H_6+H_2-124kJ/mol$$

目前，世界上开发的丙烷脱氢制丙烯技术主要有4种工艺[66]，即UOP公司开发的Oleflex工艺、Lummus公司开发的Catofin工艺、Uhde公司开发的Star工艺和Snamprogetti/Yarsintz公司开发的FBD-3工艺。上述4种工艺技术各具特色，涉及固定床、移动床和流化床3种丙烷脱氢反应器，铂系和铬系两类脱氢催化剂。截至目前，国内尚无丙烷脱氢工业应用技术，已建成投产或拟建的丙烷脱氢装置均采用国外技术，主要是引进UOP公司的Oleflex工艺和Lummus公司的Catofin工艺。

自2010年起，中国石油联合中国科学院兰州化学物理研究所（简称兰州化物所）开展了丙烷脱氢催化剂研制和循环流化床工艺技术开发。丙烷催化脱氢反应机理表明，丙烷脱氢涉及C—H键的活化，而副反应裂解反应主要涉及C—C键的活化，由于C—H键的键能大于C—C键的键能，因此裂解反应更容易发生。通过助剂筛选与合成方法优化调控催化剂活性，调节催化剂对丙烷分子的吸附能力，从而获得催化剂的更高催化活性与选择性。由于丙烷催化脱氢反应是一个强吸热反应，发生在无氧环境中，深度裂解、异构化、聚合等副反应都会导致催化剂积炭失活。因此，通过抑制催化剂强酸位、降低B酸中心酸量等手段，提高催化剂的抗积炭性能，可有效提高催化剂的使用寿命。由于铬系催化剂具有积炭失活快，需要频繁烧焦再生和循环利用，采用循环流化床工艺可实现催化剂反应、再生的长周期稳定运行，相对于固定床和移动床反应工艺，采用丙烷脱氢流化床工艺具有装置投资少、工艺流程简单的特点。中国石油开发的丙烷催化脱氢制丙烯循环流化床工艺流程如图2-16所示。

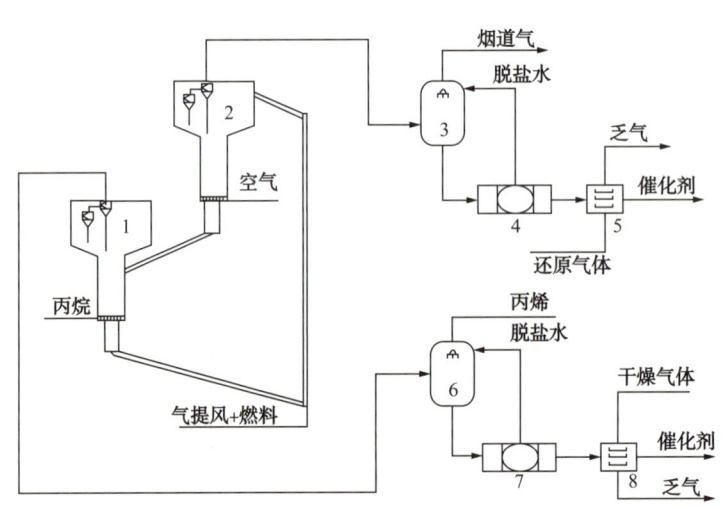

图2-16 丙烷催化脱氢制丙烯循环流化床工艺流程示意图
1—反应器；2—再生器；3，6—水洗塔；4，7—沉降过滤系统；5，8—干燥器

1）主要技术进展

（1）微球催化剂制备技术开发。

2011年，实验室研究发现，采用研制的铬系催化剂在丙烷催化脱氢制丙烯过程中存在着催化剂易积炭和失活快的问题，因此确定研制催化剂制备技术与开发循环流化床反应工艺。

2013年，在小试催化剂制备的基础上，进行了催化剂制备技术的放大研究，针对研制的催化剂特点，进一步开发适于循环流化床工艺的微球催化剂制备造粒技术，制备出铬系催化剂微球催化剂，形成微球催化剂生产技术。研究放大制备的丙烷脱氢微球催化剂理化性质见表2-23。试验采用研制放大的铬系微球催化剂，以99.52%（体积分数）丙烷、0.44%（体积分数）丙烯为原料，在200mL固定床试验装置上考察丙烷脱氢效果。试验结果表明，丙烷转化率为49%（摩尔分数），丙烯选择性为89%（摩尔分数），丙烯收率为43.6%（摩尔分数）。

表2-23 丙烷脱氢微球催化剂理化性质

项　目	指　标
外观	墨绿色微球
基本组成	Cr_2O_3/Al_2O_3
堆密度，g/cm^3	0.90~1.10
比表面积，m^2/g	100~150
孔体积，cm^3/g	0.30~0.50
磨损指数，%（质量分数）/h	0.6~2.5
$D^{[v, 0.5]}$，μm	80~100

注：$D^{[v, 0.5]}$表示中位粒径，为常用于度量微球催化剂颗粒直径的度量单位。

（2）丙烷脱氢循环流化床工艺技术开发。

2014年，在通过固定床反应器获得初步试验结果的基础上，设计建成进料量为1L/h的循环流化床反应器中试装置，并在中试装置上进行了丙烷脱氢制丙烯工艺条件试验，考察和评价了铬系微球放大催化剂的活性稳定性，获得中试研究结果。丙烷脱氢制丙烯中试结果表明，催化剂在升级中试装置上运行的反应活性稳定，丙烷脱氢制丙烯产物分布见表2-24，丙烷转化率为42.2%（摩尔分数），丙烯选择性为86.4%，通过试验得到丙烷脱氢制丙烯的中试工艺技术。

2015年，在1L/h的循环流化床反应器中试装置上进行了长周期稳定性考察试验、最佳工艺条件考察；通过中试研究，形成了循环流化床中试工艺技术；制备出铬系催化剂微球催化剂，形成微球催化剂生产技术，具备进行工业应用的条件。开发的丙烷催化脱氢制丙烯催化剂和工艺技术已申请发明专利5件。

表2-24 丙烷脱氢制丙烯产物分布

组　分	原　料		产　物	
	%（体积分数）	%（质量分数）	%（体积分数）	%（质量分数）
氢气			33.01	2.36
甲烷			4.82	2.76
乙烷			1.67	1.79
乙烯			0.87	0.87
干气合计			40.37	7.78
丙烷	99.52	99.54	36.07	56.71

续表

组 分	原 料 % (体积分数)	原 料 % (质量分数)	产 物 % (体积分数)	产 物 % (质量分数)
环丙烷	0.01	0.01	—	—
丙烯	0.44	0.42	23.34	35.03
异丁烷			0.00	0.00
正丁烷			0.00	0.00
反-2-丁烯			0.03	0.05
1-丁烯			0.02	0.04
异丁烯	0.02	0.03	0.06	0.13
顺-2-丁烯			0.01	0.03
丁二烯			0.00	0.00
C_{5+}			0.09	0.23
合计	100.00	100.00	100.00	100.00

2）应用前景

中国石油开发的丙烷脱氢催化剂和循环流化床工艺成套技术，可将炼厂丙烷脱氢转化为丙烯和氢气，开发出炼厂丙烷利用技术，提高了炼厂丙烷的附加值，具有很好的实用价值。开发的丙烷脱氢制丙烯中试工艺技术，已具备工业应用的条件，可为炼厂丙烷的高附加值利用提供技术支撑，市场前景广阔。

2. 丙烯氨氧化制丙烯腈催化剂开发与工业应用技术

丙烯腈（AN）是一种重要的有机化工原料，主要用于生产丙烯腈纤维（腈纶）、丙烯腈—丁二烯—苯乙烯树脂（ABS）、苯乙烯—丙烯腈树脂（SAN）、丁腈橡胶（NBR）、己二腈、丙烯酰胺及其他衍生物等[61]。

目前，丙烯腈的工业生产方法主要为丙烯氨氧化法和丙烷氨氧化法。其中，丙烯氨氧化法是丙烯腈生产的主要方法。丙烯氨氧化法以丙烯和氨气为原料，在催化剂作用下，在固定流化床反应器中与空气发生丙烯氨氧化反应生成丙烯腈，同时伴随有乙腈、氢氰酸、丙烯醛、丙烯酸和CO_x（CO、CO_2）等副产物生成。此外，还有少量未反应的丙烯和氨。丙烯氨氧化制丙烯腈化学反应如下：

主反应
$$CH_2=CH-CH_3+NH_3+3/2O_2 \longrightarrow CH_2=CH-CN+3H_2O$$

副反应
$$CH_2=CH-CH_3+3/2NH_3+3/2O_2 \longrightarrow 3/2CH_3CN+3H_2O$$
$$CH_2=CH-CH_3+3NH_3+3O_2 \longrightarrow 3HCN+6H_2O$$
$$CH_2=CH-CH_3+O_2 \longrightarrow CH_2=CH-CHO+H_2O$$
$$CH_2=CH-CH_3+3O_2 \longrightarrow 3CO+3H_2O$$
$$CH_2=CH-CH_3+9/2O_2 \longrightarrow 3CO_2+3H_2O$$

20世纪60年代，美国Sohio（现英国BP）公司开发出丙烯氨氧化CA型P/Mo/Bi/SiO_2催化剂和丙烯腈生产工艺，替代了传统的氢氰酸生产丙烯腈的方法，实现了丙烯腈合成工艺技术上的一次革命，使丙烯腈生产技术得到长足发展。近年来，世界丙烯腈产能稳步增长。2008年世界丙烯腈产能达599.1×10⁴t/a，2015年增加到814.7×10⁴t/a。新增产能主要来自亚太地区的韩国、泰国和中国。据预测，到2018年世界丙烯腈的总产能将达到860.0×10⁴t/a，到2020年全球丙烯腈总产能将达到950×10⁴t/a[62]。

2015年，国内丙烯腈产能为216.8×10⁴t/a，产能主要集中在中国石化和中国石油。其中，中国石化产能为120.8×10⁴t/a，约占总产能的55.72%；中国石油产能为70×10⁴t/a，约占32.29%[63]。目前，中国丙烯腈的产量仍不能满足市场需求，目前仍有新建或扩建装置投产，预计到2018年国内丙烯腈的产能将达到350×10⁴t/a，成为世界上最大的丙烯腈生产国。为满足高性能丙烯腈合成催化剂的市场需求，2005年中国石油与营口向阳催化剂有限公司合作，经3年技术攻关成功开发出XYA-5丙烯腈催化剂。

1）主要技术进展

在XYA-5催化剂制备攻关过程中，研究了丙烯氨氧化催化剂的配方及元素影响研究。XYA-5丙烯腈催化剂中载入碱金属和卤族元素，提高了催化剂的反应活性和催化剂负荷。在催化剂中载入稀土元素，提高了催化剂的选择性，减少了反应杂质的生成，使生产装置操作系统干净清洁。XYA-5催化剂丙烯腈催化剂具有活性高、稳定性能优良、低空气与烯烃比、低氨与烯烃比、反应温度低、催化剂负荷高、丙烯腈收率高及产物杂质少等特点。XYA-5催化剂属于低污染型丙烯腈催化剂。XYA-5催化剂与BP公司的C49MC催化剂、中国石化的MB98催化剂的操作条件和技术指标进行对比分析，见表2-25。

表2-25 国内外主要丙烯腈催化剂操作条件和技术指标

项　　目	C49MC	MB98	XYA-5
催化剂负荷	0.06~0.08	0.06~0.085	0.06~0.10
反应压力，MPa	0.04~0.09	0.04~0.08	0.05~0.10
反应温度，℃	425~440	430~450	425~440
氨烯比，mol/mol	1.15~1.20	1.15~1.18	1.13~1.15
空烯比，mol/mol	9.0~9.5	9.0~9.5	9.0~9.5
丙烯腈收率，%	≥79.0	≥79.0	≥80.0
丙烯转化率，%	97.5~98.5	97.5~98.5	98.0~99.0

2006年1月，XYA-5催化剂首先在兰州石化3.12×10⁴t/a丙烯腈装置上工业应用。在工业应用过程中，XYA-5催化剂表现出了活性高、反应生成杂质少、丙烯腈生产装置各系统十分清洁的特点，各塔釜釜液几乎没有聚合物，过滤器不堵塞，降低了操作者的劳动强度和生产成本，提高了装置生产效益。2007年，XYA-5催化剂相继在大庆炼化8×10⁴t/a、大庆石化8×10⁴t/a丙烯腈装置上应用。2010年，XYA-5催化剂在抚顺石化9.2×10⁴t/a、吉林石化两套10.6×10⁴t/a丙烯腈装置上应用。2015年，XYA-5催化剂在江苏斯尔邦石化公司26×10⁴t/a丙烯腈装置上应用。该技术已申请中国发明专利2件，其中1件获授权。2007年，"丙烯腈催化剂研制与工业应用"成果获得甘肃省科技进步奖一等奖。

2）应用前景

随着中国丙烯腈产能的不断增长，迫切需要高负荷、高稳定性的新型丙烯腈催化剂。XYA-5催化剂性能达到国内先进水平，具有市场竞争优势，应用前景广阔。

3. 丙烯氧化制丙烯酸、丙烯醛催化剂开发与工业应用技术

丙烯酸是丙烯的衍生物产品，是重要的有机化工原料和中间体。因丙烯酸具有独特而又活性强的极性分子、不饱和双键及羟酸（—COOH、—COOR）结构，能与多种化合物反应合成一系列丙烯酸共聚物，并经乳液聚合、溶液聚合、共聚等加工方式制备出塑性、交联等聚合物，具有优良的耐候、耐紫外光、耐水、耐热等特性。随着人们对环保意识的不断提高，丙烯酸作为一种重要的绿色化工原料在高吸水性树脂、涂料、纺织、水处理方面得到应用[64]，其使用量日益增大。

丙烯氧化制备丙烯酸及其酯类的生产方法经历了氰乙醇法、雷普（REPPE）法、烯酮法、丙烯腈水解法和丙烯氧化法[65]等发展阶段。目前，全世界工业生产丙烯酸的大型装置全部采用丙烯两段气相氧化法生产丙烯酸。反应分两步进行：第一步是丙烯氧化成为丙烯醛，采用钼—铋系复合氧化物作为催化剂；第二步是将丙烯醛氧化生成丙烯酸，采用钼—钒系复合氧化物作为催化剂[66]。工业生产中应用的丙烯两步氧化法国外技术主要有美国Sohio技术、日本触媒技术、日本三菱油化技术、日本化药技术、德国巴斯夫技术等；国内，中国石油和上海华谊丙烯酸厂拥有丙烯氧化制丙烯酸、丙烯醛技术。

美国Sohio法丙烯氧化生产丙烯酸的工艺过程中，把丙烯、空气、水蒸气按一定的比例同时导入串联的固定床反应器中反应，采用以二氧化硅为载体的钼—铋系和钼—钒系多组分金属氧化物为催化剂，丙烯酸的单程收率可达80%（摩尔分数，下同）左右。德国巴斯夫技术是在丙烯氧化制丙烯醛的基础上进一步开发的丙烯氧化制丙烯酸的新技术，丙烯氧化用钼—铋系催化剂或钼—钴系催化剂，丙烯醛单程收率可达80%，丙烯醛进一步氧化采用钼、钨、钒、铁系催化剂，丙烯酸单程收率可达90%左右。日本触媒技术的反应体系主要由两台串联的固定床反应器和七塔分离系统所组成，丙烯、空气和水蒸气按一定摩尔比混合后送入反应器系统，第一反应器在钼—铋系催化剂中加入元素钴，在第二反应器中以钼、钒、铜系复合金属氧化物作为主体催化剂，载体为二氧化硅、一氧化铅。此工艺的丙烯酸单程收率达83%~86%。日本三菱油化技术与日本触媒技术基本相同，在反应过程同样是利用两台串联的固定床反应器，第一和第二反应器分别采用钼—铋系催化剂和钼—钒系催化剂，丙烯酸总收率大于88%。该技术的特点是在分离丙烯酸的过程中采用新的分离设备，从而缩短了工艺流程，提高了丙烯酸回收率，降低了生产成本和能耗。丙烯氧化所用催化剂使用寿命可达4年，丙烯醛氧化催化剂的使用寿命可达8年。

1）主要技术进展

2001年起，中国石油先后开发出系列丙烯氨氧化制丙烯酸、丙烯醛催化剂。催化剂先后应用于江苏裕廊化工、山东开泰、兰州石化、江苏三木等10套万吨级工业生产装置上，丙烯氨氧化技术和日本三菱油化技术类似，利用两台串联的固定床反应器，丙烯、空气和水蒸气按一定的摩尔比混合后送入反应器系统。应用结果表明，丙烯转化活性和催化剂反应结果均得到厂家认可，与进口催化剂相比，自主开发的丙烯氧化催化剂的产物丙烯酸的选择性和丙烯单耗指标略有差距。

中国石油开发的丙烯氧化制备丙烯醛催化剂的技术特点是：在丙烯氧化催化剂中采用钼—铋—钴等活性组分，在此基础上通过添加硅、钾、铯等元素作为助剂提高丙烯转化率和产品收率。丙烯醛氧化制备丙烯酸催化剂采用钼—钒—钨系，在此基础上通过添加铜、

锑等元素作为助剂提高丙烯酸选择性和收率。两种催化剂均采用共沉淀法制备，多种金属硝酸盐类经反应获得复合多金属氧化物的前驱体，再经干燥、成型、焙烧活化，即可得到催化剂产品。

"十二五"期间，中国石油结合催化剂在江苏裕廊化工、山东开泰等工业装置应用过程暴露出来的选择性较差、丙烯单耗偏高的问题，从几个方面对催化剂性能进行了改进：一是从催化剂的宏观与微观结构入手，为反应产物提供更为通畅的孔道，改善对原料和产物的扩散能力；二是调整催化剂表面总酸量及强弱酸比例，提高催化剂对原料中丙烯以及丙烯醛的氧化能力；三是通过优化成型、焙烧方案提高了催化剂使用稳定性，延长了运行寿命，具有更好的抗结焦性能。改进后的催化剂具有更好的操作弹性，可适应当前生产企业根据市场情况随时调整生产能力的技术需求，能够在保证较高丙烯转化率的同时尽可能地提高丙烯酸选择性。改进的催化剂中试评价结果表明，丙烯空速为 90~105h^{-1}，丙烯转化率大于 97.5%，丙烯酸收率大于 88%，丙烯单耗 0.68t/t，催化剂性能与进口催化剂性能相当，具备工业应用条件。

"十二五"期间，中国石油开发的催化剂在重庆紫光、湖北荆洪和湖北新景 3 套丙烯氧化制丙烯醛装置上工业应用，提高了丙烯转化率和丙烯酸选择性，达到了改性催化剂性能的预期目的。该项成果已申请发明专利 41 件，其中 32 件获得专利授权。2013 年，"高空速、高选择性丙烯氧化制丙烯醛 PRI0901 催化剂开发及其应用"获中国石油和化学工业联合会科技进步三等奖。

2）应用前景

中国石油开发的丙烯酸催化剂的成功工业应用，不再依赖国外公司生产的同类催化剂，极大地促进了国内丙烯酸行业的迅猛发展。从 2002 年的 3 家企业迅速发展到 2015 年的 30 家企业，生产酯化级丙烯酸，产能达 324×10^{4}t/a，丙烯酸酯产能达 329×10^{4}t/a，使中国成为全球最大的丙烯酸及丙烯酸酯生产和消费国，丙烯酸催化剂市场应用前景广阔。

三、丁烯及其衍生物生产技术

1. 裂解碳四馏分中丁二烯抽提技术

丁二烯（1，3-丁二烯）是生产合成橡胶（顺丁橡胶、丁苯橡胶、丁腈橡胶、氯丁橡胶、胶乳）、合成树脂（ABS、SBS、BS、MBS）的重要原料。丁二烯主要是从乙烯裂解装置副产的混合碳四中经溶剂抽提法生产，是中国现阶段工业生产丁二烯产品的主要来源[67]。碳四溶剂抽提法是在裂解混合碳四组分中加入某种极性溶剂，使其各组分之间的相对挥发度差值增大，以便实现各组分的精馏分离。研究结果表明，碳四馏分在极性有机溶剂作用下，各组分之间的相对挥发度和溶解度发生变化，其相对挥发度的规律为丁烷＞丁烯＞丁二烯＞炔烃。碳四馏分在溶剂中的溶解度则与之相反。根据这一基本规律以及各种工艺的不同，通常采用萃取精馏法将碳四馏分中的丁烷与丁烯、丁烯与丁二烯、丁二烯与炔烃分别进行分离，抽提出丁二烯。从碳四馏分中抽提丁二烯技术，因不同溶剂而分为乙腈（ACN）法、二甲基甲酰胺（DMF）和 N-甲基吡咯烷酮（NMP）法等工艺技术。

1）主要技术进展

"十一五"期间，中国石油开展了乙腈（ACN）法从混合碳四中抽提丁二烯工艺技术开发，经数年的技术攻关，开发出自主创新的混合碳四抽提丁二烯工艺技术[68]。乙烯裂解装置副产的混合碳四中主要成分为丁烯、丁烷、丁二烯等，还有少量炔烃和碳三、碳五组分。因混合碳四中各馏分的沸点十分接近，采用乙腈做溶剂的两级萃取精馏和两级普通精馏相结合的工艺，可以从混合碳四馏分中分离出聚合级丁二烯产品。经过多年的持续开发和不断创新改进，中国石油兰州寰球工程公司开发出乙腈（ACN）法，从混合碳四馏分中抽提分离出丁二烯的成套工艺技术。该技术具有装置投资少、工艺操作简单、生产能耗低的特点[69]。

中国石油开发的乙腈法抽提丁二烯工艺流程技术特点如下：

第一萃取精馏塔是在塔的上部加入大量乙腈溶剂，将比丁二烯相对挥发度大的丁烷、丁烯分离出去，将丁烷、丁烯中丁二烯的质量分数控制在 $10×10^{-6}$ 以下，然后经水洗除去其中的乙腈后作为生产 MTBE 的原料，第一萃取精馏塔釜中含有丁二烯、炔烃的乙腈饱和溶液进入第二萃取精馏塔进行分离。

第二萃取精馏塔是一个复杂的分离系统，分为上、中、下三段。上部是溶剂回收段，中部是萃取精馏段，下部提馏段为解吸段，第二萃取精馏塔上部还要加入一定量的乙腈，其作用是将比丁二烯相对挥发度低的碳四炔烃（乙烯基乙炔、丁炔）与丁二烯分离，不含碳四炔烃的丁二烯由塔顶逸出，碳四炔烃从塔的下部侧线采出进入闪蒸塔，将丁二烯、炔烃和乙腈分离后，乙腈再返回到第二萃取精馏塔下部，该塔下部为解吸段，将溶解于乙腈中的碳四几乎完全解吸出来，塔釜乙腈经过四次换热后继续循环使用。经过两级萃取精馏后的丁二烯中还含有少量的甲基乙炔和顺-2-丁烯等轻、重组分，再经过两级普通精馏，分别除去比丁二烯相对挥发度高和低的轻、重馏分，轻馏分（甲基乙炔和微量丁二烯）连续排放到火炬气管网，重碳五馏分及顺2-丁烯由脱重塔釜排出，送出界区。最后分离出质量分数为99.5%的聚合级丁二烯产品。

由于萃取精馏过程中丁烷、丁烯中及闪蒸塔顶产出的炔烃中还含有少量乙腈，需分别经过液液萃取，将乙腈溶解于水中，再经过精馏的方法将乙腈与水分离，乙腈提浓后返回使用，水大部分循环使用，少量排放水送化污池处理。经过萃取后的丁烯、丁烷中乙腈含量降低到 $5×10^{-6}$ 以下，以保证 MTBE 生产装置对原料的要求。需要指出的是，该系统所涉及的物系最大的特点是丁二烯在较高温度下很容易自聚或在氧存在下易于形成爆炸性极强的过氧化物，并易堵塞设备和管道，因此在生产过程中必须连续加入一定量阻聚剂；另一特点是在生产过程中所涉及的乙烯基乙炔质量分数必须严格控制在45%以下，国外曾因此而发生过恶性爆炸事故，不仅经济损失惨重，而且也给社会造成了不良影响。

"十二五"期间，中国石油开发的乙腈法抽提丁二烯工艺技术，首先在兰州石化建成工业装置投产，随后在上海石化、吉林石化、齐鲁石化等相继建成同类工业装置。经过多年的不断创新改进，乙腈法抽提丁二烯技术在工艺、能耗、安全、长周期装置运行方面取得重大进展。随着化工设备的发展、理论研究的深化，乙腈法抽提丁二烯装置在技术方面又取得了长足的进步：

（1）随着高效塔盘的推陈出新，塔板形式不断改进，使得乙腈法抽提丁二烯装置的主要设备——精馏塔的操作负荷、操作弹性、塔板效率大大提高。

（2）采用夹点热量分析方法，通过计算热力学可行能源目标，分析降低能源消耗条件，优化热回收系统，使得能源供应和工艺操作最终完成整合和热集成，实现了充分利用生产装置余热,降低能耗20%。

（3）随着近年来对聚合机理研究的深化,新型低毒、高效、环保型的复配阻聚剂已逐步取代原有阻聚剂,阻聚效率成倍提高,阻聚剂用量明显减少,毒性显著降低。这使得装置生产运行周期不断延长,装置安全性进一步提高,并形成了具有特色的自主创新的乙腈法抽提丁二烯工艺技术。

乙腈法抽提丁二烯技术工艺指标、能耗与二甲基甲酰胺（DMF）法、N-甲基吡咯烷酮（NMP）法相比,乙腈法抽提丁二烯技术的应用有其独特优势。首先,溶剂乙腈来自丙烯腈装置副产,产量充足,市场能满足供应。另外,乙腈黏度低、分子量小,在分离要求相同的情况下,溶剂比相对较小,萃取精馏过程中塔板效率高,且乙腈沸点低,不需要大型压缩机即可满足技术需要;乙腈腐蚀性不强,全套装置采用国产化碳钢设备和管道,基建投资相对较低。截至2015年底,中国石油自主开发的乙腈法抽提丁二烯技术,申报发明专利1件,国内市场占有率在50%以上。

2014年,采用乙腈法抽提丁二烯技术,神华宁煤公司 $7×10^4$t/a 丁二烯装置建成投产,首次实现煤基石脑油裂解混合碳四中抽提丁二烯技术的工业应用。

2）应用前景

随着中国合成橡胶等工业的迅速发展,丁二烯的表观消费量不断增加。同时消费结构也发生了很大的变化,从20世纪几乎全部用于生产合成橡胶,逐渐扩大到生产合成树脂、热塑性弹性体、丁苯胶乳以及其他化工产品,尤其在ABS树脂、SBS热塑性弹性体和丁苯胶乳等方面消费量增幅较大。目前,丁二烯生产技术的关键是进一步降低能耗、物耗,降低生产成本,使丁二烯生产技术再跃上一个新台阶,市场前景广阔。

2. 丁烯氧化脱氢制丁二烯技术

丁二烯（1,3-丁二烯）是一种重要的有机化工原料,用途十分广泛。

目前,世界上丁二烯的生产方式主要有两种:一种是采用乙烯裂解装置副产的混合碳四馏分为原料,采用溶剂抽提工艺生产丁二烯,该方法价格低廉,经济上占优势,是当今世界丁二烯生产的主要工艺技术;另一种是以炼厂混合碳四馏分为原料,经氧化脱氢制得丁二烯[70]。早在20世纪80—90年代,中国就已开发出拥有自主知识产权的技术上成熟的丁烯氧化脱氢制丁二烯工业技术,锦州石化、齐鲁石化等工业装置相继建成投产。90年代后期,受原料及其市场、价格等因素的影响,国内原有丁烯氧化脱氢装置因装置规模小、催化剂耗量大、能耗高、设备技术水平低、废水排放不达标等问题使该技术的发展受到限制,在乙烯裂解碳四抽提生产丁二烯技术的竞争下,丁烯氧化脱氢生产装置相继停产、拆除。

自2010年以来,随着中国汽车工业和合成橡胶工业的快速发展以及环保标准的日益严格,加之乙烯裂解原料的逐步轻质化,使得丁二烯供不应求。因此,仅靠从乙烯装置裂解副产碳四馏分中抽提生产丁二烯产品,已满足不了国内市场发展的需求,预计到2020—2025年年均增长率为6%。在此背景下,国内再次掀起了丁烯氧化脱氢生产丁二烯技术的开发热潮。

在国外,丁烯氧化脱氢工艺最具代表性的是美国TPC集团的Oxo-D工艺和Phillips公司的O-X-D脱氢工艺技术。在国内,兰州化物所率先在国内开发出丁烯氧化脱氢铁系H-198催化剂[71]与工艺技术,并形成丁烯氧化脱氢制丁二烯成套工业技术,实现了工业应用[72]。1992 年，兰州化物所又成功开发出铁系丁烯氧化脱氢无铬型 W-201 催化剂[73]，并在流化床反应器（ϕ2600mm）上进行了长周期运行。2012 年，根据国内市场对丁二烯急需的状况，中国石油联合兰州化物所开发出 10×10^4t/a 丁烯氧化脱氢制丁二烯成套工艺技术。

1）主要技术进展

（1）丁烯氧化脱氢催化剂研制技术开发。

2012 年 10 月，中国石油联合兰州化物所开展 10×10^4t/a 丁烯氧化脱氢制丁二烯成套工艺技术，开发新一代丁烯氧化脱氢催化剂。通过 3 年的努力，在原工业铁系尖晶石型 W-201 催化剂的基础上，通过对催化剂配方调整，调变活性组分以及助剂等改进催化剂性能，研制出催化剂新配方，开发出高选择性、高转化率的丁烯氧化脱氢催化剂。新一代氧化脱氢催化剂反应性能明显优于原工业应用的 W-201 催化剂。以混合碳四馏分为原料，在较佳的工艺条件下［水/丁烯为 12~17（摩尔比），氧/丁烯为 0.65~0.70（摩尔比），反应温度为 370~400℃，丁烯进料体积空速为 400~600h^{-1}］，对比了研制的新催化剂与 W-201 催化剂的脱氢反应性能。试验结果表明，新一代丁烯氧化脱氢催化剂的丁烯转化率、丁二烯选择性及收率均明显高于 W-201 催化剂，其丁烯转化率、丁二烯选择性和收率分别高出 8.43 个百分点、2.45 个百分点和 9.69 个百分点。

（2）丁烯氧化脱氢工艺技术开发。

由于丁烯氧化脱氢反应为强吸热反应过程，因此在丁烯氧化脱氢技术开发中综合了大型湍动流化床反应器设计技术[74]、废水处理技术、高效催化剂制备技术、吸收塔顶尾气油气回收技术、双塔热耦合技术、烷烃高附加值利用技术、反应生成气低温热利用等多项技术于一体的持续改进，开发出丁烯氧化脱氢制丁二烯工艺技术。开发出大型湍动流化床反应器设计技术，单台反应器处理能力达到 5×10^4t/a，反应器直径 ϕ4600mm，扩大段 ϕ7400mm，反应器操作压力 0.2MPa，反应温度 370℃。在反应器内部设置两级四组旋风分离器，在反应器外部设置三级旋风分离系统，实现脱氢装置长周期稳定运行。并成功实现了丁烯氧化脱氢装置设计规模大型化，进一步提升了反应过程的自控水平，显著降低了催化剂剂耗、能耗，实现了"三废"的达标排放。

开发的丁烯氧化脱氢工艺技术主要包括前乙腈单元、氧化脱氢单元和后乙腈单元。并根据原料杂质含量的特点，增加烷烃分离单元和深度醚化单元。随着环保要求日益严格，丁烯氧化脱氢制丁二烯过程的废水排放成为制约技术应用的瓶颈，该工艺的废水主要是氧化脱氢单元产生的含催化剂废水（同时含一定量的醛酮等含氧有机物）和催化剂生产过程中产生的含氨氮废水。研究开发出污水预处理＋污水深度处理两步处理工艺，污水预处理采用内循环 BAF 技术；污水深度处理采用 COBR 组合技术，处理后废水实现达标排放。经上述新技术的开发和使用，开发形成了丁烯氧化脱氢制丁二烯成套工艺技术。经专家鉴定，10×10^4t/a 丁烯氧化脱氢技术经济指标达国内先进水平。

开发的丁烯氧化脱氢生产丁二烯成套技术成功应用于山东华宇等 4 家企业。装置运行结果表明，生产的丁二烯纯度不低于 99.5%，丙炔含量不大于 1mg/kg，水含量不大于 20mg/kg。综合能耗由 1500~1700 kg（EO）/t（丁二烯）降低到 1100~1300kg（EO）/t（丁二烯），剂耗不大于 3.5~4kg/t（丁二烯），"三废"处理后达到国家排放标准。丁烯氧化脱氢制丁二烯工艺技术对比见表 2-26。开发的丁烯氧化脱氢制丁二烯技术已申请发明专利

17件，2013年获得省部级QC成果一等奖。

表2-26 丁烯氧化脱氢制丁二烯工艺技术对比

项目	流化床工艺	
	已有工业技术指标	中国石油新技术指标
反应器最大能力，10^4t/a	2.5	5
反应器最大尺寸，mm	ϕ3400	ϕ4600
氧烯比（摩尔比）	0.6~0.7	0.6~0.7
水烯比（摩尔比）	8~12	8~12
反应温度，℃	360~380	360~380
转化率，%	75	75~80
选择性，%	90	90~94
收率，%	66	70~75
催化剂种类	铁系尖晶石	铁系尖晶石
催化剂损耗，kg/t（丁二烯）	4.5	3.5~4

2）应用前景

国内橡胶工业的不断发展以及聚丁二烯橡胶、丁苯橡胶和ABS生产装置的不断扩能，导致国内丁二烯短缺，丁二烯需求总量仍将保持增长。为了获得市场需要的丁二烯原料，采用丁烯氧化脱氢生产丁二烯技术，将具有良好的工业应用前景。

3. 碳四富炔尾气选择性加氢除炔催化剂开发与应用技术

丁二烯（1，3-丁二烯）是合成橡胶工业的重要单体，主要从乙烯装置裂解副产的碳四馏分中采用溶剂抽提法制取。裂解碳四馏分中除含40%~60%丁二烯外，还含有1%~2%的碳四炔烃。从裂解碳四馏分中提取丁二烯通常采用溶剂抽提法，有乙腈法、N-甲基吡咯烷酮法和二甲基甲酰胺法[76, 77]。在丁二烯抽提过程中，第二萃取精馏塔会富集较多的碳四炔烃，碳四富炔尾气是丁二烯抽提后排放的残余物料，由于其含有大量的乙烯基乙炔和丁二烯等不饱和烃，且炔烃浓度较高（大于35%），易聚合爆炸，无法直接使用，因此大部分厂家低价出售或排火炬燃烧，带来极大安全风险和环境污染。若将碳四富炔尾气通过选择性加氢，将其中的乙烯基乙炔加氢转化为1，3-丁二烯进行回收利用，将降低安全风险，不仅达到了变废为宝的目的，而且对于减少炔烃排放、防止环境污染也起到重要作用。其碳四富炔尾气进行选择性加氢主反应为：

$$CH_2=CH-C\equiv CH + H_2 \longrightarrow CH_2=CH-CH=CH_2 + 94.44kJ$$
$$CH\equiv C-CH_2-CH_3 + H_2 \longrightarrow CH_2=CH-CH_2-CH_3 + 165.31kJ$$

副反应为：

$$CH_2=CH-CH=CH_2 + H_2 \longrightarrow CH_3-CH_2-CH=CH_2 + 110.29kJ$$
$$CH_2=C=CH-CH_3 + H_2 \longrightarrow CH_2=CH-CH_2-CH_3 + 162.34kJ$$
$$CH_2=C=CH-CH_3 + H_2 \longrightarrow CH_3-CH=CH-CH_3 + 169.2kJ \text{ 或 } 173.38kJ$$
$$CH_3-CH=CH-CH_3 + H_2 \longrightarrow CH_3-CH_2-CH_2-CH_3 + 123.53kJ$$
$$nC_4H_6 \longrightarrow (C_4H_6)_n$$

国外在碳四炔烃选择性加氢方面具有代表性的技术有美国UOP公司开发的KLP技术、

法国 IFP 开发的碳四炔烃选择性加氢技术。UOP 公司的 KLP 工艺技术省去第二萃取精馏系统，避免了常规抽提工艺和处理高浓度炔烃的复杂性，且生产的丁二烯纯度高，炔烃含量可控制在 5μg/g 以下。由于前加氢工艺处理的物料中丁二烯含量高，炔烃含量低，不可避免地会损失部分丁二烯，因此对加氢催化剂选择性要求较高。截至 2015 年，已有 10 套丁二烯抽提装置采用 KLP 技术，总产能为 140×10^4 t/a [78, 79]。近年来，UOP 公司和巴斯夫公司又合作开发出一种联合工艺技术，先将碳四馏分中的炔烃选择加氢，然后采用萃取精馏技术从丁烷和丁烯中回收 1,3- 丁二烯 [80, 81]。法国 IFP 公司开发出将碳四馏分中含有的乙烯基乙炔选择性加氢为 1,3- 丁二烯，丁二烯回收率超过 100% [82, 83]。

国内针对碳四富炔尾气选择性加氢回收丁二烯的研究相对较晚。中国石化的燕山石化、齐鲁石化进行过混合碳四前加氢除炔催化剂与工艺技术的开发，研究结果表明，丁二烯损失低于 3%，但催化剂失活速度快、再生周期短，由于该技术开发难度较大，至今未见其技术进行工业应用的报道。中国石油经过多年的加氢催化剂研制工作，开发出碳四富炔尾气选择性加氢催化剂及加氢工艺技术。碳四富炔尾气选择性加氢工艺流程如图 2-17 所示。

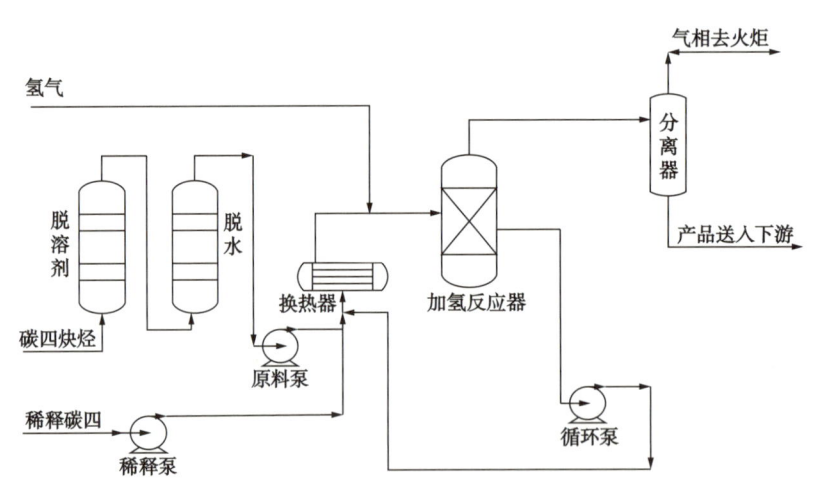

图 2-17 碳四富炔尾气选择性加氢工艺流程示意图

1）主要技术进展

2010 年，中国石油开展了碳四富炔尾气选择性加氢除炔催化剂研制，经过 3 年的技术攻关，通过载体选型、改性、催化剂助剂筛选、催化剂制备方法及其优化、催化剂长周期评价等方面的研究，成功研制了适于碳四炔烃选择加氢回收丁二烯的加氢催化剂，于 2013 年 1 月完成小试研究并通过验收。碳四富炔尾气选择加氢除炔催化剂为 Al_2O_3 负载型催化剂，活性组分 Pd 及助剂均采用浸渍法进行负载。为了得到合适的物化性能，氧化铝载体在 1000~1300℃进行高温处理，采用水溶液浸渍法将 Pd 及助剂负载到载体表面，得到活性组分壳型分布的催化剂，在 400~550℃活化得到氧化态催化剂。催化剂使用前在工业装置用氢气进行还原，将活性组分转化为金属态，还原压力为常压，还原温度为 80~120℃。

2013 年 9 月，进行了碳四富炔尾气选择性加氢除炔催化剂千克级放大技术开发，以碳四炔烃为原料（乙烯基乙炔 13.52%，丁二烯 16.18%），对放大催化剂进行了长周期稳定性及工艺条件优化试验。结果表明，放大催化剂加氢产品中乙烯基乙炔含量小于1.0%，丁二烯选择性大于50%，催化剂物性及加氢性能指标均达到小试、中试催化剂性能的加氢指标，形成创新型加氢催化剂和加氢工艺技术，该技术处于国内领先水平，具备工业应用的条件。现已申请发明专利7件，其中3件已授权。

2015年，中国石油设计与编制出2×10^4t/a碳四富炔尾气选择性加氢除炔回收丁二烯技术工艺包，已供兰州石化、浙江石化进行工业应用。

2）应用前景

2015年，国内丁二烯产能超过100×10^4t/a，排放的碳四炔烃量超过10×10^4t/a。以12×10^4t/a 丁二烯抽提装置为例，每年排放碳四炔烃约2×10^4t，如采用碳四炔烃选择性加氢技术，每年可为企业回收1,3-丁二烯5000t，经济效益显著，市场应用前景广阔。

4. 碳四馏分中异丁烯分离技术

异丁烯是重要的化工原料[83]，主要用于生产丁基橡胶、聚异丁烯、甲基丙烯酸酯、聚烯烃抗氧剂和精细化学品等，混合碳四中的异丁烯主要用作生产MTBE的原料。目前，工业上生产异丁烯主要有3种途径：一是通过甲基叔丁基醚（MTBE）裂解法[84]制得异丁烯；二是通过叔丁醇脱水法制得异丁烯；三是通过异丁烷脱氢制得异丁烯。传统的异丁烯生产是由叔丁醇催化反应脱水而制得，该方法生产的异丁烯纯度高，主要用作高分子合成材料的聚合单体。

目前，国内高纯异丁烯的生产主要采用叔丁醇脱水工艺技术、MTBE裂解工艺技术[85]。由于蒸汽热裂解生产的裂解混合碳四馏分中除有异丁烷、正丁烷外，还含有1-丁烯、异丁烯、反-2-丁烯、顺-2-丁烯等多个碳四烯烃异构体，其中异丁烯和1-丁烯的沸点之差仅为0.64℃，相对挥发度均为1，因此采用常规精馏方法很难将二者分离[86]。中国石油采用化学介入法开发出从混合碳四烃中分离出异丁烯的工艺技术。该技术分两步进行：第一步是混合碳四烃中异丁烯先经催化水合反应生成叔丁醇，第二步是叔丁醇催化精馏脱水制得异丁烯。

水合反应：

$$\underset{\text{异丁烯}}{H_3C-\underset{CH_3}{\overset{CH_2}{C}}}+\underset{\text{水}}{H_2O}\xrightarrow[\text{催化剂}]{\text{水合}}\underset{\text{叔丁醇}}{H_3C-\underset{OH}{\overset{CH_3}{\underset{|}{C}}}-CH_3}\quad-37.68\text{kJ/mol}$$

脱水反应：

$$\underset{\text{叔丁醇}}{H_3C-\underset{OH}{\overset{CH_3}{\underset{|}{C}}}-CH_3}\xrightarrow[\text{催化剂}]{\text{脱水}}\underset{\text{异丁烯}}{H_3C-\underset{CH_3}{\overset{CH_2}{C}}}+\underset{\text{水}}{H_2O}+37.68\text{kJ/mol}$$

1）主要技术进展

研究基于异丁烯水合制叔丁醇、叔丁醇脱水制得异丁烯两步反应方法，开发出从混合碳四馏分中异丁烯分离成套工艺技术。碳四烃中异丁烯分离工艺流程如图2-18所示。已有的碳四烃中异丁烯水合制叔丁醇工业技术采用并流水合生产工艺，由于烃水反应为液液非均相过程，两相物料在催化剂床层不能达到微观混合，水合反应转化率低、收率低，异丁烯单程转化率很难达到50%以上。针对上述问题，研究利用异丁烯水合反应中水不仅是反应物，也是生成物叔丁醇的互溶剂，设计出异丁烯水合制叔丁醇的逆流水合反应器，在异丁烯与水两相流体逆向流动过程进行的水合反应中，反应器轴向方向始终存在着浓度梯度，使向下流动的水相中反应产物叔丁醇浓度逐渐升高，向上流动的碳四中异丁烯浓度逐渐下降，越接近水合反应器顶部，产物叔丁醇浓度和反应物异丁烯浓度越低，烃水比越大，造成两相物料较大的浓度差，从而大大提高了异丁烯水合反应推动力。同时生成物叔丁醇被向下流动的过量水萃取带出反应系统，达到了克服化学反应平衡、抑制可逆反应和带出反应热的目的，促使反应向着生成物的方向进行，使异丁烯反应转化率达85%以上，从而大大提高了异丁烯水合转化率[87]，逆流水合较之并流水合工艺的异丁烯转化率提高30~40个百分点，突破了异丁烯水合反应收率低的技术难题，形成了具有自主知识产权的碳四烃中异丁烯催化逆流水合制叔丁醇工艺技术。

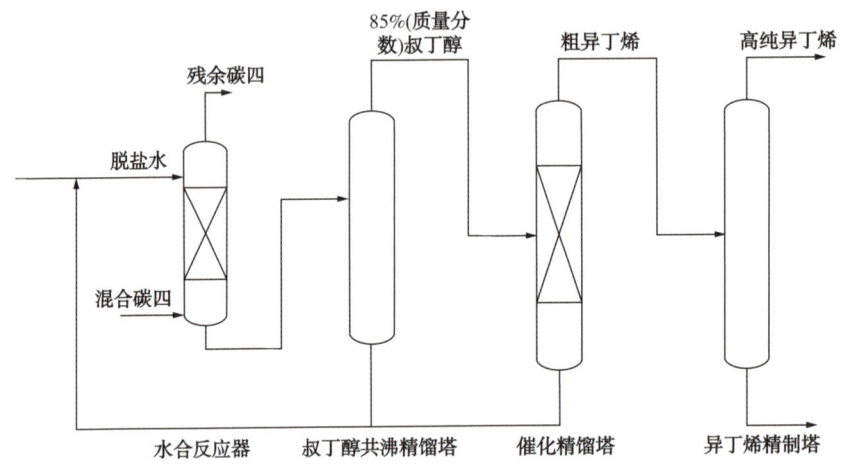

图2-18 碳四烃中异丁烯分离工艺流程示意图

为实现从混合碳四烃中异丁烯逆流水合制叔丁醇工艺技术，中国石油自主研制出了ϕ5mm×5mm圆柱状大颗粒树脂催化剂，形成催化剂工业生产技术。生产的大颗粒树脂催化剂具有装填方便、床层孔隙率高、阻力降小的特点，有效解决了碳四烃、水两相流体能够在催化剂床层通畅逆流流动并进行水合反应的技术难题，使水合反应工艺变为可能。研制的大颗粒树脂催化剂物性见表2-27。

表2-27 大颗粒树脂催化剂物性指标

序号	项 目	物性指标
1	外观	圆柱状
2	粒度，mm×mm	ϕ5×5
3	孔隙率，%	35~38
4	交换当量（干催化剂），mmol（H^+）/g	>4.0
5	含水量，%	50~56
6	堆密度，kg/m³	600~700

续表

序号	项　　目	物性指标
7	比表面积，m²/g	11.0~150
8	孔体积，cm³/g	0.3~0.4
9	平均孔径，nm	600~800
10	色泽	湿剂灰色，干剂灰白色
11	强度，MPa	3~7
12	最高操作温度，℃	100

在此基础上，进一步研究了叔丁醇催化蒸馏脱水制高纯异丁烯工艺技术。在装填 ϕ5mm×5mm 圆柱状大颗粒树脂催化剂的中试装置上，研究了叔丁醇催化精馏脱水工艺技术。催化精馏工艺是将反应和精馏耦合在同一设备内的多单元操作过程，在叔丁醇催化裂解脱水反应的同时将生成水、异丁烯及时分离，使叔丁醇脱水反应始终在较高的浓度下进行，从而提高了叔丁醇脱水反应速率和转化率。研究结果表明，开发的叔丁醇催化精馏脱水技术，叔丁醇脱水转化率不低于97%，异丁烯产品纯度不低于99.8%。

2006年，混合碳四烃中异丁烯逆流水合制叔丁醇技术，0.3×10⁴t/a 叔丁醇工业装置建成投产。异丁烯水合装置运行结果表明，混合碳四烃中异丁烯含量为37%~41%，异丁烯转化率为80%~85%，叔丁醇的选择性不低于99%，大颗粒树脂催化剂寿命不小于2年，经济效益显著。采用该技术，已相继建成国内4套叔丁醇生产工业装置，与国内外同类技术相比，该技术达到国内领先水平，已获得授权发明专利6件。2011年，混合碳四烃中分离异丁烯技术成套工艺技术获中国石油科学技术进步奖三等奖。

2）应用前景

异丁烯是重要的合成橡胶的聚合单体和生产 MTBE 的原料，随着炼油化工产业结构的逐步调整，高纯度异丁烯用作化工原料，利用空间将进一步得到提升，从混合碳四烃中分离出高纯度异丁烯，可用作高分子合成材料的聚合单体，应用前景广阔。

5. 异丁烷脱氢制异丁烯催化剂制备与工艺技术开发

异丁烯是重要的化工原料[83]，除主要从催化裂化装置和乙烯裂解装置副产的混合碳四馏分中获得外，还可通过异丁烷脱氢制取异丁烯。目前，在世界上已开发出4种异丁烷脱氢制异丁烯的工艺技术[88]，即 UOP 公司的 Oleflex 工艺技术、Lummus 公司的 Catofin 工艺技术、Uhde 公司的 Star 工艺技术和 Snamprogetti/Yarsintz 公司的 FBD 工艺技术。上述4种工艺技术各具特色，涉及固定床、移动床和流化床3种反应器，铂系和铬系两类催化剂。铂系催化剂抗积炭性能好，环境友好；但铂系催化剂存在着价格昂贵，抗硫、抗含氧化合物、抗烯烃等杂质性能差的问题。铬系催化剂用于异丁烷脱氢转化率高，异丁烯选择性高；铬系催化剂价格便宜，有较强的抗中毒能力，能抗烯烃、含硫化合物，对抗原料杂质的要求低，是当今世界工业装置上普遍应用的主流催化剂。虽然铬系催化剂容易积炭失活，再生频繁，但烧焦再生容易，可循环使用。由此可见，世界上采用炼厂异丁烷脱氢制异丁烯工艺技术[89-92]是一项生产异丁烯的新技术。

中国石油联合兰州化物所开发了铬系异丁烷脱氢催化剂及循环流化床工艺技术。由于铬系催化剂容易积炭失活快，需要频繁烧焦再生和循环利用，采用循环流化床反应器脱氢工艺可实现催化剂连续反应、再生的长周期稳定运行，相对于固定床和移动床反应工艺，循环流化床脱氢工艺具有生产装置投资少、工艺过程简单、产物收率高和生产成本低的特点。

研制的铬系催化剂以负载型氧化物形式存在，异丁烷催化脱氢涉及C—H键的活化，副反应裂解反应主要涉及C—C键的活化，因C—H键的键能大于C—C键的键能，因此裂解反应更容易发生。通过助剂筛选与合成方法优化调控催化剂活性，调节催化剂对异丁烷分子的吸附能力，从而获得更高催化活性与选择性。由于异丁烷催化脱氢反应是一个强吸热反应，而且异丁烷脱氢反应发生在无氧环境中，深度裂解、异构化、聚合等副反应都会导致催化剂积炭失活。因此通过抑制催化剂强酸位、降低B酸中心酸量、氢溢流等手段，可提高催化剂的抗积炭性能，有效提高催化剂的使用寿命。

1）主要技术进展

（1）微球催化剂制备技术。

针对异丁烷催化脱氢制异丁烯循环流化床反应工艺，研究开发出适于流化床反应的铬系微球催化剂造粒技术，在小试催化剂制备基础上进行了微球催化剂放大制备技术开发，开发出微球催化剂造粒技术。微球催化剂的理化性质见表2-28。

表2-28 微球催化剂理化性质

项目	指标
外观	墨绿色微球
基本组成	Cr_2O_3/Al_2O_3
堆密度，g/cm^3	0.90~1.10
比表面积，m^2/g	100~150
孔体积，cm^3/g	0.30~0.50
磨损指数，%（质量分数）/h	0.6~2.5
$D^{[v, 0.5]}$，μm	80~100

（2）异丁烷脱氢循环流化床工艺技术。

以异丁烷（含异丁烷88.24%，正丁烷10.5%，丙烷0.77%）为原料，在升级循环流化床中试装置上进行了异丁烷脱氢制异丁烯工艺技术研究以及放大催化剂活性评价与稳定性试验。异丁烷脱氢中试结果表明，催化剂在异丁烷脱氢中试装置上运行活性稳定，异丁烷转化率为55.3%（摩尔分数），异丁烯选择性为88.0%，异丁烷脱氢产物分布见表2-29。异丁烷脱氢制异丁烯中试技术，现已申请发明专利5件，具备了工业应用的条件。

表2-29 异丁烷脱氢产物分布

组 分	原 料		产 物	
	%（体积分数）	%（质量分数）	%（体积分数）	%（质量分数）
氢气			39.44	2.44
甲烷			5.37	2.66
乙烷	0.04	0.02	0.70	0.65
乙烯			0.42	0.37

续表

组 分	原 料		产 物	
	%（体积分数）	%（质量分数）	%（体积分数）	%（质量分数）
干气合计	0.04	0.02	45.93	6.11
丙烷	1.01	0.77	0.84	1.15
丙烯	0.02	0.01	2.24	2.91
异丁烷	88.08	88.24	21.07	37.77
正丁烷	10.48	10.50	2.53	4.53
丁烷合计	98.56	98.74	23.60	42.30
反-2-丁烯			0.71	1.23
1-丁烯			0.54	0.93
异丁烯			24.81	42.94
顺-2-丁烯			0.53	0.91
丁烯合计			26.58	46.01
丁二烯			0.48	0.80
碳五	0.36	0.46	0.32	0.72
合计	100.00	100.00	100.00	100.00

2）应用前景

炼厂异丁烷除用作烷基化原料外，还可将剩余异丁烷脱氢转化为异丁烯，作为合成橡胶聚合单体和生产 MTBE 的原料，具有重要的实用价值。中国石油开发出异丁烷脱氢制异丁烯成套工艺技术，可为炼厂异丁烷利用提供技术支撑，具有良好的应用前景。

四、戊烯及其衍生物的综合利用技术

1. 裂解碳五烯烃分离技术

乙烯裂解装置副产的碳五馏分占蒸汽热裂解乙烯装置产能的 10%~17%（质量分数），碳五馏分的组分繁多，其中异戊二烯、环戊二烯和间戊二烯含量占碳五馏分总量的 40%~60%。碳五馏分中的二烯烃具有易于聚合的特性，通常被用作合成高分子材料的聚合单体，是合成橡胶、工程塑料、石油树脂等的重要原料，已成为碳五馏分综合利用的主要途径之一[93, 94]。近年来，随着国内乙烯工业的迅猛发展，裂解碳五资源量迅速增长，裂解碳五馏分的利用受到石化行业的高度重视。

20 世纪中期，美国和日本等发达国家开发出裂解碳五馏分中双烯烃的分离技术。由于裂解碳五馏分异构体组分多，各组分间沸点接近，部分组分间能产生共沸，采用普通蒸馏方法难以将其分离开来。经多年的技术发展和进步，碳五馏分分离技术已趋成熟，从碳五馏分中分离出的异戊二烯用来生产异戊橡胶、丁基橡胶、SIS 弹性体及精细化学品等；环戊二烯用来生产高级加氢石油树脂、高强度工程塑料、合成橡胶、合成药物等；间戊二烯可用于制造高级脂肪族石油树脂，可有效降低乙烯装置生产成本，提高了市场竞争力。

国外碳五馏分分离主要采用以乙腈（CAN）为溶剂的精馏—萃取精馏组合工艺技术。日本合成橡胶公司、埃克森美孚和壳牌等公司均成功开发并建成了 ACN 法分离碳五馏分生产装置。乙腈法的特点是溶剂来源丰富，价格低廉，对设备腐蚀性小，萃取精馏塔塔板效率高。日本瑞翁公司成功开发了二甲基甲酰胺（DMF）溶剂法碳五馏分分离技术；该碳五馏分分离工艺流程主要由两段萃取精馏和两段普通精馏组成，其特点是溶剂选择性高，操作费用低，对设备无腐蚀。德国巴斯夫公司成功开发了 N- 甲基吡咯烷酮（NMP）法碳五馏分分离技术，以含水 8% 的 NMP 作为溶剂。其特点是流程相对简单，但能耗较高。美国和日本的一些公司首先将裂解碳五馏分通过热二聚、精馏相结合的简单分离流程制得较高纯度的双环戊二烯（含量 80%）和间戊二烯（50%~60%），用来生产各种石油树脂，剩余的浓缩异戊二烯（含量 30%~40%）从各个地区集中到一起精制，以生产聚合级异戊二烯。美国固特异公司的 8.4×10^4 t/a 异戊二烯的分离装置就是集中了雪佛龙、陶氏、埃克森等公司的浓缩异戊二烯原料生产聚合级异戊二烯。日本将碳五馏分的 80%~85% 用于分离异戊二烯，瑞翁公司集中了日本水岛地区石油化工生产企业的 200×10^4 t 碳五馏分，从碳五馏分中分离出异戊二烯，并建成 4.5×10^4 t/a 异戊二烯分离装置投产。

20 世纪 80 年代，中国石化上海金山石化公司开发出 DMF 法的碳五馏分分离技术，建成的碳五分离工业装置投产，经持续改进，开发出碳五分离成套工艺技术，使裂解碳五馏分利用率达到世界先进水平。

1）主要技术进展

2006 年，中国石油建成 3000t/a 碳五馏分分离中试装置。2009 年，建成了 5×10^4 t/a 碳五馏分分离工业化装置。2012 年，相继开发出 20×10^4 t/a 乙腈法和 DMF 法两套碳五馏分分离技术工艺包，开发的 DMF 法在能耗、物耗等经济指标方面与国内外同类工艺技术水平相当，开发的乙腈法填补了国内空白。中国石油自主开发了碳五馏分分离、异戊橡胶和碳五石油树脂相结合利用的成套工业技术。开发的 20×10^4 t/a 碳五馏分分离 DMF 法和 ACN 成套技术工艺包，集成了国内多套乙烯装置碳五馏分的组成特点[95, 96]，形成了较为完善的碳五馏分中二烯烃综合利用产业链，为碳五馏分中二烯烃的高效利用提供了技术支撑。在碳五馏分分离技术开发中申报发明专利 10 件，已授权 3 件。5×10^4 t/a 碳五馏分分离工业生产装置相继建成投产，2×10^4 t/a 碳五加氢石油树脂工业装置建成投产，实现工业应用。

2）应用前景

开发出 20×10^4 t/a 碳五馏分分离 DMF 法和 CAN 法成套工艺技术，形成了一条较为完整的碳五馏分中二烯烃综合利用产业链，产品质量达到同类产品先进水平，实现了碳五馏分高效利用，为国内碳五资源综合利用起到很好的示范作用，具有广阔的应用前景。

2. 裂解碳五烯烃生产石油树脂技术

乙烯装置裂解副产的碳五馏分的综合利用在中国起步较晚，目前大部分碳五馏分直接用作裂解炉和蒸汽锅炉的燃料，或加氢后用作乙烯装置的裂解原料，仅少部分用于生产石油树脂和分离生产异戊二烯、双环戊二烯等单体。因此，国内生产企业的碳五资源综合利用水平较低。而碳五馏分的深加工属石油化工行业的源头性化工原料，其综合利用对下游产品经济利用率产生较大影响。利用碳五烯烃生产石油树脂是高效利用途径之一。碳五树脂的市场需求量以每年 8%~10% 的速度增长，对拉动企业经济增长、提高企业生产水平都具有重要的意义。

碳五石油树脂平均分子量为 1000~3000，具有酸值低、混溶性好、熔点低、黏合性好、耐水和耐化学品等特点，以及较好的降凝增黏和改善黏度系数的性能，通常用于生产热熔胶、压敏胶、路标漆、纸张施胶剂等。而加氢后的碳五石油树脂无色、无味，耐热性和耐候性能好，可用于生产卫生用品、食品、医药品和高加值产品包装的粘接热熔胶等。

工业上生产的碳五石油树脂根据原料的不同可分为5类[91-99]：

（1）原料经过初步分离或未经分离的碳五馏分生产混合碳五石油树脂；

（2）原料为浓缩间戊二烯为主要组分生产的脂肪族碳五石油树脂；

（3）以双环戊二烯为主要原料生产双环戊二烯脂环族碳五石油树脂；

（4）以碳五/碳九馏分生产的共聚树脂以及双环戊二烯与其他物质生产的共聚树脂；

（5）经分离出的碳五馏分中二烯烃生产的加氢改性石油树脂。其中，加氢改性石油树脂质量好，用途最广。

碳五加氢石油树脂的生产工艺特点是：将裂解碳五馏分进行预处理脱除碳四、碳六等轻、重组分后，对碳五馏分进行预加氢，再进行热聚反应生成可聚合生产树脂的原料。在催化剂作用下，聚合原料通过Friedel-Crafts反应机理生成粗树脂，在中和工段用NaOH溶液中和未反应的催化剂，再经水洗，除去可溶性铝盐、钠盐，得到粗树脂，粗树脂经加氢后，加入添加剂并成型即得到颗粒状的透明碳五加氢石油树脂。

1）主要技术进展

经数年的技术攻关，中国石油开发出碳五加氢石油树脂生产技术。碳五加氢石油树脂采用多釜连续聚合生产工艺，对粗树脂经固定床加氢后，改善树脂的相容性、色度、光及热稳定性，以提高树脂产品的质量。对部分加氢的反应器中还设置了旁路管线，可以方便地调整流程，提高了聚合装置的适应性，并且通过不同的加氢工艺条件控制产品质量和色度，满足产品质量要求，从而开发出碳五加氢石油树脂生产技术。

2003年，采用乙烯装置裂解碳五馏分为原料生产高档加氢碳五石油树脂，兰州石化8000×10⁴t/a碳五加氢石油树脂生产装置建成投产，成为国产化技术建成的国内第一套碳五加氢石油树脂生产装置。在装置投产初期，一度出现生产不稳定、产品质量不达标问题。针对生产中存在的问题，在生产企业的大力配合下，经过2003—2006年长达4年的不断探索和技术改造，逐步解决了碳五加氢石油树脂生产中存在的技术难题。

2007年，碳五加氢石油树脂生产装置实现了平稳运行，产品质量达到优级品，形成碳五加氢石油树脂生产工艺成套技术。经专家鉴定，碳五加氢石油树脂成套工艺生产技术属国内首创，达到国际先进水平。中国石油开发的碳五加氢石油树脂技术已申请国家发明专利16件，获授权13件。2007年，"8000t/a碳五加氢石油树脂工业技术开发"获得中国石油科技进步奖一等奖。

2）应用前景

2012年，中国石油在8000t/a碳五石油树脂工业生产技术的基础上，进一步开发编制出具有自主知识产权的2×10⁴t/a碳五加氢石油树脂成套技术工艺包。该工艺包的开发，有利于支撑石化行业裂解碳五馏分的深加工利用，提高了裂解碳五馏分的利用率和附加值，具有广阔的应用前景。

五、芳烃及其衍生物生产技术

1. 苯与甲醇烷基化生产混合芳烃技术开发

2015年中国苯产能达1050×10⁴t/a，年均增速为11.3%。苯产量从2005年的

306.1×10⁴t 到 2015 年增加至 783.1×10⁴t，年均增速为 9.8%。同样，随着炼焦行业及焦化行业产业结构的调整，焦化苯产量仍将继续增长，2015 年焦化粗苯产量达 400×10⁴t 左右，下游产品需求量在 900×10⁴t 左右，苯的综合利用必将成为生产企业优先考虑的问题。而甲醇作为一种廉价易得的优良化工原料，是煤化工的重要产物之一。随着煤化工产业的迅猛发展，市场上甲醇产量迅速增多，据有关资料报道，2012 年底，中国甲醇产能已达到 5149.1×10⁴t/a，约占全球总产能的 50%。2013 年，甲醇产量为 3129×10⁴t，表观消费量为 3622×10⁴t，甲醇产能过剩，甲醇生产装置开工率在 62% 左右。由于甲醇在酯化、醚化、甲醇制烯烃等方面得到广泛的应用，如何将甲醇合理利用将成为国内生产企业研究的热点。

中国石油乌鲁木齐石化公司百万吨芳烃联合装置建成后，重整装置既可以生产高芳烃的汽油调和组分，也可以生产苯、甲苯、二甲苯等化工原料，每年有 30×10⁴t 的纯苯产品，苯在汽油中的含量被严格限制在 1% 以内。通过纯苯与廉价的甲醇烷基化反应生产混合芳烃作为高辛烷值汽油调和组分，具有较好的经济效益。另外，近几年随着中国聚酯产能的增加，对 PX 的需求量也在急剧增加，因此，针对市场对二甲苯的迫切需求，中国石油开发出苯与甲醇烷基化生产二甲苯新技术，是解决苯利用的有效途径之一，该技术开发成功既可缓解 PX 原料短缺的矛盾，又可解决西部地区苯与甲醇产能过剩的问题。苯与甲醇烷基化反应方程如下：

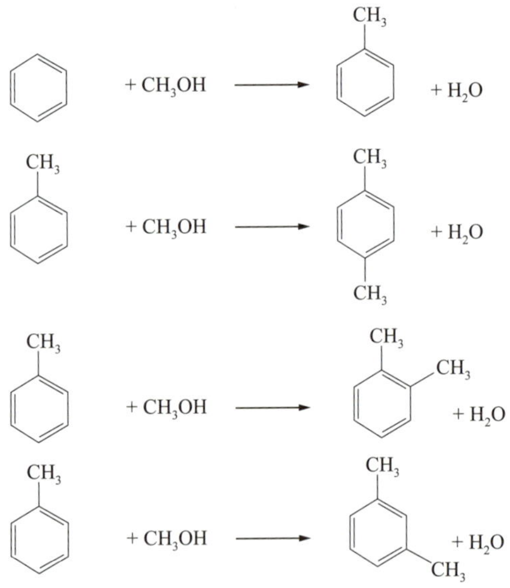

苯与甲醇烷基化工艺流程如图 2-19 所示。

1）主要技术进展

2008 年，中国石油开展苯与甲醇烷基化催化剂研制及工艺技术的探索性研究，采用固相水热晶化法和后处理法合成的多级孔 ZSM-5 分子筛对苯与甲醇烷基化反应性能进行了研究。2010 年，完成了苯与甲醇烷基化小试催化剂的制备技术研究以及催化剂活性与稳定性试验评价，得到小试研究结果。2012 年，进行了苯与甲醇烷基化升级工业粒度催化剂的制备技术开发，工业粒度的催化剂在模试装置上进行了 2800 多个小时的长周期稳定性试验，并对催化剂的失活机理进行了研究，获得失活催化剂的再生工艺条件，对再生的催化剂进行了长达 2815h 的长周期稳定性评价，苯的转化率平均在 55% 以上，甲醇转化率达 100%，甲苯和混合二甲苯的选择性在 89% 以上，甲苯和二甲苯的收率在 50% 以上，整个试验反应过程的产品组成稳定。2014 年，进行了催化剂吨级放大，工业放大催化剂在模试装置上的催化活性稳定性达到小试催化剂水平。

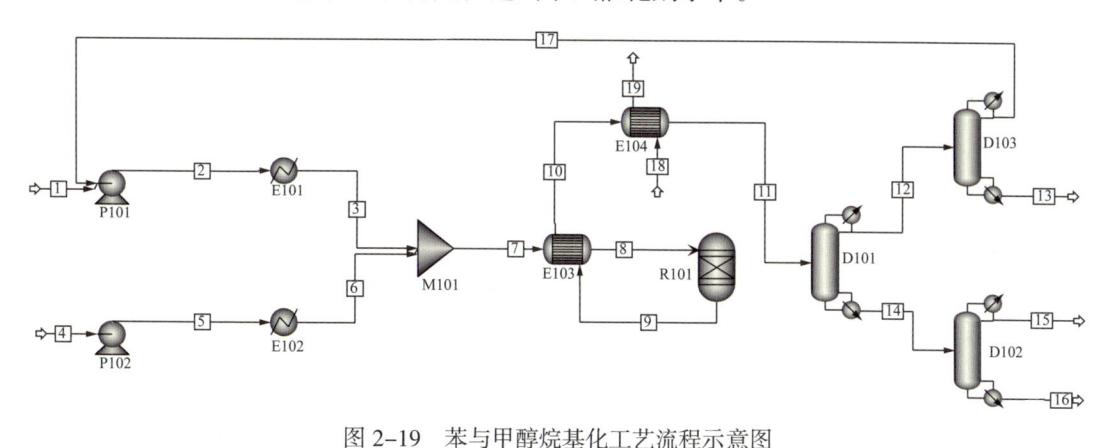

图 2-19 苯与甲醇烷基化工艺流程示意图

1，2，3—原料苯；4，5，6—水和甲醇；7，8—水、甲醇和苯的混合物；9，10—气相初产物；11—液相初产物；12—苯、甲苯和水；13—甲苯；14—C_{7+}；15—二甲苯；16—C_{9+}；17—循环苯和水；18，19—冷却水

2015 年，乌鲁木齐石化生产出工业试验用催化剂，并对工业试验用催化剂进行了总计 8533h 长周期寿命考察。其中，工业用催化剂进行 2838h 稳定性评价试验，一次再生后的催化剂连续运行了 2815h，二次再生后的催化剂累计运行 2880h，催化剂运行的活性稳定性较好。又对乌鲁木齐石化炼厂半再生重整装置进行改造，改造建设 3×10^4t/a 苯与甲醇烷基化生产混合芳烃工业试验装置；目前，已经完成施工招标，将进一步改造建成工业试验装置开展工业试验。在获得工业试验数据的基础上，最终设计编制出 50×10^4t/a 苯与甲醇烷基化生产混合芳烃技术工艺包。

开发的苯与甲醇烷基化催化剂和工艺技术已申请发明专利 10 件，申报中国石油技术秘密 6 项。2014 年，苯与甲醇烷基化技术荣获乌鲁木齐石化科技进步二等奖，获新疆维吾尔自治区科技进步三等奖。经专家评价，乌鲁木齐石化开发的苯与甲醇烷基化生产混合芳烃技术达到国际先进水平。

2）应用前景

近年来，随着国内乙烯装置新建和改扩建、炼厂芳烃装置的新建和改扩建以及 TDP 装置的不断扩能，纯苯的产能及产量将大幅增加，这必将导致纯苯的供过于求。而甲苯、二甲苯是最基本的化工原料，特别是对二甲苯，国内需求增长迅速，未来几年 PX 和 PTA 供应紧张，将大量依赖进口。因此，通过纯苯增产甲苯、二甲苯是纯苯有效利用的一个重要途径，该技术的开发成功可以在一定时间内缓解 PX 原料短缺的矛盾，又可解决汽油辛烷值不足的矛盾，具有较好的应用前景。

2. C_8 芳烃异构化催化剂开发与工业应用技术

C_8 芳烃是对二甲苯（PX）、间二甲苯、邻二甲苯和乙苯 4 个异构体的混合物，它们都是重要的有机化工原料[100]。其主要来源是催化重整，其次是来自甲苯歧化和烷基转移生产过程以及裂解汽油副产物等。在 C_8 芳烃中需求量最大的是 PX，约占 20%[101]，仅仅依靠从原料中直接分离生产PX，已远远满足不了市场需求。经吸附分离单元的贫PX抽余油，进行C_8芳烃异构化反应转化为富含PX的异构化产物，可实现增产PX的目的。

C_8芳烃异构化技术的核心是异构化催化剂。中国石油开发的乙苯转化型C_8芳烃异构化催化剂是一种双功能催化剂，可在二甲苯异构体相互转化的同时，将乙苯通过C_8环烷烃中间体转化为二甲苯，达到最大化生产PX的目的[102]。经技术攻关，研究开发了PAI-01乙苯转化型C_8芳烃异构化催化剂，并在辽阳石化25×10^4t/a二甲苯异构化装置实现工业应用。

1）主要技术进展

中国石油采用固相原位法合成了新型共晶分子筛，克服了传统分子筛活性高、选择性差的特点；在催化剂制备过程中添加了特殊助剂，修饰分子筛孔道，使酸性活性中心和金属活性中心有效匹配，充分发挥了新型分子筛异构化和乙苯转化活性高的特点；并开发出新的催化剂制备工艺，进一步调整分子筛酸性位的分布，解决了新型分子筛裂解活性高的缺点；成功开发了具有高活性、高选择性的乙苯转化型C_8芳烃异构化PAI-01催化剂[103]。2008年7月完成PAI-01催化剂开发，2009年4月完成催化剂放大试生产，形成乙苯转化型C_8芳烃异构化PAI-01催化剂生产技术。

2009年8月，乙苯转化型C_8芳烃异构化PAI-01催化剂替代进口催化剂，在辽阳石化25×10^4t/a芳烃联合装置实现工业应用；2011年1月完成生产装置工业运行标定。标定结果表明[104]，芳烃联合装置经过长周期运转，催化剂反应产物的对二甲苯平衡浓度为23.32%，乙苯转化率为22.89%，C_8芳烃收率为97.35%，生产装置的对二甲苯总收率达到89.12%，工艺技术指标达到国际先进水平，显著降低了辽阳石化芳烃联合装置的生产成本，提高了企业生产效益。乙苯转化型C_8芳烃异构化PAI-01催化剂于2012年8月完成装置内再生[105]，再生后催化剂的活性指标达到新鲜催化剂水平，截至2014年12月，催化剂稳定运行5年零5个月。2016年11月，催化剂完成二次再生，二次再生后的催化剂反应活性稳定，生产装置平稳运行。PAI-01催化剂可与UOP公司、Axens公司等专利商的典型芳烃联合工艺配合使用，无须工艺改造即可替代进口催化剂。该技术已获国家发明专利授权1件，获中国石油科技进步奖三等奖。

2）应用前景

乙苯转化型C_8芳烃异构化PAI-01催化剂的成功开发，对中国石油"十三五"乃至今后在芳烃领域的持续稳定发展具有重要战略意义。该技术填补了中国石油在芳烃生产领域的空白，为芳烃生产技术提供了有力支撑，提高了中国石油在芳烃领域的生产竞争力。乙苯转化型C_8芳烃异构化催化剂也可在业内的65×10^4t/a芳烃联合装置应用，可向系统外同类芳烃联合装置推广应用，应用前景广阔。

3. 脱乙基型C_8芳烃异构化催化剂研制与工业应用技术

2015年，国内有18家芳烃生产企业总计21套PX生产装置，其中有9套异构化装置采用乙苯脱烷基催化剂。C_8芳烃异构化是芳烃联合装置增产PX的重要工艺单元，主要功能是以吸附分离后不含PX（质量分数小于1%）的C_8芳烃为原料，在催化剂作用下重新转化为PX含量达到23%~24%（质量分数）平衡浓度的产物，从而提高PX产量[108]。

中国石油历经7年技术攻关，研究开发脱乙基型C_8芳烃异构化复合催化剂及其反应工艺技术，研究重点突破了催化剂分子筛晶化合成、分子筛孔道尺寸及酸性活性中心的精准控制，改性剂的均匀分散及程序升温热处理技术。采用组合改性的方法对分子筛酸性与结构高精度修饰，以及分子筛硅沉积择形化修饰改性等关键技术，提高反应活性与选择性。并重点研究了复合催化剂及其反应工艺，解决了以往异构化反应复合催化剂的两种组分需分段装入固定床反应器中的上下两部分或分别装入两个独立反应器的复杂问题[107-109]，通过两种催化剂单元混合比率调节等匹配试验和反应工艺条件优化，复合催化剂在工业装置上实现生产应用，降低了操作成本和生产能耗。

1）主要技术进展

中国石油采用组合改性方法对分子筛酸性与结构高精度修饰，成功开发出具有自主知识产权的 C_8 芳烃异构化催化剂制备技术，完成了催化剂放大生产，在辽阳石化 500mL 异构化侧线装置上进行了 1000h 长周期评价试验及再生试验。试验结果表明，该催化剂在高反应空速下运行的乙苯转化率达 60% 以上，大幅降低了乙苯循环量，具有较高的二甲苯收率，芳烃损失率小于 0.5%，显著降低了脱乙基 C_8 芳烃异构化催化剂在工业生产装置上应用的风险。开发的催化剂性能指标与 UOP 公司商用 I-350 催化剂性能相当，制备成本较进口催化剂降低 50%，成为继 UOP、Axens、中国石化等少数几个掌握异构化催化剂生产技术的公司，形成了中国石油脱乙基型 C_8 芳烃异构化催化剂生产技术。开发的脱乙基型 C_8 芳烃异构化催化剂制备工艺如图 2-20 所示。

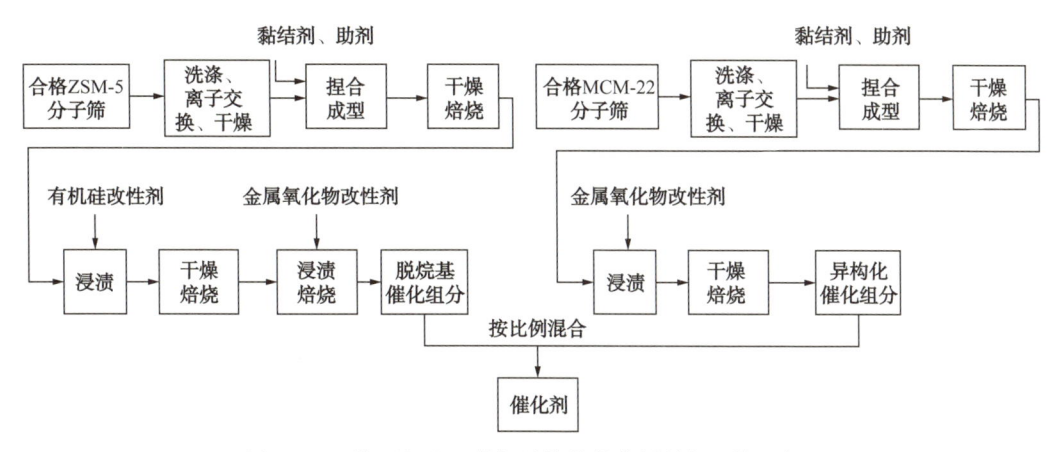

图 2-20　脱乙基型 C_8 芳烃异构化催化剂制备工艺示意图

开发的脱乙基型 C_8 芳烃异构化催化剂制备技术具有如下特点：

（1）研制出纳米复合分子筛双组分乙苯脱烷基催化剂，解决了单一催化剂上同时催化二甲苯异构化和乙苯转化两个不同性质反应过程中难以达到目标反应活性与选择性之间兼顾与最优化的技术难题。

（2）开展了异构化催化剂放大技术研究，解决了乙苯脱烷基异构化催化剂的放大技术难题，形成了催化剂生产技术。

（3）通过 C_8 芳烃异构化催化剂工业侧线试验，全面考察了催化剂的性能及工业应用的条件，显著降低了催化剂工业应用风险。

开发的脱烷基异构化催化剂与同类催化剂制备技术相比，该技术无须负载贵金属，生产成本低，经济效益显著。该催化剂可在高反应空速下运行，使乙苯转化率达 60% 以上，二甲苯收率高和芳烃损失率低，并在生产过程中大大降低了乙苯循环量。增产的苯可作为己二酸装置或用作苯/碳九歧化反应的原料，开发的脱烷基异构化催化剂主要技术指标见表2-30。

表2-30 脱烷基异构化催化剂的主要技术指标

项 目		指 标
工艺指标	反应温度，℃	365~400
	反应压力，MPa	1.0~1.6
	氢油比，mol/mol	2.0~4.0
	质量空速，h^{-1}	6~10
性能指标	PX异构化率，%	≥23.5
	乙苯转化率，%	≥60.0
	二甲苯收率，%	≥97.5
	寿命，a	≥5

开发的脱烷基异构化催化剂技术已申报中国发明专利6件，现已获得2项专利授权。开发的"新型C_8芳烃异构化催化剂制备及生产技术"荣获辽宁省自然科学成果一等奖；2015年开发的"低成本芳烃增产技术"获辽宁省科技进步奖二等奖。

2）应用前景

中国石油开发的C_8芳烃异构化催化剂生产技术，显著降低了催化剂生产成本。开发的脱烷基异构化催化剂与同类催化剂制备技术相比，该技术无须负载贵金属，生产成本低，经济效益显著。开发的脱乙基型异构化催化剂具有很好的工业应用前景。

4. 苯及重芳烃烷基转移催化剂制备及工业应用技术

苯、甲苯和二甲苯（BTX）是仅次于乙烯和丙烯的重要有机化工原料，而对二甲苯是国内少数供不应求的化工原料。现有二甲苯的生产是以石脑油为原料通过重整、抽提、歧化与烷基转移等工艺过程实现的。目前，国内绝大部分歧化装置采用的是传统歧化与烷基转移催化剂[110, 111]，即以甲苯和C_9为原料生产二甲苯。该技术的问题在于：首先不能以苯为原料，因为在以甲苯和C_9为原料生产二甲苯反应过程中或多或少要产生苯；其次，对重芳烃的利用主要局限在C_9芳烃，对C_{10+}芳烃利用非常有限。从经济性角度来看，随着苯产能的急剧增加，苯与甲苯的价格出现倒挂，利用甲苯生产低附加值的苯产品，越显得不经济。辽阳石化针对生产需要，开发了新型苯及重芳烃烷基转移催化剂，可利用附加值较低的苯与高C_{10+}含量重芳烃生产二甲苯，优化了歧化反应单元的进料组成，提高了资源利用率[112]；同时也可兼容传统的甲苯与重芳烃反应工况，在生产装置改动较小的情况下即可实现二甲苯的增产。

1）主要技术进展

2008年，辽阳石化开展了新型苯及重芳烃烷基转移催化剂及工艺技术开发，进行了催化剂配合筛选及优化，在实验室研究了新型苯及重芳烃烷基转移催化剂小试研制和催化剂放大技术，并形成了催化剂生产技术。

2013年，研制的苯及重芳烃烷基转移催化剂首次实现了工业化应用。此后，针对装置生产过程中出现的问题，进一步开展了催化剂的改进性研究，有效解决了不同原料工况条件下转化率不平衡的技术难题，形成了较为成熟的催化剂工业生产与应用技术。研制的苯及重芳烃烷基转移催化剂主要包括成型、铵交换、浸渍、焙烧4个生产工序。首先将分子筛与黏结剂进行捏合成型，然后与铵盐反应生成铵型分子筛除去碱金属，将活性组分溶液浸渍在催化剂前体表面，最后通过干燥焙烧制得苯与重芳烃烷基转移催化剂。苯与重芳烃烷基转移反应工艺流程如图2-21所示。

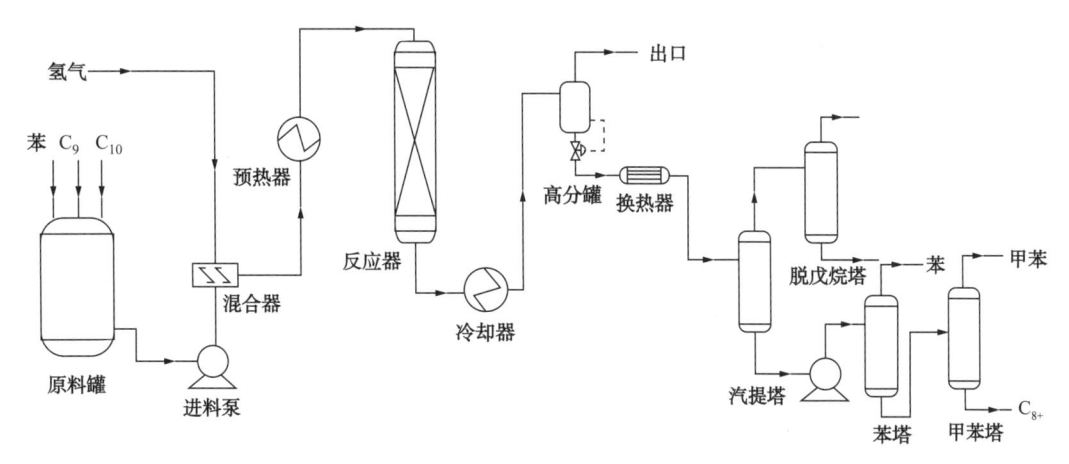

图 2-21 苯及重芳烃烷基转移反应工艺流程图

开发的苯及重芳烃烷基转移催化剂制备技术具有如下特点：

（1）解决了重芳烃低积炭烷基转移转化利用的技术难题，催化剂 C_{9+} 重芳烃处理能力提至65%（质量分数），其中 C_{10+} 含量可达16%（质量分数）。同时，可将上游炼油线加氢裂化重石脑油的干点深拔至170~175℃以上，对炼化一体化的整体增效效果明显。

（2）研发了复合分子筛材料匹配与多组分金属氧化物的耦合改性制备技术，成功开发出适合复杂原料工况、满足苛刻运行条件的新型催化剂。开发的大孔道复合分子筛催化材料，研制的重芳烃催化剂具有催化活性高、C_8 芳烃收率高、稳定性好的特点。

（3）实现了苯、甲苯、C_9 和 C_{10+} 组合进料的工艺技术创新，既能用于以苯和重芳烃为原料的新型反应工艺，开发出用低成本原料生产二甲苯的重芳烃催化剂和工艺技术，也可兼容适用甲苯和重芳烃为原料的传统歧化工况，增加了装置生产的灵活性和技术竞争力。

2013年10月，开发的苯及重芳烃烷基转移BHAT-1催化剂在辽阳石化 48×10^4 t/a 芳烃装置上实现了首次工业应用，BHAT-1催化剂反应性能平稳、可控，生产指标达到预期要求。BHAT-1催化剂性能与国内外传统甲苯歧化、烷基转移歧化技术性能对比见表2-31。BHAT-1催化剂既可以在传统歧化条件下应用，也兼容适用于新型苯与重芳烃烷基转移反应。BHAT-1催化剂与工业生产装置原来利用的催化剂性能进行了对比试验，结果表明，采用BHAT-1催化剂的选择性提高4%~6%；与苯烷基转化型催化剂对比，重芳烃处理量提高7%，产物选择性提高4%，催化剂综合性能优于国外同类催化剂。该催化剂研制技术已申请发明专利3件，1件授权。2016年，开发的"低成本芳烃增产和利用技术"获辽宁省科技进步奖二等奖。

表 2-31 国内外歧化与烷基转移催化剂技术性能对比表

催化剂	用于传统歧化工况				用于新型烷基转移工况	
	国外对比催化剂			本技术	国内对比催化剂	本技术
	1	2	3			
质量空速，h^{-1}	1.8	2.7	2.3	2.3	1.7	2.3
反应压力，MPa	2.6	2.4	2.8	2.5	2.8	2.5
反应温度，℃	387	400	340~420	350~420	360~420	370~420
氢烃比，mol/mol	3	2	3.9	5.5	4~6	5.5~6.5
总转化率，%	44.9	45	46	43	55	57
选择性，%	88	87	89	93	93	97
C_{10} 处理量，%	—	—	5~12	7~10	9	16

2）应用前景

中国石油开发出新型苯及重芳烃烷基转移 BHAT-1 催化剂创新和应用技术，利用低附加值的苯与高 C_{10+} 含量重芳烃生产二甲苯，优化了歧化反应单元的进料组成，提高了资源利用率；同时可兼容传统的甲苯与重芳烃反应工况，在工业生产装置改动较小的情况下即可实现二甲苯的增产，应用前景广阔。

5. 异丙苯催化剂开发与工业应用技术

苯酚是重要的有机化工原料，在医药、农药、染料、合成树脂等方面广泛应用。2015年，世界上 90% 以上的苯酚采用异丙苯（IPB）法生产[113]，即苯与丙烯反应生成 IPB 和多异丙苯，多异丙苯经反烃化催化反应生成 IPB，异丙苯经空气或氧气进行氧化反应生成过氧化氢异丙苯（CHP），CHP 分解得到苯酚和丙酮。苯与丙烯生产 IPB 是苯环上的亲电子取代过程，遵循正碳离子反应机理。异丙基对苯环具有推电子效应，使苯环电子云密度增加。由于异丙基对芳环的致活作用而使反应生成的 IPB 比苯更活泼，可以进一步与丙烯反应生成多异丙苯，包括二异丙苯（DIPB）和三异丙苯（TIPB）等。

目前，国内外合成异丙苯催化剂性能的发展趋势向着反应温度低、低苯烯摩尔比、单程运行寿命长的方向发展。在分子筛的结构类型上，从 β 分子筛向 MCM 系列分子筛发展[114-117]。MCM-49 分子筛是第一个不经过前驱体焙烧直接合成的 MWW 层状结构分子筛，具有独特的结构和性质，其晶体为片状形貌，有三种不同的孔道结构：一是与 ZSM-5 分子筛类似；二是有 0.71nm×0.71nm×1.82nm 十二元环的超笼；三是晶体上下表面均有高密度的孔结构，孔穴开口为十二元环（约 0.72nm），深度约 0.7nm。研究发现，MCM-49 分子筛在烷烃芳构化、催化裂化、烯烃异构化和烃类烷基化方面有优异的催化性能[118-124]。同时，MCM-49 表面孔穴开口达 0.72nm，吸附苯的能力强，孔穴深度较短，反应物和生成物等停留时间短，反应温度低，积炭的概率小，有利于提高异丙苯催化剂的活性稳定性。

1）主要技术进展

2008 年，吉林石化开始进行 MCM-49 分子筛催化剂小试研究。2011 年，完成了合成 MCM-49 分子筛催化剂放大制备，并在吉林石化苯酚丙酮装置进行侧线应用试验。2014 年，开展的"MCM-49 分子筛合成异丙苯催化剂放大及侧线试验研究"通过专家验收。

2015年，进行了8m³晶化釜生产MCM-49分子筛放大研究，生产了MCM-49分子筛烃化催化剂和β/MCM-49分子筛反烃化催化剂。催化剂制备包括MCM-49分子筛烃化催化剂和β/MCM-49分子筛反烃化催化剂的制备。MCM-49分子筛烃化催化剂的制备是以偏铝酸钠为铝源，硅溶胶为硅源，六亚甲基亚胺为模板剂，经水热合成制备MCM-49分子筛，采用常规催化剂成型技术制备MCM-49分子筛烃化催化剂。反烃化催化剂是按一定比例将H型MCM-49分子筛和H型β分子筛混合而制备的复合分子筛催化剂，制备的β/MCM-49分子筛反烃化催化剂具有MCM-49分子筛的MWW层状结构和β分子筛三维立体结构，对二异丙苯和三异丙苯转化为异丙苯的反烃化反应具有优异的催化性能。

2015年8月，MCM-49分子筛烃化催化剂和β/MCM-49反烃化催化剂在吉林石化苯酚丙酮生产装置上实现工业应用，经调优达产达标，催化剂性能满足生产技术需求。2015年12月进行了工业生产装置运行标定。催化剂在烃化反应温度135~150℃、反应压力2~3MPa、苯/丙烯（摩尔比）2.5~3.0、丙烯进料空速（WHSV）0.4~0.8h^{-1}的条件下，丙烯单程转化率不小于99.5%，烃化反应异丙苯选择性为83.01%，烃化产物中三异丙苯含量为0.49%，反烃化反应温度不高于190℃，多异丙苯质量空速为0.36~0.75h^{-1}，多异丙苯转化率不小于50%，正丙苯含量不大于500mg/kg，达到设计指标。苯酚和丙酮的产品质量达到优级品。根据生产标定，烃化单元换剂前蒸汽单位消耗量为20.873t/h，标定期间蒸汽单位消耗量为20.182t/h，节约蒸汽0.691t/h。

开发的异丙苯MCM-49分子筛催化剂制备技术申报7件发明专利，5件授权，实用新型专利1件，拥有了合成异丙苯的新一代催化剂核心技术，其技术水平达到国内先进水平。2013年，"合成异丙苯MCM-49分子筛催化剂开发及侧线应用研究"获吉林石化公司科技进步二等奖。"MCM-49分子筛合成异丙苯催化剂放大研究"获中国石油技术发明奖二等奖。

2）应用前景

中国石油开发的异丙苯MCM-49分子筛烃化催化剂和β/MCM-49反烃化催化剂在吉林石化苯酚丙酮装置上的成功应用，标志着异丙苯MCM-49分子筛催化剂生产技术成熟、可靠，具有推广价值。

6. 苯乙烯抽提技术

苯乙烯是生产聚苯乙烯、ABS树脂以及丁苯橡胶的重要聚合单体。世界上传统的苯乙烯生产工艺主要是乙苯脱氢法和环氧丙烷联产法。但以上两种工艺均有较多的化学反应和较长的生产工艺流程。近年来，随着乙烯装置生产规模的不断扩大，一种从乙烯裂解装置副产的裂解汽油中采用溶剂法抽提直接回收苯乙烯的技术，是世界上生产苯乙烯的创新工艺技术，已实现工业应用[125]。

目前，只有荷兰DSM公司、美国GTC公司、中国石化和中国石油开发出从裂解汽油中抽提回收苯乙烯技术。荷兰DSM公司的STAR-TEC抽提回收苯乙烯技术对外不转让，美国GTC公司的GT-Styrene抽提回收苯乙烯技术可转让，但转让费昂贵且技术尚不成熟，抽提回收苯乙烯技术仍处于提升阶段。

从裂解汽油中采用溶剂法抽提回收苯乙烯技术的工艺流程包括：裂解汽油经过预分馏切割出C_8馏分，然后经过选择性加氢除去所含的苯乙炔；加氢后的含有苯乙烯的C_8馏分被送至萃取精馏塔与高选择性溶剂混合后富集于塔底。富含苯乙烯的溶剂被送入溶剂回收塔中，塔底所得的贫溶剂循环至萃取精馏塔回收利用，塔顶可得粗苯乙烯。粗苯乙烯经过精制和脱色后可获得纯度为99.8%的苯乙烯产品。与此同时，萃取精馏塔塔顶的抽余油可用来回收混合二甲苯溶剂。从裂解汽油中抽提回收苯乙烯工艺流程如图2-22所示。

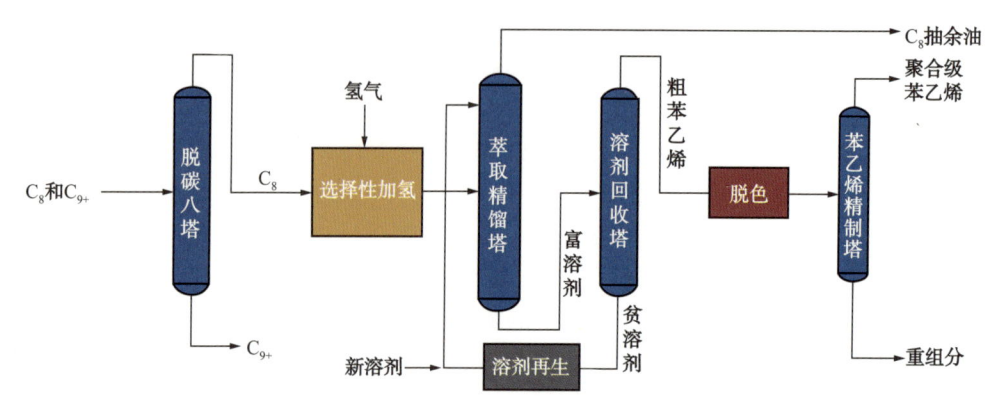

图2-22 裂解汽油中抽提回收苯乙烯工艺流程示意图

1）主要技术进展

2011年，中国石油开展了从裂解汽油中采用溶剂法抽提回收苯乙烯技术的研究。通过对国内外17个数据库进行检索，了解和掌握了苯乙烯抽提技术的发展现状及趋势；通过对独山子石化$122×10^4$t/a乙烯装置、兰州石化$70×10^4$t/a乙烯装置以及$40×10^4$t/a芳烃抽提装置的调研，收集整理了包括裂解汽油组成、分离流程、C_8馏分分离的工艺技术条件等重要资料。同时，在依托现有装置生产技术和经验的基础上，历经小试、模试、工业化试验，开发出高效的苯乙炔选择性加氢催化剂及工艺技术、苯乙烯抽提精馏技术、脱色精制技术以及阻聚剂等关键技术。

2013年，开发出了具有自主知识产权的与百万吨级乙烯装置配套的首套$3.0×10^4$t/a苯乙烯抽提技术工艺包。2014年7月，苯乙烯抽提技术工艺包通过中国石油组织的专家验收。从裂解汽油中直接抽提回收苯乙烯技术，不仅具有生产工艺先进、工艺流程简单合理的优点，还有生产安全性高、吨产品能耗小、建设期短、投资回收期短等诸多特点[126]。这不仅可节省大量的氢气，延长裂解汽油一段加氢催化剂的寿命，还提升了裂解汽油的整体经济效益，也为拓展乙烯—裂解汽油—芳烃加工产业链提供了技术支撑。

2014年，中国石油开发出从裂解汽油中抽提回收苯乙烯技术，成功建成兰州石化$3.0×10^4$t/a苯乙烯抽提工业装置投产，苯乙烯抽提装置运行的各项指标达到设计值，苯乙烯收率达到90%，产品纯度大于99.8%，主要生产技术指标达到国际先进水平，经济效益显著。开发的苯乙烯抽提技术现已获发明专利授权2件，中国石油技术秘密3件。

2）应用前景

2015年，中国已拥有10多套百万吨级乙烯生产装置，在生产乙烯、丙烯等产品的同时，副产大量的富含苯乙烯的裂解汽油，使用开发的苯乙烯抽提技术，可从乙烯装置副产的裂解汽油中直接抽提聚合级苯乙烯，而且可获得低乙苯含量的混合二甲苯作为对二甲苯装置的优质原料，经济效益显著。今后，拟建大型乙烯装置的企业可考虑配套建设苯乙烯抽提回收装置，已建大型乙烯装置的企业也可考虑增设苯乙烯抽提回收装置，可实现低成本回收苯乙烯，以提高企业生产效益，具有推广应用前景。

7. 乙苯脱氢催化剂研制与工业应用技术

苯乙烯（SM）是合成多种高分子材料的基础化工原料，也是石油化学工业重要产品之一。苯乙烯主要用于生产聚苯乙烯、发泡聚苯乙烯、ABS树脂、合成橡胶、不饱和聚酯等产品[127-131]，也可广泛用于医药、农药、染料和纺织工业的生产过程。

1937年，美国陶氏化学公司和德国巴斯夫公司同时实现了乙苯脱氢制取苯乙烯技术的工业化生产。经过近80年的发展，世界上苯乙烯生产主要有乙苯脱氢法、环氧丙烷联产法等。由于采用乙苯为原料生产苯乙烯时，乙苯侧链上的乙基易于在催化剂作用下进行脱氢反应生成苯乙烯，乙苯催化脱氢法生产苯乙烯的产能约占世界总产能的85%以上。目前，苯乙烯催化剂生产厂家主要有[132,133]德国南方化学集团（SüdChemie）、Criterion催化剂公司、巴斯夫公司等。1958年，德国南方化学集团先后开发成功G-64、G-84和Styromax系列乙苯脱氢催化剂。Shell公司开发出系列乙苯脱氢催化剂。德国巴斯夫公司先后开发出S6-30、S6-38等品牌的催化剂供应市场。

20世纪60年代，兰州石化和厦门大学合作研制乙苯脱氢催化剂，研制的催化剂实现了工业应用，填补了国内空白。随后，国内许多企业相继开发苯乙烯催化剂生产技术。中国石化上海石化研究院开发出乙苯脱氢GS系列催化剂，厦门大学开发出乙苯脱氢XH系列催化剂，中国科学院大连化学物理研究所（简称大连化物所）开发出DC系列催化剂[134-136]均实现了工业应用。2011年，中国石油开发出新一代乙苯脱氢PED-01催化剂[137,138]，在兰州石化乙苯脱氢制苯乙烯装置上实现工业应用。

1）主要技术进展

乙苯脱氢制苯乙烯反应是一个可逆吸热反应，高温和低压有利于反应向生成苯乙烯方向进行。乙苯脱氢生成苯乙烯的同时，也发生一系列副反应，副产苯、甲苯以及少量的氢气、甲烷、烯烃和焦油等。

乙苯脱氢制苯乙烯主反应的各基元反应单元为：

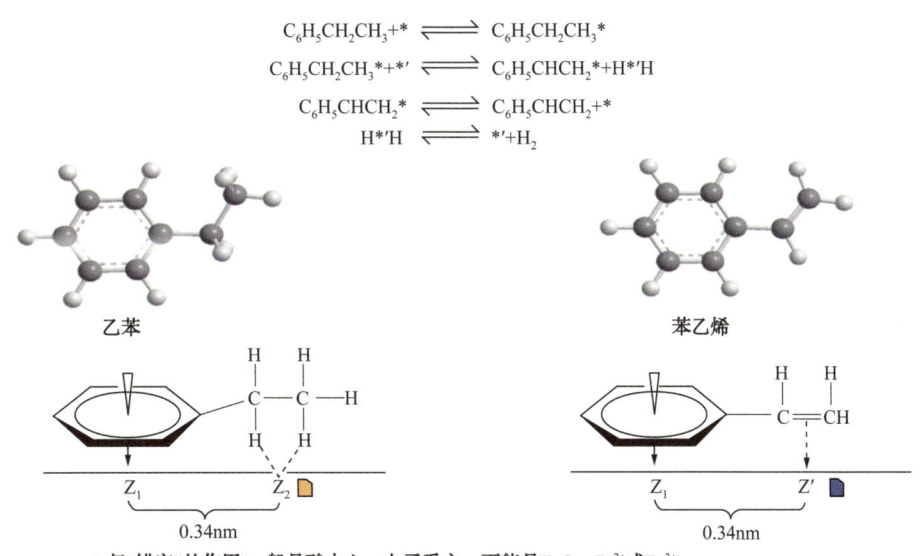

$$C_6H_5CH_2CH_3 + * \rightleftharpoons C_6H_5CH_2CH_3*$$
$$C_6H_5CH_2CH_3* + *' \rightleftharpoons C_6H_5CHCH_2* + H*'H$$
$$C_6H_5CHCH_2* \rightleftharpoons C_6H_5CHCH_2 + *$$
$$H*'H \rightleftharpoons *' + H_2$$

乙苯　　　　　　　　　苯乙烯

Z_1起"锚定"的作用（一般是酸中心、电子受主，可能是FeO、Fe^{2+}或Fe^{3+}）；
Z_2起"脱氢"的作用（一般是碱中心、电子供主，一般可能是O^{2-}且与K^+相邻）；
Z'（类似于活性中心Z_1）

根据乙苯脱氢制苯乙烯的反应过程和反应机理可知，该催化反应为电子传递过程，催化剂主要由可变价的金属氧化物组成。催化剂的主要组成为：氧化铁、氧化钾、氧化铈、氧化钼及其他助剂，其中氧化铁为主要活性物，氧化钾、氧化铈为主要助活性物，氧化钼为选择性助剂。通过催化剂原料的尺寸化技术、催化剂原料纯化工艺、催化剂主活性相、孔径控制技术和催化剂活化工艺等多个方面的技术创新，中国石油开发出新一代 PED-01 乙苯脱氢催化剂，其综合性能已达到 Styromax-6 催化剂水平。

2011 年，中国石油研制的乙苯脱氢制苯乙烯 PED-01 催化剂在兰州石化 6×10^4t/a 苯乙烯装置实现工业应用，烃化单元采用的是北京石油化工科学研究院开发的循环液相分子筛法制乙苯技术。该技术与传统的三氯化铝制乙苯技术相比，具有工艺路线简单、催化剂使用寿命长、设备腐蚀程度低及生产污水零排放的特点。脱氢单元采用华东理工大学开发的轴径向两段绝热脱氢反应器技术。与原有工艺技术相比，具有生产工艺路线短、产量高、苯乙烯收率高的特点。苯乙烯的平均收率为 60.2%。催化剂性能优于德国巴斯夫公司的 S-60 催化剂。2012 年，"PED-01 乙苯催化脱氢制苯乙烯催化剂的研发及工业应用"获中国石油和化学工业联合会科学技术进步奖三等奖。

2）应用前景

中国石油开发的 PED-01 催化剂性能与德国巴斯夫公司的 S-60 催化剂相当，能达到国内先进水平。国内苯乙烯市场供求量缺口大，乙苯脱氢制苯乙烯技术应用前景良好，具有推广价值。

8. 苯乙烯阻聚剂生产与应用技术

苯乙烯阻聚剂（JHIP）是专用于苯乙烯装置乙苯/苯乙烯精馏系统的助剂，能有效减少乙苯/苯乙烯精馏系统中苯乙烯单体的聚合损失，保证乙苯/苯乙烯精馏系统正常稳定运行[1, 4, 137-141]。JHIP 阻聚剂阻聚效果好，可减少苯乙烯聚合物产生，降低乙苯/苯乙烯精馏系统焦油生成量，延长苯乙烯装置运行周期，使生产设备易于清洗[142-144]。JHIP 阻聚剂还具有添加量小、污染低、环保、低毒等特点，且该阻聚剂抗低温性良好，特别适合北方严寒条件下使用。

JHIP 阻聚剂采用哌啶类氮氧自由基化合物作为阻聚主体成分[145-148]。哌啶类氮氧自由基化合物是一种新型高效自由基阻聚剂，它的 =N—O· 自由基可以作为自由基捕捉体，能有效捕捉活性链上的自由基，生成稳定的分子型化合物，从而起到阻聚作用，在阻聚剂的诱导期内苯乙烯不发生聚合反应[149-154]。哌啶氮氧自由基的阻聚机理分为阻聚剂的偶合和歧化两步反应。

偶合反应：

$$\underset{|}{N}\!-\!\overset{\cdot O}{}\ + R\!-\!\overset{\cdot}{C}\!-\!R' \longrightarrow R\!-\!\underset{|}{C}\!H\!-\!O\!-\!N\!\!<$$

歧化反应：

$$\underset{|}{N}\!-\!\overset{\cdot O}{}\ + R\!-\!\overset{\cdot}{C}\!-\!R' \longrightarrow R\!=\!C\!-\!R' + HO\!-\!N\!\!<$$

JHIP 阻聚剂主体成分包括组分 A 和溶剂 B 以及溶剂 C，组分 A 为哌啶氮氧自由基类化合物，溶剂 B 为稳定剂。JHIP 阻聚剂的生产工艺是先将溶剂 B 和溶剂 C 按照一定比例混合，加入反应釜中，升温到 40℃，在搅拌状态下将一定量的组分 A 加入混合溶液中，在搅拌状态下全部溶解后，取样分析合格后将釜内物料冷却至 25℃，制得 JHIP 阻聚剂产品。

1) 主要技术进展

2013 年，吉林石化开展了苯乙烯阻聚剂技术研究，建立了苯乙烯阻聚剂评价方法，确定了苯乙烯阻聚剂复配配方。

2014 年，进行了苯乙烯阻聚剂复配工艺研究，确定最佳复配工艺条件，通过静态评价和模拟工业化动态评价的方法，确定了自主研发的苯乙烯阻聚剂性能可以替代进口阻聚剂使用，阻聚性能优于国内同类产品，完全可以满足苯乙烯装置的生产要求，实现苯乙烯阻聚剂生产技术的国产化。

2015 年建成了 300t/a 苯乙烯阻聚剂工业生产装置生产出 JHIP 阻聚剂，并开展了 JHIP 阻聚剂工业化应用试验，苯乙烯阻聚剂的外观为红棕色液体，活性组分含量不低于 25%。阻聚剂注入量为 450mg/kg（苯乙烯），120℃条件下的诱导期不小于 80min，实验结果表明，JHIP 阻聚剂的阻聚效果良好，苯乙烯装置生产稳定，各项指标达到了同类进口阻聚剂产品水平。开发的 JHIP 阻聚剂在吉林石化 32×10^4t/a 苯乙烯工业装置、10×10^4t/a 苯乙烯工业装置上相继使用，全年累计生产苯乙烯 40 余万吨，应用效果良好。现已申请国家发明专利 3 件，阻聚剂生产技术已达到国内先进水平。

2) 应用前景

2015 年，国内现有苯乙烯生产装置 40 多套，产能为 730×10^4t/a，中国石油有 9 套苯乙烯生产装置，总计产能为 127×10^4t/a。若使用开发的 JHIP 阻聚剂，不再依赖进口阻聚剂，不仅可降低阻聚剂的采购成本和生产成本，还可有效提高经济效益。开发的 JHIP 阻聚剂是苯乙烯生产过程中必须添加的助剂，其虽用量少，但附加值高，有助于苯乙烯装置的稳定运行和提高苯乙烯收率，具有很好的推广应用前景。

第三节 基本有机化工原料生产技术展望

回顾"十二五"，中国石油在炼化生产技术进步方面取得了良好业绩，实现了跨越式发展。乙烯产能得到快速增长，装置大型化、炼化一体化程度进一步提升。随着乙烯工业的快速发展，作为基本有机化工原料产能在乙烯工业快速发展中得到快速增长，为国内石化工业快速发展提供了充足的化工原料。但在发展过程中，仍然存在着化工原料生产成本高，部分产品质量与国际先进水平相比仍有差距的问题，尤其在产品差别化、个性化、高端化等方面还不能完全适应国外竞争的需要，低端产品过剩，高端产品不足，化工产品的市场竞争力不高。从整体上来讲，化工原料生产技术的创新力仍有不足，尚待进一步提高。

展望"十三五"，国内化工原料生产技术将向着清洁化、低污染、低成本、高附加值方向发展。基本有机化工原料除了从石油深加工和蒸汽热裂解过程获得外，国内丰富的煤炭资源加上烯烃市场巨大的需求量，使煤制烯烃、煤制芳烃、油田轻烃制烯烃技术得到迅猛发展。基本有机化工原料生产途径发生重大变化，将形成蒸汽热裂解工艺、催化裂化工艺、煤（甲醇）制烯烃工艺、煤（甲醇）制芳烃工艺、低碳烷烃脱氢制烯烃工艺技术等集成的巨大产业链和产业集群，化工原料生产的市场竞争将异常激烈。为更好地发展中国石油低成本化工原料生产技术，应对国内市场技术需求，中国石油在"十三五"科技发展规划中设立"低成本化工原料生产技术开发与工业应用"重大专项，注重发挥企业的炼化一体化优势，优化乙烯原料结构，更多地利用乙烷、丙烷等优质裂解原料，使乙烯原料向着轻质化、多元化和低成本方向发展，以此提高乙烯裂解收率，降低生产成本，旨在化工原料生产技术上取得重大突破，开发出企业急需的化工原料生产新技术和新型催化剂，以推进化工原料生产技术进步，提升竞争力。

根据中国石油"十三五"科技发展规划，低成本化工原料在依托现有乙烯装置生产"三烯"和"三苯"的基础上，重点开发乙烯装置裂解产物配套的加氢精制催化剂、低碳烷烃脱氢制烯烃、低碳烯烃异构化以及新型芳烃催化剂生产技术，形成低碳烃加氢、脱氢、烷基化、芳构化、异构化催化剂生产及与之配套的工艺技术，形成芳烃催化剂生产及与之配套的工艺技术，以满足炼化企业低成本化工原料生产技术需求；进一步提升科学研究水平，提高新技术开发能力。通过"十三五"的持续开发，在低成本化工原料生产技术领域将会重点取得三方面重大科技成果。

（1）加氢精制催化剂质量提升与工业应用技术开发。

"十三五"期间，在低成本基本有机化工原料生产技术领域将进一步加大化工催化剂开发力度，提升乙烯装置裂解产物配套的加氢精制催化剂生产与工业应用技术。不断深化加氢精制催化剂过程理论研究与基础研究、催化转化及协同转化机理研究、原料组成及其杂质含量对催化剂的影响研究；形成系统的催化剂开发理论体系，以此来指导加氢催化剂研发及应用。在乙烯装置裂解产物加氢精制催化剂生产与应用技术方面，进一步提升乙烯装置裂解产物 C_2—C_9 馏分全系列配套的加氢精制催化剂技术水平，使加氢催化剂研发体系化、平台化、系列化、定制化，形成集化工催化剂研制、生产、工业应用到技术服务的一体化运行体系，不断降低加氢催化剂生产成本，提高催化剂产品质量和国内外市场占有率，使加氢催化剂在国内市场占有率达到 50% 以上的化工催化反应过程不再依赖进口加氢催化剂。进一步提升科学研发能力，实现乙烯装置裂解产物加氢精制催化剂产品系列化、个性化、高端化。构建裂解馏分加氢催化剂质量标准评价体系，使中国石油的加氢催化剂生产与应用技术整体步入国内领先、国际先进行列。

（2）低碳烷烃脱氢制烯烃催化剂与工业应用技术开发。

低碳烷烃脱氢制烯烃作为国内外增产烯烃生产的新技术之一，在经济上极具竞争力，其发展速度之快受到业内瞩目。低碳烷烃脱氢制烯烃在理论上是原子经济反应技术，低碳烷烃脱氢反应后生成烯烃和氢，均属高附加值产品。但目前国内尚无国产化工业应用技术，因此，国内低碳烷烃脱氢技术全部依赖引进技术。"十二五"期间，中国石油石油化工研究院已开发出丙烷、异丁烷脱氢催化剂生产技术和中试工艺技术，形成了丙烷、异丁烷脱氢催化剂生产与工艺成套技术，为该技术的进一步工业应用打下坚实的基础，可为生产企业提供应用技术。与此同时，中国石油应对国内市场发展趋势，组织开发市场急需的低碳烯烃生产新技术以及与之相匹配的新型催化剂，包括丙烷脱氢催化剂、丙烯氧化制丙烯醛/丙烯酸催化剂、异丁烷脱氢催化剂、丁烯氧化脱氢催化剂、丁烯烷基化原料选择性加氢异构催化剂、碳四烃芳构化催化剂、碳四富炔尾气选择性加氢回收丁二烯催化剂和乙苯脱氢催化剂等。开发的化工催化剂性能总体上达到国内领先水平，具备大规模工业应用条件。"十三五"在中国石油各炼化企业的支持下，将逐步实现上述催化剂的工业应用，形成增产低碳烯烃的生产新技术，形成集催化剂研制、生产、工业应用到技术服务的一体化运行体系，降低催化剂生产成本，不再依赖进口催化剂，提高企业生产效益，提升中国石油的化工原料生产竞争力。

（3）新型芳烃催化剂生产与工业应用技术开发。

"十二五"期间，中国石油在芳烃生产领域开发出苯与甲醇烷基化、甲苯歧化、二甲苯异构化、重芳烃脱烷基制 PX 等催化剂，形成一批具有自主知识产权的芳烃新型催化剂生产技术，可为国内生产企业提供技术支撑。乌鲁木齐石化公司开发出苯与甲醇烷基化制 PX 催化剂生产与工艺技术，具备了工业应用的条件。石油化工研究院开发了具有高活性、高选择性的 PAI-03 乙苯转化型 C_8 芳烃异构化催化剂，可应用于乙苯转化型 C_8 芳烃异构化生产装置，能提高芳烃生产的竞争力。辽阳石化开发出具有自主知识产权的脱乙基型 C_8 芳烃异构化催化剂生产技术，放大催化剂在侧线装置上进行了 1000h 长周期运行，催化剂性能指标与 UOP 公司 I-350 催化剂相当，催化剂生产成本较进口催化剂降低 50%。辽阳石化开发出苯及重芳烃烷基转移 BHAT-1 催化剂，催化剂具有良好的活性和稳定性，具备工业应用的条件。吉林石化开发出合成异丙苯的 MCM-49 分子筛烷化催化剂和 β/MCM-49 分子筛反烷化催化剂，在苯酚丙酮装置进行工业应用试验，催化剂性能满足工艺技术要求。兰州石化开发出从裂解汽油中直接抽提分离出苯乙烯技术，建成 3.0×10^4t/a 苯乙烯抽提工业生产装置投产，实现了工业应用。石油化工研究院研制的乙苯脱氢制苯乙烯 PED-01 催化剂在兰州石化 6×10^4t/a 苯乙烯装置实现工业应用，催化剂性能与德国巴斯夫公司 S-60 催化剂相当，达到国内领先水平。上述新型芳烃催化剂的研制与开发，为中国石油芳烃生产技术进步提供了强有力的技术支撑，提升了芳烃生产技术水平。在此基础上，"十三五"期间将进一步加大科研投入与开发力度，实现上述芳烃新型催化剂的生产与工业应用。同时，进一步开发苯与甲醇烷基化、甲苯歧化、二甲苯异构化、重芳烃脱烷基等催化剂生产与工业应用技术，不再依赖价格昂贵的进口催化剂，降低生产成本，提高企业生产经济效益。进一步开发出苯与甲醇烷基化生产 PX 成套工业技术，实现其工业应用，提升 PX 产能，不再大量依赖进口，提高国内市场 PX 自给率。

综上所述，在"十三五"期间，中国石油将进一步开发石化工业发展急需的低碳烯烃加氢、脱氢、烷基化、芳构化、异构化和芳烃生产的 30 多种新型催化剂生产技术，开发出与催化剂配套的 20 余项成套工业应用技术。申报国内外发明专利 110 件，形成技术秘密 20 项。在低成本化工原料生成技术和芳烃催化剂研发领域，打造由 10 名专家领衔的具有国际水平的数支技术创新团队，持续不断地开发低成本化工原料生产技术和新型芳烃催化剂生产技术，进一步提升科学研究与技术创新水平，在技术创新力上力争缩小与国际领先技术的差距，在应对中国石油主要化工产品结构调整、生产高附加值产品和满足化工原料产业升级等关键技术方面起到支撑引领作用。通过"十三五"科技发展规划的逐步实施以及持续创新驱动与新技术开发，预计到"十三五"末，在低成本基本有机化工原料生产技术开发与工业应用领域将会取得突破性技术进展，取得一批重大科技成果，为生产企业提供强大的技术支撑，使中国石油的低成本基本有机化工原料生产技术整体达到国内领先、国际先进水平。

参 考 文 献

[1] 潘连生. 关于我国石油化工发展规划 [J]. 化工技术经济, 1999, 17（2）: 1-5.

[2] 徐海丰. 2015年世界乙烯行业发展状况与趋势 [J]. 国际石油经济, 2016, 24（5）: 60-65.

[3] 吕晓东. 2015年世界及中国乙烯工业发展现状与2016年展望 [J]. 当代石油石化, 2016, 24（4）: 19-24.

[4] 吴指南. 基本有机化工工艺学 [M]. 北京: 化学工业出版社, 1994.

[5] 邹仁鋆. 石油化工裂解原理与技术 [M]. 北京: 化学工业出版社, 1981: 1-2.

[6] Warren R True. Global ethylene capacity poised for major expansion [J]. Oil & Gas, 2013, 111: 90-95.

[7] Steve Lewandowski. Global Ethylene A View on Three Time Horizons [C]. 31st Annual World Petrochemical Conference, 2016.

[8] Nichols L. Ethylene in evolution: 50 years of changing markets and economics [J]. Hydrocarbon Processing, 2013（4）: 57-60.

[9] 王红秋. 我国乙烯工业发展面临严峻挑战 [J]. 中国石化, 2014（3）: 41-44.

[10] 杨亮亮. 丙烯市场2015年回顾及2016年展望 [J]. 当代石油石化, 2016, 24（4）: 25-28.

[11] 谭捷. 国内外丁二烯的供需现状及发展前景分析 [J]. 石油化工技术与经济, 2016, 32（5）: 13-18.

[12] 钱伯章. 丁二烯的技术进展与国内外市场分析（下）[J]. 上海化工, 2011, 36（8）: 34-37.

[13] 骆红静, 赵睿. 中国对二甲苯市场2015年回顾与展望 [J]. 当代石油石化, 2016, 24（5）: 17-19, 25.

[14] 安超. 2015年中国对二甲苯市场分析及前景展望 [J]. 中国石油和化工经济分析, 2016, 24（5）: 60-62.

[15] Pramod Kumart, Deepak Kunzru. Modeling of Naphtha Pyrolysis [J]. Ind. Eng. Chem. Process Des., Dev., 1985, 24（3）: 774-782.

[16] Borodzinski A, Cybulski A. The kinetic model of hydrogenation of etylene-ethylene mixtures over palladium surface covered by carbonaceous deposits [J]. Applied Catalysis A-General, 2000, 198（1-2）: 51-66.

[17] Borodzinski A, Bond G C. Selective hydrogenation of ethyne in ethene-rich streams on palladium catalysts, Part 2: Steady-state kinetics and effects of palladium particle size, carbon monoxide, and promoters [J]. Catal. Rev-Sci. Eng., 2008, 50（3）: 379-469.

[18] Al-Ammar A S, Webb G. Hydrogenation of acetylene over supported metal catalysts. Part 2.-[^{14}C] tracer study of deactivation phenomena [J]. Journal of the Chemical Society, Faraday Transactions 1: Physical Chemistry in Condensed Phases, 1978, 74: 657-664.

[19] Clotet A, Pacchioni G. Acetylene on Cu and Pd（111）surfaces: a comparative theoretical study of bonding mechanism, adsorption sites, and vibrational spectra [J]. Surface Science, 1996, 346（1-3）: 91-107.

[20] Ormerod RM, Lambert R M, Hoffmann H, et al. Room-Temperature Chemistry of Acetylene on Pd（111）: Formation of Vinylidene [J]. The Journal of Physical Chemistry, 1994, 98（8）: 2134-2138.

[21] Cheung T T P, Sasaki K J, Johnson M M, et.al. Hydrogenation Process and Catalyst therefore Comprising Palladium and Silver Deposited on a Spinal Support. EP, 0839573A1 [P]. 1998-06-05.

[22] 王松汉. 乙烯装置技术与运行 [M]. 北京: 中国石化出版社, 2009.

[23] 彭晖, 戴伟, 卫国宾, 等. 前脱丙烷前加氢催化剂的研究和工业应用 [J]. 石油化工, 2014, 43（12）: 1450-1455.

[24] 张爱华. 乙烯裂解副产碳五的综合利用[J]. 江苏化工, 2004, 32（2）: 10-12.
[25] 刘明辉, 翁惠新, 曾佑富. 裂解 C_5 馏分的利用综述[J]. 石油与天然气化工, 2005, 34（3）: 168-171.
[26] 张殿奎, 李建华, 张德江, 等. 蒸汽裂解碳五馏分的综合利用[J]. 石油化工, 2005, 34:（增刊）147-149.
[27] 吴海君, 郭世卓. 裂解碳五综合利用发展趋势[J]. 当代石油石化, 2004, 12（6）: 25-28.
[28] 钱伯章. 裂解 C_5 的综合利用及其前景[J]. 中外能源, 2006, 11（1）: 17-25.
[29] 孙殿博. 加氢后的碳五馏分作裂解原料的应用[J]. 乙烯工业, 1997, 9（4）: 11-14.
[30] 徐泽辉, 郭世卓, 顾超然, 等. Ni/Al$_2$O$_3$-SiO$_2$ 催化剂对轻质 C_5 馏分加氢的催化性能[J]. 催化学报, 2004, 25（11）: 897-902.
[31] 王评. 抽余碳五在 Ni/Al$_2$O$_3$ 催化剂上加氢反应的研究[J]. 炼油技术与工程, 2005, 35（2）: 12-14.
[32] 刘明辉, 曾佑富, 翁惠新, 等. 裂解碳五选择性加氢研究[J]. 精细石油化工, 2006, 23（3）: 26-28.
[33] Ignatius J. Use TAME and heavier ethers to improve gasoline properties[J]. Hydrocarbon Processing, 1995, 74（2）: 51-53.
[34] Yadav G D, Joshi A V. Etherification of tert-amyl alcohol with methanol over ion-exchange resin[J]. Organic Process Research and Development, 2001, 5（4）: 408-414.
[35] 阮细强, 田保亮, 冯海强, 等. 碳五馏分选择性加氢除炔催化剂的研究[J]. 石油化工, 2005, 34（5）: 412-415.
[36] 王子宗. 裂解汽油加氢反应工艺和反应器的开发研究[J]. 石油化工设计, 2002, 19（1）: 1-9.
[37] 迟明国. 镍系一段汽油加氢催化剂工业应用[D]. 大庆: 大庆石油学院, 2005.
[38] Hoffer B W, Langereld A D V, Janssens J P, et al. Stability of Highly Dispersed Ni/Al$_2$O$_3$ Catalysts: Effects of Pretreatment[J]. Journal of Catalysis, 2000, 192: 432-440.
[39] 常惠, 王萍, 夏蓉晖, 等. 镍基催化剂的制备及其催化加氢性能[J]. 金山油化纤, 2004, 23（1）: 36-40.
[40] 张红玉, 熊国兴, 盛世善, 等. NiO/γ-Al$_2$O$_3$ 催化剂中 NiO 与 γ-Al$_2$O$_3$ 间的相互作用[J]. 物理化学学报, 1999, 15（8）: 735-741.
[41] 邓庚凤, 徐志峰, 罗来涛, 等. 海泡石和稀土对镍催化剂性能的影响[J]. 工业催化, 2002, 10（1）: 3-6.
[42] Bachiler-Baeza, Rodrigueez-Ramos, Guerrero-Ruiz. Influence of Mg and Ce Addition To Ruthenium Based Catalysts used in the Selective Hydrogenation of a, b-unsaturatedAldehydes[J]. Applied Catalysis A, 2001, 205: 227-237.
[43] 金谊, 刘铁斌, 赵尹, 等. Ni-Mg/Al$_2$O$_3$ 催化剂上催化裂化轻汽油的选择性加氢[J]. 化学与粘合, 2004（5）: 291-294.
[44] 李建卫. 低温选择性加氢镍催化剂的研究[J]. 石油化工, 2001, 30（9）: 373-375.
[45] 戴丹, 王海彦, 魏民, 等. 在 Ni-Mo/Al$_2$O$_3$ 上催化裂化轻汽油的选择性加氢[J]. 辽宁石油化工大学学报, 2005, 25（2）: 38-41.
[46] 宋若钧, 王齐惠. 稀土添加剂对镍转化催化剂性能的影响[J]. 天然气化工, 1989（3）: 10-14.
[47] 王嬉, 西晓丽, 齐泮仑. 纳米技术在石油化工催化剂领域的研究近展[J]. 中国化工, 2004（8）: 43-44.
[48] 江茂修, 左丽华. 极具前景的炼油新催化材料[J]. 工业催化, 2003, 11（3）: 43-48.

[49] 郭文革, 张学军, 崔积山, 等. C₉馏分油加氢精制工艺研究 [J]. 炼油与化工, 2002, 13 (2): 17-19.

[50] 孔德金, 祁晓岚, 朱志荣, 等. 重芳烃轻质化技术进展 [J]. 化工进展, 2006, 25 (9): 983-987.

[51] 杨靖华, 曹祖宾, 庄丹. C₉馏分制备芳烃溶剂油 [J]. 化工进展, 2007, 26 (9): 1323-1327.

[52] 赵开鹏, 韩松. 裂解C₉芳烃的综合利用 [J]. 石油化工, 1999, 28 (3): 197-205.

[53] 李斯琴. 中低馏分油加氢精制催化剂研究进展 [J]. 石化技术与应用, 2001, 19 (1): 39-43.

[54] 梁顺琴, 常晓昕, 吕龙刚, 等. 一种新型镍系加氢催化剂的制备及其应用研究 [J]. 石化技术与应用, 2006, 24 (4): 272-274.

[55] 王建强, 赵多, 刘仲能, 等. 裂解碳九加氢利用技术进展 [J]. 化工进展, 2008, 27 (9): 1311-1315.

[56] van Goethem M, Kleinendorst F, van Velzen, N, et al. Equation based Spyro® modeland optimiser for the modelling of the steam cracking process [C]. Proceedings of the 12th European Symposium on Computer Aided Process Engineering (ESCAPE-12), 2002: 26-29.

[57] 李吉春, 章龙江, 谷育生. 中国西部原油与裂解原料性能 [M]. 北京: 化学工业出版社, 2007: 142-195.

[58] 洪定一. 聚丙烯——原理、工艺与技术 [M]. 2版. 北京: 中国石化出版社, 2011: 512-513.

[59] 李建. 中国丙烷脱氢产业现状分析 [J]. 中国石油和化工经济分析, 2015 (6): 44-45.

[60] 周巍. 丙烷脱氢制丙烯技术浅析 [J]. 石油化工设计, 2013, 30 (3): 36-38.

[61] 崔小明. 国内外丙烯腈的供需现状及发展前景分析 [J]. 石油化工技术与经济, 2015, 31 (5): 18-23.

[62] 黄金霞, 马振航, 田原. 2015年丙烯腈技术、生产与市场 [J]. 化学工业, 2016, 34 (3): 40-45.

[63] 赵旭涛, 王立才, 李吉春, 等. 烯烃氨氧化生产不饱和腈的催化剂: 中国, ZL200610113992.4 [P]. 2006-10-24.

[64] 罗明陨, 钱志刚, 潘伟. 尾气循环工艺在大型丙烯酸装置上的应用 [J]. 广东化工, 2011, 39 (19): 105-108.

[65] 薛宏庆. 丙烯酸及酯生产现状和技术进展 [J]. 化工设计, 2005, 15 (2): 3-7.

[66] 徐爱新. 丙烷选择氧化制丙烯酸高效催化剂的研究 [D]. 杭州: 浙江大学, 2014.

[67] 崔小明. 丁二烯生产技术进展及国内外市场分析 [J]. 化工科技市场, 2010, 33 (12): 1-6.

[68] 李建萍, 贾自成. 乙腈法C₄抽提丁二烯技术进展及其特点 [J]. 石油化工应用, 2011, 30 (1): 88-91.

[69] 王永雷, 李涛, 马洪贤, 等. 丁二烯生产工艺技术进展及市场分析 [J]. 中国科技博览, 2013 (32): 311.

[70] 耿旺. 脱氢法制丁二烯技术现状及展望 [J]. 精细石油化工, 2013, 30 (3): 70-75.

[71] 陈献诚, 刘俊声, 蓝人杰, 等. 丁烯氧化脱氢W-201和H-198催化剂的流化床混合运转 [J]. 石油化工, 1993, 22 (1): 42-45.

[72] 付岩, 张威. 用H-198催化剂在流化床反应器中丁烯氧化脱氢生产丁二烯 [J]. 合成橡胶工业, 1990, 13 (6): 397-398.

[73] 陆贵根. 丁烯氧化脱氢W-201催化剂的工业开发 [J]. 石油化工, 1996, 25 (9): 635-639.

[74] 吕绍毛, 蒋静. 碳四利用方案研究 [J]. 化学工程与装备, 2014 (3): 153-155.

[75] 王素燕, 陈新国. C₄混合物催化热裂解性能的研究 [J]. 石油炼制与化工, 2002, 33 (12): 54-57.

[76] 常辉, 梁鹏云. NMP法丁二烯抽提生产工艺探讨 [J]. 炼油与化工, 2008, 19 (2): 34-36.

[77] 李玉芳, 伍小明. 丁二烯生产技术进展及国内市场分析 [J]. 化学工业, 2012, 30 (1/2): 42-48.

[78] 胡旭东, 傅吉全, 李东风. 丁二烯抽提技术的发展 [J]. 石化技术与应用, 2007, 25 (6): 553-558.

[79] 张志凤, 顾爱萍. 工业混合碳四脱除丁二烯工艺研究 [J]. 贵州化工, 2002, 27 (5): 16-18.

[80] 郑净植, 奚强. 炔烃及二烯烃选择加氢催化剂的研究进展 [J]. 湖北化工, 2003, 20 (1): 4-5.

[81] 王迎春, 陈国鹏, 高步良, 等. 富含1,3-丁二烯的裂解碳四选择加氢工艺研究 [J]. 石油化工, 2005, 34 (9): 831-834.

[82] 张全信, 武悦. 富丁二烯碳四馏分选择加氢除炔催化剂 [J]. 工业催化, 1998, 6 (6): 21-27.

[83] 李玉芳, 崔小明. 异丁烯的生产及其下游产品开发（一）[J]. 化工中间体, 2003 (11): 9-11.

[84] Rainer M D, Franz N M, Udo P M, et al. Method for the Production of isobutene from commercial methyl tert-butyl ether: US, 2006/0135833A1 [P]. 2006-06-22.

[85] 马耍耀. 国内外高纯异丁烯市场及其下游产品分析 [J]. 中国石油和化工经济分析, 2015 (4): 58-61.

[86] 朱云峰, 田恒水, 房鼎业. 抽余C_4中异丁烯催化水合制备叔丁醇的反应研究 [J]. 石油与天然气化工, 2005, 34 (6): 441-444.

[87] 李吉春, 林泰明, 叶明汤, 等. 抽余C_4烃中异丁烯催化逆流水合制叔丁醇 [J]. 石油化工, 2007, 36 (8): 825-828.

[88] 申建华, 周金波, 王艳飞, 等. 聚合级异丁烯生产技术的研究进展 [J]. 合成橡胶工业, 2011, 34 (3): 239-245.

[89] 高德忠, 胡玉安, 孔德林, 等. 丁烯资源及应用 [J]. 当代化学, 2004, 33 (3): 129-134.

[90] 马冰洁, 吴瑶庆, 李建忠, 等. C_4烃资源的生产、利用及发展设想 [J]. 化工科技市场, 2005 (12): 8-13.

[91] 王孟, 刘伯华. 丙烷、异丁烷脱氢诸工艺比较 [N]. 石油化工动态, 1993 (6): 39-41.

[92] 宋艳敏, 孙守亮, 孙振乾. 异丁烷催化脱氢制异丁烯技术研究 [J]. 精细与专用化学品, 2006, 14 (17): 10-14.

[93] 赵岚. 我国乙烯装置副产碳五馏分的综合利用 [J]. 石油化工, 2005, 34 (增刊): 153-155.

[94] 张科. 碳五综合利用 [J]. 乙烯工业, 1997, 9 (4): 1.

[95] 钱伯章. 裂解C_5的综合利用及其前景 [J]. 中外能源, 2006, 11 (1): 17-25.

[96] 谢克令. 对我国裂解碳五馏分分离和利用的探讨 [J]. 石油炼制与化工, 1995, 26 (12): 14-15.

[97] 张旭之. 碳四碳五烯烃工学 [M]. 北京: 化学工业出版社, 1998.

[98] 张爱华. 乙烯裂解副产碳五的综合利用 [J]. 江苏化工, 2004, 32 (2): 10-12.

[99] 刘明辉, 翁惠新, 曾佑富. 裂解C_5馏分的利用综述 [J]. 石油与天然气化工, 2005, 34 (3): 168-171.

[100] 高滋. 沸石催化与分离技术 [M]. 北京: 中国石化出版社, 1999: 254-256.

[101] 赵仁殿, 金彰礼, 陶志华. 芳烃工学 [M]. 北京: 化学工业出版社, 2001: 158.

[102] 桂鹏, 袁晓亮, 侯远东, 等. 金属改性的含EUO结构的共晶沸石催化剂及制备方法和应用: CN101987298A [P]. 2011-03-23.

[103] 桂鹏, 张成涛, 付兴国, 等. 新型C_8芳烃异构化催化剂 I. 乙苯转化能力的研究 [J]. 石油化工, 2009, 38 (4): 379-383.

[104] 南圣林, 桂鹏, 李凤生, 等. PAI-01型C_8芳烃异构化催化剂的工业应用及再生 [J]. 安徽化工, 2014, 40 (2): 43-46.

[105] 戴厚良.芳烃技术[M].北京：中国石化出版社，2015：2-7.
[106] 程光剑.复合型C_8芳烃异构化催化剂的制备与评价[J].石化技术与应用，2012，30（5）：411-414.
[107] 布坎南 J S，冯小兵，莫尔 J D，等.乙苯和二甲苯的异构化：CN200480009963.2[P].2006-05-17.
[108] Stern David.Process for xylene isomerization and ethylbenzene conversion：US7247762 B2[P].2007-07-24.
[109] 米多，王玉辉.甲苯歧化与烷基转移技术进展[J].化工技术经济，2006，24（2）：13-16.
[110] 张传兆.催化重整工艺技术进展及产能现状[J].炼油与化工，2011，22（4）：3-8.
[111] 李凤生，鲍永忠，王博，等.苯与重芳烃烷基转移 BHAT-01 催化剂的工业应用[J].石油化工，2015，44（2）：1506-1511.
[112] 向东，肖明.苯酚的国内外生产状况和市场前景[J].石油化工技术与经济，2006，22（3）：38-46.
[113] Cheng J C, Huang T J. Process for the alkylation of benzene-rich reformate using MCM-49[J]. Fuel & Energy Abstracts, 2001, 38（2）：80.
[114] 周斌，高焕新，方华，等.丙烯和苯液相烷基化反应中分子筛性能研究[J].石油化工，2002，31（11）：883-887.
[115] 吴建梅.超声老化对 MCM-49 分子筛合成的影响[J].催化学报，2006，27（5）：375-377.
[116] 陈亮，李英霞，陈标华，等.硅铝摩尔比对 MCM-22 的酸性及苯与丙烯烷基化催化剂性能的影响[J].北京化工大学学报，2004，31（6）：18-22.
[117] 史建公.MCM-22 分子筛在二异丙基苯烷基转移反应中的应用[J].化工进展，2004，23（9）：917-919.
[118] 李工，阚秋斌，佟惠娟，等.纳米 MCM-49 分子筛催化剂苯与 1-十二烯烷基化反应的性能[J].催化学报，2004（10）：799-813.
[119] 朱海欧.MCM-22 沸石催化剂的苯与长链烯烃烷基化性能[J].南京工业大学学报，2004，26（3）：24-26.
[120] 高辉.异丙苯合成工艺进展[J].化学工业与工程技术，2003，24（6）：36-48.
[121] 孟伟娟.BETA 和 MCM-22 沸石在丙烯与苯烷基化反应中的催化性能[J].催化学报，2003，24（7）：494-498.
[122] 许宁，王东阳，姜亚子，等.MCM-22 分子筛的静态合成与条件优化[J].燃料化学学报，2001，2P（增刊）：49-51.
[123] 谢素娟.MCM-49 分子筛的合成及其对烷基化反应的催化性能[J].催化学报，2001，22（6）：601-603.
[124] 李应霞.MCM-22 沸石的孔结构和酸分布特性对苯与丙烯烷基化反应产物分布的影响[J].石油学报，2003，19（5）：47-52.
[125] 刘阳，田龙胜，邓冠亮.乙烯副产裂解汽油抽提苯乙烯工艺技术研究[J].广东化工，2016（11）：90-92.
[126] 赵明，田龙胜，唐文成.裂解汽油苯乙烯抽提蒸馏工艺的研究与开发[J].石油炼制与化工，2015（7）：37-42.
[127] 曹静，高焕新.具有 MWW 结构的 MCM-22 沸石的合成研究[J].石油化工，2005，34（增刊）：333-335.
[128] 牛雄雷.MCM-22/ZSM-35 共结晶分子筛的合成[J].石油化工，2005（3）：815-817.
[129] 倪金剑，魏一伦，高焕新，等.纳米 Beta 沸石合成及其二异丙苯烷基转移性能[J].化学反应工

程与工艺, 2012 (4): 312-318.

[130] 赵飞, 柳静, 耿树东, 等. 硅铝比对MWW层状结构分子筛的物相、结构及酸性的影响 [J]. 吉林化工学院学报, 2013 (5): 5-8.

[131] 邓广金, 张钰, 赵胤, 等. 纳米MCM-49分子筛在丙烯与苯烷基化反应中的催化性能 [J]. 石化技术, 2011, 18 (2): 5.

[132] 邓广金, 宋志轩, 赵胤, 等. HMCM-49/Hβ分子筛催化剂用于多异丙苯与苯烷基转移研究 [J]. 石化技术, 2012, 19 (2): 1-5.

[133] 赵胤, 邓广金, 李正, 等. 酸量的调变对烷基转移催化剂性能的影响 [J]. 化工科技, 2012, 20 (4): 31-33.

[134] 赵飞, 张钰, 柳静. 纳米MCM-49分子筛催化二异丙苯烷基转移反应催化性能研究 [J]. 吉林化工学院学报, 2012 (9): 1-5.

[135] 刘志成, 王仰东, 谢在库. 从工业催化角度看分子筛催化剂未来发展的若干思考 [J]. 催化学报, 2012, 33 (1): 22-38.

[136] 缪长喜. 引入ZnO对Fe-K系乙苯脱氢催化剂性能的影响 [J]. 工业催化, 2002, 10 (5): 38-41.

[137] 李铭慧. 苯乙烯储运条件研究 [D]. 南京: 南京工业大学, 2005.

[138] 胡景沧. 苯乙烯工艺技术的发展评析 [J]. 当代石油石化, 1995 (2): 21-29.

[139] 顾雄毅, 戴迎春, 张浩, 等. 乙苯脱氢氧化制苯乙烯工艺过程分析 [J]. 1999, 11 (2): 167-172.

[140] 菅秀君, 刘福胜, 刘莹, 等. 苯乙烯精馏阻聚剂的研究进展 [J]. 精细石油化工, 2000, 5 (3): 46-48.

[141] Brigitte Benage, Gerald J Abruscato, David J Sikora.Composition and method for inhibiting polymerization and polymer growth: WO 2000US31101 [P]. 2001-06-07.

[142] 潘祖仁. 高分子化学 [M]. 3版. 北京: 化学工业出版社, 2002.

[143] 祝梦林. 阻聚剂简介 [J]. 石家庄化工, 1998 (5): 47-49.

[144] 高崎研二, 矢田修平, 加藤智和, 等. 阻聚剂、含其的组合物、及用上述阻聚剂的易聚合性化合物的制法: 200480000555 [P]. 2005-11-16.

[145] Roland A E.Inhibiting Polymerization of Vinyl Aromatic Monomers: US 5254760 [P]. 1993-10-19.

[146] Gamini A Vedage. Hydrogenation of Aromatic Amines Using Mised Metal Oside Support. US 5545765 [P]. 1996-09-13.

[147] Crompton (GE).Aromatic Sulfonic acids, and Nitrophenols in combination with nitroxy Radical-Containing Compounds: US 0122341 Al [P]. 2006-01-10.

[148] Arhancet, Grace B.Polymerization inhibitor for vinyl-containing materials: US 6447649 [P]. 2002-07-10.

[149] 中岛纯一, 谷崎青磁. 芳香族乙烯基化合物的聚合抑制剂以及聚合抑制方法: CN 1761638 [P]. 2006-10-23.

[150] 石田德政, 新谷恭宏. (甲基) 丙烯酸酯的阻聚方法: CN 1443748A [P]. 2003-08-03.

[151] 张田林, 刘霖, 周杰兴, 一种复配阻聚剂及其用途: CN 101440286 [P]. 2009-05-27.

[152] 周薇, 詹晓力, 张庆华, 等. 不同阻聚剂对苯乙烯热聚合的阻聚行为的研究 [J]. 高分子材料科学与工程, 2011, 27 (1): 80-83.

[153] 程文武, 林龙平. 一种苯乙烯精馏系统的阻垢剂: CN 102070394 [P]. 2011-05-26.

[154] 郭世卓, 秦技强. 用于抑制乙烯基化合物聚合的阻聚剂: CN 102295499 [P]. 2012-12-28.

第三章 合成树脂生产技术及新产品开发

伴随着 3D 打印、4G 时代、无人驾驶、智能化家居、新型能源产业、现代物流业、共享经济、现代农业等的飞速发展，合成材料，尤其是合成高分子材料已遍布于人们日常生活的方方面面，存在于农业、工业、科教卫生、国防建设的各个领域，对人类的健康与发展发挥着越来越重要的作用。合成树脂是合成高分子材料中最主要的部分，截至 2015 年 12 月，中国合成树脂产值占全部合成高分子材料产值的 76.4%。合成树脂中，聚乙烯（PE）、聚丙烯（PP）、聚苯乙烯（PS）、聚氯乙烯（PVC）、丙烯腈—丁二烯—苯乙烯共聚物（ABS）五大合成树脂占全部合成树脂产值的 90% 以上，其重要性显而易见。同期，五大合成树脂的相对消费量分别是：PE，34.57%；PP，29.61%；PVC，23.79%；ABS，6.93%；PS，5.10%。"十二五"期间，五大合成树脂在中国汽车、电子、通信、医疗、家用电器等方面得到了广泛的应用，尤其是在汽车材料轻量化及可回收化、医用材料无毒化、家电材料安全化等方面取得了长足的进步。可以断言，如果现代生活中没有合成树脂，我们的生活与工作是很难想象的。

本章简述了国内外合成树脂生产技术、新产品开发现状及发展趋势，从聚烯烃催化剂制备技术、共聚单体合成技术、聚乙烯、聚丙烯、ABS 树脂等产品开发及生产技术优化五个方面入手，详述了中国石油"十二五"主要技术进展，并对合成树脂生产技术及新产品开发给予了展望。

第一节 国内外合成树脂生产技术及新产品现状与发展趋势

合成树脂产业是伴随着石油石化工业的发展而得以迅猛发展的产业。合成树脂是指人工合成的一类高分子量聚合物，其性能兼备或远优于天然树脂。美国标准 ASTM D883-65T 将合成树脂定义为分子量未加限定，但往往是高分子量的固体、半固体或"准"固体的有机物质，受应力时有流动倾向，常具有较宽的软化或熔融范围。最具代表性的五大合成树脂是聚乙烯（PE）、聚丙烯（PP）、聚苯乙烯（PS）、聚氯乙烯（PVC）、ABS，它们共同具有低毒或无毒，优良的耐酸碱腐蚀性、耐化学药品性、易成型加工性等特点。"以塑代钢""以塑代木"是合成树脂产业在其成长与发展的半个多世纪中，为人类所做的最为杰出的贡献。合成树脂使汽车轻量化得以实现，从而减少了汽车行进过程中的排放，减少了污染；合成树脂的发展也使人们大幅度减少了对森林和树木的砍伐，使人类的生活回归秀美的生态田园。显然，研究、培育和发展合成树脂产业已成为现代人类的共同责任。

一、国内外合成树脂生产技术及新产品现状

合成树脂是由低分子单体（如乙烯、丙烯、1-丁烯、苯乙烯、丙烯腈等）通过聚合

反应得到的有机高分子。当前，世界上 80% 左右的乙烯、50% 左右的丙烯、70% 左右的苯乙烯用于生产合成树脂，生产方法包括本体聚合、悬浮聚合、乳液聚合、溶液聚合、熔融聚合和界面缩聚等多种。以合成树脂为原料，加上各种助剂或辅助材料，经加工即可制成众所熟知的"塑料"，广泛应用于包装、建筑、电子、电气、汽车、医疗等各个行业。

合成树脂可分为通用树脂、工程塑料及功能塑料三大类，数万个不同牌号的产品，全球总产能超过 3×10^8 t/a。通用树脂的单品种产量高，应用面广，易于成型加工。2013 年，全球五大通用树脂即聚乙烯（PE）、聚丙烯（PP）、聚氯乙烯（PVC）、聚苯乙烯（PS）和 ABS 树脂的消费量占合成树脂总消费量的 93%，其中 PE 占比 39%，PP 占比 27%，这种消费结构近几年一直较为稳定。全球主要树脂的需求结构如图 3-1 所示。据美国 IHS 预测，2016—2020 年，五大通用树脂中 PP 的需求增速最快达到 4.8%，PE 为 4.5%，PVC 为 3.7%，ABS 为 3%，PS 增长最慢为 1.2%。但受世界经济波动导致需求减少及产能过度扩张等影响，未来一段时间内，全球五大通用树脂总体呈现供大于求的趋势。

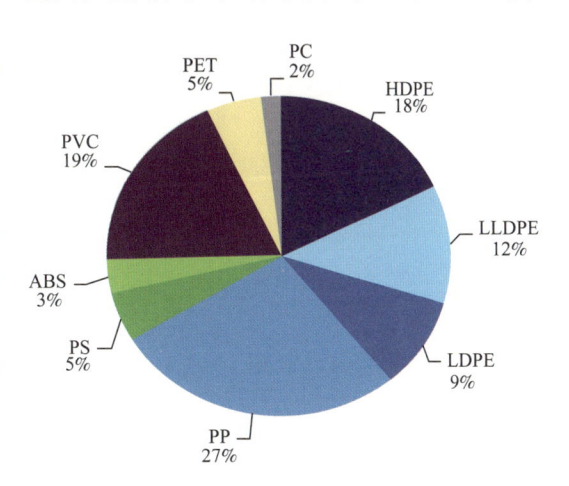

图 3-1 全球主要树脂的需求结构
来源：IHS

1. 全球合成树脂生产现状

2010—2015 年，聚烯烃供应与需求总体呈稳定增长的态势。全球聚烯烃（PE 和 PP）产能与需求情况如图 3-2 和图 3-3 所示。

图 3-2 2010—2015 年全球聚烯烃产能

图 3-3 2010—2015 年全球聚烯烃需求量

PE 是合成树脂中产量最大的品种。2015 年，全球 PE 需求量为 8810×10^4 t，其中中国占比 27%。由于世界新兴经济体带动全球 PE 需求的增长，预计到 2020 年，全球 PE 年需求量将上升到 10880×10^4 t。中国是全球 PE 市场供应和需求增长最快的地区，年均需求增长率达 6.9%。

PE 消费以薄膜、注塑、管材为主，如图 3-4 所示。受上游原料成本等因素影响，全球 PE 总体上已经供过于求。2017—2020 年，聚乙烯的全球产能大概增加 2500×10^4 t/a，需求量大约增加 2100×10^4 t/a，还是产能的增长大于需求增长。2016 年，全球聚乙烯生产的开工率为87%，2017—2018年将下降至83.5%左右。据美国IHS预测，2015—2020年全球还将有2400×10⁴t/a以上的PE新产能投产，中东和北美是两个主要的低成本生产区。中东、亚洲（除中国以外）和北美是主要的PE净出口地区，中国是最大的进口国。

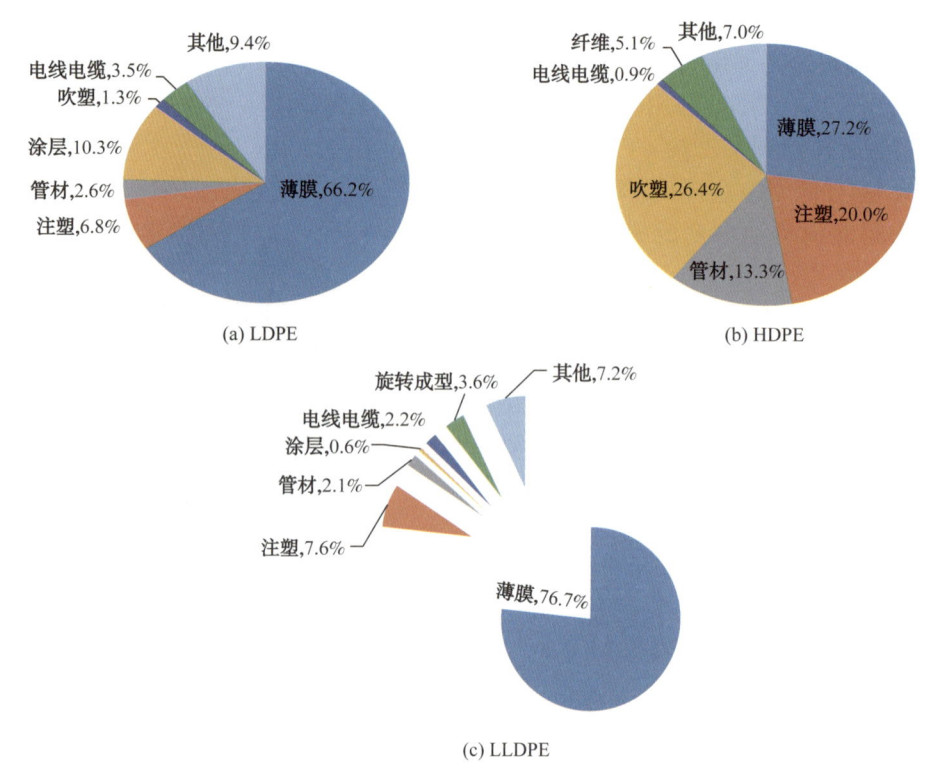

图3-4　全球PE下游消费结构

PP的应用非常广泛，与其他树脂相比更具竞争力。2015年，全球PP产能为7040×10⁴t/a，增长了11.7%，新增产能大部分集中在中国，中国占全球产能的10%左右。估计到2024年，全球PP年需求新增1800×10⁴t，总产能将达到8840×10⁴t/a，中国将新增950×10⁴t/a产能，总产能达3000×10⁴t/a，继续成为全球PP市场的关键驱动力。PP主要用于注塑、薄膜、拉丝及纤维等领域，全球PP下游消费结构如图3-5所示。近年来，欧美地区PP用于吹塑领域的增长较快，而亚洲地区的需求才刚刚起步。未来，PP需求的增长仍主要来自薄膜和纤维领域，PP在注塑领域的消费增速将有所放缓[1]。

2005—2015年，全球对PVC的需求量一直以2%~3%的年均速率增长，预计2016年，全球对PVC的需求将达4200×10⁴t。但受产能过度扩张影响，全球PVC过剩产能仍将达到1600×10⁴t/a，且PVC产能过剩局面将持续相当长的时间。过去，全球PVC产能扩张的90%以上发生在中国，中国占全球PVC产能的份额已增长到50%，2016—2020年，中国的PVC产能将占到亚洲总产能的85%。

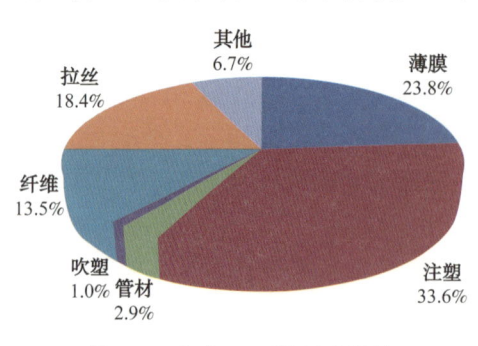

图3-5　全球PP下游消费结构

目前，全球的 PS 市场已经供过于求[2]，因原料的波动性，包括苯乙烯单体和苯的高价格影响了 PS 的需求，未来 5 年，全球对 PS 的需求增速只有 1.2%[3]。在消费方面，包装市场占 PS 总需求的 38%。中国是全球最大的 PS 市场，PS 需求约占到全球总需求的 28%。近年来，由于中国多数制造业产能出现过剩，电子和电器产品消费放缓，对 PS 需求已经疲软。2015 年，中国的 PS 产能 370.6×10^4 t/a，产量 196.1×10^4 t，开工率仅为 52.9%。中国 PS 的消费量为 271×10^4 t/a，仍有 73×10^4 t/a 的进口量，进口依存度达 26%。预计，未来包装等市场发展放缓，再加上 PP 和聚对苯二甲酸乙二醇酯等替代材料的竞争，PS 的需求将更加不稳定，全球一些成熟的 PS 市场或将再次进行产能的合理化调整。

ABS 是与 PP 和高抗冲 PS（HIPS）相竞争的最大一类工程塑料。2015 年，全球 ABS 树脂总产能为 1106.8×10^4 t/a，产量约为 924×10^4 t，而消费量为 764.6×10^4 t，全球产能总体过剩。全球 ABS 生产和消费主要集中在亚洲、北美和西欧，中国是 ABS 树脂最大的消费国。消费结构中家电行业占比 40%，第二大终端市场是电子电器行业，约占需求的 27%[4]。交通运输是 ABS 树脂增长最快的下游市场。预计到 2020 年，全球 ABS 市场预期的年均增长率达 3.5%[4]，尽管中国经济放缓将对消费需求产生影响，但中国仍然是最大的市场。

2015 年，中国 ABS 树脂总产能达 365.8×10^4 t/a，产量为 326×10^4 t，开工率为 89%。ABS 树脂生产地主要集中在华东、东北及华北地区，而消费地主要集中在东南沿海的长江三角洲、珠江三角洲，占到总消费量的 70% 以上。2015 年，中国 ABS 树脂的表观消费量达到 486.4×10^4 t，进口量达 162.5×10^4 t，主要进口来源地是中国台湾和韩国。消费结构中家电行业是最主要的消费领域，占比达到 56%[5]，2015 年中国 ABS 树脂的消费结构如图 3-6 所示。

2015 年，中国大陆 ABS 生产企业共计 11 家，其中镇江奇美化工有限公司产能为 85×10^4 t/a，位居行业第一，吉林石化以 58×10^4 t/a 产能居于第三位。从 ABS 开工情况来看，2015 年国内 ABS 装置多数维持正常运行，主要生产商总体开工率在 89% 左右。

2. 中国合成树脂生产现状

中国是塑料生产、消费、进出口的大国，也是全球塑料和树脂行业的重要支撑之一。

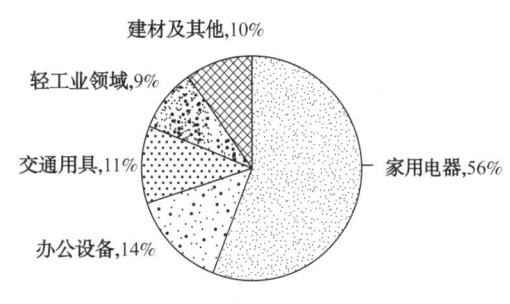

图 3-6　2015 年中国 ABS 树脂消费结构

2015 年，在经济转型及 GDP 增速放缓的背景下，中国对塑料的需求仍增长 10%[6]，五大通用树脂的需求增速约为 5.6%。

根据国家统计局数据，2015 年上半年中国合成树脂行业规模以上企业数量达到 1702 家，其中排名前 10 家企业生产量占合成树脂总产量的 18.7%，企业的集中度仍较低。2014 年，中国合成树脂总产量达到 6950.7×10^4 t，五大通用树脂总产量占树脂总产量的 69.3%，如图 3-7 所示。2015 年，受原油价格下跌影响，五大通用树脂的扩能速度明显低于预期，新增产能仅 173×10^4 t/a，总产量约 5326×10^4 t。

"十二五"期间，中国的合成树脂消费市场一直保持较快增长。2014 年，五大通用树脂的表观消费量达 6245×10^4 t，占合成树脂总消费量的 64.7%。树脂进口也持续保持快速增长，2014 年，我国合成树脂进口量为 3215.3×10^4 t，占表观消费量的 33.3%，其中五大通用树脂进口量为 1618.3×10⁴t，占进口量的 50.3%。2015 年，五大通用树脂进口量仍较 2014 年增加了 2.9%，达 1808×10⁴t。

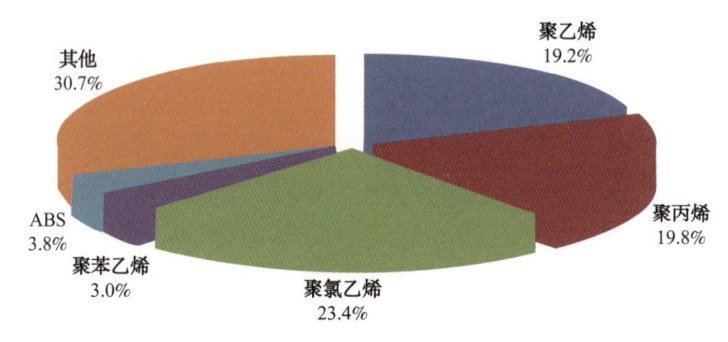

图 3-7 2014 年中国合成树脂产品产量格局

聚烯烃是市场需求最大的通用树脂品种。2015 年，中国聚烯烃总产能超过 3200×10⁴t/a（PE 产能约 1500×10⁴t/a，PP 产能 1700×10⁴t/a），其中有 538×10⁴t/a 为煤（甲醇）基聚烯烃产能。聚烯烃总需求量为 4242×10⁴t/a，供需仍存在缺口。预计 2020 年，中国聚烯烃总产能将达到 4600×10⁴t/a，其中 1650×10⁴t/a 将为煤（甲醇）基聚烯烃产能。届时，聚烯烃年总需求量将近 5000×10⁴t，聚烯烃产品进口依存度会有所下降，中国聚烯烃产能与需求展望如图 3-8 所示。中国的 ABS 树脂生产能力和产量近年来增长很快，但仍不能满足需求。2015 年，中国 ABS 树脂的进口量为 162.49×10⁴t，进口依存度仍达到 37%，但比 2009 年的 56%、2014 年的 41% 下降很多。

总体上，中国合成树脂工业发展很快，但与国外先进水平相比仍存在一定差距。中国特大型装置建设还要依靠引进技术，生产高端产品还必须购买国外的催化剂；高端产品数量远不能满足市场需求，每年进口的近 2000×10⁴t 聚烯烃中一多半是高端产品，包括 PP 管材专用料、电容膜专用料、PE 汽车油箱专用料、燃气管道专用料、汽车保险杠专用料等。因此，存在巨大的提升空间。

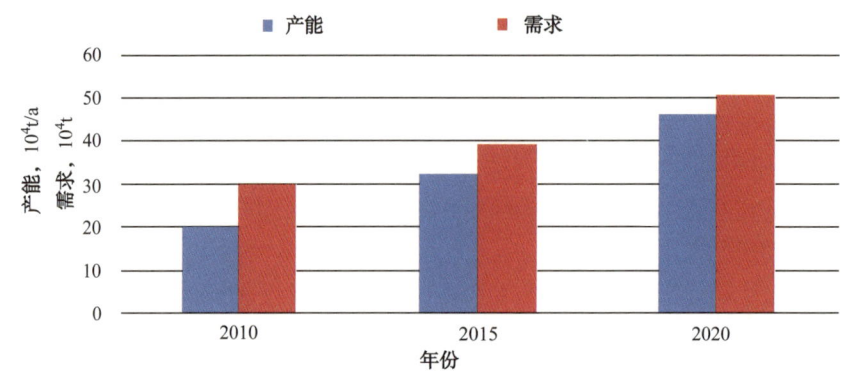

图 3-8 中国聚烯烃产能与需求展望

二、合成树脂生产技术及新产品发展趋势

当前，传统石化行业的竞争正向价值链终端延伸，更强调市场导向和与客户一起创新。国际知名的石化企业，如巴斯夫、陶氏化学等，都正在向高附加值产品与系统解决方

案供应商转型。开发拓宽原料来源的新技术，开发高性能和高附加值产品，以及开发高效率、减能降耗、无污染的生产工艺是合成树脂行业技术创新的主要任务和方向。

1. 生产工艺技术

PE 是当今世界上生产和消耗最大的塑料品种之一。PE 的主要生产工艺有高压釜式法、管式法、溶液法、淤浆法和气相法。2015 年以来，新建的线型低密度聚乙烯（LLDPE）装置有近 70% 采用气相法技术。随着世界 PE 工艺和催化剂技术的不断进步，冷凝及超冷凝技术、不造粒技术、共聚技术、双峰技术、超临界烯烃聚合技术以及反应器新配置等新技术研发已成为热点，并为提高 PE 产能、增加新牌号以及提高产品性能提供了更大的潜力。例如，气相 PE 冷凝技术利用冷凝液体的蒸发潜热及时给聚合反应撤热，在一定程度上解决了反应器撤热难的问题，可以大幅度提高反应器时空产率，使产能提高到 200% 以上。将该冷凝技术与较高活性的催化剂配合使用，是当今 PE 业界研究的一个热点技术。另外，以单反应器工艺替代双反应器工艺，也是生产双峰 PE 发展的新方向。

PP 生产包括溶剂法、气相法、本体法和本体—气相组合工艺，不同的工艺技术采用不同形式的反应器设计。气相法工艺应用最为广泛，但气相法组合工艺将逐步发展成为 PP 生产的主流方法。从 20 世纪 80 年代至今，工艺技术的革新都源于催化剂技术的突破，基于第四代催化剂基础上的新生产工艺，取消了脱灰、脱无规物、脱溶剂的环节，装置投资和操作费用大幅度降低，PP 产品的种类、新牌号和性能范围大幅度拓宽。目前，全球典型的 PP 生产工艺有 Spheripol、Hypol、Unipol、Innovene、Novolen、Borstar 和 Spherizone 7 种，其中 Spherizone 工艺是 Basell 公司在 Spheripol 工艺基础上开发的最先进的 PP 生产技术，主要采用多区循环反应器（MZCR）代替环管反应器，将一个反应器分成可以独立控制反应条件的两个反应区域，反应温度、氢气浓度和单体浓度可以分别控制，实现聚合物颗粒内类似"洋葱"状的均匀混合。该技术可以生产高刚性的均聚 PP 或高韧性的共聚 PP，在汽车工业和设备中可替代工程塑料。中国石化开发的气相 PP 连续预聚合技术、高温气相 PP 工艺技术，也已进入大规模工业实施阶段。

乳液法是 ABS 树脂的主流生产方法。其中，聚丁二烯胶乳（PBL）的制备、PBL 粒子接枝苯乙烯—丙烯腈共聚物（G-ABS）的特性是决定 ABS 树脂力学性能和加工性能的重要因素。当前，ABS 树脂的生产技术已相当成熟，ABS 树脂高性能化、高功能化是主导方向。采用高分子附聚技术获得大粒径或超大粒径（400~1000nm）的 PBL，以提高 ABS 树脂冲击强度是当前的热点技术[7]。此外，小粒径 PBL 聚合技术、高胶 ABS 接枝技术、ABS 清洁生产技术等核心技术的研发仍受到广泛重视。

当前，PVC 生产技术也已经十分成熟，其技术进展表现在：聚合釜的大型化；聚合生产控制技术，如生产过程计算机集散控制等；聚合传热能力改进，通过改进搅拌装置提高聚合釜的传热能力，采用釜顶设计回流冷凝器、釜夹套采用大循环回流水量的方法提高传热系数，来强化换热效果；聚合釜的制造技术和防粘釜技术，如在聚合釜的内部涂加一层防黏釜剂，PVC 树脂皮状物和杂质都大幅度减少等。

2. 催化剂技术

催化剂研究在聚烯烃生产中占据举足轻重的地位。工业聚烯烃催化剂主要分为铬系催化剂（Cr/SiO_2 催化剂）、齐格勒—纳塔催化剂（Z-N 催化剂）和茂金属催化剂 3 类。近年来，3 类工业催化剂不断在系列化、高性能化方面推陈出新，同时，以铬系催化剂、Z-N

催化剂为茂金属催化剂为基础,又形成了后过渡金属、双功能、双峰或宽峰分子量分布的聚烯烃复合催化剂的研究热潮。

2015年,铬系催化剂生产的高密度聚乙烯(HDPE)占全球HDPE生产总量的1/3以上,经过技术改进,铬系催化剂还可用于LLDPE的生产,如Phillips采用铬系催化剂的淤浆法工艺技术,可得到较高的催化效率和单体转化率。铬系催化剂结合串联反应器,还能生产适宜管材的"双峰"树脂。因此,铬系催化剂仍具有生命力,新的研究方向包括新的载体技术、减少聚合物中催化剂的残留和提高PE产品的安全性等方面。

Z-N催化剂历经4代开发,现全球约70%的PE生产采用了Z-N催化剂。Z-N催化剂的研究重点正由催化剂效率问题转向改进产品的综合性能,在高活性基础上系列化发展。例如,Nova公司开发的用于气相的Sclairtech Z-N催化剂,可以改进共聚单体的插入方式,生产高性能"不发黏"树脂并具有很好的抗杂质性能;Univation公司开发的UCAT-J牌号Z-N催化剂,制备的薄膜透明性优异。

Z-N催化剂用于PP主要是拓宽产品范围和开发新的给电子体系。例如,能够在反应器中不经减黏裂化得到高熔体流动速率(MFR)的产品;通过改进催化剂,提高聚合物的结晶性和等规度;生产刚性更好的产品;降低产品的热封温度;改进光学性能;采用两段聚合双峰树脂生产技术使PP树脂的分子量分布更宽,使产品具有最优的刚性和抗冲击性能的综合性能。

茂金属催化剂在PE、PP、PS、环状烯烃共聚物、合成润滑油添加剂领域均可获得广泛应用。自20世纪90年代工业化以来,经过一段时间的低迷,近年来又再次受到埃克森、陶氏化学、BP、UCC等公司的重视。当前,负载型茂金属催化剂用于高附加值聚烯烃的工业开发十分活跃。如埃克森美孚化学公司开发出茂金属PE新牌号,扩充了"Exxceed"系列产品的阵容[8]。新推出的"0019XC"牌号产品主要在挤压涂层和层压领域中使用。茂金属催化剂在生产超刚性等规PP、高透明的间规PP、等规PP和间规PP的共混物及超高性能的PP抗冲共聚物等方面也获得很好的应用。目前,研究方向为:(1)开发溶体流动速率更低的产品;(2)提高产率;(3)开发熔点更高的产品;(4)用混合催化剂生产宽分子量分布的产品;(5)开发无规和抗冲共聚物;(6)开发更适合现有装置的茂金属催化剂。

除茂金属催化剂本身外,特殊结构的催化剂载体也会给产品带来一些特殊的性能,而且可以减少后加工过程对聚烯烃结构的影响。分子筛、黏土、PS及MAO聚集体等作为茂金属催化剂的载体研究已成为研究方向。例如,开发的空心SiO_2团粒作为茂金属催化剂的载体,其进入聚烯烃后仍是以空心结构存在,这就使得聚烯烃产品具有吸音、隔热的效能,简化后续材料加工;分子筛作为茂金属催化剂的载体,通过调节分子筛中的硅铝比和制备条件,改善茂金属负载效果以及产品性能。另外,传统Z-N催化剂和茂金属的混合催化剂体系也将有所发展,目前的主要发展方向是在单个反应器中生产双峰分布或多峰分布的树脂,工艺更容易控制,分子量分布更稳定,共聚产品的柔韧性更好。

3. 新产品技术

双峰PE产品具有更好的力学加工性能,在管道、建材、薄膜、吹塑用料、注射用料、电线电缆等领域均有广泛的用途。双峰PE树脂可以通过复合催化剂法或双反应器法制备。目前,工业化的双峰PE生产工艺都是双反应器(两反应器并联或串联)工艺。近几年，上海石化引进并采用 Basell 公司的 Borstar 双峰 PE 专利技术，将预聚合反应器、超临界环管反应器和气相流化床反应器串联组合成连续聚合工艺，实现了双峰全密度 PE 的生产[9]。并开发出 PE80、PE100 等级的高端特色 PE 管材料，具有优良的冲击强度、拉伸强度以及较好的挤出加工性能。用于双峰树脂生产的催化剂也包括复合、双金属负载、单组分以及双载体等多种类型。利用催化剂的创新在一个反应器中生产双峰树脂技术也是当前技术开发活跃的课题。例如，Basell 公司新推出的新一代无惰性载体淤浆高活性催化剂，活性比目前的 BCS 催化剂提高 1~2 倍，降低了产品灰分含量，产品的透明性和加工性得到改善[10]，使 Borstar 工艺的生产能力大大提高，可设计生产各种密度 PE，扩大了产品范围和竞争力。有报道称，中国石油采用国产 BCE-H100 催化剂生产双峰 HDPE 膜料 HM9455F1 也取得成功[11]。

超高分子量 PE 具有高耐冲击性、耐寒性、耐腐蚀、耐磨损和低摩擦系数等特性，是目前开发活跃的一类聚烯烃产品。2015 年，全球超高分子量 PE 材料的年产量约 30×10^4 t，因此具有广阔的技术开发市场。据最新报道，俄罗斯西伯利亚分院催化研究所开发出一种非熔融法制备超高分子量 PE 材料的新技术，产品可应用于北极地区极端条件，聚合物材料可耐受 -75~-70℃ 的低温，也开辟了一条降低产品制备成本的新路。超高分子量 PE 纤维制品比水还轻，具有特殊的质量特性，因此超高分子量 PE 在纺织领域具有很强的应用需求。在医疗领域，超高分子量 PE 已成为关节置换的首选植入材料。最新报道的维生素 E 稳定型交联超高分子量 PE 通过伽马辐射使超高分子量 PE 交联，使用维生素 E 取代惰性气体作为填充剂，在增强超高分子量 PE 稳定性及耐磨性的同时，增强了抗氧化性，达到延长植入假体寿命的目的[12]。

高纯 PP 树脂（灰分含量的质量分数低于 0.008%）是当前大力开发的新产品，以使 PP 在医药、电子电器、纺织等行业获得更好的应用前景[13]。通过改进型的 Z-N 催化剂，直接在反应器内制备高纯 PP 树脂，而不是采用后处理过程获得，这是新的发展趋势，也是一个世界范围内的难题。催化剂需要在低烷基铝浓度下仍保持较高的聚合活性，并且具有较高的立构定向性，并配合聚合工艺的调整与优化。此外，PP 共聚物、PP 共混物/合金产品、纳米 PP 复合材料的开发和发展都是当前重要的产品开发方向，开拓了 PP 在注塑、薄膜和吹塑成型领域的应用。

ABS 树脂分为注塑级、耐热级、板材级等几个级别以及不同的牌号。近年来，研发重点向着高性能专用料、塑料"合金"方向发展。市场需求比较大的专用料有阻燃、冰箱板材、耐热级、透明级、高光泽、抗静电、电镀级以及 PA/ABS、PC/ABS、PVC/ABS 等各种 ABS 合金树脂，其应用领域与市场正在不断扩大。随着新能源汽车及配套产业、熔融沉积成型（FDM）3D 打印技术、无人机、家用机器人等产业的快速发展，ABS 树脂的生产规模还将继续扩大，对包括 ABS 树脂在内的工程塑料及其合金材料提出了更高的品质要求。ABS 生产工艺核心技术、自动化控制水平、生产装备水平还在持续发展，引进技术在消化吸收中不断创新。

PS 分为通用级、高抗冲级、发泡和间规 PS 等几类。随着市场竞争的日益加剧，PS 树脂逐渐向多功能化、高性能化和更加环保的方向发展。产品方向包括阻燃 PS、超疏水 PS、可降解 PS、导电 PS、光催化 PS 等功能化 PS 复合材料。但是，功能化 PS 复合材料多数尚未实现工业化，如利用悬浮聚合法制备功能性 PS 复合材料的工艺还有待完善；可降解

PS复合材料的研究尚不能有效解决由PS材料引发的环境污染问题。间规PS在汽车工业、电子工业和工业包装领域具有广泛的应用前景，并可替代一些成本高和污染重的材料。欧洲和北美正在尝试用间规PS替代聚苯硫醚、尼龙、聚酯和液晶塑料；陶氏化学公司的间规PS（Questra）已经打入汽车用插接件市场，以取代聚对苯二甲酸丁二醇酯。间规PS还可以改善ABS的耐热性、PP强度和弯曲模量，还可以用于耐热阻燃材料、半渗透材料和机械零部件等。

当前，全球石油石化发展中心正向亚太和中东转移。合成树脂工业也面临来自中东低成本产品的竞争，世界大型树脂生产公司正在将资产向低成本原料的中东地区配置。同时，随着北美页岩气的大规模开发，大型石化公司加快发展北美地区的乙烯工业，未来，全球合成树脂行业的竞争将更加激烈。因此，中国合成树脂行业需要进一步加强自主创新能力，更好地消化吸收引进技术，特别随着中国制造业的升级以及"互联网+"行动的推进，市场的差异化和个性化需求将越来越明显。在市场低迷、需求不旺的市场环境下，建设世界级大规模生产装置，充分利用规模效益；采用更先进的催化剂、工艺技术和更先进的计算机控制、优化及管理方案，合成树脂的高端化、差异化和精细化。这些都是应对合成树脂全球化竞争的基本思路。

第二节 合成树脂技术进展

"十二五"期间，中国石油实现了从"重勘探开发、轻石油化工"向"开拓新兴能源、深挖石化潜力"的运行思维转变。在加大对下游业务重点投资的基础上，相继建成了"聚乙烯催化剂与工艺工程中试基地"及"聚丙烯催化剂与工艺工程中试基地"，可全流程模拟工业生产过程的合成反应工况，极大地推动了新型聚烯烃催化剂、聚烯烃产业化的进程及新产品开发力度。在建成的中试装置上，先后有6种聚烯烃催化剂实现了工业应用，完成了包括聚乙烯、聚丙烯、ABS等在内的共40余种高附加值合成树脂新产品的开发。

"十二五"期间，中国石油合成树脂的总产能由"十一五"末的850×10^4t/a增加到"十二五"末的1250×10^4t/a，产能增加明显。合成树脂新产品的产量达到1100×10^4t/a，涵盖PE、PP、PS和ABS四大系列130多个牌号。其中，高强度PE薄膜料、管材料、大型中空容器料、电缆料、医用料、车用料、高端家电料、电子保护膜、锂电池隔膜料、易加工茂金属PE薄膜料、高抗冲ABS、高抗冲PS等专用料的开发已取得了良好的阶段性成果，并获得了良好的经济效益。到2015年末，中国石油在国内合成树脂市场的占有率已经达到了32%。并设立聚烯烃重大专项，为"十三五"期间的聚烯烃新产品开发奠定了坚实基础。由于中国石油不生产PVC树脂，PS树脂的产量也非常小，本章将重点从聚烯烃催化剂开发、共聚单体α-烯烃合成技术、聚乙烯新产品技术、聚丙烯新产品技术、聚烯烃结构表征与加工应用技术、ABS树脂新产品及生产优化技术6个方面总结中国石油在"十二五"期间取得的主要技术进展。

一、聚烯烃催化剂开发

聚烯烃工业发展的关键是烯烃聚合催化剂及其相应聚合工艺的技术进步，而催化剂则是聚烯烃技术发展的核心，是对聚合技术和新产品开发起决定性影响的因素。催化剂活性和选择性的不断提高及催化剂形态的不断改善，使聚烯烃生产工艺大为简化，投资和生产成本大幅度降低，产品应用范围大为拓宽，推动了聚烯烃产业的高速发展。20世纪50年代，Ziegler和Natta先后用$TiCl_4$–$AlEt_3$催化合成高密度聚乙烯和用$TiCl_3$–$AlEt_2Cl$催化合成全同立构聚丙烯，开创Ziegler–Natta（Z–N）催化体系。经过数十年的改进和创新，催化剂的综合性能不断提高。20世纪80年代和90年代又相继开发了茂金属催化剂和非茂金属单活性中心催化剂，形成了多种催化剂共同发展的局面[14]。

1. 聚乙烯催化剂

聚乙烯催化剂的主要代表有美国Univation公司的UCAT–A和UCAT–J系列催化剂，德国Basell公司的Avant Z系列催化剂，加拿大Nova公司和英国BP公司开发的Novacat系列催化剂，日本三井化学公司的RZ催化剂，中国石化的BCH催化剂、BCE催化剂，营口向阳科化的XY系列催化剂。茂金属催化剂主要有美国埃克森公司的Exxpol催化剂，美国陶氏化学公司的CGC催化剂和Univation公司的XCAT系列催化剂。

近年来，中国石油在聚乙烯催化剂的研发上取得了较大进展，开发的催化剂主要有气相法聚乙烯PGE–101催化剂、淤浆法聚乙烯PSE–100催化剂、淤浆法聚乙烯PSE–01CX催化剂、淤浆法聚乙烯JM–1催化剂、淤浆法聚乙烯JK–1催化剂、茂金属PME–18催化剂、超高分子量聚乙烯CH–1催化剂及超高分子量聚乙烯LHPEC–3催化剂。

1）气相法聚乙烯PGE–101催化剂开发与应用技术

Unipol气相法聚乙烯工艺因其工艺流程短、操作简单、无须溶剂、投资与操作费用低、适合生产全密度聚乙烯等特点，受到全球各大聚乙烯生产厂商的青睐。特别是冷凝、超冷凝操作技术的推广应用，使Unipol气相全密度聚乙烯装置增长迅速。截至2014年底，国内Unipol气相聚乙烯总产能达662.4×10^4t/a，中国石油气相法聚乙烯的产能为260.4×10^4t/a。中国石油催化剂需求量也将超过100t/a，预计到"十三五"末，中国石油浆液型催化剂需求量为200~300t/a，目前装置上所用催化剂几乎全部依赖进口。

为了实现进口催化剂的国产化，中国石油经过10年攻关，采用喷雾干燥技术与载体表面修饰技术相结合，解决了催化剂颗粒形态控制的难题，开发的PGE–101催化剂具有催化活性高、产品细粉含量低、堆密度高等特点，同时加料准确稳定，配制方便灵活，反应器静电小。

PGE–101催化剂是高效钛系催化剂，主要用于Unipol气相聚乙烯工艺装置生产LLDPE、LLDPE/HDPE等聚乙烯衍生物产品。催化剂采用浆液进料方式，加料准确稳定，配制方便灵活，可有效降低反应器静电，产品灰分含量低。PGE–101催化剂实现了在大庆石化、吉林石化Unipol工艺气相法聚乙烯装置的工业应用[15]。

（1）主要技术进展。

开发过程中采用载体表面修饰技术与喷雾干燥技术相结合，有效地改善了催化剂悬浮液滴的表面性能，使通过喷雾干燥得到的催化剂具有较好的颗粒形态。解决了催化剂颗粒形态控制的难题，催化剂粒度分布更均一，有效减少了聚乙烯产品的细粉含量。在催化剂的组分中引入了一种双官能团的给电子体化合物，这种给电子体化合物起到了靶向的作用，有效地解决了催化剂活性中心在载体表面分布不均的问题，使催化剂活性与产品的堆密度达到了一个更好的平衡。为了配合一些高附加值的新产品开发，创新开发了流动载气均布升温法深度活化技术，实现了流动载气控温的优化设计，消除了温度梯度分布，创新设计开发了流化床反应器种子床填装与处理,以及一种流化床反应器气体预分布器和雾化喷嘴等生产装置。

2014年以来,中国石油自主研发的PGE-101催化剂在大庆石化30×10^4t/a全密度装置、吉林石化27.4×10^4t/a线型低密度装置进行了超冷凝及冷凝态生产条件下的工业应用,并实现了装置的平稳运行。工业应用结果显示,PGE-101催化剂活性不低于20kg(PE)/g(cat),最高达到30kg(PE)/g(cat),产品堆密度为0.37~0.39g/cm³,与原装置使用国产催化剂相比,PGE-101催化剂活性可提高10%,产品细粉含量降低8.9%,产品的堆密度提高5.6%。与进口Ucat-J催化剂相比,PGE-101催化剂综合性能与之相当,结果见表3-1,产品的细粉含量几乎为零,在冷凝和超冷凝态操作条件下,装置连续运行平稳,粉料干爽,未出现静电、反应器飞温、分布板堵塞等生产事故,未出现过渡料。生产DFDA-7042和DFDA-9047牌号产品6.548×10^4t,创效11147.24万元。

表3-1 PGE-101催化剂与参比催化剂的技术经济指标对比

项目	参比催化剂	PGE-101催化剂
催化剂活性,kg(PP)/g(cat)	≥ 20.0	≥ 20.0
聚合物堆密度,g/cm³	≥ 0.36	≥ 0.37
聚合物细粉量,%(质量分数)	≤ 0.5	≤ 0.2

(2)应用前景。

自主研发的PGE-101催化剂率先在大庆石化、兰州石化、吉林石化、独山子石化、四川石化、抚顺石化等Unipol工艺气相法全密度聚乙烯装置推广应用。预计到2020年,市场占有率达到30%~50%,可年创效2亿~3亿元。

2)淤浆法聚乙烯PSE-100催化剂开发与应用技术

聚乙烯的生产工艺技术主要有高压法、淤浆法、气相法和溶液法。其中,淤浆法工艺在生产管材、中空容器和薄膜方面具有独特的优势,成为聚乙烯高附加值专用料开发的主要工艺。近年来,中国石油引进了多套Basell公司的Hostalen淤浆法工艺装置,总产能达到103×10^4t/a。Hostalen工艺采用双釜串联工艺,在生产双峰聚乙烯管材料方面具有独特的优势。双峰聚乙烯的分子量呈双峰分布,一般通过双釜或三釜串联来生产。高分子量部分可赋予其良好的强度、韧性及耐环境应力开裂性能,而低分子量部分可保证聚合物的刚性,同时提供了润滑作用以改善树脂的加工性能,实现了加工性能和使用性能之间的平衡。

开发高性能双峰聚乙烯,除了聚合工艺的控制外,关键在于催化剂的开发。淤浆工艺双峰聚乙烯的开发对催化剂的性能有更高的要求,需具有良好的催化剂颗粒形态、优异的氢调敏感性和共聚性能。中国石油自主开发了可用于Hostalen工艺的淤浆聚乙烯PSE-100催化剂。PSE-100催化剂的技术特点是:催化活性较高,氢调敏感性与共聚性能好,催化剂粒径分布窄,聚合物细粉含量低,低聚物生成量少。该催化剂可用于吉林石化、四川石化、抚顺石化等多套Hostalen工艺装置,生产高性能双峰管材专用料。

(1)主要技术进展。

2008年起,中国石油开始了Hostalen工艺催化剂的研究开发。通过对催化剂、聚合工艺、应用加工、产品开发等关键技术的不断创新,开发出了适用于Hostalen工艺的淤浆聚乙烯 PSE-100 催化剂[16]，主要性能指标均达到或优于进口催化剂水平，并形成了形态控制技术、第三组分调变技术、催化剂放大制备技术等具有自主知识产权的淤浆高密度聚乙烯催化剂生产技术。

2010—2016 年，PSE-100 催化剂在中国石油某研究院 3.2m³ 淤浆法中试聚合装置上完成了中试聚合评价试验，与进口催化剂进行对比，结果见表 3-2。PSE-100 催化剂与进口催化剂的性能基本相当，催化剂聚合活性高，聚合物细粉含量低于 1%，低聚物含量低于 0.5%。该催化剂具有动力学曲线平稳、氢调敏感性和共聚性能好等特点，可以满足 Hostalen 工艺装置的要求。中试聚乙烯产品在沧州明珠股份有限公司进行了管材加工试验，共加工 ϕ32mm 管材 2158m，ϕ90mm 管材 1025m。PSE-100 中试料加工性能良好，得到的管材制品内、外壁光滑无缺陷，管材壁厚均匀，具有良好的外观，加工过程设备运行平稳。管材性能测试合格。

表 3-2　PSE-100 催化剂与进口催化剂的技术经济指标对比

项　目	进口催化剂	PSE-100 催化剂
催化剂活性，kg（PE）/g（cat）	15.0	20.0
聚合物堆密度，g/cm³	0.40	0.40
聚合物细粉含量，%（质量分数）	1.5	< 1
低聚物含量，%（质量分数）	1.0	< 0.5

（2）应用前景。

对比结果显示，PSE-100 催化剂的性能与进口催化剂相当，部分性能优于进口催化剂，而其成本远低于进口催化剂，可用于吉林石化、抚顺石化、四川石化等 Hostalen 工艺装置，替代进口催化剂生产管材、中空容器等高附加值产品，具有良好的应用前景。

3）淤浆法聚乙烯 PSE-01CX 催化剂开发与应用技术

2015 年，中国石油聚乙烯产能达到 $480×10^4$t/a，其中淤浆法聚乙烯工艺产能为 $183×10^4$t/a，需催化剂 90~100t/a，该类型催化剂技术含量高，价格昂贵。目前主要采用进口的 Basell 公司的 Z501 催化剂，中国石化奥达的 BCE 催化剂以及营口向阳的 XY-H 催化剂，外购催化剂很难以低成本的方式生产高性能产品，生产企业迫切希望解决催化剂自主生产技术难题，实现聚烯烃生产的降本增效。因此，自主开发高端专用型催化剂生产技术已成为中国石油"十二五"期间最迫切的科研攻关任务。

中国石油历经 3 年技术攻关，创新性地采用微乳化与载体表面修饰组合技术，突破了催化剂粒子形态、孔结构及活性中心调控等关键核心技术，成功开发出淤浆法聚乙烯工艺专用 PSE-01CX 催化剂[17]，适用于三井公司 CX 工艺及 Basell 公司 Hostalen 工艺淤浆法聚乙烯生产过程。生产 HDPE 产品，PSE-01CX 催化剂具有活性高、聚合物堆密度高、细粉少、低聚物含量低的特点，催化剂性能达到国内先进水平。

PSE-01CX 催化剂在大庆石化 $24×10^4$t/a 淤浆法聚乙烯装置上实现工业应用，催化剂性能达到国内先进水平，填补了中国石油在该领域的技术空白。攻关过程中坚持以技术为先导、以产品为载体、以效益为目标，充分发挥科技创新在新产品开发中的引领作用，为催化剂的推广应用奠定了良好的基础。

（1）主要技术进展。

工业用淤浆聚乙烯工艺Z-N催化剂追求的目标是催化剂颗粒形态规整、催化活性高、氢调敏感性能好、共聚性能好、聚合物细粉少、低聚物含量低，有利于生产高附加值聚乙烯产品以及装置的长周期运行，其催化剂制备的关键技术是颗粒形态调控技术和活性中心调控技术。

在催化剂开发过程中，突破了催化剂制备中给电子体结构设计和催化剂粒子形态控制以及空间位阻调节等关键技术，创新性地采用微乳化与载体表面修饰技术，对催化剂次级粒子的大小和纳米级孔径进行裁剪，实现催化剂次级粒子的可控自组装。通过在氯化镁加合物与四氯化钛的反应过程中加入双功能的表面活性剂等方法，使氯化镁的析出过程可控，从而调控催化剂颗粒形态、粒径及粒径分布。创新性地采用空间位阻效应和电子效应易于调控的新颖结构给电子体和高温负载技术，实现对催化剂活性中心分布的调控，提高氢调及共聚性能，降低聚合物细粉量及低聚物含量。

2012年11月，PSE-01CX催化剂在大庆石化24×10^4t/a淤浆法聚乙烯装置上实现工业应用，生产5300B优级品2746t，产品质量稳定。2016年6—10月，实现了专用型PSE-01CX催化剂在大庆石化24×10^4t/a淤浆法聚乙烯装置上的工业应用，生产通用树脂5000S及氯化聚乙烯专用料QL505P产品5400t，创造产值4300万元，装置运行平稳，结果见表3-3。该催化剂性能达到国内同类参比催化剂的技术水平，为推广应用奠定了良好的基础。该技术获2014年度中国石油科技进步二等奖。

表3-3 PSE-01CX催化剂与参比催化剂的技术经济指标对比

项目	参比催化剂	PSE-01CX催化剂
催化剂活性，kg（PE）/g（cat）	31.0	31.2
聚合物堆密度，g/cm^3	0.36	0.37
聚合物细粉含量，%（质量分数）	0.52	0.46
低聚物含量，g/L	4.4	3.5

（2）应用前景。

在PSE-01CX催化剂成功工业应用的基础上，可进一步在大庆石化、兰州石化等淤浆法聚乙烯装置推广应用。按推广应用10t/a PSE-01CX催化剂计算，预计可为企业降低催化剂生产成本700万元/a，生产的聚乙烯专用产品增效6000万元/a，累计增效6700万元/a，有助于生产企业降本增效，提升高端聚乙烯产品的市场竞争力。

4）淤浆法聚乙烯JM-1催化剂开发与应用技术

1984—1995年中国石油自主研发出JM-1催化剂制备技术，1995—2006年完成了JM-1催化剂中试放大生产及中试应用；2008—2013年在中国石油7×10^4t/a聚乙烯装置上进行了JM-1催化剂工业化应用。采用JM-1催化剂生产的L0555P氯化聚乙烯专用树脂，产品达到优级品标准，经下游用户应用证实，性能达到或超过国外同类产品性能指标，可以完全替代进口催化剂。用JM-1催化剂开发的J0253P交联聚乙烯专用树脂，产品达到优级品标准，经"国家化学建筑材料测试中心"检测，其性能指标达到国标要求，填补了国内空白。

（1）主要技术进展。

在 JM-1 催化剂研发过程中，利用自主开发的载体表面修复技术和流化工艺技术，进一步优化了催化剂载体形态，增加了催化剂活性中心数量，活性中心分布更加均匀，达到了催化剂粒径可调和活性提高的目的，并可提高聚乙烯产品堆密度及降低其低聚物含量。催化剂应用结果表明，JM-1 催化剂具有以下特点：

①催化剂使用寿命长，其活性是同类进口催化剂活性的 11 倍，生产过程中可减少催化剂加入量，降低生产运行成本。

②催化剂制备周期短，反应条件温和，无须对现有催化剂制备装置进行改造。

③催化剂与现有聚乙烯装置适用性强，生产过程中聚合系统和母液回收系统运行正常，聚合浆液和聚合物粉末输送顺畅。

④催化剂活性释放平缓，易于控制反应速率，可减少装置生产波动。

⑤催化剂具有氢调敏感性强、共聚性能优良、聚合物堆密度高、低聚物含量低的特性，可用于生产高附加值聚乙烯新产品。

⑥催化剂粒度可调性强，能够满足不同用户的技术需求，产品推广性强。

JM-1 催化剂可用于中国石油 Hostalen 釜式淤浆工艺高密度聚乙烯装置，替代现用同类外购催化剂，可生产超高分子量聚乙烯、氯化聚乙烯、交联聚乙烯、金属涂覆和服装衬热熔胶等高附加值聚乙烯产品。

JM-1 催化剂工业应用表明：整体反应过程处于受控状态，聚合釜中催化剂浓度是同类进口催化剂的 1/10~1/8；聚合系统和母液回收系统无异常变化，聚合浆液和粉末输送顺畅，管线、泵、过滤器无堵塞现象，实现了长周期稳定运行；JM-1 催化剂活性高达 600 kg（PE）/g（Ti）以上，生产的聚乙烯堆密度达到 0.43g/cm^3 以上，灰分含量小于 95μg/g，蜡含量为 0.6%~1.0%。

（2）应用前景。

JM-1 催化剂打破了国外对催化剂的技术封锁，在降低催化剂使用成本的同时，可促进聚乙烯产品向高端化、多样化、系列化、专用化方向发展；可调整中国石油聚乙烯行业的产业结构，提升企业竞争力；可提高国内市场占有率，具有显著的经济效益和社会效益。

5）淤浆法聚乙烯 JK-1 催化剂开发与技术应用

高效 JK-1 催化剂采用全新的概念和全新的制备技术，简化了生产工艺，降低了生产成本。在小试实验中该催化剂就显示出优异的催化特性，具有催化活性高、动力学平稳、寿命长、氢调敏感性强、共聚性能好、所得聚合物颗粒形态好等优点。该催化剂的另一个特点为可用于开发串联牌号聚乙烯产品，为开发生产高附加值的串联牌号聚乙烯产品打下了基础。聚乙烯 JK-1 催化剂的开发成功将提升中国石油聚乙烯产品档次，提高聚乙烯树脂在市场上的竞争力。

JK-1 催化剂可广泛用于现有淤浆法高密度聚乙烯装置。JK-1 催化剂在工业装置上运行时全线生产过程平稳，装置工艺参数调整容易，具有活性高、产品粉末堆密度高、共聚性能好、氢调敏感性好等优点，工业应用试验产品达到了优级品标准，可用于生产和开发高性能聚乙烯新产品。

2005 年 12 月，中国石油在 JK-1 新型聚乙烯催化剂制备工艺的基础上，经过催化剂制备装置设计和安装施工，建成了一套 JK-1 催化剂制备装置。经过开车准备和催化剂制备工艺调整，于 2007 年 7 月 15 日完成了 178kg JK-1 催化剂的中试放大制备，催化剂活性和堆密度指标合格。

由中试放大制备的 JK-1 催化剂，分别由北京化工大学、大庆化工研究中心对中试 JK-1 催化剂进行了小试聚合评价。评价结果表明，JK-1 催化剂催化活性高，产品粉末堆密度高，各项性能指标均好于国内同类催化剂。

2007 年 11 月 22—23 日，大庆石化公司塑料厂 HDPE 装置 C 线采用退空停车，原始开车方式试用了 JK-1 催化剂。使用 JK-1 催化剂装置开车顺利，工艺调整容易，运行平稳，试制出 PE5000S 合格品 116t，试验取得圆满成功。

（1）主要技术进展。

中国石油辽阳石化承担的聚乙烯催化剂的研究开发及工业化试生产课题，首先在辽阳石化研究院新建一套烯烃聚合 JK-1 催化剂制备中试装置，研究开发新型聚乙烯催化剂。

JK-1 催化剂具有以下特点：

①催化剂颗粒大，催化剂颗粒的沉降速度快，易于洗涤，因此催化剂的制备周期缩短，这对于催化剂的工业生产十分有利。

②在催化剂制备过程中免除了用烷基铝脱醇，同时也减少了 $TiCl_4$ 用量，从而减少了对环境的污染。

③催化剂具有良好的聚合性能，催化剂的聚合效率在 4 万倍左右，聚合物的颗粒形态和堆密度也优于现有技术。

④催化剂具有优异的共聚性能，优于现有催化剂性能。在加入少量的共聚单体时，未收集到己烷中的低聚物，当共聚单体较多时，能收集少量低聚物，而现有技术通常会产生大量的低聚物。所得共聚聚合物颗粒形态和堆密度也优于现有技术，这对于新产品的开发和装置的长周期运行至关重要。

（2）应用前景。

JK-1 聚乙烯催化剂的成功应用将有助于高性能聚乙烯专用树脂的开发，可满足市场对高性能聚乙烯树脂需求的不断增长，对促进中国聚乙烯产品向多样化、系列化、专用化、高性能化方向发展具有十分重要的现实意义。

JK-1 聚乙烯催化剂工业化应用时生产过程稳定，产品质量易于控制，粉料流动性好，生产中催化剂平均单耗为 0.0456 kg/t（PE），活性高于国内其他催化剂。共聚性能较好，生产的聚乙烯粉末堆密度较高，聚乙烯产品质量达到优级品质量指标，适用于生产高附加值的聚乙烯产品。

6）茂金属 PME-18 催化剂开发与应用技术

全球茂金属聚乙烯需求量约 300×10^4 t/a，国内市场需求量已达 75×10^4 t/a，年均增长率将在 10% 以上。在欧美等成熟市场，茂金属 LLDPE 产品的消费量占 LLDPE 产品总消费量的 20% 以上，而中国市场只占 5% 左右。随着消费水平的提高，茂金属产品的使用量必然大幅上升。目前国内市场的茂金属产品主要依赖进口，如埃克森美孚、三井化学、陶氏、韩国 SK 等公司产品。

2007 年 9 月，中国石油引进 Univation 公司技术在大庆石化 6×10^4 t/a LLDPE 装置上生产茂金属聚乙烯，也是国内首家引进国外茂金属催化剂技术的企业，引进牌号 5 个，均为 HPR 系列产品，主要用于制作高档薄膜制品。2015 年 11 月，独山子石化 30×10⁴t/a 全密度聚乙烯装置成功生产出易加工茂金属 EZP2010 产品。中国石化齐鲁石化公司茂金属聚乙烯产品开发处于国内领先水平，产品主要有 PERT 管材料、膜料、滚塑料等品种，其中 PERT 管材料产品的产量和市场认可度逐年提升。此外，沈阳石蜡化工有限公司于 2014 年生产出茂金属膜料产品 HPR-1018CA。国内石化企业的茂金属产品产能合计不超过 10×10⁴t/a，缺口巨大，急需加快国产化步伐和自给率。

中国石油对茂金属催化剂技术进行了多年的刻苦攻关，于 2015 年开发出适合 Unipol 全密度聚乙烯工艺要求的茂金属 PME-18 催化剂，并完成了气相流化床长周期中试聚合研究，开发出 HF1018 和 HF3518 两个牌号的高强茂金属聚乙烯薄膜专用料，催化剂的综合性能达到同类进口催化剂的水平，开发出的两个产品性能与进口对标产品相当，为开展中国石油自主知识产权的茂金属催化剂工业化试验奠定了良好的基础。

PME-18 催化剂可直接用于独山子石化、大庆石化、兰州石化等 30×10⁴t/a 全密度聚乙烯装置。对新建的 Unipol 全密度聚乙烯生产装置，PME-18 催化剂可在兰州石化 6×10⁴t/a、独山子石化 20×10⁴t/a Inovene 工艺装置上应用。PME-18 催化剂活性高，更适合进行超冷凝运行，提高装置产量。

（1）主要技术进展。

中国石油是中国最早从事茂金属催化剂的科研单位之一，近年来，科研人员成功地攻克了一系列重大技术难题，先后建成了 80t/a 催化剂载体硅胶中试装置、7.5t/a 甲基铝氧烷（MAO）中试装置、100kg/a 茂金属主催化剂合成中试装置以及与万吨级工业装置相配套的催化剂负载化中试装置。自主研发和制备了新型茂金属催化剂，先后完成了催化剂载体硅胶在大庆石化 8×10⁴t/a 生产装置上的工业应用试验、MAO 中试研究以及茂金属催化剂催化乙烯淤浆聚合中试；形成了包括主催化剂合成、助催化剂 MAO 合成、载体硅胶合成和催化剂负载化的中试技术。

截至 2015 年，中国石油在 PME-18 催化剂研制、助催化剂合成、催化剂负载化、聚合工艺与工程研究以及聚合物加工应用等方面都进行了大量的研究工作，开发出茂金属催化剂小试与中试放大制备技术，在辽阳石化淤浆聚合中试装置开展了多次乙烯聚合中间试验之后，于 2011 年在中国石油某中试基地完成了乙烯气相聚合连续中试，试验结果见表 3-4。

表 3-4 PME-18 催化剂性能

催化性能	PME-18 催化剂	同类进口催化剂
活性，kg（PE）/g（cat）	1.2	0.7
聚合物堆密度，g/mL	0.45	0.40
聚合物细粉	细粉少	细粉少
静电，V	±500	±800
氢调敏感性	MFR=1.0g/10min（H₂=120μg/g）；MFR=3.5g/10min（H₂=290μg/g）	MFR=1.0g/10min（H₂=120μg/g）；MFR=3.5g/10min（H₂=280μg/g）
密度（C₆/C₂=0.02），g/cm³	0.918	0.918
氢气释放	没有监测到	没有监测到

PME-18茂金属催化剂的中试聚合产品得到用户认可，目前正准备进行工业应用试验。在催化剂的研发过程中，对氢气释放控制技术和聚合物堆密度提高技术形成了新认识，可通过调整茂金属催化剂的取代基结构，得到最佳的活性中心空间位阻，有效抑制β-氢转移，控制催化剂在聚合过程中氢气释放量，而不影响催化剂聚合性能。另外，通过催化剂负载技术创新，使活性中心在载体内部均匀分布，有效提高了聚合物的形态和堆密度。

PME-18茂金属催化剂具有活性高、活性中心单一的特点，可用于制备分子量分布窄且光学透明性、力学性能和热封性能俱佳的共聚物。制备的茂金属线型低密度聚乙烯具有较低的熔点和明显的熔区，并且在韧性、透明度、热黏性、热封温度、低气味方面等明显优于传统聚乙烯，可用于生产重包装袋、金属垃圾箱内衬、食品包装、拉伸薄膜等，应用领域广阔。用PME-18茂金属催化剂生产的产品可满足不同行业用户的需求，在薄膜、管材、医疗器械、建材等行业都具有广泛的用途。经多年的技术开发，在茂金属催化剂研究领域获得省部级二等奖3项，三等奖1项。

（2）应用前景。

大庆石化和独山子石化先后引进国外茂金属聚乙烯生产技术，但产量较低，使用外购催化剂，难以低成本获得茂金属聚乙烯产品。随着国民生活水平的提高，消费者对高档的聚乙烯产品需求将持续增长，茂金属聚乙烯产品的市场需求将快速提升，因此急需自主研发的茂金属催化剂，低成本生产茂金属聚乙烯产品，以提升中国石油聚烯烃产品的盈利能力和市场竞争力。

7）超高分子量聚乙烯CH-1催化剂开发与应用技术

超高分子量聚乙烯（UHMWPE）是一种线型结构的具有优良综合性能的工程塑料。超高分子量聚乙烯大分子主要由亚甲基组成，分子链上基本不含极性基团，分子结构上没有支链和双键等。这种结构赋予了它具有优越的力学性能，其耐磨性位居塑料之首，是普通聚乙烯的数十倍以上，而且随着分子量的增加，其耐磨性能也会进一步提高。摩擦系数也比其他工程塑料小，可以与聚四氟乙烯相媲美，是理想的润滑材料。由于其良好的耐磨性能和润滑性能，超高分子量聚乙烯在人工关节方面得到了广泛应用。

近年来，随着加工技术的不断进步和聚合物改性技术的提高，UHMWPE在更多领域得到了更为广泛的应用，消费量不断增加，近年来的年增长率达到15%~20%。

目前国内UHMWP的生产厂家少、产量低，市场牌号较为单一，只有少数几个牌号实现了工业化生产。主要的生产厂家有燕山石化公司、上海联乐化工科技有限公司、安徽省特佳劲精细化工有限公司等。虽然生产厂家已有所增长，但大都规模较小，且大多只能生产通用的管材/板材用UHMWPE，产品性能及稳定性亟待提高。主要原因是国内目前没有产业化的UHMWPE专用催化剂，从而制约了高性能UHMWPE产品开发。

中国石油自主研发了CH-1催化剂，在反应体系中加入特定氧化物，提高了载体镁化合物的溶解度，然后通过载体修饰试剂优选及载体成型条件的控制，改善了载体的孔道结构及表面形态，使聚合物的堆密度可达到0.45g/cm^3。同时，应用自主内给电子体，降低了聚合过程中链转移及链终止的速率，实现了对聚合物分子量的控制，聚合物分子量可高达500万以上。催化剂粒度分布均匀、活性高、持续能力强，可广泛应用于三井淤浆工艺和赫斯特工艺的聚乙烯工业生产装置，生产高性能超高分子量聚乙烯产品。

（1）主要技术进展。

2008年，中国石油开展了超高分子量聚乙烯小试及中试研究，开发出一种具有自主知识产权的超高分子量聚乙烯CH-1催化剂，形成了生产超高分子量聚乙烯板材、型材及管材的树脂专用料的中试聚合工艺技术，并编制完成了"5000t/a超高分子量聚乙烯工业生产装置工艺包"，建立了超高分子量聚乙烯生产中控分析检测技术平台，形成多项核心专利获得授权。利用催化剂研发过程中开发的工艺控制条件，2016年在辽阳石化Hoechst淤浆法聚乙烯工业生产装置上开发出PZUH2600和PZUH3500两个牌号的超高分子量聚乙烯产品，产品性能见表3-5，为中国石油生产超高分子量聚乙烯产品迈出了坚实的一步。国产化的超高分子量聚乙烯产品性能达到同类产品先进水平。产品在山东迪浩耐磨管道有限公司、山东金达管业有限公司、葫芦岛安达管业有限公司、兰州西部管业有限公司等厂家进行了耐压管材试用，在河南安阳、吉林等厂家进行了抗冲板材试用，产品性能良好，能够满足各厂家原材料使用要求。

表3-5 超高分子量聚乙烯产品性能

项目	PZUH2600	PZUH 3500	市售产品（助剂二厂）
分子量	$\geq 220 \times 10^4$	$\geq 300 \times 10^4$	$(250 \pm 50) \times 10^4$
拉伸强度，MPa	25	22	≥ 20
断裂伸长率，%	350	350	≥ 200
吸水率，%	≤ 0.01	≤ 0.01	≤ 0.01
密度，g/cm³	0.93~0.94	0.93~0.94	0.93~0.94
堆密度，g/cm³	≥ 0.40	≥ 0.38	≥ 0.35

（2）应用前景。

国内目前UHMWPE原材料短缺，供需矛盾突出，主要依赖进口。随着聚烯烃加工技术的不断发展，UHMWPE产品的综合性能日益提高，应用前景更加广泛。由于该材料在医用、军工、航天、锂电池隔膜等领域应用的特殊性，要求对其进行更深入的研究。近年来，日益动荡的国际局势促进了UHMWPE纤维的发展；新能源汽车及电子消费品的迅猛发展加速了锂离子电池隔膜用UHMWPE产业的发展；环保及饮用水的深度净化催生了UHMWPE滤材产业的发展等，这些都在很大程度上拓展了UHMWPE在不同领域的广泛应用。高性能UHMWPE原材料的供需矛盾日益突出。可以预期，这种新材料将越来越显示其旺盛的生命力，带来更多的经济效益。

经过多年的技术开发，中国石油开发出淤浆法聚乙烯中试技术，为进一步开发能够应用于军用、高端民用和航空等领域的高性能超高分子量聚乙烯产品LHPEC-3催化剂打下了坚实的基础。

8）超高分子量聚乙烯LHPEC-3催化剂开发与应用技术

2014年，中国石油启动重大专项"超高分子量聚乙烯专用料开发"。催化剂是制备超高分子量聚乙烯的核心技术，使用的催化剂不同，一定程度上决定了超高分子量聚乙烯的基本性能。经过大量的催化剂小试制备、聚合评价、性能测试、数据整理、分析总结、参数调整，最终确定了超高分子量聚乙烯专用催化剂LHDPEC-3的配方，形成了催化剂的制备工艺条件。在中国石油某中试装置进行了放大制备研究，考察了催化剂中试制备过程中原料、反应条件、公用工程条件对催化剂及聚合性能的影响,并掌握了最佳的中试生产工艺技术。

超高分子量聚乙烯专用催化剂 LHDPEC-3 的研制成功,实现了超高分子量聚乙烯在工业化装置上的连续生产,生产过程平稳,工艺参数调控容易,具有催化剂活性高、产品粉末堆密度高、分子量可调控等优点,产品各项指标达到市售产品标准。该催化剂可在中国石油现有淤浆法高密度聚乙烯装置推广使用。

(1)主要技术进展。

中国石油经过长期的生产实践,成功开发出了超高分子量聚乙烯专用 LHPEC-3 催化剂。其主要特点是通过调整搅拌速度和滴钛温度等工艺参数,有效控制催化剂粒径和粒径分布,减少细粉和粗颗粒的生成量,提高产品堆密度。通过引入特定的内给电子体,使其通过载体媒介向活性 Ti 发生电荷转移,提高催化剂的活性和立体定向能力,从而增强了催化剂活性位上聚合物的生长能力。该催化剂活性适中,释放平稳,工艺控制稳定,粒度可调,利于乙烯聚合链增长,适合制备超高分子量聚乙烯。

催化剂中试产品在北京化工大学进行了表面形貌、粒径及粒径分布、孔体积孔径及比表面积等性能表征,结果表明,专用催化剂中试产品指标符合预期。同时,中试制备的催化剂聚合评价结果表明:聚合反应过程平稳,催化剂活性适中,产品堆密度高,分子量可调控,各项性能指标均好于国内同类超高分子量聚乙烯催化剂。

2016年6月,中试放大制备的专用催化剂在中国石油下属某分公司聚乙烯装置进行了超高分子量聚乙烯产品的工业化试生产,重点考察了专用催化剂的工业化应用情况及工艺稳定性和工艺参数调整对分子量的影响。实现了开车一次成功,生产过程稳定可控,生产了 PZUH2600 和 PZUH3500 两个牌号产品共 438t。工业化试生产产品分别在山东、辽宁、吉林等地进行了管材和板材的加工应用试验,加工过程稳定,加工制品各项指标满足客户需求,得到厂家的认可。

(2)应用前景。

超高分子量聚乙烯在中国生产起步较晚,受限于大规模连续化生产和加工困难等问题,发展较为缓慢。随着近年来生产技术和加工技术的突破、应用领域的不断拓展,超高分子量聚乙烯作为高附加值产品越来越受到人们的重视。中国石油开发的 LHPEC-3 催化剂成功填补了中国石油在该产品领域的空白,增强了聚烯烃领域的研发能力,已在辽阳石化高密度聚乙烯装置上实现了 UHMWPE 产品的批量生产。

2. 聚丙烯催化剂

国外聚丙烯催化剂的主要代表有 Basell 公司的 Avant ZN 系列催化剂、美国陶氏化学公司的 SHAC 系列催化剂、Ineos 公司的 CD 催化剂、Toho 公司的高活性 THC 催化剂、巴斯夫公司的 Lynax 催化剂、三井化学公司的 TK 催化剂以及 Grace 公司开发的 Polytrak 系列催化剂。国内聚丙烯催化剂的主要代表有中国石化的 N 系列、DQ 系列、ND 系列催化剂以及营口向阳科化的 CS 系列催化剂。中国石油开发的聚丙烯催化剂主要有球形聚丙烯 PSP-01 催化剂、气相聚丙烯 PGP-01 催化剂、茂金属聚丙烯 PMP-01 催化剂、气相聚丙烯 PC-1 催化剂以及球形聚丙烯 PC-2 催化剂。

1)球形聚丙烯 PSP-01 催化剂开发与技术应用

聚丙烯催化剂是聚丙烯生产的核心技术,决定着生产的先进水平以及聚丙烯产品的性能和质量。目前，中国现有聚丙烯连续装置大部分使用的催化剂为第四代 Ziegler-Natta 催化体系，通常由 3 部分组成：催化剂本身含有的内给电子体；$MgCl_2$ 负载的 $TiCl_4$ 和活化剂烷基铝；聚合时外加的给电子体。邻苯二甲酸二酯类化合物是目前广泛使用的内给电子体，而近年来"塑化剂"的毒性引起了广泛关注，寻求新型非塑化剂类内给电子体的需求迫在眉睫。另外，新型内给电子体还需要满足进一步降低制造聚丙烯产品的能耗物耗、稳定提高质量并能满足产品向差别化、系列化、专用化和高性能化方向发展的要求。世界大型聚烯烃生产商投入巨资用于研发新型给电子体，但投入生产的不多，如 Basell 公司的二醚类、琥珀酸酯类内给电子体，且受到专利的严密保护。中国石化研发出二醇酯类内给电子体，但尚未广泛应用。

2005 年以来，中国石油科研人员经过大量的理论设计与实验探索，研究开发了新型非"塑化剂"给电子体和球形载体制备技术，并将两者应用于高效聚丙烯催化剂的制备工艺技术开发。经多次连续法中试评价试验和工业应用试验，最终形成了高效球形聚丙烯 PSP-01 催化剂技术。该技术首次设计并合成了一类新型的磺酰基化合物内给电子体，创新了梯级控温、多级结晶、高效载钛的组合催化剂制备技术，开发出一种氢调敏感、共聚性能好、颗粒形态好的环境友好型高效聚丙烯 PSP-01 催化剂。采用自主催化剂技术，开发出高刚性薄壁注塑料 HPP1850、HPP1860 及高速 BOPP 薄膜专用料 T36FD 等高性能聚丙烯产品，形成了包括催化剂生产、聚合工艺和助剂配方在内的成套生产技术。

（1）主要技术进展。

球形聚丙烯 PSP-01 催化剂适用于丙烯液相本体聚合和液相本体—气相共聚聚丙烯生产过程，采用新型无"塑化剂"内给电子体、新型载体制备工艺和载钛制备工艺技术，通过改进载体晶体析出过程和钛活性中心分布方式，提高了催化剂的聚合稳定性、氢调敏感性和共聚性能，主要性能指标均达到或优于进口催化剂水平。采用该催化剂及相匹配的聚合工艺技术，开发了高刚性薄壁注塑级专用料、高速 BOPP 薄膜专用料、高熔体流动速率纤维专用料、高抗冲共聚物等系列高附加值聚丙烯产品，产品综合性能指标均超过国内最好水平。该催化剂具有以下技术特点：

①氢调敏感性好。催化剂对装置的适应性很好，牌号之间切换十分顺畅，装置生产各牌号均运行平稳，特别是生产较高熔体流动速率的产品时需要较少的氢气量；过渡时间短，过渡料少。

②具有优良的共聚合性能。生产的抗冲共聚聚丙烯产品具有较高的弯曲模量和抗冲击强度，表现出良好的刚韧平衡性。

③具有更高的催化效率，需要较少的助催化剂活化，有利于降低生产成本。

④生产的聚合物具有较低的细粉含量，能够保证装置长周期连续稳定运行。

PSP-01 催化剂聚合物颗粒形态好，聚合活性超过 35kg（PP）/g（cat）；氢调敏感，熔体流动速率在 0.5~100g/10min 之间可调，等规度 93%~99.6% 可调，表观密度不小于 $0.43g/cm^3$，灰分不大于 200μg/g，共聚性能好，乙烯含量 0~15% 可调。

PSP-01 催化剂先后在抚顺石化 $9×10^4t/a$、大连石化 $20×10^4t/a$ Spheripol 聚丙烯装置上实现了推广应用，2011—2015 年累计生产三大系列 10 个牌号的聚丙烯产品 $20.7×10^4t$，新增产值 20 亿元，新增利润 2.5 亿元，为中国石油聚丙烯产品提质增效、增强竞争力提供了有力的技术支撑。该技术获得了 2012 年度中国石油技术发明一等奖，获得 2012 年度中国专利优秀奖。

（2）应用前景。

聚丙烯 PSP-01 催化剂广泛用于本体法聚丙烯生产工艺过程，生产均聚物、无规共聚物和抗冲共聚聚丙烯。特别是用于开发高附加值聚丙烯专用产品，如高速 BOPP 专用料、高熔体流动速率薄壁注塑专用料、高熔体流动速率无纺布专用料、高熔体流动速率高抗冲专用料、透明注塑专用料食品级聚丙烯等具有明显优势。在现有应用基础上，进一步提高该催化剂的应用范围，对于优化聚烯烃产品结构，有效提升聚丙烯产品质量、市场竞争力和盈利能力，为企业创造新的经济效益增长点具有重要意义。

2）气相法聚丙烯 PGP-01 催化剂开发与应用技术

气相法聚丙烯生产工艺因具备工艺流程简单、操作简便、生产灵活性好、单线生产能力大、安全性较高、投资成本较低等优点而备受青睐。近年来，在全球范围内，新增聚丙烯产能中大多采用气相法工艺，气相法工艺成为发展势头最猛、发展潜力最大的聚丙烯生产工艺技术。

PGP-01 催化剂是中国石油针对气相法聚丙烯生产工艺开发的，形成具有自主知识产权催化剂生产技术，催化剂具有活性高、颗粒形态好、粒径分布均一、活性中心分布均匀、机械强度高等特点。由于气相反应器中单体浓度相对较低，催化剂停留时间相对较短，要保证其生产能力，则气相聚丙烯催化剂必须具有很高的反应活性。催化剂颗粒形态好、粒径分布均一、活性中心分布均匀可确保聚合物颗粒形状规则、大小均一、反应热均匀，从而使床层保持良好的流化状态，降低局部过热、床层飞温等现象发生的概率。气相反应器（尤其是流化床反应器）中气固颗粒强烈碰撞，更容易使催化剂固体颗粒破碎，催化剂机械强度高可以减少聚合过程中的破碎现象，降低聚合物中的细粉含量，防止由于细粉造成的管线设备"结垢"现象，从而降低装置意外停车概率，保障装置长周期运行。

由于 PGP-01 催化剂的自身特点，它对多种气相法聚丙烯装置具有良好的适应性，可用于 Unipol 工艺聚丙烯装置，也有望应用于 Innovene 工艺和 Novolen 工艺聚丙烯装置。中国石油这三种工艺均为新建装置，总产能达到 165×10^4t/a，三套 Unipol 装置的产能就达到 95×10^4t/a（表 3-6）。

表 3-6　PGP-01 催化剂目标装置产能统计

公司名称	工　艺	产能，10^4t/a
广西石化	Unipol	20
抚顺石化	Unipol	30
四川石化	Unipol	45
独山子石化	Innovene	55
锦西石化	Novolen	15
合计		165

（1）主要技术进展。

2012 年 PGP-01 催化剂开始立项研发，先后对三种不同的催化剂合成路线进行了探索，其中两种路线为氯化镁溶液溶解—析出方法，另一种为乙氧基镁载体型催化剂合成路线。经多次试验，对比这三种合成路线，最终选定了乙氧基镁载体型催化剂合成路线。而后，催化剂的研发从乙氧基镁载体制备、内给电子体筛选和催化剂合成条件优化三个方向同时进行。2015年底，PGP-01催化剂生产技术基本确定，在乙氧基镁载体方面，攻克了20μm以下乙氧基镁载体的实验室放大制备技术，解决了20μm以下乙氧基镁载体没有商业途径购买的难题；内给电子体方面，将应用于PSP-01催化剂的磺酰亚胺类化合物作为内给电子体成功应用于PGP-01催化剂制备过程，使催化剂在粒度分布和氢调性能方面得到改善；催化剂合成方面，通过条件优化使催化剂钛含量、粒度分布、聚合活性、聚合物等规指数、聚合物细粉含量等方面均达到工业装置使用要求。由表3-7可见，PGP-01催化剂的各方面性能均达到或优于国内外同类工业催化剂的性能。

表3-7 PGP-01催化剂与国内外同类工业催化剂性能对比

催化剂	PGP-01催化剂	国产催化剂	进口催化剂
钛含量，%（质量分数）	2.9	2.7	2.8
粒径大小（D_{50}），μm	19	26	14
径距（$D_{90}-D_{10}$）/D_{50}	1.0	0.8	2.8
活性，kg（PP）/g（cat）	58	51	53
聚合物堆密度，g/m³	0.42	0.39	0.42
聚合物细粉含量，%	0.1	0.2	0.1
聚合物等规指数，%	98	97	98

注：D_{90}、D_{10}、D_{50}是指"粒径—数量"分布曲线中，从0微米开始积分，"数量"分别达到数量总量的90%、10%和50%时对应的粒径大小。

（2）应用前景。

中国石油引进的Unipol工艺聚丙烯装置产能达到95×10⁴t/a，每年需要外购30多吨价格昂贵的进口催化剂，增加了聚丙烯的生产成本。由于没有自有催化剂，在高附加值产品开发方面受制于人，难以形成市场竞争力。PGP-01催化剂的成功开发，实现了中国石油95×10⁴t/a产能的Unipol工艺聚丙烯装置和165×10⁴t/a产能的气相法工艺聚丙烯装置的催化剂国产化，为进一步开发高附加值聚丙烯产品奠定了基础。

3）茂金属聚丙烯PMP-01催化剂开发与应用技术

茂金属催化剂为单一催化活性中心催化剂，具有活性高、聚合反应平稳、氢调性能良好等特点。与传统Ziegler-Natta催化剂相比，此类催化剂能高度有效地控制聚合物结构，可催化烯烃与α-烯烃或环烯烃共聚，共聚单体插入量能在更大范围内可调，分布也更均匀。但均相茂金属催化剂在实际应用中会造成严重的黏釜问题，并且对装置设备和生产工艺做较大改动，因此限制其实际应用。基于茂金属催化剂生产的聚烯烃产品具有高性能、高附加值的优点，随着社会对高档聚烯烃产品的需求，茂金属聚烯烃产品的市场需求量在不断增加。目前，国内生产的茂金属聚烯烃产品很少，几乎完全依赖进口。

PMP-01催化剂是一种负载型茂金属催化剂，它保留了茂金属催化剂单一活性中心的特点，又通过有效的载体和负载技术解决了均相茂金属催化剂在聚合时容易造成黏釜的问题。该催化剂适用于使用Ziegler-Natta催化剂的聚丙烯生产装置上，如本体、气相或淤浆法聚合工艺的装置。使用 PMP-01 催化剂进行丙烯聚合时不额外使用助催化剂甲基铝氧烷和外给电子体，因此无须对装置进行较大改造。催化剂活性释放稳定，生产过程容易控制。

（1）主要技术进展。

2014 年，中国石油设立"聚烯烃新产品研究开发与工业应用"重大科技专项开展 PMP-01 催化剂的技术开发研究。围绕茂金属聚烯烃催化剂的主化合物、载体等开展了基础研究工作。针对茂金属透明聚丙烯新产品开发，研究从主催化剂结构设计出发，结合载体处理工艺和催化剂负载工艺，成功开发出可生产透明间规聚丙烯的 PMP-01 催化剂[18-20]。

PMP-01 催化剂是一种新型茂金属聚丙烯催化剂，目前国内无同类型催化剂成功工业应用的报道，在国际上仅有道达尔公司有类似透明茂金属聚丙烯的产品报道，但 PMP-01 催化剂所用茂金属化合物与其不同。

PMP-01 催化剂可有针对性地调节聚合产物的分子结构，从而实现对产品的性能调控。所生产的茂金属聚丙烯具有非常高的透明度，而无须使用透明剂。此外，所生产的茂金属聚丙烯还具有高弹性，可与高乙烯含量无规聚丙烯共聚物媲美。得到的聚丙烯产品雾度低、室温韧性好、热封温度低、冲击强度高、综合性能优良，可应用于包装材料、医疗用品、无纺布、橡塑加工助剂等市场。

国内对透明 PP 的研发起步较晚，生产方法主要采用 PP 中添加透明改性剂的方法，在透明剂工艺研究和应用开发以及透明 PP 产品种类和市场消费方面，与国外先进水平存在较大的差距。随着 PMP-01 催化剂的开发与应用，使用 PMP-01 催化剂就可直接生产透明聚丙烯产品。

（2）应用前景。

茂金属催化剂在实际应用中容易造成严重的黏釜、黏管线的问题，往往需要对装置设备和生产工艺做较大改动，因此限制其实际应用。目前，国内尚无茂金属聚丙烯成功工业生产应用的报道。PMP-01 催化剂的成功开发和工业应用，标志着中国石油在茂金属聚丙烯催化剂研发及工业应用上取得重要突破，填补了国内空白。

基于 PMP-01 催化剂的研发基础，中国石油未来将朝茂金属聚丙烯催化剂多样化方向发展，开发系列茂金属聚丙烯新产品，如茂金属等规 PP、茂金属间规 PP、茂金属 PP 共聚物、聚烯烃蜡、聚烯烃热塑性弹性体等。

4）气相法聚丙烯 PC-1 催化剂开发与应用技术

气相法聚丙烯工艺技术研究始于 20 世纪 60 年代，主要包括 Spherizone、Novolen、Unipol、Innovene 和 Chisso 等工艺技术。2015 年，包括在建装置产能在内，气相法工艺占 PP 总产能接近 50%，已形成与传统的本体—气相法组合工艺相互竞争、平分秋色的趋势。相比于 Spheripol 本体法聚丙烯工艺，中国气相法聚丙烯催化剂开发和应用相对滞后，基本依赖进口。国内气相法聚丙烯催化剂主要有中国石化 NG 催化剂、任丘 SUG 催化剂、向阳 CS 催化剂等，主要用于生产通用聚丙烯产品，急需提高催化剂的性能，开发高端聚丙烯产品。市场上有代表性的乙氧基镁催化剂是日本东邦太公司生产的系列 THC 催化剂，其售价甚高，主要应用于日本 JPP 公司的 Horizone 和英国 Ineos 公司的 Innovene 等气相法聚丙烯工艺。该催化剂除能用于制备通用的均聚 PP 和共聚 PP 外，其最大特点是能用于制备高橡胶相含量的 PP。

气相法聚丙烯工艺对催化剂的性能也提出了更高要求。例如，只有高比表面积、高孔体积催化剂才能与气相工艺匹配，才能生产出高抗冲、高橡胶相含量的高端产品；气相工艺不能承受较大的氢气分压，故要求催化剂的氢调敏感性高，才能生产高熔体流动速率产品；气相工艺极易形成静电，要求聚合物细粉含量尽可能低，则要求催化剂既具有良好的形态，又具有窄的粒径分布，且在聚合中不破碎。

乙氧基镁为载体的聚丙烯催化剂因具有比表面积高、孔体积大、活性高、共聚性能好、氢调敏感性强等特点，成为世界气相法聚丙烯催化剂的开发热点。因此，研究开发球形乙氧基镁气相聚丙烯催化剂，对于中国石油在该领域的催化剂制备技术意义深远。"十二五"期间，中国石油开展了气相法聚丙烯 PC-1 催化剂的研究，并在广西石化 20×10^4 t/a Unipol 工艺聚丙烯装置上顺利完成了首次工业试验。

（1）主要技术进展。

PC-1 催化剂在扬子石化研究院 Unipol 丙烯聚合气相工艺中试装置上应用，开发出 L5E89、HI75G 和 HI85G 等系列产品。中试聚合过程控制平稳，各牌号切换顺利，结果表明，催化剂具有较好的氢调敏感性，均聚产品的性能（表 3-8）满足指标要求，具备了进行工业试验的条件。

表 3-8 PC-1 催化剂在扬子石化中试产品测试数据

牌号	产品指标		中试产品		
	熔体流动速率 g/10min	等规度 %	熔体流动速率 g/10min	等规度 %	表观密度 g/cm³
L5E89	3.0 ± 0.5	≥ 96.5	2.99	98.2	0.45
HI75G	8~13	≥ 96.5	12.81	97.5	0.45
HI85G	15~30	≥ 96.5	21.82	97.9	0.45

在中试试验的基础上，PC-1 催化剂在广西石化 20×10^4 t/a Unipol 工艺聚丙烯装置顺利完成了工业试验，生产出合格的 L5E89 产品约 800t。PC-1 催化剂工业试验结果见表 3-9。结果表明，细粉含量和氢气消耗量分别较进口催化剂降低 50% 和 30% 以上，反应器下部床层密度持续平稳，床层静电维持低水平，操控性能好，表现出对 Unipol 聚丙烯工艺的良好适应性。

表 3-9 PC-1 催化剂工业试验结果

分析项目	PC-1 催化剂	进口催化剂
H_2/C_3，mol/mol	0.0031	0.0045
熔体流动速率，g/10min	3.27	3.26
表观密度，g/mL	0.34	0.28
灰分，%（质量分数）	0.012	0.007
细粉含量（<100目），%	1.66	7.74

（2）应用前景。

近年来，Unipol 聚丙烯工艺技术在国内发展迅速，建有装置 20 多套，产能已超过 500×10^4 t/a，催化剂年需求近 300t。Unipol 工艺聚丙烯催化剂多采用乙氧基镁体系的催化剂，主流是 SHAC 催化剂，目前该工艺催化剂国产化尚处于起步阶段。中国石油现有 Unipol 工艺聚丙烯装置三套，总产能 95×10^4t/a，催化剂年需求 30t 以上。但是，长期以来主要使用进口催化剂，存在价格高、供货周期长、生产成本高的问题，急需快速推进催化剂自主化进程。

自主气相法聚丙烯 PC-1 催化剂在广西石化 20×10^4t/a Unipol 装置上顺利完成首次工业试验，必将快速推进该催化剂在中国石油 Unipol 聚丙烯装置上的产业化进程。如果能全面使用 PC-1 催化剂，则中国石油三套 Unipol 聚丙烯装置催化剂的使用成本年可节约 3000 万元。另外，基于 PC-1 催化剂的技术优势，可开发出高刚注塑聚丙烯、高抗冲聚丙烯、透明无规共聚聚丙烯、长支链 α-烯烃共聚聚丙烯等系列特色新产品、新材料，预期年创效可达数亿元以上。

5）球形聚丙烯 PC-2 催化剂开发与应用技术

"十二五"期间，中国石油开发了球形聚丙烯 PC-2 催化剂生产技术。聚丙烯 PC-2 催化剂是一种利用自制球形氯化镁载体负载的新型内给电子体球形聚丙烯催化剂，为第五代 Ziegler-Natta 催化剂。

采用自主研发的内给电子体及球形载体制备的球形聚丙烯催化剂，在丙烯本体聚合的小试催化剂的活性达到了 43kg（PP）/g（cat），聚合物的等规度达到 97.8%；在中国石油 75kg/h 聚丙烯中试装置上成功进行了试验，生产出高熔体流动速率均聚聚丙烯和高熔体流动速率高抗冲共聚聚丙烯两个牌号聚丙烯产品。产品测试性能表明，高熔体流动速率均聚聚丙烯熔指高达 50g/10min，适于薄壁容器、汽车内饰及复杂注塑件的注塑加工；高熔体流动速率高抗冲共聚聚丙烯牌号产品各项性能指标均达到了汽车保险杠用 SP179 牌号产品的性能指标。

聚丙烯 PC-2 催化剂主要应用于 Basell 公司的 Spheripol 聚丙烯装置以及三井油化的 Hypol 釜式本体聚丙烯装置，能够生产出均聚物、无规共聚物和嵌段共聚物等各类聚丙烯产品，包括生产高熔体流动速率、高流动以及高抗冲的聚丙烯专用料。

（1）主要技术进展。

聚丙烯 PC-2 催化剂的研发始于 2005 年球形聚丙烯催化剂内给电子体的设计合成。中国石油先后完成了"新型给电子体 Z-N 催化剂的研究""新型内给电子体聚丙烯催化剂中试放大研究"和"抗冲共聚聚丙烯催化剂中试及工业应用试验"等多项科研开发项目。与此同时，开展了球形氯化镁载体的研发工作，得到了球形形态及流动性良好、粒径分布窄的球形氯化镁载体。

该催化剂采用了自主研发的球形氯化镁为载体，具有反应器颗粒技术的特点，能够通过调控载体的球形形态及颗粒大小控制催化剂的颗粒形态及粒径大小，能够生产小（0.3mm）或大（5.0mm）尺寸的球形聚丙烯，可以免去造粒工序。此外，该催化剂运用了中国石油具有自主知识产权的带有大取代基团、螺环结构的新型琥珀酸酯为新型内给电子体[21]。在相同聚合条件下，催化剂显示出较高的聚合活性，氢调敏感性好，立体定向性高，聚合物分子量及分子量分布可调。新型螺环结构的琥珀酸酯型内给电子体的应用，取代了传统的邻苯二甲酸二丁酯，降低了聚合物对人体生育能力影响的风险。该新型内给电子体聚丙烯催化剂在兰州石化 4×10^4t/a 聚丙烯生产装置上成功进行了工业应用试验，试验过程中催化剂的活性释放平稳，催化剂的平均聚合活性达到了 40 kg（PP）/g（cat），生产出优级品聚丙烯。

由新型内给电子体制备的聚丙烯 PC-2 催化剂，在相同聚合条件下，催化剂活性以及得到的聚合物各项性能与国内同类催化剂的活性和聚合物性能相当，主要技术参数均已达到国内工业催化剂的水平，其催化丙烯聚合结果见表 3-10。

表 3-10　PC-2 催化剂丙烯聚合结果

催化剂	活性 kg（PP）/g（cat）	等规度 %	表观密度 g/cm³	维卡软化温度 ℃	熔体流动速率 g/10min	拉伸屈服强度 MPa
国内同类催化剂	37	97.3	0.45	156	3.5	34.1
PC-2 催化剂	40	97.0	0.44	152.8	2.7	35.6

（2）应用前景。

制约国内高端聚丙烯产品生产的主要原因，是高端催化剂的缺乏以及进口催化剂高昂。Lyondellbasell 公司的高端液相本体法聚丙烯催化剂售价高达 400 万元 /t 以上。2015 年，中国石油每年共聚聚丙烯产品的产量在 30×10^4t/a 左右，根据目前聚丙烯生产装置催化剂活性计算，每年共聚聚丙烯催化剂消耗量约为 10t，所需催化剂主要依赖进口，大大增加了高端聚丙烯的生产成本。

聚丙烯 PC-2 催化剂具有加宽聚合物分子量分布的特点，可通过改进聚合物分子量分布，大大改进均聚和多相共聚聚丙烯的刚韧平衡性。聚丙烯 PC-2 催化剂的成功开发，可为中国石油生产均聚或共聚聚丙烯产品以及某些特殊性能专用料提供优质、高端聚丙烯催化剂，以替代进口催化剂，降低企业生产成本，增强企业聚丙烯装置的竞争能力。

二、共聚单体（α- 烯烃）合成技术

α- 烯烃是一种重要的有机原料和中间体，广泛应用于烯烃共聚、润滑油、表面活性剂、增塑剂和精细化学品等多个领域，在世界贸易中占有重要地位。在 α- 烯烃产品中，1- 己烯、1- 辛烯和 1- 癸烯附加值最高，需求量最大，且与石化工业关系最紧密。1- 己烯、1- 辛烯可作为高端线型低密度聚乙烯（LLDPE）和弹性体（POE）的主要共聚单体，1- 辛烯、1- 癸烯也是合成高档润滑油基础油——PAO 的基本原料。据统计，2012 年全球 α- 烯烃的消费总量为 349.6×10^4t，2018 年将达到 423.7×10^4t，其中聚烯烃共聚单体消费量最大，占 50% 以上。全球 α- 烯烃市场需求增长率始终保持在 3% 以上，但受技术等因素制约，其生产和消费主要集中在发达国家和地区，国内 α- 烯烃资源匮乏，产能和消费量不到全球 10%，低于世界平均水平。目前，工业上 α- 烯烃的生产方法主要是乙烯齐聚技术。2016 年全球共有乙烯齐聚装置 21 套，总产能 421×10^4t/a。乙烯齐聚可进一步划分为宽分布乙烯齐聚和选择性乙烯齐聚两类，乙烯宽分布齐聚技术产品的共同特点是得到烯烃碳数符合一定数学统计函数分布的系列产物，产品分布宽。乙烯高选择性齐聚技术是专门针对某一碳数烯烃的高选择性合成技术，如乙烯三聚合成 1- 己烯和四聚合成 1- 辛烯技术，可以解决 α- 烯烃碳数组成相对固定与市场需求多变之间的矛盾，是近年来石油化工领域的重大技术突破。以市场需求为导向，中国石油在世界上首创三聚法釜式反应工艺，成功自主开发出具有自主知识产权的 1- 己烯生产成套技术，并实现了工业化。在 1- 己烯合成的基础上，中国石油继而开发 1- 辛烯技术，并首创了癸烯合成技术。

1.1-己烯成套技术

1-己烯是重要的高附加值的化工原料和中间体，在世界贸易中占有重要地位。由于1-己烯提供的侧链赋予聚乙烯片晶间更强的结合力，相较于丁烯牌号产品，乙烯/1-己烯共聚PE的拉伸强度和抗冲击强度提高50%，撕裂强度提高20%，雾度降低100%，特别适用于高性能的大型中空吹塑容器、管材、食品级包装薄膜材料和农用覆盖膜等。2015年，欧、美、日等发达国家70%以上的共聚聚乙烯以1-己烯为单体，市场相对稳定；中东和东南亚国家聚乙烯逐渐向主流1-己烯共聚单体过渡。

1-己烯生产技术主要有三类：一类是F-T合成技术，利用煤或天然气为原料生产合成液体燃料的过程中得到富含α-烯烃的侧线馏分，其中含正构C_6烯烃在5%以下，但因组成复杂、分离困难，聚合级1-己烯产率较低；第二类是乙烯齐聚法，通过反应得到宽分布α-烯烃（C_4—C_{20}），再分离得到1-己烯产品，选择性一般低于50%，虽可以联产多组分α-烯烃，但存在工艺流程长、反应条件苛刻、能耗高等问题；第三类是乙烯三聚法，1-己烯选择性通常高于90%，且工艺流程短、操作条件温和、生产成本低、投资回报率高，是目前最经济的1-己烯生产技术，也是中国α-烯烃远期最重要的增长领域，代表着α-烯烃技术的发展趋势。目前Phillips、中国石化和中国石油等公司拥有三聚法生产1-己烯成套技术并建立了工业化生产装置。

1）主要技术进展

1999年中国石油完成了乙烯三聚高选择性合成1-己烯小试，开发出催化剂及其制备方法。2001年建成了300t/a 1-己烯中试装置，进行中试放大研究。2005年完成了5000t/a 1-己烯工业反应器开发。2007年中国石油设立了炼化业务第一个重大科技专项——1-己烯工业化试验及成套技术开发。2008年6月末5000t/a 1-己烯工业化试验装置建成中交，9月装置一次开工，生产出优质1-己烯产品，并在大庆石化聚乙烯装置上进行了成功应用。2014年，中国石油设立"2×10^4t/a 1-己烯成套技术工业试验"重大科技试验项目，同年在独山子石化建成投产2×10^4t/a 1-己烯工业生产装置，已稳定运行3年，生产出纯度达到99.60%的1-己烯优质产品，产品指标达到并超过外购1-己烯产品指标。

（1）催化剂。

选择性乙烯齐聚催化剂以铬系催化剂为代表。1-己烯生产过程是以乙烯为原料，多元组分铬系催化剂作用下发生三聚反应。同烯烃聚合反应机理相似，乙烯三聚的基元反应也包括催化剂活化、引发、增长和终止四部分，在乙烯存在的条件下，主催化剂和助催化剂反应生成活性种，具有低价态六配位的八面体，其中三个空轨道被配位基团占据，另外三个空轨道可提供给三个乙烯分子进行配位，先形成金属五元环中间体及进一步形成非稳态"丁烯基-铬（Ⅱ）-乙基"或七元环结构，最后通过消去反应生成一分子1-己烯，活性物种重复进行配位反应。

中国石油从分子动力学研究入手，提出乙烯三聚反应机理模型，结合催化剂活性中心电子效应和位阻效应对催化剂性能的影响，设计合成阴离子性、具有芳香结构的含氮杂环配体及中心对称结构的含卤素给电子体，通过优化催化剂空间位阻，促进主金属配合物与乙烯的配位能力，改善活性中心电子云密度，更好地控制乙烯在配位空轨道上发生插入及β-H消除的反应速率，提高了1-己烯选择性；同时通过给电子体的诱导效应缩短活性中心诱导周期，提高反应活性。创新开发的高活性和高选择性的四元铬系均相催化体系（图3-9）包括2-乙基-己酸铬、吡咯基化合物、三乙基铝和氯代烷烃，在温度120℃、压力5.0MPa反应条件下，催化剂活性高达740kg/[g（Cr）·h]，1-己烯选择性可达到93%，催化收率高于同类三聚技术的指标近1倍。

（2）1-己烯合成工艺。

乙烯三聚技术合成1-己烯装置的核心设备是反应器，Phillips、中国石化1-己烯生产工艺采用环管反应器。中国石油三聚技术在开发过程中，首次将具有强制取热特性的高传质釜式反应器应用于乙烯三聚合成1-己烯工艺。釜式反应器气液混合能力和分散效果好，可最大限度地发挥液相催化剂效能，克服了环管反应器传质效能不理想的问题。

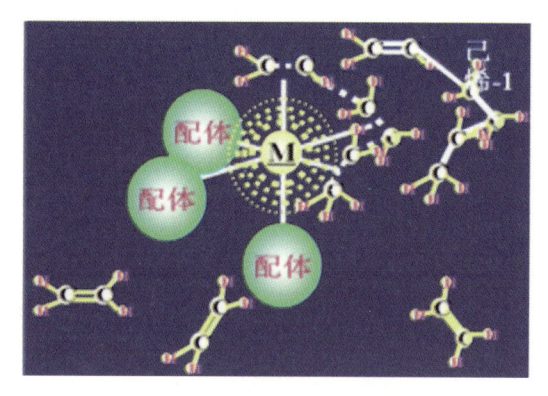

图3-9　中国石油1-己烯催化剂

针对气液非均相反应体系混合、传热、传质过程强化和快速反应的协同机制，采用粒子图像测速技术、高速显微照相技术和气泡发声检测技术，通过描述不同湍流场结构中微米/毫米尺度气泡的生成、形变、破裂及其与周围环境之间的相互作用行为，建立不同流场结构下的传递模型，提出适用于多相反应的过程强化规律（图3-10）。应用相关理论，设计出翼型轴向与六直叶涡轮专用组合桨以及强制内循环构件，开发出强制内循环高效聚合反应釜，强化传质、传热效果，增加气液接触表面积，加快催化剂分散及乙烯在液膜中扩散速率；针对乙烯高选择性三聚合成1-己烯技术具有高放热的特点，通过内冷管和外夹套组合取热，以及采用传导、对流和辐射三种取热技术相结合的技术手段，实现无梯度温度场的强化取热技术，反应釜取热裕量达70%以上。工业应用后热/质传递效率提高了50%，催化效率提高100%，成功突破了快速反应与慢速传递匹配难点，在世界上首次实现了釜式反应工艺乙烯三聚合成1-己烯技术产业化应用。

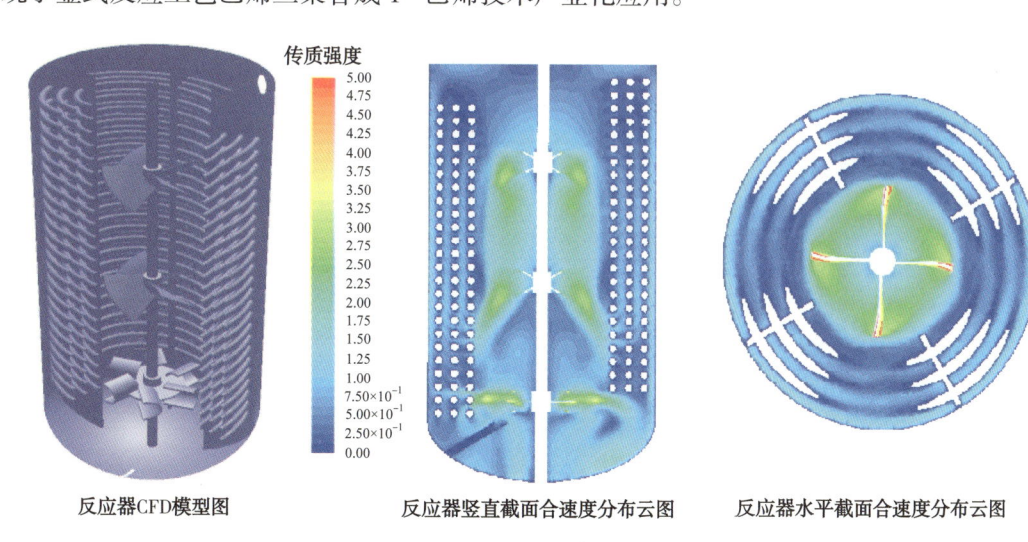

反应器CFD模型图　　反应器竖直截面合速度分布云图　　反应器水平截面合速度分布云图

图3-10　1-己烯工业反应器开发

乙烯三聚反应过程中，极少量的聚合物析出，易在换热器表面挂胶，随着反应的进行挂胶层变厚，降低撤热能力，影响装置长周期运行。针对此问题，深入探索研究了聚合物的生成反应过程，建立了釜式反应器内冷管挂胶的物理—数学模型，揭示出聚合物挂胶过程模型（图3-11）：反应温度和反应器内冷的温度差异使得溶解聚合物析出，附着挂胶并不断变厚。开发出针对性的反应器自溶胶技术以及聚合物抑制技术，聚合物含量低至50μg/g以下，根治了聚合物挂胶影响反应器取热和堵塞的难题，确保了装置的"安稳长满优"运转。

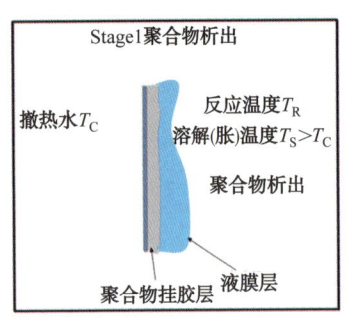

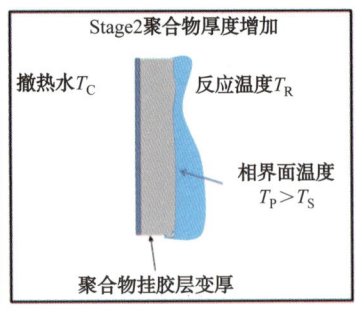

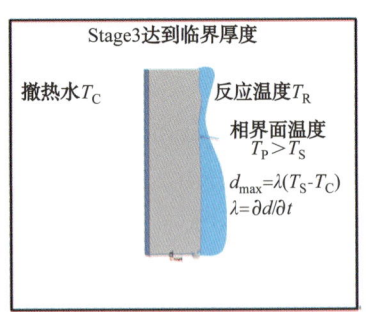

图3-11 聚合物挂胶过程模型

采用中国石油的乙烯三聚技术，2008年在大庆石化建成投产5000t/a 1-己烯工业试验装置，2014年在独山子石化建成投产2×10^4t/a 1-己烯工业生产装置，装置自2008年至今一直平稳运行，生产出高品质1-己烯，产品在下游全密度、线型、高密度等多套聚乙烯装置上生产出包括茂金属、铬系、齐格勒—纳塔催化剂等多个共聚系列数十个牌号聚乙烯树脂。与同类技术产品比较，中国石油1-己烯产品纯度更高，杂质含量低，产品通过黑龙江省塑料产品质量认证，产品质量对比见表3-11。

表3-11 1-己烯产品质量对比

序号	项目	单位	中国石油	同类产品1	同类产品2
1	C_6	%（质量分数）	99.98	99.93	99.94
2	C_4以下烯烃	%（质量分数）	0.02	0.002	0.02
3	C_8以上烯烃	%（质量分数）	未检出	0.005	0.04
4	1-己烯	%（质量分数）	99.71	99.35	99.16
5	内烯烃	%（质量分数）	0.27	0.61	0.46
6	支链烯烃	%（质量分数）	未检出	未检出	0.31
7	1,3-己二烯	mg/kg	未检出	未检出	未检出
8	烷烃	%（质量分数）	0.02	0.035	0.02
9	过氧化物	mg/kg	0.4	1.0	0.5
10	水	mg/kg	18	12	23
11	色度	铂钴号	5	5	5
12	羰基化合物	mg/kg	0.7	0.8	0.6
13	芳烃（苯等）	mg/kg	未检出	未检出	0.88
14	硫	mg/kg	未检出	未检出	未检出
15	氯	mg/kg	0.4	0.6	0.6

技术应用期间，用户对本技术给予高度评价，认为中国石油1-己烯成套技术的成熟度高，技术先进性、可靠性好。

1-己烯生产技术获得中国专利授权20余件，国外专利3件，技术秘密3件，制定颁布了8项企业标准，获得省部级以上奖励4项，形成集团公司技术有形化1套。

2）应用前景

受中高端聚乙烯市场需求拉动，世界1-己烯产能由2012年的$68×10^4$t/a迅速增长至2016年的$124×10^4$t/a。中国作为全球第一大聚乙烯生产国，2016年1-己烯共聚聚乙烯占比不足15%，1-己烯产能仅为$7.5×10^4$t/a，不到全球产能的10%，低于世界平均水平。随着中国国民消费水平的提高，市场对中高端产品需求增长迅速，1-己烯的需求量仍有较大的上升空间，预计2020年1-己烯潜在需求将达到$35×10^4$t。

中国石油1-己烯成套技术成功开发和应用，使中国石油全面实现了"以自产替代外购1-己烯和部分替代1-丁烯"的模式，实现直接效益2.0亿元以上，提高了企业在高性能管材料和膜料上的市场竞争力，为引领聚烯烃行业结构升级提供了技术支持。目前，国内兰州石化、吉林石化、抚顺石化、惠州石化、中煤集团、神华集团等具有技术需求，国外LG公司、俄罗斯某企业等多家石油化工企业均表示出引进意向，推广前景广阔。

2. 1-辛烯成套技术

1-辛烯是重要的有机化工原料和化学中间体，主要用作高端线型低密度聚乙烯（LLDPE）的共聚单体，同时也是增塑剂、洗涤剂、合成油、表面活性剂等高附加值产品的基本原料。

国外合成1-辛烯的研究主要有乙烯齐聚、甲辛醚裂解、醋酸辛二烯加氢裂解等。乙烯齐聚工艺主要包括Chevron Phillips公司的一步法乙烯齐聚工艺、INEOS公司的两步法乙烯齐聚工艺、Shell公司的SHOP法乙烯齐聚工艺、Sasol公司乙烯四聚工艺，其中以乙烯四聚工艺1-辛烯选择性最高。

自2004年开始，中国石油与天津科技大学合作开展乙烯齐聚合成1-辛烯技术研究，开发了新型催化剂、专有反应器及工艺，建成了国内首套1-辛烯热模装置，完成了小试、模试和中试研究，解决了高选择性催化剂开发、高效反应器开发、中试连续进出料工艺开发等关键技术问题；攻克了催化剂配体放大合成、低聚物分子量控制、催化剂高效利用等技术瓶颈，完成了7h连续运转试验。1-辛烯的选择性为65%~70%，1-己烯选择性大于9%，1-丁烯选择性低于1%，催化活性大于250kg/[g(Cr)·h]，整体指标处于国际先进水平。

1）主要技术进展

（1）催化剂。

基于对1-己烯的相关认识，研究发现，铬金属独特的3d亚层半满电子结构在乙烯低聚，尤其是选择性乙烯低聚过程中更易实现链转移定向控制，具有其他金属难以比拟的优势。

应用相关基础理论，采用大位阻限域控制活性链受限增长、强诱导给电子体稳定配位环境的思路，设计开发出具有正八面体活性中心结构的辛烯催化剂。中国石油1-辛烯催化剂为以乙酰丙酮铬为主催化剂，PNP型配体、MAO与三乙基铝为助催化剂，1, 1, 2, 2-四氯乙烷为促进剂的四组分催化体系（图3-12）。在反应压力5.0MPa、反应温度50℃、反应时间50min的条件下乙烯发生四聚反应，催化活性达到360kg/[g（Cr）·h]，1-辛烯选择性达到73.94%，1-己烯选择性为13.30%，1-丁烯选择性为0.04%。

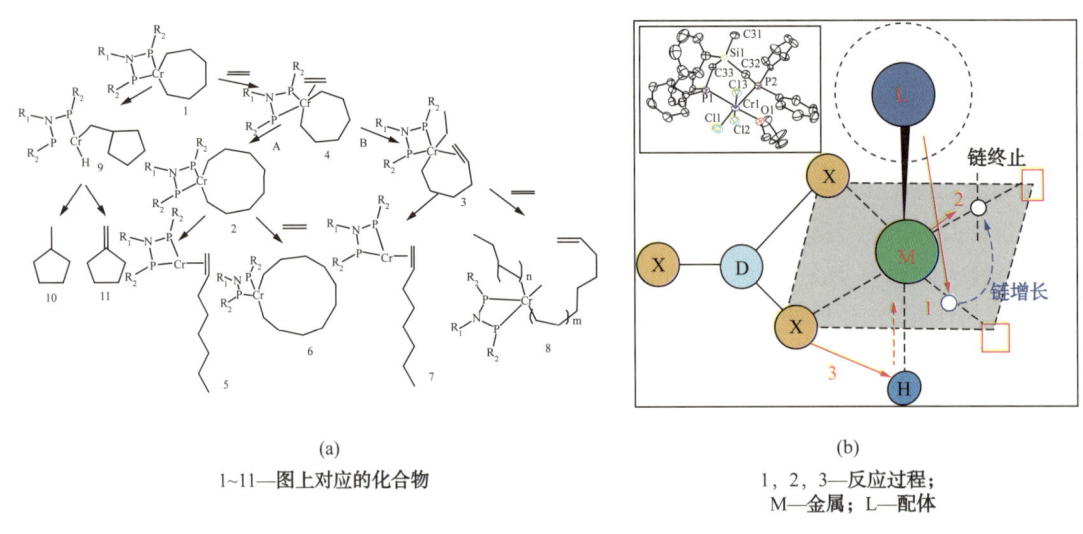

(a)
1~11—图上对应的化合物

(b)
1，2，3—反应过程；
M—金属；L—配体

图3-12　1-辛烯催化剂

（2）1-辛烯合成工艺。

同乙烯三聚反应传质控制相似，乙烯四聚反应的控制步骤均是气液传质。根据气液两相传递过程强化原理，并结合各自反应特点，优化搅拌桨和内构件形式，降低气液反应器中传质阻力对乙烯齐聚产物选择性的不利影响，开发出适合低温取热的1-辛烯和癸烯的强制内循环气液高效混合工业试验反应器。

在研究过程放大规律的基础上，结合流程模拟和中试结果，开发出适合反应特点的全流程生产工艺，形成1-辛烯成套技术，"十三五"期间完成工业试验。1-辛烯生产工艺流程和1-己烯相似，但反应条件相差很大，并在催化剂配制和产品精制顺序方面差异较大。

2016年，1-辛烯技术已完成中试放大，结果表明，催化活性大于250kg/[g（Cr）·h]，1-辛烯选择性不低于70%，1-己烯选择性不低于9%，产品纯度不低于97.0%，整体指标达到国际先进水平。

2）应用前景

乙烯/1-辛烯共聚物是一类性能优异的高分子材料，其产品包括PE-RT（耐热聚乙烯）、POE（弹性体）等高端材料。PE-RT具有优良的柔韧性、卫生性、耐温耐压能力以及便捷可靠的连接性，适合用作地暖管，中国每年进口量在20×10^4t以上；POE与聚烯烃亲和性好，可显著提高塑料低温柔软性、加工性，室外耐候性更好，特别适合用作电线电缆和汽车配件等户外用品，国内每年进口量均在10×10^4t以上。另外，1-辛烯通过羰基合成可生产壬醇，用于增塑剂和洗涤剂原料，每年进口量在5×10^4t以上。

中国石油抚顺石化拥有一套10×10^4t溶液法聚乙烯装置，能够生产高端1-辛烯牌号产品，年需1-辛烯约1×10^4t；"十三五"期间，中国石油吉林石化计划新建5×10^4t/a POE装置，年需1-辛烯约1.5×10^4t；中国石油润滑油公司计划新建5000t/a的PAO装置，年需1-辛烯约2000t。中国还没有专门生产1-辛烯的装置，所需1-辛烯均依赖进口。因此，尽快开发、应用1-辛烯生产技术，对于遏制国外产品价格垄断、加快企业高端产品自主研发进程，以及满足国家军工战略技术需求都具有重要意义。

三、聚乙烯新产品技术

聚乙烯（PE）是通用合成树脂中应用最为广泛的品种之一，主要用来加工生产薄膜、容器、管道、单丝、电缆、日用品等制品。在PE各类制品中，薄膜制品的消费量最大，每年有50%以上的PE消费在薄膜领域，并且其需求基本维持着略高于国内GDP的速度增长。

2015年，中国PE薄膜（含少量板材）消费量达到1200×10^4t；其次是注塑制品，占到了PE总消费量的16%左右（图3-13）；从PE的消费增长速度看，增长最快的消费领域是管材制品，特别是近年来随着中国城镇化步伐的加快、市政管道建设项目增加的实施而不断增加，PE管材制品的消费量已经占到了PE总消费量的12%；其他如纤维、电线电缆、挤出涂覆、滚塑制品等领域约占PE总消费量的10%。

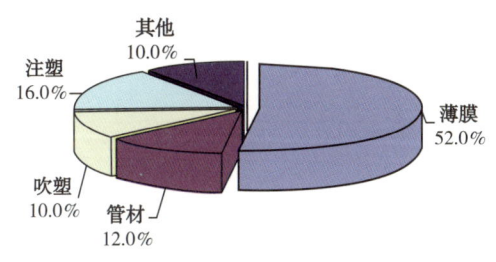

图3-13 2015年我国聚乙烯消费结构
数据来源：中国化工信息中心

"十二五"期间，中国PE市场呈现出两方面的特点：一方面专用料需求快速增长；另一方面高端产品如茂金属聚乙烯、己烯和辛烯共聚聚乙烯、燃气管和汽车油箱等专用料依赖进口。为了应对PE技术的发展和国内市场需求的新变化，中国石油科技管理部和炼化分公司大力组织，成功开发了诸如管材料、中空料、薄膜料、电缆料、医用料及其他用途的高技术含量、高附加值的PE新牌号产品，共计19个。截至2015年，新产品扩产量接近100×10^4t，提高了中国石油PE专用料比例20%，每年为企业增加的效益超过了3.5亿元。

1. PE管材专用料技术

PE管材专用料主要用于加工生产给排水、输油输气、化工及矿山输送、排污、采暖、农业灌溉等各种用途的管材，其中耐压管材、耐热管材对专用料的技术要求比较高，市场需求增长速度快。耐压聚乙烯管材专用料是一种具有较高分子量且其分布呈现单峰或双峰形态的聚乙烯，主要包括PE63级、PE80级和PE100级，以本色料为主；耐热聚乙烯管材专用料是一种非交联的聚乙烯热水管，可以用于ISO 10508中规定的热水管的所有使用级别，国内主要用于采暖系统，如散热器采暖系统和地板辐射采暖系统等。

1）主要技术进展

（1）耐压管材专用料。

"十二五"期间，中国石油自主开发了JHMGC100S、JHMGC100SLS、TUB121N3000和DGDB4806四个特色品牌的耐压管材专用料以及TUB121N3000B一个牌号的着色专用料，产品均具有良好的刚韧平衡性，耐环境应力开裂能力突出，静液压强度高，耐慢速裂纹增长和抗快速裂纹扩展性能卓越，低温加工性能优异，耐压等级达到了PE100级别；适用于给水管材、钢丝骨架复合管、钢带增强波纹管、燃气输送管道等；到2015年，累计产量超过150×10^4t，增效10亿元以上；替代了进口，产品量占到了国内市场份额的1/3，极大地缓解了管材专用料的供需矛盾。

JHMGC100S和JHMGC100SLS以丁烯为共聚单体、釜式淤浆法工艺生产，TUB121N3000

采用己烯共聚单体、环管淤浆法工艺生产，DGDB4806采用己烯共聚单体、气相工艺生产；JHMGC100S和JHMGC100SLS为自然色料，主要用于承压管道，其中JHMGC100S推荐用于生产直径DN32~800mm的管材，JHMGC100SLS推荐应用于生产直径DN≥800mm的管材；TUB121N3000B是以TUB121N3000为基础树脂，经过添加高品质专用炭黑母料生产而成的黑色管材专用料。

JHMGC100S和TUB121N3000产品的分子量呈现出了较好的双峰分布，低分子量部分无拖尾（图3-14、图3-15）；管材的静液压爆破裂口呈明显的韧性破裂（图3-16），反映出管材制品具有较好的耐压性能和优异的加工性能，管材制品的内外表面光滑，无麻点、杂质、颜色不均等缺陷（图3-17、图3-18）。

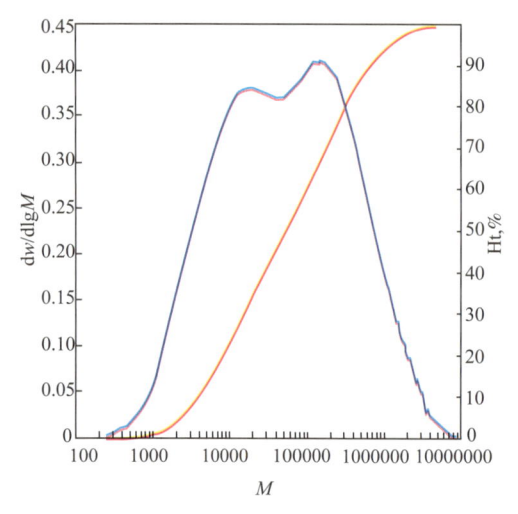

图3-14　JHMGC100S分子量分布
w—质量分数；M—分子量；
Ht—积分分布的数值

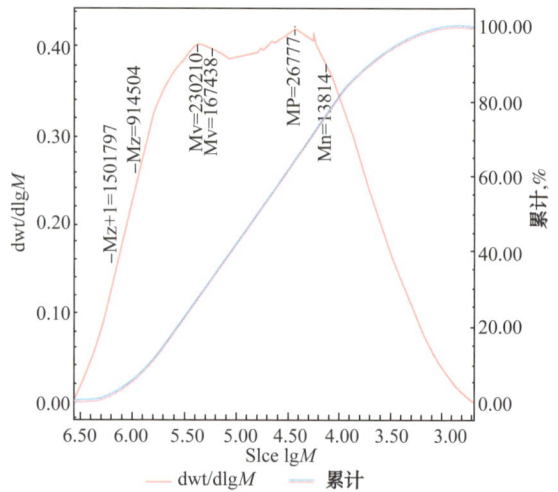

图3-15　TUB121N3000分子量分布

图3-16　JHMGC100S管材静液压裂口形状

图3-17　JHMGC100S管材加工

图3-18　TUB121N3000B管材加工

聚乙烯耐压管材专用料产品技术指标见表3-12，各项性能均达到了PE100管材性能要求，通过了国家化学建筑材料测试中心和瑞典EXOVA AB认证机构的PE100等级认证。2012年，JHMGC100S被评为集团公司年度自主创新重要产品。

表 3-12 聚乙烯耐压管材专用料产品技术指标

产品牌号	熔体流动速率（5.0kg）g/10min	密度 g/cm³	拉伸屈服强度 MPa	断裂标称应变 %	冲击强度 kJ/m²
JHMGC100S	0.20~0.26	0.946~0.950	≥ 20	≥ 450	≥ 20
JHMGC100SLS	0.20~0.23	0.946~0.950	≥ 21	≥ 600	≥ 26
TUB121N3000	0.23~0.35	0.946~0.952	≥ 20	≥ 350	≥ 21
TUB121N3000B	0.24~0.36	0.957~0.961	≥ 21	≥ 350	≥ 22
UHXP4806	0.40~0.80	0.946~0.953	≥ 20	≥ 500	≥ 30

（2）耐热管材专用料。

中国石油开发的 PE-RT 专用料有 DP800 和 DQDN3711 两个牌号，是一种采用特殊的分子设计和合成工艺生产的中密度聚乙烯，其中 DP800 以辛烯为共聚单体、溶液法聚合，DQDN3711 以己烯为共聚单体、气相法聚合。通过控制侧链的数量和分布得到独特的分子结构。这种结构提供的短支链使 PE 的大分子不能结晶在一个片状晶体中，而是贯穿在几个晶体中，形成了晶体之间的连接。它保留了 PE 管良好的柔韧性、高热传导性和惰性，同时使之耐压性更好，可长期用于 60℃ 以下热水输送，并且耐低温（-40℃），抗冲击性能好，无毒、无味、无污染、可回收。

PE-RT 专用料 DP800 的热分级（图 3-19）和升温淋洗 TREF 分级（图 3-20）研究表明，DP800 在 125℃ 和 130℃ 两个级分的含量稍高，说明晶片分布较窄，结晶均匀；高结晶级分略高于国外 I 型料。

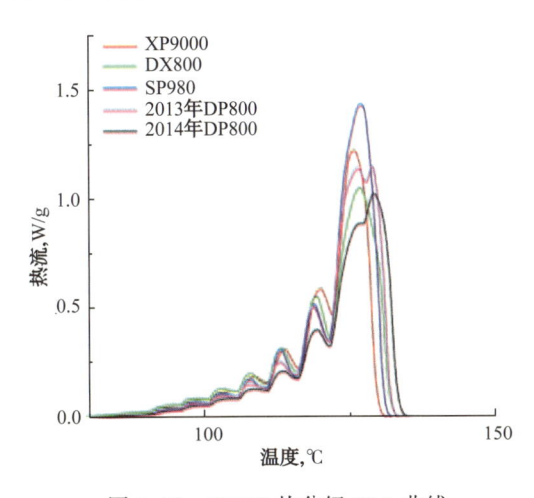

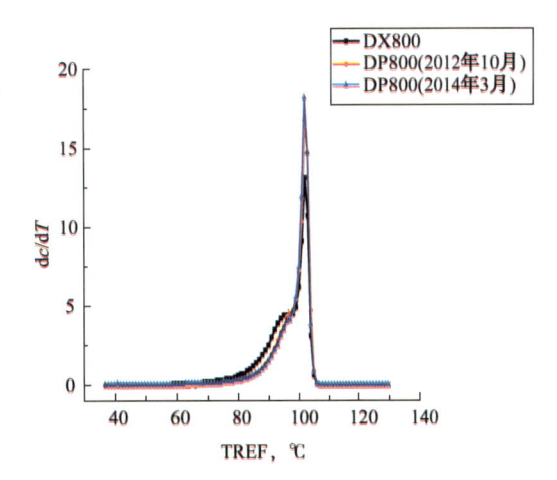

图 3-19 DP800 热分级 SAA 曲线

图 3-20 DP800 升温淋洗 TREF 曲线

研究 DQDN3711 分子量分布、支化和熔融结晶行为，如图 3-21 至图 3-23 所示，表明分子量分布为单峰，具有中等分子量（一般重均分子量 10 万~15 万）、较宽分子量分布（通常 5~7）和中等支化度的特点（1~3 个/1000C），有利于结晶结构和系带结构的形成，从而提高材料的耐热蠕变性能。

DP800 和 DQDN3711 两个牌号产品的技术指标见表 3-13，各项性能均达到了 I 型 PE-RT 树脂水平，综合力学性能和加工性能优良，满足 I 型 PE-RT 管材性能要求，投放市场后得到用户认可。

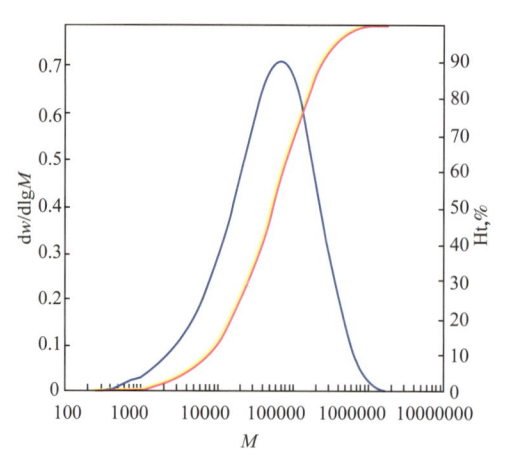

图 3-21　DQDN3711 的 GPC 曲线

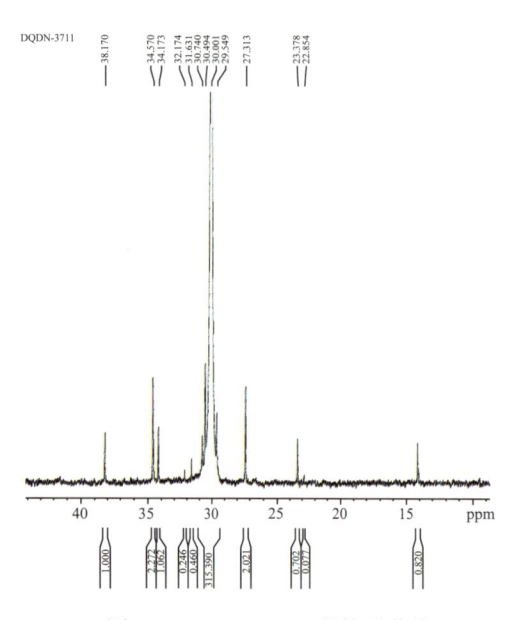

图 3-22　DQDN3711 的核磁曲线

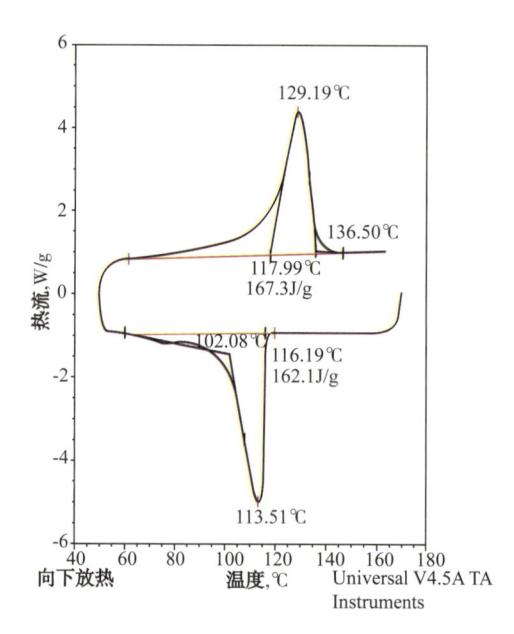

图 3-23　DQDN3711 的 DSC 曲线

表 3-13　聚乙烯耐热管材专用料产品技术指标

产品牌号	熔体流动速率 g/10min	密度 g/cm^3	氧化诱导期 min	拉伸屈服强度 MPa	断裂伸长率 %	冲击强度 kJ/m^2
DP800	0.20~0.26	0.946~0.950	>120	≥23	≥600	≥58
DQDN3711	0.45~0.85	0.935~0.939	>120	≥18	≥600	≥58

DP800 产品通过了国家化学建筑材料测试中心的检测，包括 165h、1000h 耐静液压试验和 8760h 的热稳定性试验，并且进行了依据国家标准 GB/T 18252—2008《塑料管道系统用外推法确定热塑性塑料材料以管材形式的长期静液压强度》的评价；管材最小要求强度（MRS）为 8.0MPa，定级为 PE80，依据国家标准 GB/T 28799.1—2012《冷热水用耐热聚乙烯（PE-RT）管道系统第 1 部分：总则》以及国际标准 ISO 24033—2009《耐升温的聚乙烯管道（PE-RT）时间和温度对预期强度的影响》的标准曲线，判定为 PE-RT 管材Ⅰ型

树脂，并通过了分级试验认证。

2）应用前景

2011年，高耐压等级的聚乙烯管材专用料需求量在 40×10^4t 左右，到2015年，需求量猛增到了 900×10^4t 左右，而国内生产量仅占消费量的60%左右，着色的PE100级的耐压管材专用料、PE-RT-Ⅱ型的耐热管材专用料等产品全部依赖进口。随着城镇化建设和海绵城市建设的推进，预计今后几年，中国在耐压管材料、耐热管材料、石油及天然气输送管道料等方面的需求，必将步入一个高速增长的新阶段。因此，中国石油的着色管材专用料 TUB121N3000B 和本色的 GC100 系列管材专用料都将具有较好的市场前景和经济效益。

2.PE中空专用料技术

中空专用料主要用于生产包装液态化学品、洗涤剂、农药、染料等的大型容器以及汽车油箱，包装鲜奶、果奶、饮料、饮用水等和包装农药、化学试剂、日用化妆品、药品等的小型容器。2015年，国内市场需求量在 190×10^4t 左右，自给率达到70%。随着经济全球化发展和科技创新发展的双驱动，高端应用如吨包装聚乙烯桶（IBC集装桶）、汽车燃油箱、洁净卫生的食品饮料及药品包装等的中空专用料需求将快速增长，预计年均增长率超过10%。目前，这些专用料主要依赖进口，市售价格居高不下。

1）主要技术进展

"十二五"期间，中国石油自主开发了IBC集装桶专用料 DNDB4506、汽车油箱专用料 DNDB6045 和饮用水桶专用料 DMDH6400 三个特色品牌的中空专用料，均采用铬系催化剂、气相工艺生产，其中 DMDH6400 为乙烯均聚产品，分子量分布曲线呈较好的宽峰分布形态，低分子量部分无拖尾（图3-24），并且具有较高的熔点，确保了良好的刚韧平衡性能和制品的高温堆码性能；产品具有突出的卫生性能，制品无气味。

DNDB4506 和 DNDB6045 为己烯共聚产品，如图3-25所示，产品具有较高的分子量，确保了较高的力学性能；分子量分布曲线呈宽峰分布形态，高分子量部分无拖尾，提供了良好的加工性能；产品具有综合力学性能好、加工性能和制品外观性能优良的特点，投放市场后得到用户认可。其中，DNDB4506 替代了进口，已经占到国内市场需求的20%，年增效扩展到1500万元。

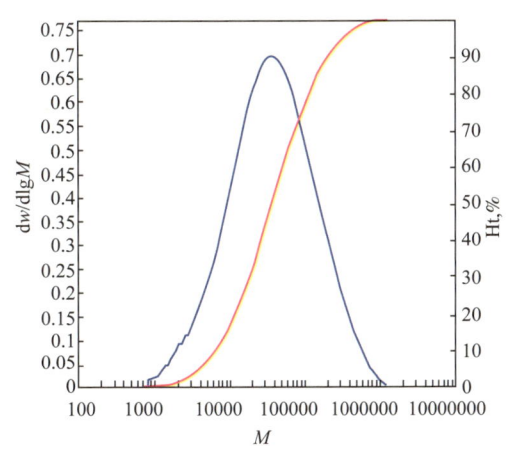

图3-24　DMDH6400 分子量分布曲线 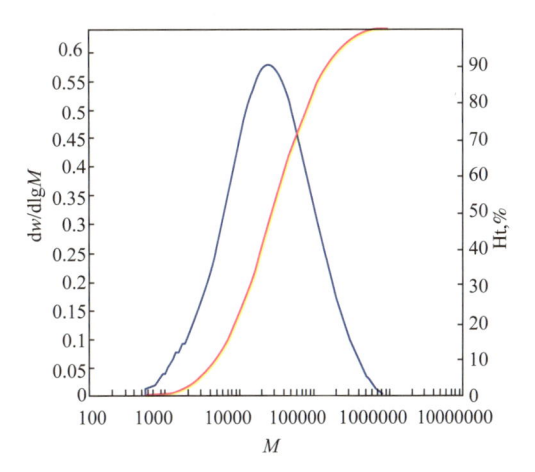　　图3-25　DMDA6045/DMDB4506 分子量分布曲线

DMDH 6400、DMDB 4506 和 DMDA6045 三个牌号产品的各项性能指标均达到了世界同等工艺产品水平，其中 DMDH6400 填补了国内空白，DMDB4506 质量达到国内最好水平，投放市场后得到了用户认可（表 3-14）。

表 3-14 聚乙烯中空专用料产品技术指标

项目	熔体流动速率 g/10min	密度 g/cm^3	拉伸屈服强度 MPa	弯曲模量 MPa	缺口冲击强度 kJ/m^2
DMDH6400	0.6~1.0	0.958~0.962	≥29	≥1000	≥8
DMDB4506	5.0~7.0①	0.946~0.950	≥21	≥900	≥30
DMDA6045	5.2~6.8①	0.946~0.950	≥21	≥900	≥30
对标产品					
Univation–DMDH6400	0.8	0.959	29	1000	8
Basell–4570UV	6.1①	0.947	21	900	30
Basell–4261AG	5.9①	0.946	21	900	30

①熔体流动速率测试砝码 21.6kg。

DMDH6400 产品按照 GB 9691—1988《食品包装用聚乙烯树脂卫生标准》、GB/T 21928—2008《食品塑料包装材料中邻苯二甲酸酯的含量》等检测，各项指标满足标准要求，并且通过了华测检测认证集团的 Rohs 认证。DMDB4506 通过了 KOSHER 认证，DMDA6045 通过了北京燕山石油化工有限公司树脂应用研究所树脂检测实验室的 CNAS 检测。

2）应用前景

生活条件的改善、健康要求的提高，人们对食品饮料等的塑料包装物的卫生性能要求越来越重视。HDPE 基材纯净水包装桶要求具有无味、刚度（堆码性）和韧度（跌落性）、加工性的综合性能，国内用量为（8~10）×10^{4}t/a，进一步拓展其他高端的食品包装市场，预计需求量将达到（15~20）×10^{4}t/a，而目前世界上只有美国陶氏化学公司的一个牌号产品能够满足这一性能要求。

IBC 集装桶（Intermediate Bulk Container，全称刚性复合中型散装容器）是近年来流行的一种装运液体产品的超大型塑料容器，是国际上通用的钢塑复合散装容器，特别适合公路、铁路和海上运输（包括海、陆、空联运），更适合国际标准集装箱出口，世界容器市场对 IBC 集装桶的需求年增长率为 15%~25%，中国 2010 年总产能约为 360 万只/a，2015 年对原料聚乙烯的需求量达到 12×10^{4}t，专用料市场长期被进口产品独占，主要牌号为 Basell 公司的 4261AG UV 和韩国大林的 HDPE4570UV，国内仅茂名石化的 TR580M、齐鲁石化的 QHB07 能满足要求，但产量均不大。

中国汽车产业持续、快速、健康发展，根据国家信息中心统计，年均增长率接近 10%，生产汽车塑料燃油箱的使用率已达到 70% 左右，2015 年汽车油箱专用料的总需求量达到了（10~12）×10^{4}t，全部依赖进口，进口产品主要是 Basell 公司的 4261AG 和 JPE 公司的 HB111R 等。

中国石油自主开发生产的纯净水包装桶专用料、IBC 集装桶专用料、汽车油箱专用料等高档产品的各项性能达到进口产品水平，满足了用户要求，附加值较高，市场前景广阔。

3. PE 薄膜专用料技术

薄膜是聚乙烯产品的最大应用领域，包括各类包装用途、农业应用、土建应用、医用以及电子电器领域等的一些特殊应用。每年，中国低密度聚乙烯（LDPE）和线型低密度聚乙烯（LLDPE）的 80% 左右、高密度聚乙烯（HDPE）的 20% 左右应用于薄膜，并且薄膜制品基本属于一次性消费产品。巨大的需求量和广泛的应用领域对聚乙烯原料的要求也是千差万别的，国内生产的聚乙烯可以满足中低档薄膜应用，大量高性能的薄膜级聚乙烯，例如，茂金属聚乙烯、超低密度聚乙烯、中密度宽分子量分布聚乙烯等产品仍然依赖进口。

1）主要技术进展

结合市场的需求，"十二五"期间，中国石油自主开发了聚乙烯高透明薄膜专用料 DFDA9047、高强度薄膜专用料 DGDA6097、茂金属聚乙烯薄膜料 HPR18H20DX 三个牌号的特色品牌薄膜专用料，投放市场后得到用户认可，丰富了原料市场。在这些产品中，高透明薄膜专用料和高强度薄膜专用料形成量产，已经占到国内该领域需求量的 1/5。

DFDA9047、DGDA6097、HPR18H20DX 三个牌号产品均依托气相工艺装置生产。DFDA9047 采用钛系催化剂、丁烯共聚和成核剂改性等技术，产品的结晶结构更加微细化和均匀化（图 3-26），这有利于提高力学性能、薄膜的透明性能和光泽性能。

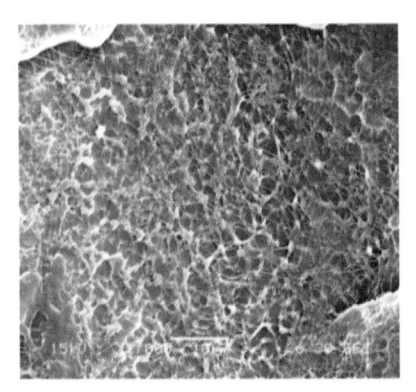

(a) DFDA9047 脆断界面 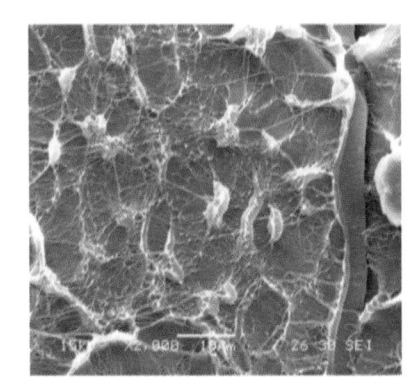　　(b) 相同物理性能的 LLDPE 产品脆断界面

图 3-26　DFDA9047 和通用 LLDPE 的脆断界面扫描电镜照片（2000 倍）

从热力学数据（表 3-15）来看，DFDA9047 的结晶度、结晶温度、结晶热等均比其基础原料 DFDA7047 有所增加，结晶度由 34% 增加到 39%，有利于提高力学性能；结晶温度提高约 4℃，并且结晶热也相应增加，使 LLDPE 大分子可以在较高的温度下结晶，从而提高了 LLDPE 膜泡的稳定性，改善了专用料的加工性能。

表 3-15　DFDA9047 热力学数据

项目	结晶温度 ℃	熔融热 J/g	结晶度 %	结晶热 J/g	熔点 ℃	氧化诱导期 min
DFDA9047	105.9	111.5	39	90.7	121.0	7.4
参比品 DFDA7047	102.1	98.7	34	85.5	120.2	7.3

DGDB6097 采用铬系催化剂、丁烯共聚，产品分子量分布呈宽峰型（表 3-16），提供了良好的加工性能；具有适中的分子量，提供了优良的综合力学性能和薄膜外观质量。

表3-16 DGDB6097分子链特性参数

项　目	M_w	M_n	PD	支化度 个/1000C
DGDB6097	174862	10220	17.11	6
参比品 DGDA6098	281500	19200	14.66	5

注：M_w 是重均分子量，M_n 是数均分子量，PD 是分子量分布（通常写作 PDI）。

HPR18H20DX 采用茂金属催化剂、己烯共聚，产品具有适中的分子量和较窄的分子量分布（表3-17），分子链支化分布均匀，赋予了极高的耐穿刺强度、柔韧性和透明性。

表3-17 HPR18H20DX分子链特性参数

项　目	M_w	M_n	PD	支化度 个/1000C
HPR18H20DX	103320	42991	2.4	13.5
参比品 HPR18H20DX	95702	37727	2.5	12.4

DFDA9047、DGDB6097 和 HPR18H20DX 三个产品的各项性能指标达到世界同工艺产品水平（表3-18），其综合性能优良，满足用户使用要求，投放市场后得到用户认可。

表3-18 聚乙烯薄膜专用料产品性能指标

项　目	熔体流动速率 g/10min	密度 g/cm³	拉伸强度 MPa	断裂伸长率 %	落标冲击破损质量 g	雾度 %	鱼眼（0.8mm） 个/1520 cm²
DFDA9047	0.8~1.2	0.918~0.922	≥ 19	≥ 700	—	≤ 12	≤ 15
DGDB6097	8~14①	0.946~0.950	≥ 22	≥ 400	—	—	—
HPR18H20DX	1.8~2.2	0.916~0.920	≥ 16	≥ 800	≥ 240	≤ 10	≤ 8

①熔体流动速率测试砝码 21.6kg。

2）应用前景

中国农膜行业的发展前景十分广阔，2016 年各种棚膜使用量约为 150×10^4t，年更新需求量约 70×10^4t，高透明薄膜专用料 DFDA9047 主要应用于高档农用大棚膜，同比通用薄膜雾度降低 20%~30%，深受行业欢迎。茂金属聚乙烯是新一代高性能、高技术含量聚乙烯，具有高透明、高耐穿刺强度、低温柔韧性等诸多优点，属于高附加值、高技术含量产品，全部依赖进口。中国石油 HPR18H20DX 的开发生产填补了国内空白，缓解了国内市场的供应不足和价格高企的双重矛盾。

4. PE耐压电缆专用料技术

中国电线电缆市场规模占全球 20% 以上份额，年均增长保持 10% 以上的速度，为全球增长最快的市场之一，其中 35kV 及以下交联电缆需用绝缘料近 20×10^4t，这一部分电缆绝缘专用料基础树脂国内基本能够自足；35kV 及以上电缆绝缘专用聚乙烯基础树脂主要依赖进口，随着高压超高压输电工程的实施，这一部分市场将有一个较大的发展空间。

1）主要技术进展

"十二五"期间，中国石油开发了 2210H 和 2240H 两个牌号的交联电缆专用基础树脂，产品采用高压管式法工艺，以乙烯为原料，根据自由基聚合反应原理，通过引发剂和分子量调节剂复配技术生产。产品具有较低的介电损耗角正切值和较高洁净度的优点（性能指标见表3-19），适宜用作35kV及以下电力电缆绝缘专用基础树脂，已累计生产近7×10^4t，新增经济效益1400万元，取得了良好的应用效果。

表3-19 聚乙烯电缆料性能指标

项目	熔体流动速率 g/10min	密度 g/cm³	拉伸断裂强度 MPa	断裂伸长率 %	介电常数（50Hz, 20℃）	介电损耗角正切值（50Hz, 20℃）	维卡软化温度 ℃
2210H	1.9	0.9205	12.7	542	2.27	1.5×10^{-4}	92.4
2240H	2.0	0.9196	13.9	556	2.24	1.3×10^{-4}	87.7

基础树脂通过了机械工业电工材料及特种线缆产品质量监督检测中心的检测，生产的35kV电缆制品经国家电线电缆质量监督检验中心按照标准GB/T 12706.3—2008《额定电压1kV（Um=1.2kV）到35kV（Um=40.5kV）挤包绝缘电力电缆及附件额定电压35kV（Um=40.5kV）电缆》进行全项检测，各项性能均符合标准要求。

2）应用前景

目前，中国通过引进国外先进技术、成套设备及专用料，已经具备工业化连续生产各类规格和品种的聚乙烯电力电缆（耐电压等级从1kV至220kV）的能力，其产品可满足国内需求。国内35kV以下的交联聚乙烯电缆绝缘料基础树脂目前已实现国产化，而110kV及以上的电缆料年需求量约5×10^4t，主要依赖进口，随着中国城镇化建设和高压超高压输变电技术发展，电缆专用料将具有良好的市场前景。

5. 医用PE专用料技术

国内药用低密度聚乙烯膜、袋和液体药品包装（含水针、滴眼剂、灌肠剂）用的医用级低密度聚乙烯，其市场容量大约为7×10^4t/a。医用级低密度聚乙烯应用在药包材上，制得的药包材容器需要在国家食品药品监督管理总局申报注册后才能够投入市场使用。这种使用领域的特殊性，决定了对树脂的质量要求比较高，由此导致了国内的医用级聚乙烯大量依赖进口。

1）主要技术进展

"十二五"期间，中国石油通过技术攻关成功开发了医用级低密度聚乙烯LD26D牌号产品，适用于三合一安瓿瓶（小水针）、滴眼液瓶、口服液瓶和医用瓶盖等医药包材领域。产品采用高压管式法工艺、乙烯均聚，通过低温引发、超高压聚合和超纯净化制备技术生产，具有刚度高、纯度好、光学与抗化学性能佳、杂质残留少等优点。产品各项性能见表3-20，满足客户使用要求，制品外观符合医用标准要求（图3-27）。

表3-20 医用聚乙烯专用树脂产品技术指标

项 目	熔体流动速率 g/10min	密度 g/cm³	拉伸屈服强度 MPa	拉伸断裂标称应变 %	弯曲模量 MPa	正己烷不挥发物 mg
LD26D	0.24~0.36	0.923~0.929	≥9.0	≥350	≥220	≤60.0
对标产品						
Basell 3020D	0.26	0.925	9	350	213	37

通过了毒理学安全性评价和化学性能检测，试验结果符合生物学安全性要求，各项性能符合标准要求。

图 3-27　LD26D 加工的药包瓶

2）应用前景

LD26D 产品刚度高、纯度好、光学与抗化学性能佳，适用于三合一安瓿瓶（小水针）、滴眼液瓶、口服液瓶和医用瓶盖等医药包材领域。LD26D 的开发生产，解决了聚乙烯超纯净化这一关键技术难题，在中国石油建成国内首条超纯净化 LDPE 生产线，规模化生产出高品质医用级低密度聚乙烯产品，满足了医药包材需求，打破了中国医用聚乙烯材料被进口料垄断的局面，填补了国内空白；制定医用聚烯烃原料标准、聚烯烃类药品包装容器标准及其相关检验方法标准，形成医用聚烯烃生产注册管理体系，保障国民用药安全，推进医用聚烯烃产业链的发展。

6. 其他用途的 PE 专用料技术

1）瓶盖专用料技术

用于加工饮用水包装瓶的瓶盖，中国市场每年用量为（17~19）×10^4t，由于普通聚乙烯制作的瓶盖能够引起包装水品的气味，因此，生产厂家寻求专用的无气味或低气味的原料。"十二五"以前，这种原料主要从韩国、泰国等进口。

（1）主要技术进展。

"十二五"期间，中国石油组织技术攻关，成功开发了 5603JP、5613JP 和 L5202 三个牌号的专用树脂，产品均采用釜式淤浆法工艺、钛系催化剂生产，具有较低的气味和良好的加工性能（具体技术指标见表 3-21），投放市场后获得用户认可。到 2015 年，已经形成 6×10^4t 的产销量，占到了国内需求量的 1/3，增加效益 3000 万元以上。

表 3-21　聚乙烯瓶盖专用料产品技术指标

项　目	熔体流动速率 g/10min	密度 g/cm^3	拉伸屈服强度 MPa	断裂伸长率 %	灰分 %	色粒 粒/kg
5603JP	2.5~4.0	0.954~0.958	≥23	≥500	≤0.03	≤10
5613JP	1.7~2.1	0.948~0.952	≥24	≥600	≤0.03	≤5
L5202	1.8~2.2	0.948~0.952	≥24	≥600	≤0.03	≤5
对标产品						
泰国 2440	3.2	0.956	23	550	0.03	10
韩国 C910C	2.2	0.952	24	600	0.03	2
韩国 C910C	2.2	0.952	24	600	0.03	2

产品经过华测检测认证集团股份有限公司按照 GB 9691—1988《食品包装用聚乙烯树脂卫生标准》、GB/T 21928—2008《食品塑料包装材料中邻苯二甲酸酯的含量》等标准的检测,各项指标满足要求,通过了 CTI 检测。

(2)应用前景。

近年来,中国饮料行业的产量以年均 20% 以上的速度递增。饮料市场的迅速增长直接带动了饮料包装行业的快速发展,开始进入新一轮上升期,尤其是食品卫生级别较高的塑料包装迎来了很好的市场增长机遇,其中高档次(无气味和高速加工性)HDPE 瓶盖专用料正当其时。中国石油适时推出的三个牌号瓶盖专用料,替代了进口,缓解了国内市场的供需矛盾。随着我国食品卫生法规的完善,这种专用料的前景将会更好。

2)氯化聚乙烯专用基础树脂技术

我国氯化聚乙烯是伴随着聚氯乙烯塑料门窗异型材的发展而发展起来的,其中约 90% 用于聚氯乙烯改性,10% 左右用于电线、电缆及 ABS 的改性。到 2015 年,国内需求达到 320kt。随着塑料建材快速发展以及橡胶电缆领域需求的增长,我国氯化聚乙烯需求将呈现出不断增长的趋势,预计 2020 年国内市场氯化聚乙烯需求量将达到 400kt。

(1)主要技术进展。

生产氯化聚乙烯使用的基础树脂一直属于高技术含量的塑料原料。在"十二五"初期,国内厂商仅有中国石油辽阳石化一家,产量有限,60% 以上的基础树脂依赖于进口。应对市场需求,中国石油组织大庆石化开发成功并生产了氯化聚乙烯专用基础树脂 QL505P,缓解了国内市场的供需矛盾。到 2015 年,产销量已经占到国内市场需求的 20%,年增效 2000 万元以上。

QL505P 采用釜式淤浆法工艺、钛系负载型催化剂,氯化聚乙烯基础树脂产品技术指标见表 3-22。

表 3-22 氯化聚乙烯基础树脂产品技术指标

项　　目	熔体流动速率 g/10min	密度 g/cm³	堆密度 g/cm³	熔流比 %
QL505P	0.35~0.65	0.949~0.955	≥0.36	9~14
对标产品				
辽阳石化 L0555P	0.46	0.951	0.38	11.1

QL505P 产品经过华测检测认证集团股份有限公司按照 GB 9691—1988《食品包装用聚乙烯树脂卫生标准》、GB/T 21928—2008《食品塑料包装材料中邻苯二甲酸酯的含量》等标准的检测,各项指标满足标准要求,通过了 RoHS 认证。

(2)应用前景。

QL505P 产品粉末粒度规整、孔隙率高、孔道均匀,具有非常好的氯化反应适应性能,投放市场后获得了用户的高度认可,市场销售量稳步扩展。

四、聚丙烯新产品技术

近年来,随着聚丙烯(PP)催化剂及聚合工艺技术的快速发展,实现对产品结构性能的控制能力,使得高流动抗冲、高熔体强度、高透明、高结晶度等 PP 专用料的开发取得显著进展。通常某一性能的改进常常以其他性能的下降为代价,但先进的聚合工艺应用新型催化剂可赋予 PP 高流动、高刚和高韧以及三者平衡性好的性能,进一步提高了 PP 专用料的综合性能,从而提升了 PP 专用料的竞争力,进一步拓展了 PP 专用料应用领域。目前,由于 PP 专用料具有优良的力学性能与光学性能、优异的耐化学析出与迁移性,同时具有成型周期短与环境友好等诸多优良特性,广泛应用于汽车工业加工成型对气味要求等级高的仪表板等内饰件和保险杠等外饰件,以及应用于医疗行业生产输血袋、输液瓶等药液包装制品和注射器等医疗器械制品,还用于包装、家电、管材、无纺布等行业,几乎涵盖了各个领域。

目前,PP 专用料的应用领域在不断扩大,其开发向"软"和"硬"两个方向发展。所谓"软"的方向,就是开发高橡胶含量的高抗冲 PP 专用料,甚至是丙烯基的热塑性弹性体,用于传统的橡胶领域与橡塑改性聚丙烯的性能;"硬"的方向就是开发高结晶、高模量的 PP 专用料,用作工程材料。此外,采用茂金属催化剂开发光学性能更加优异的透明 PP 专用料、透明高抗冲 PP 专用料以及气味等级更低的 PP 专用料是未来开发与应用的发展方向[22]。

1. 车用料技术

车用 PP 材料 SP179、EP531N 和 EP533N 是采用比表面积大、孔隙率高与孔径分布均匀以及活性中心在催化剂上分布均匀的新型催化剂生产的高乙烯、高橡胶含量的车用高端聚丙烯系列专用料,它不仅具有优良的耐冲击性能、良好的刚性和加工性能等特点,而且更重要的是材料不含三醛五苯与二酮,气味等级(VOC)在 3 级以下,且总碳(TOC)值为 26μg/g,大大低于标准规定的 50μg/g,适用于汽车行业,制造汽车内饰件、汽车保险杠和要求高抗冲击性能的制品等。

SP179 是熔体流动速率为 8~10g/10min 的车用 PP 专用料,大量应用于改性厂生产车用复合材料,再加工成型为汽车内外饰件制品。目前,随着汽车工业的发展,对车用料提出了更高的要求,除要求其具备高流动性、极佳的刚韧平衡性、清洁性外,还要求 PP 材料制品具备薄壁化、成型周期短、翘曲变形小等加工特性,因此急需开发性能更高的车用 PP 材料。在 SP179 的基础上,通过催化剂体系的合理匹配,实现对聚合物组成及形态结构的控制,生产出高橡胶含量、刚韧平衡与流动性好的车用 PP 材料 EP531N 和 EP533N。EP531N 的熔体流动速率较 SP179 高,而其冲击强度、弯曲模量等其他性能与 SP179 相近,是 SP179 的改进型材料;EP533N 的熔体流动速率较 SP179 有较大幅度的提高,但其冲击强度远低于 SP179。车用料性能的提高,有利于改性厂调控与匹配薄壁化、成型周期短、翘曲变形小的复合材料,适用于汽车内外饰件等性能与快速成型工艺,从而实现了车用 PP 材料的系列化,以满足不同用途的需求。

1)主要技术进展

车用 PP 是多相结构材料,因此通过调控两相的结构,使其具有良好的相容性,对提高车用材料的性能很重要。其技术进展如下:

(1)采用比表面积大、孔隙率高与孔径分布均匀以及活性中心在催化剂上分布均匀的新型催化剂体系及其匹配技术,显著提高聚合反应的氢调敏感性,实现对聚合物组成及形态结构的控制,可生产高橡胶含量、刚韧平衡与流动性高的车用 PP 材料。

(2)通过微观结构和强流场诱导橡胶分散相取向重排研究以及对 PP 材料基体结晶过

程的影响研究，建立橡胶相与PP基体材料的定量关系，实现了对橡胶分散相粒径、均匀性及分散状态的控制能力，为材料的结构优化设计提供科学指导。

（3）开发出有机/无机协同复合助剂体系，控制高端PP材料晶粒细化与晶型等结晶形态，提高车用高端PP材料的综合性能。

（4）建立车用料气味控制措施与评价方法，可控制材料不含三醛五苯与二酮，VOC在3级以下，且TOC值很低（26μg/g），实现车用料的环保化。车用料SP179、EP531和EP533的力学性能见表3-23。

表3-23　SP179、EP531和EP533的力学性能

项　　目	测试标准	SP179	对比样	EP531N	对比样	EP533N	对比样
熔体流动速率，g/10min	GB/T 3682—2000	8~10	10.1	20~25	21	30~35	29
拉伸强度，MPa	GB/T 1040.2—2006	≥20	20.4	≥19	19	≥20	24
弯曲模量，MPa	GB/T 9341—2008	≥1000	1046	≥800	750	≥1100	1176
冲击强度，kJ/m²	GB/T 1843—2008	≥50	45.4	≥40	40	≥9	8.4

2）应用前景

"十二五"期间，通过优化聚合工艺，解决了车用聚丙烯材料生产过程中黏壁、刚韧平衡、加工流动及气味等关键技术问题，建立了车用料气味控制等平台化技术，实现了产品性能的有效控制，其性能显著提升并得到广州金发科技股份有限公司等用户认可，共生产专用料约10×10^4t，约占市场份额6%，创利润1.5亿元，表明车用料的市场空间很大。车用料开发、生产及应用凝聚了用户、销售、研发和生产单位的共同心血，其成功开发加快了高端车用料的技术进步，使车用料的性能得到大幅提升，满足高档轿车PP材料薄壁化、成型周期短、清洁性的发展需求。通过车用料的推广，开发适合中国汽车工业需求的车用高端PP材料，提高车用PP材料应用档次，推动以自主创新和可持续发展为核心的PP产业发展新战略[23]。

2. 医用料技术

医用料与药品直接接触，其安全性直接关系到人的身体健康及生命安全，因此医用料必须具备特殊的性能，如优异的耐化学析出性、迁移性、可耐高温灭菌等，还须具有低金属含量、抗药液提取和抽出能力，且采用低溶出的助剂体系可满足医用包装材料要求[24]。对药液包装材料而言，对材料的结构性能、助剂的添加量与类别均有严格的规定，要求材料具有乙烯无规共聚的特征峰，且每批材料具有稳定的特征峰以及不能添加成核剂等助剂，材料的耐化学析出性、迁移性、生物相容性、毒理性等安全性能是要求的控制指标，同时要具有良好的力学性能与加工性能，以达到生产药液的应用要求。医用料在医疗器械应用包括一次性使用的PP注射器和小型挤—吹塑品瓶等，其制品均要求医用料具有良好的透明性。医用料RP260是不添加成核剂的药液包装材料，它具有良好的耐迁移性、低金属含量、抗药液提取和抽出等特性，同时兼具优良的力学性能和表面光泽度，以及耐高温和易加工成型等优点，适宜注拉吹成型工艺加工PP输液瓶等制品，被广泛应用于药液包装等领域。医用料RP340R添加透明成核剂，具有优良的透明性及加工性能等特性，主要适宜采用薄壁和一模多腔的成型工艺加工注射器等制品。

目前，随着人们对药液包装及医疗器械安全性要求的提高，对医用料的应用标准提出

了更高的要求，要求其生产、运输、加工及储存等均有相应的控制标准与规范，确保医用料及其药液包装材料与制品具有可靠的保证。

1）主要技术进展

医用料对溶出物含量要求很高。在加入乙烯时可降低材料结晶度，细化晶粒，提高材料的冲击性能，但随着乙烯的加入，医用料的溶出物含量相应增大。因此，控制乙烯链段（图3-28）均匀分布在PP分子链上，可降低低分子乙丙无规物含量，进一步降低医用料的溶出物含量，从而使其满足医用透明聚丙烯的使用要求。

图3-28 医用料中乙烯链段在PP分子链上均匀分布示意图

医用料不仅具有良好的耐迁移性、低金属含量、抗药液提取和抽出等特性，而且具有优良的加工性能，适宜注拉吹等高速成型工艺的技术要求。其技术进展如下：

（1）通过无规PP分子结构设计、调控聚合工艺参数，实现乙烯在PP分子链上的均匀分布，溶出物含量符合欧洲药典YBB00102005中国行业标准YY/T 0242—2007要求，材料性能满足医疗用品行业的特殊要求。

（2）采用高活性中心的新型催化剂体系及其匹配技术，显著提高聚合反应的转化率，实现对聚合物组成及金属元素含量的控制，可生产低金属含量、抗药液提取的医用料。

（3）开发了两种助剂体系，一种为耐迁移和抽出的助剂体系，可用于医用输液瓶料RP260，助剂溶出物含量符合欧洲药典YBB00102005和中国行业标准YY/T 0242—2007要求；另一种为高透明、低溶出助剂体系，可用于医用注射器料RP340R，其材料的紫外吸光度小于0.08，重金属离子溶出物含量低于1μg/mL，生物试验指标满足医用需求。医用料RP340R、RP260的力学及化学性能见表3-24。

表3-24 RP340R、RP260的力学及化学性能

项目	测试标准	RP340R	对比样	RP260	对比样
熔体流动速率，g/10min	GB/T 3682—2000	21~23	22	8~10	9.0
拉伸屈服强度，MPa	GB/T 1040.2—2006	≥ 28	28	≥ 24	24.2
弯曲模量，MPa	GB/T 9341—2008	≥ 1000	950	≥ 900	894
简支梁冲击强度，kJ/m²	GB/T 1843—2008	≥ 5	4	≥ 5	4.8
雾度，%	GB/T 2410—2008	≤ 12.0	14.5	≤ 35	36.5
紫外吸光度	YY/T 0242—2007	≤ 0.06	0.05	≤ 0.06	0.05
正己烷提取物，%	GB/T 17409—1998	≤ 1.0	1.1	≤ 1.0	0.9
重金属离子含量，μg/mL	YY/T 0242—2007	< 1	< 1	< 1	< 1

2）应用前景

医用料具有良好的耐迁移性、低金属含量、抗药液提取和抽出等特性，同时兼具优良

的力学性能、表面光泽度以及耐高温和易加工成型等优点,适宜注拉吹成型工艺加工 PP 输液瓶等制品,被广泛应用于药液包装等领域。近年来,国内引进的注拉吹 PP 输液瓶生产线已建或计划建设的大约有 300 条,PP 输液瓶每年将取代玻璃瓶达到 30 亿瓶以上,所需 PP 专用料将增加 6×10^4 t/a 左右。截至 2015 年底,医用料累计生产达到 3 万多吨。其中,RP340R 得到上海康德莱企业发展集团、上海申威塑胶制品有限公司、上海锦佰塑料制品有限公司等用户的认可,约占市场份额 8%,创利润 2000 余万元。2016 年,RP260 已完成国家药品监督管理局的申报工作,并获得正式批文。随着人们对药液包装材料及医疗器械安全性要求的提高,中国一次性医疗器械与药液包装材料的消费需求逐年上升,其医用料的需求量呈现上升趋势。

3. 家电料技术

家电料在负载条件下具有耐热温度高、光泽度好、弯曲模量和硬度高等特点。决定其耐热等性能的重要参数是 PP 的结晶度[25],而结晶度又主要取决于等规度,因此家电料又称为高刚或高等规 PP 料。对家电料而言,材料中高等规度级分的含量高,且高等规度级分的链段越长对提高材料的刚性越有利。材料的等规度是通过影响材料的结晶度和球晶尺寸而影响到材料的刚性,其 PP 弯曲模量与结晶度呈对数线性关系,与 PP 的等规度呈一次线性关系。因此,通过优化聚合工艺条件与开发新型助剂体系,实现对材料晶粒与球晶尺寸的有效控制,并建立橡胶相与 PP 基体材料的定量关系,提高对橡胶分散相粒径、均匀性及分散状态的控制能力,最终在工业装置上实现了刚韧与流动性平衡的家电料的连续、稳定的工业化生产。

H9018 因流动性好、弯曲模量高而得到了塑料制品加工企业的高度认可,并且符合食品卫生应用标准,主要用于薄壁和一模多腔的成型工艺加工食品包装容器,以及改性厂应用其刚性高的特点生产复合材料。H8020 具有耐热温度高、光泽度好、弯曲模量和硬度高等特点,并通过美国保险商试验所(Underwriter Laboratories Inc., UL)短期认证试验,而 UL 长期认证试验正在进行之中,主要用于加工耐热变形温度较高的家电外壳。K9928H 具有刚韧平衡与流动性高的优点,主要用于生产洗衣机内筒等大型家电制品,以及改性厂应用其流动性与冲击强度高的优势生产复合材料,用于特殊性能要求的领域。

1)主要技术进展

家电料中高等规度级分的链段长度与含量决定材料的刚性,从而影响材料的耐热温度与光泽度等性能,取得的技术进展如下:

(1)采用氢调性敏感的新型催化剂体系及其匹配技术,实现对聚合物组成及形态结构的控制,可生产耐热温度高、光泽度好、刚韧平衡与流动性高的家电料。

(2)通过调整反应器氢气进料比,优化聚合工艺条件,在国内大型工业装置上实现了刚韧平衡与流动性高的材料。

(3)开发一种助剂体系,实现对材料晶粒与球晶尺寸的有效控制,进一步提高材料的综合性能。

(4)建立橡胶相与 PP 基体材料的定量关系,提高了对橡胶分散相粒径、均匀性及分散状态的控制能力,为材料的结构优化设计提供科学指导。

H9018、H8020 和 K9928H 的技术指标见表 3-25。

表 3-25 H9018、H8020 和 K9928H 的技术指标

项目	H8020	对比样	H9018	对比样	K9928H	对比样
熔体流动速率，g/10min	12~23	20	45~60	45.5	25~35	29
拉伸屈服强度，MPa	≥ 37	37	≥ 36	36.8	≥ 24	16
悬臂梁冲击强度，kJ/m^2	≥ 3.0	3.0	≥ 2.0	2.5	8.0	8.4
弯曲模量，MPa	≥ 1800	1700	1850	1823	1200	1176
等规指数，%	≥ 98.0	98.3	≥ 98.0	98.2	—	—

2）应用前景

家电料和普通料比较，家电料的耐热性、刚性和光泽度均明显高于普通料，主要应用于耐热、动力工具和电子电气等外壳，也用于家用电器中的空调、炊具、吸尘器等制品，以及改性厂应用其刚性高的特点生产复合材料，用于特殊性能要求的制品领域等。截至 2015 年底，国内家电料的市场容量超过 50×10^4 t/a，且 60% 以上依赖进口，其市场仍被国外公司垄断，主流牌号有大韩油化 HJ4012、韩国三星 HJ730、HJ730L，韩国晓星 HJ801R，巴塞尔 EP548RQ，以及埃克森 AP03B 等专用料。亚洲作为家电等产品的制造中心，对家电料的需求量会有较大幅度的增长，未来随着国内家电料的开发与 UL 长期认证试验的通过，国产家电料将占据国内主流市场，其应用前景广阔。

4. 管材料技术

PP 管材是乙烯与丙烯共聚而成的高分子材料，其具有优良的物理机械性能、成型加工性能以及良好的化学稳定性、耐热性、抗蠕变性等优点，这一新型高分子材料在短时间内得到迅速发展，广泛应用于各类建筑物的冷热水系统。PP 管材与传统的铸铁管、镀锌钢管、水泥管等管道相比，具有节能、环保、轻质高强、耐腐蚀、内壁光滑不结垢、施工和维修简便、使用寿命长等优点，广泛应用于建筑给排水、城乡给排水、城市燃气、电力和光缆护套、工业流体输送农业灌溉等建筑业、市政、工业和农业领域。

PA14D 是采用 Basell 公司 Spheripol-Ⅱ液相本体法工艺技术，通过乙烯与丙烯无规共聚而成的管材料（PPR），实现了 PPR 管材料的力学性能和加工性能较好的平衡；创新了 PA14D 管材专用料乙丙无规共聚的控制技术，较好地平衡了材料刚性与韧性的关系；创新了 PA14D 管材料造粒控制技术，实现了高负荷、无降解、无粘连粒生产。独山子石化在引进 BP 公司 Innovene 气相法工艺技术的基础上，深入研究聚合工艺、产品结构性能与应用性能的关系，进一步对原有工艺进行聚合优化，生产出了表面光泽度好、力学性能及耐高温抗蠕变等性能优异的管材料 T4401，并通过了国家化学建筑材料测试中心的 PPR100 等级认证系列试验，标志着 T4401 占据了国内 PP 管材料高端市场。

1）主要技术进展

无规共聚 PP 管材料需要通过调整聚合工艺参数来调整其分子量分布，保证材料高分子量与低分子量组分含量的平衡性，从而保证生产平稳运行以及使管材料具有优异的加工性能与物理机械性能；通过调控氢气、乙烯在双反应器中的比例控制分子链上乙烯链节分布和分子量分布，实现管材料强度与加工性能的平衡，保证管材料长期耐压性能。管材料的技术进展如下：

（1）通过无规 PP 分子结构设计，调整聚合工艺参数，控制材料的分子量及其分布，

以及乙烯链段在 PP 分子链上的合理分布,得到材料高分子量与低分子量组分含量的平衡以及乙烯在 PP 分子链上的均匀分布,保证材料具有良好的综合性能。

(2)通过对 Innovene 气相工艺新技术和 Spherizone 工艺生产技术的进一步优化,解决生产中低聚物粘壁以及分子量很高的高聚物极易磨损挤出机螺杆的问题,实现长周期、高负荷稳定生产。

(3)开发一种耐热水长期作用下不易被抽提的管材料助剂体系,保证管材料长期的稳定性能。

无规共聚 PP 管材料 PA14D 和 T4401 的力学性能见表 3-26。

表 3-26 无规共聚 PP 管材料 PA14D 和 T4401 的力学性能

项目		测试标准	PA14D	T4401	对比样
熔体流动速率(2.16kg),g/10min		GB/T 3682—2000	0.20~0.35	0.2~0.4	0.21
拉伸屈服应力,MPa		GB/T 1040.2—2006	≥22.0	≥22.5	22.4
断裂标称应变,%		GB/T 1040.2—2006	≥400	≥400	400
弯曲模量,MPa		GB/T 9341—2008	≥700	≥600	716
简支梁冲击强度,kJ/m²		GB/T 1043.1—2008	≥35	≥30	30
热变形温度,℃		GB/T 1634.2—2004	≥60	≥60	58
静液压强度	20℃,环应力 16MPa,1h,S3.2 标准制样	GB/T 18742.2—2002	不破裂,不渗漏	不破裂,不渗漏	不破裂,不渗漏
	95℃,环应力 4.2MPa,22h,S3.2 标准制样	GB/T 18742.2—2002	不破裂,不渗漏	不破裂,不渗漏	不破裂,不渗漏
	95℃,环应力 3.8MPa,165h,S3.2 标准制样	GB/T 18742.2—2002	不破裂,不渗漏	不破裂,不渗漏	不破裂,不渗漏
	95℃,环应力 3.5MPa,1000h,S3.2 标准制样	GB/T 18742.2—2002	不破裂,不渗漏	不破裂,不渗漏	不破裂,不渗漏

2)应用前景

"十二五"期间,中国石油累计生产 PP 管材专用料 50×10^4t,创利润 10 亿元。近年来,随着建筑行业、给水系统等行业的迅速发展,用户对此类专用料的需求也不断增长,2015 年无规共聚 PP 管材料在全国总需求量在 100×10^4t 以上,但由于原料替代问题严重,采用纯无规共聚 PP 管材料生产管材制品比重只占到约 30%,约为 33×10^4t,其中燕山石化无规共聚 PP 管材料 4220 与大庆炼化 PA14D 在用户中已经形成较高知名度,并形成了一定的规模,市场反馈良好,占据了 40% 的市场份额,但供应量达不到市场需求。相对于国内巨大的市场需求,自主开发的无规共聚 PP 管材料市场需求旺盛,并随着无规共聚 PP 管材料市场逐渐趋于规范,未来无规共聚 PP 管材料需求量会稳定持续增长[26]。

5. 薄膜料技术

薄膜料是 PP 最大的消费领域之一,占 PP 总消费量的近 20%。薄膜以双向拉伸 PP(BOPP)和流延 PP(CPP)薄膜为主,还有用于 BOPP 和 CPP 的热封层薄膜。BOPP 薄膜是一种非常重要的软包装材料,应用十分广泛。BOPP 膜无色、无臭、无味、无毒,并具有高拉伸强度、高冲击强度、强韧性和良好的透明性。BOPP 膜经电晕处理后还具有良好的印刷适应性,可以套色印刷而得到精美的外观效果,因而常用作复合薄膜的面层材料。CPP 薄膜通常采用熔体流动速率为 5~12g/10min 的共聚或均聚聚丙烯为主要原料,按其应用的不同加以选择。CPP薄膜一般分为蒸煮级和非蒸煮级。蒸煮级是指能与铝箔等通过干式复合耐高温蒸煮杀菌的复合用基材,薄膜主要采用共聚聚丙烯原料。当用于一般蒸煮(耐100~120℃)时,可应用无规共聚薄膜料加工生产。非蒸煮级指不能用作煮袋内层基材,只能用于普通包装薄膜,这种薄膜通常由薄膜料加工生产。由于薄膜料的性能不同,使得薄膜的性能产生了一定的差异,均聚薄膜料通常较共聚薄膜料的熔点高,这就使得非蒸煮级薄膜的耐热温度高于蒸煮级的,一般非蒸煮级为140~170℃,而蒸煮级为125~150℃。共聚薄膜料由于经过了共聚改性,使得蒸煮级的抗冲击强度明显高于非蒸煮级的,因此对液体及硬物包装的安全性能比较好,可在冰箱内储存。

均聚薄膜料T28FE、T36F和L5D98D因其等规度适宜,主要用于加工BOPP薄膜,所生产薄膜具有良好的透明性、耐热性、高光泽度等优点,主要用于食品、高档服装、珠宝等商品的包装;均聚薄膜料CP35F具有良好的透明性、耐热性、高挺括度等特点,在普通复合膜、半蒸煮膜和镀铝膜的芯层中应用;二元共聚薄膜料W0723F具有良好的透明性和韧性等特点,在蒸煮膜中应用,主要用于食品包装等;三元共聚薄膜料EPB08F具有热封温度低、透明性好等特点,主要用BOPP和CPP热封层,主要用于香烟、输血袋包装等。

1)主要技术进展

薄膜料成膜性的好坏与其分子链规整性直接相关,分子链规整度越高,成膜性越差。随着分子链规整性的破坏,会导致材料结晶能力的下降,从而降低材料的刚性,表现为薄膜的挺度及耐摩擦性降低,因此,控制PP分子结构对薄膜料的加工极其重要。其取得技术进展如下:

(1)采用新型催化剂体系,调整PP分子链规整性,控制聚丙烯结晶行为,实现薄膜料的成膜性及制品刚性的平衡,使BOPP膜料适应高速加工薄膜的技术要求。

(2)采用加入共聚单体的方法,控制PP的分子结构,实现对材料晶粒与球晶尺寸的有效控制,降低材料熔点,提高材料的透明性和韧性。

(3)采用新型催化剂体系及助剂体系,解决传统催化剂及助剂体系灰分含量偏高的问题。

(4)通过控制共聚单体结合比及注入方式,降低三元共聚PP薄膜料生产过程中的粘釜及管线堵塞概率,实现三元共聚PP薄膜料的长周期生产。

(5)采用多种分析、检测手段联用,确定目标产品关键控制指标,建立一系列适合目标产品的快速表征及产品中控方法。

均聚及无规共聚薄膜料的力学性能见表3-27。

表3-27 均聚及无规共聚BOPP薄膜料的力学性能

项目	测试标准	单位	大庆石化 T28FE	大连石化 T36F	广西石化 L5D98D	兰州石化 T28FE
熔体流动速率	GB/T 3682—2000	g/10min	3.0±0.2	3.0±0.2	3.0±0.2	3.0
等规指数	GB/T 2412—2008	%	95.5~97.0	95.5~97.0	95.5~97.0	96.5
黄色指数	GB/T 3862—2006	%	≤1	≤1	≤1	-2
拉伸屈服强度	GB/T 1040.2—2006	MPa	≥30	≥32	≥30	31.5
弯曲弹性模量	GB/T 9341—2008	MPa	≥1150	≥1300	≥1150	1250
鱼眼	GB/T 6595—1986	0.8mm,个/1520cm²	≤5	≤5	≤5	0
		0.4mm,个/1520cm²	≤15	≤15	≤15	3

表 3-28 均聚及无规共聚 PP 芯层及热封层薄膜料的力学性能

项目	测试标准	单位	大庆石化 CP35F	对比样	独山子石化 W0723F	对比样
熔体流动速率	GB/T 3682—2000	g/10min	7~9	8.5	6.5~8.5	8.0
黄色指数	GB/T 3862—2006	%	≤ 3	1	≤ 1	−1
拉伸屈服强度	GB/T 1040.2—2006	MPa	≥ 33	34.0	≥ 23	25.5
弯曲弹性模量	GB/T 9341—2008	MPa	≥ 1200	1400	≥ 750	820
简支梁冲击强度	GB/T 1043.1—2008	kJ/m²	≥ 3	3.1	≥ 4	6.0
鱼眼	GB/T 6595—1986	0.8mm，个/1520cm²	≤ 5	0	≤ 5	0
		0.4mm，个/1520cm²	≤ 15	0	≤ 15	3

项目	测试标准	单位	EPB08F	对比样
熔体流动速率	GB/T 3682—2000	g/10min	7~9	7.2
黄色指数	GB/T 3862—2006	%	≤ 1	0
拉伸屈服强度	GB/T 1040.2—2006	MPa	≥ 18	21.0
弯曲弹性模量	GB/T 9341—2008	MPa	≥ 500	570
简支梁冲击强度	GB/T 1043.1—2008	kJ/m²	≥ 5	7.5
维卡软化温度	GB/T 1633—2000	℃	115~125	113
熔点	GB/T 12670—2008	℃	125~135	129
鱼眼	GB/T 6595—1986	0.8mm，个/1520cm²	≤ 5	0
		0.4mm，个/1520cm²	≤ 15	1

2）应用前景

BOPP 薄膜是薄膜级 PP 最大的应用领域，据统计，截至 2015 年底，中国拥有 BOPP 薄膜料用量为 350×10⁴t/a 左右[27]，集中分布在浙江、江苏和广东三省，占总产能的 67.2%。BOPP 薄膜用途广泛，在复合软包装、香烟包装、电工（电容器）、黏胶带、镀铝及激光模压等方面，拥有较固定的市场，在这些方面的需求每年都有 10% 以上的增长。另外，高挺度 BOPP 薄膜因其更高的刚性、更好的加工性能、更好的透明度和更低的蒸汽透过率而被广泛应用于烟膜、超薄食品包装薄膜以及高档服装、珠宝、首饰等产品的包装上，国内需求量不断攀升，达到 15×10⁴t/a 左右。近年来，由于 CPP 薄膜具有良好的透明性、耐热性、高光泽度、高挺度、高阻湿性和易于热封合等特点，应用领域不断扩大，获得了快速的发展，已成为包装薄膜领域不可或缺的成员之一。2015 年，中国 CPP 薄膜料用量为 80×10⁴t 左右，国内 CPP 专用料相对单一，仅在普通复合膜、半蒸煮膜和镀铝膜的芯层中应用。三元无规共聚 PP 是 PP 高端品种之一，2016 年的需求量为 20×10⁴t/a 左右，其应用主要是 CPP 与 BOPP 的热封层，近年来整体需求呈平稳上升趋势。目前，中国三元无规共聚 PP 基本依靠进口。

6. 纤维料技术

PP 纤维料是一种具有高度规整的结晶性聚合物，密度为 0.9~0.91g/cm³，力学性能优良，耐热性能良好，熔点为170℃左右，化学稳定性好，无色、无味、无臭、无毒，同时具有熔体流动速率高、分子量分布窄的特点，尤其适用于纺黏无纺布和熔喷无纺布。纺黏无纺布，亦称长丝无纺布，是PP熔融后经挤压纺丝、拉伸、铺网、黏合成型制成，它具有流程短、成本低、生产率高、产品性能优良、用途广泛等特点。PP无纺布广泛应用于生产、生活的各个领域（如一次性医疗卫生用品、一次防污服、农业用布、家具用布、制鞋业的衬里等）。熔喷无纺布技术生产的纤维很细（可至0.25μm），熔喷无纺布具有较大的比表面积，孔隙小而孔隙率大，故其过滤性、屏蔽性和吸油性等应用特性是用其他单独工艺生产的无纺布没有的。熔喷无纺布广泛用于医疗卫生、保暖材料、过滤材料等领域。

随着化工、环保、新能源产业的迅猛发展，作为过滤材料，PP纤维有着很好的应用前景，新技术使PP纤维过滤效率高，强度高，质轻，对化学药品稳定性好，滤物剥离性好。因此，在制药、化工、环保、电池等行业作为亲水隔膜、离子交换隔膜等功能性产品，有着良好的发展势头，是提升PP纤维附加值的新型高科技产品。此外，通过化学或物理改性后的PP纤维，可以具备交换、蓄热、导电、抗菌、消味、紫外线屏蔽、吸附、脱屑、隔离选择、凝集等多种功能，将成为人工肾脏、人工肺、人工血管、手术线和吸液纱布等多种医疗领域的重要材料。

1) 主要技术进展

纤维料 S2040 和 H39-S 具有熔体流动速率较高、分子量分布窄、可纺性高等特点，用于生产复合长丝、短纤维、纺织品、香烟过滤嘴、无纺布等制品。其取得技术进展如下：

（1）采用高活性新型催化剂体系及其匹配技术，实现对聚合物分子量及其分布的控制，可生产可纺性高的纤维料。

（2）通过调整反应器氢气进料比，优化聚合工艺条件，在国内大型工业装置上生产出熔体流动速率较高、分子量分布窄的纤维料。

（3）采用高活性新型催化剂体系及助剂体系，解决传统催化剂及助剂体系灰分含量高的问题，显著提升纤维料的加工性能与品质。

纤维料的分子量分布越窄，其所能适应的加工速度越高。而加工性的好坏与其分子量分布直接相关，分子量分布越宽，加工性能越差。采用降低材料分子量分布等手段可改善PP的可纺性，因此，控制PP分子量分布对纤维料的加工极其重要。

S2040、H39-S 的力学性能见表3-29。

表3-29　S2040、H39-S 的力学性能

项　目	测试标准	单位	独山子石化 S2040	大连石化 H39-S	对比样
熔体流动速率	GB/T 3682—2000	g/10min	34.0~40.0	34.0~40.0	38.0
黄色指数	GB/T 3862—2006	%	≤1	≤1	−3
拉伸屈服强度	GB/T 1040.2—2006	MPa	≥31	≥31	34
弯曲弹量	GB/T 9341—2008	MPa	≥1300	≥1300	1450
等规指数	GB/T 2412—2008	%	≥97.0	≥97.0	97.7

2) 应用前景

无纺布制品40%由国产PP占领，其绝大部分被应用在产业用布和一次性尿布中；进

口纤维料占领了无纺布专用料市场60%的份额，主要用于加工出口制品，在广东沿海地区使用较多。国内PP纤维料可生产的企业较多，有一定知名度的牌号主要有上海石化Y2600T、上海赛科S2040和大连石化Z39-S等。

与进口纤维料相比，国产料存在着熔体流动速率波动大、杂质含量高等不足，生产薄型制品时断丝和并丝现象严重，影响制品质量，绝大部分仍应用于中低档制品，高档制品生产所用的纤维料大部分仍需要从国外进口。2015年，中国无纺布专用料的市场需求量已突破 300×10^4 t。在未来的几年中，随着中国基建项目的加快发展，国内PP纤维料的市场需求仍趋于快速增长的态势。

7. 其他专用料技术

泡沫塑料是气体分散于固体聚合物中形成的聚集体，其密度取决于气体与固体聚合物的体积之比，根据密度大小可以分为低密度和高密度泡沫塑料。泡沫塑料具有质轻、隔热、缓冲、绝缘、防腐、价格低廉等优点，因此在日用品、包装、工业、农业、交通运输业、军事工业、航天工业等领域得到广泛应用。在泡沫塑料中，交联聚乙烯泡沫塑料的最高使用温度为80℃，聚苯烯（PS）泡沫被加热到它的玻璃化转变温度105℃时软化变形。PP具有质轻、原料来源丰富、性能价格比优越以及优良的耐热性、耐化学腐蚀性、易于回收等特点，是世界上产量增长最快的通用热塑性树脂。近年来，对PP泡沫的研究开发也成为热点，一些发达国家正在大力发展替代发泡PS的绿色包装材料。发泡PP制品具有十分优异的抗震吸能性能，形变后回复率高，且有很好的耐热性、耐化学品、耐油性和隔热性。另外，其质量轻，可大幅度减轻物品质量[28]。发泡PP还是一种环保材料，不仅可回收再利用，而且可以自然降解，不会造成白色污染。另外，PP微孔膜是近年来逐渐兴起的一种高附加值PP薄膜产品，而锂电池隔膜是最具代表性的PP微孔膜之一[29]。隔膜是锂电池四大关键材料之一，微孔膜一般是由聚乙烯或PP基材通过机械拉伸法或化学法处理而成。锂电池隔膜在锂电池组件中技术含量最高，而其成本约占电池总成本的1/3，目前国内隔离膜用量80%依靠进口。随着隔离膜生产技术在国内进一步推广，国产隔离膜的产量和在国内的市场份额将快速上升，锂电池隔膜国产化也引起了其原料需求的快速增长。

1）主要技术进展

对于锂电池隔膜应用，PP的灰分含量会影响其加工过程，更会影响其制品质量。因此，控制原料质量和聚合工艺条件以及改善助剂体系等对降低材料杂质非常重要。另外，随着乙烯的加入，PP分子链规整性被破坏，导致材料结晶能力下降，从而降低材料的熔点，有利于PP发泡。锂电池隔膜料、发泡料的技术进展如下：

（1）采用新型催化剂体系，调整PP分子链规整性，控制聚丙烯结晶行为，实现锂电池隔膜料的成膜与制孔的平衡，使隔膜具有良好的性能。

（2）通过加入共聚单体的方法，控制PP的分子结构，降低材料熔点，提高材料的熔体强度，使材料具有良好的发泡性能。

（3）采用高活性新型催化剂体系及助剂体系，解决传统催化剂及助剂体系灰分含量高的问题，显著提升材料的品质。

（4）采用多种分析、检测手段联用，确定目标产品关键控制指标，建立一系列适合目标产品的快速表征及产品中控方法。

锂电池隔膜料、发泡料的力学性能见表 3-30。

表 3-30 锂电池隔膜料、发泡料的力学性能

项 目	测试标准	单位	隔膜料	发泡料	对比样
熔体流动速率	GB/T 3682—2000	g/10min	1.5~2.5	5.5~7.5	7.2
拉伸屈服强度	GB/T 1040.2—2006	MPa	≥ 25.0	≥ 25.0	27.5
弯曲弹性模量	GB/T 9341—2008	MPa		≥ 900	920
简支梁冲击强度	GB/T 1043.1—2008	kJ/m²		≥ 4	4.2
维卡软化温度	GB/T 1633—2000	℃		130~138	135
熔点	GB/T 12670—2008	℃		140~148	142
等规指数	GB/T 2412—2008	%	≥ 97.5		
灰分	GB/T 9345.1—2008	%	0.01~0.02		
透气率	自建	s/100mL	≤ 1000		
热收缩率（90℃, 2h）	自建	%	≤ 4		
孔隙率	自建	%	≥ 35		

2）应用前景

PP 微孔膜是近年来逐渐兴起一种高附加值 PP 薄膜产品，而锂电池隔膜是最具代表性的 PP 微孔膜之一。隔膜是锂电池四大关键材料之一，它在锂电池组件中技术含量最高，而其成本约占电池总成本的 1/3，目前国内隔离膜用量 80% 依靠进口。2015 年，深圳市星源材质科技股份有限公司需锂电池隔膜 PP 专用料 6000t。此外，佛山市金辉高科光电材料有限公司、新乡市格瑞恩新能源材料股份有限公司、桂林新时科技有限公司均需锂电池隔膜 PP 专用料，国内共需要锂电池隔膜 PP 专用料 1×10^4t/a 以上。锂电池隔膜 PP 专用料比普通 PP 每吨售价高 5000 元左右，专用料的经济效益非常显著。

发泡 PP 基础料价格比普通料高约 1000 元/t，目前主要依赖进口，国产化需求迫切。发泡 PP 开发成功后可成为 PP 装置的特色产品，将为企业取得显著的经济效益。

8. 高熔体流动速率聚丙烯纤维料低气味控制技术

高熔体流动速率聚丙烯纤维料在无纺布、地毯、人造草坪、装饰布等行业有着广泛的用途，2015 年国内市场总需求超过 200×10^4t/a。随着医用和卫材无纺布材料需求的不断增加，对纤维料的味道残留以及纤维料的品质提出了越来越苛刻的要求。

高熔体流动速率聚丙烯纤维料生产方式主要有氢调法和可控流变法（也称降解法）两种。氢调法产品可以有效地降低产品的气味，但是在生产高熔体流动速率的聚丙烯 PP 时，加入的氢气量受到反应器的限制，操作难度大，而且氢调法生产的 PP 分子量分布较宽（图 3-29），对于纤维料的加工应用不利。可控流变法聚丙烯（即过氧化物降解法）纤维料具有较高的熔体流动速率，生产的产品具有较窄的分子量分

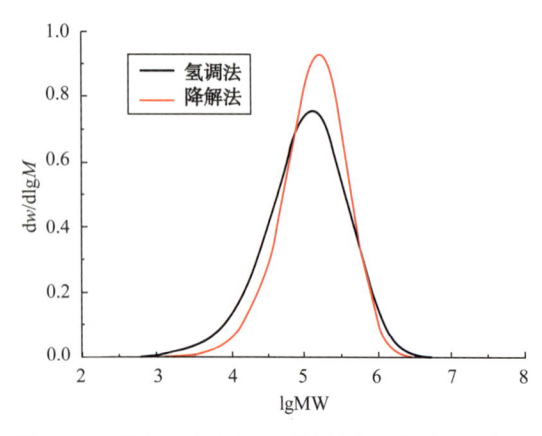

图 3-29 降解法和氢调法纤维料产品分子量分布图

布，可以使加工温度降低，实现熔融高速纺丝加工，也可以降低单丝纤度，生产细旦、超细旦丙纶纤维以及无纺布。但是，对于降解法高熔体流动速率聚丙烯纤维料产品，如果不能严格控制和匹配各种助剂配方和生产工艺，会造成降解剂残留多、产品气味大和质量稳定性下降等问题；同时也会因为助剂选择或添加的不合理导致聚丙烯产品成本升高。

1）主要技术进展

中国石油石油化工研究院从助剂配方优化、降解造粒工艺优化、产品气味残留检测与控制等方面入手，建立了过氧化物加入量科学的控制方法，有效地缩短了过渡时间，减少了过渡料。积累的经验可以推广到其他聚丙烯生产装置上，为高熔体流动速率聚丙烯纤维料的生产和销售提供技术服务。

在广西石化开发的纤维料产品解决了过氧化物精确加入量控制难题。该控制技术通过了中国石油科技管理部组织的成果鉴定，共申报发明专利 3 件，企业标准 1 项，获得中国石油科技进步三等奖一项。

2）应用前景

低气味纤维料控制技术从纤维料生产过程中的关键共性技术出发，解决了过氧化物利用效率的快速评价方法。该技术不受生产工艺类型的限制，可以在中国石油聚丙烯装置上推广应用。

五、聚烯烃结构表征与加工应用技术

1. 聚烯烃的结构表征技术

合成树脂是由许多个单个的高分子链聚集而成，因而其结构有两个方面的含义：一是单个高分子链的结构；二是许多高分子链聚集在一起表现出来的聚集态结构。高分子链的结构是影响材料性能的最根本因素，在加工方式确定的情况下也决定了聚合物聚集态结构。高分子链结构和加工方式共同决定了材料的聚集态结构，聚集态结构决定了材料最终的性能优劣。因此，在合成树脂材料的研发工作中，结构与性能的关系研究发挥着至关重要的作用（图 3-30、图 3-31），是合成树脂制备和加工成型的核心问题。

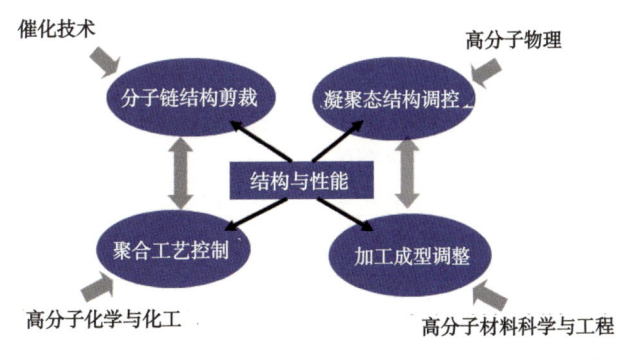

图 3-30 结构与性能关系研究在合成树脂开发中的作用示意图

随着聚合科学研究的进步，对聚合物的结构表征越来越精细，结构表征方法不断推陈出新，表征结果有力地促进了聚合物材料的设计、生产和应用。基础树脂结构是影响制品性能最根本的因素，因此，新产品的设计、生产和应用离不开产品结构与性能关系研究的理论指导。

图 3-31　结构与性能关系研究在聚合物材料开发中承上启下的作用

对于多相多组分的乙烯基、丙烯基的共聚物，采取了多种手段对其进行结构剖析，其中包括高温凝胶渗透色谱（GPC）、核磁共振碳谱分析（C-NMR）[30,31]、红外光谱分析[30,32,33]及差示扫描量热分析[34-37]等。核磁共振碳谱可定量表征体系中分子的序列分布、立体规整性等链结构信息；红外光谱分析则可定性获得组成和序列分布的信息；差示扫描量热分析（DSC）则用以表征各级分中长的可结晶链段的链结构信息。为了获取多相组分体系的详细信息，通常先采用各种分级方法，将所测样品分成各种级分后再分别对各级分进行细化分析。分级方法主要有溶剂分级[38-40]、升温淋洗分级（TREF）[31,41-44]、温度梯度萃取分级[45-47]、溶剂梯度分级与升温淋洗分级结合的交叉分级[48]等。升温淋洗分级和交叉分级可对橡胶相及结晶序列在分子间的分布进行系统的有效表征和细致分级，虽然耗时相对较长，但自动化程度高；溶剂分级法和温度梯度萃取分级法耗时短，且成本低，实际操作性较强。

中国石油石油化工研究院的合成树脂结构表征技术包括分子量及分布表征技术、聚合物分级技术、支化分布表征技术、聚合物共聚单体种类及含量表征技术，以及抗冲聚丙烯乙烯含量及橡胶相含量表征技术等。

1）主要技术进展

（1）升温淋洗分级（TREF）组合技术。

升温淋洗分级技术是一种根据聚烯烃结晶能力的不同将结晶性聚合物进行分级的分离技术，可测定共聚聚烯烃的化学组成分布和均聚物的立构规整度，其原理主要是基于试样结构的不同导致其在稀溶液里的结晶能力不同：含较少共聚单体的聚合物链由于结晶能力较强，会在较高温度时析出；含较多共聚单体的聚合物结晶能力较弱，会在较低温度时析出，不同淋洗温度对应结晶能力不同的级分。分析型升温淋洗/结晶分级仪、制备型升温淋洗分级仪和高温凝胶渗透色谱仪为中国石油合成树脂重点实验室标志性设备，国内只有中国石化少数几家公司拥有，达到国际先进水平。从 2008 年起，石油化工研究院利用分析型升温淋洗分级仪、制备型升温淋洗分级仪，进行了多种抗冲共聚聚丙烯和无规共聚聚丙烯及高密度聚乙烯的升温淋洗分级，并与国内外同类牌号的聚烯烃产品进行了对比，建立了共聚聚丙烯系统表征方法，并制定了集团公司企业标准《塑料共聚聚丙烯组成分布的测定》，发表论文 6 篇。

TREF 有分析型和制备型两种。分析型 TREF 可以得到样品的组成信息，淋洗分级曲线上不同温度范围对应不同级分。对于共聚聚丙烯来说，35℃以下室温可溶级分成分为乙丙无规共聚物；35~90℃时，可溶级分成分为可结晶的短乙烯序列的乙丙共聚物；90~100℃时，可溶级分成分为长乙烯链段的可结晶乙丙共聚物；100~115℃时，可溶级分成分为含少量乙烯的可结晶乙丙共聚物；115℃以上时，可溶级分成分为丙烯均聚物或含极少量乙烯的丙烯长链段乙丙共聚物。因此，通过分级曲线可以得到样品的化学组成分布情况（图3-32）。

制备型TREF可以对样品进行物理分级。制备分级得到的各级分的微观结构可用^{13}C NMR和高温凝胶渗透色谱等分析方法进行研究。石油化工研究院采用制备型升温淋洗仪对两种市售的抗冲共聚聚丙烯保险杠专用料M1和M2进行制备分级，根据各级分结晶能力的不同把样品分成7个级分，并采用分析型升温淋洗分级仪（TREF）、核磁共振波谱仪（^{13}C NMR）、高温凝胶色谱仪等分析技术对样品及各级分进行了组成和链结构的表征，从微观层次深入研究抗冲共聚聚丙烯的组成和结构性能的关系，M2各级分的分析型TREF曲线（图3-33）。研究表明，样品橡胶相（EPR）组分含量增加，乙丙嵌段共聚物中各级分含量分布均匀，有利于提高共聚产品的冲击性能。因此，橡胶相含量、PP均聚物含量及乙丙嵌段共聚物含量分布的不同是产品性能出现差别的主要原因。

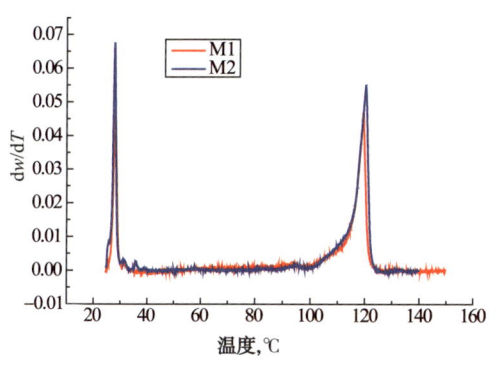

图3-32　两种抗冲PP的TREF曲线 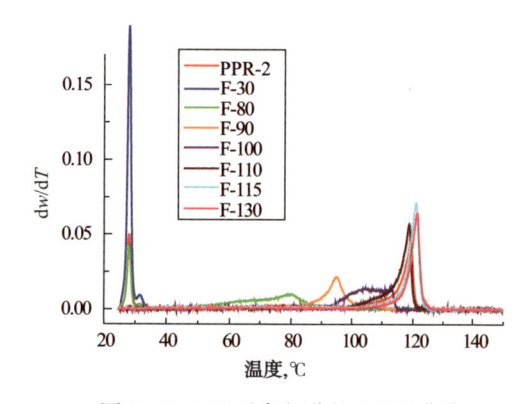　　　　图3-33　M2及各级分的TREF曲线

石油化工研究院还利用升温淋洗分级技术对两种市场上质量优质PPR管材进行制备分级，并采用核磁共振波谱仪（^{13}C NMR）、高温凝胶色谱仪、差热分析仪（DSC）及傅里叶红外光谱仪（FTIR）等技术对样品及各级分进行了组成和链结构的表征。从各级分的分析结果来看，PPR管材专用料为典型的乙丙无规共聚物，除室温可溶级分以外，其他级分随淋洗温度升高，乙烯含量下降，分子量逐渐增大。在各级分中，分子链中乙烯均为无规则分布，乙烯含量较高的分子链分子量较小。F-30为室温可溶级分，含量在10%左右，F130级分分子量最高，含量为2%~6%。图3-34和图3-35是两种PPR管材料的分析型TREF曲线和PPR-1各级分的分子量及分布曲线。

此外，石油化工研究院利用升温淋洗分级组合技术，进行了BOPP膜料、PE100管材料、IBC桶料及汽车油箱料的结构性能关系研究，为中国石油自主研发的聚丙烯催化剂PSP-01及工业应用，为聚乙烯催化剂PSE-01的开发，为独山子石化K9928洗衣机专用料、抚顺石化EPS30R、广西石化聚丙烯L5D98及中国石油油箱料的开发等提供了强有力的技术支持。

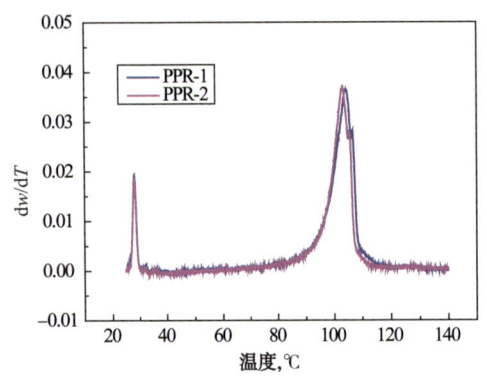

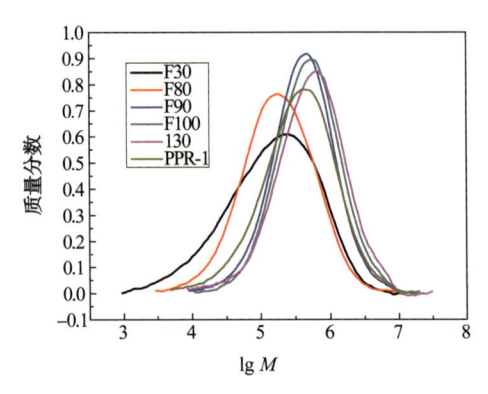

图 3-34　两种 PPR 升温淋洗曲线　　图 3-35　PPR-1 及各级分的分子量及分布曲线

（2）连续自成核退火热分级（SSA）技术。

连续自成核退火热分级（SSA）技术是一种具有时效性并有发展潜力的一种新型热分级技术。热分级技术已经广泛应用于考察线型低密度聚乙烯的短链支化度和短链支化分布。目前，热分级技术主要集中应用在乙烯/α-烯烃共聚物和聚丙烯序列分布研究中。石油化工研究院将热分级技术引入聚烯烃新产品开发，目前已在聚烯烃管材专用料（PE100、PE-RT）、双向拉伸聚丙烯（BOPP）和抗冲共聚聚丙烯新产品开发以及技术服务工作中得到有效应用。石油化工研究院首次建立了管材专用料关键结构——短链支化分布的易操作、低成本剖析方法，已取得授权发明专利 1 件，标准 1 项。该发明建立了分子链微观结构与 PE-100 专用料性能的相关性，为开发特定性能的聚乙烯管材专用料起到了重要的指导作用。该方法可在 10h 内完成树脂原料关键结构监测，大幅提高了专用料的开发效率。2011—2014 年应用该项技术为 PE100 级管材专用料（图 3-36）、耐热聚乙烯管材专用料的开发和结构调整提供了技术支持。开发的微观结构剖析技术有效地提高了中国石油 PE100 级管材专用料的开发速度和质量稳定性水平。

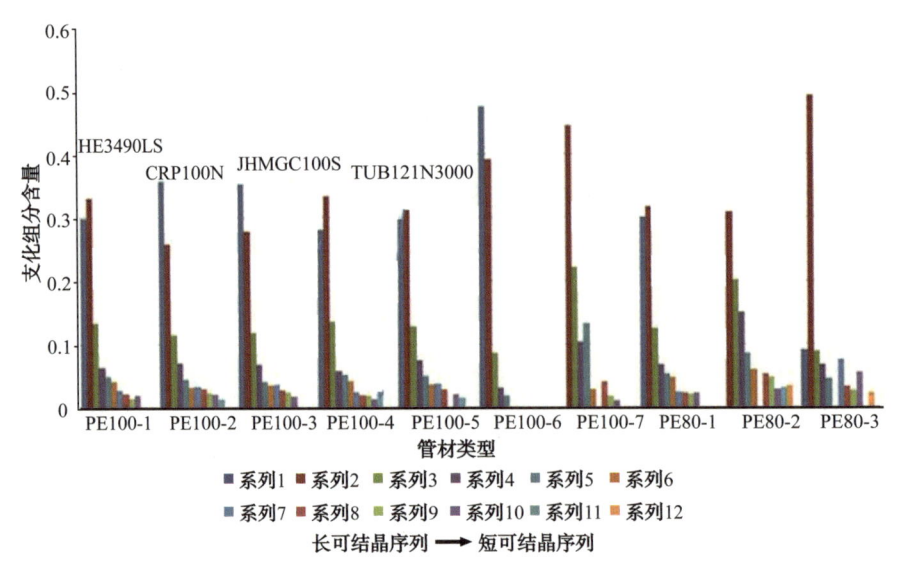

图 3-36　典型管材 PE100 级专用料的可结晶序列分布对比

应用热分级表征技术还发展了针对抗冲共聚聚丙烯及均聚聚丙烯的可结晶序列分布和等规序列分布的微观结构表征技术，结合升温梯度淋洗分级技术（TREF）和溶剂分级技术，构建了这些体系微观结构和性能及加工性能之间的关系[49-52]，在一定程度找到了一种行之有效的单一测量表征抗冲共聚聚丙烯材料结构的有效手段，以及能直接决定材料综合性能的单一物理量参数——可结晶序列分布。研究表明，样品橡胶相组分的多少并不能简单表示材料抗冲击性能的高低，在抗冲共聚体系中，乙丙嵌段共聚物含量的多少和乙烯序列在其中分布的均一性，是决定产品是否有良好综合性能的关键结构特征参数。

应用热分级技术还考察了BOPP专用料微观结构与材料加工速度之间的关系，发展了BOPP专用料的关键结构——可结晶序列或等规序列分布的快速表征方法，构建了微观结构和加工性能的关联关系。在此基础上，完成了可高速加工BOPP薄膜专用料的结构设计，还研究了减少晶点、鱼眼等缺陷的产品结构控制技术。研究发现，BOPP的长可结晶序列和次长可结晶序列含量多少直接决定了BOPP在加工成膜中的加工速度（表3-31），可通过给电子体的选择、共聚单体加入量控制和聚合工艺参数的控制来实现对BOPP样品微观结构的调控制备。

表3-31 BOPP系列样品的晶片厚度分布信息

样品名称	H_{I}/H_{II}	数均晶片厚度 L_n, nm	重均晶片厚度 L_w, nm	多分散性系数 $I=L_w/L_n$
4	1.54	26.20	29.16	1.11
7	0.24	22.44	23.83	1.06
2	0.48	27.44	30.04	1.09
5	0.41	21.98	24.08	1.10
1	2.64	26.32	28.52	1.08
8	0.12	20.99	22.08	1.05
3	2.12	26.70	29.26	1.10
6	0.27	23.53	25.78	1.10

注：（1）H_{I}/H_{II}为热分级曲线上I峰（175℃）和II峰（约170℃）的峰高之比。
（2）牌号的极限加工速度排序为8＞7＞6＞5＞2＞4＞3＞1。

2）应用前景

聚合物结构表征技术已在PE100级管材料［吉林石化JHMGC100S、独山子石化TUB121N3000（B）、四川石化HMCRP100N］、耐热聚乙烯管材料（抚顺石化DP800）开发、抗冲共聚聚丙烯以及BOPP专用料的开发中显现实际效果，产品的性能和质量稳定性得到有效提升，赢得了下游用户认可，售价得到明显提高。该项技术还在耐热油田用热塑复合管材专用料开发中发挥了重要作用，大大提高了该新产品的开发效率。聚合物结构剖析技术可在聚烯烃管材、BOPP专用料、抗冲共聚专用料生产装置上推广应用，对产品质量提升和新型高性能新产品开发起到重要的支撑作用。

2. 聚烯烃加工与助剂应用技术

聚合物由于其易于加工和性能优良等优势，在日用、汽车、家电、农业及建筑业等领域应用广泛，将逐渐取代传统材料，如金属和木材等。但是与传统材料相比，聚合物需要加入一些添加剂才能确保其长期性能，以防止色变、老化和微生物的破坏等。成核剂可以减少半结晶聚合物在熔融加工过程中的循环时间，影响其物理性能。在聚烯烃成核剂研究过程中，人们对于聚丙烯PP成核剂研究更加多样化和系统化，这主要是由于聚丙烯的成核密度较低、晶型较多，当体系中加入成核剂时很容易改善该类聚合物的特性。将成核剂加入聚合物中，会观察到两种效应：一是总结晶速率的增加，这可以确保熔融聚合物在冷却过程中迅速固化，从而使得注射模塑的循环时间减少，具有明显的商业效益；二是平均球晶尺寸的下降，可对成核聚合物的力学和光学性能加以调整。力学性能，诸如拉伸强度和硬度等，在成核剂的作用下都得以增强，而Izod冲击强度则有可能增加，也有可能稍微降低。同时由于球晶尺寸降低，成核聚合物的光学性能，如透明度等会得以改善。

聚丙烯的结晶形态有α、β、γ、δ和拟六方态5种，其中以α晶型最为常见和稳定。在通常的加工条件下，由熔体自然冷却的均相结晶主要为α晶型。而在特定的条件下，如添加β晶型成核剂、特定剪切场作用下可能得到高β晶含量的聚丙烯。尽管聚丙烯具有多种不同的晶型，但α和β这两种晶型会受到成核剂的影响。α晶型聚丙烯具有增刚、提高热变形温度、抗蠕变、降低浊度、提高制品表面光泽度等作用。β晶型聚丙烯能同时提高聚丙烯制品的抗冲击强度和热变形温度，使聚丙烯制品改性中存在的抗冲击性和热变形温度同时提高的矛盾达到有机统一。此外，β晶型聚丙烯还赋予聚丙烯制品良好的多孔结构，改善其透气性、可印刷性能等。通过化学改性或添加成核剂等手段，可以实现等规聚丙烯的增刚、增韧和增透的目的，即根据用户特定需要，开发高刚性聚丙烯、高韧性聚丙烯或高透明聚丙烯专用料。

1）主要技术进展

聚丙烯晶型控制技术，可用于聚丙烯生产装置开发高刚性注塑料、高耐热及高透明聚丙烯专用料。该技术尤其适用于中国石油 10×10^4 t/a 聚丙烯生产装置，以年产 5×10^4 t 专用料计算，利润可观。既实现了产品增值，又达到了产品升级换代的目的。在高透明聚丙烯专用料方面，中国石油没有规模化的产品牌号，该高透明聚丙烯技术产业化后可有效提高市场占有率。目前，PPR管材料是中国石油的拳头产品，市场占有率超过70%。北欧化工早在2005年就推出了PP-RCT管材料牌号RA7050。国际上，PPR管材料正面临着升级换代，并制定了新的执行标准。中国石油大庆炼化在普通PPR管材料PA14D取得良好市场效益的基础上，开发PP-RCT管材料，做好技术储备，打开细分市场，进行聚丙烯管材料差别化战略，可以进一步提高中国石油聚丙烯管材料的竞争力和可持续发展能力。同时，正在加强高刚性聚丙烯专用料的开发（PPH/PPB的增刚及增韧）。

PP-RCT是具有β晶型结构的聚丙烯无规共聚物，是"具有高耐热、耐压、韧性等特性的无规共聚聚丙烯"，是PP-R管材料的升级换代产品，目前生产以出口订单为主。PP-RCT管材与PPR管材相比，韧性高，便于管道安装和安全使用；PP-RCT管材的设计应力（70℃）为5.0MPa，使用寿命可达50年，比PP-R的3.21MPa（50年）高出近50%；如采用同样耐压设计，可减薄管壁，节约13%的原料成本，同时由于管材内径变大，可获得更高的水流通量。该材料主要用于建筑管道系统和工业用管道设施，热水管。

中国石油石油化工研究院开发了beta-PPR管材料技术，从助剂筛选、树脂结构调控、加工应用研究等方面，先后完成了小试、中试实验，综合性能超过进口料技术指标（表3-32）。

表 3-32 beta-PPR 中试产品性能

项目	单位	进口样	中试 1	中试 2	工业试产 1
熔体流动速率	g/10min	0.26	0.26	0.26	0.26
乙烯含量	%（质量分数）	3.4	3.0	3.5	3.0
拉伸屈服应力	MPa	25.0	25.5	25.4	26.6
断裂拉伸应变	%	500	450	400	450
弯曲模量	MPa	750	744	694	804
CHARPYL 缺口冲击强度（23℃）	kJ/m^2	78.5	93	99	99
负荷变形温度（0.45MPa）	℃	75.0	72	78	85
氧化诱导期（Al 杯）	min	≥ 20	57.2	61.2	52.3

2）应用前景

开发高透明聚丙烯专用料与普通聚丙烯相比，成本增加 400 元/t 左右，平均售价预计增加 1000 元/t，可在中国石油聚丙烯装置上推广。开发的 beta-PPR 管材料技术，可在大庆炼化、四川石化、独山子石化和抚顺石化等企业推广。

3. 聚烯烃注塑的计算机辅助工程技术

计算机辅助工程（Computer Aided Engineering，CAE）包括工程和制造信息化的所有方面。CAE 在科学研究和产品研发中的应用，一般是指利用计算机及工程分析软件进行模拟和仿真的过程，即 CAE 技术是以科学和工程问题为背景，建立计算机模型并进行计算机仿真分析，对工程和产品进行性能和安全可靠性分析，对其未来的工作状态和运行状态进行模拟，及早发现设计中的不足，加以修改和优化，并证实未来的工程、产品性能的可行性和可靠性。CAE 分析是以现代计算力学、计算数学、工程学科（理论力学、材料力学、弹性力学）、数字仿真技术、计算机图形学为基础，并以成熟的 CAE 软件来实现对科学和工程问题的求解与分析。其基本过程是将一个形状复杂的连续体的求解区域分解为有限的形状简单的子区域，即将一个连续体简化为由有限个单元组合的等效组合体；通过将连续体离散化，把求解连续体的场变量（应力、位移、压力和温度等）问题简化为求解有限的单元节点上的场变量值。此时得到的基本方程是一个代数方程组，而不是原来描述真实连续体场变量的微分方程组。求解后得到近似的数值解，其近似程度取决于所采用的单元类型、数量以及对单元的插值函数。随着有限元分析方法与 CAD 和 CAM 技术相结合，计算机硬件水平的日益提高，CAE 技术被广泛应用于航空、航天、建筑、化工、汽车、电子、机械等工业部门。

注塑 CAE 软件 Autodesk Moldflow 是欧特克公司开发的一款用于塑料产品、模具的设计与制造的行业软件[53]。Autodesk Moldflow 仿真软件能够帮助人们验证和优化塑料零件、注塑模具和注塑成型流程。该软件能够为设计人员、模具制作人员、工程师提供指导，通过仿真设置和结果来展示壁厚、浇口位置、材料、几何形状变化如何影响可制造性。从薄壁零件到厚壁、坚固的零件，Autodesk Moldflow 的几何图形支持可以帮助用户在最终设计决策前试验假定方案。

在产品的设计及制造环节，Moldflow 提供了 AMA（Moldflow 塑件顾问）和 AMI（Moldflow 高级成型分析专家）两大模拟分析软件[54]。AMA 简便易用，能快速响应设计者的分析变更，因此主要针对注塑产品设计工程师、项目工程师和模具设计工程师，用于产品开发早期快速验证产品的制造可行性，AMA 主要关注外观质量（熔接线、气穴等）、材料选择、结构优化（壁厚等）、浇口位置和流道（冷流道和热流道）优化等问题。AMI 用于注塑成型的深入分析和优化，是全球应用最广泛的模流分析软件。企业通过 Moldflow 这一有效的优化设计制造的工具，可将优化设计贯穿于设计制造的全过程，彻底改变传统的依靠经验"试错"的设计模式，使产品的设计和制造尽在掌握之中（图 3-37）。Moldflow Adviser 透过简化注塑成型的模拟帮助设计者优化模具设计的诸多特征，如浇口、流道、模穴的排位，引导设计者从分析的开始建立直到结果的解析，并帮助他们认识到通过壁厚、浇口位置、材料、产品几何的变更如何影响产品的制造可行性。通过对成型工艺的模拟能够帮助设计者找出并解决潜在的问题，Moldflow Adviser 使得每一位设计工程师都能自信地完成注塑件的设计。

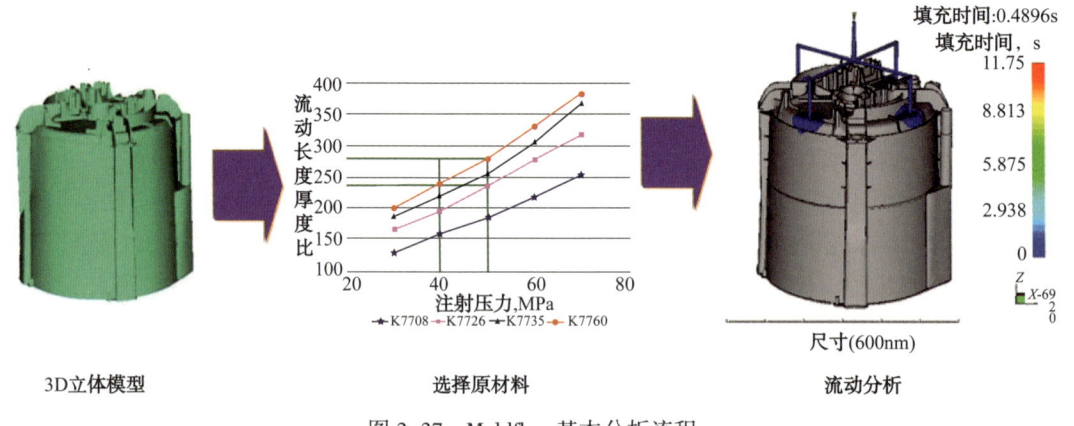

图 3-37 Moldflow 基本分析流程

1）主要技术进展

2011 年起，中国石油开始搭建 Moldflow 注塑模拟平台，从软件的调试和注塑料牌号的选择，并与注塑模拟研究比较有名的青岛科技大学进行合作，获得中国石油注塑料产品的加工工艺参数、模具参数，对家电用产品和汽车用产品进行了模拟技术研究。建立了《中国石油抗冲聚丙烯注塑 CAE 技术手册》，手册内容包括：在通常情况下如何进行网格划分和运用网格诊断及修复，如何设计注塑成型加工中浇注系统、冷却系统，如何选定浇口位置、成型窗口，如何进行充填、流动、冷却、翘曲、收缩、流道平衡等分析以保证制品质量。建立了《抗冲聚丙烯专用料 K9928/SP179 注塑加工工艺指导方案说明书》，说明书内容包括：模具设计及选择，成型设备推荐，浇注系统配置，冷却系统配置，熔体温度设定，模具温度设定，注塑时间、注塑压力、保压压力、保压时间等关键注塑工艺参数。申报一项应用注塑 CAE 技术，获取抗冲注塑聚丙烯全套最优化加工工艺参数专项技术。研究成果为典型用户和销售公司提供了完善的技术服务，尤其是针对与国内外同类原材料的差异，在应用中提供了加工解决方案。同时，根据中国石油产品的实际应用以及市场需求，提出新产品性能提高的改进方向和新产品开发建议（图3-38、图3-39）。

该项研究填补了中国石油的空白，可使聚丙烯注塑专用料及其最佳加工工艺指导方案向用户推广，满足下游用户要求，有利于增加用户对于产品的信赖度和认可度。系统完成了针对牌号K9928和SP179的CAE技术应用研究，通过Moldflow模拟注塑加工过程，解决了海宝洗衣机甩干桶底部裂纹的问题和三洋洗衣机外筒及底座锁孔问题。模拟发现，洗衣机桶底部的裂纹很可能与熔接痕有关，而非原料质量问题。通过调节注塑加工工艺参数，不改变树脂结构就解决了用户问题，推动了注塑料的市场应用。三洋洗衣机外筒及底座锁孔问题采用优化工艺（图3-40至图3-42），装配结果显示，上螺栓力矩全部达标，用户的报废率由原来的50%降低到了6%以下，受到用户的高度好评。

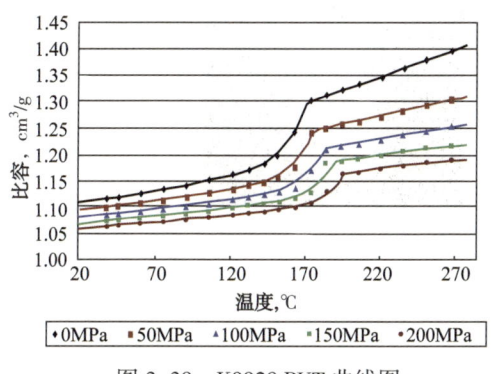

图3-38　K9928 PVT曲线图

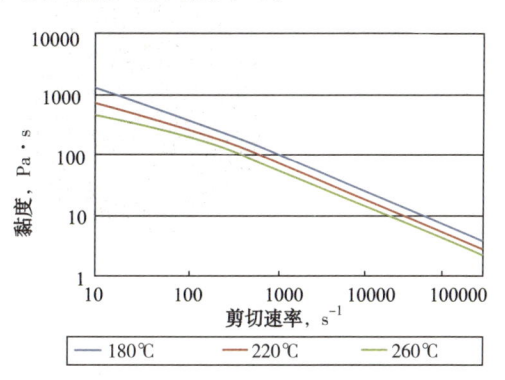

图3-39　SP179黏度曲线图

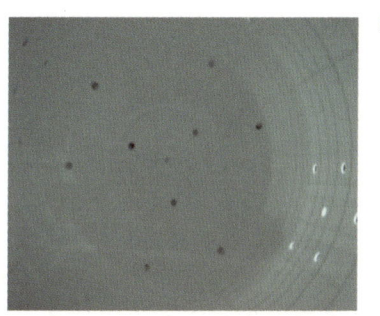

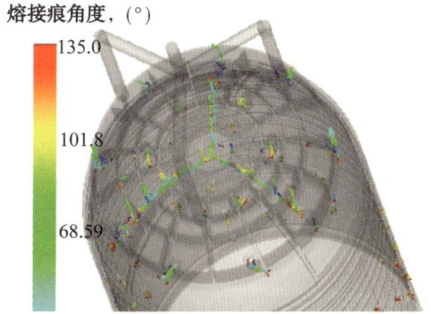

图3-40　海宝洗衣机甩干桶熔接痕模拟

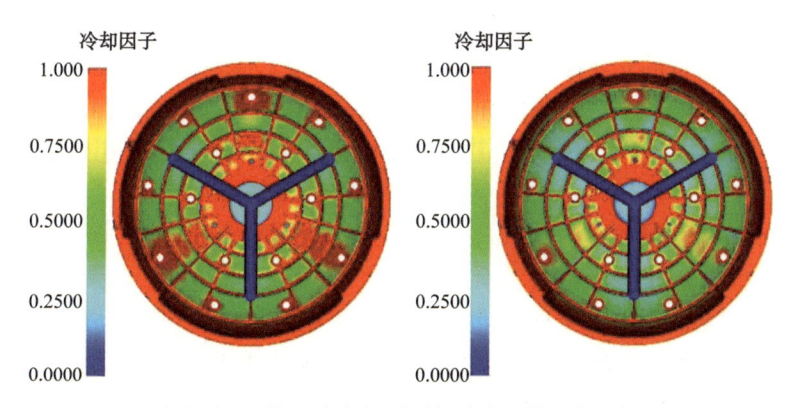

图3-41　海宝洗衣机甩干桶熔接痕模拟优化前后

刻度(600nm)

图 3-42 三洋洗衣机底座缩孔模拟优化结果

2）应用前景

针对树脂加工模拟领域，将注塑 CAE 模拟拓展至 PP、PE 以及 ABS 等注塑料体系；对聚丙烯汽车改性料制品进行 CAE 模拟计算，加大注塑 CAE 在汽车领域的应用；完善树脂性能测试，建立树脂物性测试平台，打通注塑 CAE 从原料测试、数值导入、模拟计算的全部流程。与此同时，开展对管材挤出、中空成型等加工方法的探索，服务于中国石油及国内注塑料、中空料的开发。

六、ABS 树脂新产品及生产优化技术

"十一五"和"十二五"期间，中国石油旗下吉林石化、大庆石化和兰州石化有三家 ABS 树脂生产厂，总产能由"十五"期间的 33×10^4 t/a 增加到 73×10^4 t/a，中国石油在 ABS 树脂行业上大力开展新产品开发及生产技术优化工作，开发出了特色专用料生产技术，在产品合成技术及工艺装备技术方面取得突破性进展。

为增强中国石油 ABS 树脂行业发展的可持续性和竞争力，实现规模经济效益，吉林石化于 2012 年采用引进的乳液接枝—本体 SAN 掺混工艺技术，建设并投产一套 20×10^4 t/a ABS 树脂专用料生产装置；又于 2013 年依托自主开发的 ABS 树脂成套技术，建设并投产一套 20×10^4 t/a ABS 树脂通用料生产装置，使中国石油 ABS 树脂产业迈上规模化和专用化发展的新台阶。

1. ABS 树脂新产品技术

1）白色家电专用 ABS 树脂技术

白色家电专用 ABS 树脂（又称白色家电料）是 ABS 树脂行业高端产品牌号，市场份额主要集中在海尔集团、格力集团、美的集团等白色家电类大型集团企业，年需求量占国内 ABS 市场消费量的 30% 左右，用以生产空调、冰箱、洗衣机等家电的外观件和结构件，

对 ABS 树脂产品的杂质、白度、色差、冲击强度等产品指标有着苛刻要求，市场准入门槛较高；同时，大客户对产品的质量稳定性、供货稳定性以及相关售后技术服务要求也比较高，市场大多被合资企业与外资企业的产品占领。白色家电料作为高端 ABS 树脂通用料产品对市场具有引领和示范作用，对增强企业产品竞争力及市场占有率、提升企业品牌形象具有决定性作用。

作为家用电器外观件 ABS 树脂原材料供应商，2013 年中国石油主打市场的 0215A 牌号 ABS 树脂通用料（简称 0215A）产品，因为外观存在直径 0.1mm 的黑点，被迫退出国内高端家电市场。2014 年，中国石油全力组织 ABS 树脂产品质量效益攻坚工作，针对与合资企业白色家电专用料的产品性能差距，攻关团队围绕技术改进开展艰苦的实验研究，建立新方法 4 个，组织实验 1000 余次，突破 18 项技术瓶颈，重点开展了以下工作：

（1）与白色家电厂家进行对标，确定现有 ABS 树脂产品与市场主流产品的质量差距，明确 0215H 技术指标。

（2）调整工艺、优化配方，将 ABS 树脂产品冲击强度提高至 24kJ/m^2。

（3）开展杂质攻关，将 ABS 树脂产品的杂质由 50 个降低到 7 个（企业标准），并将 0215H 杂质严格控制在 7 个以下。

（4）开展提高白度攻关，白度由 58 提高至 64 以上。

（5）建立完善白色家电料 0215H 产品标准。

（6）应白色家电厂家要求，开展中国质量认证中心（CQC）和美国食品和药品监督管理局（FDA）等产品认证。

（7）进行深度市场开发，反复沟通产品应用技术问题，产品顺利打进格力、美的、志高、海尔等白色家电市场。

中国石油通过推进"产销研"一体化攻关工作，ABS 树脂产品质量显著提升，开发出的高端白色家电料 0215H 产品，各项性能指标达到国内一流产品水平，通过欧盟儿童玩具 EN71 安全检测认证、CQC 认证及 FDA 认证，符合 RoHS 标准，产品迅速打开高端白色家电行业市场。申请《高抗冲白色家电 ABS 复合材料及其制备方法》国家专利一件，0215H 产品开发所依托的"20×10^{4}t/a ABS 树脂成套技术开发与应用项目"获得 2015 年吉林省职工优秀技术创新成果一等奖、2015 年吉林市科技进步特等奖。中国石油 0215H 产品与其他同类产品性能比较见表 3-33。

表 3-33 0215H 产品与其他产品性能比较

序号	项目	测试标准	单位	原有牌号 0215A	新牌号 0215H	市场同类产品
1	悬臂梁冲击强度	ASTM D256	kJ/m^2	20	24	22
2	熔体流动速率	ASTM D1238	g/10min	20	21	23
3	维卡软化温度（B50）	ASTM D1525	℃	97	95	95
4	拉伸强度	ASTM D638	MPa	46	44	43
5	弯曲强度	ASTM D790	MPa	80	77	79
6	弯曲弹性模量	ASTM D790	MPa	2800	2700	2763
7	洛氏硬度	ASTM D785	R 标尺	108	107	109
8	白度	ASTM D1925		61.5	65.5	64

2）喷涂专用 ABS 树脂技术

喷涂专用 ABS 树脂（又称喷涂料）广泛应用于电动车配件、摩托车配件、玩具模型以及其他涂装产品行业，市场需求量约为 10×10^4 t/a。在满足不同下游用户对材料强度要求的基础上，喷涂料要求树脂与涂料分子间结合力要强，使涂层达到良好的遮盖效果。另外，在涂装过程中溶剂对树脂有很强的腐蚀作用，同时要求喷涂料耐化学性能优良。

根据下游用户提出的 0215A 产品喷涂性能差的问题，中国石油组织实施了喷涂专用料 PT-151 新产品的开发。为获得喷涂料所需的特殊性能，根据国内涂装产品行业实际情况，对产品性能结构及组成进行优化设计，提高产品耐化学性能，实现冲击性能与加工性能的平衡。2014 年 7 月，PT-151 产品实现工业化生产，产品经检测符合 RoHS 标准，申请了中国发明专利《一种适用于涂装件的 ABS 树脂组合物》；2015 年，PT-151 产品在华东地区及西南地区实现了稳定销售。中国石油 ABS 树脂喷涂专用料 PT-151 与其他产品性能比较见表 3-34。

表 3-34 PT-151 与其他产品性能对比

序号	项目	测试标准	单位	原有牌号 GE-150	新牌号 PT151	市场同类产品
1	悬臂梁冲击强度	ASTM D256	kJ/m^2	20	24	22
2	熔体流动速率	ASTM D1238	g/10min	21.5	20	23
3	维卡软化温度	ASTM D1525	℃	97	94	95
4	拉伸强度	ASTM D638	MPa	46	45	43
5	弯曲强度	ASTM D790	MPa	80	76	79
6	弯曲弹性模量	ASTM D790	MPa	2700	2400	2763
7	洛氏硬度	ASTM D785	R 标尺	108	106	109

喷涂料 PT-151 在保证产品的涂装性能以及应用性能的同时，还兼顾了产品生产成本及应用成本，与国内外同类产品相比较在价格上具有较强的竞争优势。PT-151 的成功开发，是中国石油 ABS 树脂产品向专用化迈出的第一步，拓展了 ABS 树脂在涂装产品行业的应用，为未来开发更高端的喷涂专用料奠定了基础，也为开发其他品种 ABS 树脂专用料产品积累了经验。通过开展专用料的开发，中国石油形成以中高端通用级 ABS 树脂产品为主、专用级 ABS 树脂产品为辅的产品格局，ABS 树脂高端产品市场份额扩大，更好地满足目标市场的需求。

3）高光黑色免喷涂 ABS 树脂技术

高光黑色免喷涂 ABS 树脂（又称高光黑色料）产品主要应用在黑色家电行业，是该行业在技术升级过程中为替代喷涂工艺发展起来的新型材料，是一种黑色、制品表面高光亮度的 ABS 树脂专用料产品，具有熔体流动速率大、光泽度高、易于加工成型等特点，制品成型后不用进行二次喷涂加工，一次注塑成型后即获得良好的外观质量，简化了生产工艺、降低了生产成本，避免了喷涂工艺过程的环境污染问题，产品广泛应用于各种镜面级电子电器外壳，如液晶显示器边框及底座、计算机主机面板、手机及充电器外壳等，市场需求量为 $(3\sim5)\times10^4$ t/a。

高光黑色料可通过添加一定比例的炭黑色母来制备，不仅能够对制品进行着色，还能够有效地提高制品的耐久性。影响ABS树脂与色母料着色的因素很多，制备出综合性能优良的高光黑色料产品具有一定难度。中国石油以 20×10^4 t/a ABS专用料装置生产工艺为基础，通过解决炭黑在ABS树脂中的分散效果、炭黑和助剂对ABS树脂结构和性能的影响、高光黑色料光泽度改进技术及工业化生产技术等关键问题，开发出高光黑色料GE-100产品，产品经检测符合RoHS标准，被列为中国石油炼化板块常规推广新产品之一。中国石油ABS高光黑色料GE-100与同类产品性能比较见表3-35。

表3-35 GE-100与同类产品性能比较

序号	项目	测试标准	单位	GE-100	市场同类产品
1	悬臂梁冲击强度	ASTM D256	kJ/m²	15	15
2	熔体流动速率	ASTM D1238	g/10min	35	24
3	维卡软化温度	ASTM D1525	℃	95	96
4	拉伸强度	ASTM D638	MPa	43	42
5	弯曲强度	ASTM D790	MPa	69	65
6	弯曲弹性模量	ASTM D790	MPa	2400	2500
7	洛氏硬度	ASTM D785	R标尺	103	109
8	L值（黑度）	ASTM D1925		24	26

4）电镀专用ABS树脂技术

ABS树脂具有极好的电镀性能，是极好的非金属电镀材料，镀层与基材的黏结力比其他塑料要强。目前市场上9成以上的塑料电镀件是以ABS树脂及其共混物为基材，材料的应用领域已经扩展到电子、高档卫浴、汽车等行业。中高端电镀产品对ABS树脂原料的品质要求越来越高，尤其是电镀成本与良品率密切相关，多数用户使用指定品牌电镀专用ABS树脂产品（又称电镀专用料）。电镀专用料国内需求量约 8×10^4 t/a，国内高端电镀产品普遍使用进口专用电镀料，成本比国内通用型电镀料产品高500~1500元/t。

中国石油为满足电镀料的市场需求及较高的品质要求，从以下4个方向着手开展电镀专用料EP-161产品开发：（1）调整配方提高产品的加工性能，利于成型后制品内应力的消除；（2）提高产品的丁二烯橡胶含量，提高电镀制品的镀层结合力；（3）减少工艺过程中间产品的凝固物含量，减少电镀制品表面缺陷保证表面粗糙度；（4）降低产品的低挥发分含量，提高电镀制品表面外观质量。中国石油电镀专用料EP-161与进口产品的性能比较见表3-36。

表3-36 EP-161与进口产品的性能比较

序号	项目	测试标准	单位	新牌号 EP-161	进口同类产品 1	进口同类产品 2
1	悬臂梁冲击强度	ASTM D256	kJ/m²	24.7	22.6	29.7
2	熔体流动速率	ASTM D1238	g/10min	21.1	16.9	19.2
3	弯曲强度	ASTM D790	MPa	74.3	74.7	76.5
4	弯曲弹性模量	ASTM D790	MPa	2760	2511	2687

5）高流动 ABS 树脂技术

随着 ABS 树脂应用领域的拓展和对产品加工质量要求的提升，高流动 ABS 树脂产品越来越受到用户的青睐。相比于力学性能相近的通用 ABS 树脂，高流动 ABS 树脂具有更好的加工流动性能，具有提升制品成型质量、降低加工成本等优势，能够满足大型薄壁制品的成型和使用要求。国内外 ABS 树脂生产厂商均有高流动 ABS 树脂产品，市场需求量在 $10×10^4$ t/a 左右。

中国石油在引进技术的基础上，经过消化吸收再创新，通过采用多种 SAN 树脂共混调配技术，成功开发高流动 ABS 树脂 HF-681，经过用户测试，产品性能达到用户要求。中国石油高流动 ABS 树脂 HF-681 产品性能与市场同类产品的比较见表 3-37。

表 3-37 HF-681 产品与同类产品的性能比较

序号	项目	测试标准	单位	新牌号 HF-681	中国石油引进牌号 HF660I	中国石油引进牌号 HF680	市场同类产品
1	悬臂梁冲击强度	ASTM D256	kJ/m²	23.8	22	16	26.4
2	拉伸强度	ASTM D638	MPa	42.6	42	38	43.0
3	熔体流动速率	ASTM D1238	g/10min	45.6	35	42	46.2
4	弯曲强度	ASTM D790	MPa	69.0	58	58	68.2
5	弯曲弹性模量	ASTM D790	MPa	2518	2100	2000	2630
6	洛氏硬度	ASTM D785	R 标尺	106	108	106	107

ABS 树脂的主要成分是 SAN 树脂，因此 SAN 树脂的流动性能决定 ABS 树脂的流动性能。由于高流动 SAN 树脂的生产效率高、生产成本相对低，因此，高流动 ABS 树脂的生产成本更具优势。

6）板材 ABS 树脂产品技术

板材级 ABS 树脂主要应用于冰箱、空调等家电领域。目前，市场上板材级 ABS 市场主要被国（境）外公司占有。该产品附加值高，国内用量很大，因此，开发板材级专用料对 ABS 生产厂商十分重要。板材级 ABS 产品具有特殊的熔体强度及加工流动性，故需要开发特殊的 SAN 树脂和 ABS 接枝聚合物。随着市场对高质量特种 ABS 树脂需求增加，2011 年中国石油在现有 ABS 树脂产品的基础上，研发出拥有自主核心技术的板材 ABS 树脂产品（表 3-38）。

表 3-38 板材 ABS 树脂产品与同类产品的性能比较

序号	项目	测试标准	单位	新牌号 ABS-J770	进口同类产品 1	进口同类产品 2
1	悬臂梁缺口冲击强度	ASTM D256	J/m	392	377	379
2	熔体流动速率	GB/T 3682	g/10min	0.45	0.5	0.5
3	拉伸强度	ASTM D638	MPa	52.2	36	43
4	热变形温度	ASTM D648	℃	85	83	84
5	断裂伸长率	ASTM D638	%	37	36	35

2015年，中国石油开展了高腈SAN及板材ABS树脂工业化项目建设，建成国内第一套利用自主技术生产高腈SAN及板材ABS的装置，具备了板材ABS的生产能力，为中国石油提高ABS树脂产品的差别化率、开发高附加值ABS树脂专用料打下坚实基础。

7）通用SAN树脂技术

ABS树脂的中间产品包括SAN树脂和聚丁二烯的丙烯腈、苯乙烯接枝共聚物（G-ABS）粉料。其中，SAN树脂既是ABS树脂的中间产品，也是广泛应用在家电、轻工产品等行业的塑料原料。

中国石油SAN-2437作为通用SAN树脂商用产品，具有广泛的适用性，产品经玻纤增强后还可以作为空调、风扇叶片的主要原料，市场需求量在10×10^4t/a以上。中国石油通用型SAN树脂SAN-2437与市场同类产品的性能比较见表3-39。

表3-39 SAN-2437与市场同类产品的性能比较

序号	性能项目	测试方法	单位	SAN2437	市场同类产品
1	熔体流动速率	ASTM D1238	g/10min	30	28
2	IZOD冲击强度	ASTM D256	kJ/m^2	1.8	1.7
3	拉伸强度	ASTM D638	MPa	75	71
4	弯曲强度	ASTM D790	MPa	130	100

通用SAN树脂SAN-2437具有流动性与刚性之间良好的平衡性能，生产工艺过程具有操作简便、生产效率高等特点。中国石油开发通用SAN树脂对于增加装置产能、降低生产成本、满足市场需求具有重要意义。

8）打火机外壳专用SAN树脂技术

中国是全球最大打火机生产基地和出口基地，打火机外壳专用SAN树脂需求量很大，产品市场主要集中在湖南省、浙江省等地，需求量在8×10^4t/a左右。打火机外壳专用SAN树脂与普通SAN树脂的性能差异较大，因打火机必须经过高温检测、跌落检测等一系列安全检验，各项检测指标对其外壳材料的耐高温和抗冲击性能有很高的要求，同时，还要具有较好的耐化学药品性能。

2014年，中国石油通过调整通用型SAN树脂配方设计，通过中试装置放大研究进行前期工艺验证，并进一步优化反应条件，在充分发挥专用料生产装置工艺优势基础上成功开发出适用于一次性打火机外壳的SAN-1825产品。中国石油打火机SAN树脂SAN-1825与市场同类产品的比较见表3-40。

表3-40 SAN-1825与市场同类产品的比较

序号	性能项目	测试方法	单位	SAN-1825	市场同类产品
1	键合丙烯腈含量	裂解法	%（质量分数）	≥32	32.5~33.5
2	雾度	GB/T 2410—2008		<2	<2
3	黄度指数（YI）	ASTM D1925		≤6	≤6
4	熔体流动速率	ASTM D1238	g/10min	16~25	16~20
5	悬臂梁冲击强度	ASTM D256	kJ/m^2	≥1.8	≥1.8
6	拉伸强度	ASTM D638	MPa	≥78	≥78
7	维卡软化温度	ASTM D1250	℃	≥93	≥93

受到生产效率及装置产能的制约，目前开发打火机SAN树脂的经济效益还不明显。但是随着未来ABS树脂市场供需情况的变化，打火机SAN树脂生产流程短、产品性能优异的特点将被发挥出来，打火机SAN树脂的创效能力将进一步提升。同时打火机SAN树脂产品因其在特殊应用领域的不可替代性，对拓展中国石油ABS树脂系列产品应用领域、抵御市场风险具有重要意义。

9）高腈SAN树脂技术

"十二五"期间，中国石油高腈SAN生产技术研发能力不断提升，在连续比值混合配料聚合物组成控制技术、热引发本体聚合技术、两级脱挥降膜蒸发技术及特殊的冷凝和撤热等5项技术上取得重大突破，完成了热引发、引发剂引发生产高腈SAN生产技术。2011年4月，热引发本体聚合高腈SAN树脂生产技术顺利通过集团公司组织的审核鉴定。高腈SAN产品与同类产品的性能比较见表3-41。

表3-41 高腈SAN产品与同类产品的性能比较

序号	性能项目	测试方法	单位	SAN355	市场同类产品
1	熔体流动速率	GB/T 3682—2000	g/10min	7.0	4.87
2	悬臂梁冲击强度	ASTM D256—2010	J/m	20.2	21
3	拉伸强度	ASTM D638—2010	MPa	77.9	78
4	维卡软化温度	ASTM D1525—2009	℃	110.6	109.7
5	黄度指数	HG/T 3862—2006		2.6	8
6	残留单体	Q/SY DH0549—2014	mg/kg	275	1170

中国石油热引发本体聚合高腈SAN树脂生产技术的成功开发，可有效解决制约板材ABS树脂不能实现规模化生产的实际问题，有效控制SAN树脂中丙烯腈含量及化学组成的均一性，改善ABS树脂的加工性、抗冲击性、表面光滑性和强度性能等，较通用SAN树脂有着更广泛的用途，为大庆石化后续开发高附加值ABS树脂专用料打下坚实的基础。

2. ABS树脂成套技术

中国石油ABS树脂成套技术拥有四大系列14项特色技术（图3-43），该技术以高分子附聚法600nm超大粒径PBL制备技术和双峰ABS合成技术为核心创新技术，以湿粉料氮气循环干燥技术、SAN树脂改良本体聚合技术、混炼水下切粒技术等一系列先进工艺技术为基础，以双峰分布ABS产品为主导产品，以20×10^4t/a ABS树脂成套技术工艺软件包为成果体现，工艺指标先进，技术成熟可靠，产品质量优异。

1）PBL合成技术

快速聚合100nm小粒径PBL合成技术。100nm PBL通常因聚合速度快、粒子总表面积大，导致反应过程中传热困难大，体系的稳定性难以保持。本技术通过聚合配方的设计和稳定梯度控制，实现了快速聚合、高转化率和体系的高度稳定。该技术的特点是：a. 聚合时间短，仅为12h；b. 聚合转化率高，达到97%以上；c. 聚合体系稳定，聚合过程中产生的凝聚物少；d. 聚合温度采用阶梯式控制方法，反应控制平稳。

乳液聚合一步法300nm大粒径PBL合成技术。因粒子的体积以粒子直径的三次方倍增长，故直接通过乳液聚合合成 300nm 大粒径 PBL 是十分困难的。本技术采用氧化还原引发体系和特殊聚合配方，并采用高温乳液聚合，使得聚合时间在 26.5h，即可得到总固物含量（TSC）为 57% 的 300nm 大粒径 PBL。该技术的特点是：胶乳粒径大，一步乳液聚合得到 300nm 的 PBL；聚合时间短，仅为 26.5h；生产效率高，TSC 达到 57%；聚合过程采用绝热式温度控制方式，能量利用合理。

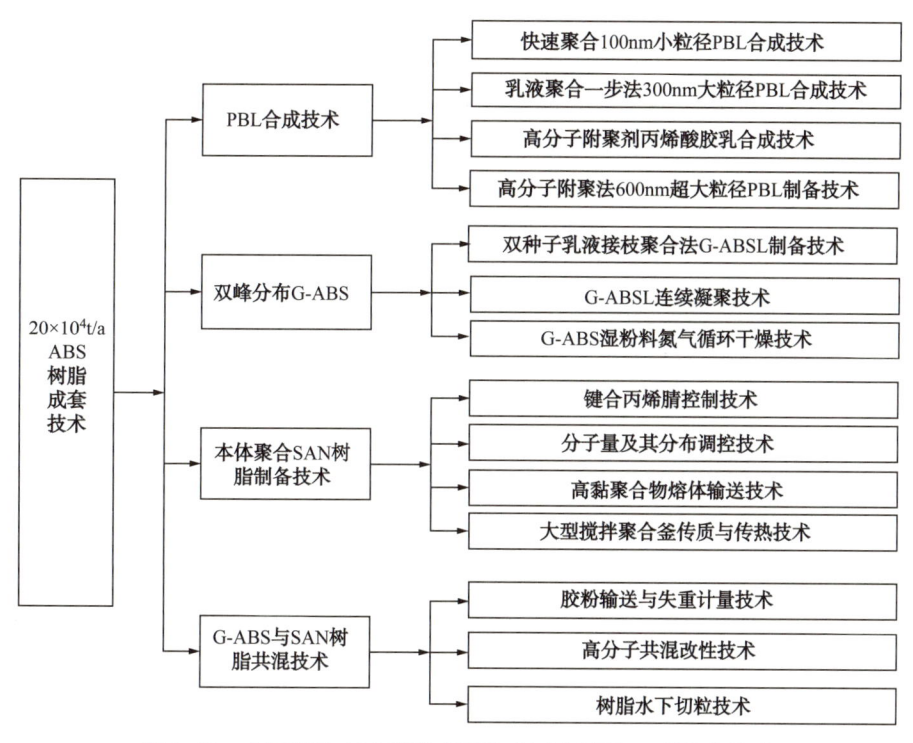

图 3-43　中国石油 ABS 树脂成套技术四大系列 14 项特色技术

高分子附聚剂丙烯酸胶乳合成技术。高分子附聚剂为聚丙烯酸胶乳，采用乳液聚合法，以丙烯酸丁酯、甲基丙烯酸和丙烯酸为共聚单体，在 60~80℃ 下共聚而成，通过调整配方组分用量可以调整所制备高分子附聚剂的附聚能力、pH 值、黏度等指标。该技术的特点是：制备工艺简单、聚合体系稳定；附聚能力强，可根据目标粒径调节制备配方和工艺。

高分子附聚法 600nm 超大粒径 PBL 制备技术。如前述粒子体积与粒子直径的关系，直接合成 600nm 超大粒径 PBL 几乎是不可能的，因而必须采用附聚的办法。本技术采用的高分子附聚法克服了传统附聚法过程不可控、重现性差的缺点，制备出 600nm 超大粒径 PBL。该技术的特点是：附聚过程温和；体系稳定，析胶少；目标粒径不受限，可以达到 600nm；粒径可控，并可在 350~600nm 范围内任意调节；生产效率高；存放稳定性好。

（1）技术进展。

乳液聚合技术是生产高聚物的最重要的实施方法之一，中国石油 ABS 树脂生产技术的技术创新主要体现在聚丁二烯胶乳（PBL）的乳液聚合技术上。

中国石油在 300nm 大粒径 PBL 的研制和引进 PBL 技术的消化吸收研究方面做了大量

工作[55]，聚合时间由引进技术的72h缩短为32h，并形成工业化技术。在100nm小粒径PBL制备研究上，也申请并公开了其专利技术[56]。

大庆石化自主开发了小粒径PBL聚合技术，形成了100nm小粒径PBL三项专利技术[57-59]，同时开发300~320nm PBL附聚技术，形成一项专利技术[60]，达到了国际先进水平[61]。2006年，"小粒径PB聚合、附聚和高胶ABS接枝技术的开发及应用"获得中国石油技术创新奖二等奖。

乳液接枝–掺混法ABS树脂的生产通常采用直径为250~350nm的大粒径橡胶胶乳作为基础胶乳。为了提高ABS树脂的某些性能，可以采用超大粒径橡胶胶乳（粒径为400~1000nm）与大粒径橡胶胶乳（粒径为250~350nm）复合作为基础胶乳使用[7]。大庆石化配合中国石油"（10~18）×10^{4}t/a ABS成套技术开发"科技攻关项目，开展了600nm大粒径附聚技术工业化研究，于2009年12月实现了工业试生产。

吉林石化对小粒径丁二烯胶乳制备、丁二烯胶乳附聚剂及附聚技术进行了深入研究，取得了显著成果，形成多项专利技术[62-66]和技术秘密，并通过与大庆石化紧密合作，完成了双峰分布ABS合成技术的小试研究和工业化试验。工业化试验表明，中国石油所开发的双峰分布ABS乳液接枝技术具有优异的聚合稳定性和良好的接枝效果；聚合反应条件温和，反应控制平稳；所制备的双峰分布ABS树脂性能优良[67,68]，达到了考核指标。形成了双峰分布ABS产品中国石油企业标准[69]。

（2）应用前景。

附聚技术在控制胶乳粒径、缩短基础胶乳的聚合时间、制备双峰分布ABS树脂、改善产品质量、丰富产品品种、赋予产品不同特性等方面显示出灵活而独到的技术优势，是实现PBL大粒径化的主要途径，给乳液接枝—本体SAN掺混法ABS生产带来了前所未有的发展契机。高分子附聚法——采用丙烯酸酯胶乳作为附聚剂增大橡胶胶乳（PBL和SBRL等）粒径是近些年来新兴起的附聚技术，各研究机构都在争相研究其附聚机理，并在ABS、ACR和MBS等的生产以及塑料增韧的生产中获得重要应用[70]。中国石油小粒径PBL聚合、附聚技术的开发，对提高ABS装置生产效率、降低综合能耗和物耗、增加ABS产品牌号提升市场占有率具有重要作用。

2）双峰分布G-ABS合成技术

双种子乳液接枝聚合法G-ABSL制备技术。乳液接枝聚合采用300nm和600nm两种粒径的PBL做双种子，采用先混合后接枝的工艺路线，所制备的双峰分布ABS树脂性能明显优于橡胶粒径单峰分布的传统ABS树脂。该技术的特点是：聚合温度低，聚合时间短，聚合转化率高，稳定性好，产品性能更优，韧性和刚性平衡性好，白度高。

G-ABSL连续凝聚技术。采用稀酸无盐凝聚工艺，通过控制搅拌转速与凝聚温度，实现G-ABSL连续凝聚，并采用挤压脱水工艺，得到G-ABS湿粉。该技术的特点是：单螺杆脱水机脱水，能耗低、产能大；流化床干燥器结构简单，易操控，易于进行内部清理和维护。

G-ABS湿粉料氮气循环干燥技术。湿粉料采用氮气循环干燥，彻底消除了粉尘爆炸或着火的危险，实现了本质安全，同时避免了在干燥过程中粉料与高温空气接触导致一定程度的老化变色，保证产品白度。该技术的特点是：采用氮气干燥，可以避免粉尘爆炸，保证本质安全，还可以延长干燥系统的清理周期。

（1）技术进展。

乳液接枝聚合技术也是 ABS 树脂生产技术中最重要的合成技术之一。在乳液接枝聚合技术方面，中国石油取得了重要的创新性成果，总体技术处于国际先进水平。

兰州石化开展 ABS 高胶粉的研究较早，其 RF 型 ABS 高胶粉接枝度达到 34.67%，掺混出的 ABS 的冲击强度达到 200J/m 以上[55]。

大庆石化开展了缩短接枝聚合时间的研究和技术开发，并在 ABS 接枝胶乳凝聚和湿粉料氮气干燥方面做了创新性研究，申请了专利[71, 72]。

吉林石化采用两种不同粒径的 PBL 胶乳作为基础胶乳，以"双峰乳液接枝技术"为核心，开展了乳液接枝聚合技术创新。2010 年 10 月，吉林石化开发的"双峰分布 ABS 合成技术"通过集团公司科技评估中心的科技成果鉴定。该技术聚合温度低（峰值温度为 65℃）、聚合时间短（3.5h 以内），形成两项专利技术[73, 74]，整体技术达到国际先进水平，为公司建设年产 40×10^4tABS 装置提供了有力的技术支持。吉林石化于 2012 年开展了提高通用 ABS 接枝聚合转化率技术研究，通过对装置生产工艺进行跟踪调研、小试模拟提高 ABS 接枝聚合转化率试验、验证小试技术的可靠性、考察高转化率胶乳的稳定性及凝聚效果等研究工作，聚合转化率提高到 97.5%，产品性能及下游工艺条件与原生产过程相同，申请发明专利一件[75]，形成技术秘密一项。在 ABS 粉料干燥技术方面，吉林石化在新建 20×10^4t/a 通用料 ABS 树脂装置上，应用了与大庆石化相同的 ABS 湿粉料干燥技术。吉林石化于 2014 年开展了 ABS 接枝聚合混合单体工艺条件优化研究，缩短了聚合反应周期，提高了生产效率，降低了能耗，产品性能达到更高水平。

（2）应用前景。

"双峰分布 ABS 合成技术"开发将为中国石油建设国内最大的 ABS 生产基地提供生产高档通用料产品的技术支持，使产品品种的选择更具灵活性，提高市场竞争力。开发的高转化率 ABS 接枝生产技术，可在吉林石化 18×10^4t/a 及新建 20×10^4t/a ABS 通用料装置上推广应用。

3）本体聚合 SAN 树脂制备技术

键合丙烯腈控制技术。根据 ABS 产品抗化学性的需要，通过优化丙烯腈与苯乙烯的进料组成、调整聚合温度和停留时间等工艺参数以及控制终点转化率等手段，达到控制 SAN 树脂键合丙烯腈含量的目标。

分子量及其分布调控技术。通过调整分子量调节剂的投用比例，控制反应釜温度和液位的方式来调整分子量的大小及其分布范围，从而调节产品的熔体流动速率，可为生产不同牌号的 ABS 树脂提供中间原料。

高黏聚合物熔体输送技术。本体 SAN 聚合产生高黏聚合物，而高黏聚合物熔体的输送是化工领域的一项技术难点。本技术利用该高黏聚合物在一定高温条件下具有一定流动性的特点，采用齿轮泵进行 SAN 熔体保温输送。齿轮泵采用变频防爆电动机，流量调节方便，采用斜齿轮，输出压力脉冲低。

大型搅拌聚合釜传质与传热技术。高黏聚合物的传质与大型聚合釜传热技术均为聚合反应工程难点技术。本技术 SAN 聚合反应釜采用"锚式 + 桨式"组合型特殊搅拌器实现反应传质，通过控制反应温度和体系压力，控制反应单体的"汽化—冷凝"量，从而实现反应釜的汽化潜热传热。

（1）技术进展。

中国石油 SAN 树脂的研制始于 20 世纪 60 年代初，在兰州石化陆续完成了悬浮 SAN 树脂黑色共聚物、悬浮法 SAN 树脂、N-苯基马来酰胺（NPMI）-St-AN 三元共聚物等的开发，以及对引进连续本体 SAN 技术的消化吸收；开发生产了打火机专用料 HHC-200、HHC-300、ABS 专用 SAN BHF、紫罗兰 SAN CHF 等特种 SAN 树脂。

大庆石化在 SAN 装置上通过引进技术消化吸收实现扩能改造，装置能力达到 7×10^4t/a。2011 年，大庆石化自主研发的热引发本体聚合高腈 SAN 树脂生产技术，顺利通过集团公司专家组评审。2015 年，中国石油重大现场试验项目"高腈 SAN 及板材 ABS 树脂成套技术工业化试验"主体工程建设完成。

吉林石化于 2015 年完成了商品打火机专用 SAN 树脂的开发及市场推广工作，对工业化生产 SAN1825 树脂的专用料产品进行了应用试验，可以满足用户水口料掺混比例为 50% 情况下的应用，产品获得用户认可。

（2）应用前景。

高腈 SAN 树脂是生产板材 ABS 树脂的主要原料，具有优异的尺寸稳定性、耐候性、耐热性、耐油性、刚性、抗震动性和化学稳定性。近年来，国内高腈 SAN 树脂和 ABS 板材树脂市场需求量大，进口数量逐年递增，产品供不应求。中国石油高腈 SAN 树脂生产技术的开发成功，增强了中国石油市场竞争力，具有广阔的市场应用前景。

4）G-ABS 与 SAN 树脂共混技术

胶粉输送与失重计量技术。本技术胶粉通过风机以空气为载体进行输送，通过旋转阀和袋式过滤器进行气固分离，通过恒定喂料器采取失重计量方式进行物料的计量。失重计量给料控制系统，根据单位时间内料仓称重量的减少量，连续计算出投料量的多少，并根据投料量大小与投料量设定值的比较结果，来控制调整给料螺旋的转速，从而使投料量与其设定值相符。

高分子共混改性技术。将 ABS 粉料、SAN 树脂及其他助剂按照一定比例在混炼挤出机进行混合、挤出、造粒，即可得到 ABS 树脂产品。挤出机螺杆组合、长径比、螺杆转速是选择挤出机的关键。通过调整物料比例，改变加工助剂的种类和用量，可以设计、制备出具有不同特性的 ABS 产品，从而适应不同领域的需要。

树脂水下切粒技术。ABS 树脂切粒采用水下拉条切粒加离心干燥的形式取代传统的风刷干燥加干式切粒。此种切粒方式粒子切口更光滑、外观好，可以有效提高切粒效果并且降低物料损失；同时，因为是密闭形式的切粒工艺，取消了传统干式切粒所必需的水浴槽，混炼现场操作环境改善，并大大降低了挤出机组的占地面积。

（1）技术进展。

中国石油在湿法挤出探索研究方面，与长春工业大学合作，开展了 ABS 接枝粉料湿法挤出小试实验[76,77]；在 ABS 树脂新产品开发方面，先后开发了耐低温 ABS、中冲高流动型 ABS、汽车仪表板表皮专用料等新技术[55]；在附聚法制备高抗冲 ABS 树脂[78,79]、高流动 ABS 树脂[80]新牌号方面做了大量研究开发工作，对连续本体法合成 ABS 树脂[81]也进行了探索性研究。

2010 年，中国石油 ABS-750A 列为集团公司年度自主创新重要产品。

2012年，中国石油 ABS 0215A 产品荣获"中国石油和化学工业知名品牌产品"称号。

2012—2013年，中国石油完成了高刚性 ABS 0215E 产品的工业技术开发，产品性能指标达到市场同类产品水平，产品通过环保认证，符合 RoHS 规范，同时确定了产品市场定位，开展了产品市场开发及技术服务工作。

2014年，中国石油完成了白色家电 ABS0215H 产品开发、双峰分布 ABS 树脂产品开发，授权三件发明专利[82-84]，开发出满足用户需求的黑色 ABS 家电料 GE100、GE200 和 GE300 系列牌号产品，开发出 ABS 树脂 H816、PT151 及道恩专用料等专供专销新产品。

2015年，"吉林石化公司 58×10^4 t/a ABS 质量全面提升技术攻关"项目，获得中国石油科技进步三等奖。

（2）应用前景。

中国石油 ABS 树脂成套技术适用于国内外新建及改扩建 ABS 树脂生产装置，可生产 ABS 通用料和特色专用料。其单生产线 20×10^4 t/a ABS 树脂，特别适合于具有丁二烯、苯乙烯和丙烯腈原料优势及家电工业比较发达的区域。利用该成套技术，可开发多牌号差别化 ABS 树脂系列产品，可以提高装置对市场的适应性和经济效益。

第三节　合成树脂生产技术及新产品展望

21世纪是合成树脂高速发展的世纪。烯烃来源的多元化及新兴能源的日新月异以及炼油向化工转移的新技术开发，使合成树脂产业得到了充分的原料保障，这既是机遇，又是很大的挑战！专家预测，10年后的聚烯烃产业会像今天的钢铁业一样出现供大于求的局面。与此同时，传统合成树脂（尤其是聚乙烯、聚丙烯）的广泛应用所产生的白色污染已对人类的生存空间带来了严重的威胁，因此，可完全生物降解及光降解的材料必将逐步取代传统的、可产生白色污染的合成树脂。

当今，发展合成树脂产业必须要站在饱览全球科技进步及产业危机的高度上考虑问题。例如，新能源汽车的大规模应用急需轻量化及可回收的合成材料；食品药品产业的发展急需高阻隔性、低溶出物、低灰分、低气味的合成树脂材料；人们对美的追求急需透气性好、挺度高、不易起皱的有机高分子面料；航空航天事业的发展急需超轻、超耐高（低）温的合成树脂及其发泡材料；人类对和平的共同追求急需高强度、低密度的防爆、耐切割的树脂及其纤维制品等。由此可见，合成树脂产业尽管面临挑战，但前景依然广阔。

一、聚烯烃催化剂

催化剂是聚烯烃工业技术进步的核心。聚烯烃树脂性能的改进与聚烯烃催化剂的开发有着极为密切的关系。在各种聚烯烃催化剂中，目前使用最广泛的仍是 Ziegler-Natta 催化剂。它自20世纪50年代问世以来，经过各国共同开发研究，催化性能不断提高，推动了聚烯烃工业的迅猛发展。聚烯烃生产规模不断扩大，高性能聚烯烃树脂合成的比例不断增加，均可归因于 Ziegler-Natta 催化剂的成熟与发展。目前对这类催化剂的研究和开发工作主要集中在高活性和高立体定向催化剂的研制上[19]。

非塑化剂类给电子体催化剂将成为今后聚烯烃催化剂开发的热点。目前，Basell 公司开发了二醚类催化剂和琥珀酸酯类催化剂,中国石化和中国石油分别开发了不含塑化剂的二醇酯给电子体催化剂和磺酰基化合物内给电子体催化剂,新的内给电子体还将不断涌现。"十三五"期间,中国石油将继续开发环保型新型给电子体的研究,提高催化剂的共聚性能、立体定向性能、氢调敏感性能等,实现催化剂的系列化、差别化、定制化。同时,外给电子体的创新开发以及复合外给电子体的发展将越来越受到人们的重视,通过与内给电子体的匹配效应,选择合适的外给电子体或复合外给电子体,达到提高催化剂体系综合性能或某项突出性能的目的。

20世纪80年代以来,聚烯烃催化剂学术领域的最显著进展是单活性中心(茂金属/非茂金属后过渡)催化剂的出现、发展及产业化。作为分子型催化剂,单活性中心催化剂具有催化剂—聚合反应—聚合物三者之间明确的构效关系,作为催化剂前体的金属有机化合物的结构可以控制聚合活性、聚合物立构规整性、聚合物分子量及其分布、支化结构、共聚物组成和密度等参数。

近5年来,中国在茂金属催化剂的工业应用方面已向前迈出了一大步,今后在催化剂的结构创新和高性能聚合物的制备方面都要下功夫,以便扩大单活性中心催化剂生产聚烯烃产品的市场份额。中国石油成功实现了茂金属聚丙烯催化剂的工业应用开发,生产出了高透明间规聚丙烯,继续在茂金属化合物结构设计与开发上进行攻关,突出催化剂的氢调敏感性和共聚性能,实现超高流动聚丙烯和高透明聚丙烯产品的开发。另外,铬系催化剂由于其产品的分子量分布宽的特点,在聚乙烯催化剂中也占有一定的市场份额,而且近年来也在不断完善发展。

此外,组合化学和高通量筛选这两项技术已经成为聚烯烃行业开发催化剂和新产品的利器。全球三大聚合物公司都开始考虑使用高通量聚烯烃催化剂研发平台,提高其筛选聚合催化剂以及开发相关工艺的能力。利用这两项技术开发出来的一系列专有工具和软件能帮助研究人员在同一时间内制备出大量的催化剂或材料,数十倍甚至上百倍地提高研发效率和成功率,并降低研发成本。毫无疑问,组合化学和高通量筛选技术的广泛应用将会带动聚烯烃行业的技术进步。中国石油成功引进了多通道催化剂制备与聚合反应器系统,"十三五"期间将大力开发其功能,在给电子体筛选和单中心催化剂制备方面发挥其作用,提高催化剂的研发效率。

二、共聚单体(α-烯烃)合成技术

在目前持续低油价的情况下,炼油能力严重过剩,企业经济效益大幅下降,化工业务已成为集团公司效益重要增长点。随着高性能产品的需求增加,高端产品开发商对α-烯烃,尤其是1-己烯、1-辛烯和癸烯的需求将进一步增加,大力谋求"以自产α-烯烃替代外购α-烯烃"的模式。中国石油首套1-己烯成套技术的开发与应用,对炼化企业新技术开发和推广应用具有里程碑意义,推动高附加值化工产业链发展。同时,1-辛烯和癸烯技术的开发为高档合成润滑油基础油行业发展铺平了道路。"十三五"期间,针对中国石油的市场战略将从传统区域向高端高效市场转变的发展战略和目标,依托现有技术基础,力争实现1-辛烯、癸烯等系列α-烯烃技术产业化,1-己烯技术升级,形成系列α-烯烃产业链,并实现技术推广应用,生产出满足需求的系列α-烯烃产品,解决国外技术对中国的封锁。

三、聚乙烯

中国聚乙烯工业从 20 世纪 80 年代开始起步，经过 30 多年的发展，通用料和一般用途的专用料基本上可以自给自足，具备了一定的创新开发基础。但是，同发达国家相比，仍然存在通用料质量时有波动、专用料性能不高、技术开发整体水平偏低等问题。探讨问题的原因，这既有工厂管控技术落后的因素，又有对引进技术的认知深度不够的因素。2016—2020 年，中国聚乙烯行业仍有大量新建拟建项目投产，而且大部分为煤化工装置。鉴于煤化工企业 80% 以上的产能生产通用牌号的产品，所以未来国内聚乙烯市场上的通用料将会逐渐过剩，而专用料仍然会处于短缺状态。

"十三五"期间，随着市场的细分、加工技术的进步和消费的升级，产品将进一步向专用化、高性能化和高附加值化的方向发展，对产品的综合力学性能、加工性能、外观性能和卫生性能的要求将进一步强化。另外，国家产业政策必将促进材料技术的发展，其中聚乙烯管材专用料将向更高耐温、耐压性、耐慢速裂纹开裂性、耐刮痕、抗熔垂、均匀着色等性能方向发展，薄膜专用料向更高的强度、低温韧性、低晶点、透明、耐穿刺性、卫生性方向发展，中空专用料向大容积、高卫生性、特殊加工性方向发展，电缆专用料向高压、超高压方向发展，医用专用料向更高的纯净度、更好的医学性能和生物性能方向发展，纤维专用料向更高的纺丝性、成丝韧弹性、手感及卫生性等方向发展。此外，新一代聚乙烯材料，如超高分子量聚乙烯、超低密度聚乙烯和乙烯基塑性弹性体等产品将得到大量应用。

四、聚丙烯

"十三五"期间，聚丙烯产能将超越表观消费量，整体出现供过于求的局面，从消费结构上看，今后相当长的一段时间内，聚丙烯下游消费将向高熔体流动速率、高模量、高结晶、高抗冲、高熔体强度、高透明、低灰分、低晶点、低气味、低溶出物等方向发展，特别是在汽车专用料、薄膜专用料、无纺布专用料、医用聚丙烯、发泡聚丙烯、聚丙烯弹性体等方面需求强劲，而从生产结构上看，以拉丝料为主的通用料仍占大部分份额，即使一些专用料，技术上也处于低端水平，如汽车专用料主要是低中熔体流动速率抗冲聚丙烯，缺乏高熔体流动速率高抗冲聚丙烯；薄膜专用料主要是普通中低速 BOPP 薄膜，缺乏高速线的高透明、低晶点、低热封专用料；医用聚丙烯品种单一、规模较少；对差异化、高性能化产品的需求不断增长。另外，中国新上项目还将产品定位在大宗料上，如煤化工项目生产 PP 产品主要是以拉丝料为主的通用料，同时中东地区凭借原料优势，大规模新建 PP 项目，采取低成本、大宗化产品策略，增加对中国的出口，导致中国 PP 通用料市场竞争日趋激烈，而在高端专用料方面，国内市场又主要被欧洲、美国、日本和韩国等发达国家产品占据，进口 PP 中大约有 70% 为专用料。目前，中国 PP 市场正处于"结构性过剩和结构性短缺并存"的局面。鉴于此，对今后中国 PP 行业的发展提出如下建议：

（1）调整产品结构，加大专用料的开发力度，提高专用料的档次和规模。现有装置应该加快开发高端汽车专用料、医用聚丙烯、超高流动聚丙烯、烟膜料、热封层料、高透明料等，不断调整产品结构，提高专用料的比例，实现高档牌号的量产及专用料的不断升级换代。

（2）新建项目应该加大高端专用料的引进，如高橡胶相含量聚丙烯、高熔体强度聚丙烯、热塑性聚丙烯弹性体等，将生产定位在高质量、高附加值和市场紧缺的产品，实现由成本竞争向附加值竞争的转变。

（3）"量体裁衣"式地进行 PP 分子结构设计，大力提升分子结构与表征技术水平，实现产品的定制化、标准化、差异化，满足下游客户多样性与个性化的需求。

（4）大力进行聚合工艺研究，不断开发催化剂新品种，改进提升催化剂性能，如开发溶液法聚合工艺、高温聚丙烯催化剂、新型配体茂金属催化剂及负载技术等，实现高橡胶含量的高抗冲聚丙烯、热塑性弹性体、超高流动聚丙烯等高性能聚丙烯的目标。

五、ABS 树脂

目前，国内 ABS 树脂产品仍以通用型产品为主，为适应不同领域需求，ABS 树脂产品将形成以冲击强度为标志的系列化通用料产品，包括高刚性、中冲击、中高冲击、高冲击等通用料产品系列化更加完善，产品的综合性能更加优异。

随着个性化需求和定制化服务越来越流行，用户定制产品产量将增加。用户定制产品是根据 ABS 树脂下游用户的差异化需求而产生的，不是 ABS 树脂生产厂与用户之间的利益转移，改性厂与低端用户的低价格订单不属于用户定制。

除了提升已经开发的专用料水平外，功能化专用料产品也在逐渐发展，具有增强、超高增韧、耐热低黄变、免喷涂、低挥发性、电镀、高熔体流动速率、高光泽度、高冲击、抗静电、耐候、挤出、吹塑等特殊性能的 ABS 树脂将越来越普及，还要加快抗电磁屏蔽、ABS 纳米材料复合技术等新产品的研究步伐。

ABS 树脂作为合成材料中的一员，必将与整个合成材料融合发展。同时，ABS 树脂的发展，也是在与其他合成材料不断竞争中发展的。一方面，ABS 树脂既受到以 PC 为代表的高性能材料的向下挤压，又受到 HIPS、PP 相对低端材料的向上挤压；另一方面，ABS 树脂也在向上抵抗 PC 的挤压和向下压缩 HIPS、PP 空间。而从竞争中胜出的制胜法宝，是不断通过技术创新提升产品性能和降低生产成本。

随着人们生活水平的显著提高和中国供给侧改革的不断深入，家电、汽车等行业对 ABS 树脂产品品质的要求将越来越高，未来 ABS 行业的竞争将是产品品质的竞争，而品种的提升归根结底要靠技术进步。只有不断提升技术水平、塑造品质优势、保有产能优势，并不断降低成本、拓宽渠道、注重创新、加强服务，才能在未来的激烈竞争中获得先机。

参 考 文 献

[1] IS US shale running out of steam [N/OL]. Worldwide Refining Business Digest Weekly，2016-01-18. http：//www.hydrocarbonpublishing.com.

[2] 钱伯章.聚苯乙烯的技术发展与市场动态[J].国外塑料，2011（6）：38-43.

[3] 对 2016 年世界塑料市场的发展展望[N]. Chemical Week，2016-01-13.

[4] Celanese raises China actic acid price amid methocl rebound [N]. Chemical Week，2016-03-29.

[5] 王春娇，王红秋，任静.ABS 市场供需现状及预测[J].中国石油和化工经济分析，2014（3）：60-62.

[6] David Potter. IHS WPC 2016: New acry lonitrile capacity needed to meet demand [N]. Chemical Week, 2016-03-18.

[7] 张春宇, 张建军, 孟凡忠, 等. 高分子附聚法制备超大粒径聚丁二烯胶乳 [J]. 化工科技, 2012, 20 (1): 46-48.

[8] Exxon Mobile 化学公司开发出茂金属聚乙烯新牌号 [J]. 石油化工, 2016, 45 (3): 334.

[9] 朱光启, 王新华. 北欧双峰聚乙烯装置气相反应器的优化 [J]. 石油化工技术与经济, 2016 (3): 28-30, 35.

[10] 余世炯, 肖明威, 叶晓峰. 双峰聚乙烯淤浆进料催化剂研究 [J]. 工程塑料应用, 2015, 43 (11): 99-103.

[11] 李峰, 郭顺. 新型国产催化剂生产双峰 HDPE 膜料的性能 [J]. 合成树脂及塑料, 2015 (5): 46-48.

[12] 咸杰, 何本祥. 维生素 E 稳定型交联超高分子量聚乙烯在骨关节置换中的研究进展 [J]. 中国组织工程研究, 2016, 20 (31): 4707-4712.

[13] Chemical Market Resources Inc. Global polyolefin catalyst 2008-2012 markets, technologies & trends [R/OL]. Houston, 2008. (2009-03-03) [2010-09-10].

[14] 高明智, 李红明. 聚丙烯催化剂的研发进展 [J]. 石油化工, 2007, 36 (6): 535-546.

[15] 中国石油天然气股份有限公司. 一种乙烯聚合催化剂及其制备和应用: 中国, 201010193394.9 [P]. 2011-11-30.

[16] PetroChina. Olefin polymerization catalyst and preparation and application thereof: US, 2015361189 [P]. 2015-12-17.

[17] 中国石油天然气股份有限公司. 一种乙烯均聚合与共聚合的制备方法: 中国, 200910076325.7 [P]. 2009-01-09.

[18] 中国石油天然气股份有限公司. 负载型茂金属催化剂及其制备方法和应用: 中国, 201510208684.9 [P]. 2015-04-28.

[19] 中国石油天然气股份有限公司. 双核杂环催化剂及其在丙烯均聚和共聚中的应用: 中国, 201510601381.3 [P]. 2015-09-18.

[20] 中国石油天然气股份有限公司. 一种球形负载型茂金属催化剂: 中国, 201510627473.9 [P]. 2015-09-28.

[21] 中国石油天然气股份有限公司. 丙烯聚合用负载型主催化剂及其制备方法: 中国, 101195668 [P]. 2006-12-06.

[22] 王红秋. 聚丙烯技术的研究进展 [J]. 石油化工, 2008, 37 (增刊): 417.

[23] 王秀绘, 高飞, 王亚丽, 等. 丙烯/α-烯烃共聚聚丙烯的研究进展 [J]. 化工科技, 2007, 15 (6): 68-72.

[24] 冉崇文, 席军, 朱军, 等. 乙烯含量对透明无规共聚聚丙烯性能的影响 [J]. 合成树脂及塑料, 2016, 33 (5): 58-60, 78.

[25] 李杨, 娄金分, 周琴. 成核剂对聚丙烯非等温结晶动力学的影响 [J]. 广州化工, 2016, 44 (17): 75-77.

[26] 赫明成, 高飞. 无规共聚聚丙烯的研究进展 [J]. 工业催化, 2010, 18 (增刊): 154-157.

[27] 韦丽明, 黎坛. 中国双向拉伸聚丙烯 (BOPP) 烟用包装薄膜产业发展现状与趋势 [J]. 塑料包装,

2016, 26（1）：7-13, 57.

[28] 安彦杰. 聚丙烯技术的研究进展［J］. 石油化工, 2008, 37（增刊）：464.

[29] 孙秀丽, 王娇, 李秉荣. 聚丙烯结晶度对锂电池隔膜硬弹性的影响［J］. 工程塑料应用, 2016, 44（4）：98-101.

[30] Lu L, Fan H, Li B G, et al. Polypropylene and Ethylene-Propylene Copolymer Reactor Alloys Prepared by Metallocene/Ziegler-Natta Hybrid Catalyst［J］.Ind Eng Chem Res, 2009, 48（18）：8349-8355.

[31] Xu J T, Jin W, Fu Z S, et al. Composition distributions of different particles of a polypropylene/poly（ethylene-co-propylene）in situ alloy analyzed by temperature-rising elution fractionation［J］. J Appl Polym Sci, 2005, 98（1）：243-246.

[32] Fu Z, Dong Q, Li N, et al. Influence of polymerization conditions on the structure and properties of polyethylene/polypropylene in-reactor alloy synthesized in the gas phase with a spherical Ziegler-Natta catalyst［J］. J Appl Polym Sci, 2006, 101（4）：2136-2143.

[33] Suzuki S, Liu B, Minoru T, et al. Influence of primary structure on thermal oxidative degradation of polypropylene impact copolymer［J］.Polym Bull, 2005, 55：141.

[34] Chen Y, Chen Y, Chen W, et al. Multilayered core-shell structure of the dispersed phase in high-impact polypropylene［J］. J Appl Polym Sci, 2010, 108（4）：2379-2385.

[35] Song S, Wu P, Feng J, et al. Influence of pre-shearing on the crystallization of an impact-resistant polypropylene copolymer［J］.Polymer, 2009, 50（1）：286-295.

[36] Tocháček J, Jančář J, Kalfus J, et al. Degradation of polypropylene impact-copolymer during processing［J］.Polym Degrad Stabil, 2008, 93（4）：770-775.

[37] Li Y, Xu J T, Dong Q, et al. Morphology of polypropylene/poly（ethylene-co-propylene）in-reactor alloys prepared by multi-stage sequential polymerization and two-stage polymerization［J］.Polymer, 2009, 50（21）：5134-5141.

[38] Cai H, Luo X, Ma D, et al. Structure and properties of impact copolymer polypropylene. I. Chain structure［J］. J Appl Polym Sci, 1999, 71（1）：93-101.

[39] Sun Z H, Yu F S.SEM study of fracture behavior of ethylene/propylene block copolymers and their blends, Macromol Chem, 1991, 192：1439-1445.

[40] Urdampilleta I, González A, Iruin J J, et al. Morphology of High Impact Polypropylene Particles［J］. Macromolecules, 2005, 38（7）：2795-2801.

[41] Francis M, Mirabella J. Impact polypropylene copolymers：fractionation and structural characterization［J］.Polymer, 1993, 34：1729.

[42] Feng Y, Hay J N.The measurement of compositional heterogeneity in a propylene-ethylene block copolymer［J］.Polymer, 1998, 39（26）：6723-6731.

[43] 马良兴, 袁春海, 袁秀芳, 等. 乙丙抗冲共聚聚丙烯结构的研究［J］. 石油化工, 2007, 36（11）：1123-1127.

[44] Nakatani H, Manabe N, Yokota Y, et al. Studies of thermal oxidative degradation of polypropylene impact copolymer using the temperature using fractionation method［J］.Polym Int, 2007, 56（8）：1152-1158.

[45] 张玉清, 范志强, 封麟先. 聚丙烯催化合金结构表征［J］. 高分子学报, 2001（5）：687-690.

[46] Fan Z, Zhang Y, Xu J, et al. Structure and properties of polypropylene/poly(ethylene-co-propylene) in-situ blends synthesized by spherical Ziegler-Natta catalyst [J].Polymer, 2001, 42 (13): 5559-5566.

[47] Chen Y, Chen Y, Chen W, et al. Evolution of phase morphology of high impact polypropylene particles upon thermal treatment [J].Eur Polym J, 2007, 43 (7): 2999-3008.

[48] 彭娅, 傅强, 刘结平, 等. 茂金属聚乙烯的非等温结晶行为及其动力学研究 [J]. 高等学校化学学报, 2002, 23 (6): 1183-1188.

[49] 卢晓英, 义建军. 抗冲共聚聚丙烯结构研究进展 [J]. 高分子通报, 2010 (8): 7-18.

[50] Lu Xiaoying, Yi Jianjun, Chen Shangtao, et al.Characterization of impact polypropylene copolymers by solvent fractionation [J]. Chinese Journal of Polymer Science, 2012, 30 (1), 122-129.

[51] Lu Xiaoying, Qiang Huang, Zhang Yujian, et al. The study of multi-scale structures of impact polypropylene copolymers [C]. Shanghai: 6th International Conference on Polyolefin Characterization (ICPC), 2016.

[52] Glenn Allan Stahl, Humble, James John McAlpin. Polyolefin fibers and their fabrics: US005723217 [P].1998-03-03.

[53] Shoemaker J. Moldflow Design Guide [M]. Hanser, 2006.

[54] 李代叙.Moldflow 模流分析从入门到精通 [M]. 北京: 清华大学出版社, 2012.

[55] 张传贤. 兰州石化公司 ABS 树脂研究开发历程 [J]. 石化技术与应用, 2003: 21 (1): 29-36.

[56] 中国石油天然气股份有限公司. 一种小粒径聚丁二烯胶乳的制备方法: 中国, 00107134 [P].2000-11-08.

[57] 中国石油天然气股份有限公司. 一种小粒径聚丁二烯胶乳的制备方法: 中国, 200410080805 [P].2006-04-19.

[58] 中国石油天然气股份有限公司. 一种制备小粒子聚丁二烯胶乳的反应温度控制方法: 中国, 200410080804 [P].2006-04-19.

[59] 中国石油天然气股份有限公司. 一种小粒径聚丁二烯胶乳的制备方法: 中国, 2006101124295 [P].2008-02-20.

[60] 中国石油天然气股份有限公司. 一种小粒径胶乳的附聚方法: 中国, 200510059339 [P].2006-10-04.

[61] 徐永宁. 大庆 ABS 装置改造技术方案及综合评价 [D]. 大庆: 大庆石油学院, 2006.

[62] 中国石油天然气股份有限公司. 有附聚作用的丙烯酸胶乳的制备方法: 中国, 011443375 [P].2003-07-02.

[63] 中国石油天然气股份有限公司. 聚丁二烯胶乳的制备方法: 中国, 021312036 [P].2004-03-17.

[64] 中国石油天然气股份有限公司. 丁二烯-苯乙烯胶乳的制备方法: 中国, 2004100885603 [P].2005-06-08.

[65] 中国石油天然气股份有限公司. 一种使用高分子附聚法制备超大粒径胶乳的方法: 中国, 200910237011.0 [P].2011-05-11.

[66] 中国石油天然气股份有限公司. 一种丁二烯聚合反应自动控制方法: 中国, 200910081975.0 [P].2010-10-20.

[67] Li Gongsheng, Lu Shulai, Pang Jianxun, et al. Preparation, microstructure and properties of ABS resin

with bimodal distribution of rubber particles [J]. Materials Letters, 2012, 66 (32): 219-221.

[68] Li Gongsheng, Lu Shulai, Pang Jianxun, et al. Preparation of Acrylonitrile-Butadiene-Styrene Resin with High Performances by Bi-seeded Emulsion Grafting Copolymerization [J]. Polymeric Materials: Science & Engineering, 2012, 106: 358-360.

[69] 中国石油吉林石化公司. Q/SY JH C108 004—2010 0215AH 丙烯腈—丁二烯—苯乙烯（ABS）树脂 [S].2010.

[70] 庞建勋, 李静宇, 董朝晖, 等. 高分子附聚法450nm聚丁二烯胶乳的制备研究 [J]. 化工科技, 2012, 20 (6): 39-41.

[71] 中国石油天然气股份有限公司. 一种用于接枝后ABS胶乳凝聚成粉的方法: 中国, 2005100661113 [P].2006-11-01.

[72] 大庆石油化工设计院. ABS粉料的氮气干燥装置: 中国, 01227172.1 [P].2002-07-10.

[73] 中国石油天然气股份有限公司. 用于ABS接枝乳液聚合的改良框式搅拌器: 中国, 200820108519.1 [P].2009-05-20.

[74] 中国石油天然气股份有限公司. 一种ABS树脂的双峰乳液接枝制备方法: 中国, 201010134724 [P].2011-09-28.

[75] 中国石油天然气股份有限公司. 一种具有提高ABS接枝共聚物转化率的聚合方法: 中国, 201310655887.3 [P].2015-06-10.

[76] 中国石油天然气股份有限公司. 适于ABS接枝聚合物干燥的挤出机: 中国, 201120524731.8 [P].2012-08-15.

[77] 中国石油天然气股份有限公司. 一种适于ABS接枝聚合物干燥的方法及设备: 中国, 201110421162.9 [P].2013-06-19.

[78] 翟云芳, 穆蕊娟, 梁滔, 等. 附聚法制备高抗冲ABS [C] //2011年中国工程塑料复合材料技术研讨会论文集, 2001: 101-103.

[79] 翟云芳, 邵卫, 王月霞, 等. 高流动型ABS树脂技术研究及其评价应用 [C] //2013中国化工学会年会论文集, 2013.

[80] 翟云芳, 穆蕊娟, 梁滔, 等. 易加工型ABS树脂技术研究 [C]. 大连: 2011年全国高分子学术论文报告会, 2011.

[81] 丛日新, 梁滔, 郑红兵, 等. 连续本体法合成ABS树脂 [C] // 2011年中国工程塑料复合材料技术研讨会论文集, 2001: 46-48.

[82] 中国石油天然气股份有限公司. 一种双峰分布ABS的制备方法: 中国, 200810105657.9 [P].2009-11-04.

[83] 中国石油天然气股份有限公司. 一种双峰分布改性ABS树脂的制备方法: 中国, 201010609450.2 [P].2012-07-04.

[84] 中国石油天然气股份有限公司. 一种双峰分布改性ABS树脂的制备方法: 中国, 201110035505.8 [P].2012-07-04.

第四章 合成橡胶生产技术及新产品

中国合成橡胶在半个多世纪的发展和积累过程中，形成了完备的工业体系。顺丁橡胶、丁苯橡胶、丁腈橡胶及热塑性弹性体等成套生产技术处于世界先进水平。中国是合成橡胶最大的消费市场，生产能力、生产量和消费量均居世界第一。"十一五"期间，国内合成橡胶需求旺盛，经济效益相对较好，吸引了一大批国有及民间资本进入合成橡胶领域；"十二五"期间，国内产能得到集中释放，全国主要合成橡胶品种装置总产能从2010年的 282×10^4t/a 增长到2015年的 591×10^4t/a，5年增加了 309×10^4t/a，实现了装置产能翻倍。

"十二五"期间，中国石油合成橡胶业务在装置规模、生产技术、产品开发、市场占有率、知识产权保护、研发装备完善等方面都取得了丰硕成果。2007年，兰州石化采用自主技术建成 15×10^4t/a 乳聚丁苯橡胶生产装置，产品全部实现环保化，开创了国内环保丁苯橡胶的生产先河；2009年，兰州石化采用自主技术建成 5×10^4t/a 丁腈橡胶装置，实现产品系列化、环保化，引领了国内丁腈橡胶技术发展；2009年，独山子石化引进国外技术建成 18×10^4t/a SSBR/LCBR/SBS 溶液聚合联合装置，"十二五"期间产品逐步实现达产全销，市场轮胎用国产 SSBR 全部由独山子石化供应；2012年，抚顺石化采用吉林石化低温乳液聚合专有技术建成 20×10^4t/a 乳聚丁苯橡胶装置，使中国石油乳聚丁苯橡胶产能增加到 49×10^4t/a；2012年，大庆石化顺丁橡胶装置扩能，产能由 8×10^4t/a 提升到 16×10^4t/a，并于2013年在四川石化建成 15×10^4t/a 顺丁橡胶工业装置。"十二五"期间，中国石油投资建成200t/a多功能连续乳液聚合中试装置及100t/a多功能溶液聚合中试装置，为合成橡胶新技术及新产品的开发提供了强有力支撑。"十二五"期间，中国石油合成橡胶软实力也得到明显提升，上报专利165件，取得申请号149件，取得授权81件；"乳聚丁苯橡胶成套技术开发""5×10^4t/a 丁腈橡胶成套工艺技术开发""环保型溶聚丁苯橡胶系列产品及工业化技术开发"获得中国石油科技进步一等奖；"一种不饱和共轭二烯腈共聚物的制备方法"获得中国专利优秀奖；"10×10^4t/a 乳聚丁苯橡胶成套技术及新产品开发""单线产能最大丁腈橡胶技术工业应用达到长周期""合成橡胶环保技术工业化取得重大突破"分别获得中国石油年度十大科技进展。液体橡胶系列牌号产品成功应用于"神舟"系列载人飞船、"天宫一号""嫦娥二号"等，并成功配套于DF系列固体推进剂，为国家安全做出了重要贡献，2012年荣获"中国航天科技集团"表彰。研制6个合成橡胶系列门尼黏度国家标准物质，完全替代进口标准物质，填补国内空白；制（修）订标准36项，其中国家标准10项，行业标准15项，企业标准11项。《合成橡胶牌号规范》等3项国家标准制（修）订，获2011年中国石油科学技术进步三等奖，SH/T 1539—2007《苯乙烯—丁二烯橡胶（SBR）溶剂抽出物含量的测定》获2012年中国石油优秀标准二等奖，《丁苯橡胶中皂和有机酸含量的测定》通过国际标准立项，是中国石油炼化领域首次独立承担国际标准项目，获得国际标准话语权。

本章详细介绍合成橡胶产业现状，中国石油在"十一五"和"十二五"期间合成橡胶取得的重要技术进步和新产品开发推广及应用情况,并对未来中国石油合成橡胶业务发展进行展望。

第一节 国内外合成橡胶生产技术及新产品现状与发展趋势

"十二五"期间,世界合成橡胶工业地区发展不平衡,欧美地区只有阿朗新科(原德国朗盛公司)生产规模有较大发展,其他公司发展相对较慢。亚洲是市场发展的重点,中国、韩国、印度和新加坡是产能增长的主要国家。世界合成橡胶企业重组速度加快,德国朗盛公司与沙特阿美公司宣布成立全新的合成橡胶公司,更名为阿朗新科,进一步巩固了其领先地位,并收购了荷兰帝斯曼(DSM)乙丙橡胶业务;日本电化学公司2014年收购了美国杜邦氯丁橡胶业务。根据世界合成橡胶生产者协会统计,截至2015年底,排名前23位的合成橡胶企业总产能占比80%,前5家公司分别为阿朗新科(205×10^4t/a)、中国石化(174×10^4t/a)、韩国锦湖化学(130×10^4t/a)、中国石油(126×10^4t/a)和台湾合成橡胶股份公司(79×10^4t/a)。中国合成橡胶产业规模在2006—2015年得到迅速壮大,截至2015年底,国内合成橡胶产能达到591×10^4t/a,产能、生产量和消费量均居世界第一。生产企业共58家,其中中国石化174×10^4t/a(含合资企业,占29.5%),中国石油126×10^4t/a(占21.3%),外商(台商)独资或合资企业131×10^4t/a(占22.2%),其他国内民营或国有企业160×10^4t/a(占27%)。按胶种分布来看,顺丁橡胶、丁苯橡胶及苯乙烯类热塑性弹性体为三大胶种,其总产能占比超过60%。合成橡胶总体技术水平不断成熟,产业集中度进一步提升,装置规模呈现大型化,生产自动化控制水平进一步提高,产品向环保化、定制化、高性能化发展。本节分胶种介绍国内外合成橡胶技术及新产品现状与发展趋势。

一、国内外合成橡胶生产技术及新产品现状

合成橡胶按胶种来分,主要包括丁苯橡胶(溶聚丁苯和乳聚丁苯)、顺丁橡胶、丁腈橡胶、乙丙橡胶、异戊橡胶、丁基橡胶、苯乙烯类热塑性弹性体。近年来,欧美市场合成橡胶技术逐渐趋于成熟,产业集中度进一步提升;而亚洲市场,特别是中国合成橡胶产业相对分散,存在通用牌号产品过剩、高端牌号产量不足的矛盾。新建装置由于市场周期波动、产品价格回落、原料供应不配套等因素,面临装置开工率不足、经济效益下滑等严峻考验。同时,随着国家节能环保政策的不断趋严,市场对合成橡胶产品内在品质和售后服务提出了新的要求,合成橡胶企业竞争日益严峻。

1. 丁苯橡胶

丁苯橡胶(SBR)是最大的通用合成橡胶品种,其物理机械性能、加工性能和制品使用性能都接近天然橡胶(NR),是橡胶工业的骨干产品。SBR可与NR及多种合成橡胶并用,使其应用范围扩大,广泛应用于生产轮胎与轮胎制品、鞋类、胶管、胶带、汽车零部件、电线电缆及其他多种工业橡胶制品[1,2]。SBR根据聚合工艺的不同,分为乳聚丁苯橡胶(ESBR)和溶聚丁苯橡胶(SSBR)两种。ESBR开发历史悠久,生产和加工工艺成熟,应用广泛,其产能、产量和消耗量在合成橡胶中均占首位。与ESBR相比,SSBR生产工艺装置具有适应能力强、胶种牌号多样化、单体转化率高、排污量小、聚合助剂品种少等

优点，因此，虽然开发较晚，但发展迅速。

ESBR 生产技术在 20 世纪 20 年代后期逐渐成熟[3,4]，此后对工艺又进行了不断改进，并朝着装置大型化的方向发展，自动控制技术已达到较高水平。近年来，在提高聚合反应单体转化率及节能降耗、改进聚合配方和生产工艺、改性技术、添加第三单体或填充剂来改善 ESBR 性能等方面，也取得了很大的进展，已经有不少牌号的产品用于高性能轮胎制造，性能甚至好于 SSBR。

中国在 2006 年以前仅有两套 SSBR 装置，分别位于中国石化燕山石化和茂名石化，产能均为 3×10^4t/a。燕山分公司 SSBR 装置采用单釜间歇聚合工艺，除后处理单元外，其工艺特点和技术水平与苯乙烯—丁二烯—苯乙烯三嵌段共聚物（SBS）装置大体相同。茂名分公司的 SSBR 装置是 1997 年引进比利时 Fina 公司技术建成的。由于 2006 年前国内 SSBR 需求量很小，而 SBS 用量较大，上述两套装置经过改造后主要用于生产 SBS。2006 年，中国石化上海高桥分公司 10×10^4t/a SSBR 装置在上海漕泾投产，引进日本旭化成公司的连续溶液聚合生产技术，共有 3 条生产线，可生产 SSBR 和低顺式聚丁二烯橡胶（LCBR）。2009 年 9 月，中国石油独山子石化采用意大利 Polimeri Europa 公司的溶液聚合专利技术建成工业装置。装置设计产能为 18×10^4t/a，其中 SSBR-LCBR 产能为 10×10^4t/a，SBS 产能为 8×10^4t/a。

据统计，2015 年全球 SBR 总产能已达到 574.2×10^4t/a。ESBR 产能为 410.6×10^4t/a，位居前五的公司为韩国锦湖有限公司、中国石油、俄罗斯 Sibur 有限公司、美国 Ashland 有限公司和中国石化。SSBR 产能为 163.6×10^4t/a，位居前五的公司为日本旭化成、法国米其林、普利司通/费尔斯通、盛禧奥和阿朗新科。2015 年，ESBR、SSBR 主要生产企业及产能见表 4-1 和表 4-2，中国 SBR 主要生产企业及产能见表 4-3。

表 4-1　2015 年世界 ESBR 主要生产企业及产能

排名	生产公司	产能，10^4t/a
1	韩国锦湖公司	56.5
2	中国石油	49.0
3	俄罗斯 Sibur 有限公司	41.1
4	美国 Ashland 有限公司	34.0
5	中国石化	29.5
6	Synthos S.A.	29.5
7	阿朗新科	28.5
8	固特异公司	27.1
9	台橡公司	26.2
10	LG 化学	18.5
11	美国 Lion 化学	15.9
12	日本合成橡胶公司	15.0
13	印度信诚工业公司	15.0
14	盛禧奥	13.0
15	GC Titan	12.8

表4-2 2015年世界SSBR主要生产企业及产能

排名	生产公司	产能，10^4t/a
1	日本旭化成	24.0
2	米其林	21.0
3	普利司通/费尔斯通	18.0
4	盛禧奥	17.0
5	阿朗新科	13.0
6	日本瑞翁公司	12.5
7	中国石油	10.0
8	日本合成橡胶公司	8.6
9	韩国锦湖公司	8.4
10	中国石化	6.5
11	LG化学	6.0
12	NKNK	5.0
13	日本住友化学	4.8
14	Synthos S.A.	4.5
15	俄罗斯Sibur有限公司	4.0

表4-3 2015年中国SBR主要生产企业及产能

生产企业		ESBR产能，10^4t/a	SSBR产能，10^4t/a
中国石化	燕山石化	—	3.0
	齐鲁石化	23.0	—
	高桥石化	—	6.7
	茂名石化	—	3.0
	巴陵石化	—	3.0
中国石油	吉林石化	14.0	—
	兰州石化	15.0	—
	独山子石化	—	10.0
	抚顺石化	20.0	—
其他	申华化学工业公司	18.0	—
	南京扬子石化金浦橡胶公司	10.0	—
	普利司通（惠州）合成橡胶公司	5.0	—
	杭州浙晨	10.0	—
	天津陆港	10.0	—
	福橡化工	10.0	—
	宁波维泰	10.0	—
	北方戴纳索	—	10.0
	镇江奇美	—	4.0
	山东华懋	—	10.0

2. 丁二烯橡胶

丁二烯橡胶（BR）根据微观结构及顺式-1,4结构含量的不同主要分为高顺式、中顺式和低顺式以及反式，高顺式橡胶、中顺式橡胶和低顺式橡胶统称为顺丁橡胶，是目前仅次于丁苯橡胶的第二大通用合成橡胶。顺丁橡胶具有弹性好、生热低、滞后损失小、耐挠曲、抗龟裂及动态性能好等优点，可与天然橡胶、氯丁橡胶及丁腈橡胶等并用，主要用于轮胎工业中，可用于制造胶管、胶带、胶鞋、胶辊、玩具等，还可以用于各种耐寒性要求高的制品和用于防震。

目前，世界上顺丁橡胶的生产工艺主要为溶液聚合法，根据不同的催化体系，生产工艺可分为稀土系、钛系、钴系、镍系和锂系。由锂系制得的聚丁二烯橡胶顺式-1,4-结构质量分数只有35%~40%，为LCBR；由钛系制得的顺式-1,4-结构质量分数在90%左右，为中顺式聚丁二烯橡胶；由钴系、镍系及稀土系制得的顺式-1,4-结构质量分数达96%~99%，为高顺式聚丁二烯橡胶。稀土BR（Nd-BR）的主要特点是分子链立构规整度高；乙烯基结构单元含量比钛系、钴系和镍系BR更低；分子链线性规整度高，线性好；平均分子量高，分子量分布宽；生胶强度、加工性能、硫化胶物理性能及抗湿滑性能均优于其他催化体系BR产品，特别适用于胎面胶和胎侧胶。低顺式-1,4-聚丁二烯橡胶（LCBR）具有优异的耐寒性、回弹性、耐磨性、耐老化及耐油性，尤以低温屈挠性为最佳，与其他胶种并用作轮胎胎面胶，可改善轮胎的抗湿滑性并降低滚动阻力，是子午胎胎面的理想胶种。此外，LCBR还具有色浅、透明、凝胶少和纯度高的特点，是HIPS和ABS理想的抗冲击改性剂。

中国顺丁橡胶的研究开发始于20世纪60年代。1963年，中国科学家欧阳均、沈之荃等人首先发现了稀土络合催化剂。1971年，北京燕山石化合成橡胶厂建成投产了中国第一套镍系顺丁橡胶生产装置，产能为1.5×10^4t/a。1980年，中国科学院长春应用化学研究所（简称长春应化所）公开出版了《稀土催化合成橡胶文集》，在世界范围内掀起了稀土催化剂研究热潮。1983年，锦州石化进行了千吨级装置稀土充油顺丁胶工业化实验和轮胎里程实验。1987年，德国Bayer公司首先实现工业化生产。1989年，EniChem公司也开始稀土顺丁橡胶生产。1998年，锦州石化与长春应化所合作，在锦州石化万吨级镍系顺丁橡胶生产装置上采用绝热聚合方式实现了钕系稀土顺丁橡胶的工业化生产。目前，国内拥有稀土顺丁橡胶生产技术的厂家有独山子石化、锦州石化、燕山石化，但受各方面原因影响，产品未投入大规模生产和推广。2015年，全球BR总产能达到476.9×10^4t/a。截至2015年底，中国BR产能为159×10^4t/a，主要生产企业及产能见表4-4。

表4-4　2015年中国BR主要生产企业及产能

生产企业		产能，10^4t/a
中国石化	燕山石化	15
	齐鲁石化	7
	高桥石化	15.3
	巴陵石化	6
	茂名石化	10

续表

生产企业		产能，10^4t/a
中国石油	锦州石化	5
	大庆石化	16
	独山子石化	3.5
	四川石化	15
其他	南京扬子金浦	10
	台橡宇部	7.2
	新疆天利	5
	福橡化工	5
	华宇橡胶	16
	山东华懋	10
	山东万达	3
	浙江传化	10

3. 丁腈橡胶

丁腈橡胶（NBR）具有极好的耐油性、卓越的耐磨性、耐溶剂性和耐热性，主要用于制作耐油橡胶制品，广泛用于建材、汽车、石油化工、航空航天、纺织、印刷、制鞋、电线电缆等国民经济和国防化工领域，是国家战略性物资。1930年，德国Konrad和Thchunkur公司首次试制成功，NBR生产工艺从热法（30~50℃）乳液聚合发展到冷法（5~15℃）乳液聚合，形成了间歇聚合和连续聚合共存的乳液聚合法技术路线。产品涵盖固体丁腈橡胶（固体NBR）、氢化丁腈橡胶（HNBR）、粉末丁腈橡胶（PNBR）、羧基丁腈橡胶（XNBR）和丁腈胶乳（NBR胶乳）等。

世界各个国家和地区NBR的消费结构不尽相同，其中北美地区约29%用于生产软管、胶带和电缆，21%用于生产O形环，15%用于生产挤出和模塑制品，11%用于黏合剂和密封剂，2%用于制鞋，22%用于其他方面。西欧地区63%用于生产汽车机械产品，7%用于制鞋及装饰，30%用于其他方面。日本75%用于汽车工业制品，2%用于织物产品，2%用于黏合剂，1%用于造纸，20%用于其他方面。国内NBR主要应用在建材、汽车、航空航天、石油化工、纺织、制鞋、电线电缆等领域，其消费结构与国外差别较大。31.9%用于保温发泡材料（节能建筑的墙体保温、管道保温、空调系统绝热保温、运动器材把手等），29.8%用于密封制品（机动车辆等的密封件、O形圈），26.6%用于胶管制品（耐油、耐腐蚀、耐热、耐压胶管制品，主要用于煤矿等工程机械的液压胶管和机动车辆输油管等），3.2%用于运输带，3.2%用于改性材料，5.3%用于耐油胶鞋、胶辊、胶黏剂、耐油胶板等其他方面。

表4-5是世界主要NBR生产商列表。截至2015年底，阿朗新科是目前世界上最大的NBR生产商，产能达12.5×10^4t/a。该公司分别在法国和加拿大建有生产装置，产品大量出口到亚洲。日本瑞翁公司是第二大NBR生产商，产能为10.5×10^4t/a，分别在英国、美国和日本建有生产装置。中国石油NBR产能为7.5×10^4t/a，位居世界第三。

表 4-5　世界主要 NBR 生产厂家[①]　　　　单位：万吨/年

生产商	地点	产能，10^4t/a
法国 Eliokem 公司	Sandouville	1.5
法国 Lanxess France	LaWantzenau	8.5
意大利 Polimeri Europa Spa	PortoTorres	3.3
波兰 Synthos 公司	Oseicim	0.8
英国 Zeon Chemicals 欧洲有限公司	Barry，Wales	1.5
俄罗斯 Sibur 公司	Krasnoyarsk	3.5
俄罗斯 Sibur 公司	Voronezh	0.6
欧洲合计		19.7
阿根廷 Petrobras Energia 公司	Pto Gral San Martin	0.4
巴西 Nitriflex	Du que de Caxias	2.2
巴西 Petroflex	Triunfo，RioGrande do Sul	2.0
墨西哥 INSA/ParaTec Elastomers LLC	Altamira，Tamps	2.2
拉丁美洲合计		6.8
美国 Lion Copolymer 公司	Baton Rouge，LA	1.5
美国 Zeon Chemicals L.P.	Louisville，KY	4.0
加拿大 LANXESS 公司	Sarnia，Ontario	4.0
北美合计		9.5
日本 JSR	Yokkaichi	4.0
日本 ZEON 公司	Kawasaki	2.0
日本 ZEON 公司	Tokuyama	3.0
印度 Eliochem	Gujarat	2.0
印度 Synthetics & Chemicals 有限公司	Bareilly	0.8
韩国 Kumho Petrochemical 有限公司	Yeosu-si	3.0
韩国 LG Chemical	Daesan	3.0
韩国 Hyundai Petrochemical 有限公司	Daesan	1.6
中国石油兰州石化分公司	甘肃兰州	6.5
中国石油吉林石化分公司	吉林	1.0
镇江南帝化工公司	江苏镇江	5.0
中国台湾南帝化工公司	高雄	2.4
宁波顺泽橡胶有限公司	宁波	5.0
朗盛台橡（南通）化学工业有限公司	江苏南通	3.0
亚洲合计		42.3
总计		78.3

[①]未包括液体丁腈、粉末丁腈、氢化丁腈和丁腈胶乳。

4. 异戊橡胶

异戊橡胶（IR）是以异戊二烯为单体通过溶液聚合而成的，主要物理机械性能与天然橡胶接近，是唯一能替代天然橡胶的合成胶，既可单独使用，也可与天然橡胶或其他通用合成橡胶并用，大量用于制造轮胎和其他橡胶制品。IR 按其催化体系，基本分为锂系、钛系和稀土体系三大系列。目前，工业上 IR 主要采用 Ziegler-Natta 催化剂体系的溶液聚合法来生产，一般以 TiCl$_4$AlR$_3$（R 多为异丁基）钛系催化体系为主。主要工艺流程包括原料精制、溶液聚合、胶液分离、干燥及溶剂和单体回收。该胶顺式结构含量高，分子量较低，分布较宽，有一定的支化度，门尼黏度高。采用钛系催化剂合成 TiIR 要严格控制 Al 与 Ti 的摩尔比（9~1.0），单体质量分数为 12%~20%，在较低温度（0~40℃）聚合 2~4h，转化率可达 70%~90%。

20 世纪 70 年代，长春应化所开展了稀土催化剂合成聚异戊二烯橡胶的研究工作，1975 年完成了中试试验。但由于合成原料异戊二烯来源以及应用开发等因素，一直没有实现工业化生产。2010 年 4 月，山东鲁华泓锦化工股份有限公司在广东茂名的 1.5×10^{4}t/a 工业装置建成投产，结束了中国无异戊橡胶工业生产的历史。自此以后，中国异戊橡胶的产能不断增加。截至 2015 年底，全球异戊橡胶产能近 100×10^{4}t/a，主要集中在俄罗斯、中国、美国和日本。中国异戊橡胶生产企业产能情况见表 4-6。近年来，由于天然橡胶价格较低，异戊橡胶装置开工率不足 20%。

表 4-6 中国异戊橡胶主要生产企业产能情况

公司	产能，10^{4}t/a	公司	产能，10^{4}t/a
鲁华化工有限公司	6.5	新疆天利实业	3.0
伊科思新材料股份有限公司	7.0	金海德旗	3.0
中国石化北京燕山石化公司	3.0	总计	25.5
山东神驰石化有限公司	3.0		

5. 丁基橡胶

丁基橡胶（IIR）生产方法主要有淤浆法和溶液法两种。淤浆法是以氯甲烷为稀释剂，以 H$_2$O-AlCl$_3$ 为引发体系，在低温（-100℃左右）下将异丁烯与少量异戊二烯通过阳离子聚合制得的。淤浆法生产技术主要包括聚合反应、产品精制、回收循环以及清釜四部分。溶液法是以烷基氯化铝与水的络合物为引发剂，在烃类溶剂（如异戊烷）中于 -90~-70℃下，异丁烯和少量异戊二烯共聚而成。溶液法的优点是可以用聚合物胶液直接卤化 IIR，避免了淤浆法工艺制卤化 IIR 所需的溶剂切换或胶料的溶解工序，可根据控制工艺条件制备分子量不同的产品。但溶液法 IIR 分子量分布较宽，分子链存在支化现象。目前，世界上仅俄罗斯的一家工厂采用溶液法生产 IIR。

卤化丁基橡胶（HIIR）是 IIR 与卤化剂反应的产物，主要用于生产汽车子午胎的气密层和医用胶塞等。卤化反应包括氯化和溴化。HIIR 的生产方法主要有干法和湿法两种。干法又称干混卤化法，是将成品 IIR 和卤化剂通过螺杆挤压机，在机械剪切作用下对 IIR 进行卤化。其反应装置包括进料区、反应区、中和区、洗涤区和出料区 5 个操作区。湿法又名溶液法，是 IIR 在溶液中与卤化剂反应生产 HIIR 的工艺方法。IIR 的湿法卤化方法很多，IIR 与卤化剂在反应管中卤化生成 HIIR 是最重要的一种方法。溶液法 HIIR 的基本合成工艺是 IIR 在烷烃（如己烷或戊烷）溶液中，在 40~60℃条件下与卤素反应。一般情况下，氯化丁基橡胶（CIIR）中氯含量为 1.1%~1.3%（质量分数），不饱和度为 1.9%~2.0%

（摩尔分数）；溴代丁基橡胶（BIIR）中溴含量为 1.8%~2.2%（质量分数），不饱和度为 1.6%~1.7%（摩尔分数）。由于卤化胶很不稳定，在聚合物回收和后处理工序要加入稳定剂和抗氧化剂来保护卤化产品。

据国际合成橡胶生产商协会报道，2015 年全世界 IIR 总产能为 153.9×10^4 t/a。中国 IIR 的研究开发始于 20 世纪 60 年代，但一直没有建成工业化生产装置。1999 年，燕山石化引进意大利 PI 公司技术，建成了中国第一套 3×10^4 t/a 丁基橡胶生产装置，2009 年装置产能扩大至 4.5×10^4 t/a。共引进牌号 IIR 1751、IIR 1751 F 和 IIR 0745，均为普通 IIR 产品。其中，IIR 1751 属于内胎级产品，中等不饱和度、高门尼黏度，主要用于制造轮胎内胎、硫化胶囊和水胎等制品；IIR 1751 F 是食品、医药级产品，中等不饱和度、高门尼黏度，可用于口香糖基础料以及医用瓶塞的生产；IIR 0745 是绝缘材料、密封材料和薄膜级产品，极低不饱和度、低门尼黏度，主要用于电绝缘层和电缆头薄膜的生产。近年来，中国汽车工业发展迅速，轮胎的需求量大增，这大大拉动了丁基橡胶的需求。截至 2015 年底，中国丁基橡胶产能达到 41×10^4 t/a。2015 年，世界主要丁基橡胶生产厂家情况见表 4-7。

表 4-7　2015 年世界主要丁基橡胶生产厂家情况

公司名称	产能，10^4t/a	主要产品
美国埃克森美孚化学公司	27.5	IIR、CIIR、BIIR
加拿大朗盛公司	15.0	IIR、CIIR、BIIR
比利时朗盛公司	13.0	IIR、CIIR、BIIR
法国 Socabu 公司	5.6	IIR、CIIR、BIIR
英国埃克森美孚化学公司	11.0	IIR、CIIR、BIIR
日本丁基橡胶公司	10.5	IIR、CIIR、BIIR
俄罗斯 Raznoimport 公司	16.8	IIR
中国石化燕山石化公司	13.5	IIR、CIIR、BIIR
中国浙江信汇	11.5	IIR、CIIR、BIIR
辽宁盘锦和运实业	6.0	IIR、CIIR、BIIR
宁波台塑	5.0	IIR、CIIR、BIIR
山东京博石油化工有限公司	5.0	BIIR

6. 乙丙橡胶

乙丙橡胶（EPR）是由乙烯、丙烯及第三单体共聚得到的聚合物。制备方法有溶液聚合法、悬浮聚合法和气相聚合法三种。溶液聚合法工艺是当今世界 EPR 生产的主导工艺，采用此工艺的装置产能约占世界 EPR 总产能的 88.0%，悬浮聚合法约占 5.8%，气相聚合法约占 6.2%。传统 Ziegler-Natta 型溶液聚合法工艺仍是目前国内外生产 EPR 最广泛使用的方法，但茂金属催化剂型的溶液聚合法工艺是今后主要的发展趋势之一。悬浮聚合法生产工艺流程短，投资和成本较低，但产品性能没有突出优点，应用范围较窄，不及溶液聚合法工艺使用广泛。气相聚合法工艺随着其技术的不断完善和优化，发展前景将十分广阔。

1997 年，吉林石化引进日本三井化学公司溶液聚合法技术，建成当时国内唯一一套 2×10^4 t/a 的乙丙橡胶生产装置。但该装置生产的 24 个牌号乙丙橡胶产品，大部分不能满足中国市场需求，目前引进牌号仅保留 2 个。为满足国内市场需求，吉林石化下大力气开发乙丙橡胶产品，并始终走在国内乙丙橡胶开发的前列，已陆续开发出 11 个应用于润滑油改进剂、汽车内胎、树脂改性及密封条等领域的乙丙橡胶新牌号。吉林石化采用引进技术与自主技术相结合方式，2008 年建成 2.5×10^4 t/a 乙丙橡胶生产装置（B 线），2014 年建成具有自主知识产权的 4×10^4 t/a 乙丙橡胶生产装置（C 线）。这些装置生产的产品逐渐形成了市场优势，基本覆盖了国内乙丙橡胶中低端市场，并得到国外用户的认可。

目前，这些牌号产品逐渐形成了市场优势，基本覆盖了国内乙丙橡胶中低端市场，并得到国外用户的认可，但用于电线电缆、高档密封条等高端领域的乙丙橡胶产品仍处于空白，产量十分有限，供需矛盾始终比较尖锐，因而每年都需从美国、韩国、新加坡等国家大量进口。

2014 年，中国石化与日本三井化学共同出资在上海建设了一套乙丙橡胶装置，该装置具备年产 7.5×10^4 t EPR 能力，采用茂金属催化剂技术，工艺先进。2015 年，阿朗新科在江苏常州新建 16×10^4 t/a 装置投产，韩国 SK 化学公司在浙江宁波新建的 5×10^4 t/a 装置投产。截至 2015 年底，中国乙丙橡胶装置规模达到 47×10^4 t/a，产能出现过剩现象。2015 年全球乙丙橡胶主要生产商产能见表 4-8。

表 4-8　2015 年全球乙丙橡胶主要生产商及产能

排名	生产商	装置所在地	产能，10^4t/a
1	阿朗新科（原朗盛）	美国	6
		巴西	4.2
		荷兰	18
		中国	16
2	埃克森	法国	9
		美国	20.5
3	锦湖	韩国	22.0
4	Versalis（埃尼旗下）	意大利	8.5
		韩国	10
5	三井	日本	9.5
		中国	7.5
6	陶氏化学	美国	15.1
7	狮子化学	美国	13
8	KEMYA	沙特阿拉伯	11
9	SK 全球化学公司	中国	5
		韩国	4
10	中国石油	中国	8.5
11	住友化工	日本	4.3
12	JSR	日本	3.6
13	Nizhnekamskneftekhi	俄罗斯	1.2
14	UfaorgsinteZOJSC	俄罗斯	0.4
	合计		197.3

7. 苯乙烯类热塑性弹性体（SBC）

苯乙烯类热塑性弹性体是指由聚苯乙烯链段构成硬段和由聚二烯烃构成软段的三嵌段共聚物，又称苯乙烯嵌段共聚物（SBC）。其中，软段若为聚丁二烯，则称为热塑性丁苯嵌段共聚物或热塑性丁苯橡胶，简称SBS；若软段为聚异戊二烯，则简称SIS。为改进SBS、SIS的耐候性和耐老化性，还开发了其氢化产品，SBS的加氢产物，在结构上，其软段相当于乙烯和丁烯的共聚物，故称为SEBS；SIS的加氢产物，在结构上，其软段相当于乙烯和丙烯的共聚物，故称为SEPS。

SBS聚合采用阴离子聚合，以正丁基锂或仲丁基锂等单锂有机化合物为引发剂，在非极性溶剂中于惰性气体保护下进行聚合反应。第一步，将原料及各种组分进行精制，然后先向反应器中加入1/2规定量的苯乙烯（质量），接着加入引发剂溶液，升温到50℃左右，维持0.5~1h。第二步，待苯乙烯完全转化后降温至35℃左右，加入丁二烯再升温至50~70℃并维持2h左右。为使丁二烯转化完全，可接着将温度升至70~80℃，再维持20~30min。第三步，加入另一半苯乙烯，在70~80℃下反应1h。聚合结束后向聚合物溶液中加入含有稳定剂的环己烷溶液，并加入分散剂（如硬脂酸钙）在90℃以上凝聚，再经挤压脱水、挤压干燥后得到产品，最后将产品包装入库。中国SBS产品主要用于制鞋、沥青改性、聚合物改性以及胶黏剂等方面，制鞋约占41.49%，沥青改性剂约占25.53%，胶黏剂约占14.36%，聚合物改性约占10.11%，其他方面约占8.51%。

截至2015年底，世界SBS总产能约为221.4×10^4t/a，主要集中在西欧地区、北美地区和亚太地区。中国是世界最大的SBS生产国（含合资企业和独资企业），产能达到119.0×10^4t/a。2015年中国SBS生产企业情况见表4-9。

表4-9　2015年中国SBS生产企业情况

生产厂家	产能，10^4t/a	主要产品
中国石化巴陵公司	28.0	SIS、SBS、SEBS
中国石化燕山石化公司	9.0	SBS
中国石化茂名石化公司	8.0	SBS
台湾李长荣（惠州）橡胶有限公司	30.0	SBS、SIS、SEBS
中国石油独山子石化公司	8.0	SBS
台橡（南通）实业有限公司	6.0	SEBS、SIS
天津乐金渤天化工有限公司	6.0	SBS
宁波科元塑胶有限公司	10.0	SBS、SIS
宁波欧瑞特聚合物有限公司	2.0	SIS、SEBS
山东聚圣科技有限公司	4.0	SIS、SBS
茂名众和化塑有限公司	3.0	SBS
辽宁北方—戴纳索橡胶有限公司	5.0	SBS
合计	119.0	

二、合成橡胶生产技术及新产品发展趋势

世界合成橡胶正朝着经营多元化、规模大型化、装置多功能化的方向发展，产业集

中度不断提高。欧美等发达国家合成橡胶技术和产品比较成熟，在满足本地区市场需求的情况下，不断向海外扩张。尤其是近10年来，针对亚洲新兴市场，以阿朗新科为首的多家跨国公司先后在新加坡、中国和印度建设了一批溶聚丁苯橡胶、稀土顺丁橡胶、乙丙橡胶等合成橡胶装置，以满足这些地区对高端牌号产品的需求。中国已成为合成橡胶生产第一大国，但还不是强国，产品存在结构性矛盾，通用牌号过剩，高端或专有牌号不足，每年仍从国外大量进口。合成橡胶生产技术和产品正朝着生产环保化、低成本化、品种多样化、高性能化、定制化方向发展。

1. 丁苯橡胶

1）乳聚丁苯橡胶

近年来，乳聚丁苯橡胶（ESBR）发展活跃地区主要是亚洲，特别是中国和印度。"十二五"期间，中国ESBR产能大幅增加，但新增产能生产的产品主要是通用牌号。不少企业因原料无法保障，产品利润率低而陷入开工率低、生产负荷不足的困境。中国石油根据市场变化，主动了解市场需求，积极开发环保化、高性能化新产品，开拓了一条产品定制化研发道路，先后为米其林、普利司通、固特异等知名轮胎企业开发专用定制化牌号，为其他合成橡胶企业提供了很好的经验。

2）溶聚丁苯橡胶

溶聚丁苯橡胶（SSBR）因其阴离子聚合特点使其技术改性更加灵活，美国、日本及欧洲技术比较成熟。中国还处于发展阶段，国内用于轮胎的SSBR仅有中国石油独山子石化一家能够提供。发展趋势是改性技术，第一种是微观结构改性，调节SSBR分子链中苯乙烯基和乙烯基的微观结构得到不同性能优势的产品。第二种是偶联改性技术，采用链端或链中改性技术提高分子链与二氧化硅之间的相互作用力，降低SSBR滚动阻力，降低生热，提高产品耐磨性。第三种是引入异戊二烯，开发集成橡胶。集成橡胶有效解决了橡胶性能中抗湿滑性、滚动阻力和耐磨性相互矛盾的"魔鬼三角"问题，在不影响橡胶抗湿滑性能的情况下，可以降低滚动阻力和提高耐磨性能。另外，根据溶液聚合特点，还可进行高分子链的支化改性，形成多臂、杂臂、星形SSBR，以及进行酰胺类、腈类、席夫碱、多环芳烃类等不同的高分子链端基改性；还可以在高分子链上进行氢化、氯化或环氧化改性，通过不同的改性手段使其具有不同的使用性能。

2. 顺丁橡胶

镍系顺丁橡胶（Ni-BR）装置经改造后，即可生产钕系顺丁橡胶（Nd-BR）和钕系异戊橡胶（Nd-IR），因此，顺丁橡胶装置的多功能化是一种发展趋势。今后Ni-BR比例将会下降，重点开发Nd-BR，特别是窄分布、带有一定支化度的Nd-BR，以改善加工性能和冷流性。钕系聚合物的特点是顺式-1,4-结构含量高（不低于98%）和分子量分布窄，不含凝胶和支链聚合物，不含低聚物。随着《轮胎标签法》的实施，Nd-BR已成为国内外研究开发的热点，许多厂家对Nd-BR进行了大量研究，以提高开发技术水平。在Li-BR方面，重点开发塑料改性LCBR牌号，开发滚动阻力和抗湿滑性能均衡的MVBR和HVBR。

3. 丁腈橡胶

丁腈橡胶（NBR）已开发70余年，生产技术比较成熟。20世纪90年代以来，世界NBR工业技术进展主要为：通过改善聚合配方、研制新型助剂、提高自控水平、改进工艺以及不断开发新产品等途径，以改进产品质量、降低生产成本、稳定生产、提高生产能力、扩大产品系列牌号以及拓宽应用领域等。近几年，主要发展趋势为：

（1）完善聚合配方。通过控制分子量和高分子组成结构、选用高效助剂、与第三单体共聚等手段不断优化聚合配方。

（2）改进聚合工艺。通用 NBR 的生产与研究已进入更节能、更高效的聚合工艺的开发和应用时代。

（3）提高自控水平。

（4）降低生产成本。

（5）产品多元化、系列化、高性能化和环保化。

4. 异戊橡胶

异戊橡胶（IR）作为性能最接近天然橡胶的一个胶种，其发展受天然橡胶影响呈现周期性波动。工业上溶液聚合生产技术已成熟，其技术发展除了体现在进一步改进催化剂体系外，主要是在稳定控制生产和节能方面。异戊橡胶的改性：一是针对与天然橡胶的差异，改进其生胶的强度以便替代天然橡胶；二是对其进行卤化、氢化和环化等化学改性。异戊橡胶技术的发展趋势主要体现在聚合技术方面，以提高产品质量及应用性能。另外，鉴于异戊橡胶催化剂占成本比重较大，开发高效催化剂以降低成本是提高装置开工率的重要途径。

5. 丁基橡胶

与 SBR、BR 等通用橡胶相比，丁基橡胶（IIR）的技术进步和新产品开发速度与力度均处于领先地位。近 10 年，中国 IIR 装置呈现爆发式增长，产业有逐步集中的趋势。研究的主要方向是完善 IIR/BIIR 成套工业技术，开发新型淤浆法稳定技术，通过引发体系创新，提高聚合温度，降低能耗；各种改性卤化丁基橡胶、星形支化丁基橡胶等将成为丁基橡胶重点发展的品种。

6. 乙丙橡胶

近年来，乙丙橡胶（EPR）装置规模在不断提升，新型高效催化体系不断得到应用。茂金属技术 EPR 正在逐渐取得越来越大的市场份额，Ziegler-Natta 技术型产品逐步减少；三元 EPR 的产品结构正在发生变化，各种改性 EPR（如氯化、磺化、环氧化、离子化、硅改性以及各种接枝等）、专用 EPR（如电线电缆用、润滑油改性用、树脂改性用等）、特种 EPR（如液体、超低黏度、超高分子量、高充油、超高门尼黏度、长链支化、双峰结构等）已经成为重要的 EPR 品种；采用新型第二、第三、第四单体合成新型二元、三元、四元 EPR 以改进 EPR 综合性能成为目前研究开发的热点；传统的 EPDM 已经受到其他更廉价热塑性弹性体的冲击，如聚烯烃类热塑性弹性体（TPO）、热塑性硫化胶（TPV）等在汽车、聚合物改性等方面将成为 EPDM 的主要替代产品；随着环保理念的进一步强化，环保化工艺以及环保型 EPR 将成为 EPR 生产和需求结构的重要变化。

7. 苯乙烯类热塑性弹性体

苯乙烯类热塑性弹性体（SBC）品种繁多，包括 SBS、SIS、SEBS 和 SEPS。近年来，改性产品 SEBS 和 SEPS 在中国发展活跃。SEBS 工业生产技术采用均相催化剂，主要分为两类。第一类为镍、钴系 Ziegler-Natta 催化剂，以 Shell 公司为代表，于 20 世纪 70 年代开发成功，目前主要被科腾聚合物公司、日本可乐丽公司和台橡公司采用；Ziegler-Natta

催化剂反应条件温和，催化活性高，但用量较大，易失活，需经后处理脱除催化剂。第二类为茂金属，以日本旭化成及 JSR 为代表，于 80 年代开发成功，意大利埃尼公司、西班牙戴纳索公司、中国石化巴陵石化等皆采用此技术。与传统的 Ziegler-Natta 催化剂相比，具有更高的催化活性，催化剂用量少，残存的微量催化剂不会影响产品的性能。与 SBS 相比，由于主链无不饱和双键，SEBS 不仅耐热性显著提高，还具有耐温、耐候、耐臭氧氧化等优点，广泛用于生产高档弹性体、塑料改性、胶黏剂、润滑油、增黏剂、电线电缆的填充料和护套料等，是一种多用途的新型热塑性弹性体，被称为"第四代橡胶"。

第二节 合成橡胶生产技术及新产品进展

"十二五"期间，中国石油合成橡胶实现了跨越式发展，总体技术处于国内领先水平。中国石油合成橡胶在"十一五"末 45×10^4t/a 基础上新增了 81×10^4t/a 产能（ESBR35×10^4t/a，NBR 5×10^4t/a，BR 23×10^4t/a，SSBR 10×10^4t/a，SBS 8×10^4t/a），成为全球第四大合成橡胶生产商，极大地满足了国内市场对合成橡胶产品的需求，为社会经济的发展和国防事业做出了重大贡献。"十二五"期间，中国石油高度重视合成橡胶技术创新，不断加强研发力量建设，依托石油化工研究院、兰州石化、吉林石化、锦州石化和独山子石化建成了中国石油合成橡胶试验基地。该基地建有 200t/a 连续乳液聚合中试装置、50L 官能化液体橡胶中试装置、100t/a 负离子溶液聚合中试装置、40L 稀土顺丁橡胶中试装置、异戊橡胶中试装置，拥有大型仪器设备 200 余台套，具备基础研究、工程放大、标准制（修）订和初步的加工应用与分析检测能力，为成套技术开发、新产品放大试验及推广应用、技术储备等提供了强有力支撑。"十二五"期间，中国石油合成橡胶软实力也得到明显提升，上报专利 165 件，取得申请号 149 件，取得授权 81 件；多项技术获得中国石油科学技术进步一等奖；"一种不饱和共轭二烯腈共聚物的制备方法"获得中国专利优秀奖。制（修）订标准 36 项，研制 6 个合成橡胶系列门尼黏度国家标准物质；《丁苯橡胶中皂和有机酸含量的测定》通过国际标准立项，是中国石油炼化领域首次独立承担国际标准项目，获得国际标准话语权。本节将详细介绍中国石油在"十二五"期间合成橡胶取得的技术进展。

一、丁苯橡胶成套技术与新产品

1. 溶聚丁苯橡胶

中国石油溶聚丁苯橡胶（SSBR）装置是由意大利欧洲聚合物公司（PE）提供工艺包，意大利司南普吉提（SNAM）公司提供基础工程设计。装置设计产能为 10×10^4t/a，包含 5 釜连续聚合生产线和间歇聚合生产线两条生产线，其设计产能分别为 6×10^4t/a 和 4×10^4t/a，装置的年设计运行时间为 8000h，操作弹性为 60%~110%。

溶聚丁苯橡胶装置采用阴离子聚合技术，以苯乙烯和丁二烯为聚合单体、环戊烷为溶剂，在正丁基锂引发和结构调节剂作用下，合成出高乙烯基溶聚丁苯橡胶。生产过程中，填充约 37.5 份环保型环烷油，经汽提及挤压干燥，得到符合质量指标的产品。溶聚丁苯橡胶装置包括聚合单元、掺混单元、填充油、汽提单元、后处理单元、压块成型、包装等生产过程，其生产流程如图 4-1 所示。

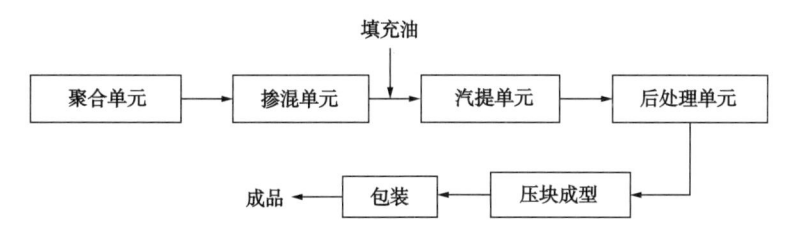

图 4-1 中国石油溶聚丁苯橡胶生产流程示意图

中国石油溶聚丁苯橡胶装置生产的产品牌号主要有 2557S 和 2564S，其产品技术指标见表 4-10。2557S 和 2564S 同属于高乙烯基含量的溶聚丁苯橡胶，其中 2557S 为无规线型结构，2564S 为无规支化型结构产品。

表 4-10 SSBR 产品技术指标

项目	2557S	2564S
颜色	黄色	黄色
灰分，%（质量分数）	≤ 0.2	≤ 0.2
挥发分，%（质量分数）	≤ 0.75	≤ 0.75
生胶门尼黏度，$ML_{1+4}^{100℃}$	49~59	45~55
油含量，%（质量分数）	24.3~29.3	24.3~29.3
总苯乙烯，%（质量分数）	23.0~27.0	23.0~27.0
乙烯基（1，3-丁二烯），%（质量分数）	53.0~61.0	60.0~68.0
300% 定伸应力（35min），MPa	8.0~16.0	8.0~15.0
拉伸强度（35min），MPa	≥ 15	≥ 15
断裂伸长率（35min），%	≥ 350	≥ 350

2557S 和 2564S 主要应用于半钢子午线轮胎中，作为胎冠部位重要用胶，提供轮胎优良的高抗湿滑性、低滚动阻力和耐磨耗性能。

1）主要技术进展

（1）技术开发进展。

近年来，国内溶聚丁苯橡胶的发展不仅存在产品本身的生产技术难题，还存在轮胎制备时的配合技术和加工应用技术难题，相对于通用乳聚丁苯橡胶，两者的轮胎制备技术差别较大，不能简单替代使用。中国石油溶聚丁苯橡胶在产品生产技术和轮胎加工应用技术方面，均取得了重要进展。

① 溶聚丁苯橡胶连续生产技术。

溶聚丁苯橡胶产品分子量高，胶液黏度大，通过适当降低聚合单体浓度的方法解决了胶液黏度大造成凝聚时堵塞过滤器的问题；通过研究阴离子聚合及终止机理，筛选了适合的终止剂，解决了凝聚时堵塞过滤器等问题；通过生产优化，确定了装置工艺操作卡，稳定控制聚合首釜温度、压力及釜顶冷油循环、掺混罐压力、汽提釜液位、首釜液位、后处理进料量以及干燥机一、二段温度等，实现了生产装置连续稳定运行。

② 聚合体系及产品低凝胶含量控制技术。

通过控制原材料杂质含量、聚合过程凝胶抑制剂种类及含量、引发剂加入量、聚合及后处理工艺优化等技术的应用,实现了聚合体系及产品的低凝胶含量控制,使装置的运行周期由1年延长到2年以上。

③ 基础胶与环烷油的匹配填充技术。

溶聚丁苯橡胶选用了国产克拉玛依公司开发的环保型环烷油NAP10作为填充油,相对于芳烃油TDAE,环烷油的充油效应较大,若维持原有充油胶的门尼黏度指标,则采用环烷油的基础胶必须提高分子量和黏度,通过基础胶分子量、充油工艺条件及混炼胶、硫化胶性能等方面的研究,得到溶聚丁苯基础胶与环烷油的匹配填充技术,开发了两个填充环烷油的溶聚丁苯橡胶2564S和2557S新产品。

④ 白炭黑表面改性补强SSBR技术。

溶聚丁苯橡胶须采用白炭黑补强才能充分发挥其低滚动阻力、低生热性能的优点。中国石油采用硅烷偶联剂、多巴胺类改性剂等,在弱碱性溶液中与白炭黑进行"自氧化聚合",在白炭黑表面生成高亲和力的改性剂薄膜,有效降低了白炭黑表面羟基间的作用力,实现了改性剂在白炭黑表面的高效偶联。改性白炭黑补强的溶聚丁苯橡胶制备的高性能绿色轮胎与传统乳聚丁苯橡胶制备的轮胎相比,燃油经济性、环保性、安全性均大幅提高,汽车平均行驶1×10^4km可节省油耗约23L,CO_2排放量降低约40kg,安全性能大幅提高,刹车距离缩短10%以上。

⑤ SSBR低温连续混炼工艺技术。

低温连续混炼工艺是采用一台密炼机并联多台低温开炼机的组合工艺,实现了冷态碎胶、连续混炼、全自动开炼一次完成,炼胶质量及效率大幅提高。传统多段法橡胶混炼工艺存在高温混炼出料前后温差大、白炭黑迅速聚集的难题,本技术可缩短白炭黑混炼胶高温区停留时间,消除了传统分段混炼中白炭黑高温返聚现象,提高胶料剪切黏度,提高白炭黑的分散性,使胶料性能得到提升。

以上技术进展使中国石油走在了国内溶聚丁苯橡胶市场的前列,并奠定了中国石油在国内溶聚丁苯橡胶生产开发及在轮胎企业规模化应用方面的绝对领先地位。

(2)新产品开发与应用。

自2011年起,为了适应欧盟REACH法规,中国石油溶聚丁苯橡胶装置采用NAP10作为填充油,陆续开发了新产品2564S和2557S。2564S和2557S经过多家轮胎企业试用及专业认证机构检测,达到了欧盟REACH法规的环保要求,制备的轮胎滚动阻力和抗湿滑均达到B级,产品已在三角轮胎、双星轮胎、赛轮金宇轮胎、盛泰轮胎、华南轮胎和杭州中策橡胶等20多家企业实现了规模化使用,拥有了稳定的客户,为中国石油带来了较好的经济效益。

2014年,为了适应国外轮胎企业及直接引进国外配方的国内轮胎企业的使用习惯,中国石油独山子石化在丁苯橡胶装置1000线开发了填充TDAE的R C2557-TH,此产品属于高乙烯基含量、高门尼黏度的溶聚丁苯橡胶,为无规线型结构。目前,此产品仍处于推广应用阶段。

(3)获奖情况。

"环保型溶聚丁苯橡胶系列产品及工业化技术开发"2014年获得中国石油科技成果一等奖。

2）应用前景

合成橡胶作为中国石油主营业务之一，是中国石油炼化企业持续盈利的重要业务。随着《轮胎标签法》的实施和白炭黑补强技术的快速推进，国内高性能轮胎对溶聚丁苯橡胶需求量不断增长。国内具备溶聚丁苯橡胶生产条件的厂家有中国石化高桥石化、燕山石化、巴陵石化和中国石油独山子石化。其中，仅中国石油高乙烯基溶聚丁苯橡胶成为国内轮胎企业唯一认可的产品，产量和性能均达到国内领先水平，奠定了中国石油在国内溶聚丁苯橡胶领域的引领地位。

2. 乳聚丁苯橡胶

中国石油乳聚丁苯橡胶现有三套装置，兰州石化装置规模为 15×10^4 t/a，吉林石化装置规模为 14×10^4 t/a，抚顺石化装置规模为 20×10^4 t/a。由于技术来源不同，兰州石化同吉林石化和抚顺石化采用的引发体系不同，工艺配方略有不同，因此对两者在新产品开发方面的技术进展将分开叙述。

兰州石化第一套 ESBR 装置为于 1958 年用从苏联引进的生产技术建设的 1.35×10^4 t/a 装置，1960 年建成投产。该装置采用拉开粉为乳化剂，对苯二酚—亚硫酸钠—氨为活化还原系统的热法聚合工艺，生产高门尼黏度 ESBR。1978 年后，兰州石化通过将聚合釜制冷剂由 -12℃盐水改为液氨、将原脱气塔改造为 3m 直径大孔径筛板塔，以及将聚合反应温度改为自控，从而使胶浆中残余苯乙烯含量由原来的 0.5%（质量分数）下降到 0.2%（质量分数），并使产品质量大幅度提高，达到日本同类产品（JSR1500）质量标准。之后，兰州石化又通过消化引进新技术，于 1986 年再建一座大孔径筛板塔，并采用两级抽真空及煤油吸收等新工艺，使单体蒸出效果大幅度提高，从而使胶乳残余苯乙烯含量进一步降低到 0.1%（质量分数）以下。1993 年，兰州石化又将水相和碳氢相间断配制改造为连续配制。自 1968 年以来，兰州石化先后 4 次逐步将后处理系统原采用的 $NaCl/H_2SO_4$ 凝聚、胶带挤压、脱水、长网箱干燥工艺改造为胶乳分级釜式凝聚、挤压脱水、单层干燥箱干燥、压块包装后处理生产工艺。2007 年，兰州石化在专有配方、专有技术和工艺包基础上形成自有知识产权，采用自有生产技术新建了 15×10^4 t/a 丁苯橡胶生产装置。

吉林石化于 1976 年自日本 JSR 公司引进低温乳液聚合技术，于 1982 年建成投产，设计产能为 8.0×10^4 t/a。1993 年，吉林石化对原引进的 8.0×10^4 t/a ESBR 生产装置中的一条生产线进行填平补齐和技术改造，使之既保持着原有 ESBR 产能，又新增 1.0×10^4 t/a 丁腈橡胶产能，开创了中国合成橡胶生产装置多功能化的先河。截至 2015 年底，吉林石化的 ESBR 装置产能已达 15.0×10^4 t/a。该装置工艺较为先进，产品性能较好，采用美国 Honeywell 公司 TDC-3000PM 电子计算机，率先将集散型控制系统（DCS）应用于 ESBR 工业生产。2012 年，抚顺石化采用吉林石化低温乳液聚合专有技术建成 20×10^4 t/a 乳聚丁苯橡胶装置。

乳聚丁苯橡胶生产，是将脱盐水、除氧剂、扩散剂、歧化松香酸钾皂液和脂肪酸皂液、电解质、丁二烯、苯乙烯、激发剂、活化剂、调节剂等以一定的流率加入带有搅拌器、内设冷却列管的聚合反应釜中。聚合反应通过氧化还原体系产生的自由基引发。聚合反应为放热反应，反应热通过反应釜中冷却列管内的液氨蒸发移出。反应釜操作温度经调节液氨的蒸发压力来控制。聚合物的分子量通过链转移调节剂进行调节，当单体转化率达到 66%~72% 时，在末釜出料管上加入终止剂终止反应。此时生成的聚合物为未脱气丁苯橡胶乳液。

未脱气胶乳液中含未反应的单体（丁二烯、苯乙烯），需经压力闪蒸、真空闪蒸、汽提、冷凝等方法使之与胶乳液分离回收。单体回收后的脱气胶乳送至掺混槽调整门尼黏度，经凝聚、干燥、称重、压块、包装等过程，完成产品制造程序。

中国石油乳聚丁苯橡胶主要产品有SBR1500、SBR1502、SBR1712、SBR1723、SBR1763E、SBR1769E及SBR1778E等。部分牌号产品物理性能指标见表4-11。产品主要应用在子午线轮胎中，提供轮胎优良的高抗湿滑性和耐磨耗性能。

表4-11 ESBR部分牌号产品物理性能指标

项目	SBR1763E	SBR1769E	SBR1778E
挥发分，%（质量分数）	≤0.75	≤0.75	≤0.75
灰分，%（质量分数）	≤0.40	≤0.75	≤0.50
有机酸，%（质量分数）	3.90~5.70	3.90~5.70	3.90~6.80
皂，%（质量分数）	≤0.50	≤0.50	≤0.50
油含量，%（质量分数）	25.3~29.3	25.3~29.3	24.3~30.3
结合苯乙烯，%（质量分数）	22.5~24.5	38.5~41.5	22.5~24.5
生胶门尼黏度，$ML_{1+4}^{100℃}$	44~54	47~57	42~56
300%定伸应力（145℃，35min），MPa	8.8~14.6	9.5~15.5	10.0~16.0
拉伸强度（145℃，35min），MPa	≥17.6	≥18.0	≥16.7
断裂伸长率（145℃，35min），%	≥410	≥420	≥380

1）主要技术进展

（1）乳聚丁苯橡胶成套技术。

2007年，兰州石化在专有配方、专有技术和工艺包基础上形成自有知识产权，开发了乳聚丁苯橡胶成套技术，并采用该技术建成了15×10^4t/a丁苯橡胶生产装置。该装置由A、B、C三条生产线组成，装置设计可生产SBR-1500E、SBR-1502E、SBR-1712、SBR-1723、SBR-1739和SBR-1778E等牌号，产品亚硝基胺类物含量均低于检测最低极限，达到欧盟及美国相关环保标准，达到环保型丁苯橡胶性能要求。

装置采用DCS控制，采用先进的配方管理系统（GMS），可实现人工指令后的程序自动切换牌号和程序引导开停车。该成套技术具有如下技术特点：

①碳氢相配制。精制丁二烯和回收丁二烯、精制苯乙烯和回收苯乙烯实现在线配制工艺，简化了流程，且可减少牌号切换过程中的过渡料。

②聚合。为减少高转化率对产品质量的影响，控制聚合转化率为66%~72%。

③控制手段。一是按照反应器台数，控制聚合反应停留时间为11~13h，以减少系统凝胶及改善分子量分布。二是通过多点加入分子量调节剂的方法，有效控制分子量分布，保证产品质量。聚合系统实现空釜开停车，其最主要特点是可减少化学污水排放量，减少环境污染，降低污水处理难度，可减少物料、能源的消耗量。

④脱气。丁二烯脱除采用二级卧式闪蒸工艺。苯乙烯脱除采用二塔（一开一备）工艺，脱气后胶浆中游离苯乙烯含量在0.1%以下。脱气塔采用兰州石化在用的大直径筛板塔，特点是运行周期长，清胶周期长达6个月。

⑤凝聚。填充油采用在线乳化工艺，简化流程，减少牌号切换过程中的过渡料。

⑥ 环保型产品。采用不含亚硝酸盐的终止剂、阻聚剂和环保型防老剂技术，使产品符合环保要求。

⑦ 清洁化生产。采用脱气塔降低了脱气后胶浆中的游离苯乙烯含量，减少了橡胶中残留苯乙烯对环境的污染。装置后处理增设尾气焚烧设施，对干燥产生的尾气进行处理，以减少对周边环境质量的影响。

⑧ 生产控制。采用先进的 DCS 系统，对整个生产过程实现全程监控；开停车实现程序化，可避免人为因素对生产工艺的不利影响；先进的配方管理控制系统（GSM），所有进入聚合系统的物料计量均采用质量流量计精确计量、加入，可消除各种外部不利条件的影响，达到系统平稳操作运行，确保产品质量稳定。装置设置了紧急联锁停车控制系统，可确保装置在异常状态下，实现停车程序的自动引导，可及时、有效地实现装置停车，避免问题的进一步扩大。

近年来，公司坚持以市场需求为导向，坚持"高端化、定制化、品牌化"的生产经营之路，在新产品开发和稳定产品质量上下功夫，通过打出产、销、研、用的"重组合拳"，公司环保型充油丁苯橡胶赢得了客户对产品的赞誉，拓宽了市场。SBR-1778E 实现了定制化生产，SBR-1723 增加了市场占有率和完成了产品的转型升级，SBR-1739 实现了工业化试验，兰州石化环保型充油丁苯橡胶走上了品牌化之路。兰州石化 15×10^4 t/a 丁苯橡胶装置能耗、物耗持续下降。

（2）吉林石化环保型丁苯橡胶 SBR1500E 和 SBR1502E。

在不改变吉林石化 SBR1500、SBR1502 聚合技术，基本原料品种及规格的条件下，吉林石化开发了环保型产品 SBR1500E 和 SBR1502E。具体的制备方法为：以丁二烯和苯乙烯为单体，歧化松香酸皂或其与脂肪酸钠皂的混合皂液为乳化剂，水为分散介质，采用 10 釜连续低温乳液聚合，以"过氧化氢对孟烷—乙二胺四乙酸铁钠盐—甲醛次硫酸钠"为氧化还原引发体系，采用磷酸钾作电解质，终点聚合转化率为 $70\% \pm 2\%$。在聚合反应达到指定的转化率时加入不含亚硝胺的环保型终止剂，终止聚合反应。经单体回收、凝聚、脱水、干燥等后处理过程即可得到丁苯橡胶。

SBR1500E、SBR1502E 工艺流程如图 4-2 所示。

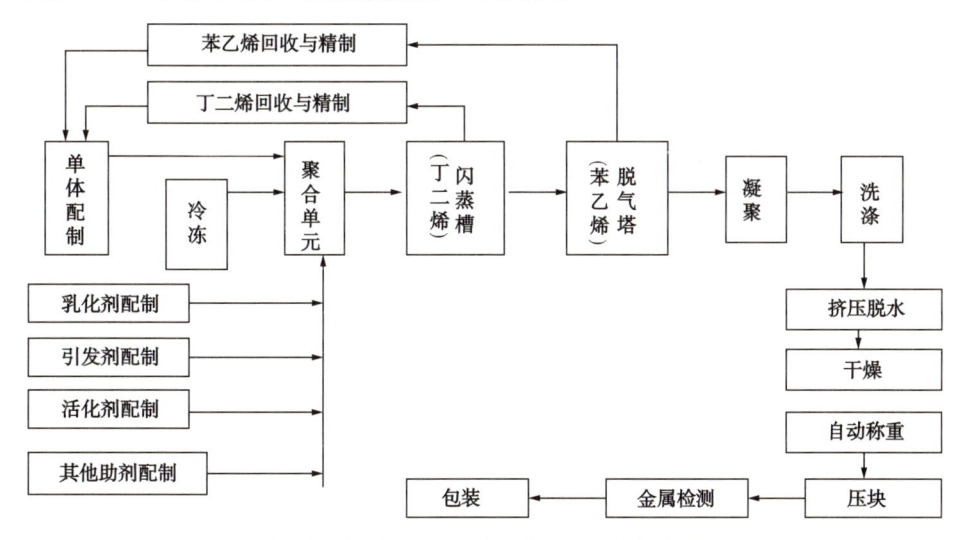

图 4-2 SBR1500E、SBR1502E 工艺流程简图

该环保型丁苯橡胶生产技术具有如下特点：①采用具有合适汽液比和气相、液相双重阻聚作用的双组分复合环保型终止剂，不产生亚硝胺等有害物质；②创新性地采用终止双点进料流程，实现了终止剂两组分加料量的独立调节；③采用自主研发的高效环保型防老剂 EPPD 替代原防老剂 PPDB，解决了因防老剂性质突变产生的环保问题，同时防老剂用量减少，降低了生产成本。生产技术处于国内领先水平。该技术还成功应用于抚顺石化新建设的 20×10^4 t/a 乳聚丁苯橡胶装置，进一步验证了该技术的可靠性和先进性。

吉林石化环保型丁苯橡胶生产技术中采用的双组分复合（A 和 B）终止剂，不含亚硝酸钠，消除了亚硝胺前驱体。双组分中 A 的特性：A 具有与 DEHA 相同的终止能力，且不能形成稳定的亚硝胺；A 具有比 DEHA 更合适的汽液比，其汽液比为 1.4（DEHA 汽液比为 5.9），可以在保证阻止丁二烯气相聚合的同时，在液相中具有更高的浓度和更好的终止效果。B 的特性：不但具有终止作用，同时还具有提高产品定伸应力的作用。

2010 年，吉林石化实现了 SBR1500E、SBR1502E 工业化连续稳定生产，产品优极品率达到 100%，产品经国外权威机构德国 DIK（橡胶技术研究院）检测，亚硝胺含量满足欧盟环保标准。产品指标见表 4-12。

表 4-12 丁苯橡胶 SBR1500E 和 SBR1502E 产品指标

序号	指标		SBR1500E 优级品	SBR1502E 优级品
1	挥发分，%（质量分数）		≤ 0.60	≤ 0.60
2	灰分，%（质量分数）		≤ 0.50	≤ 0.50
3	有机酸，%（质量分数）		5.00~7.25	4.50~6.75
4	皂，%（质量分数）		≤ 0.50	≤ 0.50
5	结合苯乙烯，%（质量分数）		22.5~24.5	22.5~24.5
6	生胶门尼黏度，$ML_{1+4}^{100℃}$		48~56	46~54
7	混炼胶门尼黏度，$ML_{1+4}^{100℃}$		≤ 88	≤ 90
8	300% 定伸应力（145℃ ×35min），MPa	25 min	11.8~16.2	15.7~19.7
		35 min	15.5~19.5	18.6~22.6
		50 min	17.3~21.3	19.5~23.5
9	拉伸强度（145℃ ×35min），MPa		≥ 24.0	≥ 25.5
10	断裂伸长率（145℃ ×35min），%		≥ 400	≥ 340

（3）高性能轮胎胎面用环保型充油乳聚丁苯橡胶绿色合成关键技术及系列产品。

环保型充油乳聚丁苯橡胶生产工艺流程如图 4-3 所示，该技术应用于兰州石化装置。该装置采用低温乳液聚合、歧化松香皂和脂肪酸复合皂为乳化体系，氧化还原引发体系、硫酸与高分子絮凝剂为凝聚体系，填充油在线乳化。具体工艺分前后两个单元，前单元有碳氢相配制、水相配制、计量、聚合、脱气、真空泵、压缩、煤油吸收等工序；后单元有胶浆配料工序、输油和油输送工序、助剂配制、挤压脱水、干燥、压块、包装等工序。

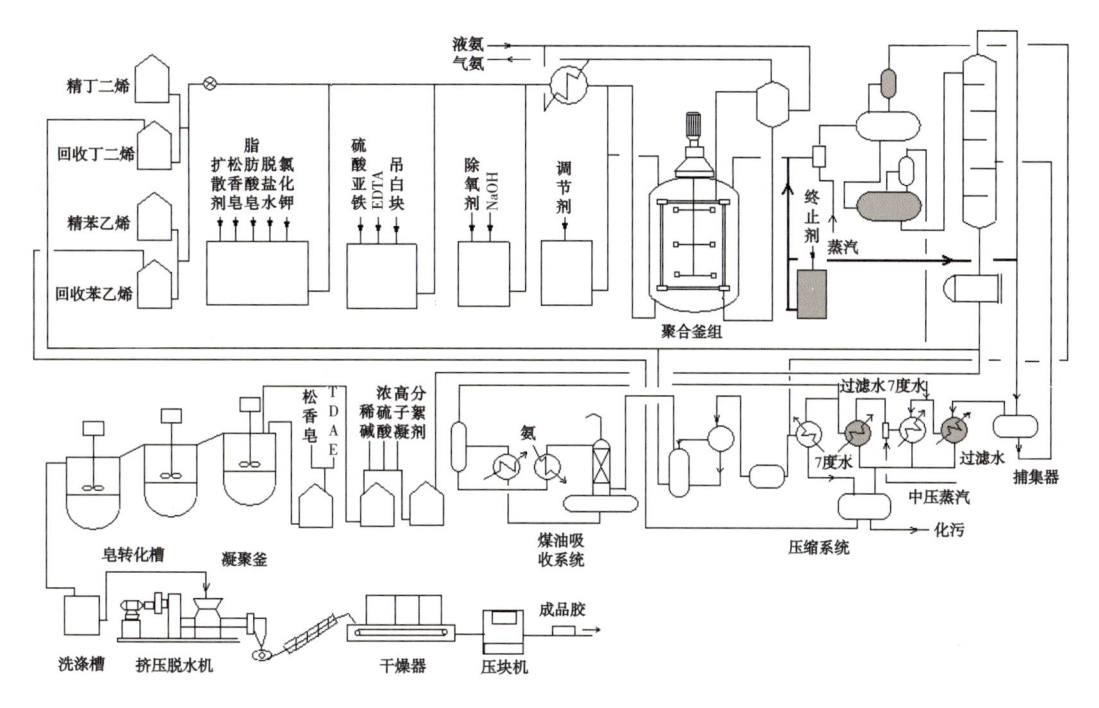

图 4-3　环保型充油乳聚丁苯橡胶生产工艺流程图

充油乳聚丁苯橡胶的环保化[5,6]主要是采用环保助剂和环保型橡胶填充油，从而使得橡胶中的亚硝胺类化合物和稠环芳烃含量符合欧盟法规要求。"十二五"期间，中国石油几千万吨的炼油规模具备环保橡胶填充油制备的能力，克拉玛依石化、辽河石化环保橡胶填充油规模化生产取得突破性进展。克拉玛依石化利用其丰富的橡胶填充油资源，通过芳烃抽出油溶剂萃取分离 PCA（多环芳香族化合物）工艺及芳烃抽出油加氢精制脱除 PCA 工艺制备出了符合欧盟标准的环保型环烷油 NAP-10，实现工业化生产，已供应各轮胎企业使用。辽河石化也开发了环保型环烷油 NAP-8 和 NAP-15，并已获得国际权威检测机构德国致癌物质生物研究所（BIU）的环保认证，丁苯橡胶用环保化填充油[7-11]资源已有保障。但还存在三个方面的关键技术问题没有突破。首先，环保型填充油中芳烃含量较低，与橡胶相容性差，极易发生表面迁移；其次，不产生亚硝胺类化合物的环保终止剂不具备硫化促进剂的作用，其替换非环保终止剂后将导致丁苯橡胶 300% 定伸应力降低，达不到指标要求；最后，环保型填充油替代非环保高芳烃油后断裂伸长率降低，牵引性和抗湿滑性也大幅下降。为此，"十二五"期间，中国石油以应对欧盟 REACH 法规所必需的环保丁苯橡胶材料为切入点，在乳聚丁苯橡胶系列产品的结合苯乙烯含量和门尼黏度的稳定控制，环保化丁苯橡胶基础胶乳制备，环保油低芳烃含量导致与丁苯胶乳相容性的补强，橡胶填充油与基础胶乳协同效应的确定四个方面的关键技术开展攻关。

通过以上攻关，开发了丁苯橡胶绿色合成关键技术，研制、开发并工业化生产了结合苯乙烯含量分别为 23.5% 和 40% 两个系列 5 个牌号（SBR1763E、SBR1769E、SBR1778E、SBR1723、SBR1739）的环保型充油乳聚丁苯橡胶产品，样品经国家合成橡胶质量监督检验中心检测，达到指标要求，样品送欧洲权威检测部门——德国橡胶工业研究院（DIK）进行亚硝基胺类化合物检测，达到欧盟标准要求，样品送德国生物研究院（BIU）进行致癌物 PAHs 含量检测，苯并[a]芘、8 种 PAHs 含量远低于欧盟指令指标，符合环保化要求，达到国际先进水平。

SBR1763E 和 SBR1769E 在多家轮胎企业进行了应用试验。结果表明，在胎面配方中，SBR1763E 和 SBR1769E 在物理性能方面与市场先进的 SBR1723 性能基本一致。SBR1778E 目标用户为普利司通轮胎公司，是中国石油首次进入国际知名轮胎企业，产品得到了用户的认可。2011 年为天津普利司通公司专门开发的 SBR1778E 性能达到使用要求，2012 年开始陆续批量订货。SBR1723 和 SBR1739 是为固特异轮胎量身定制的产品，被固特异列入其 SIS（供应商管理）系统，采购量为 6000~8000t/a。SBR1739 经卢森堡实验室评价，满足高性能轮胎要求。

（4）吉林石化环保充油丁苯橡胶 SBR1763、SBR1766 和 SBR1769。

SBR1763、SBR1766 和 SBR1769 所用填充油为中国石油辽河石化重环烷油，该油品中 PCA 含量小于 3%，8 种致癌的芳烃总含量小于 10mg/L，苯并芘含量小于 1mg/L，达到欧盟的环保法规要求。与处理芳烃油（TDAE）相比，重环烷油中的芳烃含量较小，环烷烃含量较大，其芳烃和环烷烃含量之和基本相当[12]。油品种类对产品性能影响较大，芳烃油含有较高的极性化合物，与橡胶分子亲和作用强，相容性好，具有良好的加工性能、拉伸强度、断裂伸长率和抗撕裂性，其缺点是产品弹性低，低温性能较差[13]；重环烷油中的芳烃含量减少后，丁苯橡胶的生热性降低，橡胶老化性能变好，橡胶的低温性能变好，滚动阻力低，弹性高，其缺点是产品加工性能降低[14]。

SBR1763 是通用结构环保型充油丁苯橡胶，其基础胶结合苯乙烯含量为 23.5%，100 份胶中填充 37.5 份重环烷油。由于填充油不同，SBR1763 玻璃化转变温度比 SBR1723 低，其混炼胶加工性能稍差，硫化胶断裂伸长率下降，滚动阻力和生热性降低，耐磨性较好，抗湿滑性能较差，制造成本低于 SBR1723[15]。

SBR1766 是环保型中高结合苯乙烯的充油丁苯橡胶，其基础胶结合苯乙烯含量为 31%，100 份胶中填充 37.5 份重环烷油。由于 SBR1766 结合苯乙烯含量略高于 SBR1763，由此制备的轮胎滞后性能及抗湿滑性能良好，同时不损失其生热低及滚动阻力小等特点，可以应用于速度级别较高的轮胎，是高速轿车轮胎胎面胶的理想胶种。

SBR1769 是环保型高结合苯乙烯的充油丁苯橡胶，其基础胶结合苯乙烯含量为 40%，100 份胶中填充 37.5 份重环烷油，是充油丁苯橡胶 SBR1739 换油而得。由于 SBR1769 结合苯乙烯含量远高于 SBR1763，具有特别优异的抗湿滑性，且制造成本低于 SBR1739[16]。

近几年来，环保型充油丁苯橡胶产品的研发比较活跃，各大生产企业相继完成了 SBR1723、SBR1739 的开发，但使用的填充油多为国外进口的环保型芳烃油 TDAE，价格较高。为降低环保型充油产品生产成本，吉林石化立足国内填充油的供应企业，经严格筛选，确定了采用中国石油辽河石化生产的重环烷油为填充油。辽河石化生产的重环烷油具有如下特点：①环烷烃含量高，重环烷油与基础橡胶的结合也较好，优于普通重环烷油；②价格相对较低，很多轮胎生产厂用它替代环保芳烃油，作为操作油使用，市场认可度较高。

该技术处于国内领先水平，其特点主要有：①使用辽河石化重环烷油，大大降低了生产成本；②采用吉林石化环保型充油丁苯橡胶生产技术，环保性能达到欧盟考核指标，产品的力学性能优于国内同类产品；③SBR1763、SBR1766 和 SBR1769 的滚动阻力、抗湿滑性能和耐磨性达到最佳平衡点。产品指标见表4-13。

表4-13 丁苯橡胶SBR1763、SBR1766和SBR1769产品指标

序号	指标		SBR1763	SBR1766	SBR1769
1	挥发分，%（质量分数）		≤0.50	≤0.50	≤0.50
2	灰分，%（质量分数）		≤0.40	≤0.40	≤0.40
3	有机酸，%（质量分数）		3.90~5.70	3.90~5.70	3.90~5.70
4	皂，%（质量分数）		≤0.50	≤0.50	≤0.50
5	结合苯乙烯，%（质量分数）		22.5~24.5	22.5~24.5	38.5~41.5
6	生胶门尼黏度，$ML_{1+4}^{100℃}$		44~54	44~54	47~57
7	300%定伸应力（145℃×35min），MPa	25min	7.4~11.3	7.4~11.3	7.4~11.3
		35min	8.8~12.7	8.8~12.7	9.3~13.2
		50min	10.3~14.2	10.3~14.2	10.8~14.7
8	拉伸强度（145℃×35min），MPa		≥17.6	≥17.6	≥18.6
9	断裂伸长率（145℃×35min），%		≥420	≥420	≥420

（5）获奖情况。

2008年，"乳聚丁苯橡胶成套技术开发"获得中国石油科技进步一等奖；2012年，"环保型丁苯橡胶SBR1500E新产品开发"获得中国石油科技进步二等奖。

2）应用前景

（1）高性能轮胎胎面用环保型充油乳聚丁苯橡胶绿色合成关键技术及系列产品开发，对中国石油环保橡胶填充油的制备技术快速发展，发挥中国石油炼油化工一体化和环保油资源优势，提升环保橡胶市场的竞争能力具有重要意义，正在并已经对中国乳聚丁苯橡胶产业的未来发展产生深远的影响。普利司通用SBR1778、固特异专用SBR1723和SBR1739等产品的开发，以及中国石油在国内率先开发了高端定制化新产品开发模式，在产能严重过剩、产品同质化、市场极度低迷的情况下，为中国石油合成橡胶调整产品结构、提质增效闯出了新路。

（2）吉林石化自主研发的环保型丁苯橡胶生产技术打破了国外技术壁垒，实现了主导产品品质升级，提高了市场竞争力，促进产品走向国际市场。随着环保要求的日益严格，下游用户对环保橡胶的需求也将不断增长，这将有利于吉林石化自主研发的环保型丁苯橡胶SBR1500E、SBR1502E生产技术的推广和应用，该技术可应用于中国石油乃至国内乳聚丁苯装置改扩建工程。在成功研发SBR1500E和SBR1502E的基础上，未来环保型丁苯橡胶生产技术将向着应用绿色引发剂、绿色调节剂、高效引发剂方向发展，进一步提升产品质量和应用性能，减少能耗及污染排放，提高生产效率，改善现场操作环境，实现绿色生产。

（3）SBR1723和SBR1739采用环保型芳烃油，具有相容性好的特点，是目前环保型充油胶市场占有率较高且被广泛认同的两个牌号。与非充油丁苯橡胶相比，环保型充油丁苯橡胶具有加工性能好、生热低、低温挠屈性好等特点，尤其用于轮胎胎面胶时具有优异

的牵引性能和耐磨耗性能。同时，环保型充油丁苯橡胶中稠环芳烃含量、亚硝胺含量符合欧盟环保指标，是未来乳液聚合丁苯橡胶发展的趋势。吉林石化SBR1763性能达到国内同类产品最好水平。经北京橡胶工业研究设计院检测，吉林石化SBR1763产品完全可以替代国内同类产品应用于半钢子午胎胎面胶。经德国BIU机构检测，吉林石化SBR1763产品环保性能达到欧盟考核指标。经过轮胎厂家应用试验，结果表明，它能够替代进口SBR1789环保型充油胶。

中国石油已具有生产与研发环保型丁苯橡胶系列产品的实力，应加强与国内外各轮胎厂的合作，建立生产联盟，合作开发满足轮胎厂需求的低成本充油丁苯橡胶产品技术，打破环保型橡胶依赖进口的技术壁垒，实现上下游生产厂双赢。

二、丁腈橡胶成套技术与新产品

中国石油兰州石化NBR总产能为6.5×10^4t/a，为国内最大NBR生产厂家。现有两套生产装置，分别为1.5×10^4t/a丁腈橡胶装置和5×10^4t/a丁腈橡胶装置。

兰州石化早在20世纪50年代就从苏联引进了一套4500t/a丁腈硬胶装置，可生产NBR 2707、NBR 1704、NBR 3604和NBR 3606共4个牌号产品。近年该装置报废，对应产品牌号现由1.5×10^4t/a NBR装置生产。

1.5×10^4t/a丁腈软胶装置于2000年4月建成投产，采用日本瑞翁株式会社的乳液法技术生产，该装置共生产9个牌号的产品，包括N21、N31、N32和N41共4个通用型牌号，以及DN003、DN401、DN214、DN631和N34共5个特殊型牌号。

5×10^4t/a NBR装置于2009年建成投产，采用中国石油具有自主知识产权的NBR成套技术，既可以进行热法聚合（反应温度约30℃），也可以进行低温乳液聚合，全过程采用DCS自动化控制，其产品的质量及稳定性均得到大幅提升。主要生产33系列（NBR3304、NBR3305、NBR3306和NBR3308）、29系列（NBR2905、NBR2906和NBR2907）及NBRN4005等10余个新牌号及市场热销牌号的产品。

丁腈橡胶生产工艺与乳聚丁苯橡胶相似，如图4-4所示，包括单体储存、化学品配制、聚合、丁二烯回收、丙烯腈回收、胶浆掺混储存、凝聚、干燥和包装等化工单元。首先将原料丁二烯和丙烯腈按一定比例配成碳氢相液，然后在有氧化还原催化体系等助剂的水乳液介质存在下，在多台串联聚合釜中于5~15℃进行自由基乳液共聚合反应。聚合反应10~25h，聚合转化率为70%~85%时（按各牌号品级要求而定），加入终止剂使聚合反应终止。制得的胶乳先经闪蒸和脱气工序，回收未反应的丁二烯和丙烯腈单体后，再加入防老剂和凝聚剂，使胶乳在无机盐介质中凝聚，析出的含水胶粒经挤压脱水、干燥、称重压块包装，即制得丁腈软胶。由DCS控制，采用先进的配方管理控制系统（GMS），可实现程序化引导开、停车。丁腈橡胶硬胶是采用间歇式（单釜）高温乳聚工艺，在30~40℃下聚合反应时间为15~18h，转化率可达70%~75%，所得产品凝胶含量多、门尼黏度高、加工性能差，除制备少量特定性能的品牌产品外已不常采用。

中国石油丁腈橡胶主要牌号有N21、N31、N32、N41、NBR2905、NBR2906、NBR2907、NBR3304、NBR3305、NBR3306和NBR3308。由于丁腈橡胶具有优异的耐油、耐热性和物理机械性能，广泛应用于汽车、航空航天、石油化工、纺织、电线电缆、印刷和食品包装等领域。

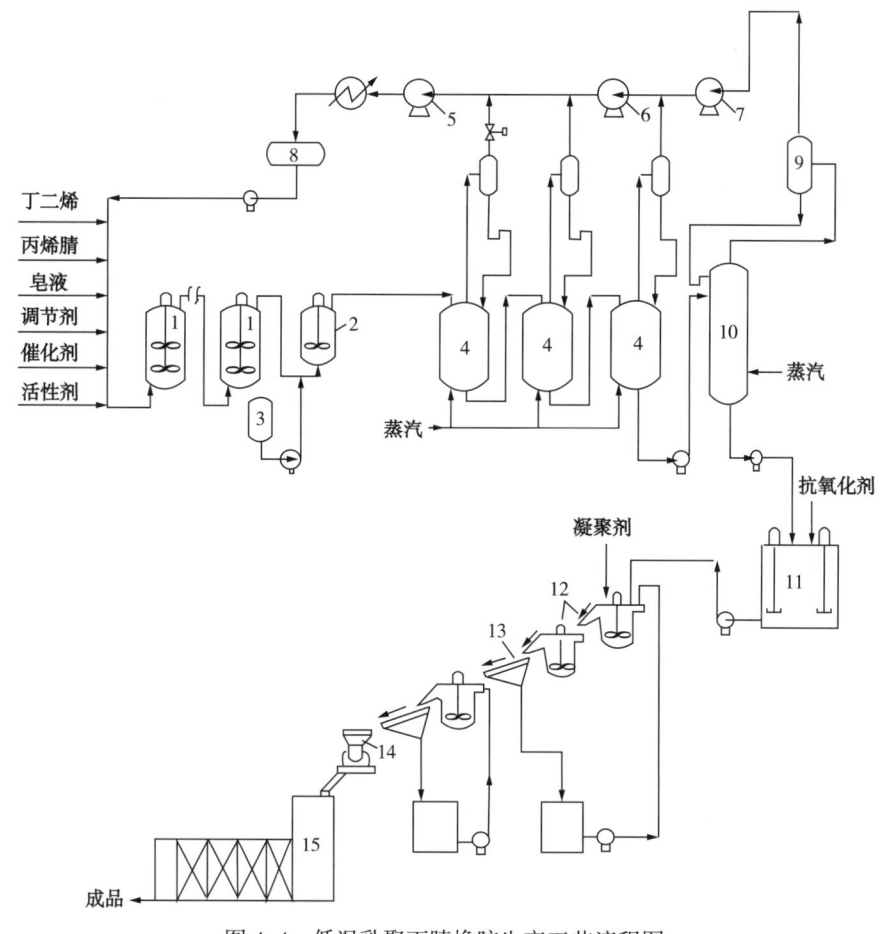

图4-4 低温乳聚丁腈橡胶生产工艺流程图

1—聚合釜；2—胶液掺混罐；3—终止剂罐；4—闪蒸釜；5，6，7—高、中、低压压缩机；8—回收丁二烯罐；9—分离罐；10—汽提塔；11—胶液掺混槽；12—凝聚槽；13—过滤筛；14—脱水机；15—带式干燥器

1. 主要技术进展

1）5×10^4 t/a 丁腈橡胶成套技术

中国石油组织多年攻关，在引进消化吸收再创新的基础上形成自有技术，开发出具有自主知识产权的 5×10^4 t/a 丁腈橡胶成套技术及软胶、硬胶和功能高端化三个系列 17 个牌号 NBR 产品，2009 年建成全球单线能力最大（2.5×10^4 t/a）的 5×10^4 t/a NBR 装置，成为国内首位、全球第三家掌握高性能 NBR 核心技术的企业，取得了 4 个方面重大创新：

（1）发明了反应单体、乳化剂及调节剂多点补加控制共聚物化学组成及门尼黏度的方法，首创了全流程实时控制配方管理系统，主流程与子单元组合运行，实现反应物和多种助剂的时、序、量精确控制，解决了 NBR 有恒比点非理想共聚及丙烯腈水中溶解度高对共聚物化学组成和门尼黏度影响大的难题。产品中丙烯腈含量波动绝对值不大于 0.5%，门尼黏度波动不大于 6 个单位。

（2）发现了 NBR 聚合反应器搅拌结构、换热列管排布及其组合对聚合传热传质影响规律，三桨折叶式搅拌和四层竖式环形分布列管组合，实现了反应物料多流向混合，浓度、温度小梯度分布，解决了聚合釜大型化时传热传质的难题，发明设计了全球最大 NBR 聚合釜（50m³），釜内各点最大温差不大于0.8℃。

（3）揭示了共聚物乳液稳定性对聚合和脱气系统运行周期影响的规律，发明了高稳定性共聚物乳液制备方法，烷基酚聚氧乙烯醚与十二烷基苯磺酸钠和亚甲基二萘磺酸钠三元乳化体系协同作用，使共聚物乳液稳定性提高40%以上，解决了橡胶从乳液中析出使聚合脱气系统挂胶和堵塞问题；首创非对称双向条形汽流通道塔盘和双塔串联脱除残留丙烯腈工艺，解决了乳液中残留丙烯腈高的难题。脱气塔、聚合釜运行周期分别达到120d、10个月，残留丙烯腈不大于100μg/mg。

（4）首创了包覆隔离、分子量深度调节、加氢、高温聚合等技术制备粉末、液体、氢化和高拉伸强度NBR方法。创新性地将预交联、快速硫化等技术用于功能化NBR制备，预交联NBR凝胶含量在30%~90%范围内小幅度可控，快速硫化NBR硫化时间缩短20%以上。

本成果授权发明专利12件，实用新型专利2件，技术秘密17件，产品标准17件，技术规范2件，专著3部，学术论文50篇。获省部级科技进步一等奖2项，国家优质工程银质奖1项，中国专利优秀奖1项。专家鉴定，本成果整体达到国际先进水平。建成的5×10^4t/a NBR装置，国内市场占有率为44%，军工供给率达100%，满足了国家重大需求。

2）高性能系列化丁腈橡胶制备关键技术的开发与应用

中国石油建成单线产能世界最大的丁腈橡胶生产装置后，成为国内最大的丁腈橡胶生产商及全球第三大丁腈橡胶生产商，使中国在该领域达到了国际先进水平，引领国内丁腈橡胶技术发展。"十二五"期间，中国石油丁腈橡胶进一步加快研发步伐，攻克了高性能丁腈橡胶系列化产品制备关键技术，开发了10余个牌号产品，实现了低腈、中腈、中高腈、高腈四个系列产品牌号全覆盖，市场占有率由不足15%提高到44%左右。

随着欧盟REACH法规的实施，国内合成橡胶企业和橡胶产品生产商不断提高产品质量。中国石油兰州石化采用绿色、环保型橡胶助剂，生产清洁、安全的高性能、高品质NBR产品。在NBR生产环节，通过改进乳液聚合体系配方，采用环保化的抗氧化剂等助剂，提高产品的环保安全性。

2013年，兰州石化产丁腈橡胶经环保型升级改造，通过对不含壬基酚（NP）的新型抗氧化剂进行评价筛选，并对原有配方体系进行调整。在实验的基础上成功在工业装置上试生产了NBR2907 E、NBR3305 E、NBR3308 E和N41E 4个牌号的环保型丁腈橡胶新产品，经用户实际应用检验，产品完全满足用户的需求。

从2015年开始，中国石油兰州石化丁腈橡胶产品全面实现环保化，产品质量和清洁化生产水平迈上了新台阶。经权威机构检测，兰州石化丁腈橡胶系列产品各项性能指标均处于国内同行业领先水平。与传统产品相比，其加工性能与制品耐老化性更强更优。

3）获奖情况

"一种不饱和共轭二烯腈共聚物的制备方法"获得中国专利优秀奖；"5×10^4t/a 丁腈橡胶成套工艺技术开发"获得中国石油科技进步一等奖；"高性能系列化丁腈橡胶制备关键技术的开发与应用"获得甘肃省2014年度科技进步奖二等奖；"高端发泡材料用丁腈橡胶NBR3308的开发与工业化生产"获得中国石油2014年度科技进步奖二等奖；"环保丁腈橡胶NBR3308E的开发与工业化生产"获得中国石油和化学工业联合会2016年度科技进步奖三等奖。

2. 应用前景

2009 年，中国石油兰州石化建成 5×10^4t/a 丁腈橡胶装置，前 3 年累计生产 14.5×10^4t 产品，产销率达 100%。民用市场占有率从 15% 提高到 44%。满足武器及航空航天等军工产品要求，确保国家战略物资的供应安全，推动了汽车、石油等行业的技术进步。自有技术经专家鉴定，该成果达到国际领先水平。

环保化、高性能化和低成本化是丁腈橡胶的最新发展方向。环保丁腈橡胶是制备高端丁腈制品的关键原材料。欧盟 REACH 法规和 RoHS《关于限制在电子电器设备中使用某些有害成分的指令》（2011/65/EU）等限制了中国石油丁腈橡胶及制品的出口，绿色环保丁腈橡胶开发迫在眉睫。石油化工研究院组织技术攻关，首次在国内开发出满足国际环保法规的环保型丁腈橡胶平台化新技术及系列产品，填补了国内空白。在国内丁腈橡胶产能过剩、产品同质化严重、装置开工率不足 60% 的情况下，中国石油率先打破国外技术壁垒，实现产品环保化和高端定制化，成为国内唯一实现装置满负荷生产的企业，引领丁腈橡胶行业技术发展。

环保型丁腈橡胶产品及制品通过瑞士 SGS 和德国 TÜV 检测，技术和产品具备进军国际市场的能力。环保型高性能丁腈橡胶产品形成系列牌号，其中 NBR2907E、NBR3305E、NBR3308E、NBRN41E 实现批量生产并在下游企业广泛应用。同时，为国内最大的车用密封件生产企业安徽中鼎密封件股份有限公司定制化生产了 NBR2805E，得到了用户认可。"十二五"期间，中国石油共计稳定生产系列新产品超过 25×10^4t，实现利税逾 9 亿元。

为更好地满足下游用户多元化的需求，石油化工研究院相继开发了多元共聚/接枝丁腈橡胶技术及系列中试新产品，对标朗盛 X146 牌号开发的固体羧基丁腈橡胶产品，XNBR3304 综合性能优异，已经具备工业化批量生产条件。同时在氢化丁腈、液体丁腈和丁腈橡胶复合材料等特种高性能产品领域也进行了大量的技术储备，相关中试产品的性能稳定，有望在"十三五"期间投入工业生产。

三、乙丙橡胶成套技术与新产品

1997 年，中国石油吉林石化引进日本三井化学公司溶液聚合法技术，建成当时国内唯一一套 2×10^4t/a 的乙丙橡胶生产装置。但该装置生产的乙丙橡胶产品大部分不能满足中国市场需求，为此，吉林石化下大力气开发乙丙橡胶产品，并始终走在国内乙丙橡胶开发的前列，已陆续开发出 11 个应用于润滑油改进剂、汽车内胎、树脂改性及密封条等领域的乙丙橡胶新牌号。吉林石化采用引进技术与自主技术相结合，2008 年建成 2.5×10^4t/a 乙丙橡胶生产装置（B 线），2014 年建成具有自主知识产权的 4×10^4t/a 乙丙橡胶生产装置（C 线）。这些装置生产的牌号逐渐形成了市场优势，基本覆盖了国内乙丙橡胶中低端市场，并得到国外用户的认可。

乙丙橡胶主要反应历程如下：第一步，钒催化剂与铝催化剂接触，发生还原反应，形成具有催化活性的金属络合物；第二步，乙烯、丙烯、第三单体插入催化剂活性中心的空轨道，形成聚合物；第三步，氢气作为分子量调节剂，调节聚合物分子量的大小；第四步，聚合物与具有失活作用的化合物反应，使得催化剂活性中心脱离聚合物大分子链，并被转化为水溶性的盐，同时得到乙烯/丙烯/二烯聚合物。

中国石油乙丙橡胶有 20 余个牌号，涵盖二元乙丙橡胶、三元乙丙橡胶及充油型三元乙丙橡胶，产品质量可与国外同类产品相媲美，已广泛应用汽车工业、建筑工业、工业橡胶制品、电线电缆、塑料改性、轮胎工业、油品添加剂等领域。例如，J-0010、J-0030和J-0050用于润滑油黏度指数改进剂领域，J-5105用于密封条领域，J-3080P用于树脂改性，J-2034P用于电线电缆等。

1. 主要技术进展

1）乙丙橡胶工业化成套技术

中国石油吉林石化乙丙橡胶工业化成套技术是目前国内唯一具有自主知识产权的乙丙橡胶生产技术。该成套技术是国外引进技术的充分消化吸收与乙丙橡胶合成技术的自主创新相结合的重要成果，创新性地将蒸发单体溶剂撤热与干式凝聚后处理技术相结合，创造性地设计了一套具有工艺特色突出、产品方案全面、技术优势明显的乙丙橡胶生产技术，产能为4×10^4t/a。主要工艺技术指标为：聚合总转化率在95%以上，聚合时间小于30min，装置运行周期为3年，年操作时间为8000h，操作弹性为50%~100%。

该技术使用传统的三氯氧钒/倍半烷基铝催化剂体系，涉及溶液聚合反应、催化剂失活脱除、胶液闪蒸提浓、真空脱挥等主要核心技术。装置由催化剂配制、二烯烃和稳定剂制备、聚合、失活洗涤、挤出干燥、包装、溶剂回收、未反应的第三单体回收以及公用工程等工艺单元组成。聚合反应获得的聚合物溶液（简称胶液）经过闪蒸提浓脱除绝大部分溶剂，再经过真空脱挥发分处理得到乙丙橡胶产品。聚合过程中未反应的乙烯、丙烯和氢气经压缩机输送循环利用，第三单体经精馏提纯后继续使用，溶剂经脱除杂质和水分等精制过程后循环使用。具体工艺流程如图4-5所示。该技术具有反应时间可控、催化剂活性高、聚合稳定性好、能耗低、聚合物凝胶含量少、产品综合性能好等特点，技术优势是工艺成熟，生产可控性好，安全环保。

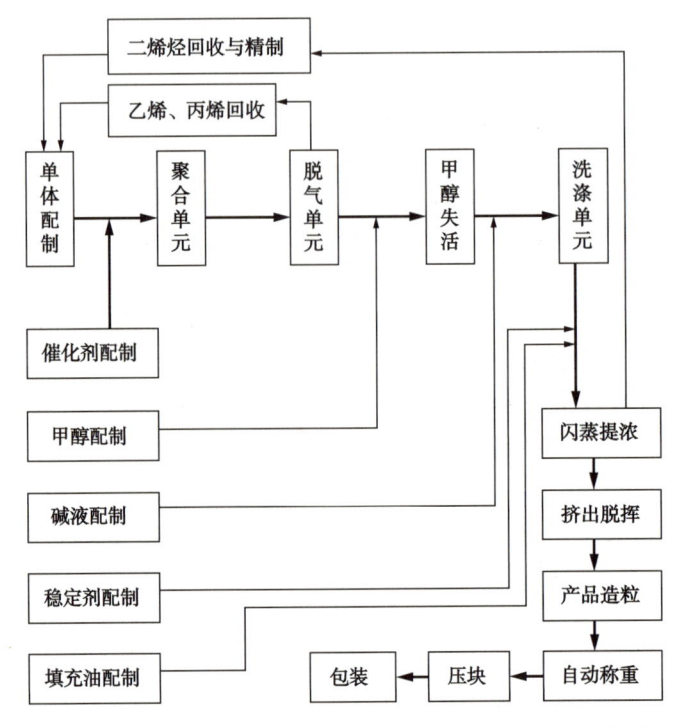

图4-5 吉林石化乙丙橡胶工业化成套技术工艺流程示意图

该成套技术的部分创新技术成功应用于1997年引进的国内第一套2×10^4t/a乙丙橡胶生产装置（A线），2008年采用引进技术与自主技术相结合建成投产的2.5×10^4t/a乙丙橡胶生产装置（B线），以及2014年建成投产的具有自主知识产权的4×10^4t/a乙丙橡胶生产装置（C线）。

该成套技术主要包含以下两个特点：

（1）单体溶剂蒸发撤热稳定。

将单体乙烯和丙烯、第三单体（如5-亚乙烯-2-基降冰片烯，ENB）、氢气、催化剂及己烷在高压、低温条件下以混合状态加入聚合反应器中完成聚合反应。其中，单体丙烯以液态进入聚合釜中，吸收热量瞬间蒸发，带出一部分反应热，同时溶剂通过预冷方式进料，也吸收部分反应热。70%的聚合反应热由原料单体、溶剂预冷移出，30%的聚合反应热由气体循环冷却系统利用单体的潜热移出，从而达到有效地去除反应热的目的，保证了聚合反应温度的平稳控制。通过改变催化剂的进料方式，调整催化剂配比，使催化剂在溶液中均匀分布，控制了乙丙橡胶的门尼黏度、分子量及其分布，使聚合物凝胶含量明显降低，单体乙烯、丙烯的转化率均达到95%以上。与同类聚合技术相比，该乙丙橡胶成套生产技术的反应可控性明显提高，单体转化率提高了3%以上。

（2）干式脱溶剂后处理效果好。

成套技术采用真空闪蒸、挤出脱挥和挤出干燥技术来脱除胶液中的溶剂己烷，通过控制闪蒸釜的闪蒸压力和挤出机的温度、转速来控制脱溶剂效果，具有挂胶少、闪蒸速度快、脱挥效率高、闪蒸效果好的特点。

在该成套技术的研发过程中，先后申请了多项中国发明专利，部分专利获得授权：例如，《一种乙丙橡胶聚合反应单体的回收方法》[CN103145901A（2013-06-12）]，《一种闪蒸提浓乙丙橡胶胶液的方法》[CN103044598A（2013-04-17）]，《一种聚合釜》[CN205803369U（2016-12-14）]。

采用该乙丙橡胶成套技术建成的200t/a乙丙橡胶中型试验装置，是生产瓶颈技术攻关、聚合工艺技术研究的重要研究平台，在操作工艺优化、聚合反应放大技术研究、新产品开发等方面起到强有力的技术支撑作用。

2）乙丙橡胶新产品开发及应用

新产品开发是乙丙橡胶技术进展中重要的组成部分。吉林石化以规模化的乙丙橡胶生产装置为依托，积极致力于乙丙橡胶新产品的开发与研究，形成了乙丙橡胶新产品系列化、差别化、高端化的研发格局，主要开发润滑油黏度指数改进剂、海绵密封条等高附加值系列牌号乙丙橡胶新产品。新产品的开发主要依据市场需求和乙丙橡胶产品整体布局，依托乙丙橡胶研发平台，首先进行小试聚合、催化剂脱除技术的验证，并开展具有针对性的小试条件试验研究；然后，结合小试试验结论，开展中试放大试验和连续稳定试验研究，获得批量试验样品；再进行工业化试生产和试验样品应用评价试验研究，开发该领域的销售市场；最后，根据市场应用的实际结果，继续优化生产控制指标，实现稳定生产。

在润滑油黏度指数改进剂领域，以J-0010、J-0030和J-0050牌号为基础，开发出抗剪切性能突出的J-0010LA牌号乙丙橡胶新产品，逐渐进入润滑油改进剂高端市场。在密封条领域，开发出长链支化、双峰分布、J-5105牌号乙丙橡胶新产品，逐渐进军乙丙橡胶高附加值应用市场。

润滑油黏度指数改进剂用 J-0010LA 牌号，采用改性钒/倍半烷基铝催化剂体系聚合而成，乙烯含量为 55%~60%，门尼黏度（$ML_{1+4}^{100℃}$）7~9。突出特点是剪切稳定性降低到 20~21 之间，非常接近 T-615 级别润滑油黏度指数改进剂指标要求。

密封条领域新产品：其一，长链支化乙丙橡胶，特点是在聚合物分子中引进第四单体 VNB，通过可控长支链结构来改善加工性能，同时具有特别突出的物理机械性能；其二，双峰分布乙丙橡胶，特点是采用高低门尼黏度聚合物混合使用的方式，获得较好的加工性能和物理机械性能；其三，J-5105 牌号，采用三氯氧钒/混合烷基铝催化剂体系聚合而成，乙烯含量为 52%~58%，门尼黏度（$ML_{1+4}^{125℃}$）为 80~90，第三单体含量为 8.0%~10.0%。突出特点是聚合物分子量分布达到 3 以上，属于宽分布产品，具有优异的加工性能和物理机械性能，尤其适用于海绵条制品。

树脂改性用 J-3080P 牌号，采用改性钒/倍半烷基铝催化剂体系聚合而成的颗粒状产品，乙烯含量为 60%~68%，门尼黏度（$ML_{1+4}^{125℃}$）为 65~75，第三单体含量为 4.0%~5.0%。突出特点是具有较高的乙烯含量，与塑料粒子相容性好，可显著改进制品的使用性能，更便于加工过程的实际操作。

电线电缆用 J-2034P 牌号，采用三氯氧钒/混合烷基铝催化剂体系生产的颗粒状新产品，乙烯含量为 66%~72%，门尼黏度（$ML_{1+4}^{125℃}$）控制在 15~25 之间，第三单体含量为 0.5%~1.5%。突出特点是第三单体含量较低，具有良好的物理机械性能和电性能，适用于中压电缆制品。

吉林石化研发的系列新产品特性及应用领域见表 4-14，其中 J-0010LA、J-5105 新牌号实施了工业化试生产，并完成制品厂家的应用评价试验，具备工业化稳定生产的条件。其他牌号新产品则开展了中试放大试验研究，中试样品的应用评价试验较好，具备进行工业化试验的条件。

表 4-14 乙丙橡胶新产品特性及应用领域汇总表

牌号	特性	应用领域	对标牌号
J-0010LA	溶解性能优异，剪切稳定性特别优异，低温性能优异，抗氧化性好	调制高档润滑油，用于 CF-4 以上级别	路博润 7067
长链支化	门尼黏度高，加工性能优异，硫化速度快，挤出性能好，高填充	汽车密封条、胶管、散热管、减振制品	Lanxess 8550
双峰分布	门尼黏度适中，混炼加工和挤出性能优良	汽车密封条、胶管、散热管、建筑密封条	Exxon7500
J-5105	门尼黏度高，硫化速度快，乙烯含量适中，低温性能优异，综合性能好	海绵密封条，耐低温橡胶制品，快速硫化制品	Lanxess 6950
J-3080P	门尼黏度高，硫化速度快，乙烯含量高，高温流动性好与聚丙烯相容性好	树脂改性增韧改性，塑胶跑道等	三井 3070
J-2034P	门尼黏度低，乙烯含量高，高填充，可与二烯烃橡胶并用	中压电线电缆制品，热绝缘海绵制品	Dow3722P

在新产品研发过程中，先后申请了多项中国发明专利，部分已经获得授权：例如，《双峰分布乙烯-α-烯烃-非共轭二烯烃无规共聚合体合成方法》[CN101838365A（2010-09-22）]，《双峰分布乙烯—丙烯—非共轭二烯烃无规共聚合体的合成方法》[CN102558414A（2012-07-11）]。

2. 应用前景

在国外对乙丙橡胶先进生产技术严格封锁的大背景下，中国石油吉林石化自主研发的乙丙橡胶工业化成套技术是国内目前仅有的一套成熟的乙丙橡胶工业化生产技术，在生产成本控制、生产过程控制、产品系列化方面具有明显优势。采用该成套技术建设的 4×10^4 t/a 乙丙橡胶工业装置已经成功运营两年，产品覆盖汽车、建筑、电线电缆、油品添加剂、体育设施、聚合物改性等众多应用领域，正在创造显著的经济效益。

在国外乙丙橡胶生产商仍然坚持不转让专利技术的原则环境下，乙丙橡胶工业化成套技术已经实现安全长周期工业化运行，这示范性地表明，该成套技术完全满足技术转让、装置建设、指导开车等成果转让的需求，因此具有良好的市场推广和应用前景。利用该成套技术，不仅可以建设生产规模达到 5×10^4 t/a 以上的工业化生产装置，也可以不断开发新型催化剂，实现乙丙橡胶生产工艺技术的升级换代。

乙丙橡胶新产品开发以填补市场空白、完善现有产品方案、替代国外进口等为研究目标，研发多系列乙丙橡胶新产品、新牌号，尤其是高门尼黏度双峰分布的乙丙橡胶和长链支化乙丙橡胶的稳定工业化生产，以替代进口的乙丙橡胶，满足汽车密封条的需求。已经形成了一整套科学实用的新产品研发模式，在乙丙橡胶新产品开发领域具有较强的研发能力和条件优势。

乙丙橡胶新产品开发的未来发展方向是：始终坚持把新产品开发作为提升竞争力的重要手段，以市场潜在需求为目标，实施定制化新产品开发，为用户提供个性化的产品设计方案，不断地为市场提供个性化的、创新性乙丙橡胶新产品。

四、丁二烯橡胶成套技术与新产品

中国顺丁橡胶主要包括镍系顺丁橡胶和稀土顺丁橡胶，截至 2015 年底，中国石油共有顺丁橡胶装置 4 套，分别是大庆石化顺丁橡胶装置，规模为 16×10^4 t/a，其技术来源为燕山石化技术；锦州石化顺丁橡胶装置规模为 5×10^4 t/a，其技术来源为长春应化所研发的技术，该装置可以生产镍系顺丁橡胶和稀土顺丁橡胶；四川石化顺丁橡胶装置，其规模为 15×10^4 t/a，其技术来源为大庆石化技术；独山子石化顺丁橡胶装置，其规模为 3.5×10^4 t/a，该装置为稀土顺丁橡胶和镍系顺丁橡胶的柔性装置，其中一条生产线可用于生产稀土顺丁橡胶，产能达到 1.5×10^4 t/a。中国石油顺丁橡胶装置主要是镍系顺丁橡胶，"十二五"期间装置规模大幅提升，生产技术处于国际先进水平。

独山子石化稀土顺丁橡胶装置的技术是在长春应化所和锦州石化开发的技术基础上开发的稀土顺丁橡胶工业化生产技术，并建设 1 条 1.5×10^4 t/a 稀土顺丁橡胶生产线，已进行了数次工业化试验，在稀土催化剂制备、稀土顺丁橡胶生产合成技术、新产品开发等领域积累了丰富的经验，取得了丰硕的成果。通过自主创新，形成了具有国内领先水平、独具特色的稀土顺丁橡胶胶液蒸汽预凝聚技术，并生产出门尼黏度及分子量分布可调控的稀土顺丁橡胶系列产品，形成了完整的 5×10^4 t/a 稀土顺丁橡胶生产装置设计基础工艺包。

镍系顺丁橡胶和稀土顺丁橡胶均属于溶液聚合，以碳六油作溶剂，丁二烯为聚合单体，经催化剂引发聚合后，经掺混、凝聚、挤压脱水、膨胀干燥等工艺得到高顺式丁二烯橡胶产品。

稀土顺丁橡胶生产工艺流程如图 4-6 所示。

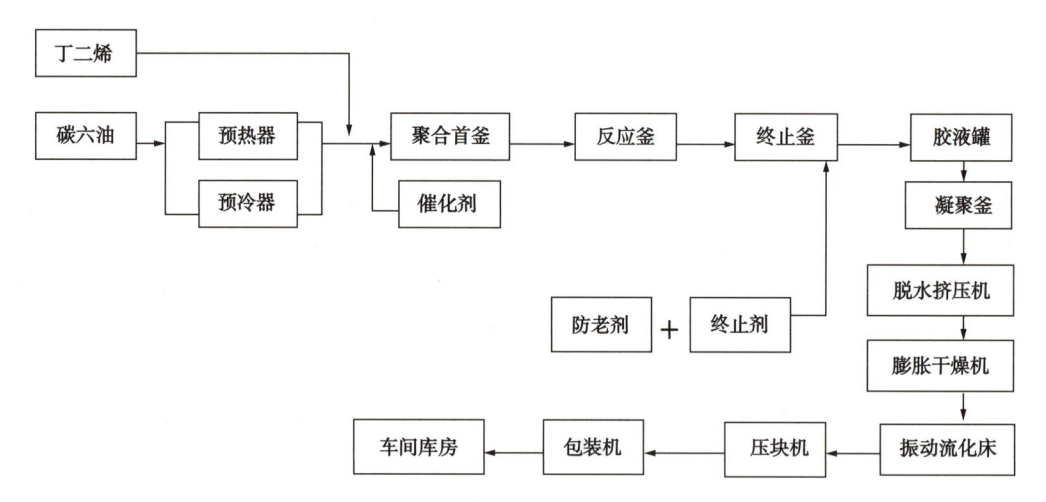

图 4-6　稀土顺丁橡胶生产工艺流程简图

中国石油 4 套顺丁橡胶装置以镍系催化剂生产的顺丁橡胶牌号为 BR9000，其门尼黏度为 45，主要用于制造轮胎，其他用于制造胶管、胶带及其他橡胶制品。

独山子石化顺丁橡胶装置以稀土催化剂生产的稀土顺丁橡胶包括 BR9101 和 BR9102 两个牌号，门尼黏度分别为 45 和 60，产品主要用于制造轮胎，其他用于制造胶管、胶带及其他橡胶制品，由于其弹性优异，也可用于制造高尔夫球的球心。

1. 主要技术进展

1）稀土顺丁橡胶成套技术开发

稀土顺丁橡胶是高性能轮胎的理想用胶，因此，中国石油非常重视稀土顺丁橡胶新产品的开发。在中国石油炼化分公司的支持下，设置了"稀土顺丁橡胶系列产品产业化及产品应用""稀土顺丁橡胶工业配套技术及市场开发"和"稀土顺丁橡胶工业化试验"项目，同时被列为"十一五"国家科技支撑计划项目"稀土顺丁橡胶工程化及其在子午线轮胎中应用的关键技术研究"。经过多年的研究及工业化生产，取得了不少的进展，但存在稀土胶容易塑化的问题，因此在中国石油科技管理部的支持下，又进行了"1.5×10^4t/a 稀土顺丁橡胶工业化试验"项目的研究开发，解决了稀土顺丁橡胶容易塑化的问题，并取得了以下技术成果：

（1）开发出稀土顺丁橡胶新产品。通过催化剂配方的优化，合成了门尼黏度为 45 的稀土顺丁橡胶产品，并实现了工业化生产技术。

（2）开发了稀土顺丁橡胶工业化生产成套技术。通过实验室、中试、工业化技术开发，开发了稀土顺丁橡胶工业化生产技术。

（3）形成 5×10^4t/a 稀土顺丁橡胶成套技术工艺包。

在独山子石化研究院稀土顺丁橡胶中试基础上，结合独山子石化顺丁橡胶装置稀土顺丁橡胶工业化试生产过程，借鉴吸收国际先进橡胶装置工艺，完成稀土顺丁橡胶基础工艺包的编制。装置主要包括催化剂配制、聚合、胶液掺混、汽提凝聚、溶剂回收、后处理、罐区、冷冻站、公用工程等部分。反应聚合掺混凝聚单元为一条生产线，单序列的溶剂回收单元为两条后处理生产线。

通过研究形成以下创新技术：一种新的三元稀土催化剂陈化工艺技术及设备；开发了

适合胶液黏度较大的稀土顺丁橡胶蒸汽预凝聚技术；开发了一种用于废水中金属钕含量的测试方法；钕、镍两种催化剂体系共用溶剂油系统生产顺丁橡胶的控制技术。

2）新产品开发进展及推广应用

开发的稀土顺丁橡胶产品顺式-1，4结构含量达97%以上，力学性能优良，各项指标均满足项目用户需求。2014年，华北销售公司进一步加大在金宇轮胎等知名企业的推广力度，在华北地区形成稀土顺丁橡胶的推广示范。主要用户为青岛森麒麟轮胎有限公司。森麒麟轮胎于2009年5月投产，主要生产高性能半钢子午线轮胎和航空轮胎。起到推广示范效应，带动周边轮胎企业使用稀土顺丁橡胶产品。据统计，全世界稀土橡胶在轮胎中的用量占到了丁二烯橡胶用量的15%。根据中国合成橡胶协会提供的数据，2014年中国丁二烯橡胶产能为162.5×10^4t/a，如果70%用于轮胎制造，为113.8×10^4t/a，国内潜在的市场为17×10^4t/a。因此，稀土顺丁橡胶具有良好的市场应用前景。

2. 应用前景

稀土顺丁橡胶工业化生产技术可应用于采用钕系三元催化剂、溶液聚合工艺、以丁二烯为聚合单体进行稀土顺丁橡胶产品的工业装置，该工艺与镍系顺丁橡胶工艺流程相似，对目前运行的镍系顺丁橡胶装置进行关键设备及催化剂工艺流程的改造即可具备稀土顺丁橡胶产品生产能力，并具有可在同一套装置生产稀土顺丁橡胶和镍系顺丁橡胶两种产品的灵活性，应用该技术可根据国内轮胎橡胶市场发展的需求对目前在运的镍系顺丁橡胶工业装置进行产品升级改造。

开发的稀土顺丁橡胶产品顺式-1，4结构含量达97%以上，力学性能优良，各项指标均满足项目用户需求。该技术及新产品的开发增强了独山子石化稀土顺丁橡胶产品的市场竞争力，为企业的效益最大化做出积极的贡献。增加产品附加值，突出行业特色，提升企业的知名度，应用前景广阔，有利于企业化工原料的综合开发利用，充分挖掘企业潜能，提升原材料产品的附加值，符合企业可持续发展战略，体现科学发展观。

随着汽车行业的迅猛发展，对汽车的高速性能、安全性能、节能性能提出了更高的要求，并且随着人们环保意识的提高，对汽车的排放以及汽车轮胎在使用过程中产生的废物都有更高的要求，因此，对轮胎所使用的橡胶性能有了更高的要求，需要使用环保的低滚动阻力的橡胶。随着稀土顺丁橡胶加工技术的发展，对窄分布稀土顺丁橡胶有需求。因此，稀土顺丁橡胶未来的发展方向是窄分布稀土顺丁橡胶、支化稀土顺丁橡胶以及端基官能化稀土顺丁橡胶新产品。

五、苯乙烯热塑性弹性体及其他合成橡胶成套技术与新产品

1. 苯乙烯热塑性弹性体

中国石油热塑性弹性体装置引进意大利PE公司合成橡胶专利生产技术，由Snamprogetti公司进行工艺包和基础工程设计，中国石化建设工程公司（SEI）完成详细工程设计。SBS装置设计产能为8×10^4t/a。

SBS产品使用丁二烯、苯乙烯为聚合单体，以环戊烷为溶剂，加入偶联剂、调节剂，在一定温度、压力下聚合，通过对聚合物结构进行设计调整，在聚合单元得到SBS胶液；将胶液凝聚、膨胀干燥、切粒，完成产品的成型包装，处理过程中需控制挤压干燥温度、压力、模板孔径等工艺参数，使SBS产品达到理想的膨化、脱灰效果，能够满足

下游用户需求。

中国石油 SBS 主要牌号产品介绍及应用领域见表 4-15。

表 4-15　SBS 主要牌号产品介绍及应用领域

SBS 产品牌号	产品介绍	应用领域
T161B	主要用于房屋建筑：耐高、低温，其苯乙烯—橡胶混合后有较适宜的低黏性；抗侵蚀风化、抗磨损	改性沥青
T6302H	主要用于道路铺设，可降低沥青—橡胶混合物黏度。抗磨损性能好	改性沥青
T6302	主要用于道路铺设，可降低沥青—橡胶混合物黏度。抗磨损性能好。	改性沥青
T6302L	主要用于道路铺设，可降低沥青—橡胶混合物黏度。抗磨损性能好	改性沥青
T171	制鞋时，柔软且有较高的抗磨损性能	鞋料
T167	SBS 基础黏合剂；黏附性能好；与 C_5—C_9 树脂改性（成本低）	胶黏剂
T168	SBS 基础黏合剂；黏附性能好；与 C_5—C_9 树脂改性（成本低）	胶黏剂

1）主要技术进展

（1）技术开发进展。

① SBS 专用料产品开发设计。

以国内下游用户生产需求为基础，分析 SBS 专用料性能需求特点，针对不同应用领域（改性沥青、鞋料、胶黏剂），设计开发符合质量标准要求的 SBS 专用料产品。

② SBS 专用料生产工艺技术。

根据设计结构的 SBS 产品指标，通过对生产过程中引发剂、偶联效率、反应温度、压力等工艺参数的设计与调节，控制 SBS 专用料产品的分子量、苯乙烯含量、偶联效率、充油率等关键指标；在后处理过程中对生产工艺条件进行优化，得到物理形态适宜，力学性能、耐热老化性能满足下游用户使用要求的 SBS 专用料产品。

③ SBS 专用料的应用技术。

确定较适宜下游用户需求的 SBS 产品微观结构及物理形态，根据不同应用领域，设计 SBS 应用的不同方案，实现在国内下游的规模化使用，应用效果良好，满足下游用户需求。

通过以上关键技术实施，SBS 专用料实现了在国内的全面推广，满足不同用户的生产需求，取得了良好的应用效果。

（2）取得的成果。

① 在引进工艺包基础上，经过消化吸收再创新，开发出改性沥青用 SBS、制鞋用 SBS、胶黏剂用 SBS 专用料产品生产工艺包，形成 7 个 SBS 专用料新产品，广泛应用于改性沥青、鞋料、胶黏剂生产，满足国内下游用户生产需求，填补了中国石油 SBS 生产空白。

② 采用偶联法工艺，针对不同的 SBS 产品应用领域（改性沥青、鞋料、胶黏剂），设计了相适应的 SBS 产品结构，并开发出相应结构的 SBS 新牌号产品，实现了稳定的规模化生产。

（3）技术水平。

通过对引进工艺包消化吸收再创新，结合国内 SBS 应用需求开展研究，生产出能够满足国内改性沥青、鞋料、胶黏剂生产应用的SBS产品，达到国际先进水平。

（4）新产品开发进展及推广应用。

SBS新产品的开发涉及沥青改性、鞋料、胶黏剂等应用领域，具体的推广应用效果如下：

①道路沥青改性用SBS专用料的成功开发，实现了中国石油首套SBS偶联法生产工艺在生产道路沥青改用SBS专用料中的成功应用，填补了中国石油系统生产该沥青改性专用料产品的空白。这既满足了国内市场的旺盛需求，又促进了独山子石化合成橡胶产品结构的优化调整，从而提高了独山子石化化工产品的市场竞争与盈利能力。开发出的SBS道路沥青改性专用料T6302、T6302H、T6302L和T161B各项指标均达到了技术要求。使用独山子石化SBS产品，成功调和出符合JTG F40—2004中SBS改性沥青I–A、I–B、I–C和I–D，以及符合客户要求的I–D+（软化温度超出I–D指标要求）技术要求的改性沥青。独山子石化生产的SBS道路沥青改性专用料产品成功应用于营抚高速、十天高速、渭蒲高速、西潼高速、包树高速、乌奎高速等高速路用改性沥青生产中，市场认可度大幅提升，产品满足用户改性沥青生产要求，市场品牌效应已逐步建立，市场份额正迅速扩大，推广前景良好。

②制鞋用SBS专用料的成功开发，得到的产品具有良好的力学性能、加工性能和耐折性能，符合企业应用要求。生产操作平稳，加工性能优良。目前，已经成为国内市场广泛接受的制鞋专用料产品，具有较高的美誉度和市场影响力。产品销往国内华南、华东、华北、西南等市场，品牌获得国内用户的认可和肯定。在福建茂泰鞋业和东莞国汇鞋业的现场应用表明，制鞋用SBS专用料耐黄变和耐磨性能得到了明显提高，已经成功应用于多家国内知名品牌鞋材的生产。厦门德丰行塑胶工业有限公司、厦门齐泰兴塑胶科技有限公司、佛山市金鼎城橡塑有限公司、成都市和隆塑胶有限公司、成都市久龙科技有限公司、揭阳市恒富达塑胶有限公司等都对独山子石化制鞋用SBS专用料的使用性能给予了肯定的评价。

③胶黏剂用SBS专用料的成功开发，下游用户遍布全国，产品在不同厂家的万能胶、喷胶、热熔胶、覆膜胶、鞋用胶（接枝改性产品）等胶种中得到了应用，用户普遍反映T167性能良好。通过对生产工艺条件的调整及平稳控制，过渡料少，并实现了与道路沥青改性用SBS专用料相互在线转产。产品投放市场后，各批次生产产品质量相近，均满足胶黏剂厂家的要求，取得了较好的经济效益。

胶黏剂用SBS专用料的开发，丰富了SBS产品牌号，对独山子石化实现灵活排产和增强竞争力起到积极作用。

2）获奖情况

"道路沥青改性用SBS系列产品开发生产"，获2013年中国石油科技进步奖二等奖；"中国石油SBS制鞋专用料的研究及开发"，获2014年中国石油和化学工业联合会科技进步奖三等奖；"公路用SBS生产技术开发及工程化应用"，获2016年中国石油和化学工业联合会科学技术进步奖三等奖。

3）应用前景

独山子石化百万吨级乙烯装置的投产，实现了SBS专用料的开发及生产，开发出改性沥青用SBS、制鞋用SBS、胶黏剂用SBS专用料产品生产工艺包，形成7个SBS专用料新产品，广泛应用于改性沥青、鞋料、胶黏剂生产，有效地促进了产业结构的调整，通过对产品生产工艺优化，可以有效地降低生产企业的能耗及生产周期，提高生产效率；增强了独山子石化道路沥青改性用专用料 SBS 产品的市场竞争力，为企业的效益最大化做出积极的贡献。增加产品附加值，突出行业特色，提升企业的知名度，应用前景广阔，有利于本企业化工原料的综合开发利用，充分挖掘企业潜能，提升原材料产品的附加值，符合企业可持续发展战略，体现科学发展观；同时，充分发挥独山子石化区域经济与地域资源优势。区内石油资源丰富，中亚原油不断，新疆也是中国"一带一路"的重要组成部分，即将成为中国内陆西部对外开放的重要窗口。因此，独山子石化开发、生产 SBS 专用料产品，抓住新疆跨越式发展的机遇，突出行业特色，既推动西部经济建设的可持续发展，又能辐射中亚，具有重要的资源经济地位和地缘战略意义。

牌号的多样化和市场的细分，开发有特殊功能的牌号，将市场细分，增加产品的附加值；生产装置的多品种化，整体考虑装置产品的多品种化，生产线"柔性化"，在系统中建不同装置，在主要原料一致的情况下，增加个性化原料，如异戊二烯等，生产 SBS、SIS、SEBS 和 EPS 等不同的锂系聚合物，积极应对市场的变化；新引发体系和工艺的节能化，进行双锂及多锂引发体系聚合工艺的开发，优化产品性能，降低产品生产能耗。

2. 液体橡胶

中国石油兰州石化是国内最早从事液体橡胶研制和生产的单位之一。拥有 10L 小试、50L 模试和 300L 中试装置各一套，工业生产装置两套。装置采用自主研发的自由基溶液聚合、阴离子溶液聚合和端基转化等技术，形成了具有完全自主知识产权的五大特色技术。经过近 50 年的研发，目前已成功开发出了自由基端羟基系列液体橡胶、自由基端羧基系列液体橡胶、端异氰酸酯基系列液体橡胶、聚氨酯增强扩链剂及阴离子端羟基系列液体橡胶等 30 多个牌号产品。研发的各类液体橡胶产品技术水平达到国际先进或国内领先，核心技术形成了专利群，截至 2015 年底，已申请国家发明专利 18 件，授权发明专利 12 件（国防专利 2 件），主持制定了国家军用标准 3 件。研发的各类液体橡胶产品已成功应用于国家重点战略型号"××系列"及"××工程"等项目，特别是在国家重大工程"神舟系列"航天载人工程、"嫦娥探月工程"和"天宫系列"飞行器中应用成功，多次受到中国载人航天办公室等有关部门的表彰与奖励，并被国家国防科工局确认为"国防军工配套材料协作单位"，为国家国防事业做出了突出贡献。

1）主要技术进展

为了支持和配合中国国防事业的发展，"十二五"期间，兰州石化液体橡胶领域先后承担了 10 项国家或省部级科研项目，其中国家项目 6 项，集团公司项目 4 项，形成 4 个品种 7 个牌号产品，并成功定型配套国家重大战略战术武器型号，取得了很好的应用效果，保障了中国武器装备科研生产需求，获得多项省部级技术发明奖和科技进步奖。承担的主要项目和获奖情况如下：

（1）"端羧基聚丁二烯类液体橡胶合成技术"项目。

建成了一套引发剂合成装置和一套中试装置，开发了高纯度、高活性引发剂的合成技术，研究了引发剂溶液配制浓度和连续梯度递减加入方式对聚合物分子量和羧基值的影响，形成了具有高分子量、高羧基值两个品种三个牌号的技术和产品，产品成功配套国家重大战略型号"××"和"××"及航天飞行器"××系列"的推进剂装药黏合剂和各类结构黏合剂，提高了终端产品的粘接强度和耐高温性能，满足新型号设计指标要求。本项目技术和产品属于国内领先，已形成国家军用标准两项，并荣获兰州石化科技进步二等奖1项。

（2）"新型端异氰酸酯基预聚体制备技术"项目。

利用端基转化技术，通过聚合物软硬段结构的分子设计，形成了具有高粘接强度、高耐磨蚀性的两个牌号端异氰酸酯基预聚体中试技术和产品，产品加工工艺性能和力学性能满足型号设计指标要求，解决了国内航天飞行器外防护难题，已成功配套国家重大型号"××"发动机以及新型号战略武器发动机，为中国航天事业研发和生产提供原材料保障。本项目技术和产品为国内独家，属于国际领先水平，已申报并获国家授权发明专利2件，并荣获兰州石化科技进步一等奖1项。

（3）"阴离子端羟基聚丁二烯合成技术研究"项目。

形成特殊带羟基保护基团引发剂技术和HTPB阴离子聚合技术及产品，具有分子量及其结构可控、分子量分布窄、聚合物黏度低、官能团分布均一、力学性能优异等优点。截至2015年底，兰州石化是国内唯一能提供产品的单位，技术和产品属于国际领先水平，已取得国家授权发明专利4件，荣获中国石油技术发明二等奖1项。该项目产品被航天权威专家确认为最具发展潜力的基础材料，社会效益显著。

（4）"高性能端羟基聚丁二烯液体橡胶技术开发"项目。

采用自由基溶液聚合法研究了聚合动力学、热力学，引入的功能助剂有效抑制了引发剂的副反应，提高了官能化引发剂的引发效率，建立了端羟基聚丁二烯聚合模型，研究了羟基类型、官能度及其分布对力学性能的影响，开发了低黏度高性能的HTPB工业化技术和产品，配套国家型号"××"等，满足型号设计性能要求，获得国防发明专利授权1件，荣获甘肃省科技进步三等奖1项。本技术和产品处于国内领先地位。

2）应用前景

（1）兰州石化液体橡胶技术和产品的成功开发，不仅提升了中国在这一领域的自主创新能力，而且为中国"高、精、尖"航天技术提供了基础材料，研发的各项技术和产品处于国际领先水平，产品质量和单位信誉度在国内享有盛名，保障了国家航天和武器装备型号科研生产任务，彰显了国有企业的社会责任，社会效益显著。

（2）目前，兰州石化生产的系列液体橡胶要积极开展液体橡胶改性热固性树脂中的应用，研究固化工艺、固化物结构以及形态与性能间的关系，降低产品生产成本，推广液体橡胶在民用方面的应用。

（3）未来新技术、新产品开发方面：开展端异氰酸酯基液体橡胶工业化技术开发，增加产品产量，降低批次间差异；阴离子端羟基液体橡胶中试及工业化研究，积极提供用户不同分子量和羟基值的产品，满足应用要求；开展端环氧基液体橡胶合成技术研究；开展钝感端羟基共聚醚类液体橡胶的合成技术研究。

3. 稀土异戊橡胶

异戊橡胶是一种综合性能优异的合成橡胶，广泛用于轮胎、轮胎制品、海绵制品、胶带、胶管、垫片、手套、胶鞋、胶黏剂、工艺橡胶制品、浸渍橡胶制品等领域，是天然橡胶的理想替代品。由于不含变应原，异戊橡胶还能应用于天然橡胶不能应用的医疗、食品等领域，市场空间广阔。

中国石油吉林石化异戊橡胶成套技术采用均相稀土催化体系，以己烷为溶剂按配位聚合机理通过溶液聚合法生产异戊橡胶，工艺流程主要包括溶剂和单体回收套用单元、催化剂制备单元、多釜连续溶液聚合单元、双釜凝聚单元、挤出脱水干燥单元。利用该技术，吉林石化建成了20t/a异戊橡胶模试装置和640t/a异戊橡胶工业化示范装置，形成了$4×10^4$t/a异戊橡胶装置工艺包，为异戊橡胶形成大规模产能和提高碳五资源的综合利用水平提供了先进的工艺技术。

稀土异戊橡胶成套技术工艺流程如图4-7所示。

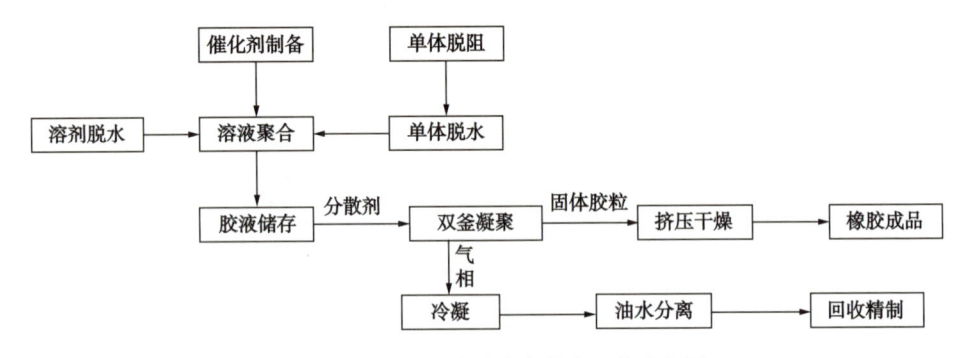

图4-7 稀土异戊橡胶成套技术工艺流程图

吉林石化稀土异戊橡胶成套技术是中国石油具有自主知识产权的成套特色技术，引领了国内异戊橡胶工业化装置技术水平，技术自主率达100%。该技术具有以下特点：

（1）催化体系合成及工业化放大制备技术适用于工业化，能够生产出高活性、高度稳定性、高顺式定向性的新型均相稀土催化剂。催化剂残留物对橡胶性能无害，无须水洗脱灰，"三废"处理量小。

（2）异戊二烯多釜串联溶液聚合技术，解决了高黏体系热移出和输送问题，聚合温度低且可控，单体转化率高，聚合物门尼黏度可控，聚合单元稳定运行时间长。

（3）高黏度胶液双釜湿法凝聚工艺及特殊凝聚隔离剂技术，能耗低、凝聚效果好，无胶料堵塞、挂轴和驮釜等现象，装置可长周期稳定运行。

（4）高门尼黏度高强度稀土异戊橡胶挤压干燥技术，产品门尼黏度衰减小，挥发分脱除率高。

（5）溶剂和单体精制回收及杂质去除技术，溶剂和单体损失率低，能耗低。

（6）生产的稀土异戊橡胶具有与天然橡胶相似的拉伸结晶性能，且具有顺式–1,4结构含量高、分子量高和分子量分布窄、凝胶和灰分含量低等特点，产品质量达到国际先进水平。

（7）国内首次成功大比例替代天然橡胶用于生产全钢载重子午线轮胎，并通过国家橡胶轮胎质量监督检验中心认证。

1）主要技术进展

吉林石化异戊橡胶成套技术开发先后经历了均相稀土催化剂小试制备工艺和聚合工艺研究、10L聚合釜间歇聚合工艺研究、400L聚合釜间歇聚合工艺研究、20t/a全流程模试技术研究、640t/a全流程中试技术研究，最终形成了$4×10^4$t/a异戊橡胶装置工艺包。吉林石化异戊橡胶成套技术催化剂活性及稳定性、聚合单元温度控制和胶液输送等核心技术达到国内领先水平，与国外先进技术水平相当。产品顺式-1，4结构含量、分子量分布、凝胶含量、灰分含量等产品质量指标达到国际先进水平，与俄罗斯的SKI-3、SKI-5产品水平相当。单体消耗、溶剂消耗和综合能耗等经济指标先进，达到国内领先水平，与国外先进技术水平相当。

截至2015年底，本项目已申请专利18件，其中发明专利15件，授权5件，实用新型专利3件，授权3件，形成技术秘密5项。发表科技论文30余篇，获得吉林省科技进步奖二等奖、中国石油技术发明奖三等奖、吉林市科技进步奖特等奖。本项目生产出的稀土异戊橡胶产品在大连轮胎厂进行了市场应用推广，成功应用于全钢载重子午线轮胎，在胎面胶中替代40份天然橡胶，不用改变任何工艺，各项指标均符合实际生产要求和出厂检验标准。成品轮胎通过国家橡胶轮胎质量监督检验中心认证，完全符合全钢载重子午线轮胎的使用要求。

2）应用前景

吉林石化稀土异戊橡胶生产技术的开发成功不仅能够促进中国橡胶产业、轮胎工业的发展，还可促进碳五综合利用向精细化、大型化和集约化发展，同时可带动石油树脂、医药中间体、香料等精细化工行业的发展；对中国石油以及国内异戊橡胶工业的发展具有重要的指导、引领作用和推广价值，对保障国家安全和国民经济发展具有重要的战略意义。

由于受地理和气候条件的限制，中国天然橡胶资源严重不足，对外依存度不断上升，发展异戊橡胶产业是保障橡胶工业产业安全乃至国民经济发展的需要。未来要提高稀土异戊橡胶对天然橡胶的竞争优势：一是应加强基础研究，开发高性能、低成本异戊橡胶合成催化剂，除继续进行溶液聚合研究外，还开展气相合成异戊橡胶和本体合成异戊橡胶技术研究，不断增加液体异戊橡胶、气相合成异戊橡胶、本体合成异戊橡胶等异戊橡胶牌号；二是应加强异戊橡胶改性技术，通过官能团、接枝等技术提高异戊橡胶产品性能，增强产品竞争力；三是应加强应用研究开拓市场，利用异戊橡胶没有蛋白质、不含变应原的优势，加强异戊橡胶在医药、食品领域的应用研究和认证。

4. 稀土丁戊橡胶

丁戊橡胶（BIR）是丁二烯与异戊二烯的共聚橡胶，是中国尚未实现产业化的合成橡胶。唯一能够实现丁二烯—异戊二烯同时以高顺式无规共聚的是稀土催化剂，它使得稀土丁戊橡胶（Nd-BIR）兼顾了顺丁橡胶（BR）和异戊橡胶（IR）的优良性能。同时，Nd-BIR还具有很强的耐寒性能，将在高性能轮胎领域、军工行业所需低温组件和低温密封材料上获得广泛的应用，具有广阔的工业化应用前景。因此，Nd-BIR生产技术的开发，对丰富中国合成橡胶工业的产品结构、增强企业的竞争力意义重大。

Nd-BIR由于其两种单体单元的高顺式和无规的链结构有效消除了分子链的低温结晶性质，因而具有极好的耐低温性能（脆性温度低于-80℃），远优于低温环境下广泛使用的硅橡胶（脆性温度为-50℃），并且力学性能远优于硅橡胶，而生产成本却比硅橡胶低。因此，Nd-BIR是一种应用前景较广阔的低温新材料。

异戊二烯单元的引入改善了顺丁橡胶的抗湿滑性能，在某些应用领域中是一种可替代顺丁橡胶的新型橡胶。Nd-BIR与其他胶种并用时，除保持顺丁橡胶的耐磨耗、弹性好、耐寒、生热性低等良好的优点外，在抗湿滑性、扯断力、抗撕裂力和半成品黏性以及混炼时包辊性能方面也都有明显的改善，尤其在挠曲龟裂性能方面表现得更为优异，大大提高了在轮胎胎面胶中的应用比例。Nd-BIR共聚胶应用于轮胎侧面，轮胎将具有较高的抗裂口增长性能而不牺牲滚动阻力；用于轮胎胎面胶，可提高轮胎胎面胶的耐磨耗特性，降低滚动阻力而不牺牲牵引性能。并且Nd-BIR的合成及后处理较丁苯橡胶更为环保，因此，Nd-BIR可代替丁苯橡胶，生产"绿色轮胎"。

1）主要技术进展

2014年，中国石油开始"丁戊橡胶中试技术开发"工作，取得了突破性进展：

（1）开发了一种高活性均相钕系催化剂放大制备技术，该催化体系实现了窄分子量分布、高顺式（顺式-1,4结构含量大于98%）丁二烯—异戊二烯共聚，催化剂活性达到钕/单体$=0.8\times10^{-4}$，聚合转化率大于85%。

（2）完成了丁戊橡胶中试技术开发：通过催化剂陈化、丁二烯和异戊二烯单体聚合、湿法后处理全流程的放大研究，完成丁戊橡胶中试技术开发，为下一步工业试验收集了工程数据。

（3）完成了丁戊橡胶在轮胎中的应用试验，为以后工业试验产品推广提供了技术支撑。中试产品在轮胎企业的应用试验结果表明，丁戊橡胶在轮胎配方中撕裂强度、挠曲龟裂寿命、回弹性均明显优于顺丁橡胶，特别是表征制动性能的湿抓着性提升10%以上。

申请专利3件，形成技术秘密1项。

2）应用前景

本项目为中试研究，中试产品在下游轮胎公司进行了应用试验。结果表明，丁戊橡胶在轮胎配方中撕裂强度、挠曲龟裂寿命和回弹性均明显优于顺丁橡胶，特别是表征制动性能的湿抓着性提升10%以上。综合考虑胎面胶的抗湿滑性与低滚阻性，NR、SSBR和BIR的最佳并用比为60∶30∶10，替代顺丁橡胶使用，具有广阔的应用前景。下一步将开发稀土丁戊橡胶工艺包，择机在中国石油工业化装置上实现应用。

六、合成橡胶加工及标准化分析检测技术

1. 合成橡胶加工测试应用技术

"十二五"期间，中国石油主要针对溶聚丁苯橡胶、丁腈橡胶的加工应用开展了技术攻关。针对溶聚丁苯橡胶在高性能轮胎中的应用和推广瓶颈，一方面通过化学改性的方法改善白炭黑表面极性；另一方面开发连续的低温混炼工艺，减少白炭黑的返聚现象，提高白炭黑在SSBR中的分散。通过积极推广，已在赛轮金宇集团实现工业应用；开发了高耐油、高强度丁腈橡胶复合材料制备技术；成为国内第一个合成橡胶产品应用技术平台。

1）主要技术进展

（1）白炭黑表面改性技术。

白炭黑表面存在大量羟基，表面极性很高，与溶聚丁苯橡胶的相容性差，易自聚，易迁移。因此，白炭黑的表面改性是提高其分散性的主要途径。

开发的白炭黑表面改性技术采用偶联剂、多巴胺类等改性剂，在弱碱性溶液中与白炭黑进行"自氧化聚合"，白炭黑表面生成高亲和力的改性剂薄膜，有效降低了白炭黑表面羟基间的作用力，实现了改性剂在白炭黑表面的高效偶联。

（2）低温连续混炼工艺。

"十二五"初期，中国轮胎行业主要采用高温三段混炼工艺，属分段混炼。这种炼胶

工艺存在混炼温度高、有效混炼时间短、停放时间长、炼胶效率低下的缺点。如果采用高温混炼白炭黑，白炭黑在胶料停放期间返聚的现象明显，这严重制约了中国溶聚丁苯橡胶在轮胎行业的大规模应用。

开发的低温连续混炼工艺的核心是采用一台密炼机与多台并联的开炼机串联，密炼机混炼炭黑及主要助剂后，第一批胶料在第一台开炼机上加入硫黄并进行较长时间的低温混炼，密炼机混炼的第二批胶料进入并联的第二台开炼机混炼，依次进料。因此，该工艺为一种连续的混炼工艺。该技术解决了高温混炼的所有缺点，尤其是炼胶效率大幅提高，白炭黑分散度提高，是 SSBR 制备高性能轮胎的核心技术。

采用以上两项技术制备的子午线轮胎滚动阻力由 E 级或 F 级提高到 C 级，湿滑性能由 E 级或 F 级提高到 B 级，即汽车平均行驶 1×10^4km 节省油耗约 23L，CO_2 排放量降低约 40kg，安全性能大幅提高，刹车距离缩短 10% 以上，燃油经济性和安全性均达到高性能轮胎的要求（专利号：201310585413.6，201310585189.0）。

（3）高性能轮胎用溶聚丁苯橡胶配合技术。

高性能轮胎是对具备高耐磨、低滚动阻力、高抗湿滑性能，并且在雪地、干地和湿地等不同路面中操控性优异的一类轮胎的总称，具有代表性的有高速赛车胎、高等级标签轿车胎、雪地胎、雨胎等。

通过研究丁二烯和苯乙烯结构对 SSBR 玻璃化转变温度（T_g）和损耗因子（$\tan\delta$）的影响规律，以及填料体系对胶料耐磨性、滚动阻力和抗湿滑性能的影响，根据不同高性能轮胎性能需求，设计胎面胶中溶聚丁苯橡胶、顺丁橡胶及填料体系的种类、用量及配比。通过该技术的应用，下游轮胎企业已成功开发出 B/C 级轿车胎、赛车胎、雨雪胎和冰雪胎，轮胎性能与 Lanxess、JSR 公司同类产品生产的高性能轮胎性能相当。

（4）低膨胀系数胎面胶配方及梯度变温硫化工艺技术。

独山子石化溶聚丁苯橡胶在下游轮胎企业的推广应用过程中遇到老旧装置应用技术难题。针对四川海大、山东金宇装置特点，开发了以复合硫化体系为主体的低膨胀系数胎面配方及配套梯度变温（120℃、140℃、160℃）硫化工艺，缩短应力松弛时间，解决了口模膨胀系数大、成品率低、质量不稳定的技术难题，使用该技术后，次品率下降了 67%。

以上四项技术为中国石油溶聚丁苯橡胶产品推广和应用提供了有力的技术保障，确保了中国石油 SSBR 逆市而上，销量稳步提升，从 2011 年的年 7000t 销量提升到 2015 年的 50000t。同时使国内溶聚丁苯橡胶生产企业和轮胎企业看到了希望、增强了信心，推动了中国橡胶和轮胎工业的技术进步和产业升级。

（5）高耐油、高强度丁腈橡胶复合材料制备技术。

通常，丁腈橡胶耐油性的主要影响因素是丙烯腈含量，丙烯腈含量越高，其耐油性越好，但同时加工性能会下降，因此如何在已有牌号基础上提高丁腈橡胶的耐油性能，并且提高加工性能和力学性能，进而扩展丁腈橡胶应用领域，是 NBR 后加工研究的重点。

本技术在剪切力场作用下，使小分子丙烯腈均匀分布在丁腈橡胶分子链间隙中，通过共硫化技术，使一部分丙烯腈与丁腈橡胶分子链活泼双键发生接枝反应，另外一部分丙烯腈原位聚合成聚丙烯腈，在丁腈橡胶分子链间形成稳定的互穿网络结构，制备了高耐油、高强度的橡胶复合材料，解决了现有高腈橡胶分子链中腈基分布不均匀和丁腈—聚丙烯腈共混胶的相分离等问题，拓宽了橡胶应用领域。

（6）国内第一个合成橡胶产品应用技术平台。

在研究中国石油丁苯橡胶、丁腈橡胶和乙丙橡胶加工应用技术基础上，编写了系列《合成橡胶加工应用技术手册》，开发了"中国石油合成橡胶产品加工应用技术数据库检索系统"，实现了中国石油合成橡胶加工应用技术的手册查询功能和数据库在线检索功能，解决了中国石油合成橡胶产品的性能特点、加工工艺和专用配方无处可查的难题。

数据库开发总体思路如图4-8所示。数据库软件的设计开发：首先建立数据库结构框架，进行数据库软件公开模块及授权模块的语言编程及调试，其次进行试验数据的录入，最后进行数据库软件的上线运行及调试。公开模块查询橡胶的基础数据，授权模块需要授权后查询NBR、SBR和EPR特定牌号指导配方、专有加工工艺参数等高级数据。

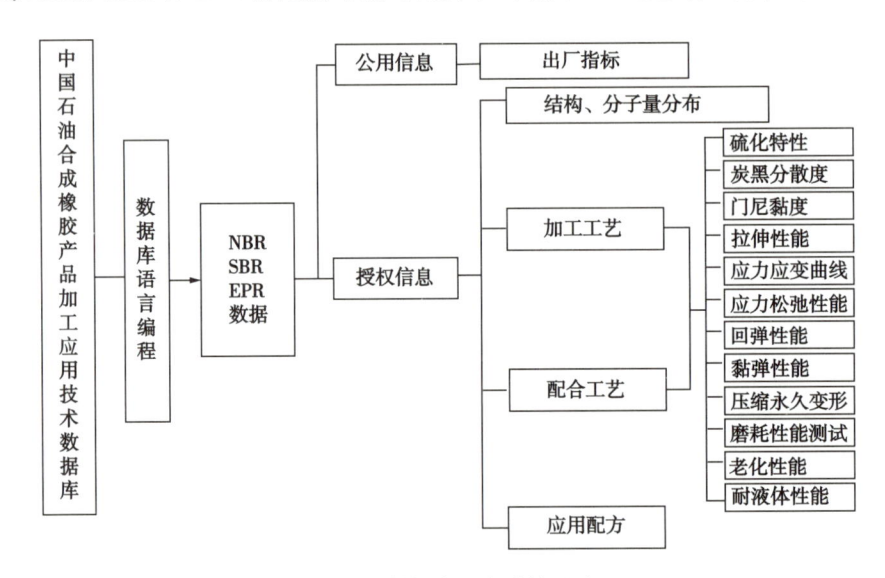

图4-8 数据库开发总体思路

2）应用前景

开发的溶聚丁苯橡胶、丁腈橡胶的加工应用技术将进一步提高中国石油合成橡胶市场占有率。合成橡胶产品应用技术平台将在中国石油合成橡胶相关生产企业、研究单位及销售公司得到更加广泛应用，同时也将为众多下游橡胶用户提供技术支持。

2. 合成橡胶标准制（修）订及主要检测技术

"十二五"期间，中国石油以标准化研究为核心，着力完善优化合成橡胶技术标准体系，大力推进国际标准化工作，全面提升标准化工作的影响力。紧密结合合成橡胶领域和中国石油业务发展需要，制（修）订国家标准13项，行业标准28项，获得国家标准物质6个，承担国际标准1项。针对合成橡胶环保化发展趋势，开发了乳聚丁苯橡胶中亚硝胺的检测技术和丁腈橡胶中游离丙烯腈和壬基酚的检测技术，为合成橡胶产品的环保化提供了保障。

1）主要技术进展

（1）加强标准制（修）订工作，突出领域重点。

① 加强标准的技术支撑作用。基于《国务院关于加快培育和发展战略性新兴产业的决定》，加强了特种合成橡胶新材料的标准制（修）订工作，先后制定了GB/T 30920—2014

《氯磺化聚乙烯（CSM）橡胶》、GB/T 30918—2014《非充油溶液聚合型异戊二烯橡胶（IR）评价方法》等新材料重点产品及配套方法标准。中国石油作为国内合成橡胶主要生产商，主导了氯磺化聚乙烯橡胶、丁腈橡胶、环保型橡胶 SBR1723 等新材料重点产品标准的制定。

② 加大分析方法研究。根据合成橡胶环保化发展趋势和要求，中国石油制定了 GB/T 30919—2014《苯乙烯—丁二烯生橡胶 N-亚硝基胺化合物的测定 气相色谱—热能分析法》橡胶中有害物质限量方法标准，解决了国内环保型 SBR 的检测问题。为提高分析技术水平、降低分析强度，采用现代分析仪器测定合成橡胶的结构和性能，以便逐步取代传统分析方法。SH/T 1157 系列标准分别采用元素分析仪和自动凯氏定氮仪测定 NBR 中结合丙烯腈的含量，提高检测效率，方法安全环保。

③ 全面开展标准复审工作。5 年来，完成 10 项国家标准和 14 项行业标准的复审，有效解决了标准滞后问题。

（2）国际标准化工作取得新突破，不断增强话语权。

"十二五"期间，持续参加 ISO/TC 45 国际会议 5 次，确保了国际标准化工作的连续性。1 项国际标准通过立项并进入技术委员会阶段（CD），完成国际标准草案和复审表态文件 28 项，多个意见被采纳，提出一种测定橡胶灰分的新方法在 ISO/TC45 第 63 次年会上进行了项目论证。

2014 年 11 月，在南非开普敦召开的 ISO/TC45 第 62 次年会上，提出的《丁苯橡胶中皂和有机酸含量的测定》国际标准新工作项目提案成功通过立项，标志着中国石油国际标准化工作取得重大突破。国际标准新工作项目提案修订 ISO 7781：2008《苯乙烯—丁二烯生橡胶 皂和有机酸含量的测定》采用自动电位滴定法通过电位突跃判定滴定终点更加准确，测定结果可靠；滴定过程采用返滴定技术，通过一次滴定可同时测定皂和有机酸的含量，提高了分析效率，解决了充油 SBR 颜色干扰问题。

（3）加强标准化研究，促进成果转化。

① 深入研制国家标准物质/标准样品。为满足合成橡胶行业对橡胶标准物质的需求，先后开展了"丁二烯橡胶（BR）9000、丁苯橡胶（SBR）1502 门尼黏度标准物质研制""乙丙橡胶、丁基橡胶门尼黏度标准物质研制""丁二烯橡胶评价用标准操作油"等多项研究课题。转化研究成果 2 项，获得国家标准物质 6 个，形成了较为完善的合成橡胶标准物质体系，以上标准物质在 30 余家企业得到广泛应用。

② 深入研究欧盟 REACH 法规橡胶中有害物质标准。针对合成橡胶安全、健康、环保等方面的需要，开展"乳液聚合丁苯橡胶中亚硝胺化合物的测定""丁腈橡胶中游离丙烯腈和壬基酚含量的测定"等科研课题，并将科研成果进行转化，丁苯橡胶中亚硝基胺含量的测定已制定为国家标准。

（4）标准宣贯及服务。

① 加强标准知识宣贯培训。为提高标准编写质量和水平，便于标准化及检测人员正确掌握标准测量方法准确度的制定与应用，正确使用新发布标准，先后组织了 GB/T 6379《测量方法与结果的准确度（正确度与精密度）》系列标准培训会，GB/T 8657—2014《苯乙烯—丁二烯生橡胶 皂和有机酸含量的测定》新标准宣贯会，GB/T 20001.10—2014《标准编写规则 第 10 部分：产品标准》和 GB/T 20001.4—2015《标准编写规则 第 4 部分：

试验方法标准》培训班，培训人数达到100余人次。

②深化企业咨询服务。为独山子石化等单位提供国内外标准500余份。编辑《石油化工标准化通讯》20期，发送单位累计约150家。为了应对欧盟RAECH法规，便于分析人员和从事标准研究的技术人员使用标准，2011年翻译并编辑印刷了《应对欧盟REACH法规标准译文集》。

（5）乳聚丁苯橡胶中亚硝胺的检测方法。

早在20世纪70年代末，国际上就已经开始关注硫化橡胶及橡胶制品中有致癌作用的亚硝胺化合物。1988年，德国TRGS法规规定了12种被限制的N-亚硝基胺（以下简称亚硝胺），其中有7种在橡胶制品中发现。1994年，德国政府再次通过立法，限定橡胶硫化和储存工作环境中亚硝胺的最大浓度为2.5μg/m³，1996年降低至1μg/m³，此时对橡胶中亚硝胺的研究达到了一个高峰。2008年7月8日开始正式生效的《德国商品法》规定：3岁以下儿童气球及橡胶玩具中可迁移的亚硝胺含量低于0.05mg/kg。欧盟93/11/EEC规定：橡胶奶嘴和橡皮奶头中可迁移亚硝胺含量低于0.01mg/kg。REACH法案规定：N-亚硝基二甲胺和N-亚硝基二丙胺属于2类致癌物质，当物品中其质量浓度不低于0.0001%（1mg/kg）时使用将受到限制。

国外早在20世纪80年代就已开展橡胶制品中亚硝胺的分析研究，主要分析对象是以天然橡胶、硅橡胶制成的婴儿奶嘴、抚慰品、安全套、食品包装材料和密封材料，没有关于生胶中亚硝胺的分析报道。采用的分析技术有气相色谱—热能分析仪法（GC-TEA）、气相色谱—质谱法（GC-MS）、气相色谱—氮化学发光检测器法（GC-NCD）、气相色谱—氮磷检测器法（GC-NPD）、液相色谱—热能分析仪法（LC-TEA），其中以GC-TEA和GC-MS最为常用，而且GC-TEA比GC-MS灵敏度高、选择性好，目前涉及亚硝胺检测的相关标准中多采用GC-TEA技术。TEA的工作原理是通过气相色谱将亚硝胺导入高温裂解炉中，亚硝胺在炉内发生裂解后释放出亚硝酰基（·NO），亚硝酰基进一步在真空反应室内被臭氧氧化成处于电子激发态的二氧化氮（NO_2^*）。激发态的二氧化氮很不稳定，会很快衰退回基态，同时放出特定波长的光。放射光的强度与亚硝酰基的浓度成比例，因此也与释放出亚硝酰基的化合物的浓度成比例。这一连串的化学反应即是TEA进行定性和定量分析的基础。

2014年，国家标准化管理委员会发布了乳聚丁苯橡胶中亚硝胺的检测标准，该标准由中国石油石油化工研究院起草，可以测定N-亚硝基二甲胺、N-亚硝基甲乙胺、N-亚硝基二乙胺、N-亚硝基二丙胺、N-亚硝基二丁胺、N-亚硝基哌啶、N-亚硝基吡咯烷、N-亚硝基吗啉、N-亚硝基甲基苯胺、N-亚硝基乙基苯胺10种亚硝胺类化合物，各亚硝胺的检测限为6~33μg/kg。

（6）丁腈橡胶中游离丙烯腈和壬基酚的检测方法。

随着市场对绿色环保型新材料的要求持续升级，丁腈橡胶在新产品研发及市场推广过程中，同样越来越重视产品的内在质量问题。新技术、新工艺，以及新的替代原料等都将成为影响新产品质量的重要因素，丁腈橡胶的应用性能不再是关注的唯一焦点，其内在的可能对人体造成潜在危害的一些物质同样引起人们的高度重视。在丁腈橡胶中，游离丙烯腈和壬基酚就是这类物质的重要组成部分。

丙烯腈属高毒类物质，其毒性作用似氢氰酸，具有诱变性、致癌性和致畸性；并且其进入人体后可与红细胞牢固结合，造成体内的蓄积。对眼睛有严重的刺激作用，可造成角膜损伤。经呼吸道和皮肤接触吸收，引起脉搏增快、喉部充血，最后惊厥造成死亡。20世纪80年代，美国消费者产品安全委员会调查发现：食品包装容器及材料中游离的丙烯腈单体可迁移至食物中，从而对人体产生危害。为此，各个国家都对丙烯腈聚合物的成品容器及包装材料中允许游离丙烯腈单体的量做出了明确的规定，例如，FAO/WHO食品法典委员会规定食品接触性材料中丙烯腈含量应低于0.02mg/kg；美国FDA对丙烯腈共聚物不仅规定了单体迁移限量，还规定了不同材料中的丙烯腈单体最大游离量，如ABS和丁苯橡胶改性的苯乙烯—丙烯腈共聚物中丙烯腈单体最大游离量不能大于11mg/kg（21CFR 177.1020和177.1050），按不同使用情况，苯乙烯—丙烯腈共聚物（AS）中丙烯腈单体游离量不大于0.10~80mg/kg（21CFR 177.1040）。欧盟也规定食品接触材料中丙烯腈单体的迁移量不得高于0.02mg/kg，未规定材料中的游离量；在欧盟委员会2002/371/EC生态标准中规定，腈纶纤维中丙烯腈的游离量应低于1.5mg/kg。中国迄今的卫生标准中未规定丙烯腈的迁移限量，但规定食品接触材料AS和ABS中丙烯腈单体游离量分别为：ABS中丙烯腈单体游离量不大于11mg/kg，AS中丙烯腈单体游离量不大于50mg/kg。REACH法案规定商品中有危害性的化学物质均应控制在无害的水平以下，并本着"有罪推理、无罪举证"的原则，如果认为无害，要求生产者自己提出无害的证据，并承担检测费用。据欧盟估算，每一种化学物质的基本检测约需8.5万欧元，每一种新物质的检测约需57万欧元。REACH法案无疑提高了化工产品进入欧盟市场的门槛，给中国丁腈橡胶出口欧盟带来严峻的挑战。同时，我们也要认识到以保护环境和人类健康，推行绿色生产和绿色贸易的做法将成为今后较长时期内国际贸易的一大特点，是全球经济可持续发展的大趋势。2009年，兰州石化丁腈橡胶出口德国时，对方要求西北销售公司提供产品中游离丙烯腈含量，并明确指出产品中丙烯腈单体含量应小于5mg/kg。

丁腈橡胶中壬基酚的引入有两种渠道：一是为了提高丁腈橡胶的耐老化性能，兰州石化目前生产的各牌号的丁腈橡胶均使用了一种称作三（壬基苯基）亚磷酸酯（TNP）的防老剂。TNP的生产原料之一为壬基酚，TNP供应商供给兰州石化的TNP产品中壬基酚含量为5%~7%；二是TNP还有可能水解而生成壬基酚。丙烯腈是丁腈橡胶聚合的单体之一，少量未参与反应的丙烯腈单体滞留在橡胶中，成为丁腈橡胶加工和应用过程中主要的污染源之一。

壬基酚是一种环境内分泌干扰物，具有很强的内分泌干扰作用，对包括人类在内的很多动物都有致畸、致癌、致突变等作用。有研究发现，水中壬基酚的浓度达到10g/L时，就会发生虹鳟鱼的生殖异常。壬基酚不仅毒性大，而且具有持久性和生物蓄积性，一旦被排入环境中，就会在环境存在很长时间，还可以进入食物链，通过食物链将危害逐级放大。2010年8月，美国环保局（EPA）将壬基酚列入了EPA重点关注化学品名单；2005年1月，欧盟在REACH法规中规定，商品中壬基酚的含量不得超过1000mg/kg；而Oeko-Tex协会的要求更为严格，规定从2013年4月1日起，通过其认证的产品中壬基酚的最高限量为50mg/kg。

目前，国内没有检测丁腈橡胶中壬基酚含量的标准方法，研究报道也多集中在水质、土壤、皮革制品上，SGS、CTI等第三方都只是采用各单位的内部方法。丙烯腈的检测，主要分析对象是食品容器、食品包装用苯乙烯—丙烯腈共聚物（AS）和橡胶改性的丙烯腈—丁二烯—苯乙烯（ABS）树脂等食品接触材料、腈纶纤维等，尚没有丁腈橡胶中游离丙烯腈含量测试方面的文献报道。国外 ASTM5508-94a（2009）标准中给出了丁腈橡胶中游离丙烯腈含量的测定方法，其规定采用顶空自动进样技术，以氮磷检测器（NPD）检测丙烯腈，外标工作曲线法定量。该方法使用的仪器设备复杂，对仪器精度要求高，测试样品周期长（大于 19h），使用的 NPD 检测器寿命短（一般 1~2 年），且方法中使用的邻二氯苯溶剂易致 NPD 熄灭，这些因素都将导致该方法在国内不易普及。

中国石油石油化工研究院根据研发需求及市场需要，建立了橡胶中高关注度物质分析检测平台，主要物质涉及亚硝基化合物、游离丙烯腈、壬基酚、稠环芳烃等，其中亚硝基化合物、游离丙烯腈、壬基酚已相继完成方法开发工作。

丁腈橡胶游离丙烯腈的检测，采用了顶空气相色谱法，以高沸点试剂四氢萘为顶空溶剂。试验表明，其对丁腈橡胶样品的溶解性明显优于 ASTM D5508 中规定的邻二氯苯，可以大大缩短样品测试时间。另外，四氢萘还具有无检测干扰、高温下安全、低毒、环保等优点。方法确定了以 50m FFAP 柱为分析柱的色谱分离条件，该方法线性范围宽，丙烯腈含量为 3.3~1000mg/kg，有较好的线性，线性系数可达 0.999 以上；3 个浓度水平下的回收率在 94.8%~98.6% 之间；方法的检出限可达 1.8mg/kg；3 个浓度水平下 6 次平行测定的相对标准偏差（RSD）小于 3%。

丁腈橡胶中的 11 种壬基酚采用气相色谱—质谱法进行测定，在测定过程中，取 2.0g 剪碎的试样，用 20mL 乙醇溶剂在 60℃下超声波萃取 60min，萃取两次，合并萃取液，旋转浓缩并定容至 10mL，移取 1mL 通过石墨化炭黑固相柱纯化，二氯甲烷洗脱，洗脱液氮吹至快干，准确加入 1mL 乙醇溶解，加入 100μL 内标溶液混合均匀后，采用气相色谱—质谱选择离子扫描模式检测，内标工作曲线法定量。该方法对单一壬基酚的检测限范围为 0.9~1.4mg/kg。

2）应用前景

中国石油承担合成橡胶标准制（修）订工作及分析检测方法建立，为合成橡胶新产品的研发提供了规范和指导。"十三五"期间，将进一步加大标准制（修）订力度和分析检测方法建立，通过标准制（修）订掌握合成橡胶行业话语权，推广合成橡胶环保化检测技术，实现合成橡胶产品全面结构升级。

第三节　合成橡胶生产技术及新产品展望

中国石油经过"十二五"跨越式发展，合成橡胶业务在装置规模、生产技术、产品开发、市场占有率、知识产权保护、研发装备完善等方面都取得了丰硕成果。当今合成橡胶技术日趋成熟，市场竞争更加激烈，一方面国内市场进一步开放，如中韩 2015 年签订自由贸易协定，根据协定中的"关税减让表"，中国对从韩国进口的丁苯橡胶、顺丁橡胶、丁腈橡胶、乙丙橡胶和 SBS 等橡胶产品，将采取 15 年内等比削减原则，直至关税为零。另一方面国内市场国际化进程加快，国外大公司进入国内市场的规模和力度越来越大，同时民营企业异军突起，中国石油面临内外压力。面对以上挑战，中国石油合成橡胶应从实际情况出发，以新技术、新产品和加工应用技术研究为主，并加大中试和工程放大技术的研究和开发，加快科技成果的产业化。展望"十三五"及今后更长一段时间，中国石油合成橡胶需重点关注以下几个方面：

（1）已有的优势技术要进一步做强、做精。不断完善 20×10^4t/a ESBR、5×10^4t/a NBR、5×10^4t/a Nd-BR 及 5×10^4t/a EPDM 成套技术工艺包，使产品技术、经济指标达到或超过国外先进水平；借力"一带一路"倡议，将技术推广出去，服务沿线国家和地区，提高中国石油国际影响力及竞争力。开发 10×10^4t/a SSBR、SBS 和 LCBR 成套技术工艺包以及 3×10^4t/a 丁戊橡胶成套技术工艺包，开发并完善 HNBR、SEBS、SIS 和 SEPS 等中试技术，为丰富合成橡胶品种、提高装置开工率和产品结构升级提供技术支撑。

（2）加大各胶种新产品开发力度。乳聚丁苯橡胶、丁腈橡胶持续推进产品结构调整，实现全部产品定制化、环保化、系列化及高性能化；溶聚丁苯橡胶要加快产品应用推广，开发官能化改性产品；稀土顺丁橡胶要开发窄分布、支化及端基官能化产品；乙丙橡胶应提升产品差别化率，保持市场竞争优势，研发多系列产品牌号，尤其是高门尼黏度双峰分布的乙丙橡胶和长链支化乙丙橡胶；SBS 应加快产品改性研究，加大 SEBS、SIS 和 SEPS 的研发力度和步伐。

（3）以承担国家项目"高性能合成橡胶产业化关键技术"为契机，高起点介入丁基橡胶领域。通过研究星形支化丁基（溴化丁基）橡胶技术和关键设备，设计新型支化剂及微槽垂直流微结构反应器，解决丁基橡胶卤化过程中溴利用率低、溴代比例不可控的问题，开发双峰分子量分布的星形支化 IIR，在工业装置实现应用。

（4）针对中国石油合成橡胶产品与生产企业、销售企业、科研机构及下游用户建立"产、销、研、学、用"技术服务平台，解决中国石油合成橡胶生产与应用相互脱节的问题；完善合成橡胶产品加工应用数据库，建立中国石油合成橡胶加工应用技术中心，使中国石油具备为橡胶终端用户提供个性化、定制化整体解决方案的技术服务能力。

展望未来，中国石油合成橡胶将进一步做精做强，成为利润持续增长点；中国石油合成橡胶技术将全面进入国际一流行列，环保型乳聚丁苯橡胶、丁腈橡胶和顺丁橡胶技术达到国际领先水平；溶聚丁苯橡胶、丁戊橡胶和乙丙橡胶成套技术拥有自主知识产权；合成橡胶加工应用技术达到国际领先水平，具备为下游用户提供"量体裁衣"式的整体解决方案能力；合成橡胶领域技术标准体系全面与国际接轨，进一步巩固、扩大国际标准话语权。

参 考 文 献

[1] 胡兆建, 郑雄高. 乳聚丁苯橡胶发展概述及建议 [J]. 广州化工, 2013, 49（9）: 17-19.

[2] 张洪林, 于鹏. 乳聚丁苯橡胶生产技术进展 [J]. 橡胶科技市场, 2008（18）: 15-19.

[3] 荔栓红, 刘杰. 中国石油高性能轮胎用合成橡胶的研发进展 [J]. 发展论坛, 2011（12）: 11-14.

[4] 叶永富. 我国通用合成橡胶新产品现状 [J]. 当代石油石化, 2008, 16（10）: 26-29.

[5] 魏绪玲, 郑聚成, 龚光碧, 等. 环保型乳聚丁苯橡胶的研发进展 [J]. 高分子通报, 2012（4）: 133-137.

[6] 燕鹏华, 赵洪国, 张皓均, 等. 中国石油环保型充油乳聚丁苯橡胶新产品开发进展 [J]. 橡胶科技, 2014, 31（11）: 10-14.

[7] 王立军. 填充油对充油丁苯橡胶性能的影响 [J]. 齐鲁石油化工, 2008, 36（3）: 182-185.

[8] 钱伯章. 齐鲁石化公司规模化生产环保型丁苯橡胶 [J]. 合成橡胶工业, 2010, 33（1）: 76.

[9] 环保型充油 SBR 实现工业化生产 [J]. 橡胶工业, 2009, 56（10）: 610.

PAN 基碳纤维制造生产技术主要包括原丝生产技术（聚合和纺丝等工序）和碳丝生产技术（预氧化、碳化及表面处理等工序）。原丝是碳丝的前驱体，原丝的很多物性最终会"传递"到碳丝。目前，国内外对于 PAN 原丝生产采用比较多的是溶液均相聚合和水相悬浮聚合的工艺路线。碳丝的制备在国内外均采用相同的热处理工艺流程。即 PAN 原丝经预氧化处理后，大分子的内部结构转化为耐热梯形结构，再经低温碳化和高温碳化转化为乱层石墨结构，该纤维根据需要可以进一步进行表面处理、上浆，制得最终的碳纤维产品。

聚酯通常由特定的二元酸和二元醇聚合而成。常用的二元酸有对苯二甲酸（PTA）、异酞酸（IPA）和脂肪酸；常用的二元醇有乙二醇（EG）、1,4-环己烷二甲醇（CHDM）、二甘醇（DEG）、丁二醇和新戊二醇（NPG）等[1]。聚酯系列产品有聚对苯二甲酸乙二醇酯（PET）、聚对苯二甲酸丁二醇酯（PBT）、聚对苯二甲酸丙二醇酯（PTT）和聚萘二甲酸乙二醇酯（PEN）等，其中 PET 因其原料价廉、性能优良而占 90% 以上市场份额。聚酯工艺流程一般包括催化剂溶液调配、PTA 加料、浆料调配、酯化、缩聚、熔体输送、切片生产、乙二醇回用等辅助系统组成。

油田用化学品种类繁多，按照用途可分为钻井用化学品、采油用化学品、油气集输用化学品和水处理用化学品等，其中用于三次采油工艺的驱油用采油剂的数量已经显著增加。钻井液处理剂、三次采油破乳剂、三次采油化学剂和特殊油气化学剂均取得了很大的进展，并且将会持续受到重视[2]。驱油用采油剂主要有驱油用聚合物和驱油用表面活性剂等，其中驱油用表面活性剂类型主要有阴离子表面活性剂、阳离子表面活性剂、非离子表面活性剂、非离子与阴离子复合型表面活性剂以及高分子表面活性剂。目前，以磺酸盐和羧酸盐为代表的阴离子表面活性剂应用最多。表面活性剂在油田各个生产环节都发挥着重要作用[3]。

一、国内外化工特色产品生产技术现状

1. 国内外碳纤维生产技术现状

1）碳纤维生产技术现状

目前，日本东丽（Toray）公司在 PAN 基碳纤维研制技术方面处于世界领先水平，日本东邦（Toho）公司、三菱人造丝（Mitsubishi Rayon）公司及美国赫氏（Hexcel）公司处于国际先进水平。国外主要碳纤维公司原丝生产工艺路线情况见表 5-1。

表 5-1 国外主要碳纤维制造商原丝生产工艺路线

生产厂商	溶剂	纺丝技术	工艺路线	共聚单体
日本东丽	DMSO	湿纺、干喷湿纺	一步法	MA/IA
日本东邦	$ZnCl_2$ 水溶液	湿纺	一步法	MA+IA
日本三菱	DMF	湿纺	一步法	MMA+IA
美国赫氏	NaSCN 水溶液	湿纺	一步法	MA/IA

注：DMSO 为二甲基亚砜，MA 为丙烯酸甲酯，IA 为亚甲基丁二酸，DMF 为二甲基甲酰胺，MMA 为甲基丙烯酸甲酯。

国外主要碳纤维制造公司高强型碳纤维产品牌号及性能指标见表 5-2。

表 5-2　国外主要碳纤维制造公司高强型碳纤维产品牌号及性能指标

生产厂商		日本东丽	日本东邦	日本三菱	美国赫氏
T300 级	牌号	T300	HTA40	TR30S	AS4
	拉伸强度，GPa	3.53	4.10	4.12	4.60
	弹性模量，GPa	230	240	234	231
	断裂伸长率，%	1.5	1.7	1.8	1.8
	体密度，g/cm³	1.76	1.77	1.79	1.78
T700 级	牌号	T700SC	UTS50	TR50S	AS7
	拉伸强度，GPa	4.90	5.10	4.90	4.84
	弹性模量，GPa	230	245	240	247
	断裂伸长率，%	2.1	2.1	2.0	1.8
	体密度，g/cm³	1.80	1.78	1.82	1.79
T800 级	牌号	T800HB	IMS60	MR60H	IM6
	拉伸强度，GPa	5.49	5.80	5.68	5.72
	弹性模量，GPa	294	290	290	281
	断裂伸长率，%	1.9	2.0	1.9	1.9
	体密度，g/cm³	1.81	1.79	1.81	1.76
T1000 级	牌号	T1000GB	—	—	IM8
	拉伸强度，GPa	6.37	—	—	6.10
	弹性模量，GPa	294	—	—	306
	断裂伸长率，%	2.2	—	—	1.8
	体密度，g/cm³	1.80	—	—	1.78

中国 PAN 原丝及碳纤维研发工作自"7511 会议"[1] 开始已有 40 多年的历史，逐步形成了以 NaSCN、HNO_3 和 DMSO 三种溶剂为主生产碳纤维原丝的生产能力。硫氰酸钠法和硝酸法已经逐渐退出，二甲基亚砜法成为碳纤维制造的主流技术。国内主要 PAN 原丝生产企业的生产技术情况见表 5-3。

---

[1] "7511 会议"是指在 1975 年 11 月在广州召开的第一次国家级碳纤维工作会议。该会议由时任国防科学工作委员会主任的张爱萍将军主持，化学工业部、冶金工业部、纺织部和中国科学院等部委及其直属企事业单位代表参加。会议主题围绕提高国防实力、解决碳纤维关键材料这一主题，进行了工作分工部署。

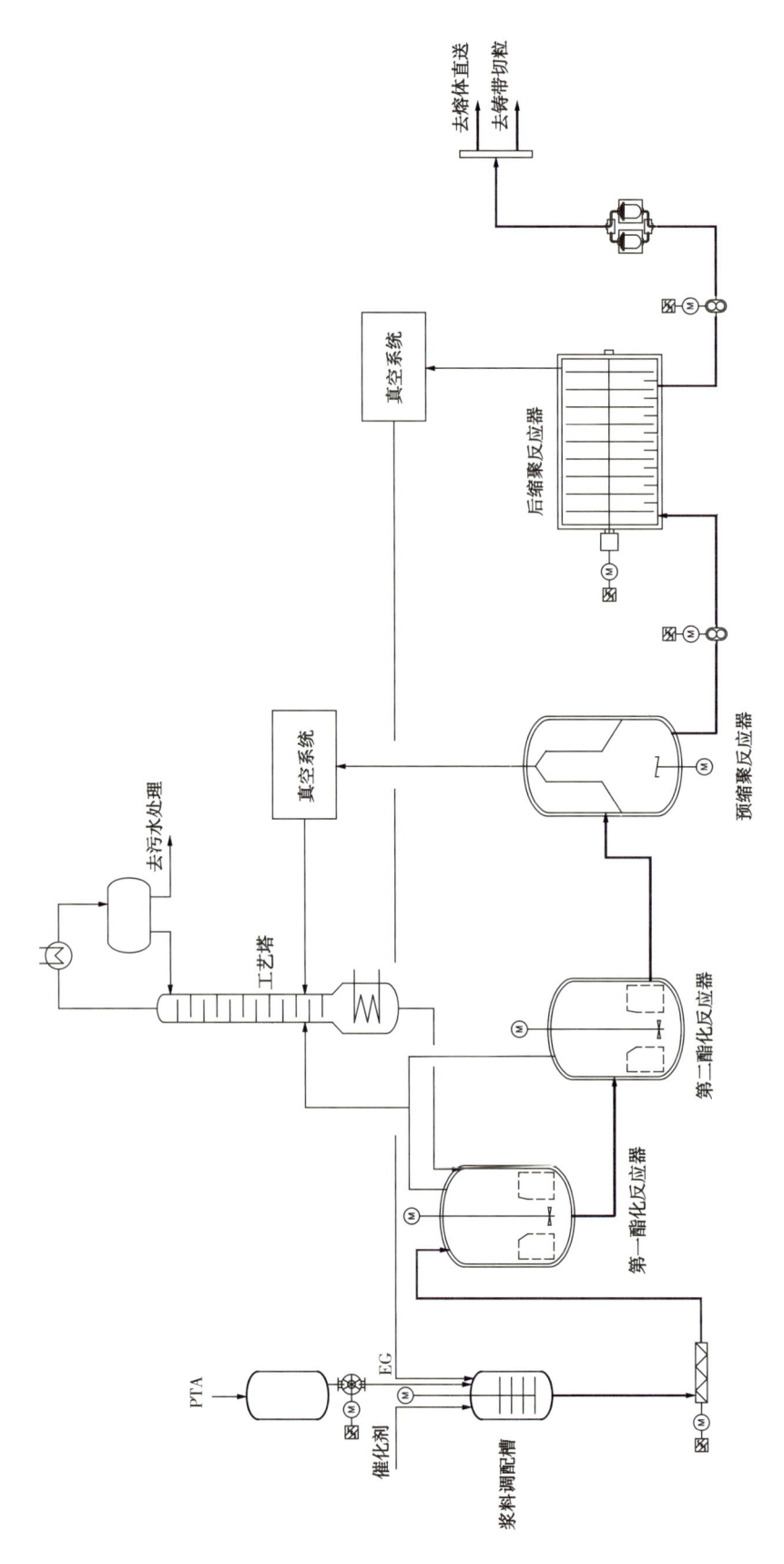

图 5-2 四釜 PET 工艺流程简图

聚酯工艺路线有直接酯化法（PTA法）和酯交换法（DMT法）。PTA法具有原料消耗低、反应时间短等优势，一直是聚酯的主要技术路线。德国吉玛（Zimmer）公司、美国杜邦（Dupont）公司、德国—瑞士伍德依文达菲瑟（Uhde-Inventa-Fischer）公司和日本钟纺（Konebo）公司等均采用该技术路线。DMT法半连续及间歇生产工艺则适合中小型、多品种生产装置。

伍德依文达菲瑟公司专有的双反应器（2R）技术和熔融法制取树脂MTR（melt-to-resin）工艺，可生产高质量的PET聚酯树脂，用于加工成碳酸软饮料、啤酒等灌装用的聚酯瓶和容器。该工艺无须固相缩聚（SSP），高黏度PET直接通过熔融缩聚生产，反应条件缓和，热应力减少，使产品收率最大化，设备投资成本降低26%，能耗降低40%。第一反应器为创新的塔式反应器，称为ESPREE反应器，该反应器替代了典型的常规缩聚装置的前三个反应器。该反应器直立管内表面上的液膜流动可产生预聚合物，因在不同的反应段内由物理现象而造成了强化混合，从而无须搅拌器和相应的密封系统。MTR工艺无须昂贵的固态后缩合（SSP），是常规生产工艺低费用的替代方案。在熔融段，利用特定的高黏度精整器（称为DISCAGE反应器），即直接缩聚方法，生产瓶级树脂材料，DISCAGE反应器因其独特的设计可使缩聚在低温下进行，并可将聚酯熔体从进口移送至出口。总体上看，2R-MTR技术与常规缩聚技术相比，可使原料精对苯二甲酸（PTA）和乙二醇转化为PET树脂的费用节减28%。MTR技术生产的PET切片具有很高的特性黏度，可直接进入注模机，而常规工艺生产的PET需先采用缩聚（SSP）工艺再进行后缩聚，以提高特性黏度。MTR工艺的关键是DISCAGE反应器，它可完成最后的缩聚过程。DISCAGE反应器的关键特征之一是无传动轴设计，避免了熔体进入中心轴时会发生的黏附问题。

杜邦公司开发的NG3工艺，只需经过酯化和聚合两釜。其特点是采用低黏度聚合物的微粒成形技术，使PET微粒具有独特的结晶结构，从而使其具有一定的强度，有效提高产品质量。该技术减少了反应设备，缩短了固相聚合前的结晶时间，可使装置的投资成本降低40%。用这种PET加工的包装容器与薄膜具有极好的透明度和光泽度，非常适用于包装材料。

伊士曼化学公司开发的IntegRex新技术用以生产PET聚酯树脂。该技术将使对二甲苯至PET的过程组合在一起，可减少对二甲苯转化为PET树脂的转化费用15%。该技术也无须使用专用的固相缩聚单元以制备瓶级树脂，从而可减少成型费用30%。该技术也降低了投资和操作费用，使用该技术的装置占地面积为常规PET生产装置占地面积的一半。用IntegRex技术可生产新一代ParaStarPET聚酯，生产的聚酯瓶透明度和一致性得到改善，同时乙醛含量可减少25%以上。

德国吉玛公司开发了一种生产聚酯瓶坯的新技术，称为DTP技术，可不经过低特性黏度的固相缩聚，直接制成瓶坯，过程大为简化，投资可降低20%左右。

中国的聚酯技术主要引自德国吉玛公司（于20世纪70年代末）和美国杜邦公司（于20世纪80年代末）。国内聚酯行业中采用五釜流程工艺的企业占据了60%以上，三釜流程工艺的企业约占30%。国内工程公司承包的聚酯反应器及大部分设备已经实现国产化。在国内工程公司的改进下，国内开始投用了低温长流程聚酯工艺的四釜流程[4]，使聚酯产能处于世界第一，实现了装置的规模化和技术的模块化。

2）新型二元醇单体生产技术现状

国外大力开发高技术含量、高附加值新单体，如1,4-环己烷二甲醇、1,6-己二醇等，对核心的催化加氢技术进行专利保护。其中，1,4-环己烷二甲醇（CHDM）是一种脂环族的新型二元醇，最大用途是改性合成非晶型共聚酯，工业上主要由对苯二甲酸二甲酯（DMT）两步加氢还原制得。2015年，美国Eastman公司在20世纪90年代中期首先在中压加氢技术上取得突破，分别在田纳西州和瑞士建有生产装置，产能约$7×10^4$t/a。21世纪初，韩国SK公司采用自主研发的专利技术，在蔚山建设了$1×10^4$t/a生产装置，经两次扩能改造后达到$4×10^4$t/a。1,6-己二醇是另外一种线型脂肪族的新型二元醇，工业上主要采用以己二酸为原料经酯化合成二元酸酯再催化氢化的路线。德国巴斯夫公司、朗盛（拜耳）公司和日本宇部公司从80年代开始，先后形成了一批专利技术并实现了工业应用。截至2015年，德国巴斯夫公司产能为$5.2×10^4$t/a；德国朗盛公司在勒沃库森建有$1.0×10^4$t/a的生产装置，后经扩能达到$2.1×10^4$t/a；日本宇部公司产能为$1.8×10^4$t/a。

截至2015年，中国建成两套1,4-环己烷二甲醇工业化装置，分别是南通市如皋的江苏康恒化工有限公司的2000t/a装置和位于张家港的江苏飞翔集团凯凌化工有限公司的$2×10^4$t/a装置。建成三套1,6-己二醇工业化装置，分别是抚顺市天赋化工有限公司的2000t/a装置、浙江丽水南明化工有限公司（现浙江博聚新材料有限公司）的8000t/a装置和山东元利科技股份有限公司的$1×10^4$t/a装置。

"十一五"以来，中国石油立足于聚酯产品差别化、高端化的发展定位，开展了制约高端聚酯及原料单体的技术开发。在1,6-己二醇和1,4-环己烷二甲醇万吨工艺包开发、己二酸产品质量升级等方面取得重要进展，在钯系负载型和铜系复合氧化物系列加氢催化剂研发上取得技术突破，开展了小试、模试及工业化生产研究，先后开发出1,6-己二醇和1,4-环己烷二甲醇的万吨级规模成套工艺包，形成了高端己二酸产品专有生产技术。

3. 国内外驱油用采油剂生产技术现状

1）聚丙烯酰胺技术现状

聚丙烯酰胺（PAM）是丙烯酰胺（AM）均聚物或与其他单体共聚而得聚合物的统称，它是水溶性高分子中应用最广泛的品种之一。按离子形式，可分为非离子型、阴离子型、阳离子型和两性离子型。由于聚丙烯酰胺具有良好的增稠性和絮凝性，在石油开采、水处理、纺织、造纸、选矿、医药、农业等行业中具有广泛的应用，有"百业助剂"之称。有关PAM的研究与开发非常活跃，PAM的聚合方法也从最初的水溶液聚合，发展到反相乳液聚合、反相微乳液聚合和水分散聚合。聚合技术的进步，带来了产品质量提高、品种增加、成本下降、规模扩大。PAM具有增稠、絮凝和对流体流变性的调节作用，在石油开采中充当了重要的角色，可以提高石油的采收率（EOR），特别是对于已进入二次、三次开采的陆地油田和海上油田更有效。

为适应EOR的要求，PAM除做成更高的分子量外，还有开发AM与其他耐高温、耐水解单体的EOR二代聚合物。美国菲利浦石油公司研制的AM与乙烯基吡咯烷酮（VP）共聚物，在盐度升高问题和有二价阳离子存在时的稳定性超过PAM，在121℃的海水中可以稳定放置74个月无沉淀。美国菲利浦钻井专用品公司生产了专用于北海油田（英）牌号为HE的性能优异的聚合物，可在高温高盐恶劣环境下用作驱油剂。日本第一制药公司开发生产了8个品种ORP-F系列高温油藏用的聚合物。

中国在1995年底由大庆油田从法国SNF公司引进的$5×10^4$t/a聚丙烯酰胺生产装置，产品的分子量接近1500万，使国内聚丙烯酰胺的生产能力有了大幅度提高，产品质量符合油田聚合物驱油的要求。经过长期研究，中国在该领域的生产技术达到了国际先进水平，经过大庆油田、克拉玛依油田的工业化推广应用，取得了较好的增油效果。

2) 石油磺酸盐表面活性剂技术现状

石油磺酸盐由于来源广泛、价格合理，具有界面活性强，能把油水界面张力降低到10^{-3}mN/m以下，与原油配伍性好，与多种碱剂和聚合物配伍性好，增溶能力强，水溶性和稳定性优良等优势，是迄今国内外室内研究和矿场试验应用中采用最多的表面活性剂[5]。

1875年，美国开发了第一个磺酸盐产品，发展至今，各国际大石油公司形成用原油、塔顶原油、馏分油磺化生产的石油磺酸盐产品。20世纪70年代，美国Marthno公司在罗宾逊炼油厂建成了$3.6×10^4$t/a石油磺酸盐生产装置，标志着石油磺酸盐的研究由实验室走上大规模的工业化生产[6]。

国内外石油磺酸盐的磺化工艺主要为釜式液液磺化反应工艺和膜式气液磺化工艺。该工艺采用降膜式反应器作为磺化装置，气相SO_3作为磺化剂，将有机物料用分布器均布于直立管壁四周，呈膜状自上而下流动，主要用于直链烷基苯磺酸、醇醚硫酸盐、α-烯基磺酸盐和脂肪酸甲酯磺酸盐等阴离子表面活性剂的工业化生产。釜式液液磺化反应工艺通常采用一级或多级搅拌釜作为磺化装置，采用液相SO_3或浓硫酸作为磺化剂，由于磺化反应为快速放热反应，搅拌釜内混合与传递效果较差，易产生过磺化、结焦等现象，同时存在安全和溶剂回收问题。目前，国内外石油磺酸盐生产技术以气相磺化工艺为主[7]。

国外研制开发生产驱油用表面活性剂的主要企业有WITCO、STEPAN和OCT三个表面活性剂生产商。其中，WITCO公司生产的表面活性剂有TRS和PETROSTEP EOR两大系列。主要用于单独的表面活性剂驱TRS系列，主要产品有TRS-10、TRS-16、TRS-18、TRS-40、TRS-108、TRS-128和TRS-203等；PETROSTEP EOR系列，主要产品有EOR1987、EOR1988和EOR1989等。STEPAN公司生产的表面活性剂B系列，主要产品有B-100、B-105和B-110等。OCT公司生产的ORS系列，主要有ORS-41、ORS-52、ORS-62和ORS-86等。B-100和ORS-41曾应用到大庆油田的三元复合驱现场试验中。国外的这些产品基本属于磺酸盐类阴离子表面活性剂。

3) 重烷基苯磺酸盐技术现状

重烷基苯磺酸盐是合成洗涤剂生产过程中高沸点副产物的磺化产物。例如，美国OCT公司的ORS-41是一种以重烷基苯磺酸盐为主、混合含聚氧乙烯基化合物的复配物，对部分油田原油具有较好的降低界面张力的能力。重烷基苯磺酸盐作为驱油剂具有降低原油—地层水界面张力的性能，辅以适当的强碱剂，能在较宽的表面活性剂质量分数和碱质量分数范围内使原油—地层水界面张力降至超低。

目前，国内外制备重烷基苯磺酸盐的工艺技术已较为成熟稳定，主要问题集中在磺化原料烷基苯方面。烷基苯的合成包括脱氢和烷基化两个主要部分，美国UOP公司开发的PACOL工艺已有40多年历史，20世纪70年代采用DEH-5型脱氢催化剂，80年代中期又开发出DEFINE工艺（双烯烃选择性加氢），脱氢催化剂升级为DEH-7型，产率得到提高。90年代开发成功DEH-9型催化剂，没有实际应用[8]。

中国于1979年首次进口脱氢催化剂,并开始着手该催化剂的研究。由大连化物所、太原日化所和南京烷基苯厂联合,于1984年成功开发NDC-2型脱氢催化剂,评价结果好于DEH-5型,在南京烷基苯厂得到应用。20世纪90年代初,大连化物所研制的DF-2型脱氢催化剂,使用寿命亦超过DEH-7型,同NDC-4型基本相当。2008年,中国石油与大连化物所合作开发的DF-3型脱氢催化剂完成工业试验并通过验收,在生产厂进行了应用,形成了专利技术。

苯与烯烃烷基化工艺国内外主要有以$AlCl_3$为催化剂的烷基化工艺、以磷酸为催化剂的烷基化工艺、以氢氟酸为催化剂的烷基化工艺、以分子筛为催化剂的烷基化工艺、以负载型杂多酸为催化剂的烷基化工艺和以离子液体为催化剂的烷基化工艺。目前,最成熟、最环保、应用最广泛的是氢氟酸烷基化工艺[9]。抚顺石化研发的驱油用烷基苯合成方法获得国家发明专利。

二、化工特色产品生产技术发展趋势

1. 碳纤维生产技术发展趋势

国外开发的碳纤维新技术主要体现在三方面:一是研发低成本原丝,探索低成本的丙烯腈生产技术以降低PAN的制造成本,探索PAN化学改性、种子聚合等技术以提高PAN生产效率;二是研发预氧化技术,探索采用辐照技术以提高预氧化工序的效率;三是研发碳化和石墨化技术,探索采用微波技术以降低能源消耗。日本东丽公司研制出了一种三叶形断面的PAN原丝及碳纤维,可改进纤维与树脂的黏合性,提高复合材料的压缩强度和抗弯强度。日本三菱人造丝公司发明了新型结构碳化炉,可抑制碳化反应产生的分解物附着于炉壁和纤维上,从而避免焦油等杂质对纤维的污染[10]。美国佐治亚理工学院利用创新的PAN基碳纤维凝胶纺丝技术,将碳纤维拉伸强度提升至5.8GPa,弹性模量达375GPa。综合性能超过了赫氏IM7牌号碳纤维[11]。

中国碳纤维产业在加大战略新材料支持力度的政策引导下,将迎来新的发展机遇。技术方面实现从跟踪创新到原始创新的跨越,使国产碳纤维生产技术、产品性能、生产成本与国际先进水平相当,具备产业竞争力[12]。产能方面形成3~5家达到经济规模、有技术实力、产品结构合理、产业链条完整的企业,使其成为碳纤维行业的骨干[13]。产品推广应用方面要大力推动,完善纤维、树脂、预浸料、复合材料等生产技术,形成开发应用一体的产业链[14]。

2. 聚酯及聚合单体生产技术发展趋势

国外聚酯技术正在向更大经济规模和差别化方向发展[15, 16]。聚酯行业有三大发展趋势:一是采用新型的聚酯合成工艺,有效提高聚酯合成效率以及降低纤维和非纤维聚酯的加工成本,如杜邦的NG3技术、伊斯曼IntegRex技术[17];二是通过改善原料和添加辅助单体以及复合、共混、合金等技术,生产用于专业领域的新产品,包括技术纺织品和专用聚酯瓶、膜、工程塑料等,如印度Futura公司PENTy切片[18];三是采用新聚酯生产技术生产具有前瞻性的商业化产品,诸如改性PET、PTT、PBT、TPEE和PBS等。

中国聚酯生产技术的发展趋势是:

(1)调整聚酯产品结构,向非纤领域开发差别化聚酯生产技术,提升自主创新和核心竞争能力。

（2）开发新型聚合单体生产技术。例如，甘油一步法加氢制备1,3-丙二醇的生产技术，PTA法的直接加氢制备1,4-环己烷二元醇的生产技术。同时开发对应单体生产的高效催化剂制备技术。

（3）加快原创性技术的科研成果转化，在工业化装置上开展成熟技术的放大试验，使新的生产技术尽快实现产业化、规模化，带动提高聚酯产业链的整体水平。

3. 驱油用采油剂生产技术发展趋势

国外驱油用采油剂在基础研究支持下，驱油用采油剂从产品品种和生产技术方面不断创新[19]，发展趋势是开发高质量新产品、提高安全性和满足环保要求[20]。

中国低渗透和稠油油藏探明储量巨大，是未来油田开发的主要对象，驱油用采油剂将结合中国油田的特点，从以下几个方面开展研究开发工作：

（1）开展传统驱油用聚合物、表面活性剂等驱油用采油剂的改进研究。研究分子结构设计、合成及性能、驱油机理，提升传统驱油用采油剂的性能和驱油效率。

（2）研制开发新型驱油用采油剂。针对中国油藏油层温度和矿化度变化范围大这一现状，开发针对低渗透油藏的新型驱油用采油剂新产品。

（3）开发无碱二元驱表面活性剂。长期使用化学药品对油田地质条件造成永久性影响，目前仍很难给出较好的解决方案，因此，研制开发适合低碱、弱碱尤其是无碱驱油体系的表面活性剂，以及对地层低伤害的表面活性剂具有深远意义。

第二节　化工特色产品生产技术进展

在碳纤维领域，中国石油的两家企业开展过碳纤维的研发。其中一家借助腈纶生产装置开展碳纤维原丝的探索试验，后期终止。另外一家经过小试及中试技术攻关、工业化放大试验，先后开发出硝酸（NA）法和亚砜（DMSO）法碳纤维原丝专利技术，成为国内碳纤维科研与生产的重点单位。21世纪初，为了满足航天技术对碳纤维材料的新要求，进一步提高碳纤维的产品性能，中国石油投入近20亿元资金，对原有的5t/a碳纤维工程化研究平台进行了系统改造，新建了10t/a和500t/a的碳纤维中试及生产装置。中国石油在工程化开发阶段成立了专门的技术攻关组，联合外部优势资源，一举攻克了DMSO法碳纤维生产技术，在国家最需要的时刻生产出了优质的碳纤维产品，率先实现了航天领域关键材料的保供，为国家航天领域的应用做出了突出贡献。

在聚酯领域，中国石油立足于聚酯产品向功能化、差别化、高端化进行产业结构升级的发展定位，着力研发聚酯及聚合单体生产技术。自主研发的10×10^4t/a PETG共聚酯生产技术，成功地在地区公司的65区生产线实现工业化应用，并将65区改造成为PETG共聚酯柔性生产线。成功开发出阻隔、可生物降解、耐热、PPET共聚酯等一批功能性聚酯新产品，形成了完整的中试生产技术。自主研发了新型单体生产技术，开展了新型单体的工业化试验，开发出具有自主知识产权的万吨级二元醇成套工艺包，在多项核心技术上取得重要突破。同时，致力于聚酯工艺和装备的开发，在五釜流程基础上开出四釜流程聚酯工艺及装备，实现了聚酯成套工艺装备的大型化、系列化及柔性化，装置能力涵盖$(6\sim60) \times 10^4$t/a，可在一套装置上实现两种牌号产品的同时生产，单线产能国际最大。

在驱油用采油剂领域，中国石油自主开发了驱油用超高分子量聚丙烯酰胺、驱油用石油磺酸盐等成套生产技术，并建成多套聚丙烯酰胺、石油磺酸盐、重烷基苯磺酸盐生产装置，使中国石油驱油用聚丙烯酰胺、石油磺酸盐等驱油用采油剂形成了规模生产能力，为中国石油采油业务提供了强有力的支撑。中国石油针对主表面活性剂制约三元复合驱推广应用的瓶颈技术问题，根据重烷基苯中不同组分沸点各异的特性，开发出原料精馏切割处理技术，从而使混合重烷基苯原料得到精细化处理。成功研制了适合生产单位低酸值原油条件的烷基苯磺酸盐表面活性剂，形成4项工业化生产配套技术，在国内首次实现工业化应用。

一、碳纤维生产技术

1. 高强型碳纤维技术

高强型碳纤维是PAN基高强系列碳纤维中的基础品种，是以日本东丽公司的T300牌号为代表的碳纤维。其拉伸强度的质量标准从最初的2.5GPa逐步提升至现在的3.5GPa。

"十二五"初期，中国石油在中试装置上开发出T300级原丝及碳纤维生产技术，生产的1K、3K及6K碳纤维产品性能指标达到了T300级产品水平，原丝及碳纤维实现连续稳定生产，率先实现了T300级碳纤维的国产化，具备了高性能碳纤维产品的制造能力。同时，确立了中国发展高性能碳纤维的技术方向。该技术先后获得了中国石油科技进步特等奖、中国石油技术发明二等奖、国家科学技术进步奖二等奖等奖项。

高强型碳纤维的制备工艺分为三个阶段。

第一阶段是聚合液制备：以丙烯腈为主单体，丙烯酸甲酯为第二组分，亚甲基丁二酸为第三组分，二甲基亚砜为溶剂，偶氮二异丁腈为聚合引发剂，在常压下进行均相聚合，生成线型结构的PAN共聚物。PAN基碳纤维溶液聚合工艺流程如图5-3所示。

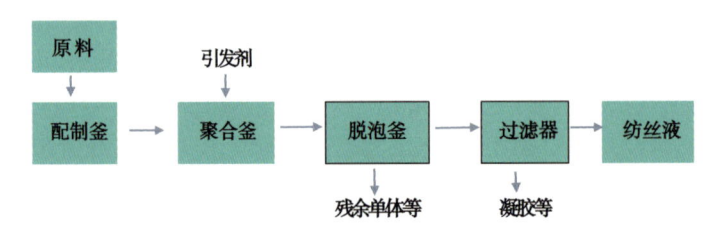

图5-3 PAN基碳纤维溶液聚合工艺流程图

第二阶段是原丝制备：处于溶液状态的原丝细流，通过物理渗透凝固成型；经过牵伸使大分子取向度提高；水洗除去丝束中的溶剂DMSO；经上油消除纤维中的静电和降低纤维的摩擦系数；经干燥使纤维脱除水分并达到致密化，物理机械性能得到提高；最后经蒸汽松弛、定型使纤维的分子结构进一步改善，性能进一步提高。PAN基碳纤维湿法纺丝工艺流程如图5-4所示。

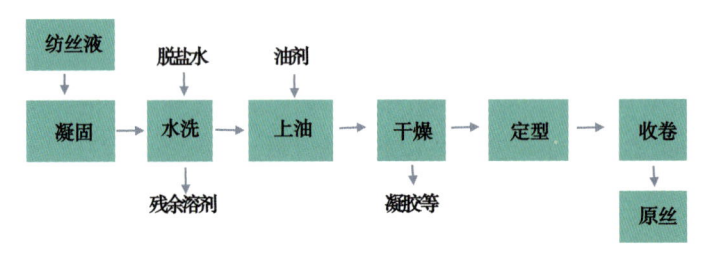

图5-4 PAN基碳纤维湿法纺丝工艺流程图

第三阶段是碳纤维制备：聚丙烯腈原丝在热空气中运行，发生氧化、环化反应，大分子链的形状由链状转向梯形结构，成为不熔的预氧丝；预氧丝在惰性气体保护下进行高温碳化处理，使结构由单一的梯形结构向网状结构转变，分子间进一步脱氢形成更加稳定的结构；再经表面处理改善纤维的表面结构，增多纤维的极性官能团，进而增强纤维与树脂基体的复合能力。PAN基碳纤维碳化工艺流程如图5-5所示。

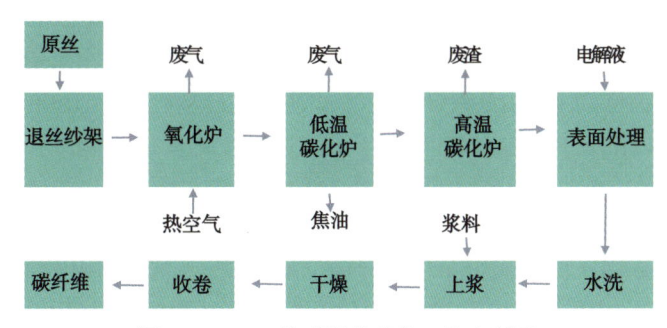

图5-5 PAN基碳纤维碳化工艺流程图

1）主要技术进展

亚砜一步法PAN基碳纤维工程化研究从2002年起步。"十一五"期间，中国石油联合国内碳纤维优势资源在中试装置上展开攻关，取得了圆满成功。一举打破了国外发达国家长达30多年的技术封锁，实现了关键材料的自主保障，推动了国内碳纤维领域的蓬勃发展。"十二五"期间，在自主建设的百吨级工业化装置上实现了稳定生产。

关键技术创新：

（1）工程化技术。在工程化装置上，掌握了聚合系统制备适宜分子量及其分布的高聚物技术，湿法纺丝制备少缺陷、致密化的PAN原丝技术，原丝预氧化、碳化、表面处理、上浆的热处理工艺技术。完成了实验室技术向工程化技术的转化，建立了工程化技术体系。

（2）工业化技术。在工程化技术体系的支撑下，吉林石化成立了碳纤维厂，引进国际一流的原丝及碳化生产装备，建成了一条500t（以12K计）碳纤维工业化试生产装置，2009年8月投产。该装置采用具有完全自主知识产权的多项核心技术，有效地控制碳纤维制备过程中缺陷的形成，解决了国产碳纤维性能长程不稳定、批次内及批次间离散度偏高的难题，使PAN基原丝和碳纤维的性能及稳定性得到大幅度提高，工业化产品质量稳定。

2）应用前景

中国石油开展了高强型碳纤维复合材料的研发和生产。"碳纤维复合材料采油装备的开发与应用"项目中"抽油杆短杆开发"课题及"抽油杆扶正器开发"课题完成了在油田企业的下井试验，"抽油杆连续杆开发"课题完成了在另一油田企业的下井试验，试验结果均达到预期。

高强型碳纤维在航空航天领域，主要作为功能型材料使用，以发挥其质轻、耐高温的性能；在工业、体育休闲领域，用于建构筑物补强、钓鱼竿、网球拍等，以发挥其比强度高、比模量高（与金属材料比）、易加工非规则形状的性能，在传统领域及新兴的工业领域的应用将越来越广阔。

2. 高强中模型碳纤维技术

高强中模型碳纤维是PAN基高强系列碳纤维中的一个重要品种，是以日本东丽公司的 T800 为代表的中模型碳纤维品种。不仅拉伸强度由 T300 级碳纤维的 3.5GPa 提高到 5.5GPa，弹性模量也由 230GPa 提高到 294GPa。高强中模型碳纤维的制备与高强型碳纤维的制备工艺流程相近，工艺参数有区别。为达到更高的工艺要求，在装备条件方面的要求更高。

吉林石化与北京化工大学联合组建了国家科技部"国家碳纤维工程技术研究中心"，具备较强的科技成果产业化能力及辐射扩散能力。"十二五"期间，中国石油以"工程中心"为依托，开展"高强中模型碳纤维研制"项目开发工作。经过 4 年多的努力攻关，制备出主要性能指标合格的 T800 级碳纤维产品，是国内最早开发出 T800 级碳纤维工程化技术的单位之一。之后的几年中，不断对生产工艺进行优化改进，同时在产品的加工性能方面做了大量研究工作，最终突破 6K、12K 中模型碳纤维工程化技术，完成了 T800 级碳纤维关键设备设计技术和工程化制备技术研究，研制的高强中模型碳纤维产品拉伸强度、弹性模量等质量指标全部达标，通过了项目验收。中模量纤维的研制成功，标志着中国碳纤维研制水平又向国际先进行列迈出了坚实的一步。该项目申请专利 15 件，申请技术秘密 5 项，获得吉林省科技进步三等奖。

1）主要技术进展

高强中模型碳纤维技术开发经历了小试探索、中试放大、工业化试验三个阶段。小试探索阶段，依托北京化工大学 DMSO 湿法纺丝研究基础，开展全过程各单元技术协同研究。中试放大阶段，通过中试工程化装备改造完善研发平台，开展原丝碳化技术放大及工艺适应性调整；根据评价结果，对原丝制备工艺进行优化匹配，并确定与之适应的碳化工艺条件，实现中试技术定型；控制中试产品的批次内及批次间性能离散，实现中试批量供货。工业化试验阶段，借助中试定型的技术，在百吨级工业化装置上开展了工业化试验，试验效果良好。

关键技术创新：

（1）对聚合物组成的大分子设计开展研究，提高了聚合物的分子量。同时优化聚合釜的传质传热控制方式，将分子量分布控制在技术要求范围内。

（2）针对聚合物的变化给原液在纺丝凝固时的流变性能带来的影响，开展了机头压力、循环量、停留时间等凝固浴工艺的研究，使纤维微孔结构受控。

（3）装备技术有所提高。自主设计了喷丝板、纺丝组件，优化了控温的 PID 自控参数，达到纤维细旦化、提高弹性模量的技术要求。在中试装置和百吨工业化装置上制备的 6K、12K 高强中模型碳纤维产品的各项性能均达到指标要求。

产品主要性能指标及主要性能离散性见表 5-5 和表 5-6。

表 5-5 研制的高强中模型碳纤维主要性能指标

项目	6K，无捻		12K，无捻	
	指标	实际值	指标	实际值
线密度，g/km	223±3	223	445±6	441
拉伸强度，GPa	≥5.49	5.70	≥5.49	5.78
断裂伸长率，%	≥1.90	2.38	≥1.90	2.70
弹性模量，GPa	294±10	286	294±10	284

表 5-6 研制的高强中模型碳纤维主要性能离散性

项目		6K，无捻		12K，无捻	
		指标	实际值	指标	实际值
拉伸强度 Cv 值，%	批次内	≤ 5	2.1	≤ 5	2.7
	批次间	≤ 8	5.6	≤ 8	3.5
	长程	≤ 5	2.7	≤ 5	1.9
断裂伸长率 Cv 值，%	批次内	≤ 5	3.0	≤ 5	3.6
	批次间	≤ 8	5.8	≤ 8	5.1
	长程	≤ 5	3.0	≤ 5	2.0
表观模量 Cv 值，%	批次内	≤ 5	2.8	≤ 5	2.6
	批次间	≤ 8	5.3	≤ 8	2.6
	长程	≤ 5	1.7	≤ 5	0.7

注：Cv 是指某性能指标的相对偏差，即离散型。

2）应用前景

高强中模型碳纤维在具备功能型材料优点的同时，主要发挥出结构型材料的功能。在国防领域，卫星及探月工程、高新武器研发等都对高强中模型碳纤维有需求；在民用航空领域，可用于大型飞机的桁樑（如 B787、A350 机型）；在工业领域，用于制造 8MW 以上风力叶片（长度大于 70m）部件。随着中国经济的不断发展，高强中模型碳纤维以其优异的性能，应用领域将不断拓展。

3. 核电装备专用碳纤维技术

随着中国核电工业的迅速发展，核燃料的需求量也越来越大。筒体是核燃料生产单元的核心部件，世界上对筒体的研制经历了第一代全金属材料结构、第二代玻璃纤维复合材料/铝合金内衬复合结构两大阶段。目前，为了进一步提高核燃料的分离效率，国际上专用筒体已经发展为能实现更高转速的轻质高强的碳纤维"全"复合材料结构。

随着 T800 级碳纤维生产技术取得突破，开发碳纤维专用料更具有现实意义。通用 T800 级产品用于核工业领域中存在部分指标过剩、部分指标不足的问题。对于核电装备材料来讲，T800 级碳纤维拉伸强度为 5.49 GPa，弹性模量为 294GPa，强度过剩、模量不足。针对此问题，中国石油开发了核电装备专用碳纤维产品技术，使中模型碳纤维形成专业化、差别化。

核电装备专用碳纤维的制备技术与高强中模型碳纤维的制备技术相近，在高强中模型碳纤维技术的基础上，改变部分工艺参数，完成产品性能指标的调整。

1）主要技术进展

通过聚合配方调整、纺丝工艺优化，研制出了适合用于制取核电装备指标要求的碳纤维原丝，确定了核电专用碳纤维产品的原丝制备技术。通过预氧化条件和碳化条件的匹配优化，提高了碳纤维的弹性模量，确定了核电专用碳纤维产品的碳化制备技术，实现了碳纤维专用料制备的中试稳定化生产。

与合作单位共同开展了缠绕树脂基体研究，确定了匹配树脂的配方。通过筒体的缠绕优化和缠绕失衡量研究，确定了缠绕工艺及脱模工艺，形成了具有国际先进水平的成套技术。

试验样件经应用评价，性能达到了装备的专业技术指标要求。

关键技术创新：

（1）形成聚丙烯腈（PAN）/二甲基亚砜（DMSO）溶液体系优化技术，制备适宜分子量、窄分布、均一、无凝胶聚合液。

（2）纺丝设备及工艺满足制备低纤度、少缺陷、致密、均一的原丝。

（3）基于专用料在拉伸强度、弹性模量和体密度指标的调整要求，开发出专用料的预氧化、碳化技术。

（4）形成包括匹配树脂、缠绕应用、评价应用在内的核电装备专用料的成套技术。

2）应用前景

随着核电技术的不断进步，传统的金属材料专用部件将逐渐被合成复合材料替代。一个核燃料工厂需要的碳纤维缠绕复合材料部件在50万套以上，将需要碳纤维专用料几百吨。核电装备专用碳纤维的研发成功，必将推动国内核电工业材料的升级换代，产生更大的经济效益和社会效益。

二、聚酯及聚合单体生产技术

1.PETG共聚酯技术

PETG共聚酯是在共聚单体原料中，用1,4-环己烷二甲醇（CHDM）部分替代乙二醇（EG），对PET进行改性，制备新型共聚酯切片，它具有玻璃般的透明质感。该聚酯切片加工成型性能突出，不但可以采用传统的挤出、注塑、吹塑及吸塑等成型加工方法，还可以进行黏合、切割、开孔等二次加工，广泛应用于板片材、高性能收缩膜、瓶用及异型材等市场。其优异的加工性能，对传统的透明材料具有竞争优势，可以代替价格昂贵的聚碳酸酯（PC）和性能一般的聚甲基丙烯酸酯类（PMMA）、聚氯乙烯（PVC）等材料。

PETG共聚酯切片生产技术与常规纤维级PET切片的直接酯化—缩聚反应生产技术相同，工艺流程为：以精对苯二甲酸（PTA）、乙二醇（EG）和1,4-环己烷二甲醇（CHDM）三种单体为原料，在高效复合催化剂的作用下，经直接酯化和缩聚制备出PETG共聚酯切片。

在酯化段和缩聚段前分别将配制好的复合催化剂加入反应器，酯化和缩聚反应温度比常规纤维级PET低5~10℃，因副反应生成的混合醇经精馏塔脱水处理后回到合成反应系统中循环使用，其他工艺操作条件与常规纤维级PET相当。PETG共聚酯生产工艺流程如图5-6所示。

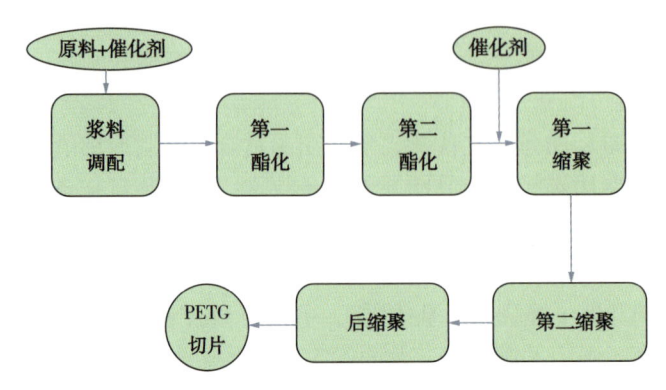

图5-6　PETG共聚酯生产工艺流程图

工艺采用五釜流程，即两段酯化，两段预缩聚，一段后缩聚。酯化催化剂在浆料制备时加入，缩聚催化剂加入第二酯化反应器。

工艺流程具有以下特点：PETG共聚酯工艺中的酯化与缩聚阶段采用了不同的催化剂。复合催化剂比单一的催化剂活性更高，且具有调节产品色度等功能。缩聚阶段催化剂与热稳定剂一起配制成乙二醇溶液，加入第二酯化反应器。本工艺反应温度较低，可有效降低聚合物的热降解和氧化降解等副反应的反应速率，减小生产波动的影响。在反应器的负荷分配上，通过适当提高第二预缩聚反应器出口聚合度，充分发挥后缩聚反应器的脱挥功能。新鲜乙二醇加入在后缩聚反应器的刮板冷凝器和喷射泵用乙二醇蒸发器中，可以改善真空系统工况条件，有利于装置运转的稳定。

PETG共聚酯切片生产技术可在国内聚酯工业生产装置上直接推广使用，通过对原料和合成工艺的调整生产出适合在工程塑料领域使用的PETG共聚酯切片。该产品概括起来具有以下几方面特点：

（1）适合成型透明塑料制品。
（2）耐化学性能和力学性能好。
（3）适合异型产品加工。
（4）产品环保性能好。
（5）适合连续化生产线。

中国石油PETG共聚酯切片生产技术的成功开发，打破了长期以来美国和韩国的国际垄断。该项技术属于国内首创，技术水平处于国际先进，在工业化装置上产出的共聚酯切片质量指标优于国际同类产品。项目研发的核心技术，获《用乙二醇钛催化合成共聚酯方法》《非纤维改性共聚酯制备方法》《聚对苯二甲酸乙二醇酯聚对苯二甲酸1,4环己烷二甲醇酯合金的制备方法》等10件中国发明专利和实用新型专利授权。"PPS/PETG合金的形貌及结晶行为的研究"2012年获辽宁省自然科学成果二等奖，"PETG共聚酯生产技术及产品市场应用研究"2013年获辽宁省职工十大创新奖。

1）主要技术进展

PETG共聚酯切片生产技术在"十二五"期间成功应用于吉林石化10×10^4t/a PETG共聚酯连续生产装置上。应用结果显示，产品质量达到国际先进水平。PETG共聚酯切片工业化的生产应用，突破了国外技术封锁，增加了国际技术市场和产品市场的话语权。

关键技术创新：

（1）高效复合催化剂体系。采用了主催化剂和协同催化剂共同作用酯化和缩聚反应的高效复合催化体系，使之具有助催化和调整产品色度作用。

（2）母液引发酯化反应工艺。以低聚物作为引发共聚酯酯化反应的母液，使酯化反应在低压和常压下平稳运行。

（3）共聚组分比例调控技术。通过对两种聚合单体原料共聚活性规律研究，得出共聚物中不同链段共聚摩尔比与投料比之间关系，指导不同性能共聚酯产品开发。

PETG共聚酯切片生产技术采用高效复合催化剂，产品质量色度好，透光率高。PETG共聚酯技术指标和试验方法见表5-7。

据"十二五"期间化工产品价格测算，生产PETG可产生纯利润1000~1500元/t。如果每年生产10×10^4t PETG，则可创造效益1.0亿~1.5亿元。

表5-7 PETG共聚酯技术指标和试验方法

序号	项目	LHCH069	LHCH167	LHCH165	标准
1	密度，g/cm³	1.267	1.266	1.266	ASTM D792—2008
2	模塑料收缩率，%	0.45/0.38	0.45/0.40	0.43/0.38	ASTM D955—2008
3	色相，b值	0	−1	−1	GB/T 14190—1993
4	拉伸屈服强度，MPa	48.6	48.6	48.6	ASTM D638—2008
5	断裂伸长率，%	140	120	276	ASTM D638—2008
6	弯曲强度，MPa	72.5	72.4	71.7	ASTM D790—2010
7	弯曲弹性模量，GPa	1.92	1.88	1.89	ASTM D790—2010
8	洛氏硬度，R	114	113	114	ASTM D785—2008
9	缺口冲击强度（23℃），J/m	46.0	40.2	42.6	ASTM D256—2010
10	热变形温度（0.455MPa），℃	75	76	75	ASTM D648—2007
11	透光率，%	89.8	89.8	89.3	ASTM D1003—2011

2）应用前景

PETG共聚酯制品具有优异的光泽度、透光率、韧性、抗冲击性、耐化学性和成型性，使其成为生产高品质产品的良好原料。PETG共聚酯热加工性能优良，不会像PMMA等产生难闻气味，焚化时不会释放有毒气体，填埋处理后不会污染地下水源，因此以其优异的环保性能在同类产品中凸显优势，在汽车、电子电气、建材、办公设备、包装、运动器械、医疗保健、家庭用品等各种应用领域对其需求日趋旺盛。在医学领域可代替PC，如导管插入系统、细菌过滤器和药品盒等。在化妆品、个人护理品和小家电（如洗衣机的洗衣粉盒、空调背板）领域，PETG制品以其透明且华丽的色彩、手感的舒适性、易于加工、可循环使用、环保达标等优点，赢得越来越多的用户信赖，有着非常广阔的应用前景。

2. 生物降解聚酯技术

中国石油开发的可生物降解聚酯专用料，是由对苯二甲酸、己二酸、乙二醇和1,4-丁二醇四种单体共聚合成的一种塑料原料，它可以在微生物作用下完全分解。

以己二酸和1,4-丁二醇在常压状态下低温生成的己二酸丁二醇酯为引发母液，通过对苯二甲酸在引发母液中溶解度的提高，使得对苯二甲酸能在均相体系中与乙二醇和1,4-丁二醇进行酯化反应，从而形成常压低温直接酯化加工工艺，有效减少1,4-丁二醇在高温下副产物的生成。生产过程中，要求控制酸与醇的总摩尔比。该技术提高了可生物降解聚酯切片的质量，并适合在国内聚酯工业装置上推广应用。

中国石油研发的核心技术，获《一种聚对苯二甲酸丁二醇/己二酸丁二醇共聚酯的制备方法》《一种可生物降解的共聚酯及其制备方法》两件中国发明专利授权。其中"直接酯化法合成脂肪/芳香族生物可降解共聚酯的研究"获辽宁省自然科学成果三等奖。

1）主要技术进展

从"十一五"开始,在小试试验装置上进行产品结构设计研究,最终确定了生产工艺路线和催化剂制备技术,开发出两种降解聚酯切片,即 PBAT 和 PBATE 共聚酯。"十二五"期间,在小试技术的基础上开展中试技术研究,经过 3 年多的努力,取得了一系列技术创新。

关键技术创新:

(1) 高效催化剂复配技术。根据反应体系中单体原料特点,对合成催化剂种类、用量和加入方式进行选择和复配,能够提高低温反应活性和简化生产操作。

(2) 常压低温直接酯化加工工艺。该工艺可有效减少副产物生成,提高产品质量。

(3) 形成区别于传统可生物降解聚酯产品配方。该产品适合在膜领域使用,产品在吹塑成膜过程中,具有无须添加任何助剂、加工过程简单等优点,填补了国内外空白。

本技术已经在吉林石化吨级聚酯中试装置上应用,生产出合格的可生物降解聚酯新产品,该产品在中科院长春应化所进行了注塑和吹膜加工应用,成型和加工性能良好。加工的制品进行了物理机械性能、卫生指标和降解性能测试,各项指标均满足使用要求。

可生物降解共聚酯切片技术指标见表 5-8。

表 5-8 可生物降解共聚酯切片的技术指标

项目	PBAT60	PBAT45	PBATE45	PBATE60
拉伸强度,MPa	19	22	20	21
拉伸模量,MPa	176	108	100	124
断裂伸长率,%	671	696	602	582
弯曲强度,MPa	58	40	43	41
弯曲模量,MPa	954	652	714	672
维卡软化温度,℃	124	86	89	102
密度,g/cm^3	1.25	1.23	1.17	1.19
熔点,℃	153	119	107	141

2）应用前景

中国产业信息网发布的《2015—2020 年中国废塑料行业竞争格局及投资战略咨询报告》显示,2014 年中国塑料使用量为 6785×10^4 t,回收再利用量约 2000×10^4 t,废弃塑料量巨大,且呈逐年增加趋势。可生物降解共聚酯技术的逐渐成熟,将推进塑料制品可生物降解化,为减少废旧塑料制品带来的污染,最终实现资源和环境的可持续发展找到出路。随着经济的持续发展和人们生活水平的提高,对环保的要求越来越高,因此对于可降解脂肪族—芳香族共聚酯的需求量将会持续增长,可降解脂肪族—芳香族共聚酯在中国乃至世界具有良好应用前景。

3. 高阻隔聚酯技术

单层高效阻隔功能聚酯生产技术来源于中国石油的两项课题"高阻隔聚酯瓶用料的开

发"和"高阻隔聚酯中试技术开发"。该技术探索 BH 系列纳米材料作为纳米添加剂来提高 PET 材料阻隔性能，由于该纳米添加剂以溶胶的形式加入聚酯的合成体系，较好地解决了纳米添加剂在聚酯中均匀、稳定分散的问题，在提高单层高效阻隔功能聚酯阻隔性的同时，也保证了聚酯瓶的透光率与普通聚酯啤酒瓶相接近。

对单层高效阻隔功能聚酯中试产品进行了固相聚合试验及食品制瓶应用试验、医药采血管应用试验。在国内首次开发出具有独立自主知识产权的单层高效阻隔功能聚酯生产技术，开发出啤酒包装和医用采血管包装的应用技术。该产品还可以应用在聚酯膜领域，提高聚酯膜的阻隔水汽功能。

1) 主要技术进展

2011 年，中国石油开发了适合化妆品和卫生包装材料的阻隔聚酯专用料，以国内市场需求的真空采血管为突破口完成了产品应用研究。制得了单层高效阻隔功能聚酯医疗用采血管，符合国家医药卫生标准要求，得到了采血管应用厂家的认可。

产品的技术指标及真空采血管卫生指标（取得 SGS 认证）见表 5–9 和表 5–10。

表 5–9 高阻隔中试产品的技术指标

项目	测试标准	指标	实测值
熔点，℃	GB 17931—1999	230~250	235
特性黏度，dL/g	GB 17931—1999	0.55~0.65	0.598
端羧基含量，mol/t	Q/SY LY8022—2010	≤ 35	24
乙醛含量，mg/kg	Q/SY LY8022—2010	≤ 120	40
灰分，%（质量分数）	Q/SY LY8022—2010	≤ 0.8	≤ 0.09

表 5–10 真空采血管卫生指标及完成情况

项目	测试方法	测试标准	指标，mg/kg	实测情况
铅	用感应耦合电浆原子发射光谱仪检测镉、铅、汞、锑含量	IEC 62321/2nd CDV（111/95/CDV）	≤ 2	达标
锑			≤ 2	达标
铬			≤ 2	达标
汞			≤ 2	达标
六价铬	针对非金属材质样品，用 UV-VIS 检测六价铬含量	IEC 62321/2nd CDV（111/95/CDV）	≤ 5	达标
多溴联苯总和（一至十溴）	以气相色谱仪/质谱仪检测多溴联苯和多溴联苯醚含量	IEC 62321/2nd CDV（111/95/CDV）	≤ 5	达标
多溴联苯醚总和（一至十溴）			≤ 5	达标

关键技术创新：

（1）水基纳米硅溶胶的改性技术。以水基的硅溶胶、乙二醇为原料，合成出以乙二醇为分散介质的纳米硅溶胶，更有利于纳米硅溶胶加入聚酯的合成体系。

（2）纳米硅溶胶稳定体系的制备技术。在纳米硅溶胶中加入高分子稳定剂，抑制纳米添加剂的二次团聚。

（3）纳米溶胶和聚酯的复合技术。以精 PTA、EG 为原料，在醋酸锑催化剂作用下，在酯化阶段加入以乙二醇为分散介质的硅溶胶，合成出具有阻隔性能的聚酯切片。

（4）单层阻隔性聚酯啤酒瓶的应用技术。制备单层高效阻隔功能聚酯啤酒瓶，具有成本低、加工简单、可回收环保的优点。

（5）单层高效阻隔功能聚酯在医用采血管包装领域的应用技术。将单层高效阻隔功能聚酯制备成医疗采血管，具有加工简单、阻隔性好、保质储存期长等优点。

项目研发的核心技术，《具有高阻隔性能的聚对苯二甲酸乙二醇酯复合材料的制备方法》等获中国发明以及实用新型专利授权 5 件。

本项目已经完成中试，采用该项目技术生产的单层高效阻隔功能聚酯切片质量稳定，填补了国内阻隔聚酯生产和应用技术的空白。由本项目制得的单层高效阻隔功能聚酯切片在上海日精公司及辽阳市天诚塑料制品有限公司进行了制瓶试验，同时对制得的单层高效阻隔功能聚酯啤酒瓶进行了阻隔性能测试及卫生指标测试，各项指标均满足合同要求。同时，在四川成都世纪新峰科技有限公司进行了单层高效阻隔功能聚酯医疗用采血管的应用试验，制备的高阻隔医用采血管经山东省医疗器械产品质量检验中心检测符合 YY 0314—2007 标准要求。

2）应用前景

中国人口众多，啤酒瓶、碳酸饮料瓶、矿泉水瓶、药品瓶、化妆品瓶需求量大，为高效阻隔功能聚酯提供了市场支持。另外，本技术在医疗采血管领域奠定了良好的应用基础，市场前景非常广阔。

4.1，4-环己烷二甲醇技术

1，4-环己烷二甲醇（CHDM）作为一种脂环族的新型二元醇，由于伯羟基没有空间位阻，使聚合具有快速反应的特点，是生产 PETG、PCTG 和 PCT 非结晶共聚酯新产品的重要单体[9]。工业上，由对苯二甲酸二甲酯（DMT）两步加氢还原，再将粗产物通过精馏提纯制得。目前，美国 Eastman 公司、韩国 SK 公司产能较大[19,21]，产品主要用于下游聚酯的生产。

"十二五"期间，中国石油根据 PETG 聚酯生产的重要规划和战略需求，在前期实验室高分散加氢催化剂研发成果的基础上，完成了 CHDM 的工业化生产试验研究，成功开发出万吨级成套生产工艺包。开发的核心技术具有催化反应活性高、加氢操作压力低、氢气使用量小、易于连续稳定运行等特点，获《一种制备 1，4-环己烷二甲醇的方法》等中国发明以及实用新型专利授权 6 件，形成了自主知识产权；"加氢合成 1，4-环己烷二甲醇的催化剂及工艺研究"获 2013 年辽宁省自然科学学术成果一等奖，获 2015 年中国石油技术发明二等奖。

CHDM 生产流程包括原料溶解、两段加氢和产物精馏等主要工序。首先，对 DMT 原料进行一段苯环固定床加氢，制得中间产品 1，4-环己烷二甲酸二甲酯；再经过二段酯基固定床加氢和精馏提纯,生产纯度大于99.5%(质量分数)的聚合级合格产品。CHDM生产工艺流程如图5-7所示。

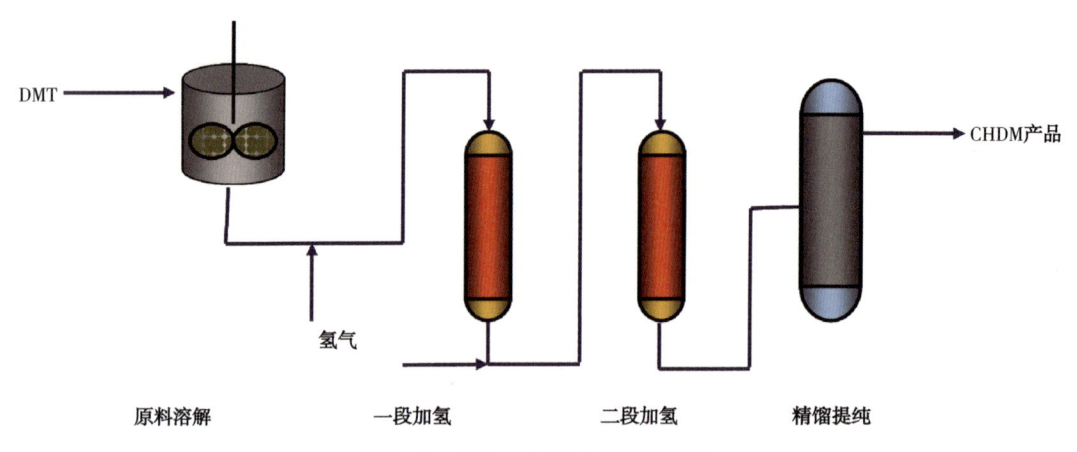

图5-7 CHDM生产工艺流程简图

1)主要技术进展

"十一五"期间承担国家"863"计划的重点专题任务,完成了高分散贵金属和非贵金属两段加氢催化剂的改进创新研制和工程化考核。"十二五"期间开展"10×10^4t/a PETG工业化"重大专项的重点配套研究,主要围绕催化剂放大制备、连续加氢工艺研究、产品精馏分离提纯等工艺环节,于2013—2014年采用自主开发技术完成200t/a放大生产试验,生产出纯度为99.8%的合格产品,研究解决了工业放大过程中加氢反应器内的物料均匀分配、高凝点混合原料连续稳定输送、低床层反应压力降、环保技术处理等多项工程化问题。

关键技术创新:

(1)单管固定床连续加氢生产CHDM的工艺技术。完成催化活性和选择性考评、流程设计、工艺参数优化以及催化剂寿命实验,开发出以DMT为原料的单管固定床两步连续加氢反应工艺,为中试放大及工业生产提供准确的基础数据,具有催化活性高、操作压力低(仅为7~8MPa,现有国内外生产技术高达12MPa以上)、氢气消耗小以及工艺操控稳定等特点,技术整体达到了国际先进水平。

(2)加氢粗产物的高效减压精馏分离提纯技术。采用气相色谱、红外光谱、色谱—质谱联用等多种大型仪器手段,完成不同反应条件下加氢粗产物组成准确的定性、定量分析。研究考察了真空度、操作温度、回流比等精馏工艺参数对产品指标的影响,开发出CHDM的高效精馏分离提纯技术。整套工艺流程短、操作简单,产品的纯度大于99.5%,各项指标可满足聚合级产品标准,质量达到国外同类产品水平。

(3)两段加氢催化剂的工业化放大技术。在小试研究基础上,开展配套装备的工程放大技术、结晶反应器的搅拌形式及其工程放大生产工艺研究,解决了催化剂大型合成反应器结构设计、活性组分均匀分散和定位控制、程序升温热处理晶粒形貌控制等关键技术,完成负载型和复合氧化物型两种加氢催化剂的工程化放大制备,为CHDM大规模生产应用提供了技术保证。

(4)万吨级规模的成套工业生产技术。自主研发、设计、建成了200t/a的工业化试验装置，首次建成能够兼容生产3种新型二元醇的工业化试验装置，完成了连续催化加氢和两段粗产物分离提纯的工程化研究，成功开发出10000t/a成套生产工艺包，成为国内外少数掌握大规模生产技术的公司。

1,4-环己烷二甲醇反应工艺及产品指标见表5-11。

表5-11 1,4-环己烷二甲醇反应工艺及产品指标

催化加氢反应		产品质量标准	
加氢温度，℃	200~250	纯度，%（质量分数）	99.5
反应压力，MPa	7~8	反式异构体，%（质量分数）	70
氢油比，mol/mol	100~200	水，%（质量分数）	0.2
原料转化率，%	97	酸值，mg（KOH）/g	1.0
产物选择性，%	94	熔融色度，Hazen单位	10

项目研发的核心技术，获《一种制备1,4-环己烷二甲醇的方法》等中国发明以及实用新型专利授权6件，形成了自主知识产权。"加氢合成1,4-环己烷二甲醇的催化剂及工艺研究"获2013年辽宁省自然科学学术成果一等奖和2015年辽宁省十大科技创新成果。

2）应用前景

CHDM在共聚酯、饱和聚酯、环保涂料等领域的应用日趋广泛，国外主要用于PCT、PETG、PCTG和Spectar等新产品，近年国内市场需求增长快速，产品具有较高附加值和市场发展潜力。采用自主研发技术建立大规模装置生产应用，可为共聚酯新产品的开发、生产和推广提供低成本的原料配套支持，提高装置的创效能力和整体竞争力，缓解中国石油聚酯规模优势不突出、产品牌号单一的产业发展瓶颈，提升功能性聚酯新产品的开发和装置生产应用水平。

5. 1,6-己二醇技术

1,6-己二醇作为一种新型的线型脂肪族二元醇，广泛应用于合成生物可降解聚酯、低熔点聚酯、高性能聚氨酯、光固化涂料的原料[22]。"十一五"以前，德国和日本两个国家的三家公司拥有该项技术，产品售价及利润率高。

中国石油经过多年技术攻关，在非贵金属复合氧化物型加氢催化剂研发上取得重要突破，采用以尼龙酸二元酸为原料的酯化和加氢工艺路线，国内首先自主研发、设计、建成并完成了产品的批量工业生产试验，成功开发出万吨级成套生产技术。在此基础上，牵头制定了产品的国家标准，填补了中国空白，增强了产业发展的技术水平，为促进中国聚酯及聚氨酯的行业发展提供了支撑。项目研发的核心技术，《一种生产1,6-己二醇的方法》等获中国发明及实用新型专利授权6件；"高端聚酯原料新型二元醇产品开发研究"获2015年辽宁省总工会十大创新成果。

1,6-己二醇的生产流程主要包括酯化、加氢和精馏三个工序[23]。首先采用环保的固体酸催化剂和新型酯化反应工艺，合成得到中间产品己二酸二甲酯；再以此为原料，采

用创新研制的新型酯加氢催化剂体系，在较低温度、压力和较高空速下，通过气相固定床连续加氢和减压精馏分离，生产高纯度的1,6-己二醇。其核心是自主开发的酯化及催化加氢技术，可有效提高产品的纯度并降低副产品的生成。1,6-己二醇生产工艺流程如图5-8所示。

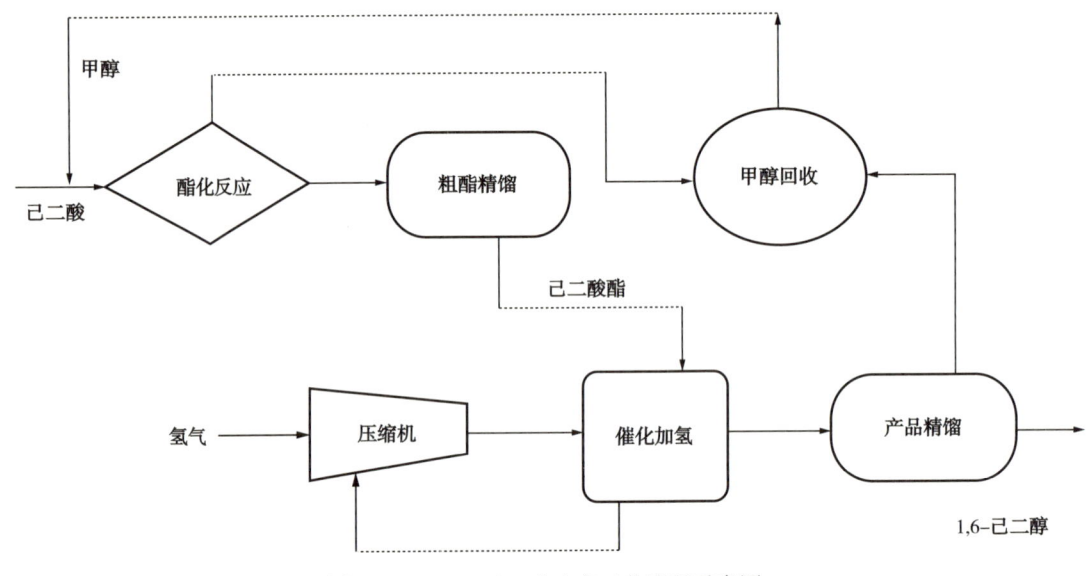

图5-8 1,6-己二醇生产工艺流程示意图

1）主要技术进展

在实验室成果基础上，自主开发了200t/a生产工艺包，建成了国内首套中试生产装置。"十一五"期间对中试生产工艺进行了系统优化，重点研究了加氢和精馏连续生产、主要操作参数优化、催化剂1000h寿命评价等工程化放大问题，成功开发出10000t/a成套生产技术，中国石油成为当时世界上继德国巴斯夫、拜耳及日本宇部之后第四家拥有成熟生产技术的公司。"十二五"期间，制定了《工业用1,6-己二醇产品》的国家标准，填补了国内空白，为推广应用提供了更可靠的技术保障。

关键技术创新：

（1）酯加氢催化体系与固定床连续反应工艺。深入研究多组分活性金属的协同作用反应机理，按照规模逐级开展催化剂装填量为5mL的小试反应评价和200mL的模试放大研究。通过100余个催化剂筛选及3000余次加氢评价，积累了丰富和准确的基础工艺数据，实现了在高空速、低操作压力、较低氢酯比条件下，固定床连续加氢工艺生产1,6-己二醇，反应压力仅为4~7MPa。

（2）环境友好型二元酸酯化反应的工艺技术。筛选和采用绿色新型固体酸代替传统的高污染、高腐蚀无机酸作为催化剂，采用高效半连续酯化合成工艺，通过将副产物连续移出系统的方式，破坏反应的热力学平衡限制，二元酸转化率大幅提高至99%以上，为加氢合成二元醇提供优质的中间体原料。

（3）高纯度1,6-己二醇的加氢反应及分离提纯生产技术。采用己二酸酯化合成二元酸酯再经催化加氢、高压气液分离、产品减压精馏的整体工艺设计，完成了200t/a工业生产试验，对加氢粗产品采用多级、减压精馏工艺，分离效率高、收率高、操作简单，产品纯度大于99.6%，产品质量指标更为科学规范。

（4）首次制定了产品国家标准。建立了适用于新型二元醇工业生产全过程的分析检验规程，建立了8套工业生产技术标准体系，为指导大规模生产提供了准确依据，规范了国内该产业的发展。

1,6-己二醇反应工艺及产品指标见表5-12。

表5-12　1,6-己二醇反应工艺及产品指标

酯化及加氢反应		产品质量标准	
酯化温度, ℃	90~110	纯度, %（质量分数）	99.5
转化率, %	99	水, %（质量分数）	0.20
加氢温度, ℃	200~250	酸值, mg（KOH）/g	0.10
加氢压力, MPa	4~7	皂化值, mg（KOH）/g	0.50
加氢转化率, %	≥98	铁, %（质量分数）	0.0001
加氢选择性, %	≥95	灰分, %（质量分数）	0.001

2）应用前景

1,6-己二醇作为己二酸下游的重要衍生物，国内市场需求由2001年的3000t增长到2015年底的1.66×10^4t，2015年底统计光固化（UV）涂料的消费量最大，占总消费量的43%。随着中国聚氨酯、环保涂料及可降解聚酯等行业的快速发展，未来国内需求量将不断增加，产品的附加值高、市场潜力好。采用自主研发技术推进生产应用，还有利于化解国内己二酸产能过剩的矛盾。通过产品的深加工，盘活和延伸中国石油现有的尼龙线装置，完善上下游产业链的生产水平，实现增收创效。

6. 聚酯系列化生产工艺和成套装备技术

"十一五"至"十二五"期间，中国石油共完成100多套聚酯工程技术转让和总承包，在大型化、系列化、柔性化、功能化聚酯技术方面持续保持国际领先地位。其间实现聚酯产能每年2800多万吨，占国外新增产能市场份额的45%以上，占国内同期新增产能市场份额的90%以上。同比引进的国外技术，共节省建设投资2000亿元左右，解决就业超过10万人。在聚酯领域共获得授权专利25件，其中国际发明专利3件，国家发明专利7件，实用新型专利15件。"年产20×10^4t聚酯四釜流程工艺和装备研发暨国产化聚酯装置系列化"获国家科学技术进步奖二等奖；获国家优秀勘察设计金奖1项；获省部级工程奖项10项；GB 50492—2009《聚酯工厂设计规范》获中国石油优秀标准二等奖。

在开发低温长流程四釜工艺流程的基础上，与仪征化纤公司、华东理工大学等单位合作，开发了五釜流程聚酯工艺技术。截至2015年，中国石油实现了聚酯成套工艺装备的大型化、系列化及柔性化，拥有国际最多系列产能和最大单线产能。装置产能涵盖

（6~60）×10^{4}t/a，并可在一套装置上实现同时或切换生产两种及以上牌号的产品；装置投资大幅下降，生产成本显著降低，质量稳定。

1）主要技术进展

中国石油经过多年在聚酯领域的研发创新，设计的聚酯成套工艺装备主要原材料消耗：精PTA含量不大于857kg/t（产品），EG含量不大于334kg/t（产品），综合能耗不大于62kg（oe）/t（产品），物耗、能耗均达到国际领先水平。开发出纤维级（大有光、半消光、全消光）、瓶级、膜级等多规格PET工艺技术；开发出60×10^{4}t/a以内系列化产能工艺和成套装备技术；开发出多品种差别化PET生产技术，各规格品种产品均达国标优等品等级，其中瓶级产品被广泛应用于可口可乐、百事可乐、农夫山泉、怡宝、依云等国内外知名企业。

"十二五"期间，通过与专业科研院所合作，实现了膜级、阳离子、阻燃、抗静电等多项多品种聚酯专项技术突破，并在国内外市场上成功投用膜级、阳离子产品技术，实现了聚酯生产工艺多元化。

膜级聚酯专项技术：开发出芯层/面层熔体同时直拉分配、硅粉在线熔融添加、废膜在线连续回收分切、废膜降解回用等多项生产技术，突破了技术壁垒，实现了面料和芯料共线生产。该技术革新现有拉膜工艺，大幅提高了企业竞争力，推进了薄膜技术和市场的发展。典型工程采用了一种"一头两尾"的工艺流程用于膜级聚酯熔体的生产，一尾生产膜级聚酯A料（面层），一尾生产膜级聚酯B料（芯层）。在保证了A/B熔体质量稳定的基础上，实现了A/B料同装置按比例同期生产。这有力地提高了成膜率和生产效率，降低了装置能耗，节约了投资和运行成本。膜级聚酯生产工艺流程如图5-9所示。

阳离子聚酯专项技术：本技术的关键是在认识第三单体的物理化学特性、反应本质及产品特点的基础上，针对性地设计了第三单体制备系统、第二酯化反应器及回用乙二醇精制系统，实现了第三单体原料性能的稳定可靠，同时实现了反应器不同腔室加入不同添加剂或单体实现不同作用的目的。此外，也避免了因阳离子单体的不稳定性及相关的副反应产物在系统内的积聚，最终实现了工艺生产的稳定及产品性能优良的目的。该项工程技术创新地提供了一种连续生产阳离子可染改性聚酯熔体和直接纺聚酯纤维系统，解决了阳离子改性聚酯连续式熔体直接纺纤维的难题，提高了阳离子改性聚酯熔体和纤维的生产效率，降低了生产成本。阳离子聚酯生产工艺流程如图5-10所示。

阻燃聚酯专项技术：本技术的关键是设计了独特的阻燃剂/乙二醇混合预酯化物制备及添加系统。阻燃剂/乙二醇按照一定的比例加入预酯化反应器中，在一定温度、压力下反应，得到预酯化液。将该酯化液按一定配比加入第二酯化反应器，加入点为第二酯化反应器第二室。针对阻燃聚酯反应特点和要求，设计了新型三分室卧式第二酯化反应器，三个分室分别设有独立的传热和传质设施以满足传热的要求。阻燃聚酯生产工艺流程如图5-11所示。

抗静电聚酯专项技术：本技术的关键是创造性地设计了第三单体合成工艺。设计了第四单体与抗静电剂配合使用，改善了抗静电剂在乙二醇及聚酯中的分散性，能够获得抗静电性能较好的改性聚酯。针对抗静电聚酯反应特点和要求，设计了新型三分室卧式第二酯化反应器。抗静电聚酯生产工艺流程如图5-12所示。

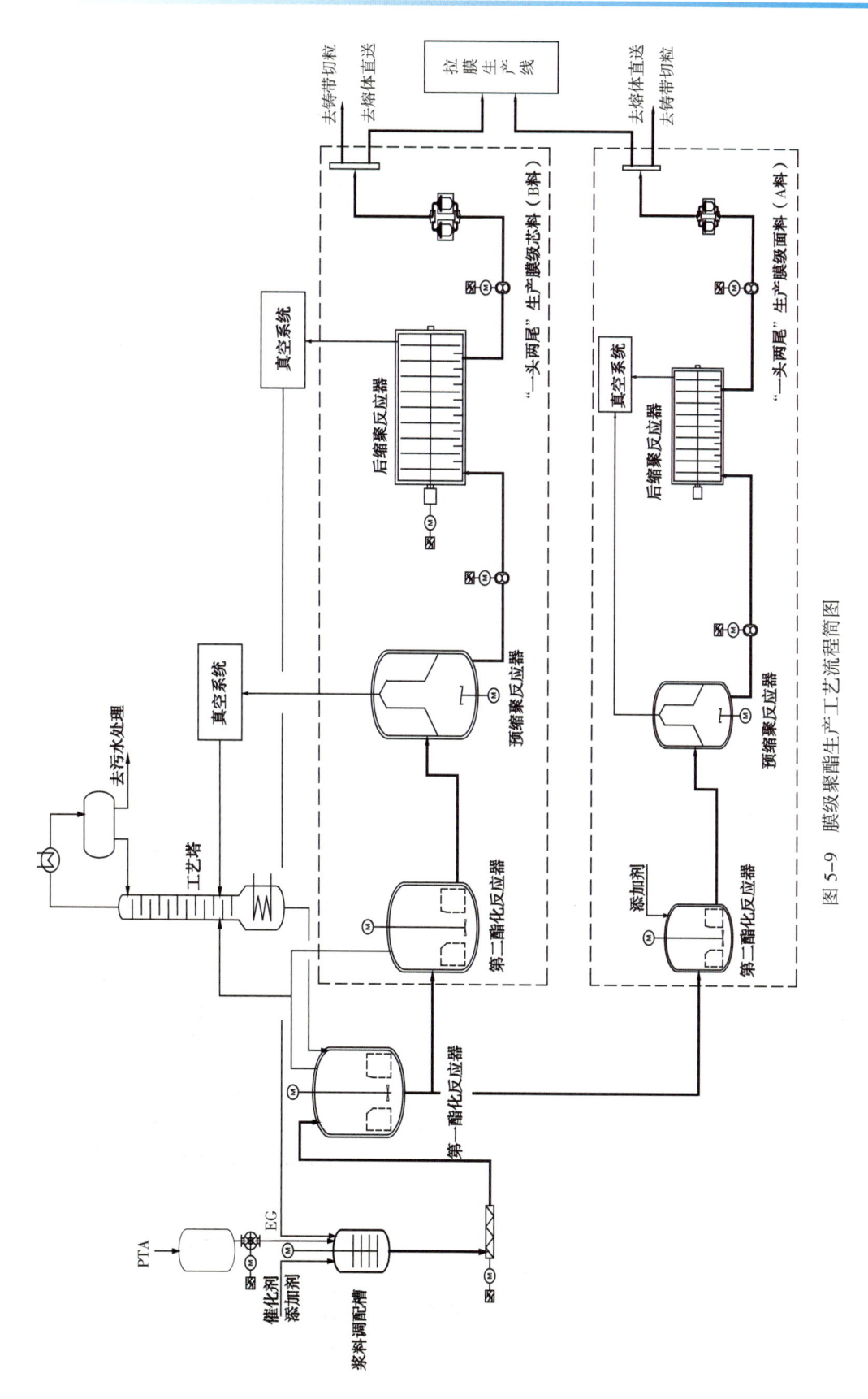

图 5-9 膜级聚酯生产工艺流程简图

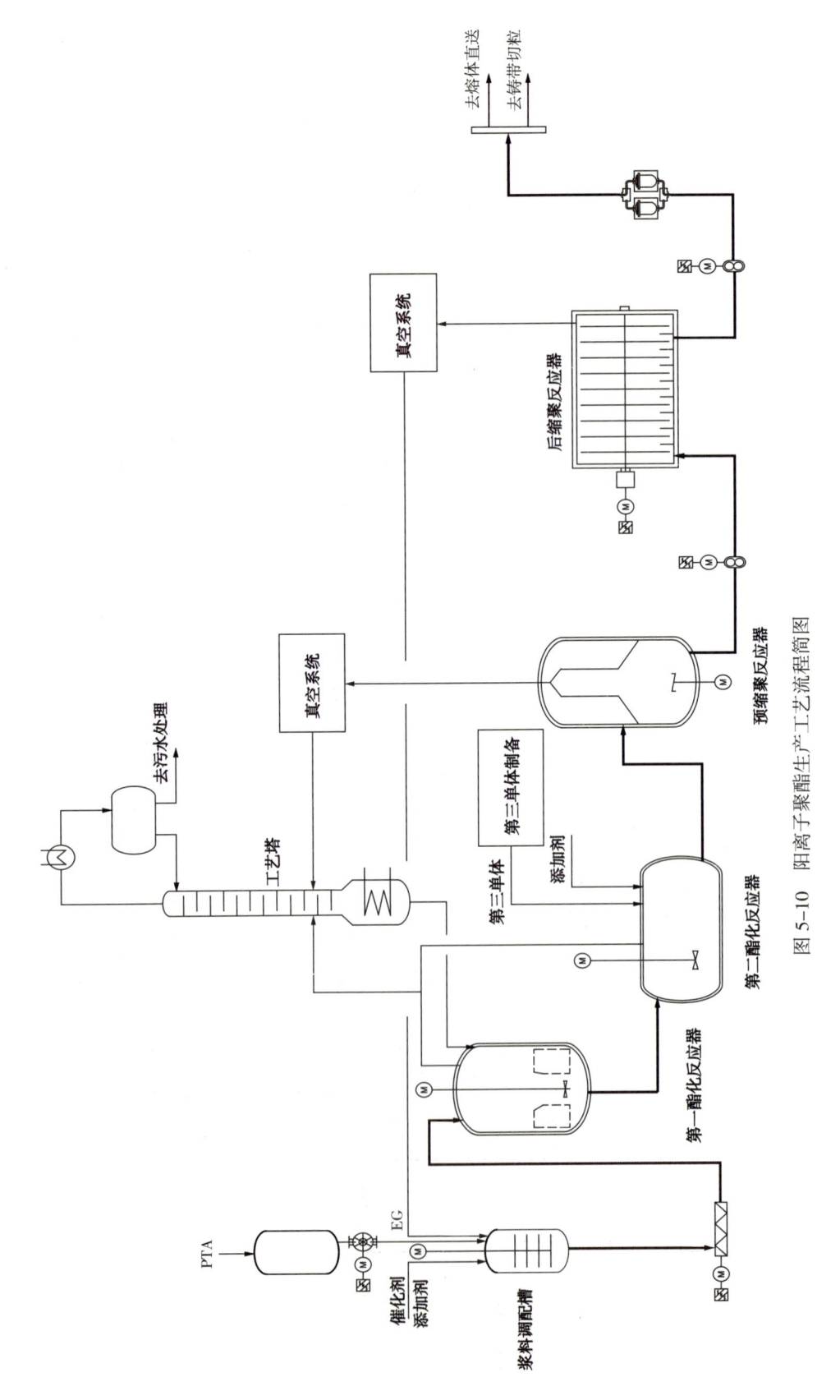

图 5-10 阳离子聚酯生产工艺流程简图

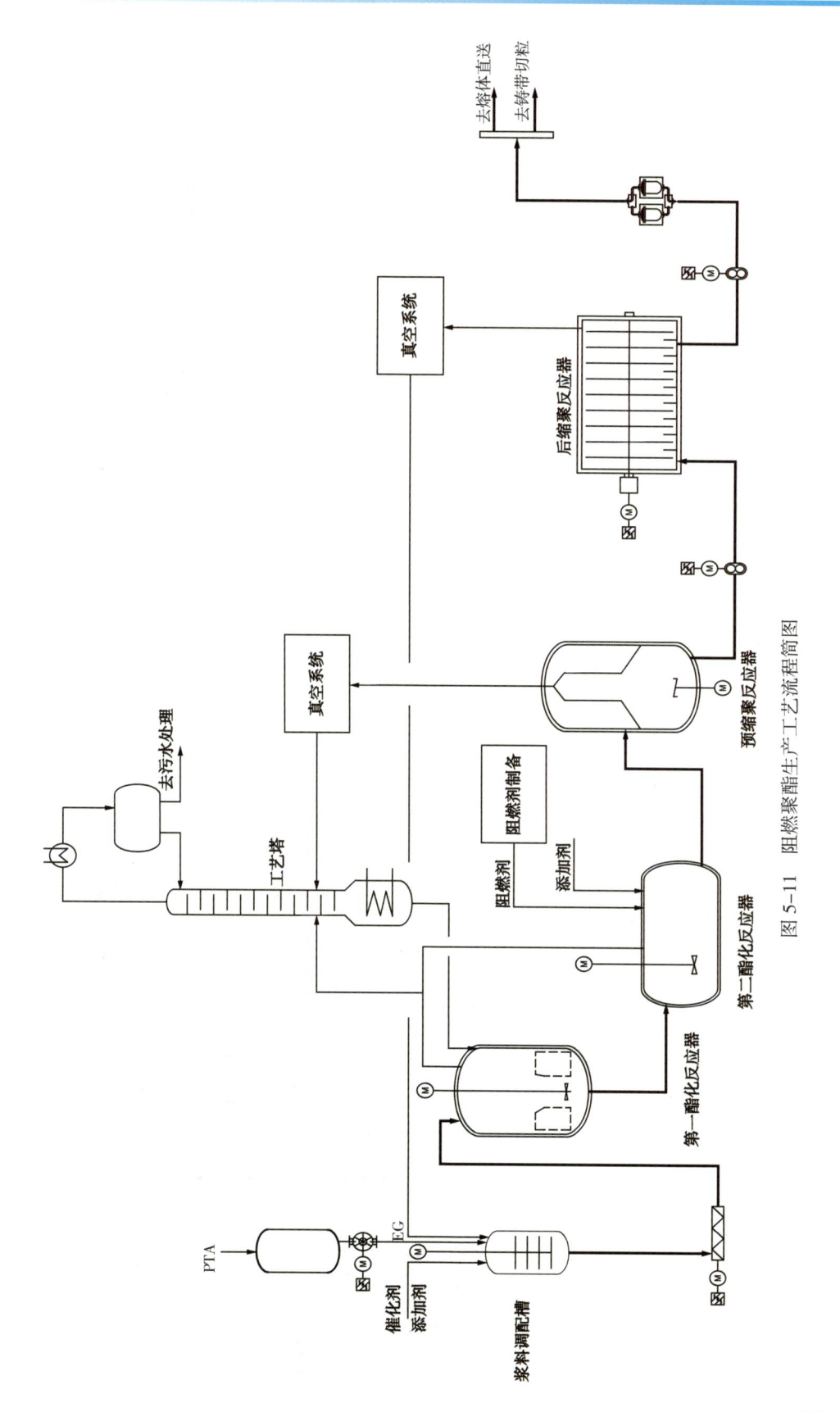

图 5-11 阻燃聚酯生产工艺流程简图

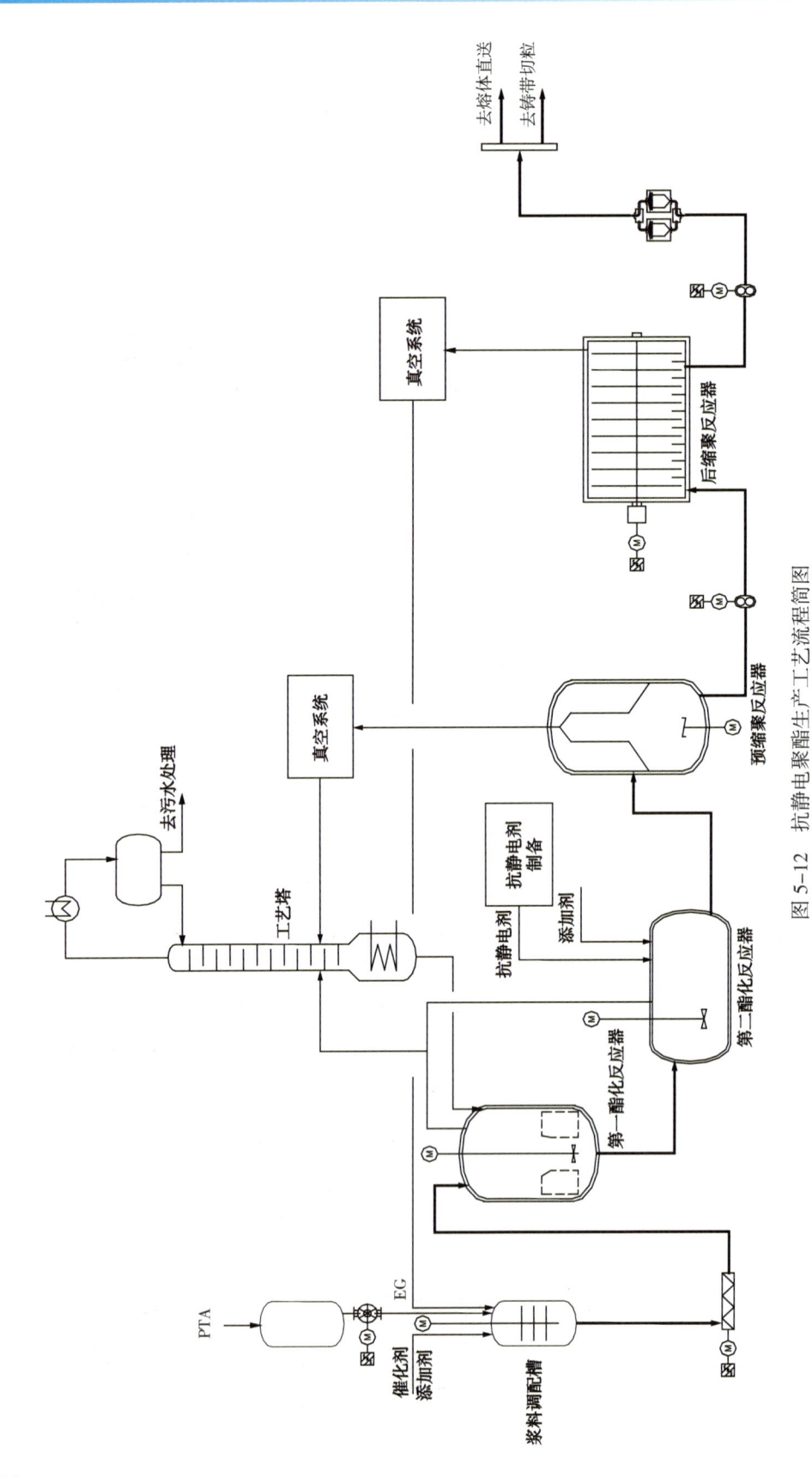

图 5-12 抗静电聚酯生产工艺流程简图

关键技术创新：

（1）膜级工艺生产技术。采用国内首创熔体直接拉膜技术及废膜降解回收技术，突破了切片挤压熔融工艺质量不稳定的难题，产品厚度规格从几微米到百微米，广泛应用于高亮、电镀、食品、包装等膜材行业。

（2）阻燃、抗静电级工艺生产技术。采用国内首创引入第三、第四单体共聚技术，其阻燃产品的极限氧指数（LOI）不低于28%，抗静电系数体积比电阻达 $10^8\Omega \cdot cm$ 级，产品质量稳定性和耐久性明显优于现行市场上共混技术产品。

（3）阳离子级工艺生产技术。在国内率先引入第三、第四单体共聚技术，产品指标达到行业标准优等品，染色性能处于同行业领先，染色色彩鲜艳，色牢度高，稳定性好。

（4）聚酯自有技术设备主反应器开发。采用标准化、系列化、柔性化设计，根据不同工艺产品的要求，开发设计出低投资不锈钢—碳钢复合材料、内外室结构、上下室结构、水平多分室结构、气液相夹套、多种支撑及搅拌传动形式的专用反应器系列。2015年，已成功设计、加工、制造出世界最大的第一酯化反应器，其内径达6.8m，总高达15.4m，总质量约为225t。最大的后缩聚反应器，其内径达4.6m，长度达25m，总质量约为230t。该系列设备已投入生产且运行平稳。预缩聚反应器如图5-13所示，终缩聚反应器如图5-14所示。

图5-13 聚酯预缩聚反应器

图5-14 聚酯终缩聚反应器

2）应用前景

中国石油开发的聚酯系列化生产工艺和成套装备技术在大型化、系列化、柔性化、功能化聚酯技术方面持续保持国际领先地位，向世界表明了中国具有国际先进水平的大型聚酯工业的综合成套技术能力。其开发的成套装备实现了标准化、模块化，生产成本低，质量稳定可靠，综合能耗达到国际领先水平，产品在规模、经济指标、投资等方面均具有竞争优势。随着国内外市场对高质量聚酯产品需求的不断提升，工程技术应用前景广阔。

三、驱油用采油剂生产技术

1. 驱油用超高分子量聚丙烯酰胺生产技术

聚丙烯酰胺驱油技术在油田三次采油领域得到了广泛应用，已经成为中国石油三次采油更加高效合理开发油田的主导技术。"驱油用超高分子量聚丙烯酰胺工业化成套生产技术"是中国石油自主研发的重大核心技术，驱油用超高分子量聚丙烯酰胺产品在提高油田原油采收率、环境保护等方面创造了显著的经济效益和社会效益。

大庆炼化自1995年引进法国SNF公司技术与设备，建成投产 5.2×10^4 t/a 聚丙烯酰胺装置后，在消化吸收基础上，不断进行技术改造及自主开发，使聚丙烯酰胺产品产量、质量得到大幅度提高，具备了生产各种类型聚丙烯酰胺的能力，可根据油田需要提供不同种类的产品。

"十一五"期间，大庆炼化自主开发出抗盐聚丙烯酰胺配方及工艺，进行了工业化试生产，成功生产出高分子量抗盐聚丙烯酰胺新产品。在此基础上，应用该技术对4条生产线进行改造，增加水解工序，实现了抗盐聚丙烯酰胺新产品的大规模工业化生产。2009年，通过对生产装置及技术不断总结改进，形成了较为成熟的驱油用超高分子量聚丙烯酰胺工业化成套生产技术。大庆炼化公司应用该技术建设了年产 5.2×10^4 t 聚丙烯酰胺扩能装置，整套装置所用技术均为中国石油自主开发，设备全部实现国产化。

"十二五"期间，中国石油在聚丙烯酰胺领域开发并应用了一批新技术，创造了较好的经济效益和社会效益。

（1）开发出聚丙烯酰胺装置尾气回收技术，应用该技术建成尾气回收装置，利用酸吸收法将聚丙烯酰胺生产过程产生尾气（含大量氨气）回收利用，治理效果良好，废气、废水达标排放，使聚合物生产装置更加环保。

（2）开发聚丙烯酰胺装置研磨油配制与加入系统升级技术，通过更换分散剂、研磨油配比、喷入系统后，在确保产品质量指标不受影响情况下，研磨油单耗下降56%，聚丙烯酰胺产品成本降低170元/t，创造了较好的经济效益。

（3）开发出聚丙烯酰胺装置干燥器换热升级技术，将换热方式由原来的导热油二步换热改造为热风炉一步换热，干燥器风温控制更加平稳，同时节能降耗效果显著，综合能耗降低48%，创造了较好的经济效益。新型热风炉设备获得国家知识产权局实用新型专利。

驱油用超高分子量聚丙烯酰胺产品已成功应用于中国石油的大庆、辽河、冀东、大港、新疆等各大油田，以及哈萨克斯坦、印度尼西亚、俄罗斯等国家和地区。

1）主要技术进展

"十一五"至"十二五"期间，中国石油自主开发的驱油用超高分子量聚丙烯酰胺工业化成套生产技术包括生物法丙烯酰胺生产技术和驱油用超高分子量聚丙烯酰胺生产技术两大系列。其中，生物法丙烯酰胺生产技术包括高产腈水合酶生产菌种培育技术、高活性腈水合酶制备技术和高活性腈水合酶催化技术等单项关键技术；驱油用超高分子量聚丙烯酰胺生产技术包括聚合物分子量控制技术、聚合物水解反应控制技术、聚合物胶体造粒技术、聚合物振动式流化床多段控温干燥技术和水解反应尾气回收技术等单项关键技术。

（1）生物法丙烯酰胺生产技术。

研发的生物法丙烯酰胺生产技术，包括高产腈水合酶生产菌种培育技术、高活性腈水合酶制备技术和高活性腈水合酶催化技术等多项关键技术，解决了生产菌种产酶能力低、发酵生产周期长、发酵液酶活性低、催化反应周期长、反应液的质量差、反应液中产品浓度低及精制难度高等一系列难题。该技术将菌种的产酶能力由平均800万单位提高到1500万单位，工业发酵周期由最初的70h降低到50h以内，工业发酵液酶活性由平均不足500万单位提高到1000万单位，催化反应周期缩短了2h，反应液的电导率降低了80%。这使大庆炼化公司丙烯酰胺产品的产量提高了50%，质量大幅度提高，从而更适合超高分子量聚丙烯酰胺的生产。

①高产腈水合酶生产菌种培育技术。

通过一系列的物理和化学等诱变技术，选育出稳定高产生物催化剂，该项技术的应用从根本上解决了生物法丙烯酰胺生产中由于自然规律导致的生产菌种的衰退现象，使菌种产酶能力保持在1500万单位以上，保障了腈水合酶生产菌种的高效、稳定、长久的使用，从而进一步提高了生物法丙烯酰装置的产能和产品质量，降低了装置的生产成本，对生产装置长期稳定运行具有重要意义。

②高活性腈水合酶制备技术。

通过优化发酵培养基配方及控制发酵工艺条件，开发出制备高活性生物催化剂的工艺技术，使反应液电导率降低了80%，发酵液的使用量减少了一半。该项技术的应用主要解决了原来生物法丙烯酰胺生产中存在的发酵生产周期长，发酵液酶活性低造成的发酵液产量低、消耗量大，发酵液的供应量远远满足不了装置生产要求，使丙烯酰胺产量只能满足聚丙烯酰胺装置60%生产负荷需要的技术难题。

③高活性腈水合酶催化技术。

通过提高腈水合酶催化反应的效率和反应液中产品丙烯酰胺的浓度，并降低反应液的电导率技术。该项技术的应用主要解决了原来生物法丙烯酰胺生产工艺中精制系统负担过大、物耗高，离子交换树脂塔再生频繁、使用周期短，产品损失多等技术瓶颈，提高了产品质量，降低了装置能耗、物耗。

（2）聚丙烯酰胺生产技术。

包括聚合物分子量控制技术、聚合物水解反应控制技术、聚合物胶体造粒技术、聚合物振动式流化床多段控温干燥技术、水解反应尾气回收技术等多项关键技术。

驱油用超高分子量聚丙烯酰胺是典型的自由基放热聚合，通过利用聚合反应的升温效应和复合引发体系的协同作用，可调控利用聚合反应热，逐级引发聚合反应，有效控制反应速率，实现分子链的稳步增长，从而提高聚合物分子量和刚性，增加流体力学尺寸，提高聚合物的抗盐能力。

在驱油用超高分子量聚丙烯酰胺工业化生产中，首先按配比将丙烯酰胺单体、水等物料充分溶解混合至适宜温度后转移到聚合反应器中，并按生产要求加入引发剂、链终止剂等，同时充分吹氮以除去反应体系中的氧气。当体系温度、pH 值、氧含量等条件满足聚合反应条件时，开始加入催化剂进行聚合反应，在生产过程中结合大块釜式绝热聚合反应特点，采用聚合物分子量控制技术首次提出可调控利用聚合反应热的技术路线，利用绝热聚合的升温效应，通过不同升温阶段分段引发聚合，实现了可调控利用聚合反应热，保证了自由基一直处于低浓度水平却不至于聚合终止，使分子链稳定增长，聚合反应速率平缓，克服了大块釜式聚合反应温度高、反应速率快、不易控制等难题，从而实现聚合产品分子量达到 3500 万以上。经聚合反应生成的胶体进行预研磨造粒后形成大小均一的胶粒，输送到水解系统进行水解反应，利用自主开发的一步法水解反应器以及水解称重系统，实现水解工序的连续、稳定控制。最后进行干燥包装，从而生产出高质量的聚合物产品。

①聚合物分子量控制技术。

在自由基聚合原理基础上，研发出调整聚合反应条件控制最终产品分子量技术。该技术是实现驱油用超高分子量聚丙烯酰胺大规模工业化生产的一项关键技术，解决了原有生产工艺产品分子量调节范围小和最终分子量不高的问题。通过调整聚合反应条件（调节反应液浓度、温度、除氧时间、引发剂浓度、链终止剂的加入时机和加入量等），同时利用聚合热引起的升温效应，采用分段引发聚合，克服大块釜式聚合反应易发生的自动加速、反应不均匀等不利因素，实现聚合反应可控，从而合理控制聚合物成品的平均分子量，生产出高品质的驱油用超高分子量聚丙烯酰胺系列化产品。

②聚合物水解反应控制技术。

聚合物水解反应控制技术是在聚丙烯酰胺胶粒与碱反应时，对分子链上部分酰氨基水解成羧酸基的反应进行有效控制的技术。通过采用动态水解反应控制模式，实现了聚丙烯酰胺水解反应全过程有效控制。研制的新型一步法水解反应器保证了聚丙烯酰胺胶粒与碱的均匀混合、均匀受热和均匀反应，实现了工程技术的重大突破。该技术是驱油用超高分子量聚丙烯酰胺生产过程中的另一个重要的工艺步骤，聚合物水解反应控制技术采用聚合后的聚丙烯酰胺胶粒与碱混合加热水解工艺，通过水解称重系统与 DCS 组态，保证胶体与碱准确地按一定比例混合，水解反应均匀、完全，同时实现水解工艺进料、水解和出料的自动控制，保障大规模生产的连续性和产品质量的稳定。

2）应用前景

中国石油大庆炼化公司是国内重要的驱油用采油剂生产基地，在聚丙烯酰胺生产技术领域拥有齐全的聚丙烯酰胺生产、检测评价、研发机构，能够提供从产品研发及评价、生产技术管理及优化到工程设计及建设的全方位的技术服务。

聚合物驱油是提高油田中后期采收率的有效技术手段，但在配注过程中如何解决采出污水配注及在高矿化度地质条件下保证聚丙烯酰胺的增稠能力和驱油效果，目前仍然是三次采油领域面临的重要课题，抗盐聚丙烯酰胺生产技术在今后相当长的一段时间内仍然是解决上述问题的有效技术手段。目前，国内外油田已广泛采用抗盐聚丙烯酰胺作为提高三次采油采收率的重要技术手段。抗盐聚丙烯酰胺生产技术目前也是国内外相关生产驱油聚丙烯酰胺企业采用的主流技术，在至少 10 年内保持国际领先地位。

2. 驱油用石油磺酸盐生产技术

中国石油面向油田三次采油技术的发展，开展特色驱油用采油剂的科研创新工作。"十一五"至"十二五"期间，在消化传统膜式磺化工艺的基础上，开展了驱油用石油磺酸盐专有工艺、专有设备、专用分析方法等技术的研究，在原料生产、磺化工艺、产品质量控制、关键设备等多方面创新，开发完成了以膜式磺化及老化、水解、中和一体化技术等为代表的工艺技术，形成了驱油用石油磺酸盐表面活性剂成套技术。该成套技术具有工艺简洁顺畅、原料易得、转化率高、装置运行平稳、操作易控制、产品质量稳定等技术优势，实现了驱油用石油磺酸盐表面活性剂装置的大规模、长周期、高质量、平稳生产。生产实际运行结果表明，该生产技术成熟、可靠，满足了工业化应用条件，生产技术处于国际先进水平。

开发的石油磺酸盐驱油剂主要取得6项技术创新：

（1）开发了合成驱油用石油磺酸盐表面活性剂的原料控制技术，提高了磺化产品的活性物含量，改善了磺化产品的界面张力性能，实现了馏分油磺化的弱结焦，为装置长周期生产奠定了基础。

（2）开发出适合石油馏分油磺化的磺化反应技术，延长了磺化反应器运行周期。

（3）开发出适合石油磺酸盐生产的老化、水解、中和一体化的专有设备及生产工艺，使磺化后的生产过程实现了长周期生产。

（4）开发了石油磺酸盐装置防腐蚀技术，大大减轻了石油磺酸盐生产过程中的腐蚀问题。

（5）开发了保持石油磺酸盐/聚丙烯酰胺/碱三元驱油体系黏度稳定性的专有技术，在发挥石油磺酸盐驱油作用的同时，最大限度地保护了聚丙烯酰胺的驱油作用。

（6）开发建立了石油磺酸盐产品性能分析方法，有效地监控了石油磺酸盐产品质量。

驱油用石油磺酸盐成套技术充分考虑石油磺酸盐原料的特点，在保留连续瞬态磺化工艺的基础上，对传统的膜式磺化反应工艺进行了优化和改进，使工艺流程更加畅通、运行更加稳定。中国石油开发的石油磺酸盐装置工艺流程如图5-15所示。

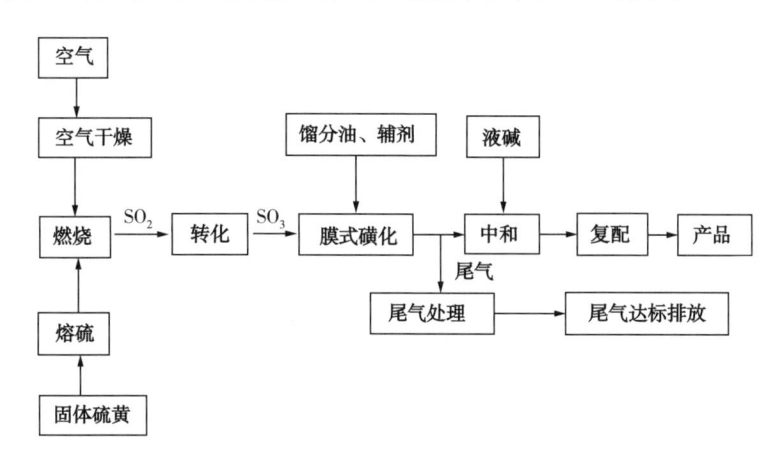

图5-15 中国石油石油磺酸盐装置工艺流程示意图

"十二五"期间，大庆炼化应用该成套技术相继建设了 1.5×10^4 t/a、3.5×10^4 t/a 和 7×10^4 t/a 三套石油磺酸盐生产装置，石油磺酸盐产能达到 12×10^4 t/a，建成目前世界上最大的驱油用石油磺酸盐生产基地。应用该技术生产的驱油用石油磺酸盐表面活性剂性能优异，具有原料来源广泛、界面活性好、乳化性能优越、与油藏配伍性好、体系界面张力稳定性好等优点，产品可应用于弱碱体系，减缓对设备腐蚀和降低结垢，对地层伤害小，普适性好，可满足油田不同地质区块的要求，产品自2009年进入油田三次采油，已在油田得到大规模应用，取得了在水驱基础上提高采收率25%以上的效果，为油田稳产做出了重要贡献。

1）主要技术进展

化学复合驱的规模化应用对作为主剂之一的驱油用表面活性剂提出了高性能、高产量、低成本等方面的要求。应用大庆原油自身馏分油生产的石油磺酸盐表面活性剂具有原料来源充足、产品适应性强、体系界面张力性能好等其他类型表面活性剂不可比拟的优点。为满足油田三次采油对高性能、低成本驱油用表面活性剂的需求，"十一五"至"十二五"期间，中国石油在石油磺酸盐表面活性剂的原料优化、磺化方式筛选、磺化工艺条件优化等方面做了大量研究工作并取得了显著成效。2008年，中国石油地区公司自主设计、建设了5000t/a驱油用石油磺酸盐中试装置，在综合研究各种磺化反应器及石油馏分油磺化特点的基础上，开发出以高芳烃含量的馏分油为原料，以气相三氧化硫为磺化剂，以多管膜式反应器进行石油磺酸盐驱油剂合成的制备技术。

中国石油开发的石油磺酸盐生产技术生产的驱油用石油磺酸盐表面活性剂产品活性物含量不低于38%；聚丙烯酰胺、石油磺酸盐表面活性剂、碳酸钠三元体系能降低油水界面张力至10^{-3}~10^{-4}mN/m。石油磺酸盐具有组成稳定、稳定性较好、表面活性高的优点，对原油选择性不强，有很好的普适性，与中国石油生产的聚合物表现出很好的配伍性。应用该技术生产的石油磺酸盐驱油剂自2009年起大规模应用于大庆油田三次采油以来，提高采收率25.19%，取得了良好的降水增油效果。

中国石油开发的石油磺酸盐生产技术主要解决了以下6方面的技术关键问题：

（1）解决了磺化原料的可磺化物含量低、磺化产品的界面活性不稳定问题，增强了磺化产品对不同油区原油的适应性，使馏分油磺化时由原来易结焦变为弱结焦，为装置长周期生产奠定了基础。

（2）解决了石油馏分油磺化过程结焦及磺化反应器清洗问题，延长了反应器运行周期。

（3）解决了酸渣堵塞设备管路的问题，使磺化后的过程实现了长周期生产。

（4）解决了石油磺酸盐生产过程中的腐蚀问题。

（5）解决了石油磺酸盐与聚丙烯酰胺在三元化学驱油体系中的配伍问题，最大限度地保护了聚丙烯酰胺的驱油作用。

（6）开发建立了石油磺酸盐产品性能分析方法，有效地监控了石油磺酸盐产品质量。

"十二五"期间，中国石油在1.5×10^4t/a、3.5×10^4t/a和7×10^4t/a石油磺酸盐生产装置的设计、建设、开工及生产过程中，通过不断自主研发和技术创新，对石油磺酸盐制备技术进行升级和完善，验证了驱油用石油磺酸盐工业化放大技术，形成了7×10^4t/a石油磺酸盐装置工艺包；研发了磺化反应器在线清洗工艺技术，实现了磺化反应器的在线清洗；研发了磺酸盐装置热能综合利用技术，装置能耗降低了20%以上，形成了较为成熟的驱油用石油磺酸盐系列生产技术。主要技术进展如下：

（1）合成驱油用石油磺酸盐表面活性剂的原料控制技术。

通过开展石油磺酸盐原料分子量与产品性能关系规律的研究，开发出原料浓缩、切割、复配等系列控制技术，提高了原料中可磺化活性组分，改善了磺化产品界面张力性能，筛选出最适合石油磺酸盐生产的原料配方，为生产高品质石油磺酸盐产品提供了保障。

石油磺酸盐合成的原料通常来自炼油厂的减压馏分油，其中可被磺化的主要成分是芳烃。通过对炼油厂工艺和原料组分的分析检测研究，直接用大庆原油炼制的减压馏分油生产石油磺酸盐是不合适的。大庆原油属石蜡基油，芳烃含量低，通常少于17%，磺化后产品中具有表面活性的有效物含量很低，副产物（未磺化油）量很大。对各种原料进行的大量磺化实验结果表明，有的馏分组分可磺化物低，磺化后产品必须进行萃取分析，工艺流程长，而且产品性能不理想；有的馏分油总芳烃含量达到66%，但磺化结焦严重。为此，中国石油通过大量试验，筛选出一种可磺化组分相对较高的馏分油，但仍然达不到磺酸盐产品活性物含量要求，为解决这一难题，中国石油进行了以下四项技术创新，最终研发出磺酸盐原料控制及优化技术，开发出最优的石油磺酸盐生产原料。

①通过对润滑油系统生产工艺研究，通过调整脱蜡深度、改变原料倾点等措施，调整润滑油系统工艺参数后，采用脱蜡深度控制在脱蜡油倾点，实现某一温度得到的原料芳烃含量最高。研究确定了最佳脱蜡深度，有效提高了原料中芳烃含量。

②通过优化生产装置工艺参数，最大限度地提高可磺化组分含量。

③采用控制平均分子量的方法，把磺化原料分子量控制在520~540范围内，充分富集烷基芳烃组分，得到了适宜生产石油磺酸盐的主原料。

④研发原料混合配制技术。筛选出的石油磺酸盐主原料磺化时结焦较严重，为此又筛选出多种辅助原料，与主原料以一定比例配制成混合料进行磺化，在有效提高磺化产品活性物含量基础上，实现了馏分油磺化的弱结焦，为生产高质量石油磺酸盐产品及装置长周期生产奠定了基础。

（2）生产控制技术。

根据石油磺酸盐原料的特殊特点，经过反复的大量的实验研究，在保留连续瞬态磺化工艺的基础上，对磺化反应工艺做了优化和改进，使磺化反应系统流程畅通，运行稳定。研究发现，膜式磺化反应器发生堵塞的部位主要在反应管上部。结焦物从气体喷嘴边缘与原料油接触部分开始生成，逐渐向反应管下部生长，最终堵塞反应管。针对这种情况，研发出三项技术措施：

①增加保护风，阻止喷嘴边缘与原料油的接触，从而阻止了结焦物的生成。装置运行结果表明，由于引入了保护风，改变了反应状态，磺化深度变浅，磺化器结焦变轻。

②对磺化反应器进料喷嘴进行了改进。在原喷嘴内嵌同心喷嘴，将三氧化硫喷入口与原料油入口分离，将三氧化硫与原料反应点下移，避免了磺化反应管口处的结焦，有效延长了磺化反应器运行周期。

③调整磺化反应器上、下段及气液相进料温度，降低反应器上段反应速率，提高下端反应速率。在减缓反应器上段结焦的同时，保持总体反应效率不变。运行结果表明，产品质量未受影响。

通过以上技术措施的应用，磺化反应器运行状况良好，产品质量稳定，装置实现了较长周期的生产，解决了制约磺化反应器长周期运行的难题，为石油磺酸盐的大规模生产奠定了基础。

（3）磺化反应器减焦及在线清洗技术。

"十二五"期间，针对石油磺酸盐装置磺化反应器结焦后需要人工清理、劳动强度大、对管束损害大等问题，中国石油自主研发出磺化反应器减焦及在线清洗技术，在国内首次真正意义上实现了磺化反应器结焦物的有效在线清洗。该技术包括新型高效复配清洗剂和磺化反应器在线清洗工艺技术。自主研发的新型复合清洗剂可高效、快速溶解磺化反应器结焦物，对结焦物的去除率在97%以上，且成本合理，无毒无污染。为实现磺化反应器的在线连续清洗，开发出磺化反应器双路双向在线清洗工艺技术，在线清洗工艺流程如图5-16所示。通过在油路上安装的螺旋分配器和气路上安装的清洗液分配器，分别对磺化反应器油路、气路进行双向循环清洗，利用超强的清洗液射流技术，强制剥离和冲刷管束之间的结焦物，可对磺化反应器分布头、压盘、管束等高精密度的核心部件进行有效清洗，最大限度地保证了清洗效果。

在线清洗技术2015年在地区公司磺酸盐装置推广应用后效果显著，解决了磺化反应器结焦物清理难度大、费用高等难题，有效延长了装置运行周期，磺化反应器管束平均寿命从1年延长至4年以上，仅此一项，每年就可为中国石油创造效益600万元以上。减焦及清洗技术共申报3件国家发明专利，并已通过审核。

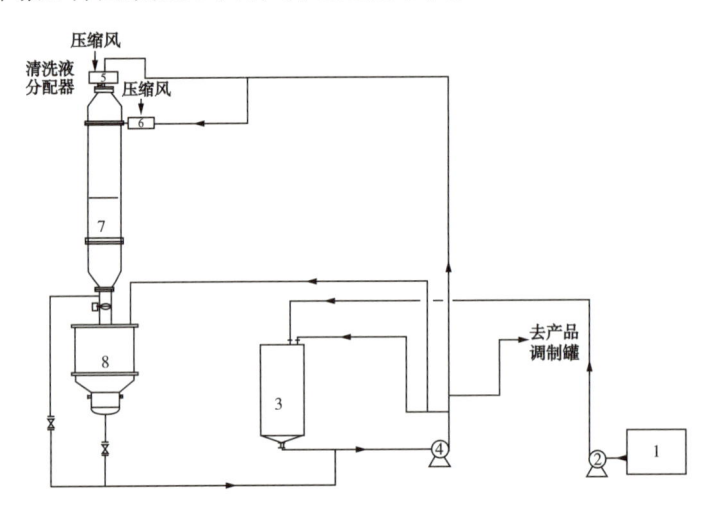

图5-16 磺化反应器在线清洗工艺流程简图

1—清洗剂储罐；2—清洗剂输料泵；3—清洗剂循环罐；4—清洗剂循环泵；5—清洗液分配器；
6—压缩风分配器；7—膜式磺化反应器；8—气液分离器

（4）产品评价技术。

通过对相关标准等的改进及自主研发，开发石油磺酸盐产品评价技术，制定了中国石油石油磺酸盐企业标准，此标准获得油田认可并采用。2015年，中国石油以企业标准为基准，组织国内其他厂家，牵头制定了国内石油磺酸盐的行业标准。主要技术进展如下：

①建立了重量法测定石油磺酸盐活性物含量的方法。石油磺酸盐活性物含量是三次采油用表面活性剂性能评价的重要指标之一，又是指导生产、控制质量的关键指标。石油磺酸盐是以富含芳烃原油或馏分油经磺化得到的产物，它由表面活性剂、未磺化油、无机盐等组成，成分复杂，活性物分析难度大。原有萃取方法——中国石油天然气行业标准SY/T 6424—2000《复合驱油体系性能测试》操作烦琐，耗时长，并且活性物中强亲油部分无法完全萃取，分析偏差较大。大庆炼化通过大量实验研究，对传统萃取法进行改进，将石油磺酸盐中无机盐测定传统的过滤法改进为滴定法，提高了测量的准确性；调整萃取

溶剂比例，将反萃取次数由一次增加到四次，对石油磺酸盐有效物与未磺化油进行了有效分离，使石油磺酸盐中的油溶性磺酸盐也被充分萃取出来，实现了石油磺酸盐活性物含量的准确测量。

②对滴定法测定石油磺酸盐活性物的方法进行了改进，使之适用于石油磺酸盐活性物测定。已有国家标准GB/T 5173《表面活性剂—阴离子活性物的测定——直接两项滴定法》对单一阴离子表面活性剂测定效果较好，而应用于石油磺酸盐时，由于其中存在多种不同类型的离子（烷基芳基磺酸盐、环烷基磺酸盐、烷基磺酸盐等）以及同一类型离子又由分子量、碳数、芳环数差异较大的有机链组成和不同的化合物在两相间转移等因素，影响滴定结果判断，同时由于其中疏水基团短的分子不能被测定，也产生一定偏差。通过自主研究建立了滴定法测定石油磺酸盐活性物的方法，改变滴定用药剂，重新定义石油磺酸盐最佳取样质量，并采用微量滴定管、建立校正因子等办法，克服了国家标准用于测定石油磺酸盐活性物准确性问题，实现了石油磺酸盐活性物的方便、快捷检测。

③通过开展液相色谱法分析石油磺酸盐产品单、双磺酸盐含量技术研究及色谱条件的优化，实现了石油磺酸盐产品中单、双磺酸盐含量的准确测量。研发出三元体系黏度保留率技术，筛选出一种稳定剂D加入石油磺酸盐产品中，使三元体系黏度稳定性损失最小，有效保证了石油磺酸盐的驱油效果。建立了评定石油磺酸盐表面活性剂乳化性能的方法。

通过以上技术研究，中国石油成为国内首家建立起系统的石油磺酸盐质量分析体系的公司，开发出石油磺酸盐评价技术，有效监控了石油磺酸盐产品性能和质量，为石油磺酸盐规模化应用和行业发展做出了重要贡献。

（5）产品中和技术。

石油磺酸盐装置运行实践表明，由于石油磺酸盐的特殊性质，传统的老化、水解工艺技术难以满足石油磺酸盐生产的需求。由于馏分油磺化时产生大量的酸渣，沉淀、黏附、堵塞在老化器、水解器及相关管路上，造成流程中断，生产难以连续运行。针对这一问题，中国石油在各种磺酸水解技术研究基础上，自主开发了石油磺酸盐老化、水解、中和一体化设备及工艺技术（图5-17），在设备上部磺酸区进行老化反应，在中部进行砜酐的水解反应，下部进行部分中和反应。在装置中该设备运行良好，很好地解决了石油磺酸盐生产过程中的后路堵塞问题。

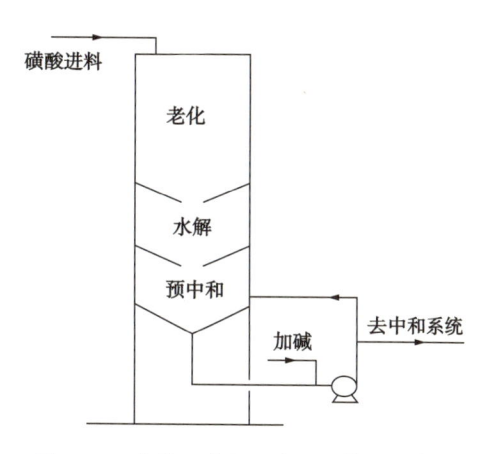

图5-17 老化、水解、中和一体机示意图

中国石油的驱油用石油磺酸盐成套生产技术共申报国家专利14件，《一种石油磺酸盐驱油剂的制备方法》等6件专利获得授权。牵头组织制定了国内驱油用石油磺酸盐产品的行业标准。

2009年初开始应用该技术生产的石油磺酸盐产品在地区公司油田进行矿场试验，提高采收率25.19%，综合含水率为90.69%，取得了良好的降水增油效果。应用该成套技术建设的四套磺酸盐装置均实现了安全平稳生产，"三废"达标排放。

2）应用前景

三元复合驱油体系是在碱驱、表面活性剂驱和聚合物驱基础上发展起来的一种提高采收率的新方法，该技术将各单个驱油剂在驱替过程中的不足进行弥补，其优势进行结合，形成协同效应，使该体系既具备了表面活性剂降低界面张力、提高洗油效率的优点，又具有聚合物提高波及系数的作用，目前已成为高含水油田后期提高采收率最重要的技术。

以石油磺酸盐为代表的表面活性剂，其生产技术已经发展成为三次采油的主导技术之一。按照大庆油田持续稳产战略部署，今后10年，三次采油技术在油田稳产方面将发挥越来越重要的作用，三次采油原油产量占总产量的比重将越来越大。三元复合驱技术总体可提高采收率近25%，聚合物驱技术只能提高采收率15%左右，因此，三次采油技术从目前的以聚合物驱为主，转向以三元复合驱技术为主发展，三次采油用表面活性剂需求量稳步增长。同时，随着三元复合驱项目的推进，国内各油田的三元复合驱的先导性试验区块和工业化试验区块逐年增多，对驱油用表面活性剂的需求也逐年增长，以石油磺酸盐为代表的三次采油用表面活性剂市场前景广阔。随着研发的进一步深入，石油磺酸盐生产技术规模化、功能化的进一步发展，产品性能将得到更大的提升，产品性能更加完善，产品会按不同油藏条件进行定制，应用前景更为广阔。

3. 烷基苯生产技术

中国石油自"十五"以来逐步形成的碱—表面活性剂—聚合物三元复合驱（ASP）技术，以强碱体系用烷基苯磺酸盐表面活性剂最为成熟，所使用的原料——驱油用烷基苯，由中国石油抚顺石化公司生产和开发。其主要技术由两部分构成[24]：一是利用烷基苯装置副产物生产的驱油用烷基苯，即 C_{10}—C_{13} 正构烷烃经脱氢反应生成烷烯烃混合物，再与苯进行烷基化反应，主反应生成直链烷基苯，副反应生成重烷基苯，再精馏得到驱油用烷基苯；二是利用重液蜡脱氢—烷基化合成的驱油用烷基苯，即 C_{16}—C_{19} 正构烷烃经脱氢反应生成烷烯烃混合物，再与苯进行烷基化反应，主反应产物即为驱油用烷基苯，用作油田三元复合驱用主表面活性剂的原料或润滑油添加剂等其他领域[25]。

利用烷基苯装置副产物生产驱油用烷基苯和利用重液蜡脱氢—烷基化生产驱油用烷基苯主要工艺流程分别如图5-18和图5-19所示。

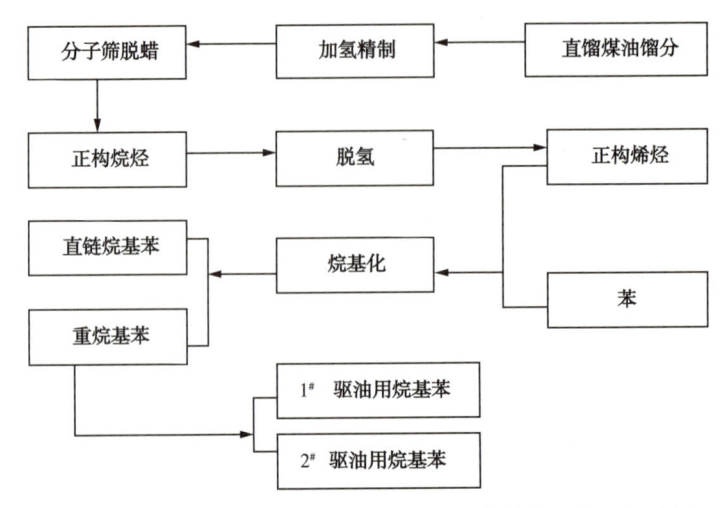

图5-18 烷基苯装置副产物生产驱油用烷基苯简单工艺流程示意图

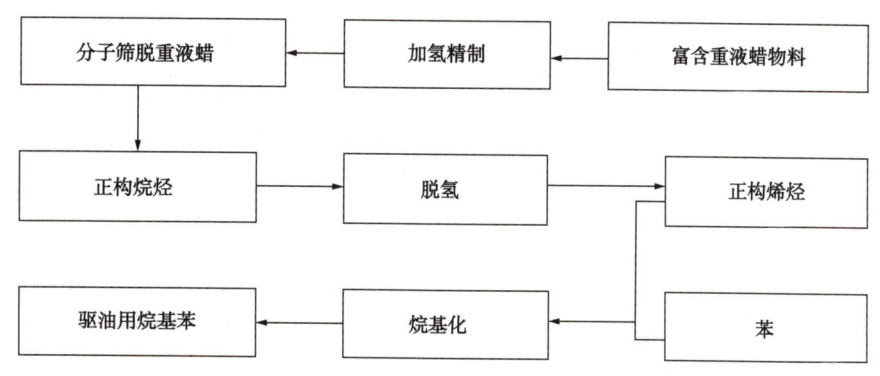

图 5-19 重液蜡脱氢烷基化生产驱油用烷基苯简单工艺流程示意图

利用烷基苯装置生产驱油用 0# 重烷基苯，主要是在烷基化单元分馏制备。通用的烷基苯生产过程中会出现异构化、重排、聚合、环化等副反应产生 0# 重烷基苯副产物，由于其是热敏性物系，高温时易裂解，因此在分离时采用减压蒸馏，即通过双塔单侧线生产工艺实现连续生产，保证产品质量[8]。抚顺石化两套烷基苯装置总产能为 20×10^4 t/a，副产重烷基苯产量约为 1.6×10^4 t/a，驱油用烷基苯产量约为 1.4×10^4 t/a，驱油用烷基苯装置的最大产能为 2.2×10^4 t/a。由于 0# 重烷基苯原料量有限，目前驱油用烷基苯装置只能间歇生产。

采用重液蜡（C_{16}—C_{19} 正构烷烃）生产驱油用烷基苯[26]，主要是重液蜡在 DF-6 脱氢催化剂作用下，经过临氢脱氢反应，得到 C_{16}—C_{19} 烷烯烃，重烯烃与苯在氢氟酸催化剂作用下进行烷基化反应，合成 C_{16}—C_{19} 烷基苯，即驱油用烷基苯。试验国产和进口重液蜡为原料研制脱氢催化剂并合成 C_{16}—C_{19} 驱油用烷基苯，使用色谱—质谱联用仪、气相色谱和多维气相色谱在国内首次建立了重液蜡、重烷烯烃和重烷基苯分析方法，并应用到重液蜡脱氢和重烯烃烷基化小试、中试试验当中。"十二五"开始进行重液蜡合成驱油用烷基苯中试技术开发，2015 年中试成果通过中国石油天然气股份有限公司组织的专家验收。获得两件国家发明专利授权，荣获中国石油科技进步三等奖。

1）主要技术进展

（1）利用烷基苯装置副产物生产驱油用烷基苯技术。

1998 年开始利用烷基苯装置副产物进行驱油用烷基苯生产研究，经过小试、中试，2006 年实现工业化生产，并在大庆油田成功应用。在大庆油田进行了工业性矿场试验后，2007 年实现了工业化推广。分两步实现：一是只有一段产品的驱油用烷基苯；二是分为两段产品的驱油用烷基苯，以适应油田生产和复配的灵活性。

利用烷基苯装置生产驱油用烷基苯，为了使主产品直链烷基苯产品符合规格，必定有一些主产品随重烷基化物损失掉，一般情况下，塔底液（重烷基苯）中含 20%~30% 的塔顶产物（主产品）。塔底液也称为 0# 重烷基苯，是烷基苯装置的副产物，经分馏得到 1# 和 2# 两个馏分，即为驱油用烷基苯，用作大庆油田三元复合驱用主表面活性剂的原料。截至 2015 年，国内只有抚顺石化生产驱油用烷基苯，两套烷基苯装置总产能为 20×10^4 t/a，驱油用烷基苯装置的最大产能为 2.2×10^4 t/a。由于 0# 原料量有限，目前驱油用烷基苯装置只能间歇生产。驱油用烷基苯生产工艺流程如图 5-20 所示，0# 重烷基苯、1# 和 2# 驱油用烷基苯技术指标分别见表 5-13 和表 5-14。

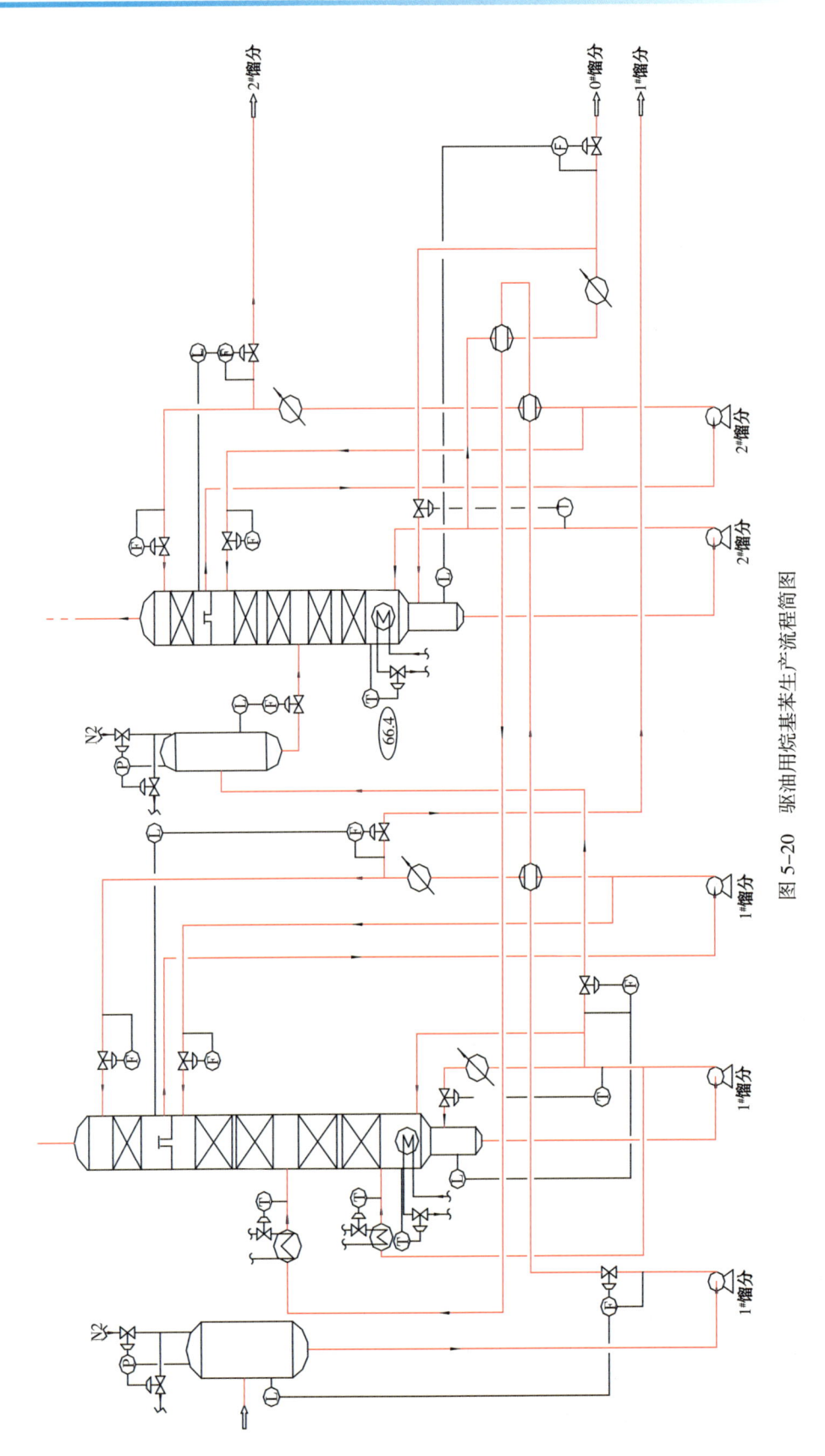

图 5-20 驱油用烷基苯生产流程简图

表 5-13　0#重烷基苯（Q/SYFH0705—2012）技术指标

项目	技术指标	试验方法
外观	淡黄色至浅褐色液体	目测
密度（20℃），kg/m³	≥ 800	GB/T 1884
色泽，号	≤ 4.0	GB/T 6540
闪点（开口），℃	> 140	GB/T 3536
凝点，℃	≤ −35	GB/T 510
烷基苯含量，%（质量分数）	实测	UOP 696

表 5-14　1#和 2#驱油用烷基苯技术指标

项目	技术指标 1#	技术指标 2#	试验方法
外观	淡黄色至浅褐色液体		目测
密度（20℃），kg/m³	860~870	870~880	GB/T 1884
馏程（5%），℃	≥ 315	≥ 350	ASTM D1160
馏程（95%），℃	< 350	< 410	ASTM D1160
水分，%（质量分数）	< 0.010	< 0.010	GB/T 7380

（2）重液蜡脱氢—烷基化合成驱油用烷基苯技术。

2005 年开始利用国产和进口重液蜡为原料研制脱氢催化剂并合成 C_{16}—C_{19} 驱油用烷基苯，利用色谱—质谱联用仪、气相色谱和多维气相色谱在国内首次建立了重液蜡、重烷烯烃和重烷基苯分析方法，并应用到重液蜡脱氢和重烯烃烷基化小试和中试中。中试成果于 2015 年通过中国石油组织的专家验收，取得两项国家发明专利，获得中国石油科技进步三等奖。

合成驱油用烷基苯工艺虽然与直链烷基苯基本相同，但原料碳数变重，脱氢催化剂性能也随之改变。需要采用石油馏分重液蜡为主要原料，在 DF-6 重液蜡脱氢催化剂作用下，经过临氢脱氢反应，得到重烯烃，重烯烃与苯在氢氟酸催化剂作用下进行烷基化反应，合成驱油用烷基苯。其中，重液蜡脱氢催化剂制备技术是合成驱油用烷基苯的核心技术，而其载体的制备又是核心技术中的核心。重液蜡脱氢催化剂同样利用传统技术浸渍法制备，其载体及催化剂主要物性指标见表 5-15 和表 5-16。

表 5-15　载体物性主要指标

参数名称	数据
比表面积，m²/g	180~189
孔体积，cm³/g	0.68~0.96
平均孔径，nm	13.79~20.29

表 5-16 催化剂规格主要指标

项目	规格	检测方法
强度，kg/cm	≥ 8	GB/T 3635—1983
堆密度，g/cm³	0.7~0.8	ISO 679
孔体积，cm³/g	> 1.0	常规法
比表面积，m²/g	150~200	GB/T 5816—1986
铂含量，%（质量分数）	> 0.20	UOP 274-72

由于原料重液蜡在常温下是凝固状态，因此同样是系列脱氢反应，包括脱氢、加氢裂解、异构化、芳构化和生焦等，但重液蜡脱氢技术难度增加，需要针对催化剂和原料特点，设计适合的反应器和配套设施，实现连续化运行，增加催化剂寿命，减少成本。重液蜡脱氢工艺主要指标、C_{16}—C_{19} 驱油用烷基苯技术指标和重液蜡脱氢催化剂评价控制指标见表 5-17 至表 5-19，脱氢段工艺流程如图 5-21 所示。

表 5-17 重液蜡脱氢工艺主要指标

项目	数据
温度范围，℃	440~490
反应压力，kPa	140~200
氢烃比（体积比）	600∶1
空速，h⁻¹	20
转化率，%（质量分数）	≥ 10

表 5-18 C_{16}—C_{19} 驱油用烷基苯技术指标

项目	技术指标	试验方法
外观	淡黄色	目测
密度（20℃），kg/m³	850~880	GB/T 1884
馏程（5%），℃	≥ 315	ASTM D1160
馏程（95%），℃	< 415	ASTM D1160
水分，%（质量分数）	< 0.010	GB/T 7380

表 5-19 重液蜡脱氢催化剂评价控制指标

项目	技术指标
转化率，%（质量分数）	≥ 10~13
寿命，d	≥ 35
选择性，%	≥ 90

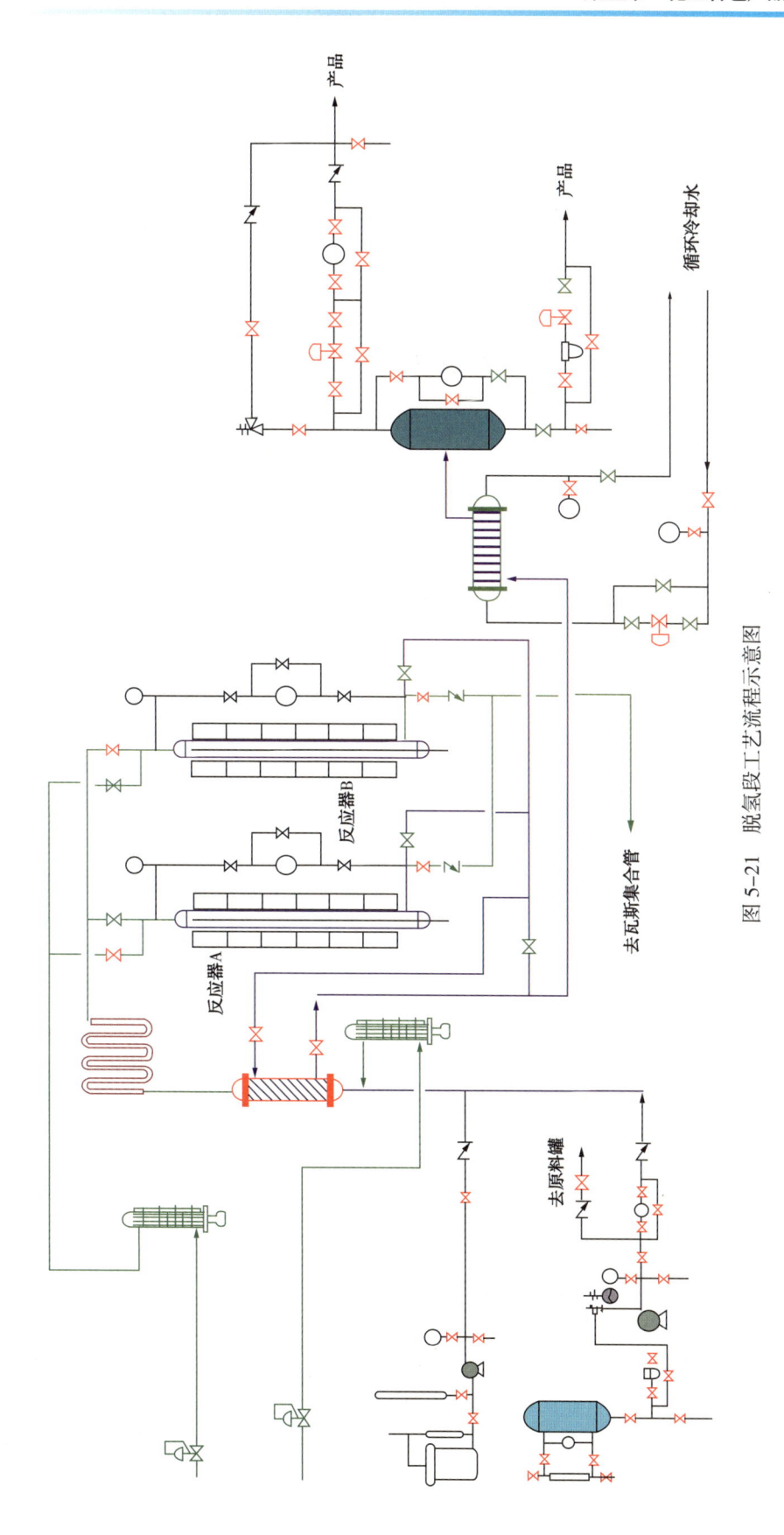

图 5-21 脱氢段工艺流程示意图

2）应用前景

"十一五"以来，抚顺石化利用现有烷基苯装置共生产驱油用烷基苯约 $11×10^4$t，全部应用于大庆油田强碱体系三元复合驱工业化推广，共为大庆油田增油超过 $1000×10^4$t，经济效益和社会效益显著。特别是利用重液蜡脱氢—烷基化合成驱油用烷基苯技术开发成功以来，抚顺石化正在加速推进工业化进程，力争在"十三五"期间建成驱油用烷基苯工业化生产装置，产品品种扩展为日用烷基苯和工业烷基苯并行生产，大大增强了企业竞争力。

第三节 化工特色产品生产技术展望

中国石油根据国家及自身上下游主营业务的需要，在"十二五"期间重点完成了碳纤维、特种聚酯和驱油用采油剂这三种化工特色产品生产技术研发应用。在碳纤维领域，打破了长期以来发达国家对中国的技术封锁，解决了国家对碳纤维材料的需求，带动了国家关键战略材料的发展；在聚酯领域，非纤方向研究取得了多项关键技术突破，形成了较为完善的专利保护体系，为产品结构调整打下了技术基础；在驱油用采油剂领域，多项技术在油田开采实现了工业化应用，使中国早期开发的油田提高了采油能力，为老油田焕发新活力提供了有力的技术支撑。

"十三五"期间，随着国民经济的快速发展，中国将逐渐成为碳纤维应用大国，碳纤维材料不仅应用于航空航天等高端领域，还将用于汽车、动车、民航飞机、风力发电、油气开采等工业、制造业，以及自行车、球拍、皮划艇、滑雪板等体育休闲领域。中国石油碳纤维领域将重点开发提高碳纤维材料应用效率的新产品，开展碳纤维材料在油气行业的新应用。

"十三五"期间，中国石油聚酯领域将利用已经建成的膜级柔性生产线，继续开发阻隔、阻燃、可生物降解、耐热、PPET共聚酯等一批功能性聚酯工业化技术，建设大型规模化工业装置，继续保持国际先进水平，为中国石油的可持续发展做出贡献。

"十三五"期间，在驱油用采油剂领域，一方面面临驱油用烷基苯磺酸盐、石油磺酸盐供不应求的形势，推广重液蜡生产驱油用烷基苯技术、建设驱油用烷基苯工业生产装置势在必行[27]。另一方面，由于生物表面活性剂在工业生产、农业生产、石油工业、精细化工、环境修复领域都有重要的应用价值，尤其在油田提高采收率方面的应用潜力巨大，开展生物表面活性剂的研究及应用亦将成为重点。

一、碳纤维生产技术展望

1. 中国及中国石油碳纤维产业面临的主要问题

国产碳纤维近10年来的突出进步归结为三点：

（1）中国碳纤维行业实现了产业化，在产业化方面缩小了与发达国家近30年的差距。

（2）单线产能从10年前的每年几十吨提升到现在的上千吨，国内总产能达到每年万吨以上，应用领域从高端行业向民用方向拓展。

（3）中国碳纤维行业的产业化使得进口碳纤维的价格出现"断崖式"下降，节约外汇的同时促成国内碳纤维行业回归理性发展。

中国碳纤维产业当前也面临一些发展中的难题[28]：

（1）中国碳纤维企业规模小，产能释放率低。日美碳纤维产能释放率达到75%以上，而中国不到20%。

（2）中国碳纤维生产工艺单一、产品同质化。自主设计或国内采购的设备在加工精度、设计方面与国外存在较大差距。

（3）由于中国碳纤维的装备水平不高，导致用高额资本引进装备，固定费用升高，再加上财务费用、电价偏高等因素，造成碳纤维的制造成本偏高。

（4）国内缺少专门的碳纤维油剂、上浆剂及匹配树脂。国内存在的这些主要问题在中国石油也同样存在。

2. 碳纤维领域"十三五"科技攻关顶层设计

"十三五"期间，中国碳纤维产业的创新重点主要是针对目前国产碳纤维技术、产品存在的问题，开展关键技术攻关和开发研制[29]。主要包括：

（1）国产千吨级T300、T700碳纤维高效制备产业化技术。突破间歇聚合大容量聚合釜技术以及连续聚合的长期稳定运行技术；开发高效节能的预氧化和碳化长期连续稳定运行技术；开发节能降耗减排技术；开发与碳纤维相匹配的油剂和上浆剂等配套助剂体系。

（2）国产百吨级T800工程化技术。突破细旦化原丝的稳定纺丝技术；开发T800碳纤维均质预氧化技术；开发与T800碳纤维表面特性相适应的表面处理技术。

（3）国产规模化T300、T700大丝束碳纤维大生产技术。开发大丝束高速纺丝技术；开发快速预氧化技术；开发微波碳化、石墨化等前沿技术。

中国石油"十三五"及其后一段时期，重点开展以下技术研发工作：

（1）开展大K数（24K）中模型碳纤维的研制工作。优化PAN/DMSO溶液体系，开展聚合物分子组成配方研究，重点解决丙烯腈聚合反应前期的快速撤热和反应后期的均匀混合难题，获得结构均质合理的纺丝原液。结合聚合液的特性和流变、黏弹特性需求，开展大K数纤维的凝固环境研究，获得高质量原丝。通过原丝致密性—预氧化温度梯度关联性等多因素的研究，攻克大K数纤维预氧化传质传热过程中的安全技术难题。按照终端研制产品的要求，开展中间控制分析及大K数分析表征技术研究。

（2）开展扶正器、碳纤维抽油杆等下游制品的应用开发。考核扶正器、抽油杆在不同工况下的使用寿命，通过优化制备工艺不断降低制品的成本，开发配套作业专用设施，提高作业效率。开发管道补强专用料，发挥碳纤维独特的性能优势，结合输油管、输气管的特点，研究开发碳纤维专用料及匹配树脂在极端环境（寒冷、高温、腐蚀性）下的补强效果。

（3）开展高模高强碳纤维工程化技术开发。目前，该技术在国内还停留在实验室阶段，工程化制备对国家意义重大。开展工程化的重点是突破适合高模高强碳纤维原丝的稳定纺丝技术，开发高模高强碳纤维的石墨化技术，开展预氧化、碳化、石墨化工序衔接的工程化技术。

3. 碳纤维领域攻关效果总体评估

预计到2020年，国内碳纤维行业将实现高性能碳纤维关键技术的产业化，实现战略新材料的自主保障。中国石油在碳纤维专用料制品开发方面，将为油气主营业务提供有力的技术服务和支撑；在高端碳纤维工程化技术开发方面，继续保持技术优势，为国家未来战略材料的需求提供保障。

二、聚酯及聚合单体生产技术展望

1. 中国及中国石油聚酯产业面临的主要问题

中国是世界上最大的聚酯生产国，进入"十二五"，中国聚酯行业在技术进步和产能提高方面均取得了可喜的业绩。但中国在聚酯行业仍然面临着一些问题：

（1）大量的新增装置投产后造成常规聚酯品种产能过剩，企业间同质竞争激烈，经济效益普遍下降。

（2）目前聚酯的生产技术对化石资源的依赖过大，"三废"排放逐年增加，给环境保护和环境治理带来更高的压力。

（3）产业链上下游结合不够紧密，聚酯企业对市场需求的变化不敏感，新产品投放市场的速度滞后较多。

中国石油在这一领域面临的主要问题：

（1）老旧装置较多，单线装置最小产能只有 6.6×10^4 t/a，与国内大多追求规模优势的单线能力超大的聚酯企业相比，装置规模优势不突出，产品水平、经济性及竞争力不强。

（2）与国外聚酯领先企业相比，新技术、新产品推广能力弱，新技术创新研究的能力偏弱。

2. 聚酯领域"十三五"科技攻关顶层设计

"十三五"期间，中国石油将以促进聚酯产业升级发展为立足点，以装置生产和市场需求为导向，以技术成果转化、产品向市场推广为目标，以已有的研发成果为基础，重点围绕差别化聚酯新品种及新型二元醇单体，按照开发一代、研究一代、储备一代的科技思路，在催化剂及反应工艺研发、工程化放大技术研究、成套工业生产技术的开发及产品市场推广应用方面实现技术突破。

（1）做好聚酯当前产品市场推广及技术完善工作。例如，PETG共聚酯工艺优化及质量控制，PPET共聚酯、聚醚酯热塑性弹性体工业化生产技术开发与产品应用。重点围绕产品结构控制、过程控制和质量控制三个方面，完善PETG共聚酯生产工艺优化及产品质量控制技术的开发及应用。开展主催化剂、助催化剂的技术升级工作；优化聚合工艺，研究不同牌号转产优化方案，减少过渡料损失；开展产品在板材、高档包装和护卡标签等领域的产品定制生产。

（2）开展系列功能性聚酯产品市场推广应用。例如，膜聚酯、生物降解聚酯、阻燃聚酯等。重点做好添加剂改性的不同功能性膜聚酯专用料的持续开发，完善工业生产工艺技术，产品得到目标客户认可。利用膜聚酯连续生产线及拉膜等先进实验装备，与下游BOPET企业组建战略产业联盟。开发包括膜级母料及生物波功能聚酯专用PET切片等客户需求的新产品，保证膜级聚酯线可持续运转。

（3）推动新型二元醇聚合单体生产技术的工业化应用。跟踪1,4-环己烷二甲醇和1,6-己二醇两种新型二元醇的生产技术，选择先进的生产方案及产品，根据需要开发完善工艺包并建设万吨级工业生产装置，为聚酯新产品提供高质量的原料技术解决方案。以生物柴油副产的大量甘油为原料，开展抗水性固体路易斯酸特殊性能催化剂的研制，解决脱除仲羟基氧空间位阻高的技术难题，提高1,3-丙二醇产物选择性，开展工业放大应用试验。开展耐高温 PETG 第三单体 CBDO 生产技术研究，以异丁酸酐为原料，进一步改进裂解、吸收、二聚、加氢合成 CBDO 的技术研究，解决热裂化及吸收聚合的收率不高、加氢选择性低的技术问题。开展间苯二甲酸新建生产装置及工艺优化，将 27×10^4t/a PTA 装置改为 15×10^4t/a IPA 装置，提高产品整体竞争力。

（4）开发低熔点聚酯、高收缩聚酯工程化技术。采用共聚改性开发低熔点聚酯，在胶黏剂和纤维织造方面替代聚丙烯、聚酰胺类热熔胶。采用化学法在聚酯中添加间苯二甲酸（IPA）和具有侧链结构的新戊二醇（NPG），生产出蓬松、丰满、柔软、弹性好、悬垂好的高收缩聚酯，在凹凸型织物、泡泡纱等织物方面开发应用，生产风格独特的纺织品。

3. 聚酯领域攻关效果总体评估

通过深化理论基础研究与加大产品向市场推广力度两头并重的开发策略，系统形成板材、高档包装、护卡标签、车用领域等高附加值差别化聚酯和配套聚合单体的成套生产技术，持续向市场推出系列聚酯新产品，实现规模化稳定生产，有效支撑聚酯业务产品结构调整和市场竞争力提升。

开展"小试研究—中试研究—工程化放大—成果转化"全部研究内容，完善小试、中试、产品应用研究一体化的技术整体开发能力，开发形成一批具有国际先进水平和自主知识产权的新型聚酯及单体合成技术，3 项以上具有实用价值的科研成果实现转化。参与国家标准化制定工作，申请专利、技术秘密及制定标准 40 项以上，产生良好的经济效益和社会效益。

三、驱油用采油剂生产技术展望

1. 中国驱油用采油剂产业面临的主要问题

2015 年，中国油田化学品的年产量已超过 200×10^4t。随着现代油田产业高新技术的飞速发展，对油田化学品性能和质量提出了越来越高的要求，行业发展速度非常快[30]。油田化学品需求的增长动力主要来自油井刺激和提高石油采收率，这两大领域对油田化学品的需求将以年均 9.7% 和 6.5% 的速度快速增长。

目前，中国在驱油用采油剂研究、生产和应用中还存在着一些问题[31]，主要体现在以下几点：

（1）特殊性能的原创专用产品、高效环保型产品少，除聚丙烯酰胺、表面活性剂等产品外，其他类型的驱油用采油剂生产厂家众多，生产规模小，并且有相当一部分企业缺乏技术支撑。

（2）还没有形成研究、开发和应用的良性循环，许多产品局限在低水平的重复研究上，特别是在分子设计的针对性和处理剂作用机理方面开展的工作还比较少。

（3）过于注重商业利益，热衷于新名词、新代号的炒作，模糊概念的产品多，真正实用性新产品少；同时，由于产品定价不合理，导致复配产品在市场上大量流通，产品内在质量呈下降趋势。

2. "十三五"科技攻关顶层设计

"十三五"期间，中国驱油用采油剂产业的重点将面向提高原油采收率和降低原油生产过程污染开发新产品。中国石油将面向新型聚合物、表面活性剂、生物表面活性剂等油田化学品的研发、生产及应用开展工作。

（1）研发耐温耐盐等新型功能型聚合物。考虑到环保与经济因素，需要开发具有高增黏性、抗盐性的新型功能型聚合物，使其具有更小的分子量、更小的分子尺寸，以提高聚合物在低渗透油层的注入性能。开发适合于海域油田地质条件，具有中低分子量聚合物、高增黏性、抗盐性、耐高温、耐高矿化度的驱油用聚合物及其配套的合成工艺技术，具有广阔的市场应用前景。

（2）研发适应性强、高性能、环保等新型驱油用表面活性剂。未来三次采油需要在苛刻的工作环境下能有效使用的新型驱油用表面活性剂，开发兼具高稳定性、抗盐性、耐热性、耐碱性和低界面张力等多种优点于一身的表面活性剂是未来重要的研究方向。针对不同油田区块的地质特性，开发定制的表面活性剂和对地层伤害程度小的表面活性剂也将是重要的研究方向之一。

（3）加大生物技术生产新型化工材料的开发力度。未来生物经济发展前景广阔，大约有35%的化学品和其他工业产品将来自工业生物技术。生物技术产品是功能、性能、用途特殊且环境友好的化工新材料，可以降低驱油用采油剂成本、减少环境污染，是未来重要的发展方向。探索表面活性剂的高效低成本生物合成方法，探索新型的脂肽基衍生双子表面活性剂的合成方法，发展分子水平理论工具揭示脂肽多分子协同作用机理，并采用物理模拟实验和现场试验系统解析脂肽提高采收率方法的适用性、可行性、作用机理与规律，具有重要的理论意义和实践价值。这将为中国不同特征油藏，尤其是为低渗透油藏和稠油油藏提高采收率技术提供科学基础。

3. 攻关效果总体评估

预计"十三五"及其后几年，中国石油驱油用采油剂产业将通过自主研发，形成一批高性能、高附加值、高技术含量的新产品、新技术。代表性的主要产品和技术主要有：具有在苛刻地质、海洋环境条件下良好应用性能的新型耐温耐盐、中低分子抗盐新型驱油用聚合物；具备高稳定性、抗盐性、耐热性、耐碱性和低界面张力等多种优点于一身的驱油用表面活性剂；具有功能、性能、用途特殊且环境友好的生物化工新材料。在驱油用采油剂技术开发方面，继续保持中国石油的技术优势，为保证国家石油供给及能源需求提供技术保障。

参 考 文 献

[1] 张师民. 聚酯的生产及应用 [M]. 北京：中国石化出版社，1997.

[2] 王晨. 油田化学品的品种与市场 [J]. 精细与专用化学品，2016，24（5）：1-4.

[3] 岳晓云，楼诸红，韩冬，等. 石油磺酸盐表面活性剂在三次采油中的应用 [J]. 精细石油化工进展，2005，6（2）：48-51.

[4] 汪少朋. 中国聚酯工业技术的现状和发展趋势 [J]. 化工新型材料，2011，39（3）：26-29.

[5] 郑延成，韩冬，杨普华. 磺酸盐表面活性剂研究进展 [J]. 精细化工，2005，22（8）：578-582.

[6] 方新湘，陈永立，宋海霞，等. 石油组分磺化与提高原油采收率技术进展 [J]. 日用化学品科学，2008，31（11）：14-18.

[7] 孙明和，汪家众. 我国油溶性石油磺酸盐的生产和开发研究 [J]. 日用化学品科学，2008，31（11）：11-13.

[8] 魏伟，王琴. 长链正构烷烃催化脱氢制取直链单烯烃的研究进展 [J]. 日用化学工业，1997（6）：

第五章 化工特色产品生产技术

19-22.

[9] 曹凤英, 白子武, 郭奇, 等. 驱油用烷基苯合成技术研究[J]. 日用化学品科学, 2015, 38（2）: 28-30.

[10] 李杨. PAN基碳纤维技术动向及发展趋势[J]. 合成材料老化及应用, 2016, 45（1）: 129-130.

[11] 胡燕萍. 单丝载千钧——日美竞相突破第三代碳纤维技术[N]. 中国航空报, 2016-04-26.

[12] 邓桂芳. 碳纤维行业发展趋势分析[J]. 化学工业, 2015, 33（9）: 13-18.

[13] 徐樑华. "十三五"碳纤维产业发展目标[EB]. 中国化工在线（http://weekly.chemsino.com/）, 2015-07-13.

[14] 黄可谦, 叶永茂, 杨金波, 等. 中国碳纤维产业发展现状、趋势及相关建议[J]. 开发性金融研究, 2015（3）: 84-91.

[15] 高枫. 国外PET聚酯技术现状与进展[J]. 前沿科技, 2010, 28（8）: 54-56.

[16] 李旭, 王鸣义. 世界聚酯纤维产业化新产品和发展趋势[J]. 合成纤维, 2012, 41（3）: 1-6.

[17] 周晓沧. 伊斯曼创新PET生产技术Integrex产业化应用成功[J]. 合成技术及应用, 2007（1）: 15.

[18] 汪丽霞, 张凯, 刘青. 我国差别化涤纶长丝发展近况及发展趋势[J]. 聚酯工业, 2017, 30（3）: 1-7.

[19] Schaller K D, Fox S L, Bruhn D F, et al. Characterization of surfactin from Bacillus subtilis for application as anagent for enhanced oil recovery[J]. Appl.Biochem.Biotechnol., 2004, 113-116: 827-836.

[20] Roongsawang N, Washio K, Morikawa M. Diversity of nonribosomal peptide synthetases involved in the biosynthesis of lipopeptide biosurfactants[J]. Int. J. Mol. Sci. 2011, 12（1）: 141-172.

[21] 金田昌人, 本田芳弘. 环己烷二甲醇化合物及其制备中间体的制备方法: CN1318043[P]. 2001-10-17.

[22] 考夫霍尔德W, 佩尔林斯H, 霍佩H G. 脂族热塑性聚氨酯及其应用: CN1320650[P]. 2001-11-07.

[23] 刘益军. 脂环族和芳香族二元醇[J]. 精细与专用化学品, 2005, 15（13）: 8-10.

[24] 曹凤英, 李素红, 张广煜, 等. 两种重烷基苯磺酸盐的制备及界面活性研究[J]. 中国洗涤用品工业, 2016（4）: 44-47.

[25] 白子武, 曹凤英, 张广煜, 等. 驱油用烷基苯工业化生产研究[J]. 日用化学品科学, 2008, 31（11）: 45-48.

[26] 朱友益, 沈平平, 王哲, 等. ASP驱油用烷基苯磺酸盐表面活性剂的合成[J]. 石油勘探与开发, 2004, 31（11）: 17-20.

[27] Yang Huan, Yu Huimin, Shen Zhongyao.A Novel High-throughput and Quantitative Method Based on Visible Color Shifts for Screening Bacillus subtilis THY-15 for Surfactin Production[J].Journal of Industrial Microbiology & Biotechnology, 2015, 42（8）: 1139-1147.

[28] 王学彩. 国内碳纤维产业发展存在的问题与对策[J]. 化纤与纺织技术, 2015, 44（3）: 23-27.

[29] 张婧, 陈虹. "十三五"碳纤维发展前景及技术创新重点[J]. 中国石油和化工经济分析, 2015（7）: 43-46.

[30] Jiao Song, Li Xu, Yu Huimin, et al. In situ enhancement of surfactin biosynthesis in Bacillus subtilis using novel artificial inducible promoters[J]. Biotechnol.Bioeng., 2017, 114: 832-842.

[31] Yang Huan, Li Xu, Li Xue, et al. Identification of Lipopeptide Isoforms by Tandem MALDI-TOF-MS/MS Based on the Simultaneous Purification of Iturin, Fengycin and Surfactin by RP-HPLC[J]. Analytical and Bioanalytical Chemistry, 2015, 407（9）: 2529-2542.

第六章 碳一化工技术

碳一化工主要是指以具有一个碳原子数的简单化合物，如甲烷（CH_4）、合成气（$CO+H_2$）、甲醇（CH_3OH）、甲醛（HCHO）、甲酸（HCOOH）及二氧化碳（CO_2）等为起始原料，合成出具有 C-C 键的两个或两个以上碳原子的基本有机化工产品，并由此可进一步合成多种有机衍生物的化工过程。目前，碳一化工已经形成了天然气化工、合成气化工、甲醇化工以及二氧化碳化工四大主要研发领域，并且各大领域都取得了显著的研究进展，已成为化学工业新分支，所占比例越来越高。产品领域主要包括低碳烯烃、氢气、合成天然气、低碳醇、合成油及其下游化学品和甲醇及其下游化学品（如甲醇制烯烃、甲醇制芳烃及甲醇制汽油）等系列产品，是近年来国内外发展迅猛的科研及产业化技术之一[1]。

碳一化工与传统石油化工相比，主要是将炼油的"重变轻"过程转变为合成转化的"轻变重"过程，催化剂的性能和不同反应、分离过程的耦合及反应器的优化配置是提高反应可控性的关键。借助气化技术与合成气转化两大核心平台技术，煤炭、天然气、石油焦、油砂、生物质、生活垃圾、二氧化碳等传统上较难转化的物质均可作为碳基来源，丰富了原料种类。合成气反应的下游产物丰富多样，包括含两个到几十个碳的烃类和含氧化合物，如乙烯、丙烯、醋酸、甲醇、乙二醇、液体燃料等，都是重要的化工原料[2]。其中，甲醇由于反应性能良好、价格日趋低廉、下游转化技术较为成熟，甲醇化工在"十二五"期间蓬勃发展。碳一化工可以说是含碳物质的"万能转化"技术。

碳一化工中最重要的起始原料之一——甲烷的转化利用途径，分为直接转化与间接转化两类。由于甲烷结构非常稳定，转化过程通常需要在高温、高压、高能耗的苛刻条件下进行，从而对甲烷的直接转化工艺及催化剂开发带来了较大的挑战，但是随着技术路线的不断突破，甲烷无氧芳构化、甲烷直接或通过氧化偶联生产烯烃的工艺路线也正在成为研发热点[3]。目前，工业上大规模应用主要集中在甲烷间接转化方面，将甲烷首先转化为合成气（$CO+H_2$），然后将其直接用于生产氨、甲醇、低碳烯烃等重要基础化工原料，或通过变换等过程获得氢气。也可以通过生产合成油获得液体燃料或经过进一步加工生产高附加值化学品（即间接法的合成气化工）。

中国石油在碳一化工领域经过多年的合作开发及自主研发，在天然气化工、合成气化工及甲醇化工等技术领域开展了大量的研究工作，取得了长足的进展。本章主要结合中国石油在"十一五"和"十二五"期间开展的碳一化工方面的研究工作进行归纳总结，对国内外碳一化工相关技术的进展也进行简单的阐述，对碳一化工技术未来发展趋势及应用前景进行初步分析。

第一节 国内外碳一化工技术现状与发展趋势

碳一化工技术是现代化工产业发展的重要支柱之一，是原料多元化竞争的重要分支。碳一化工涉及的产品和工艺路线众多，真正实现高附加值化及资源、能源、环保的高度统一，是推动碳一化工可持续发展的重要目标。

国外碳一化工起步较早，煤炭、生物质、固体废弃物原料的清洁气化技术，从合成气与甲醇制取化学品，二氧化碳和天然气的转化利用是最为活跃的研究领域。气化技术是碳一化工产业链的龙头，国际上以壳牌公司的粉煤气化技术和德士古公司的水煤浆气化技术最为典型。合成气与甲醇作为碳一化工中的转化平台分子，其下游具有丰富的利用途径，国际上一些著名的石油和化学公司，Shell 公司和 Sasol 公司掌握着合成气制油和高附加值化学品加工的先进技术，巴斯夫公司、美孚石油公司、海德鲁公司、环球油品公司等均对甲醇制烯烃技术进行了多年的研究。二氧化碳和甲烷化学性质相对稳定，转化难度较高，有待基础研究和工艺的突破。

中国碳一化工经过 30 多年的技术积累，特别是以现代煤化工为代表的示范工程的建立和推广，标志着中国在碳一化工关键技术和装备研发方面的突破，具有自主知识产权的技术已经进入推广应用阶段，包括大型先进煤气化技术、煤炭直接液化、合成油、合成天然气、甲醇制烯烃、煤制乙二醇、万吨级甲醇制芳烃、合成气变换等，多项技术达到世界先进水平。为了满足化工市场的需求，经过"十一五"和"十二五"期间的技术攻关，中国碳一化工产品品种和生产规模不断扩大，合成油、二甲醚、乙二醇、碳酸酯等下游产业链形成并完善，与新材料、高端精细化工等领域实现衔接。

然而，在中国日益发展的碳一化工技术及产业中，煤化工产品的能耗、水耗和碳排放量都比较高，相比之下天然气化工是一条环境友好的清洁路线，在部分发达国家和天然气资源丰富的地区，天然气路线生产的碳一化工产品已经占 90% 以上。随着国内页岩气等非常规天然气资源开发技术的不断升级，天然气用于碳一化工的空间将进一步增大。另外，碳一化工技术领域不断拓展，装置规模显著升级，涉及产品类型日趋精细化、高档化、环保化，技术路线高效化、节能化，为缓解石油资源紧张、满足大宗化工品供应及社会环保需求起到了积极的促进作用。

本节主要对目前国内外的合成气制烯烃、合成油、制氢技术、甲醇制烯烃、甲醇制汽油、甲醇制芳烃等技术现状及相关产业的未来发展趋势进行了分析，对中国石油在碳一化工领域开展的总体技术研发工作概况进行总结。

一、国内外碳一化工技术现状

1. 合成气化工技术

"合成气中枢"是近年发展的一个先进概念，其含义是将天然气、石油、煤、生物质等原料气化生产合成气（$CO+H_2$），再以合成气为原料，选择性合成需要的液体燃料和化工产品。以合成气为起点，重视合成气下游产品链特别是高端烃类和含氧化合物的开发，发挥合成气对拉动生产有机化学品、石油化工产品、高分子材料及医药化学品产业链的作用，可开辟碳一化工多元化发展的新途径。合成气制油、合成气直接转化制烯烃是"十二五"期间学术界和工业界都非常关注的领域。

1）合成油技术

2015 年，国外天然气与煤经合成气制备合成油的生产装置产能近 $2000×10^4$t/a，代表性的研究机构及技术运营公司主要是国外 Sasol 公司与 Shell 公司。

Sasol 公司通过煤炭气化大规模生产合成油品和化学品，掌握了长期稳定运转的生产技术。采用固定床工艺的Sasol-Ⅰ厂和流化床工艺的Sasol-Ⅱ、Sasol-Ⅲ厂,总产量达$760×10^4$t/a,其中油品大约占60%。Sasol-Ⅱ、Sasol-Ⅲ厂采用氮化熔铁催化剂和流化床反应器,产品组成中轻质烃较多,适宜于生产汽油、煤油和柴油等发动机燃料,并可得到醇、酮类等高附加值化学品,产品类型近200种。

Shell公司采用费托合成钴基催化剂,成功开发两段法的中间馏分合成(SMDS)新技术,由一氧化碳加氢合成高分子石蜡烃和石蜡烃加氢裂化或加氢异构化制取发动机燃料两段构成。1993年,在马来西亚民都鲁(Bintulu)建成的14700bbl❶/d(约$60×10^4$t/a)天然气经合成气合成油(GTL)装置,采用列管固定床反应器和钴基催化剂,全过程CO转化率达95%。2010年,Shell公司采用SMDS工艺在卡塔尔的Ras Laffan工业城建设当时世界上最大的GTL生产装置,并于2012年底实现全负荷投产,以天然气为造气原料生产合成气,规模达$14×10^4$bbl/d(约$580×10^4$t/a)。Shell公司在国际上率先实现在合成油工艺的基础上加工生产合成基钻井液,形成多种牌号并在国际上得到广泛应用。Shell公司生产的合成蜡具有熔点高、黏度低、硬度大、针入度小、碳数分布范围窄、开口时间短、快干性好等特点,不含支链烃,具有良好的抗破碎性、优良的绝缘性、强的抗水性,在许多应用领域都有非常出色的表现[4]。

中国合成油技术近年来发展迅速。潞安集团于2008年建成万吨级费托合成工业示范装置,采用中国科学院山西煤炭化学研究所(简称山西煤化所)研发的固定床反应器和钴基催化剂进行试验。中科合成油公司于2009年建成1500t/a合成油催化剂生产装置,由中科合成油淮南催化剂公司负责运行。山西煤化所研发的铁基及钴基催化剂陆续在2010年前开展了工业示范规模的研究。中科合成油公司采用浆态床反应器及铁基催化剂分别建成内蒙古伊泰集团$16×10^4$t/a装置、山西潞安集团$16×10^4$t/a装置和神华集团$18×10^4$t/a装置;2015年,国内运转和建设中的煤制油产能已突破$1000×10^4$t/a,但其产品结构相对单一,以汽、柴油等燃料为主,催化剂体系对应产物分布调整灵活性差,产品方案附加值相对较低,经济效益受国际油价波动影响大,抗风险能力低。

2)合成气直接转化制烯烃技术

乙烯是用途最广泛的基本有机化工原料之一。中国生产路线以石脑油蒸汽裂解为主,原油价格的波动对乙烯的价格影响较大,因此人们越来越关注以原油以外的原料开发乙烯生产的新途径。随着世界范围内富含甲烷的页岩气、天然气水合物、生物沼气等的大规模发现与开采,以储量相对丰富和价格低廉的天然气替代石油生产液体燃料和基础化学品已成为学术界和产业界研究和发展的重点。

合成气直接制低碳烯烃是指合成气(CO和H_2)在催化剂作用下,通过费托合成制得碳原子数较小烯烃的过程,该过程副产水和CO_2。由于费托合成产品分布受ASF(Anderson–Schulz–Flory)规律(链增长以指数递减的物质的量分布)的限制,且反应为强放热反应,容易生成甲烷和低碳烷烃。因此,想要高选择性地得到低碳烯烃难度较大。对合成气直接制低碳烯烃催化剂的要求是能够限制碳链增长、抑制甲烷生成、阻止反应生成的低碳烯烃发生二次反应,并具有较高的催化活性[5]。

由于第Ⅷ族元素对CO和H_2具有良好的吸附性能,费托合成催化剂一直将其作为催

---

❶ 1bbl(美石油)=158.9873dm^3。

化剂的活性组分，其中关于铁、钴、镍、钌的研究最多，并被划分为铁系、钴系和镍系等催化剂体系。从实际生产来看，铁便宜易得且稳定，与镍基催化剂相比，相同转化率条件下，生成的甲烷少、烯烃多。因此，铁系催化剂是合成气直接制低碳烯烃较常用的催化体系。德国鲁尔化学公司率先开发了用于合成气直接制取低碳烯烃的铁系 Fe-Zn-Mn-K 四元烧结催化剂，合成气转化率为 80%，低碳烯烃选择性为 70%，但催化剂制备重复性较差，性能随制备规模放大而大幅下降。大连化物所和山西煤化所分别制备了 Fe-Mn/MgO 和 Fe-Mn-K 的铁系催化剂，一氧化碳转化率大于 90%，C_2—C_4 烯烃选择性大于 66%。天津大学研究的镍系 Ni-Cu/TSO（TiO_2-SiO_2）和 Ni-Cu/TMO（MgO-SiO_2）催化剂，一氧化碳转化率在 75% 以上，低碳烯烃选择性近 80%。此外，用于合成气直接制低碳烯烃的催化剂还涉及钴基催化剂和多活性金属催化剂[6]。

2. 天然气制氢技术

天然气化工是重要的化工支柱产业，天然气通过净化分离和裂解、蒸汽转化、氧化、氯化、硫化、硝化、脱氢等反应可制成合成氨、甲醇及其加工产品（甲醛、醋酸等）、乙烯、乙炔、二氯甲烷、四氯化碳、二硫化碳、硝基甲烷等[7]。相比于美国，中国的天然气化工所占比例较低，随着国际天然气合成油技术以及相关技术突破，天然气制合成油已具有竞争力，具有较大的发展空间，"十二五"期间碳一化工技术的突破推动了天然气化工的发展，天然气直接转化制氢技术具有路线简单、清洁的特点，代表着天然气化工的研发前沿。

2015 年，世界氢气消耗量达到 7000×10^4t，国内氢气用量超过 1000×10^4t，居世界首位，其中用于合成氨占 57%，合成甲醇占 10%，石油炼制加氢占 27%。同时，氢气是炼厂的重要工业原料，广泛应用于汽油、柴油、渣油加氢等过程，用来调节产品氢碳比及脱硫、脱氮。基于中国煤炭储量丰富、价格低廉的能源格局的国情，国内近几年新建了以煤炭为原料的制氢装置来生产氢气，以满足炼油、甲醇合成、氨合成、天然气合成等各类工业用氢。

从全球范围来看，原油重质化、劣质化越来越严重，对大型炼厂来说，在重质、劣质原油加工方面，加氢裂化和加氢处理工艺路线有利于将原料"吃干榨尽"，效益优于焦化路线，随着清洁油品质量升级不断加快，氢气需求量也快速增加。表 6-1 列出了世界和中国炼厂氢气需求量及增长率预测。

表 6-1 世界和中国炼厂氢气需求量及增长率预测

	年份	2001	2011	2021	年增长率，%
需求量，10^4t	北美	441.3	544.6	666.7	2.24
	西欧	291.1	300.5	347.4	1.56
	中国	56.3	169.0	347.4	10.56
	印度	28.2	84.5	159.6	8.89
	日本	93.9	93.9	93.9	0.00
	其他亚洲地区	103.3	197.2	300.5	5.24
	除亚洲外其他地区	187.8	356.8	572.8	6.05
	合计	1201.9	1746.5	2488.4	4.32

氢气是一种重要的能源载体，其生产可以采用不同原料和工艺。工业制氢生产技术有烃类蒸汽转化法、煤气化法、重油部分氧化法、甲醇蒸汽转化法、水电解法、副产含氢气体回收法等。2015年，全球氢气生产92%来源于化石能源，约7%来自氯碱工业副产物，只有1%来自电解水。大规模制氢仍以化石燃料为主，其中包括烃类的蒸汽转化、部分氧化和自热重整三种重要的技术途径，烃类的蒸汽转化制氢占全球氢气产量的80%以上。因此在未来很长一段时间内，氢气的制取仍将主要依靠化石能源。化学链制氢等新型化石原料制氢技术快速发展，目前已完成中试放大；高效电解水制氢、生物制氢、太阳能制氢、核能制氢等新型制氢技术取得了一定的进步，但主要还停留在实验室阶段，少数已经进入中试阶段。

3. 甲醇化工技术

目前，甲醇制烯烃技术在国内实现了大规模的工业化应用，实现了以煤为原料高选择性地生产低碳烯烃（乙烯/MTO、丙烯/MTP）。MTO工艺主要产物为乙烯和丙烯，而MTP工艺的主要产物为丙烯。甲醇制芳烃技术处于工业示范阶段，对补充中国芳烃需求缺口、稳定芳烃供应具有重要意义。

1) 甲醇制烯烃技术

从2010年中国第一个甲醇制烯烃（包括煤经甲醇制烯烃路线）项目投产时间算起，到2014年国内甲醇制烯烃产能约630×10^4t/a，2015年接近750×10^4t/a。MTO工艺的代表技术有环球油品公司（UOP）和海德鲁公司（Norsk Hydro）共同开发的MTO技术，大连化物所开发的DMTO技术，中国石化开发的SMTO技术以及中国神华集团开发的SHMTO技术等。MTO工艺对比见表6-2。

表6-2 MTO工艺对比

研究机构	大连化物所DMTO	大连化物所DMTO Ⅱ	UOP MTO	中国石化SMTO
反应器	密相流化床	密相流化床	提升管流化床	密相流化床
催化剂	DO-123	D803C-II01	MTO-100	SMTO
C_4组分转化单元	无	有	有	有
烯烃甲醇单耗t（甲醇）/t（烯烃）	2.96	2.67	2.54~2.67	—
丙烯乙烯比，mol/mol	0.977	0.909	1.55	—
甲醇转化率，%	99.18	99.97	99.97	99.13
烯烃选择性，%	78.71	85.68	85.39（80.23）	80~87
催化剂单耗，kg/t（甲醇）	0.25	0.25	0.17~0.21	0.27

数据来源：神华煤制烯烃装置设计说明及网络资料，非实验室评价数据。

2) 甲醇制汽油技术

甲醇制汽油（MTG）工艺所采用的煤炭气化和甲醇合成都是成熟的商业化技术。甲醇合成烃类的过程由美国美孚公司首先于20世纪70年代发现，其反应过程为：甲醇首先脱水生成二甲醚（DME），然后甲醇、二甲醚和水的平衡混合物转化为低碳烯烃（C_2—C_4），最后又合成较高级的烯烃、正（异）构烷烃、芳烃和环烷烃。择形催化剂使得合成反应产物限定在 10 个碳以内，最终的主要产物为汽油馏分。该路线是未来甲醇化工的发展路线之一。

现有的 MTG 工艺路线可以分为经典的固定床工艺、流化床工艺和多管式反应器工艺。中国甲醇制汽油领域的代表性技术是山西煤化所研发的一步法。该方法与传统 MTG 工艺的不同之处在于，以粗甲醇为原料直接制取汽油，同时获得少量液化石油气产品。该工艺省略了甲醇转化为二甲醚的步骤，可大大节省甲醇精馏装置和甲醇转化为二甲醚装置的运行费用，并实现了 ZSM-5 分子筛催化剂的自主化生产，降低催化剂购买成本。在实验论证和 3500t/a 中试成功的基础上，该工艺开始在（10~20）×10^4t/a 工业化生产装置上进行推广应用，在内蒙古庆华和云南解化分别建成了 $10×10^4$t/a、$20×10^4$t/a 工业装置。

3）甲醇制芳烃技术

石油路线中芳烃的大规模工业生产是通过芳烃联合装置实现，对石油资源有很强的依赖性。近年来，由于下游产品的需求带动了芳烃产量的持续增加，这种趋势要求芳烃的生产要有稳定的原料供给。甲醇制芳烃的主要产物为苯、甲苯和二甲苯，且可来自煤、天然气、生物质等原料，因此 MTA 技术的出现无疑提供了一条新的芳烃生产路线。甲醇制芳烃是继甲醇制烯烃和汽油之后的下一个甲醇转化热点，在中国被列为"十二五"期间新型煤化工行业重点开发和应用的核心技术之一。MTA 工艺技术在中国发展很快，其中有些技术已经开始中试或应用于示范厂阶段，但仍有许多问题有待解决，如反应过程的取热、催化剂失活较快和 BTX 的选择性较低。必须在催化剂设计和反应工艺优化的研究方面有较大的突破，才能实现工业化应用。

中国自主研发的 MTA 技术中，山西煤化所最早开发出固定床两段法工艺，该工艺的第一段以甲醇为原料，经过装有催化剂的固定床反应器，产物经过冷却分离步骤分为气相低碳烃和液相 C_{5+} 烃，将气相低碳烃作为原料送入第二段固定床反应器，同样得到气液两相产物。分离后将液相产物与第一段 C_{5+} 烃产物混合，经由萃取可得目标产物芳烃。该工艺的芳烃收率较高。

清华大学开发了流化床工艺，通过一个催化剂再生的流化床与 MTA 流化床相连，实现了催化剂失活与再生的连续循环操作，从而控制催化剂的结焦状态，提高芳烃纯度与收率。山西煤化所与清华大学的工艺都已到了示范厂的程度，表明中国正积极将 MTA 推向工业化，在甲醇制芳烃的领域已处于世界领先地位[8]。

二、碳一化工技术发展趋势

中国 2009 年原油进口依存度超过了 50% 的红色警戒线，2015 年进口依存度首次突破 60%，达到 60.6%，2016—2035 年将维持在 $2.0×10^8$t/a 左右的水平。国际能源咨询公司（ESAI）预测 2020 年将达到 64.5%，2030 年将达到或超过 75%。2016—2035 年，国内原油供应缺口将达到 $6×10^8$t/a 以上，其中液体燃料缺口 $4.2×10^8$t/a、化工原料缺口 $1.2×10^8$t/a。能源供应紧张、环保要求苛刻为新型替代洁净能源技术开发与应用提出了迫切需求及广阔空间，特别是非常规原油（油母页岩及重油、油砂）、非常规天然气（页岩气、煤层气、困气等）、石油焦、煤炭及高炉气等资源的高效清洁利用受到进一步重视[9]。

合成气直接转化方面，费托技术已相对成熟，但要控制产品中低碳烯烃选择性，就要打破 ASF 分布。其中，通过多孔材料限制大分子产物的生成是近几年研究较多的技术。大连化物所包信和院士和厦门大学王野教授带领的团队分别研究了双功能的复合催化剂：金属氧化物和分子筛催化剂复合[10,11]。该催化剂具有两种活性位点，可将 C—O 活化和 C—C 偶联分开，一方面氧化物体系催化活化 CO 和 H_2；另一方面 C—C 偶联在分子筛的酸性限域孔道内进行。当 CO 单程转化率为 17% 时，低碳烃类产物的选择性达到 94%，其中低碳烯烃（乙烯、丙烯和丁烯）的选择性大于 80%，打破了传统费托合成过程低碳烯烃的选择性最高为 58% 的 ASF 极限。另外，在费托催化剂制备过程中加入 Mn 助剂，可显著提高产品中低碳烃和烯烃的选择性。上海高等研究院孙予罕研究员课题组制备的 Co-Mn 体系费托催化剂，在温和的反应条件下（250℃ 和 1~5MPa），即可实现高选择性合成气直接制备烯烃，甲烷选择性可低至 5%，低碳烯烃选择性可达 60%，总烯烃选择性高达 80% 以上，烯烷比可高达 30 以上[12]。综合 Sasol 公司与 Shell 公司两家大型企业的建厂路线可以得出以下几个特点：

（1）新建厂区规模越来越大，以降低成本；

（2）合成气来源多元化，新建厂区原料大多是天然气，可以减少二氧化碳排放量；

（3）采用低温费托为主；

（4）生产产品多元化，提高抵御油价变化的风险；

（5）重视环境影响及环保新规要求，减少水资源的消耗，优化水处理重复利用等技术。这也是依据合成油技术建厂的一个主要发展趋势。

甲烷直接转化包括甲烷转化生产乙炔、氢气、炭黑、氯甲烷、氢氰酸、硝基甲烷、甲醇、甲醛、二硫化碳等，以及近期研究较多的甲烷无氧直接转化生产烯烃、芳烃等技术[13]。但由于甲烷分子非常稳定，上述产品的生产都是在高温、高压、高能耗的苛刻条件下进行，极大地限制了甲烷的直接转化利用。因此，在现有技术前提下，甲烷转化还主要依赖于甲烷—合成气—甲醇—烯烃、汽油、芳烃等，或从合成气直接转化生产油品和化学品的路线。要实现甲烷的无氧直接转化，关键是寻找一种反应体系，能够在较缓和的条件下使甲烷分子活化，又能比较容易地控制反应进程，不使生成的产物深度转化，催化剂需要有较高的转化率和产物选择性，而反应体系本身要稳定，能够再生，运行成本低，不对环境产生危害。针对这一问题，近年来较新的研究技术包括新型纳米结构催化剂、微波辅助下的催化转化、离子液体反应介质系统等，但这类技术还均处于实验室研究阶段。

甲醇制烯烃项目主要集中在西北及华东地区，2015 年处于运行、试车、建设、前期工作或计划中阶段的 CTO/MTO 项目总计约 60 个，其中已建成和建成投产可能性超过 50% 的项目合计有 53 个，将于 2020 年形成 2860×10^4t/a 煤（甲醇）制烯烃产能。另外，在 2015 年全球油价持续下跌的环境下，中国煤经甲醇制烯烃行业仍具有较强的发展活力和创效能力。多套大型煤制烯烃装置保持着较高的开工负荷及盈利能力，如神华包头煤制烯烃装置负荷一直维持在 90% 以上，累计生产初级形态塑料 62.38×10^4t/a，销售量同比增长 18.5%，销售收入 55.5 亿元；延长榆林煤制烯烃的装置负荷为 105.5%，生产聚烯烃 68.3×10^4t/a，销售 67.6×10^4t/a，实现销售收入 49.26 亿元；中煤榆林煤制烯烃的装置负荷达到 106%，2015 年的利润达 12.4 亿元，平均每月的盈利超过 1 亿元。由此说明，煤经甲醇制烯烃产业在低油价背景下具有很高的抗冲击能力。

第二节 碳一化工技术进展

"十二五"期间,中国石油在碳一化工领域取得了诸多进展,获得了重要阶段成果。在合成气制钻井液等高附加值化学品以及甲醇制烯烃等新技术领域的基础研发方面均达到较高水平,甲烷化工艺技术先后自主研发建立了多套单段、两段、四段甲烷化反应器,完成了毫升级、立升级甲烷化实验,在小试、模试研究的基础上,提出了5000m³/h工业侧线试验流程方案,开发出了"12×10⁴m³/d合成气完全甲烷化工业侧线试验"工艺包。制氢技术完成了百千克级催化剂放大制备,制备出了高活性、高强度制氢转化催化剂,并在大庆石化公司炼油厂进行了催化剂装量1L的工业侧线500h稳定性试验。合成氨铁串钌工艺可以在相对低压下运行,装置的材质要求降低,同时降低合成能耗,使得相同体积的合成塔产能提高,使超大合成氨产能设计成为可能。

中国石油开展了费托合成研究,掌握了钴基催化剂的制备方法、费托合成产品分布的规律以及产品加工利用的一些方案,并独立开展了将费托产品加工生产钻井液等高附加值产品的研究工作,与国际同类产品性能相当。在天然气转化技术研发方面,开展甲烷直接转化和燃料电池一体化技术,通过燃料电池原位分离甲烷转化过程产生的氢气,完成了催化剂优化制备、燃料电池材料筛选、反应工艺条件优化工作。中国石油作为国内最大的综合性能源公司介入MTO领域具有一定优势。现有大庆石化、独山子石化、四川石化、抚顺石化、辽阳石化、吉林石化等7家乙烯生产企业,均采用传统的石脑油工艺路线制烯烃,下游多数配套聚乙烯和聚丙烯装置,总产能为591×10⁴t/a,低于目前的MTO总产能。根据MTO技术的特点,可用远低于煤制烯烃装置投资即可将现有烯烃装置反应器部分进行改造,实现"两头一尾"的生产模式,进而提高企业竞争力。2015年,中国石油在海外天然气权益资源量达到210×10⁸m³,且当地天然气价格远低于国内价格,将这部分天然气就地转化成甲醇用于生产乙烯是解决中国石油介入MTO领域甲醇不足及生产成本高等难题的可探索途径。中国乙烯行业发展呈现多元化趋势,传统蒸汽裂解和非蒸汽裂解工艺路线并行发展,以甲醇制烯烃(MTO)为代表的非蒸汽裂解制烯烃路线所占比重显得越来越突出,可有效抵御进口烯烃对国内烯烃市场的冲击,对中国摆脱烯烃产品对石油资源的严重依赖和提高中国烯烃产品的国际竞争力具有重要意义。

一、合成气转化生产高附加值化工产品技术

1. 合成气转化制备钻井液基础油技术

合成气转化制备钻井液基础油技术,是指以合成气为原料,经过费托合成油反应过程获得以合成基钻井液基础油为主要产物的技术。合成基钻井液综合性能优良,闪点和苯胺点高,几乎不含芳烃,凝点和黏度(特别是运动黏度)低,具有页岩抑制性强、润滑性好、抗高温、抗污染能力强和储层保护性能好等优点,是钻高难度井和复杂井的最佳选择,更适合用于复杂地质地貌及深海钻井。另外,合成基钻井液具有环境可接受性好、生物毒性小和低温流变性变化小等优势,是目前国际公认的尖端钻井液技术之一。

钻井液基础油的制备过程主要包括合成气制备、费托合成和产品精制三部分,费托合成是技术的关键。合成气的制备方法广泛,可以采用天然气、煤炭或生物质等为原料经过

气化处理获得。合成气在固定床（浆态床）费托合成反应器中转化为轻质油、重质油及重质蜡等产物，同时副产大量水。重质蜡、重质油、轻质油送至下游的产品加工装置，尾气在费托工艺内经处理后回收氢气和低碳烃，副产物水相在费托工艺内经水处理单元脱除有机物后，送去废水处理。

费托合成反应是一个链增长过程，产品碳数分布较宽（范围可达 C_1—C_{100}），其中轻组分收率低于 40%（质量分数），石蜡收率可达 60%（质量分数）以上，通过进一步加工可以获得汽柴油等燃料油组分及钻井液等高附加值化学品。

1）主要技术进展

2012 年，中国石油立项开展合成基钻井液技术的研究与开发，先后开展了"钻井液生产用合成油生产技术开发""钻井液合成催化剂的成型及机理研究"以及"合成气转化制钻井液等高附加值化工产品"等项目，分别针对钻井液合成工艺、合成催化剂及催化剂成型放大等内容进行了深入的探索研究并取得了长足进展，确定了催化剂体系、高附加值产品方案及钻井液基础油的制备方法，并开发了一系列钻井液基础油等产品牌号。目前，正在积极开展"合成气转化制高附加值化学品百吨级中试放大研究"。

钴基费托合成产品主要为饱和正构烷烃，碳数分布范围宽，从 C_5—C_{80} 甚至更高碳数均有分布，而单个碳数含量通常不超过 10%。催化剂对费托合成产品碳数分布有重要影响，通过对合成油催化剂的研究，获得最佳制备方法，考察了工艺条件对反应性能的影响规律，在特定反应条件下，钻井液基础油选择性大于 50%（质量分数），使产品附加值最大化。

为应对海底钻探、页岩油开采等特殊钻井需求，要求钻井液基础油具有高闪点、低倾点、适宜黏度等特性。基础油化学物结构组成对其物理特性起决定性作用，通常来说，碳链越长，闪点越高、倾点越高、黏度越大。因此要满足高闪点、低倾点等要求，必须控制有效组成与分布。根据实际钻井工况和性能需要，获得最优性能参数。自主研发的钻井液基础油物理性质与同类进口钻井液基础油对比见表 6-3。基本可以达到钻井液基础油各性能指标的要求，闪点、倾点等指标均优于同类进口钻井液。

表 6-3　自主研发的钻井液基础油物理性质与同类进口钻井液基础油对比

项目	自主研发的钻井液基础油	同类进口钻井液基础油
密度，g/cm^3	0.7659	0.7723
黏度，mm^2/s	2.1	2.6
闪点，℃	90	88.5
倾点，℃	−38	−26
硫含量，μg/g	<1	<1
氮含量，μg/g	<1	<1
芳烃含量，%	未检测到	未检测到

其塑性黏度、动切力及滤失量等应用性能测试结果见表 6-4。

表6-4 自主研发的钻井液基础油调配后与同类进口钻井液性能对比

项目	温度，℃	φ600	φ300	φ6	φ3	初终切 Pa/Pa	电稳定性，V	30min高温高压滤失量，mL	备注
自主研发的钻井液基础油	50	113	73	15	13	14/14	746	—	
	180	98	61	13	12	12/12	875	9×2	重晶石未沉淀
同类进口钻井液基础油	50	128	67	11.5	10.5	10/11	823		
	180	108	65	12	10.5	10/11	850	6×4	重晶石少许软沉

可以看出，中国石油自主研制的合成油基钻井液性能指标与国外同类产品接近，表现出较好的综合性能。在实际应用过程中，可以根据不同的现场需求及经济性要求等条件进行方案选择与优化。

生产钻井液过程中的副产品可以作为裂解原料。在停留时间100ms，水油比0.55，裂解温度870℃、880℃、890℃、900℃、910℃、920℃［裂解炉管中沿轴向的最高温度，与KBR的SC-1型工业炉的裂解炉出口温度（COT温度）相差约40℃左右］条件下开展了裂解性能评价试验。主要裂解产物收率见表6-5。

表6-5 费托合成产物蒸汽裂解制烯烃产品性能

参数		实验数据					
裂解条件	进口压力，MPa	0.10	0.10	0.10	0.10	0.10	0.10
	水油比，g/g	0.55	0.55	0.55	0.55	0.55	0.55
	裂解温度，℃	870	880	890	900	910	920
裂解产物收率，%（质量分数）	C_2H_4	35.89	38.09	40.69	43.03	44.64	45.10
	C_3H_6	17.75	19.17	16.77	15.15	14.95	12.36
	1, 3-C_4H_6	4.93	5.51	5.56	5.68	5.87	5.59
	C_5 & C_{5+}	16.01	11.27	10.78	9.47	8.11	7.16
双烯收率，%（质量分数）		53.64	57.26	57.46	58.18	59.59	57.46
三烯总收率，%（质量分数）		58.57	62.77	63.02	63.86	65.46	63.05
裂解深度（C_3H_6/C_2H_4）		0.495	0.503	0.412	0.352	0.335	0.274

在评价试验条件范围内，费托合成油可以获得很高的乙烯收率，可以达到45%左右。裂解产物中丙烯收率也处于较高水平，达到16%左右。双烯收率和三烯收率变化趋势都是呈先上升后下降的趋势。

目前，国内的费托合成装置生产的产品以汽柴油等车用燃料为主，附加值较低。如果将汽柴油产品及LPG产品进一步分离、处理，可以有效提高产品的附加值，扩大经济效益，具有广阔的市场前景。

在技术开发过程中，合成气经费托合成制钻井液等相关技术已经申请专利3件，技术秘密1项，形成自主知识产权并进行了保护。本技术尚处于研发阶段，催化剂及工艺放大研究尚有待深入开展，目前正在进行百吨级费托合成中试放大评价装置设计，该装置建成后能够实现工业放大催化剂性能评价功能，获得工业催化剂性能测试和工艺条件系统数据，系统研究催化剂放大制备及反应器放大过程的放大效应，考察催化剂形状尺寸与反应器内径及管长的匹配，获得宏观反应动力学数据，设计产品加工方案，提高产品附加值。以中试放大催化剂评价数据为基础，预计"十三五"期间将形成 10×10^4 t/a 成套技术工艺包。

2) 应用前景

中国石油对该技术具有自主知识产权，产品方案经济效益显著，钻井液等产品将缓解国内相关高端产品供不应求的局面，技术应用前景广阔，市场空间容量巨大。另外，结合中国石油的主营业务领域，该技术的应用推广具有迫切需求。

2015 年中，国内甲醇及合成氨产能严重过剩，甲醇开工率已跌破 60%，产品价格长期低迷，近期有所回涨。中国石油 9 套大型甲醇装置基本处于停工状态，10 套合成氨装置部分间歇停工，在运转的合成氨装置能耗高，运行成本高。通过设计改造这些老旧装置，优化工艺流程及反应器结构，使用初始原料气及公用工程系统，用于生产烯烃、钻井液、高档蜡等高附加值化学品，一方面可以创造显著的经济效益，同时也有利于盘活资产，促进企业转型。合成基钻井液与常规柴油相比具有黏度低、无多环芳烃、毒性低可直接排放、热稳定性好、成本低等特点。在全球范围内，合成基钻井液广泛应用于墨西哥湾、北海、远东、欧洲大陆、南美等地区和澳大利亚、墨西哥及俄罗斯等国家，其中墨西哥湾和北海地区占使用合成基体系总数的 90% 以上。中国目前合成基钻井液以进口为主，进口产品价格在 1.2 万元/t 左右，严重限制了中国复杂地质地貌及深海钻井的业务开发与进展。另外，合成基钻井液基础油生产的合成气原料来源广泛，非常规原油（油母页岩及重油、油砂）、页岩气、煤层气、石油焦、煤炭、高炉气等资源都可以生产合成气。

随着中国石油国内非常规天然气开采技术快速提高、海外天然气业务的不断扩展，2015 年海外天然气作业量为 286.5×10^8 m³，可将这些资源就地液化为高附加值化学品。开发低成本合成气制备化学品技术，为上游原料提供高附加值产品的转化路线，为下游业务拓展产业链，为中国石油创造经济效益。

2. 合成气直接转化制备低碳烯烃技术

合成气直接转化制烯烃，是指合成气在催化剂的作用下通过费托合成直接制备烯烃的技术。费托合成产品受 ASF 规律的限制，且反应的强放热性易导致甲烷和低碳烷烃的生成，并促使生成的烯烃发生二次反应。但费托合成产物分布是由动力学控制的反应步骤所决定的。因此，催化剂的性能及反应条件都将影响到最终产物的选择性。铁系催化剂是合成气直接制取低碳烯烃研究最多的催化体系。用于合成气直接转化的铁系催化剂分为沉淀铁和熔融铁两类，二者相比，熔融铁催化剂强度高、耐高温，生产成本低。

1) 主要技术进展

现有的低碳烯烃生产主要来源于原油加工过程，原料单一，产品价格受原料价格影响大，产品结构调整不够灵活。中国石油在国内烯烃以及烯烃下游产品生产中发挥着重大作用。在"合成气转化制钻井液等高附加值化工产品"项目中，开展了合成气制烯烃技术研究。

在项目研发过程中，通过调整磁铁矿粉、还原铁粉、Al_2O_3 以及 KNO_3（分析纯）等制备原料和助剂含量，制备了系列催化剂，考察了催化剂制备母体相组成对熔铁催化剂费托合成性能的影响。结果表明，随着还原铁粉含量的增加，催化剂母体相由 Fe_3O_4 为主体逐渐变为完全的维氏体 $Fe_{1-x}O$。母体相组成的改变会影响熔铁催化剂费托合成反应性能，主要表现为以下几点：

（1）若熔铁催化剂的母体相由两种铁氧化物组成，且其中一相仅含少量时，有助于提高费托合成反应活性，产物以重质烃为主，甲烷选择性较低；

（2）完全维氏体基的熔铁催化剂催化加氢能力强、链增长能力较弱，故产物以 C_2—C_4 的烷烃为主，甲烷选择性高；

（3）$Fe_{1-x}O$ 基熔铁催化剂水煤气变换反应活性低于 Fe_3O_4 基熔铁催化剂。

为了改善催化剂的力学性能和活性，抑制活性相的烧结，通常可向铁基催化剂中添加结构助剂。SiO_2 是铁基催化剂中研究最广、应用最多的载体。通常认为，Si 在铁基催化剂中还起到了助剂的作用：增强催化剂的抗磨损性能，增大比表面积和提高铁晶粒分散度。为了削弱过量 Si 和 Al 对催化剂的影响，向催化剂中加入 K 助剂，铁氧化物与 Al 和 Si 的相互作用减弱，催化剂性能得到改善。

"十二五"期间申请专利一件，项目研究主要处于小试研究阶段。

2）应用前景

合成气直接转化制备低碳烯烃反应产物中，除了低碳的 C_2、C_3 和 C_4 烯烃外，其他较高碳数的烯烃以 α-烯烃为主，这类烯烃可用作烯烃共聚单体，或用于生产洗涤剂、润滑油、钻井液等高附加值化工产品。项目开展过程中还重点关注了产品分离相关技术，调研了产品市场情况，形成了技术报告。随着海外天然气业务扩大、国内页岩气的开发，掌握的天然气资源逐年增加；在原有炼化过程中产生的大量碳含量丰富的渣油以及城市生活垃圾都可以作为合成气生产原料，合成气生产原料来源具有充足且多样化的特点。合成气直接转化制低碳烯烃技术的应用推广，将促进在原料、加工和产品应用方面的优势整合，有效利用合成气生产资源和闲置装置，生产市场急需产品，创造经济效益。

3. 合成气制天然气技术

煤经合成气制天然气（SNG）催化剂及工艺技术是利用褐煤等劣质煤炭，通过煤气化、一氧化碳变换、酸性气体脱除获得 $H_2/CO=3$（摩尔比）的合成气，经过高、低温甲烷化工艺生产替代天然气。目前，国内甲烷化技术及催化剂尚无大规模工业化运行经验，只能高价引进国外技术、工艺包和催化剂。甲烷化技术及催化剂是实现煤制天然气的关键技术。该技术最早在美国实现工业化，目前国内已经投产的和在建的大型煤制气企业甲烷化技术均被德国、英国、丹麦等国家垄断，国内煤制天然气的甲烷化技术尚处于研发阶段。

SNG 催化剂及成套技术包括高、低温甲烷化催化剂工业放大制备技术与合成气完全甲烷化装置工艺技术。在该技术中，绝大部分合成气在高温甲烷化工段发生反应，放出大量的热，温度较高；剩余部分合成气在低温完全甲烷化工段继续反应，几乎完全转化为天然气，产品气经过降温、分离，达到天然气出厂指标要求。中国石油进行了合成气完全甲烷化催化剂、反应器及工艺技术开发，掌握了 SNG 催化剂及成套工艺技术，为该技术的国产化奠定技术基础。

1）主要技术进展

中国石油从 2008 年开始开展合成气完全甲烷化催化剂的研发工作，先后经历毫升级、升级和吨级工业放大生产三个阶段，包括载体的工业制备、活性组分的浸渍及催化剂在低高温隧道窑中的干燥焙烧，研究了催化剂制备过程中的放大效应，掌握了固定床甲烷化催化剂工程放大制备技术，2014 年实现甲烷化催化剂的工业放大。工业放大的催化剂在模试评价装置上进行了10000h的性能评价，催化剂性能稳定，在$H_2/CO=3$、反应压力3~4MPa、空速为2000~10000h^{-1}条件下，CO转化率平均为99.97%，CH_4选择性平均为98.44%，CO转化率和CH_4选择性均达到国际先进水平。

利用催化剂的表征手段，从中毒、结焦、积炭等方面考察，对固定床甲烷化催化剂的失活机理进行研究，掌握了催化剂失活的机理，并通过对催化剂改性和工艺条件的控制等方面来减少催化剂的失活，延长催化剂的寿命。

通过对甲烷化反应过程的热力学计算，并结合实验室获得的相关甲烷化反应数据，建立了以化肥厂重整气为原料气，包含四段甲烷化反应器、单段反应器催化剂装量为2L的合成气完全甲烷化反应装置，并制订了升级工业侧线试验放大方案。完成了升级甲烷化试验，初步考察了反应温度、反应压力、气体空速对甲烷化反应的影响，对工业化生产出的固定床甲烷化催化剂进行了500h的评价，工业化的固定床甲烷化催化剂性能稳定，CO的转化率大于99%，CH_4的选择性在98%以上。

在小试、模试的基础上，提出了5000m^3/h工业侧线试验流程方案，在乌鲁木齐石化公司化肥厂建成5000m^3/h的合成气完全甲烷化的工业侧线装置，通过工业侧线试验获得优化的工艺操作条件和试验数据，满足工艺设计包开发的输入要求，开发出单系列$10×10^8m^3$/a合成气的完全甲烷化工艺技术，同时开发出单系列$10×10^8m^3$/a合成气的完全甲烷化反应器。

2）应用前景

中国石油暂时未介入煤化工产业，但是作为具有国际影响力的大型石油公司，拓展产业范围、丰富产业链，对抵御经营风险有重要作用。提前开展煤化工技术的研发与储备至关重要。新疆是中国发展煤制天然气的重点地区，获得新疆煤制合成天然气"路条"的大型企业，新疆规划了$440×10^8m^3$/a煤制天然气项目。

国内完全甲烷化技术自主率低，目前暂无工业现场应用案例。煤炭企业目前主要引进国外公司技术和国外催化剂开展煤制天然气项目。商业化完全甲烷化催化剂有明显的经济效益，参考国内在建煤制合成天然气项目，$40×10^8m^3$/a煤制合成天然气项目需要1000m^3甲烷化催化剂，催化剂价格约为50万元/m^3，由此估算相应的催化剂费用约5亿元。另外，SNG项目都是耗费巨资引进国外成套合成气完全甲烷化技术和工艺包，该项技术的完善和形成具有自主知识产权的SNG成套工艺技术具有现实意义。

二、低成本制氢技术

中国石油共有制氢装置34套，分布在中国石油12个炼化公司，包括烃类蒸汽转化和变压吸附两种制氢技术，其中烃类蒸汽转化制氢装置为15套，加工能力为$50.4×10^4$t/a，综合能耗平均为1139kg（标油）/t（氢气）；变压吸附氢气提浓装置19套，加工能力达到$60×10^4$t/a，综合能耗平均为233kg（标油）/t（氢气）。中国石油现有重整制氢原料主要是焦化干气、重石脑油、天然气和催化干气。2015年，中国石油加工生产成品油$10369.4×10^4$t，汽柴油加氢能力共计$1994×10^4$t/a，耗氢量约为$111.12×10^4$t，随着汽柴油产品质量升级，必然要增加现有油品的加氢深度，氢气消耗量将随之增长。此外，新建加氢装置的投运也需要大量氢气，导致氢气的缺口将进一步增大，新建制氢装置或对原有制氢装置进行扩能改造势在必行。

1. 制氢转化催化剂技术

制氢转化催化剂的作用是在一定条件下将炼厂气（石脑油）与水蒸气反应转化为合成气，然后经过水气变换和变压吸附（PSA）分离生产出氢气，供加氢精制、加氢裂化等油品深加工应用。以轻油、炼厂气为原料的炼厂制氢装置，需采用油型蒸汽转化催化剂，目前工业成熟的油型催化剂中，该催化剂因具有易还原、抗积炭能力高、有一定的抗毒能力、对炉型的适应性强等优点而在工业中广泛应用，但此类催化剂活性低、强度低的问题尚未得到有效解决。

中国石油自主开发的PRH-01/PRH-02型制氢转化催化剂具有高活性、高强度、原料适应性强的特点，催化剂强度较中国石油在用催化剂提高20%，可以提高催化剂的使用周期。同时，该催化剂既可以使用炼厂气，又可以以石脑油为原料，保证工厂原料的灵活切换。其制备过程包括钾霞石（$KAlSiO_4$）和半成品的合成，经混合、球磨等完成催化剂制备。该技术的开发成功，形成了中国石油具有自主知识产权的催化剂工业生产技术，为中国石油制氢装置节能降耗起到关键作用。

1）主要技术进展

在工业制氢方法中，烃类的蒸汽转化、部分氧化和自热重整是三种重要的技术途径。国内外制氢装置仍以烃类蒸汽转化法制氢占主导地位，无论在催化剂、工艺技术以及装置可靠性等方面均达到较高水平，为石油炼制、石油化工及精细化工的迅速发展做出了较大的贡献。国内所采用的制氢催化剂已全部实现国产化。其中，烃类蒸汽转化、变换、脱毒、甲烷化等催化剂均达到国际先进水平。

以纯天然气为原料的炼厂制氢装置采用气型蒸汽转化催化剂。中国石油开发了一种以钾霞石为抗结炭组分的黏结型催化剂，解决了此类催化剂强度低、活性低的问题。国内外油型制氢转化催化剂对比见表6-6。

表6-6 国内外油型制氢转化催化剂对比表

项目	ICI公司		齐鲁石化研究院		中国石油	
	ICI46-1	ICI46-4	Z417	Z418	上段催化剂	下段催化剂
外观	土黄色	浅灰绿色	浅灰色	灰绿色	土黄色	瓦灰色
形状	拉西环	拉西环	四孔柱状平头	四孔柱状平头	六孔柱状双弧面	六孔柱状双弧面
尺寸 mm×mm×mm	$\phi 16\times 6\times 6$	$\phi 16\times 16\times 6$	$\phi 14\times 7\times 4$	$\phi 14\times 16\times 4$	$\phi 16\times 9\times 3.5$	$\phi 16\times 16\times 3.5$
机械强度，N/颗	≥200	≥500	≥200	≥400	≥300	≥400
NiO含量，%	≥20	≥10	≥16	≥10	≥16	≥10
K_2O含量，%	≥5	—	≥5	—	≥5	—
适应原料	轻油、液态烃、气态烃	轻油、液态烃、气态烃	轻油、液态烃、气态烃	轻油、液态烃、气态烃	轻油、液态烃、气态烃	轻油、液态烃、气态烃

中国石油开发的制氢转化催化剂解决了以上问题，将催化剂的外形设计为六孔柱状双弧面型，增大了催化剂的外表面积，提高了物料与催化剂的有效接触面积，从而提高了催

化剂活性。采用专有配方及特殊的催化剂制备工艺，在增大催化剂开孔率的情况下，不但不降低催化剂的强度，相反使催化剂具有更高强度。在催化剂制备过程中，加入了起分散剂作用的助剂，其对镍晶粒起着分散、隔离和稳定的作用；同时，由于助剂具有一定吸附水蒸气的能力，有助于提高催化剂的抗积炭性。此外，在转化条件下，防止了游离态 SiO_2、Al_2O_3 生成。技术方案中在制备时还加入碱性组分，有利于降低催化剂的积炭速度。

从 2013 年开始中国石油进行炼厂制氢转化催化剂研制，进行了催化剂配方和制备工艺优化研究，完成了百千克级催化剂放大制备，制备出了高活性、高强度制氢转化催化剂，并在大庆石化公司炼油厂进行了催化剂装量 1L 的工业侧线 500h 稳定性试验，转化气出口甲烷含量为 4.4%~5.1%，达到了合同指标不大于 7.1% 的要求，氢气含量为 71%~74%，达到国内领先水平。已申请专利 2 件。

2）应用前景

PRH-01/PRH-02 型制氢催化剂开发成功，将形成具有自主知识产权的催化剂生产技术，填补中国石油在该领域的技术空白。全面掌握制氢催化剂制备的核心技术，提升自主创新能力，将为中国石油的制氢业务提供技术保障。

该技术在小试、中试的基础上，进行了 19.5t 催化剂的工业生产，催化剂各项指标均达到合同指标和行业标准要求。

PRH-01/PRH-02 型制氢催化剂活性优于目前中国石油在用的催化剂，如果进行更新换代，可以提高氢气产量、降低能耗。以大庆石化 2.84×10^4t/a 制氢装置为例，需要 PRH-01 型催化剂 20t，目前装置转化气出口甲烷含量为 6.8%，如果更换 PRH-01/PRH-02 型制氢催化剂，催化剂总成本投入 200 万元，经过测试及核算，转化气出口甲烷含量可降低为 6.5%，年增产氢气 600t 以上，年创效益 500 万元以上，如果在中国石油 17 套装置推广，年创效益在 1 亿元左右。

2. 制氢变换催化剂技术

蒸汽重整工艺是目前炼厂的主要制氢技术，所用原料包括天然气、炼厂气和液化气，加工步骤包括原料气净化、蒸汽转化、中温变换和变压吸附。制氢装置变换工段是将 CO 和 H_2O 在变换催化剂作用下生成 H_2 和 CO_2。目前使用的催化剂为 Fe-Cr 系列，存在起活温度高、CO 转化率低和蒸汽耗量大等问题。另外，Fe-Cr 催化剂在制备过程中会产生大量含氨氮废水，并且 Cr 以致癌的 CrO_3 形式加入，对人体和环境具有极大的危害。针对以上问题，中国石油采用 Cu 作为活性金属，开发出高活性的变换催化剂。该催化剂具有活性高、适用温区宽、耐热稳定性优异和能有效抑制费托副反应等特点，可以提高 CO 转化率，降低催化剂使用量，增加氢气产量，增加热量回收，节约能耗，适用于制氢工艺中天然气、轻油等低含硫原料的水气变换反应。

制氢变换催化剂技术包括催化剂放大制备技术与水煤气变换工艺技术。在该技术中，转化气在催化剂的作用下将 CO 和 H_2O 变换生成 H_2 和 CO_2，放出大量的热，床层温度升高，产品气经过降温、气液分离和变压吸附，指标达到氢气出厂要求。

烃类水蒸气转化变换工段使用的催化剂主要有两类：一类是 Fe-Cr 系高温变换催化剂，该类催化剂起活温度高（使用温度为 330~450℃）、CO 转化率较低，且蒸汽耗量大，降低蒸汽耗量则容易产生费托副反应等，要求深度变换的制氢装置往往要与 Cu-Zn-Al 系低温变换催化剂结合使用，如中国石油的辽河石化、锦州石化、锦西石化和克拉玛依石化Ⅰ系统都采用此变换体系。另外，Fe-Cr催化剂在制备过程中会产生大量含氨氮的洗涤水，并且Cr（含量为7%~9%）以致癌的CrO_3形式加入，对人体和环境有极大的危害。另一类变换催化剂为Cu-Zn-Al系变换催化剂。国内开发的几种型号的Cu-Zn-Al系变换催化剂，其活性组分为铜微晶，优点是低温活性较好，但其活性温区仅在200~250℃，其耐热性能较差，不能在高温区操作，仅用于气体中CO含量小于5%的反应条件。因此，天然气水蒸气转化变换工段（CO含量为13%~16%）使用的Cu系变换催化剂主要依赖于进口。

1）主要技术进展

中国石油从2011年开始与福州大学合作进行铜基宽温变换催化剂的研究。针对铜微晶热稳定性差的特点，深入研究变换反应和催化剂结构的关系，通过研究催化剂载体与活性助剂的关系，创新催化剂合成方法，揭示其构效关系，制备出高活性宽温变换Cu-Zn-Al系催化剂。

2014年催化剂小试研究通过股份公司验收，同年进行该催化剂的中试放大研究，并提出在高活性CO变换制氢催化剂小试研究基础上，进行以天然气、炼厂干气等石油烃为原料的制氢变换催化剂的中试研究，开发出炼厂制氢宽温变换催化剂25kg级放大制备技术，攻克催化剂放大制备过程中活性中心分散度控制、成型技术的关键难题，完成催化剂的1000h活性稳定性评价试验，催化剂活性不低于83.5%。研发的变换催化剂达到国内领先水平，为中国石油炼厂制氢装置的节能、降耗、增产、稳定并最终降低氢气的生产成本提供优质催化剂。经过两年的艰苦攻关，解决了催化剂放大制备过程中活性中心分散度控制技术及成型技术两大关键技术难题。

经过多年的刻苦攻关，高活性宽温变换Cu-Zn-Al系催化剂经过小试、中试，催化剂长周期稳定性考察和催化剂性能的工艺条件优化试验，确定了催化剂放大合成方法、成型方法以及充分发挥催化剂性能的工艺条件，为该技术的工业化奠定了良好的技术基础。本技术拓宽了铜基变换催化剂的使用温度范围及CO浓度要求，填补了国内空白。国内铜基中温变换催化剂研发始于20世纪80年代末，但是至今该技术的开发基本属于实验室研究阶段，未见工业应用的报道。

将中试放大生产的变换催化剂与国外同类变换催化剂在相同条件下进行活性比对，中国石油研制的催化剂低温活性与高温活性均较高，同时表现出较高的初活性及耐热活性，达到国际先进水平。"十二五"期间，就催化剂制备方面申请中国发明专利2件，技术秘密2项，知识产权全部归中国石油所有。

2）应用前景

本项目开发的CO变换催化剂具有低温高活性、适合高空速反应条件的特点，开发成功后可应用于中国石油以天然气、炼厂气、轻烃等为原料的制氢装置，替换现有Fe-Cr催化剂及国外铜系变换催化剂，市场应用前景较好，并具有较好的经济效益。

截至2015年，中国石油大型制氢装置产能超过$50 \times 10^4 m^3/h$，采用自主研发的新型催化剂，可提高氢气产量、增加热量回收，预计年效益在1亿元左右。如替代进口催化剂，以大连石化$2 \times 10^4 m^3/h$制氢装置为例，替代进口铜系催化剂计算预期效益，可节约催化剂成本706万元/周期，催化剂寿命预计3年，年创经济效益235万元。

3. 天然气一段转化催化剂技术

中国以天然气或轻烃为原料的大型合成氨装置普遍是 20 世纪 70 年代从国外引进的技术，其工艺大多采用传统 Kellogg 及类似工艺，经过近 30 年的运行，其技术水平并没有大的提升。2015 年，中国开工合成氨装置的平均能耗高达 35.87GJ/t（NH_3），高于国外大型装置的 20%，处于落后状态，而大量中小型氨厂的技术水平更差，能耗更高。

国内开发低水碳比节能型天然气转化催化剂的有齐鲁石化公司研究院，以 $\alpha-Al_2O_3$ 为载体，采用钾碱和稀土氧化物为助剂研制出低水碳比催化剂 Z416（$NiO-K_2O-La_2O_3$）；原化工部西南化工研究院以 $\alpha-Al_2O_3$ 为载体、镍为主要活性组分、稀土氧化物为助剂研制出一种低水碳比转化催化剂 Z111（$NiO-La_2O_3/\alpha-Al_2O_3$）；中国科学院成都有机化学研究所（简称成都有机所）率先开展了造气部分的低水碳比转化催化技术及工艺研究，与川化集团公司合作开发的低水碳比节能型一段转化催化剂（$Ni-La_2O_3-Y_2O_3-CaO-Al_2O_3$），2001 年开始在天然气为原料的 30×10^4t/a 合成氨 Brown 流程上（侧烧炉，温度均匀，水碳比为 2.7）成功运行两年。

实现低水碳比流程的关键是提高转化催化剂的抗积炭性能。分析各转化反应机理可发现，转化反应是一系列析炭反应和一系列消炭反应构成的反应集合组成。因此，催化剂设计的总体思路为一方面适当抑制产生析炭的镍晶表面上的烃类裂解反应；另一方面提高消炭剂水蒸气在催化剂表面的扩散速度和表面浓度，以促进炭的消除。

1）主要技术进展

低水碳比转化工艺，主要是通过提高催化剂自身的抗积炭性能及外界工艺条件的改善，达到从动力学上消除积炭的目的。实验表明，镍前体、载体、助剂以及催化剂制备方法等都会对催化剂的性能产生较大的影响，其中载体碱性有利于抑制积炭，大孔有利于水蒸气扩散。因此，制备一种新型弱碱性、双孔型分布大孔结构的载体材料是本研究的技术基础，同时经过对载体材料的表面修饰，使载体表面形成弱碱性以抑制积炭，大孔以利于水蒸气扩散，强吸水中心提高催化剂表面浓度，从而达到适合在低水碳比条件下应用的目的。

低水碳比转化催化剂的设计，是基于一种新型弱碱性、双孔型分布大孔结构的复合氧化物（$CaO-MgO-Al_2O_3$）作载体材料（第一载体），然后在该载体表面涂覆一层 $LaAlO_3$ 作第二载体，使载体表面结构形成大孔体积、高表面的格局，从而促进了活性相 NiO 在载体表面的高度分散，使得催化剂具有适宜的活性。另外，稀土元素 La_2O_3 的电子结构有助于 Ni 的还原态维持，提高甲烷的蒸汽转化反应速率，同时 La_2O_3 也是较强的碱性氧化物，使载体表面形成固体碱和强吸附水的集合体，从而提高催化剂自身的抗积炭能力。

中国石油经过 10 多年的潜心研究，解决了催化剂兼顾提高活性与低水碳比条件下催化剂积炭问题，历经小试、中试、工业单管试验和工业应用试验，开发出大孔结构、双孔分布的载体，解决了活性金属镍的有效分散难题，催化剂具有活性高、抗积炭能力强、抗生产波动能力强等特点，保证了天然气转化率和合成气质量。2013 年 8 月，在大庆石化 45×10^4t/a 合成氨装置成功应用，工业运行数据表明，天然气一段转化催化剂（PAN-01）转化活性、长周期稳定性等指标全部达到并部分指标超过考核指标要求，为企业创造了显著的经济效益。

中国石油从 2005 年开始与成都有机所合作进行天然气一段转化催化剂研制，进行了催化剂配方和制备工艺优化研究，先后完成了小试、催化剂放大、催化剂工业生产，制备出了高活性、高强度催化剂。在研究过程中首先进行载体设计与开发，根据转化反应是析炭反应和消炭反应构成的反应集合组成，设计并开发出大孔结构、双孔分布的载体制备技术，解决了载体制备过程中粉料造粒不均匀等工程问题，完成了载体的工业生产。然后进行催化剂制备技术优化，其制备过程包括混合、球磨、造粒、压片、烘干和高温煅烧制备出载体，再经过两次活性金属浸渍和分解完成催化剂制备。通过研究优化了催化剂活性组分镍在载体表面有效分散技术，并在催化剂装量 30mL、1kg 和 60kg 的评价装置上开展了催化剂活性、抗积炭性能、长周期稳定性等大量试验，确定了性能稳定可靠的催化剂配方。最后进行了催化剂工业应用。在严格控制催化剂工业生产质量指标的基础上，顺利完成了催化剂装填、还原、投料等开工过程；并对装置运行进行了持续跟踪技术指导、工艺条件优化和标定工作，确保装置平稳运行。

2011 年 2 月，研制的催化剂首次成功应用于松原兴业糠醇有限公司 400m^3/h 制氢装置，催化剂装量 600kg，在装置设计条件下，转化气甲烷含量低于 2.5%，达到装置设计指标不大于 4% 的要求。2012 年 6 月，催化剂成功应用于松原市天新化工股份有限公司 3.6×10^4t/a 甲醇装置，催化剂装量 6.2t，在装置设计条件下，转化气甲烷含量低于 1.8%，达到装置设计指标不大于 3.5% 的要求。2013 年 8 月，天然气一段转化催化剂（PAN-01）成功应用于大庆石化公司化肥厂 45×10^4t/a 合成氨装置，催化剂已连续运行 4 年，转化气出口甲烷含量不大于 12.9%，达到了合同指标的要求，达到国内领先水平。已申请专利 2 件。

2）应用前景

天然气一段转化催化剂（PAN-01）的成功应用是中国石油化肥全系列催化剂研发的又一重大技术突破，形成了自主开发、自主生产、自主使用的拥有独立知识产权的天然气一段转化催化剂成套技术，填补了中国石油技术空白，使中国石油化肥技术上了一个新的台阶，为制氢业务提供了技术保障，具有良好的应用前景和巨大的经济效益及社会效益。该技术在小试、中试的基础上，进行了 32t 催化剂的工业生产，催化剂各项指标均达到合同指标和行业标准要求。

PAN-01 型催化剂活性优于目前中国石油在用的催化剂，如果进行更新换代，可以提高合成氨产量、降低能耗。以大庆石化 45×10^4t/a 合成氨装置为例，需要 PAN-01 型催化剂 26t，2010—2015 年运转装置转化气出口甲烷含量为 12.85%，如果更换 PAN-01 型催化剂，催化剂总成本投入 240 万元，在大庆石化应用过程中节省蒸汽 2.7t/h，节省燃料气 326m^3/h，二段炉甲烷含量降低 0.03%，多生产合成氨 5t（NH_3）/d，年创效益 1300 万元。如果在中国石油推广 5 套装置，年创效益可达 6500 万元左右。

三、甲醇下游化工品制备技术

1. 甲醇制烯烃催化剂技术

中国乙烯行业发展呈现多元化趋势，传统蒸汽裂解和非蒸汽裂解工艺路线并行发展，以甲醇制烯烃为代表的非蒸汽裂解制烯烃路线所占比重显得越来越突出，是石油化工路线的重要补充，可有效抵御进口烯烃对国内烯烃市场的冲击，对中国摆脱烯烃产品对石油资源的严重依赖和提高中国烯烃产品的国际竞争力具有重要意义。

催化剂是 MTO 技术的核心。催化剂的制备成本以及双烯选择性和抗磨性是制约甲醇制烯烃高效生产的关键因素。中国石油针对现有工业催化剂双烯收率低、合成成本高、耐磨性差等问题，对关键技术进行改进提高，创新性一步合成出了价格低廉的多级孔 SAPO-34 分子筛，并采用一次性放大的方式攻克了分子筛放大过程中不易控制的难题，并通过配方的改进和优化，开发出了低磨损、高稳定性的 MTO 微球催化剂制备技术，各项指标均达到了国内先进水平。

1）主要技术进展

中国石油通过对配方的改进和优化，开发出了低磨损、高稳定性的 MTO 微球催化剂制备技术，双烯选择性达到 85% 以上，催化剂磨损指数由 2%/h 降至 1%/h 以下，达到了国内先进水平。按目前原料价格计算成本，合成的 MTO 微球催化剂成本降低 30% 以上。

（1）开发出了低成本、高双烯选择性 SAPO-34 分子筛合成技术。

甲醇制烯烃催化剂的核心是 SAPO-34 分子筛，项目组通过大量的实验研究，结合理论认识和对关键技术的攻关，着重解决了 SAPO-34 分子筛双烯选择性低和合成成本高的问题，优化了分子筛合成的影响因素，确定了最佳合成配方及工艺条件。SAPO-34 分子筛合成成本的最大影响因素是模板剂，本项目采用低廉的混合模板剂体系合成出了高选择性 SAPO-34 分子筛。采用一步水热法，利用混合模板剂之间的协同效应，简化晶化过程，大幅度减少昂贵模板剂用量，降低了 SAPO-34 分子筛合成成本。同时通过过程控制技术，控制 Si 进入分子筛骨架的方式，调节 SAPO-34 分子筛的酸性及晶粒度，使得 SAPO-34 分子筛具有 Si（4Al）空间配位环境和适宜的扩散孔道，提高了 SAPO-34 分子筛 MTO 反应选择性。合成出的高选择性、高活性稳定性 SAPO-34 分子筛，其相对结晶度不低于 95%，晶粒度为 1~2μm，比表面积不小于 550m²/g，在微型固定床装置中进行的评价表明，其双烯选择性不小于 85%。

（2）成功实现了 SAPO-34 分子筛放大合成。

本技术摒弃了传统分子筛合成工艺中采用的逐级放大方式，由 50L 规模一次性放大到 10m³ 工业反应釜规模，攻克了多级孔分子筛在放大过程中放大效应不易控制的难题，体现出合成技术良好的重复性和可靠性。采用小试最佳 SAPO-34 分子筛合成配方及晶化工艺条件，分别在 50L 规模及工业生产规模反应晶化釜内进行了 SAPO-34 分子筛的放大合成试验，放大合成的 SAPO-34 分子筛各项性能指标与小试相当，双烯选择性不小于 85%，未发现明显的放大效应（表 6-7）。对 SAPO-34 分子筛多批次工业放大制备研究结果表明，分子筛各项物性达到小试指标，并体现出良好的重复性。

表 6-7 放大合成 SAPO-34 分子筛性能

编号	乙烯质量选择性，%	丙烯质量选择性，%	双烯质量选择性，%
小试	53.40	34.00	87.40
中试	54.86	32.73	87.59
5m³	54.26	32.85	87.11
10m³	54.84	32.77	87.60

注：数据来源于石油化工研究院自评数据。评价条件：固定床评价，95% 甲醇水溶液，反应温度为 470℃，空速为 5h⁻¹，常压。

（3）高强度微球 MTO 催化剂制备技术。

以放大后的 SAPO-34 分子筛为活性组分，调整物料配比及工艺条件，利用喷雾成型技术制备出了一系列不同性质的 MTO 微球催化剂。MTO 催化剂要同时保证高选择性和高耐磨性难度很大，因为两种性质互为矛盾关系，如何找到两者之间的平衡关系是高效催化剂制备的核心。为了解决该难题，通过加入特殊助剂提高了催化剂耐磨性，催化剂球形度高，粒度分布在 20~120μm 之间，符合流化床反应器指标要求，比表面积不小于 250g/m^2，磨损指数小于 1%/h（表 6-8）。该技术在 20L、50L 的 SAPO-34 分子筛放大以及工业原料筛选优化的基础上，进行了 5m^3、10m^3 规模的分子筛合成试验以及工业规模的催化剂成型制备生产，完成了 5 批次、1t SAPO-34 分子筛的放大生产。该技术采用价格低廉的混合模板剂体系和原位水热一步法合成的 SAPO-34 分子筛，其双烯选择性达到了 85% 以上，寿命与价格高昂的原模板剂合成的分子筛相当，催化剂制备成本至少降低 30% 以上。放大后分子筛制备的催化剂在选择性和寿命评价实验中表现出了很好的重复性，各项指标均达到了国内先进水平。

表 6-8 催化剂 MTO 反应性能对比

样品	磨损指数，%/h	烯烃选择性，%（质量分数）				
		$C_2^=$	$C_3^=$	$C_4^=$	$C_2^=+C_3^=$	$C_2^=+C_3^=+C_4^=$
石油化工研究院	0.85	46.86	38.33	9.85	85.19	95.04
大连化物所工业剂	1.00	47.98	36.82	10.20	84.80	95.00
UOP 工业剂	1.02	47.35	36.94	10.83	84.29	95.12

注：数据来源于石油化工研究院实验室评价数据。该数据为横向比较数据，即统一采用固定床评价装置，催化剂装量 1g，温度为 470℃，空速为 5h^{-1}，95% 甲醇水溶液进料。

采用价格低廉的混合模板剂体系创新性地合成出了特殊形貌和孔道结构 SAPO-34 分子筛，同时利用混合模板剂之间的协同效应，简化晶化过程，大幅度减少昂贵模板剂用量，降低了 SAPO-34 分子筛合成成本。

中国石油自主研发的 MTO 催化剂具有如下特点和优势：
①具有优异的择形催化功能及适宜的酸性；
②对乙烯、丙烯、丁烯等低碳烯烃具有较高的选择性；
③良好的活性稳定性及水热稳定性，具有较强的抗积炭能力；
④较高的强度及耐磨性；
⑤较好的球形度、适宜的平均粒度、粒度分布、堆密度，确保甲醇制烯烃；
⑥催化剂实现工业化应用，生产成本低，综合性能指标达到国内先进水平。
自主研发 MTO 催化剂与工业催化剂性能比较见表 6-9。

表 6-9 自主研发 MTO 催化剂与工业催化剂性能对比

参数	中国石油催化剂	神华工业剂
外观	球状	球状
比表面积，m^2/g	256.28	250.01
孔体积，cm^3/g	0.084	0.089

续表

参数	中国石油催化剂	神华工业剂
孔径，nm	2.7	2.5
磨损指数，%/h	0.85	1.36
乙烯选择性[①]，%	46.86	47.98
丙烯选择性，%	38.33	36.02
丁烯选择性，%	9.85	10.2
双烯选择性，%	85.19	84

① 数据来源于石油化工研究院自评数据。评价条件：固定床评价，95%甲醇水溶液，反应温度为470℃，空速为$5h^{-1}$，常压。

本项技术申请了3项关于SAPO-34合成方面的专利，发表了5篇论文。

2）应用前景

针对中国乙烯、丙烯自给能力不足、供应短缺以及能源结构调整等实际问题，开展了MTO技术研究。MTO技术的核心是催化剂。中国MTO技术的研究已经达到了国际先进水平，由大连化物所与陕西新兴煤化工科技发展有限责任公司、中国石化集团洛阳石化工程公司合作，采用DMTO技术的世界首套百万吨级的商业化装置神华包头年180×10^4t甲醇制60×10^4t烯烃项目于2010年8月8日成功开车，并全面投产。技术指标：甲醇转化率为99.87%，乙烯+丙烯选择性为78.71%。

"十二五"期间，包括神华集团、中国石化等大型国企在内的多家企业建立了年产烯烃60×10^4t以上规模的MTO工业生产装置，截至2015年12月，实际投产的MTO装置产能达到700×10^4t/a，届时将超过中国石油现有乙烯总产能，这将对中国石油乙烯生产企业带来较大的冲击。因此，开展MTO研究，形成自己的专有技术，对中国石油实现能源结构调整、增强企业竞争力尤为重要。

自主开发的催化剂可以应用到中国石油新建甲醇制烯烃装置或改造现有规模小、能耗高、生产效率低的裂解装置中，填补中国石油在该领域的技术空白，具有重大的经济效益和社会效益。全面掌握MTO催化剂制备的核心技术，可以提升自主创新能力，为中国石油开展MTO业务提供技术保障。

2. 甲醇转化制丙烯技术

目前世界上大部分的低碳烯烃产品来源于催化裂化（FCC）、石脑油蒸汽裂解等与石油相关的工艺路线。针对烯烃产品供不应求的矛盾，新的非石油基的、以低碳烯烃为目标产物的新型工艺——甲醇制丙烯（methanol to propylene，MTP）不断发展，成为近数十年开发出来的一个重要的低碳烯烃生产新工艺。

由于广泛廉价的原料来源和较高的丙烯收率，加上副产物液化石油气（LPG）和优质的汽油组分的有效利用，开发非石油原料的甲醇制丙烯工艺对实现丙烯原料多元化具有重要的战略及现实意义。中国石油历经数年的研究，已初步开发出具有自主知识产权的MTP工艺成套技术和催化剂放大制备技术。放大的催化剂在MTP反应中展现了良好的活性，具有高丙烯收率、高稳定性和长寿命的特点。催化剂的寿命和丙烯选择性（两个最重要的指标）达到甚至超过国外商业催化剂的水平。开发的MTP工艺技术与现有技术相比具有工艺流程短、投资少、能耗低的特点。甲醇催化转化制丙烯成套技术及催化剂经过近几年的研究开发，在工艺技术和催化剂制备方面都处于国内先进水平。形成了从 MTP 催化剂的分子筛原粉合成、改性、成型，规模化生产和再生等成套技术，并形成了较为完善的自主知识产权体系。

1）主要技术进展

在 5L、50L 反应釜中采用工业原料研究加料速度、陈化状态、搅拌方式与升温速率、晶化时间、硅源和模板剂的有效利用等因素对合成适宜的 ZSM-5 分子筛性能的影响。采用程序升温的方法成功合成出结晶良好的高分散多级孔小晶粒 ZSM-5 分子筛。不同规模反应釜合成的 ZSM-5 分子筛的粒径、比表面积和孔体积相近，催化活性稳定。采用程序升温晶化的方法，在中试和工业生产规模试验中成功合成出纳米级 ZSM-5 分子筛。与静态条件相比较，在带搅拌的反应釜中合成的 ZSM-5 分子筛的颗粒更小，在 5L、50L 反应釜中合成的 ZSM-5 分子筛分散良好。在搅拌条件下，固体硅源的解聚更加充分，晶核分散性更好。因此，相比静态条件，在搅拌条件下合成的 ZSM-5 分子筛的颗粒更小。由于不同反应釜采用了不同的搅拌方式，不同规模反应釜合成样品的形貌有所不同，这可能与反应釜内流场有关。

在 5L、50L 反应釜中合成的 ZSM-5 分子筛焙烧后放大合成的 ZSM-5 分子筛为典型的微孔材料。不同规模放大的 HZSM-5 的总酸量和酸分布基本相近，这是由样品的硅铝比决定的。在上述基础上考察了工业原料合成分子筛的实验工作，以此为根据确定了立方级反应釜的放大方案，并进行了 $5m^3$ 的分子筛放大合成试验和吨级规模的 MTP 催化剂生产。放大制备的催化剂在 MTP 反应中展现了良好的活性，催化剂的寿命和丙烯选择性（两个最重要的指标）高于国外商业催化剂的水平。

催化剂具有较好的催化活性，甲醇转化率大部分时间基本保持在 100%，在 735h 时转化率还维持在 96% 以上。催化剂活性周期可达 735h，丙烯选择性也在 45.2%~46.0% 之间，说明样品有着良好的 MTP 催化性能，具有很好的工业化前景。

分子筛催化剂的失活一直是催化剂研制、开发、生产使用中的重要课题，因为催化剂的失活行为直接关系到催化剂的效率和工艺的选择。大量研究表明，甲醇转化制烃类过程中，积炭是导致分子筛催化剂失活的主要原因。随着反应的进行，积炭逐渐在催化剂表面沉积，反应物分子无法与活性中心接触，转化率逐渐下降。另外，积炭的产生堵塞了催化剂的孔道，阻碍了反应物分子进入分子筛活性位点的通道以及产物分子扩散出分子筛的通道，从而使得催化剂的活性和选择性降低，甚至完全失活。

不同再生温度下失活 MTP 催化剂的酸性和活性恢复程度不同，再生温度过低时，覆盖于失活催化剂表面的积炭不能完全燃烧，活性恢复不够导致转化率、目的产物丙烯选择性过低；而当再生温度过高时催化剂会发生烧结现象，导致催化剂催化性能下降，适宜再生温度为 500~600℃。再生气体中氧气含量低于 9.19% 时，氧气提供量不足以使覆盖于失活催化剂表面的积炭完全燃烧，催化剂活性恢复不够，甲醇转化率过低；而再生气体中氧气含量不低于 9.19% 时，催化剂活性和酸性均能较好地恢复。再生气体流率较低时，再生气体不足以全部吹扫走再生结束后的物质，使得活性恢复不够，而当再生气体流率过高时会造成积炭燃烧不完全，造成再生催化剂性能下降，适宜再生气体流率为 1500~2100mL/（g·h）。再生时间低于 6h 时，覆盖于失活催化剂表面的积炭未能完全燃烧，催化剂活性恢复不够，甲醇转化率过低；而再生时间长于 6h 后催化剂活性和酸性均能较好地恢复，但再生时间进一步延长改变并不大，适宜再生时间为6~9h。

基于优化的反应器，完善了万吨级MTP反应控制系统，并对烯烃分离系统进行了大量的模拟计算和优化。这种MTP反应混合气分离方法及系统，将预急冷塔和急冷塔的急冷水分别加以处理，不仅可以更加合理地回收急冷水的余热，而且可以避免现有技术中将上述两股急冷水混合处理而带来的汽蚀问题。压缩Ⅱ段得到的气态烃经水洗和碱洗后进入压缩Ⅲ段一方面可以减少对下游管道、设备腐蚀；另一方面将碱洗设在压缩Ⅱ、Ⅲ段间，后续流程中主物流只需要一次干燥，避免了现有技术中主物流需两次干燥而造成的流程复杂、能耗高的缺陷。设置凝液汽提塔分离压缩段间凝液，轻烃组分返回压缩Ⅱ段出口，重烃组分送至脱丁烷塔精制处理，可以有效减少烃压缩机的循环量，降低系统能耗。脱丙烷塔设在压缩ⅠⅡ段和压缩ⅠⅤ段之间，将压缩ⅠⅡ段得到的气态烃和液态烃分离出碳三及以下组分和碳四及以上组分，脱丙烷塔由于操作压力较低、分离效率高，采用常规精馏，不引入吸收剂，不仅可以大大简化后续流程，而且可以大幅度降低装置能耗和设备投资。总能耗在现有技术能耗的基础上，降低了5%~10%。万吨级MTP装置工艺流程分为反应/再生单元、急冷单元、压缩单元和精制单元四个主要单元，另外还需配一套丙烯制冷单元，以满足精制单元对冷剂的需求。

在MTP工艺包开发创新方面，神华宁煤集团MTP装置（一期）是世界首套实现工业化运行的MTP装置，该装置采用德国Lurgi公司的专利技术，寰球公司负责工程设计。装置建成后，由于Lurgi公司的MTP烯烃分离工艺技术本身存在缺陷，导致MTP装置不能正常投产，为此寰球公司组织技术团队，对Lurgi公司的MTP烯烃分离流程进行了系统的研究和消化、吸收，充分分析了Lurgi公司的MTP烯烃分离流程的优缺点，并借鉴乙烯分离流程的先进理念，对神华宁煤集团MTP工艺技术进行了上百项技术改造和优化。终于在2011年4月，MTP装置第三次投料试车成功，并逐渐实现长期、稳定的操作，实现了世界首套MTP工业化装置的成功运行，开创了中国乃至世界MTP工业化的先例。

2011年，Lurgi公司与神华宁煤集团签订了第二套MTP技术转让合同。第二套MTP工艺采用了寰球公司的部分MTP分离技术，对Lurgi公司工艺技术进行了优化。2014年8月27日一次开车成功，产出合格丙烯产品，并实现满负荷、长期、稳定运转。

"甲醇催化转化制丙烯成套技术及催化剂"已完成$5m^3$规模的分子筛放大合成试验、后序改性催化剂成型工业生产和$3\times10^4t/a$ MTP装置工艺包文件的编制，技术成熟度中等，属国内先进水平。在研究过程中形成多项专利和技术秘密，申请专利7件，授权6件，认定技术秘密4项。

2）应用前景

该技术在50L放大以及工业原料筛选优化的基础上，进行了$1m^3$、$5m^3$规模的分子筛合成试验以及工业规模的催化剂成型制备生产，完成了3批次、500kg催化剂的放大生产。生产的MTP催化剂具有高丙烯收率和高稳定性的特点，具备了大规模工业生产的技术条件。在目前已完成工作的基础上，准备开展MTP催化剂工业侧线试验，该侧线试验完成后，可根据应用情况，建设70~150t工业试用催化剂的生产线并完成工业试运行，建设中国石油具有自主知识产权的$50\times10^4t/a$的MTP工业生产装置。丙烯作为基础化工原料之一，其需求按4%~5%的年增速增长。按2010年国内建成的$50\times10^4t/a$的MTP生产装置催化剂的使用量来看，一套$50\times10^4t/a$ MTP装置催化剂年均需求量超过450t。

3. 甲醇转化制芳烃技术

甲醇制芳烃是煤制芳烃中相对成熟的路线。与烯烃一样，芳烃的生产也是依托甲醇为中间平台。该技术路线上有三大关键技术，即煤制甲醇、甲醇芳构化和芳烃分离转化。煤制甲醇和芳烃分离转化在国内外都已有成熟技术，但甲醇制芳烃的工业化技术尚处于起步阶段。甲醇芳构化是在择形分子筛催化剂的作用下，经甲醇脱水生成烯烃，烯烃再经过聚合、烷基化、裂解、异构化、环化、氢转移等过程，最终转化为芳烃的过程。最终产品跟择形催化剂的选择有关，产品以对二甲苯为主。这是一个深度转化的过程，对芳烃装置要求高；同时技术上催化剂失活度难以控制。理论上若甲醇完全转化为芳烃，则每生产 1t 苯、甲苯和二甲苯（BTX），分别需要消耗甲醇 2.46t、2.43t 和 2.42t，同时副产大量的氢气和水。而实际过程中还伴有其他副反应发生，使得芳烃的总选择性降低，通常需要 3t 以上甲醇才能获得 1tBTX。随着石油资源的日渐紧缺，作为石油化工重要产物的芳烃也受到加倍关注，把甲醇转化为芳烃的技术及产业应运而生。

中国是较早研究甲醇制芳烃的国家之一，相关技术处于世界先进水平。从 2012 年开始，中国石油与浙江大学合作开发移动床甲醇制芳烃技术。采用移动床反应器进行 MTA 的主要优势在于 MTA 催化剂颗粒始终可以处于活性最优的平台期——"青壮年期"操作，由于 MTA 催化剂的失活时间为几百小时，移动床工艺避免了固定床 MTA 频繁切换操作的缺陷。固定床工艺中，反应开始后催化剂处于"幼年期"，活性需要时间逐步提升，催化剂在反应后期活性处于"老年期"，目标产物收率下降。在相同的催化剂条件下，移动床反应器估计可以比固定床反应器提高芳烃收率 2%~3%，同时避免了流化床 MTA 催化剂易磨损、工艺废水难处理的重要技术问题。最后，由于采用移动床操作，可以提高反应的苛刻度。

1）主要技术进展

2012—2014 年，中国石油与浙江大学合作完成了甲醇制芳烃小试催化剂的制备和评价筛选工作。采用调节硅铝比、化学元素改性、化学后处理以及硅烷辅助自组装等方法，对 HZSM-5 分子筛的酸量、酸强度及其分布、孔径、孔体积、比表面积及孔道结构等参数进行了筛选优化，开发出高活性、高选择性的 MTA 催化剂的制备技术，合成了具有多级孔道的纳米级分子筛，并在微反装置上考察了它的催化性能，在温度为 400℃、压力为 0.20MPa、质量空速为 0.8h^{-1} 的反应条件下，甲醇转化率大于 99% 以上，C_{5+} 收率达 33.63%，油相中平均芳烃含量为 66%。

对 MTA 反应进行热力学分析，深入了解其反应机理，并建立了 MTA 反应的反应动力学和再生动力学。催化剂积焦失活可看作是催化剂颗粒内部发生二次反应所形成的积焦覆盖活性位点或堵塞分子筛孔道的共同作用，而通过氮氧混合气烧焦的手段可以使催化剂再生。探索积焦催化剂在烧炭再生过程中其内部的孔道分布、骨架结构等随焦含量的变化规律，对再生条件进行合理优化，对再生工艺有着重要的指导意义。因此，我们尝试采用核磁共振技术，考察探针分子在部分再生的 MTA 催化剂颗粒内部弛豫行为的变化，以求揭示积焦剂在烧炭再生过程中的内部孔道结构等参数的变化规律等信息，探究积焦剂在再生过程中结构坍塌的临界条件，以期优化催化剂配方及反应和再生工艺。同时结合 ^{27}Al-NMR 手段的表征，对核磁共振得到的实验结果进行了进一步验证。失活后的分子筛上的积炭主要以一种含有可观数量介孔孔道的蓬松状形态的焦炭形式存在，在确定待生剂上仅存在一种类型积炭后，在排除外扩散的条件下，通过调节烧炭的温度与氧分压，得到了该类型积炭的烧炭再生动力学。

根据催化剂的MTA反应与失活特征，项目组提出了移动床甲醇制芳烃工艺路线；完成了MTA移动床冷模研究，建立了移动床停留时间分布模型，改进了内构件结构并对催化剂不良流动的临界操作点做了预测。结合动力学和冷模实验数据，建立了移动床MTA反应器数学模型。工艺上选择的是移动床反应器，使催化剂颗粒实现连续置换，平推流方式使催化剂的活性、选择性始终保持在最佳状态，生产效率最高。使用移动床具有以下优势：

首先，移动床MTA工艺可根据现阶段工业开发应用的催化剂积炭失活速率，计算出催化剂在移动床内的停留时间，通过调整移动床颗粒循环再生速率，使催化剂始终保持在最高、最稳定的芳烃收率状态。此外，鉴于移动床具有可控的中等大小范围内的循环速率，移动床MTA工艺对催化剂单程寿命要求不高，即不以高水碳比为代价刻意降低催化剂的积炭速率（高温水蒸气环境会加速分子筛脱铝，导致催化剂酸性下降，继而导致芳烃收率下降），在保证芳烃高产率的同时达到了节能节水效果。在移动床MTA工艺对催化剂的单程寿命要求不高的技术基础上，反应原料可直接采用粗甲醇，与精甲醇相比，粗甲醇的原料采购成本估计可降低15%以上。另外，移动床设计为错流式径向移动床，在简化催化剂装卸步骤的同时降低了反应器的压降，减少了产物芳烃过床时的停留时间，避免了芳烃进一步反应生成焦炭物质，保证了芳烃的产率。将积炭失活的催化剂均匀移出反应器进行器外再生，避免了固定床催化剂原位再生时因催化剂床层过厚，导致床层内部分催化剂再生不完全的现象，催化剂经器外再生后二次反应的性能得到提高，催化剂总使用寿命得到保障。最后，移动床技术在催化重整中成功地应用和国产化，结合ZSM-5催化剂数十年的工业化经验，将确保移动床MTA工艺开发的可行性。

开发的满足移动床甲醇转化制芳烃工艺的专用小球催化剂，将在百吨级移动床甲醇制芳烃的装置进行试验，开发移动床甲醇制芳烃的反应器及工艺技术，完成10×10^4t/a移动床的工艺包。

该项目已申请专利3件。申报技术秘密1项。

2）应用前景

中国的一次能源背景决定了中国的芳烃必须寻求多元化的来源。而新疆煤炭资源储量丰富，按1.5~2t煤转化为1t甲醇，3t甲醇生产1t芳烃，开展煤炭→气化→甲醇合成→转化制芳烃原料→芳烃综合加工产业链的发展，无疑将成为中国石油在新疆的大芳烃战略原料的补充和接续。甲醇制芳烃产物中，苯含量很低，甲苯、二甲苯、三甲苯依次增加，四甲苯较少；C_{10}芳烃含量已经降低到5%以下，与乌鲁木齐石化公司重整的原料组成（C_7多，C_9少，歧化反应$C_7:C_9=1:1$）形成资源互补，可以扩大PX生产原料来源。

此外，该项技术的研发，为中国石油核心业务、主营业务的持续有效发展提供了有力的技术支撑，具有广阔的应用前景。

4. 甲醇制汽油联产丙烯技术

该技术采用特殊结构的分子筛与配套工艺实现汽油与丙烯联产，并提高丙烯收率和汽油收率。从工艺流程看，该技术可以有效地与现有的炼油企业相结合，使产物进入催化系统的分馏和吸收稳定系统，进行产物的分离和利用，无须另建深冷分离系统。从产品特点看，液化气中除了含有 50%~60% 的丙烯外还含有大量的丁烯，丁烯可作为醚化或烷基化的原料生产 MTBE，作为高辛烷值汽油的调和组分。汽油中含有大量的 C_5、C_6 烯烃，也可以进行轻汽油醚化生产高辛烷值汽油的调和组分。此外，该汽油组分中的直链烷烃较少，其他组分多为芳烃和异构烷烃，都是急需的汽油调和组分，可有效缓解炼厂高辛烷值和低硫含量汽油组分短缺的现状。从原料的利用来看，该工艺可直接采用纯甲醇进料，无须在进料中加入额外的水稀释，有效地提高了原料的利用率，降低了废水的排放量。

催化剂采用特殊纳米插接结构的 ZSM-11 分子筛作为催化活性组分。主要利用纳米插接结构的 ZSM-11 分子筛特殊的直孔道以及较弱的酸性，有效地降低烷烃生成的比例，从而提高液化气中的丙烯含量。分子筛较开阔的交叉空腔和纳米插接的中孔结构更有利于较大的活性中间体的生成，这些大的活性中间体更宜促进丙烯和汽油组分的生成，抑制乙烯的生成，从而提高丙烯和乙烯比例。

该工艺采用特殊结构的流化床工艺与该催化剂进行配套，实现催化剂的连续循环再生，可避免固定床工艺在不同反应器间切换的复杂性。该结构的反应器可有效降低催化剂的返混程度，降低了烯烃二次转化变成烷烃的概率。

1）主要技术进展

中国石油与中国石油大学（华东）合作开发的甲醇制汽油联产丙烯催化剂及工艺技术，与单纯的甲醇制汽油和甲醇制丙烯的技术相比，不采用回炼技术，不以单纯提高汽油和丙烯收率为目的，综合利用各产物的特点提高整个技术的整体经济效益，以实现低投资、低操作成本、低废水量和高经济效益的目的。研制了高性能甲醇制汽油联产丙烯 ZSM-11 分子筛催化剂，完成了 ZSM-11 分子筛 200mL、1000mL、50L 的放大合成。以合成的纳米插接结构分子筛为活性组分，惰性组分为黏结剂制成催化剂，在小型微反评价装置上进行评价，甲醇单程转化率达 99% 以上，乙烯＋液化气＋汽油收率达到 93% 以上（以碳氢量为基准），液化气中丙烯质量含量为 58%（质量分数）。已申请两件专利，一件已授权：《一种用于甲醇选择性制丙烯和清洁汽油的方法》（专利号：ZL 201210179763.8）；《一种甲醇转化生产汽油兼顾丙烯收率的催化剂及其制备方法》（申请号：201310218415.1）。

甲醇高选择性生产汽油联产丙烯工艺采用类似于成熟的 FCC 工艺方法，即反应和催化剂烧焦再生连续进行的流化催化裂化技术，反应器中不断补充再生后的催化剂，保证催化剂的反应活性和选择性稳定，使转化反应平稳进行。目前，项目组正在开发甲醇制汽油联产丙烯工艺包，并在此基础上进行 100×10^4t/a 流化床装置的反应器、反—再系统、分离系统等的设计与优化，完成 100×10^4t/a 流化床甲醇制汽油联产丙烯工艺包的设计，为下一步工业应用奠定基础。

2）应用前景

随着石油资源的紧缺和原油劣质化程度加深，已越来越难以满足经济快速发展中人们对高品质汽油和烯烃产品的需求，世界各国都在致力于开发一种非石油路线生产汽油和烯烃的技术。而当前煤炭、甲醇的产能过剩严重，价格低廉，急需寻找下游出路，利用煤基甲醇生产汽油和烯烃将是一条重要的途径，甲醇制汽油和甲醇制烯烃技术已在国内进行了多项工业应用，标志着煤基甲醇路线获取汽油和烯烃技术是可行的。但单纯生成汽油或烯烃的甲醇加工工艺无法根据市场行情灵活调变产物分布。甲醇转化生产汽油联产丙烯则是一种更灵活的技术手段，能够最大限度地提高产品附加值，为企业调整产品结构、增加效益提供有力的技术支撑。利用流化床工艺良好的传热性、催化剂可连续再生以及产品品质高等优点，开发出流化床甲醇制汽油联产丙烯工艺技术，具有广阔的应用前景。

5. 甲醇制稳定轻烃（MTHc）工程化技术

甲醇制稳定轻烃（MTHc）技术以甲醇为原料，采用半再生固定床反应技术，以优质清洁富芳烃组分为主要产品，并灵活副产高端精细化工产品。所得稳定轻烃具有低硫、低氮、低烯烃和低苯的特点，异构烷烃含量高，芳烃含量适中，是国Ⅵ汽油的优质调和组分。重油可进一步分离提纯出均四甲苯，作为聚酰亚胺的原料。聚酰亚胺由于优良的耐高温、低温、介电及耐辐射等性能，是一种高端工程纤维和塑料，广泛应用于航空、航天、微电子、纳米、液晶、分离膜、激光等领域。

在甲醇制稳定轻烃反应过程中，首先甲醇通过分子间脱水生成二甲醚（DME）和水，然后二甲醚在催化剂的作用下转化成轻烯烃（C_2—C_4），最后轻烯烃通过聚合、烷基化、异构化、氢转移等多步反应生成高级烯烃、正（异）构石蜡烃、芳烃和环烷烃的混合物。反应式如下：

$$2CH_3OH \longrightarrow CH_3OCH_3 + H_2O \qquad (6-1)$$

$$CH_3OH \text{ 或 } CH_3OCH_3 \longrightarrow 轻烯烃 + H_2O \qquad (6-2)$$

$$轻烯烃 \longrightarrow 高级烯烃 + 石蜡烃 + 环烷烃 + 芳烃 \qquad (6-3)$$

其中，反应控制步骤是二甲醚转化生成轻烯烃，即C=C键的形成过程。

甲醇制稳定轻烃生产技术有一步法和两步法两种工艺路线。一步法工艺中，反应器内填装沸石分子筛催化剂，原料甲醇在一个反应器内完成所有反应，生成目标产物。两步法工艺即甲醇合成轻烃反应分别在两个反应器中进行，在第一反应器内发生甲醇醚化脱水反应，在第二个反应器内发生后续反应。一般多采用固定床反应器，醚化反应器内装填 $\gamma-Al_2O_3$ 为主要成分的醚化用催化剂，合成反应器内装填沸石分子筛合成用催化剂。两步法因进入合成反应器的组分更趋单一，其目标产品收率及品质更高。

由中国石油与中国海油设计单位共同开发形成的MTHc技术，工艺流程简单，设备投资少，工艺操作安全可靠，能耗可低至对比技术的25%，处于国际领先水平。该技术采用固定床两步法工艺，由反应再生、分离、废水汽提单元组成，其中反应分醚化和合成两个单元。

1）主要技术进展

现有的MTHc技术有固定床、流化床、多管式反应器等工艺。但目前工程上主要采用固定床工艺，流化床和多管式反应器等工艺尚未实现工业化应用。MTHc工艺技术具有如下特点：

（1）强放热反应。甲醇转化为烃类总反应热约为1400 kJ/kg甲醇，绝热温升可达600℃，大大超过甲醇分解成CO和H_2的温度，因此需采用有效的控温手段。

（2）甲醇转化率高。甲醇基本完全转化，极少量未反应的甲醇溶于反应生成的水，不需设置甲醇回收装置。

（3）催化剂失活快。积炭是催化剂失活的主要原因，水蒸气也会使催化剂失活。因此，采用较低的反应温度和适宜的水分压，有利于延长运行周期。

（4）生成重芳烃（主要为均四甲苯）。固定床反应器产物均四甲苯含量为4%~8%，均四甲苯熔点为79.24℃，常温下是固体，会使MTHc产品出现结晶，影响品质。采用低甲醇分压和高反应温度可以降低均四甲苯的含量。如果采用小粒度催化剂，也可降低均四甲苯的含量。

中国石油MTHc技术主要工艺流程为：原料精甲醇与循环气混合并经换热升温后顺序进入醚化反应器和轻烃合成反应器，生成C_{11}及以下的轻烃。由于反应过程为强放热反应，因此采用反应轻质气作为循环气控制反应器温升。同时轻烃合成反应催化剂易于生焦，其单程运行周期约20d，因此合成反应器按"两用一备"设计，并设置一套催化剂再生系统，实现催化剂的烧焦再生，再生持续时间为3~7d。合成反应器出料经换热回收热量并进一步冷却后进入三相分离罐。三相分离罐中分离出的气相除少部分释放外，大部分进入反应循环气压缩机，升压后循环使用；油相送至稳定轻烃分离单元；水相送至废水汽提单元。自三相分离罐来的油相分别经脱乙烷塔、吸收塔、脱丁烷塔、稳定轻烃塔分离出富甲烷气、液化烃、稳定轻烃和重油等产品或副产品，其中重油可进一步分离提纯出均四甲苯。

该技术特点如下：

（1）采用醚化和轻烃合成两步法，反应器装填不同催化剂，催化剂投资费用低。

（2）由于采用两步法，可针对不同反应阶段及其反应机理，分别最优控制反应条件，操作条件整体更加温和，产品质量稳定。

（3）采用热壁式反应器，提高装置运行稳定性、可靠性。

（4）采用多重手段控制反应温度，防止飞温发生。

（5）反应再生采用多重隔离措施，生产尽量实现全自动化，操作安全、方便。

（6）单程生产周期22~26d，再生时间3~4d。

（7）甲醇转化率和产品液收高。

（8）采用高效换热器，能量梯级利用，全装置能量集成、优化换热网络，装置能耗较国内同类装置低45%以上。

（9）装置操作相对简单，开停车及生产负荷调整容易。

其主要操作条件见表6-10。主要性能指标见表6-11。

表6-10 主要操作条件

	项目	操作条件
甲醇醚化反应器	进口温度，℃	240~310
	出口温度，℃	250~320
	反应压力，MPa（表）	1.0~3.0
	质量空速（WHSV），h^{-1}	1.0~4.0
轻烃合成反应器	进口温度，℃	310~320
	出口温度，℃	400~435
	压力，MPa（表）	0.5~2.0
	WHSV，h^{-1}	1.0~2.0
	循环比，mol/mol	5.0~9.0

表 6-11 主要技术指标

指标名称		数量	备注
设计规模		25×10^4t/a	
原料	精甲醇	72.88×10^4t/a	
产品	稳定轻烃	25.00×10^4t/a	
	富甲烷气	0.73×10^4t/a	
	液化气	5.38×10^4t/a	
	重芳烃油	0.83×10^4t/a	
催化剂及主要辅助材料	醚化催化剂	65t	寿命约为2a
	轻烃合成催化剂	115t	寿命约为1.5a
主要公用工程消耗量	循环冷却水	2000t/h	
	生产水	10t/h	间歇
	纯氮[99.9%，0.6MPa（表）]	300m³/h	
	纯氮[99.9%，1.8MPa（表）]	10000m³/h	再生专用
	仪表压缩空气[0.6MPa（表）]	300m³/h	
	仪表压缩空气[0.6MPa（表）]	600m³/h	再生专用
	除氧水[4.1MPa（表）]	43.7t/h	
	副产蒸汽[4.0MPa（表）]	43.7t/h	
	电	6800kW	
"三废"排放量	废水	51.24t/h	
	废气	约10.5t/h	
	废渣、废催化剂	约110t/a	

该MTHc工艺甲醇转化率可达100%，总烃收率大于40%，稳定轻烃收率约为35%，研究法辛烷值约为93，苯、烯烃含量低，硫等杂质含量极低，是国Ⅵ清洁汽油的优质调和组分。

中国石油开发的甲醇制轻烃第一代技术已成功应用于内蒙古丰汇10×10^4t/a甲醇制稳定轻烃装置（一期）。在成功开发第一代技术的基础上，中国石油进一步优化工艺技术路线，提高能量利用水平，开发完成甲醇制轻烃第二代技术。第二代甲醇制稳定轻烃生产工艺反应器采用固定床反应器，甲醇和循环气混合在醚化反应器中发生高转化率的醚化反应，生成二甲醚，大量二甲醚和少量未反应的甲醇蒸汽与循环气送入合成反应器，生成烃类组分，反应生成物经换热冷凝冷却后，进行气、油和水三相分离，大量干气经压缩机增压换热后循环回醚化反应器，油相送后续单元经脱干气、脱液化气和重芳烃后得到稳定轻烃产品。甲醇制轻烃技术对比见表6-12。具体工艺技术对比见表6-13。

表 6-12 甲醇制轻烃技术对比

项目		单位	昆仑工程公司（第二代技术）	国内对比技术	国外对比技术
产品	稳定轻烃	%（质量分数）	33.40	33.30	33
	液化气	%（质量分数）	7.10	4.80	5
	燃料气	%（质量分数）	0.90	2.20	1
	水	%（质量分数）	56.25	56.20	56
	重芳烃	%（质量分数）	2.35	3.50	5
	小计	%（质量分数）	100	100	100
能耗		kg（标油）/t（稳定轻烃）	100	190	—

表 6-13 工艺技术对比

序号	项目	昆仑工程公司（第二代技术）	国内对比技术	国外对比技术
1	甲醇加热系统	仅一个进出口换热器	甲醇预热系统+甲醇蒸发器+辅助蒸发器+过热器	甲醇预热系统+甲醇蒸发器+辅助蒸发器+过热器
2	反应系统	醚化+合成	合成	醚化+合成
3	再生系统	高压再生，装置投资及能耗低	低压再生，装置投资及能耗高	低压再生，装置投资及能耗高
4	分离系统	常压至1.2MPa（表压）	常压至2.0MPa（表压）	—
5	装置规模，10⁴t/a	10~25	10~25	10
6	主装置占地（相对系数）	1	1.8	—
7	投资（相对系数）	1	1.5	1.8

中国石油 MTHc 第二代技术液收更高，目标产物稳定轻烃收率更高，稳定轻烃产品组分分布更为均匀，稳定性高，目前已应用于唐山金道器识有限公司 20×10^4t/a 高清洁燃料项目和唐山境界实业有限公司 20×10^4t/a 甲醇制高清洁燃料项目。

在成功开发第二代技术的基础上，中国石油进一步开发了炼厂低辛烷值轻烃耦合甲醇制稳定轻烃（RON≥90）的工艺技术，并已成功应用于内蒙古丰汇甲醇制稳定轻烃装置的技术改造。该工艺技术具有如下特点：

（1）反应过程中甲醇生成的甲基与轻烃发生烷基化、叠合等反应，避免了大量甲基自身的反应，从而降低了副产品液化气的产率。此外，由于甲基的存在，极大地促进了轻烃自身的烷基化和叠合、异构化等反应，从而提高了目标产品的收率和品质。

（2）轻烃耦合甲醇制汽油的烃基液收一般高于单一甲醇原料制汽油的烃基液收，副产液化气也小于单一甲醇进料。此外，也较单一的轻烃芳构化工艺的汽油收率高10%~20%。

（3）轻烃耦合甲醇制汽油产品中均四甲苯含量一般远低于单一甲醇制汽油工艺，汽油调油池组分及数量合适时，所产汽油可直接调油，不需进一步分离重组分。

（4）由于反应过程中芳烃含量增加，有效地提高了原料的辛烷值，同时降低了原料中烯烃的含量。

（5）产品汽油富含异构烷烃，烯烃、芳烃含量适中，平均辛烷值不低于90，是国Ⅴ和未来国Ⅵ清洁汽油的优质调和组分。

（6）轻烃耦合甲醇制汽油较单一的甲醇制汽油催化剂单程寿命和总寿命更长。

（7）甲醇甲基化及后续烷基化等均为强放热反应，轻烃耦合甲醇反应为微放热，甚至为吸热反应，可以明显降低反应的热效应，有利于装置的操作控制。

未来将着重于技术的稳定性、多元化和高端化，关注于提高催化剂单次寿命和性能、拓展原料范围及副产物综合利用，并可同时接纳抽余油、拔头油等炼厂副产品，高选择性生产高端精细化工品均四甲苯等，以综合打造技术的市场经济力、地域适应性、产业一体化及生态嵌入能力。

截至2015年底，中国石油甲醇制稳定轻烃工艺技术已申请发明专利7件，授权实用新型专利3件。

2）应用前景

甲醇制稳定轻烃技术生产的稳定轻烃可作为高品质汽油的调和组分，以提取出或置换出原有油品中的芳烃，有助于缓解国内芳烃原料的短缺局面，为炼化一体化企业在更广域的范围内聚集利用资源、提质增效及转型发展提供有力支撑；重油中的均四甲苯可进一步提纯作为高端工程纤维和塑料聚酰亚胺的原料，以实现高附加值产业链的延伸发展。

本技术还可应用于以煤、天然气、焦炉气、煤层气、油田伴生气、凝析气等为原料制甲醇的企业发展下游产业，配套建设（20~50）×10^4t/a的甲醇制稳定轻烃装置。国内西部煤炭资源丰富、价格低廉，建设或拟建一批大规模煤制甲醇项目，建设MTHc可以解决运输难题，降低运输成本，带动当地经济；未来油田伴生气和页岩气的开发，可进一步提供相对低廉的甲醇合成原料，为MTHc的规模发展提供更广的原料保障。

炼厂低辛烷值轻烃耦合甲醇生产稳定轻烃技术可增强对低价值组分的综合利用，以炼厂和煤制油企业低辛烷值、低价值轻烃为主要原料，结合煤化工企业所产甲醇，以获得高辛烷值高清洁汽油调和组分，可对现有炼厂的提质增效提供支撑，也可拓展甲醇制稳定轻烃企业的原料来源。

第三节　碳一化工技术展望

能源与环保是人类生存与发展的两大核心主题。碳一化工原料来源广泛，从一次能源结构层面来讲，煤炭、石油、天然气等不可再生的一次能源以及生物质这种可再生能源都可以作为碳一化工原料。目前，世界政治经济形势错综复杂，中国经济发展步入新常态，传统油气产业既面临着绿色、低碳转型的挑战，也面临着低油价的难题。中国石油已将创新纳入公司战略，把创新摆在公司发展全局的核心位置。以创新谋生存，以创新谋发展，以创新驱动中国石油加快实现世界一流的综合性国际能源公司战略目标。截至2015年底，中国石油海外油气业务遍布全球35个国家、91个油气合作项目，基本建成非洲、中亚、南美、中东和亚太 5 个海外油气合作区，形成了勘探开发、管道运输和炼油化工与销售上下游一体化的完整石油产业链。海外油气作业产量超过 1×10^4 t/a，炼油能力为 1360×10^4 t/a，天然气产能近 300×10^8 m^3/a，主营油气管线约 1.5×10^4 km，原油输送能力为 7800×10^4 t/a，天然气输送能力为 604×10^8 m^3/a，为碳一化工特别是天然气化工的快速发展带来新的契机。

传统的碳一化工产业产品结构单一，国内外合成氨与甲醇产能远大于需求量，产能利用率普遍偏低，市场竞争激烈。中国石油 10 套大型合成氨装置能耗比先进装置能耗高 10%~30%，节能降耗的潜力较大。可根据当地资源状况和产品的竞争力评估，利用国内外先进技术对现有装置进行技术改造或采用更先进的催化剂，实现节能降耗。继续开发活性高、稳定性好的催化剂，包括低水碳比的转化催化剂、高活性的变换催化剂、低温高活性钌基氨合成催化剂，实现对现有装置的催化剂更新换代。中国石油 9 套甲醇装置基本处于停工状态，通过将这些老旧装置设计改造，优化工艺流程及反应器结构，使用初始原料气及公用工程系统，用于生产烯烃、钻井液等高附加值化学品，开发新型碳一化工技术产业链，不但可以创造显著的经济效益，而且也有利于盘活资产，促进企业成功转型。面对国际油价的变化和煤化工的冲击，中国石油碳一化工技术同样面临原料适用性、节能环保、降低成本、多联产、新产品开发等技术与经济问题。实现碳一化工新技术的原料资源利用最优化、产品样式多元化、产品方案灵活化、产品市场高附加值化是未来的重点发展方向。

"十三五"规划和新一轮工业革命不期而遇，"十三五"规划提出石油和化工行业要抢占新一轮产业竞争的制高点，加快实现由大变强，应坚持创新驱动、智能转型、强化基础、绿色发展的指导方针。预期消费市场对绿色、安全、高性价比的高端石化化工产品的需求增速将超过传统产业，烯烃、芳烃、乙二醇等基础原料需求温和增长，聚碳酸酯、特种聚合材料等高端产品的需求将持续增加，氮肥行业面临原料和动力结构调整，碳一化工技术作为原料供应端，需要加强创新、全面考虑，须依托产业优势开发，打造新的产业链条才能应对随之而来的挑战。作为传统化石燃料，煤炭与石油、天然气的典型热值及产生 CO_2 的情况差异明显：天然气热值为 8300 kcal[1]/m^3，产生 CO_2 约 1.885kg；原油热值为 9200 kcal/kg，原油的碳含量按 85% 计，产生 CO_2 约 3.1kg；标准煤热值为 7000kcal/m^3，产生 CO_2 约 3.6kg；若产生 10000kcal 热量，需要天然气 1.20m^3，产生 CO_2 约 2.26kg；原油 1.09kg，产生 CO_2 约 3.37kg，天然气比石油减少 CO_2 排放 33%；标准煤 1.73kg，产生 CO_2 约 5.14kg，天然气比煤炭减少 CO_2 排放 56%；天然气与煤炭和石油相比，确实减少了碳排放，而且幅度很大，效果十分明显。中国常规天然气资源丰富，地质资源量为 52×10^{12} m^3，最终可采资源量约 32×10^{12} m^3。中国非常规天然气资源量大约是常规天然气的 5.01 倍，页岩气可采资源量约 25×10^{12} m^3，与常规天然气资源相当；煤层气地质资源量约 37×10^{12} m^3，可采资源量约 11×10^{12} m^3；致密砂岩气资源量估计约 12×10^{12} m^3。页岩气等非常规天然气在中国被归入新能源范畴，随着非常规天然气开采技术的不断提高完善，新能源技术的应用推广将得到进一步促进。

综上所述，除了现有技术的不断优化改进升级换代，原有装置的不断更新完善节能降

---

[1] 1cal=4.1868J。

耗外，碳一化工技术新路线将成为新时期的一个主要发展方向。

一、甲烷直接转化制烯烃技术

作为天然气的主要成分，甲烷分子是自然界中最稳定的有机小分子，它的选择活化和定向转化一直是个世界性难题，被誉为催化，乃至化学领域的"圣杯"。现有的传统转化手段中甲烷的高效活化和高选择性的定向反应仍然难以良好兼顾，这是甲烷直接转化技术工业化过程中必须要翻越的一座高峰，需要催化剂开发、工艺设计、机理研究等多方面协同努力。大连化物所包信和研究团队基于"纳米限域催化"的新概念，创造性地构建了硅化物晶格限域的单中心铁催化剂，成功地实现了甲烷在无氧条件下选择活化，一步高效生产乙烯、芳烃和氢气等高值化学品。相关成果发表在2014年5月9日出版的Science上，甲烷转化率及烯烃选择性均达到较高指标[4]。中国石油目前正在积极参与该项目技术研究。

甲烷临氧直接偶联合成乙烯和丙烯（即甲烷氧化偶联，简称OCM）可在较温和的条件下实现，自1982年首次报道以来，公开的OCM催化剂已达成百上千种，但该催化剂的适宜反应温度仍高达800~900℃，极大地制约了其工业化应用。华东师大路勇课题组受"甲烷低温电化学氧化制甲醇"等研究报道的启发，分析后认为"有效降低氧气分子活化温度"可能是"开启通向低温OCM反应之门"的"钥匙"，提出了"低温化学循环活化O_2分子以驱动低温OCM反应"的新思路，目标性地优化催化剂，使反应温度由原来的800~900℃大幅降至650℃后，仍保持较高的甲烷转化率和产物选择性[14]。

甲烷的直接转化一直是科学家孜孜以求的理想路径，但极富挑战性。甲烷直接制乙烯新路线的开发成功将破解乙烯行业当前的原料来源瓶颈，缩短工艺流程，降低生产成本，增强中国乙烯行业及下游产业的竞争力，或将给传统以石油为原料的乙烯行业带来重大变革。

二、制氢及燃料电池技术

氢气广泛应用于炼油、化工领域，是重要的生产原料和工业气体，其中炼化消费量达到氢气总消费量的90%以上。未来对氢气的需求将进一步增长，进入21世纪以来随着环保要求的提升、储氢技术的发展、燃料电池技术的进步，氢气作为一种新的能源形式逐渐进入人们的视野。氢气是一种理想的能源载体，作为能源具备热值高、反应速率快、可通过多种反应途径制得、能以气态或液态储存、释放能量后的产物是水等优点。另外，氢是可再生能源的高效载体，未来可作为重要的二次能源，在交通运输领域潜力更加巨大。

近年来，美、欧、日等发达国家不断加大研发投入和政策支持，氢能与燃料电池在交通领域、固定式发电领域、通信基站、备用电源领域和物料搬运领域都持续升温，正加快迈向商业化的步伐。尤其是日本政府全力支持氢能，日本汽车界、能源界和科技界都全力参与，已超越欧美成为国际氢能领跑者。2003年，欧盟25国开展了"欧洲研究区域区"项目，其中包括了"欧洲氢能和燃料电池技术平台"，目标是确认燃料电池和氢能技术发展的关键性领域并进行重点攻关。欧洲Hydrogen Mobility Europe项目组于2015年和2016年分别启动了H2ME 1计划和H2ME 2计划，目标是在欧洲对氢燃料汽车可行性及竞争性进行评价分析，两个计划共计投资1.7亿欧元，2016—2020年将建设49座加氢站，为用户提供 1400 辆氢燃料汽车。目前，日本正在极力推进"氢能源社会"的建设，计划在 2020 年举行的东京奥运会上全面利用氢能源以满足奥运村需求。

化石原料中天然气的氢碳比最高，产生的碳排放最小，是理想的制氢原料，未来氢气的大规模制取仍将主要依靠化石原料；在车用储能领域，由于储氢瓶能量密度远高于电池，使氢燃料电池电动车具备独特的优势。中国石油可以利用下游在碳纤维及合成材料方面的生产技术优势，开发相关产品，占领核心部件市场。中国石油建有遍布全国的加油站体系和 40 余座 LNG 加气站，拥有气体加注站建设技术及运营经验，可考虑在部分地区推广加氢—加油站混合改造。

三、合成气转化技术

合成气以一氧化碳和氢气为主要组分，用作化工原料的一种原料气。合成气的原料范围很广，可由煤或焦炭等固体燃料气化产生，也可由天然气和石脑油等轻质烃类制取，还可由重油经部分氧化法生产。合成气转化技术作为碳一化工的平台技术，其发展方向为多种原料转化技术、合成气定向合成技术、产品分离加工精制及高附加值利用技术，三者齐头并进，实现资源的综合利用与产品升级。先进的气化技术可以利用生物质、石油焦等碳源，有利于资源的整合利用。产品加工方面，以合成气制油为例，目前正在经历以汽油、柴油为大宗产品向航空煤油、基础油、高档蜡、单组分化学品的转型，对合成油炼制技术提出了新的挑战。由于费托合成油与原油组成、物性的差异以及目标产品的标准控制，当前基于原油炼制的加工工艺已经难以满足合成油的炼制需求，主要体现在对含氧化合物、烯烃的处理以及合成油的直链烃含量很高这一特性。此外，对合成油产品组分的精细分析是必要的，其中各组分的相对含量决定了炼制技术的选择。并且加工路线的设计应该综合考虑油品性质、对未来若干年市场需求的判断、分离精制路线的整体能耗、经济性等因素，提出全局优化的解决方案。

基于费托合成催化体系的改进，定向制取低碳混合醇、低碳混合烯烃、高碳醇、线型 α-烯烃，也是近年来的重要发展方向，有望减少反应步骤，体现出流程更短、能耗更低的优势，有较强的竞争力。这些定向转化过程通常涉及催化剂打破费托合成 ASF 分布和反应过程的耦合，反应体系较为复杂，除生产低碳混合醇工艺已形成规模外，其他过程中高性能催化剂和高效分离工程仍是有待解决的关键问题。

四、二氧化碳的利用技术

现如今，可持续发展是每个国家宏观经济发展战略的必然选择，环境保护与能源合理利用成为全球关注的焦点，二氧化碳等温室气体的排放所带来的温室效应已经对人类赖以生存的环境带来很大影响。然而，为实现社会的发展，不可避免地需要使用大量的煤、石油、天然气等能源，这些能源的使用势必造成大气中二氧化碳的含量增加，不仅造成严重的环境污染，又浪费了宝贵的碳资源。如何实现二氧化碳的综合高效利用、减少排放，是一项十分困难而又具有挑战性的任务，必须全球协作、共同努力去实现这一战略性目标。

目前，工业二氧化碳主要应用于化学合成工业、石油开采、农业施肥、金属焊接、铸造加工、食品保鲜、消防灭火和医药卫生等行业。针对二氧化碳环保应用难的问题，除了化学合成工业、油田驱油和农业施肥应用外，还没有从根本上形成一整套规范化的应用体系。二氧化碳的利用应该与碳一化工技术发展的整体路线相结合,通过反应工艺的整体设计,增加二氧化碳捕集和分离单元,改进二氧化碳的循环利用,达到减排的目的。利用二氧化碳驱油一般可以提高原油采收率7%~15%,并且能够延长油井生产寿命15~20年。虽然国际、国内已经具有成熟的二氧化碳驱油经验,但是由于各油田油藏的地质结构不同,因此对二氧化碳驱油工艺技术的要求也不同。在能源和环境已成为当今热议焦点的背景下,二氧化碳作为温室气体,通过加氢得到大宗化学品甲醇(碳一化工产品并在碳一化工中起着"桥梁和纽带"作用,如MTO/MTP等工艺),既能够减少或维持大气中二氧化碳浓度,又能得到重要的能源载体甲醇,是一条"一举两得、变废为宝"的技术路线。虽然相关领域对该路线工业化前景仍然存在争议(主要集中在另一种原料气氢气的来源上),但从国内外众多研发机构所付诸的努力和关注度上看,这一技术路线显然具有十分重要的意义。大连化物所李灿团队开发了一种双金属固溶体氧化物催化剂,实现了二氧化碳高选择性、高稳定性加氢合成甲醇[15]。大连化物所孙剑、葛庆杰团队发现了二氧化碳高效转化新过程,并设计了一种新型多功能复合催化剂,首次实现了二氧化碳直接加氢制取高辛烷值汽油,相关过程和催化材料已申报多件发明专利。该研究成果发表于英国学术刊物《自然·通讯》上,被誉为"二氧化碳催化转化领域的突破性进展"[16]。中国科学院低碳转化科学与工程重点实验室在二氧化碳高效活化转化领域做了大量的研究工作,并取得了系列研究成果。新型高效的二氧化碳加氢合成甲醇催化剂完成了1200h连续运转的单管试验以及(10~30)×10^{4}t/a二氧化碳制甲醇技术工艺包的编制,后续将与企业合作开展千吨级工业侧线试验。研发团队又在二氧化碳直接合成高碳烃类化合物方面取得了突破性进展[17]。

研究机构与中国石油开展研发合作,将促进基础研究成果尽快转化为工业化生产。随着天然气开采技术及其高附加值利用技术的日趋完善,集成多联产成套模块技术,实现原料多元化、产品清洁化、高附加值化及零排放的综合效果,将为企业创造显著的经济效益,促进国家稳定可持续发展。

"十二五"期间,中国石油积极组织开展与国内外科研机构合作开发碳一化工相关技术,加大碳一化工人才队伍培养力度,立项筹建碳一化工重点实验室。天然气制氢、合成气制低碳烯烃、费托合成产品的高附加值综合利用以及甲醇下游化工品等新型碳一化工技术领域开展了大量的研讨立项及科研开发工作,取得了丰富的阶段性成果,为传统碳一化工装置节能降耗、天然气化工产业结构优化、基础有机化工原料生产技术路线绿色环保化升级以及碳一化工产品的高值化利用等技术的推广应用奠定了扎实的基础。中国石油拥有自己打造的卓越的科研团队,积累了大量的从基础研究到工业示范研究与工程研究相结合的宝贵经验,以及工业化生产经验。具备产学研一体化的优越条件,具有丰富的资源优势及全方位的市场与营销空间。目前正在进一步加大投入力度,打造碳一化工重点实验室,中国石油势必在低碳环保的新形势下,走出一条适合中国石油及国家需求的发展碳一化工的成功之路。

参 考 文 献

[1] 舟丹. 碳一化学品及其衍生物行业发展势头强劲[J]. 中外能源, 2012, 17(4): 96.

[2] 应卫勇, 曹发海, 房鼎业. 碳一化工主要产品生产技术[M]. 北京: 化学工业出版社, 2004.

[3] Wang L S, Tao L X, Xie M S, et al.Dehydrogenation and aromatization of methane under non-oxidizing

conditions [J] .Catal Lett, 1993, 21 (1-2): 35-41.

[4] Guo X G, Fang G Z, Li G, et al.Direct Nonoxidative Conversion of Methane to Ethylene, Aromatics, and Hydrogen [J]. Science, 2014, 344 (6184): 616-619.

[5] Zhang Qinghong, Deng Weiping, Wang Ye. Recent advances in understanding the key catalyst factors for Fischer-Tropsch synthesis [J]. Journal of Energy Chemistry, 2013, 22: 27-38.

[6] 钱伯章.21世纪油气工业的一大热点——天然气制合成油技术 [J]. 天然气与石油, 2002, 20 (1): 16-19.

[7] 刘化章.合成氨工业: 过去、现在和未来—合成氨工业创立100周年回顾、启迪和挑战 [J]. 化工进展, 2013, 32 (9): 1995-2005.

[8] 朱伟平, 李飞, 薛云鹏, 等. 甲醇制芳烃技术研究进展 [J]. 现代化工, 2014, 34 (7): 36-42.

[9] 钱伯章. 煤化工技术与应用 [M]. 北京: 化学工业出版社, 2015.

[10] Jiao Feng, Li Jinjing, Pan Xiulian, et al. Selective Conversion of Syngas to Light Olefins [J] .Science, 2016, 351: 1065-1068.

[11] Cheng Kang, Gu Bang, Liu Xiaoliang, et al. Direct and highly Selective Conversion of Synthesis Gas into Lower Olefins: Design of a Bifunctional Catalyst Combining Methanol Synthesis and Carbon-Carbon Coupling [J]. Angew Chem. Int. Ed., 2016, 55: 4725-4728.

[12] Zhong Liangshu, Yu Fei, An Yunlei, et al. Cobalt Carbide Nanoprisms for Direct Production of Lower Olefins from Syngas [J]. Nature, 2016, 538: 84-87.

[13] 苏永庆, 王萍, 任年军, 等. 甲烷直接转化研究现状与展望 [J]. 云南化工, 2009, 36 (4): 1-5.

[14] Wang Pengwei, Zhao Guofeng, Wang Yu, et al. MnTiO$_3$-driven low-temperature oxidative coupling of methane over TiO$_2$-doped Mn$_2$O$_3$-Na$_2$WO$_4$/SiO$_2$ catalyst [J]. Science Advances, 2017, 3 (6): 1603180.

[15] Wang Jijie, Li Guanna, Li Zelong, et al. A highly selective and stable ZnO-ZrO$_2$ solid solution catalyst for CO$_2$ hydrogenation to methanol [J] .Science Aclvances, 2017, 3 (10): 1701290.

[16] Wei Jian, Ge Qingjie, Yao Ruwei, et al. Directly converting CO$_2$ into a gasoline fuel [J]. Nature Communications, 2017, 8: 15174.

[17] Gao Peng, Li Shenggang, Bu Xianni, et al. Direct Conversion of CO$_2$ into Liquid Fuels with High Selectivity over a Bifunctional Catalyst [J]. Nature Chemistry, 2017, 9: 1019-1024.

第七章 大型化工装置成套技术

"十二五"期间,中国石油持续推进科技进步,提升科技创新能力,在化工装置大型化成套技术与关键装备技术方面取得一批具有自主知识产权的先进技术,并应用于工业生产。其中,代表性的技术有大型乙烯成套技术、大型氮肥成套技术和大型PTA成套技术。

乙烯被誉为石油化工的"龙头",其衍生物占石化产品75%以上,广泛应用于农业、国防、航空、汽车、建筑、包装领域,是国民经济的支柱产业。由于大型乙烯成套技术开发难度大,中国长期从国外专利商引进乙烯技术。"十二五"期间,中国石油组织攻关团队,开展"大型乙烯装置工业化成套技术开发与应用"重大科技专项研究,历经5年成功开发出了具有自主知识产权的大型乙烯成套技术并在大庆石化 60×10^4t/a 乙烯装置上成功实现了工业应用,获得了工艺技术突破、关键工程技术突破、关键装备国产化、石油烃裂解产物预测系统及催化剂国产化五大主要成果。技术整体达到国际先进水平,使中国成为继美国、德国和法国后第四个拥有大型乙烯成套技术的国家。

合成氨是化肥工业的基础,世界上90%以上的氮肥通过合成氨加工得到。尿素是重要的化学肥料和工业原料,约10%的尿素产品应用于聚合物合成材料、黏结剂、炸药、纺织、林业等。"十二五"期间,中国石油组织攻关团队与国内相关高校、研究单位及装备制造企业联合攻关以天然气为原料生产 45×10^4t/a 合成氨和 80×10^4t/a 尿素工艺技术,设计、制造了一段转化炉、氨合成塔、大型空气压缩机组、合成气压缩机组、二氧化碳压缩机组、尿素高压设备、大型反应器、换热器和废热锅炉等关键设备,基本实现大型氮肥装置的装备自主设计、制造,开发出了具有自主知识产权的大氮肥成套技术。该技术的能耗、物耗等主要技术经济指标达到国际同类装置的先进水平。

精对苯二甲酸(PTA)主要用于生产聚酯类产品,广泛用于合成纤维、包装、工程材料、涂料等领域。其中,涤纶(聚酯)纤维占世界合成纤维总量近80%。PTA生产技术自20世纪60年代以来,长期被欧、美、日等国外专利商垄断。在2006年之前国内建设的生产装置均采用进口专利技术。中国石油昆仑工程公司(原中国纺织工业设计院)从1997年开始,经过5年攻关并成功开发出了第一代具有自主知识产权的大型PTA装置工艺技术和成套装备,2009年首套 90×10^4t/a PTA示范化装置成功实现投产,打破了国外技术垄断,取得重大突破。之后,先后开展了百万吨级国产化PTA装置工艺配套技术开发和百万吨级KPTA成套工艺技术开发,形成了采用加氢精制路线的二代PTA技术和基于深度氧化精制路线的KPTA技术,新技术综合能耗较之前降低了50%,持续保持国际先进水平,PX消耗等指标处于国际领先水平。目前,该技术已先后建成4套 120×10^4t/a 以上规模的装置,占同期国内市场新增产能的40%以上。

第一节 国内外大型化工装置技术现状与发展趋势

大型化工装置技术是衡量一个国家化工水平的重要标志。由于国外工业化进程较早,其大型化技术研发经验丰富，工业化应用早且业绩多，市场占有率高。而国内起步相对较晚，研发经验少、开发难度大，导致关键大型化技术长期受国内外技术制约或垄断，尤其在大型乙烯、大型氮肥、大型 PTA 成套技术领域。本节从国内外大型化工装置技术现状介绍出发，对比考察国内外大型乙烯、大型氮肥、大型 PTA 成套技术现状、技术水平、各专利商技术市场占有率及特点，并结合当前国内外形势及市场需求，预测未来化工装置大型化技术发展趋势。

一、国内外大型化工装置技术现状

1. 大型乙烯成套技术现状

1）国外技术现状

目前乙烯生产的主要技术路线是管式炉蒸汽裂解，其生产装置主要由裂解和分离两大部分构成。按照分离顺序不同，分离流程主要有顺序分离、前脱乙烷前加氢和前脱丙烷前加氢。国外乙烯成套技术专利商有 Lummus 公司、Technip（原 S&W）公司、KBR 公司和 Linde 公司等[1-3]。

（1）Lummus 公司技术。

Lummus 公司的乙烯技术有 50 多年的经验。截至 2015 年底，全球共有 150 多套乙烯装置采用 Lummus 公司的技术。中国 20 世纪 70 年代引进的燕山石化、扬子石化、齐鲁石化和上海石化 4 套 30×10⁴t/a 乙烯装置以及近年来建设的上海赛科石化、天津（中沙）石化、镇海石化、福建石化和茂名石化 2# 乙烯项目均采用了 Lummus 公司技术。该技术特点如下。

① SRT 型裂解炉具有结构简单、炉管热分布均匀、反应介质在炉内停留时间短等特点；近年来开发的 SRT-Ⅵ/Ⅶ型炉，进一步提高了裂解反应的选择性，增加了乙烯收率；清焦气可以返回炉膛，有利于环境保护。

② 快速急冷锅炉，陶瓷铸造的 TLE 入口，保证了短停留时间；采用较大的管径，减少了结焦。

③ 分离流程采用五段裂解气压缩，双塔双压脱丙烷，丙炔加氢采用催化精馏，低压丙烯精馏，并与丙烯制冷机形成热泵。

（2）Technip 公司技术。

在全世界范围内已有 120 多套乙烯装置采用 Technip 公司技术。2010 年以来，陆续有 4 套以乙烷为裂解原料的 150×10⁴t/a 乙烯装置采用了该技术。在中国已建成的大庆石化（1#）、茂名石化（1#）、广州石化、扬巴石化、中海壳牌、华锦石化、抚顺石化（2#）和四川石化乙烯等装置也采用了该技术。目前正在建设的浙江石化 140×10⁴t/a 乙烯装置、大连恒力 150×10⁴t/a 乙烯装置、烟台万华 100×10⁴t/a 乙烯装置和新浦化学 78×10⁴t/a 乙烷裂解制乙烯装置也采用该技术。Technip 公司技术主要特点如下。

① USC（超选择性）裂解炉，高热效率为 93%~94%，具有高烯烃收率、短停留时间和低烃分压等特点；其裂解炉管有 U 形、W 形和 M 形三种；既适用于轻质原料，又适用于重质原料。

② SLE（选择线性换热器）急冷锅炉，停留时间短，无须离线清焦；采用乙烷炉裂解气汽提来调节急冷系统急冷油黏度。

③ 其分离技术中深冷系统采用 HRS 技术，在分馏分凝器内传热和传质；采用热泵技

术以降低能耗；采用双塔脱丙烷和双塔脱甲烷。

（3）KBR公司技术。

KBR公司是1998年由凯洛格公司和布朗路特公司合并而成的。国内20世纪80年代中期引进了兰州石化 8×10^4 t/a乙烯技术，90年代兰州石化和大庆石化先后引进了 10×10^4 t/a 和 18×10^4 t/a 乙烯技术，2000年初兰州石化又引进了KBR公司 46×10^4 t/a乙烯技术。正在建设中的中化泉州 100×10^4 t/a乙烯装置也采用了该技术。该技术具有以下特点。

①裂解炉采用直通式炉管的SC毫秒炉，其炉管有U形和W形；采用了短停留时间、全底部烧嘴设计，可做到每台裂解炉原料的多样化，可实现高双烯选择性，高单程乙烯收率；此外，还采用在线清焦模式，实现生产装置的连续运行。

②分离流程采用前脱丙烷前加氢工艺；裂解气采用四段压缩，双塔脱丙烷，低压脱丙烷塔塔顶碳三抽出一部分作为高压脱丙烷塔回流，减少高压脱丙烷塔釜结焦；脱乙烷塔顶增加了塔板，由塔顶采出部分合格乙烯产品；低压乙烯精馏并与乙烯机形成开式热泵。

（4）Linde公司技术。

Linde公司拥有Pyrocrack型裂解炉，包括Pyrocrack4-2型、Pyrocrack2-2型和Pyrocrack1-1型。国内建设的吉林石化 30×10^4 t/a以及后续扩展到 70×10^4 t/a乙烯装置和独山子石化 100×10^4 t/a乙烯装置采用了Linde公司的技术。该乙烯技术特点如下。

①裂解炉采用PYROCRACK™。

②分离流程采用前脱乙烷前加氢，碳二加氢采用恒温反应器，原双塔脱乙烷技术现改为碳三吸收塔与脱乙烷塔组合技术；低压乙烯分离塔和热泵技术；深冷分离组合技术。

2）国内技术现状

与上述国外乙烯成套技术相比，国内技术起步较晚，目前已实现工业应用的大型乙烯成套技术只有中国石油和中国石化。

（1）中国石油技术。

中国石油寰球公司牵头开发的中国石油乙烯成套技术包括裂解技术、分离技术、配套催化剂技术及裂解组成预测软件等。采用前脱丙烷前加氢分离工艺，该大型乙烯成套技术特点主要为双烯收率高，流程简洁，余热回收率高，消耗指标低，设备国产化率高。该技术于2012年在中国石油大庆石化新建 60×10^4 t/a乙烯装置上成功开车运行，是中国首个国产化大型乙烯成套技术项目，告别了半个多世纪以来乙烯技术依赖进口的局面[5]。其关键技术和优势表现在以下几点。

①裂解炉技术。

裂解炉型分为HQF-Ⅱ形、HQF-Ⅳ型和HQF-Ⅵ型三种，其中HQF-Ⅱ型炉管为两程（1-1），适用于加氢尾油、柴油、石脑油、LPG等原料；HQF-Ⅳ型炉管为四程（2-1-1-1），其中第一程为双支结构，适用于乙烷、丙烷或乙烷/丙烷的混合物；HQF-Ⅳ型炉管为六程（2-1-1-1-1-1），其中第一程为双支结构，适用于乙烷、丙烷或乙烷/丙烷的混合进料。

裂解炉具有清焦周期长、热效率高、目标产物收率高等特点。裂解辐射炉管内部采用特殊设计的高效强化传热结构，通过破坏管内壁滞留层，提高传热效率，强化流体的湍流程度，降低炉管内表面结焦的倾向，使管内介质径向温度分布更均匀。在相同的炉管出口介质温度（COT）条件下，与光滑炉管相比，可降低炉管壁金属温度（TMT）10~15℃，延长清焦周期50%左右；乙烯收率可提高0.7%，双烯收率可提高1%。裂解炉管出口的裂解气急冷换热器采用自主开发的线性小口径双套管结构,具有热量回收率高、换热效率高和产气量大等特点。

为进一步提高裂解炉蒸汽产量,还开发了裂解气第二急冷换热器,该设备设置于裂解气急冷换热器后,采用挠性管板结构,适用于石脑油、LPG 等轻质原料。对于乙烷/丙烷原料,又采用三级热量回收方案,除第二急冷换热器外还设置第三急冷换热器,这些方案均已在实际装置中得到成功应用。

开发的以石脑油为主要原料的 15×10^4t/a 乙烯裂解炉自初次投料后一直平稳运行,该裂解炉双烯收率为 49.56%,热效率为 94.34%,清焦周期最长达 93d。所开发的以煤基费托合成石脑油为原料的 18×10^4t/a 乙烯裂解炉自初次投料试车后一直平稳运行,双烯收率超过 55%,热效率超过 94%。

②乙烯分离技术。

以石脑油等液体为原料的乙烯装置,分离工艺采用前脱丙烷前加氢路线,具有工艺简洁、设备数量少、乙烯损失率低、易于操作等特点。裂解气压缩机采用 5 段压缩、双塔脱丙烷、双塔脱甲烷、乙烯精馏塔和乙烯制冷压缩机组成乙烯热泵。

乙烯装置分离系统采用了下列技术:

a. 急冷区设置减黏塔,用以控制急冷油黏度,具有热量回收率高、能耗低、易操作等特点;

b. 裂解气采用低温升、低结焦的 5 段压缩技术,碱洗塔位于 4 段压缩之后;

c. 高、低压脱丙烷和脱甲烷系统采用非清晰分馏设计,形成特有的裂解气组分分配技术,降低了装置的能耗和设备材料的投资;

d. 深冷回收工艺和冷箱技术工艺流程简单,大幅降低了深冷分离系统的核心换热设备——"冷箱"的设计和制造难度,降低了装置的投资,同时保证了装置的安全、平稳运行;

e. 采用高效尾气回收技术,将尾气中乙烯由 1500μmol/mol 降至 150μmol/mol,优于国外 500μmol/mol 的指标,大幅降低了装置乙烯的损失率;

f. 乙烯开式热泵将制冷和产品精馏有机结合,省掉独立制冷和精馏系统的多台设备,节省投资,降低能耗;

g. 利用夹点理论对乙烯装置进行整体热集成,实现装置用能统一优化,降低能耗。

对于乙烷原料,寰球公司开发了前脱乙烷前加氢工艺流程。与国内外同类技术指标对比见表 7-1。

表 7-1 以相同石脑油为原料,中国石油技术与国内外同类技术指标对比表

对比项目		中国石油技术	国内外同类技术
裂解炉技术	热效率,%	94.34[①]	约 93[①]
	清焦周期,d	93	60 左右
分离技术	尾气中乙烯含量,μmol/mol	150	500~600
	60×10^4t/a 乙烯装置综合能耗,kg(标油)/t(乙烯)	555.4[②]	550~600[②]

注:中国石油技术指标参数是大庆石化 60×10^4t/a 乙烯装置实际性能考核参数。
① 使用无硫燃料时的结果。
② 根据中国石油企业标准 Q/SY 192—2007 计算所得。

（2）中国石化技术。

以中国石化工程建设有限公司（SEI）为主的中国石化乙烯成套技术采用的是CBL型裂解炉和前脱丙烷前加氢分离工艺，采用该技术建设的首套乙烯装置——武汉80×10⁴t/a乙烯装置也于2013年8月投产[3,4]。该技术具有以下特点。

①裂解炉方面，SEI与Lummus公司合作开发了"SL"裂解炉，在此基础上进一步开发了CBL型裂解炉；其炉管采用内置扭曲片来强化传热，可使乙烯收率提高0.6个百分点，双烯收率提高0.93个百分点。裂解炉烧嘴排布采用70%底烧+30%侧烧。

②分离技术方面，开发了基于前脱丙烷前加氢流程的低能耗分离技术（LECT）；其采用重燃料油汽提塔降低急冷油黏度；采用5段压缩、双塔双压前脱丙烷来防止塔釜结焦，高压脱丙烷塔与压缩机第五段形成开放式热泵系统，C_2加氢系统位于热泵系统的回路中，适用于以液体为裂解原料的乙烯分离装置；采用催化精馏选择加氢方法，在脱丙烷塔设置催化反应区，将裂解气中的C_3及C_{3-}馏分与C_4及C_{4+}馏分进行分离，同时对C_{3-}中的炔烃和二烯烃进行选择加氢，增加烯烃收率，延长操作周期。

2. 大型氮肥成套技术

1）合成氨技术现状

合成氨工业自20世纪60年代开始大型化发展，美国Kellogg公司率先开发了以天然气为原料、采用单系列并以蒸汽透平为驱动力的大型合成氨装置，能耗约为42GJ/t（NH_3），成为合成氨工业发展史上第一次革命。七八十年代，由于世界性能源危机和天然气价格上涨等因素的影响，合成氨技术公司通过降低水碳比、采用温和转化、降低一段炉排烟温度、提高高压蒸汽过热度、降低脱碳工序能耗、提高转化压力、降低合成压力、采用新型氨合成塔、采用燃气轮机驱动空气压缩机、采用节能型转子、增加预转化、开发换热式转化等新型工艺，使合成氨装置能耗降至30GJ/t（NH_3）左右，装置平均产能达到1120t/d。近年国际上投产的大型合成氨装置规模多为1500~2000t/d。丹麦Topsøe公司、德国Uhde公司等都开发了单系列3000t/d以上规模的合成氨工艺，并实现工业化[6]。

合成氨装置的原料主要为煤和天然气。以煤为原料的合成氨装置首先通过煤气化技术制备粗合成气，粗合成气经过一氧化碳耐硫变换，低温甲醇洗脱除二氧化碳，液氮洗脱除CO、CO_2、O_2等少量杂质后，纯净的H_2和N_2进入氨合成和氨冷冻单元得到氨产品。

以天然气为原料的合成氨装置由合成气制备、合成气净化和氨合成三个工序组成。天然气经预处理后，经过一段蒸汽转化和二段蒸汽转化得到合成气，其组成主要为CO、CO_2、H_2、未转化的CH_4、水蒸气以及通过二段蒸汽转化炉引入的N_2；随后合成气在净化工序首先通过变换单元使CO与水蒸气反应生成CO_2和H_2，再进入MDEA脱碳单元脱除CO_2，少量残存的CO_2和CO通过甲烷化反应生成CH_4，得到以H_2、N_2为主的新鲜合成气，最后在氨合成工序中通过氨合成塔反应生成氨，经冷凝分离后得到液氨产品。世界上主要的合成氨专利商包括美国KBR公司、丹麦Topsøe公司和德国Uhde公司等。

国内合成氨工业装置大型化起步相对较晚。20世纪70年代，中国进入合成氨装置大型化阶段，引进多套大型合成氨装置，目前这些装置进行了以节能降耗和扩能增产为目的的技术改造，合成氨能耗由41.87GJ/t降至33.49GJ/t，产能提高了15%左右。

到了 20 世纪 90 年代，在高油价和石油深加工技术进步的双重压力下，为了改善装置的经济性，多套装置开始进行以"原料结构和产品结构调整"为核心内容的技术改造。原料结构调整包括：轻油型装置的"油改煤"改用 Shell 或 Texaco 煤气化工艺，以煤替代轻油；渣油型装置的"油改气"，改用天然气部分氧化工艺，以天然气替代渣油或"渣油劣质化"油，使用脱油沥青替代渣油；产品结构调整包括转产或联产氢气、甲醇等。

进入 21 世纪，国内引进了三套以天然气为原料、45×10^4 t/a 合成氨装置，分别建于海南富岛、新疆库尔勒和重庆建峰。

中国石油大型合成氨工艺技术开发始于 20 世纪 80 年代末，中国寰球工程公司先后参与了国家"七五""八五""九五"等国产化攻关课题的研究、开发工作，对于大型合成氨装置的工艺技术和关键设备进行了深入的调研，形成了完整的国产化工艺和设备方案，并通过了化学工业部的评估、论证，1991 年被确定为化学工业部以天然气为原料的大型化肥装置（年产 30×10^4 t 合成氨）国产化的工艺技术方案。中国寰球工程公司又据此于 1992 年完成了全部的国产化基础设计工作，为其后的大型氮肥装置国产化设计奠定了技术基础。

2001 年，中国寰球工程公司承担了国内第一个大型化肥国产化示范装置——德州化肥厂以煤为原料年产 30×10^4 t 大型合成氨装置中的低温甲醇洗/液氮洗净化系统和氨合成系统的设计工作。该项目的合成氨装置于 2004 年 12 月建成、投产，至今稳定运行。该项目的成功实施，充分体现了国内大型化肥装置的设计和装备制造能力已接近国际水平，同时也充分体现了中国寰球工程公司在化肥领域的技术实力和领先水平。

2004 年，中国寰球工程公司采用自主技术，在国际公开招标中战胜了国内及日本、韩国等 5 家国内外竞争对手，成功地与缅甸石化公司签订了建设 2 套 10×10^4 t/a 合成氨装置总承包合同，实现了自主技术全工艺流程应用，实现了国内成套化肥技术、装备的出口。该项目 2011 年一次试车成功，很快实现达产、业主接收的合同目标。

2009 年 11 月，中国石油设立重大科技专项——"大型氮肥工业化成套技术开发"，由中国寰球工程公司、宁夏石化公司、中国石油石油化工研究院和中国石油经济技术研究院共同承担。2012 年 6 月重大科技专项依托项目宁夏石化年产 45×10^4 t 合成氨装置在银川开工，2015 年项目顺利建成，标志着中国石油形成了具有自主知识产权的大型氮肥成套工业化技术，彻底结束了中国大型氮肥技术长期依赖进口的局面，成为中国化肥工业的一个重要里程碑。

表 7-2 对比了中国石油大型合成氨技术与丹麦 Topsϕe 公司、美国 KBR 公司合成氨技术的装置组成、工艺路线、技术特点和主要技术指标。

表 7-2 大型合成氨工艺技术世界主要专利商与中国石油技术指标对比表

对比项目	中国石油合成氨技术	丹麦 Topsϕe 公司合成氨技术	美国 KBR 公司合成氨技术
天然气消耗，m^3	995.7	1007	977.5
综合能耗，GJ/t（NH$_3$）	30.6	31	28
装置投资	低	较高	较高
综合评价	节能型流程，一段炉操作条件温和，操作可靠；设备材料国产化率高	传统流程，设备数量少，操作可靠，装置能耗略高	节能型流程，需要配置冷箱及燃气透平，达到装置能耗最低

2）尿素生产技术现状

大型尿素装置工艺流程基本由三部分组成，即由液氨和二氧化碳反应生成尿素，二氧化碳转化率为50%~75%，此过程为合成工序；把未转化的氨和二氧化碳从溶液中分离出来，回收并返回合成工序，称为循环工序；最后，将70%~75%的尿素溶液经浓缩加工为固体产品，称为最终加工工序。

尿素工艺经过半个多世纪的发展，工艺日臻成熟，设备的结构和选材也不断改进，生产规模日趋扩大。目前，国外主要技术有荷兰Stamicarbon公司的CO_2汽提工艺和意大利Snamprogetti公司的NH_3汽提工艺，其中CO_2汽提工艺是建厂最多的尿素工艺技术。

Stamicarbon公司从20世纪40年代后期开始研究尿素工艺，早期尿素生产由于存在严重的腐蚀问题，严重影响了生产技术的推广，直到1953年该公司提出在CO_2原料气中加入少量氧气的办法，才解决了尿素设备的腐蚀问题，为后来尿素生产的大规模发展开辟了道路。20世纪60年代初，Stamicarbon公司开发了CO_2汽提尿素工艺，并于1964年实现工业化。该工艺主要由以下工序组成：高压圈包括尿素合成塔、汽提塔、甲铵冷凝器、高压洗涤器和甲铵喷射器；该工艺仅设置了低压分解吸收系统；真空蒸发系统包括两段真空蒸发和冷凝系统，并设置了工艺冷凝液处理工序，真空蒸发后的尿液送入最终造粒工序。

Snamprogetti公司自从20世纪60年代开始尿素生产的研究，1966年第一个以氨作为汽提剂的日产70t的尿素厂建成投产。至70年代中期，Snamprogetti公司改进了设计，设备改为平面布置，而且也不向汽提塔直接加入氨，称为自汽提工艺。该工艺主要由以下工序组成：高压圈包括尿素合成塔、汽提塔、甲铵冷凝器、甲铵分离器和甲铵喷射器；中压分解系统设置了中压分解加热器和中压分解分离器；中压吸收系统设置中压吸收塔、氨冷器、尾气吸收器和中压吸收塔外冷器；低压分解吸收系统包括分解器和两段冷凝器；真空蒸发系统包括三段真空蒸发和冷凝，并设置了工艺冷凝液处理工序，真空蒸发后的尿液送入最终造粒工序。

中国石油大型尿素工艺技术开发始于20世纪80年代末，中国寰球工程公司先后参与了国家"七五""八五""九五"等国产化攻关课题的研究、开发工作，对于大型尿素装置的工艺技术和关键设备进行了深入的调研，形成了完整的国产化工艺和设备方案，并通过了化学工业部的评估、论证，1991年被确定为化学工业部大型尿素装置国产化的工艺技术方案。中国寰球工程公司又据此于1992年完成了全部的国产化基础设计工作，为其后的大型氮肥装置国产化设计奠定了技术基础。

2001年，中国寰球工程公司采用自主尿素专利技术对德州化肥厂原有两套尿素装置进行增产100%改造的设计工作。该项目已于2014年一次投料成功，至今稳定运行。该项目的成功实施，充分体现了国内大型化肥装置的设计和装备制造能力已接近国际水平，同时也充分体现了寰球工程公司在化肥领域的技术实力和领先水平。

2004年，中国寰球工程公司采用自主技术，在国际公开招标中战胜了国内及日本、韩国等5家国内外竞争对手，成功地与缅甸石化公司签订了建设2套$15×10^4$t/a尿素装置总承包合同，实现了自主技术全工艺流程应用，实现了国内成套化肥技术、装备的出口。该项目2011年一次试车成功，很快实现达产、业主接收的合同目标。

2009年11月，中国石油设立重大科技专项——"大型氮肥工业化成套技术开发"，由中国寰球工程公司、宁夏石化公司、中国石油石油化工研究院和中国石油经济技术研究院共同承担。2012年6月，重大科技专项依托项目宁夏石化年产$45×10^4$t合成氨和$80×10^4$t尿素工程在银川开工。2015年项目顺利建成。表7-3对比了中国石油大型尿素技术与荷兰Stamicabon公司、意大利Saipem公司尿素技术的装置组成、工艺路线、技术特点和主要技术指标。

表7-3 大型尿素工艺技术世界主要专利商与中国石油技术指标对比表

对比项目	中国石油尿素技术	Stamicabon公司CO_2汽提尿素技术	Saipem公司氨汽提尿素技术
氨消耗，t/t（尿素）	0.568	0.570	0.568
二氧化碳消耗，t/t（尿素）	0.735	0.75	0.735
装置投资	低	高	高
综合评价	技术可靠，所有设备均可国内制造，装置投资低	流程简单，技术可靠，高压设备需在国外采购	技术可靠，操作弹性大，钛材汽提塔制造难度较大，高压设备需在国外采购

3. 大型PTA成套技术现状

自20世纪60年代以来，国际上PX氧化生产PTA工艺技术先后出现加氢精制路线和深度氧化路线，有欧、美、日本等发达国家或地区10多个专利商的技术。2000年以来，随着大多数PTA专利商的退出，世界范围内PTA专利商仅有采用加氢精制路线的英国石油（BP）公司、美国Invista公司、日本日立公司和深度氧化路线的鲁奇公司（Lurgi-Eastman）等少数公司。中国石油从20世纪末开始跟踪并研发PTA技术，经过近20年的技术研发、升级及推广应用，其技术已经跻身国际一流行列。目前，代表国际最先进水平的PTA技术为英国石油（BP）公司、美国英Invista公司和中国石油三家专利技术。

1）BP工艺技术

BP工艺源自MC（Mid-Century，中世纪）公司专利技术。MC公司1954年发明了PX液相空气氧化工艺（以钴、锰为催化剂，溴为促进剂）。该技术以对二甲苯为原料，温度为190~230℃，压力为1.27~2.45MPa，在催化剂作用下进行空气催化氧化，经加氢精制、结晶分离等工序制取PTA产品。美国Amoco公司于1956年从MC公司购得MC对二甲苯液相氧化工艺，并在此专利基础上不断改进，使氧化反应温度降至193~200℃，反应压力也相应降到1.45MPa，改进后每吨PTA的PX消耗量大幅降低。1965年，该公司成功地开发出加氢精制新工艺，将对二甲苯氧化过程中尚未反应完全的4-羟基苯甲醛（4-BCA）转化为可溶于水的甲基苯甲酸。对苯二甲酸加氢产物再经结晶分离和干燥，就得到可用于纤维生产的精对苯二甲酸。同时又将工艺过程由原来的间断法改成连续法，实现了PTA生产工业化，至此逐渐形成了完整的Amoco工艺。

1999年，Amoco公司被BP公司收购，其PTA生产工艺相应改称BP-Amoco工艺，即BP工艺技术。2003年，BP-Amoco公司在珠海新建的PTA装置采用了溶剂置换技术，用PX和水置换反应浆料中的醋酸，在单台带式过滤机中完成，将得到的CTA水浆料直接送至加氢精制，省去了CTA干燥、送入料仓、再输送、再打浆工序，大大简化了流程。

2015年，BP的最新工艺应用于BP珠海三期年产$125×10^4$t PTA装置。据BP珠海网站称，珠海三期装置为全球首次使用BP最先进的PTA技术，与传统技术相比，新一代

PTA技术具有更高效能,可减少95%的固体废物、75%的废水排放和降低65%的温室气体排放。

2)Invista工艺技术

Invista工艺即原DuPont-ICI工艺。帝国化学公司(ICI)基本与Amoco公司同时将PX高温氧化技术投入生产,于1958年独立开发了PTA生产技术,该技术与Amoco公司技术类似,但反应温度不同,能源回收更为合理有效。DuPont公司在1998年收购了ICI的PTA业务并获得相关专利技术,次年形成了DuPont-ICI工艺技术。2003年,DuPont公司将其服装、室内饰材、中间体制造等业务剥离给其新成立的Invista公司,2004年Invista公司被美国科氏工业集团(Koch Industries)旗下的KOSA子公司收购,从DuPont公司分离出来。2015年7月,Invista公司开发出最新P8工艺技术,并授权嘉兴石化使用建造第二条PTA生产线。该工艺具有反应条件温和、能耗低、能量回收充分、用水量少、产出废物少等优点,有效地降低了生产成本。

3)中国石油工艺技术

1997年,中国纺织工业设计院(现中国石油昆仑工程公司)开始研发PTA技术,经过多年攻关于2005年成功开发出第一代具有自主知识产权的PTA专有技术。采用中温中压氧化工艺、无搅拌及特殊进气结构的鼓泡塔式氧化反应器、氧化尾气催化焚烧(CATOX)、醋酸甲酯(MA)水解、PTA四段结晶、精制母液一步法旋转压力过滤(RPF)、PTA母液超滤、离子交换及反渗透等先进技术,使原材料、综合能耗及"三废"排放显著降低。大型工艺空压机组、氧化反应器、精制反应器、脱水塔、CTA/PTA结晶器、CTA/PTA干燥机、旋转真空过滤机(RVF)、高速泵等关键设备均实现国内设计、制造,按投资计设备国产化率约为80%。

2007年9月11日,中国石油PTA技术在国家发展和改革委员会(以下简称国家发改委)核准的国产化示范工程——重庆市蓬威石化有限公司$90×10^4$t/a PTA项目实现工业应用,并于2009年11月13日一次投料开车成功,两天后产出优质PTA产品。之后,该技术又先后在江苏海伦石化$120×10^4$t/a PTA装置和绍兴远东石化$140×10^4$t/a PTA装置上实现了应用。

2012年,中国石油PTA技术在流程、能耗物耗方面不断优化与升级,形成了第二代PTA技术,并于2014年分别在江苏虹港石化和江苏海伦石化两套$150×10^4$t/a PTA装置上成功实现生产运行,运行指标达到国际先进水平。同期,中国石油于2011年开始,采用深度氧化精制路线开展KPTA技术研发,历经5年攻关,成功开发出了百万吨级KPTA装置工艺包,大大缩短了原流程,装置综合能耗降至46kg(标准煤)/t(产品),极大地推动了PTA技术的跨越发展。

"十二五"期间,在BP、Invista等专利商纷纷推出最新技术成果的同时,中国石油也加大了技术升级和新技术开发力度,又开发出新一代PTA技术和基于深度氧化的KPTA技术,该PTA成套工艺技术综合能耗较之前降低了50%,持续保持国际先进水平,PX消耗等指标处于国际领先水平。

表7-4对比了各PTA专利技术的物耗、能耗。与其他工艺技术相比,中国石油最新PTA技术具有操作条件温和、产品质量好、PX等原料单耗低、综合能耗低等特点,综合技术水平达到了国际先进,其中PX消耗处于国际领先水平。在投资方面,大型装备的国

产化使装置投资大幅度降低。以 2007 年 5 月投产的辽阳石化 53×10^4t/a PTA 装置批复建设投资 27.92 亿元为计算基础，以石油化工规模系数法对采用引进技术的装置进行折算比较，采用中国石油 PTA 技术建设的 7 套装置，如采用引进技术合计建设投资折算值为 334 亿元。而已建及在建国产化技术的 PTA 装置实际投资额或投资概算为 223 亿元，两者相比，节省投资 111 亿元。

表 7-4 各 PTA 专利技术主要物耗、能耗比较表

物料名称	单位	BP 技术	Invista 技术	中国石油 PTA	中国石油 KPTA	备注
对二甲苯	kg/t	650~652	650	648	< 650	
醋酸	kg/t	38~39	33	35	< 36	
电	kW·h/t	−80	−100	−75	−78	负值表示对外输出
高压蒸汽	t/t	0.45	0.57	0.5	0.4	

注：BP 技术单套氧化反应器最大产能为 125×10^4t/a；Invista 技术单套最大产能为 110×10^4t/a；中国石油 PTA 和 KPTA 技术单套最大产能为 120×10^4t/a。

二、大型化工装置技术发展趋势

1. 大型乙烯技术发展趋势

长期以来，乙烯裂解技术朝着高温、短停留时间、低烃分压、大操作弹性、长运转周期、操作智能化等方面努力，以期达到高效率、低能耗、对原料变化适应性强、裂解炉运转周期长、维修方便、操作简单、COT 偏差小的目的。近年来，乙烯裂解技术无突破性的变革，技术的进步主要体现在裂解炉大型化、提高裂解炉对原料的适应性、流程优化和节能降耗等方面。

1）装置规模向大型化方向发展

2000 年以来，材料和技术的进步使得设计和建设更大规模的乙烯装置成为可能。世界范围内，已建和在建生产能力为 100×10^4t/a 以上的裂解装置达 40 多套。目前，世界已经投产的最大单系列乙烯装置是阿联酋及美国的 150×10^4t/a 乙烷制乙烯装置。

乙烯装置的大型化刺激了大型裂解炉设计的发展，20 世纪 80 年代初平均单台裂解炉的生产能力为 5×10^4t/a，90 年代末为 9×10^4t/a，为了提高生产能力，但又不影响燃料气的空速和热传递效率，采用共用对流段的双辐射室设计，既可减少占地面积，又可减少散热损失，节约能量。

2）原料向轻质化方向发展

20 世纪 90 年代后，中东地区开始大力发展乙烯工业，乙烷在乙烯原料结构中的比例大幅提升。随着北美页岩气产量的增长和天然气价格的下降，乙烷在乙烯原料中的比例进一步增大。2006—2015 年，北美乙烷原料的比例从 40% 上升到 60%，预计 2020 年达到 80%。丙烷和丁烷的比例保持稳定，石脑油和较重的液体原料比例在减少。预计到 2020 年，石脑油在全球乙烯裂解原料中的比例降至 53%，全球裂解装置以乙烷为原料生产的乙烯产量将持续增长，乙烯原料进一步向轻质化方向发展。

3）生产运行向节能降耗方向发展

采用各种技术改进措施，降低乙烯装置能耗已得到广泛重视。乙烯装置的节能技术关键是使用最少的裂解原料和燃料，得到最大收率的目标产品，最大限度地回收裂解余热，并将回收热量合理分配到压缩、深冷、精制各工段，优化装置蒸汽系统，合理利用蒸汽等级，节约能量，并可能向界区外输送能量。

裂解炉是生产的关键，其燃料消耗是乙烯装置最大的能量消耗，占能耗的80%。提高裂解炉热效率的主要措施有：充分利用对流段加热工艺介质，增加对流段排管或加大对流段传热面积，回收余热；采用辐射型火嘴，降低空气过剩率；防止炉顶辐射段间隙的泄漏；使用陶瓷纤维与可塑性耐火材料等新型绝热材料可减少热损失20%左右；采用二级急冷技术，提高能量利用率；改进急冷锅炉的结构，节约投资。另外，减少压缩机能耗、优化分离系统、采用燃气轮机也是节能降耗的有效措施。

4）工程设计优化

虽然随着装置规模的增加，生产成本会逐渐下降，但随着装置的大型化，工程技术遇到的难题和瓶颈也越来越多，例如大型压缩机组的设计、制造和安装困难增大；保证分离要求的超大型塔内件的设计、制造和安装也十分困难。随着装置大型化，停工损失十分巨大，因此在设计、制造和施工等各个环节要求会更加苛刻。因此，装置的大型化会受到多方面因素的制约。

2. 大型氮肥技术发展趋势

近年来，氮肥生产技术无突破性的变革，产业发展趋势主要体现在装置规模大型化、流程配置个性化、原料选择多元化、合成气制备清洁化、环境治理源头化等。

1）装置单系列能力大型化

全球合成氨装置的规模越来越大，以带来规模经济效益。2000年后，全球投产的合成氨装置规模多在1500~2000t/d以上。截至2015年底，合成氨装置单系列最大规模为3300t/d，尿素装置单系列最大规模为4000t/d。

由于设备能力、规格等方面的限制，传统合成氨工艺在装置规模不断扩大时受到越来越多的限制，需要通过新的工艺技术实现装置规模的突破，如自热式转化工艺、双压氨合成技术等。新型材料和新型催化剂的研发，也为装置特大型化提供了有力的支撑。

在传统一段蒸汽转化工艺中，装置规模与一段转化炉所需炉管数成正比，装置规模扩大，一段转化炉尺寸和炉管数增加，投资比例相应增加。而对于自热式转化技术，装置规模扩大仅需增加自热式反应器的体积，空分装置在达到一定规模时投资的增加也并不显著。自热式反应所需水碳比低，自热式转化反应器出口工艺气温度高，确保了甲烷高转化率，减小了后续单元设备尺寸，装置投资低。根据测算，当合成氨装置规模大于4000t/d时，自热式转化技术相比传统蒸汽转化技术的综合能耗会增加6%，但总投资可减少14%[7]。

双压氨合成技术由德国Uhde公司开发，新鲜气首先进入一套低压氨合成系统和配套的余热回收、冷却、氨分离装置，再进入高压合成回路进一步进行氨合成反应。该工艺可以将单系列氨合成装置规模增加至3300t/d，所有设备尺寸均与2000t/d氨合成装置尺寸相同，降低了设备尺寸增加带来的工程风险，同时装置能耗降低约4%。

2）流程配置个性化

流程配置满足工厂个性化需求。在天然气供应量紧张的工厂可采用换热式转化技术。

换热式转化炉可与一段蒸汽转化炉、二段蒸汽转化炉或自热式转化炉并联或串联操作。在保持水碳比不变的情况下,约20%原料在换热式转化炉中进行蒸汽转化,使一段炉负荷减小的同时,仍保持较高的转化出口温度(一般为750~850℃),以保证甲烷的转化率和高压蒸汽产量。KBR公司和Topsϕe公司都曾将换热式转化工艺用于改造项目,可将已有合成氨装置规模增大20%~25%[8,9]。

3)原料选择多元化

2015年,天然气原料占全球合成氨产能的68%,煤炭和石油焦原料占全球合成氨产能的29%,其他原料为3%。预计今后合成氨装置原料结构基本维持现状,全球仍以天然气为主要原料。在全球新建合成氨装置中,天然气原料占80%,煤原料占20%,中国贡献了煤头合成氨产能的96%。

4)合成气制备清洁化、环境治理源头化

采用洁净煤气化技术,其气化技术的选择更注重与原料特性及产品的匹配上,更注重提高整体煤气化效率。环境治理采用源头治理,同时开发新型废物治理技术。

3. 大型PTA技术发展趋势

近10年来,PTA技术的大型化发展趋势明显,同时由于中国石油PTA技术的开发成功,技术市场的竞争日趋激烈,各专利商在着眼于装置投资和能耗物耗降低方面不断进行流程简化、优化,技术水平提升明显[10-13]。今后一段时期,PTA技术发展将呈现如下趋势:新型催化体系的研发和应用,减少或规避溴系促进剂使用,以降低体系对材料的要求,大幅降低建设费用;装置进一步大型化,特别是空压机组和氧化反应器单系列能力提升,以降低单位产品的投资成本和运行成本;工艺流程进一步简化、优化以减少设备数量,降低单位产品的成本;进一步挖掘低品位热能的应用空间,在能量合理利用上持续挖潜;芳烃–PTA–PET一体化(装置整合、源头开发等)等。

1)大型化

受规模效应的影响,PTA装置氧化反应器能力要求越来越大,其单系列反应器实现百万吨级产能已经是行业的发展趋势。实践证明,当单系列能力扩大时,设计成本、管理费用均不再增加;建设安装成本略有增加;仅大型容器的材料成本有所增加。装置规模的大型化,既可以降低单位产品的投资成本,又可以降低单位产品的运行成本。

目前带搅拌的反应器已经实现了年产百万吨级能力,比如BP公司在2015年投产的珠海三期单系列氧化反应能力为125×10^4t/a,Invista公司在2016年投产的汉邦二期单系列反应能力为110×10^4t/a。而中国石油也在开发$(100~120) \times 10^4$t/a的鼓泡塔式氧化反应器系统及配套设备。

2)精简化

PTA装置的特点是工艺流程长,单元操作多,控制复杂。PTA工艺进一步简化的发展方向是缩短工艺流程,减少设备台数。

目前各家专利商均着眼于对流程进行优化,如将氧化浆料使用RPF替代RVF,滤饼直接进入精制系统进行浆料调配,节省了氧化干燥、粉体气力输送系统、粉体中间储存系统等,以达到缩短流程、节省设备投资、降低装置消耗的目的。

3)环保化

传统PTA工艺中污水的产生量约为2.5t/t(PTA),污水的主要来源为精制母液和氧化喷淋液排放，其中75%左右来自精制母液，这些排放在处理过程中产生大量的固体残渣和污水，污水处理规模巨大。如何显著地减少污水排放，降低处理装置的负荷，是PTA装置清洁化生产关键技术方向。

BP公司和Invista公司在最新的工艺中均将精制母液全部送至氧化系统进行净化，BP公司采用分离塔对精制母液进行处理，Invista公司采用萃取、汽提的方式对母液进行处理。它们均可对精制母液有效处理，回收其中的PTA产物及中间产物，从而降低PX消耗、水消耗，并大幅地减少污水排放。

4）节能化

装置节能是国家和企业非常重视的改进点，2015年5月发布的GB 31533《精对苯二甲酸单位产品能源消耗限额》规定，现有PTA生产企业单位产品能耗限定值应不大于200kg（标准煤）/t，新建或改扩建PTA生产企业单位产品能耗准入值应不大于95kg（标准煤）/t，先进值应不大于80kg（标准煤）/t。目前包括中国石油在内的各主要专利商最新技术均达到了国标规定的先进指标，实现了能耗的大幅度降低。随着市场竞争的进一步发展，可以预见未来PTA技术将在节能方面进一步发展提高。

第二节 大型化工装置技术进展

"十二五"前期，中国石油在乙烯、氮肥、PTA生产领域已有多年工程及设计经验。在乙烯领域，中国石油拥有兰州石化、大庆石化、吉林石化、辽阳石化、独山子石化、抚顺石化、四川石化7个乙烯生产基地，乙烯产能已从2010年的371×10^4t/a增长至2014年的591×10^4t/a，占全国裂解乙烯总产能29%，在世界各公司乙烯产能排名中位居第六。在氮肥领域，中国石油现有大庆石化、吉林石化、宁夏石化、乌鲁木齐石化、塔里木石化、塔西南石化等共9套氮肥装置。在PTA领域，中国石油拥有乌鲁木齐石化7.5×10^4t/a、辽阳石化22.5×10^4t/a和53×10^4t/a共3套PTA装置。虽然中国石油在乙烯、氮肥和PTA方面具有一定生产规模，但是由于技术开发难度大，所采用的技术都是国外专利商的技术，为此付出了较高的技术引进费用。为了打破这种局面，"十二五"以来，中国石油高度重视大乙烯、大氮肥、大型PTA成套技术的研发与升级，专门设立了"大型乙烯装置工业化成套技术开发"和"大型氮肥工业化成套技术开发"两个重大科技专项，"百万吨级国产化PTA装置工艺配套技术开发"和"百万吨级KPTA成套工艺技术开发"两个科技开发项目，给予充足资金，支持中国石油开展大乙烯和大氮肥成套技术攻关、提升PTA成套技术水平。到"十二五"末，中国石油已成功开发出了具有自主知识产权的大型乙烯成套技术、大型氮肥成套技术和大型PTA成套技术，并都实现了工业推广应用，且取得了较好的应用效果。这些技术都达到了国际先进水平，为中国石油创造了很好的经济收益。同时，也促进了中国石化工业发展，提升了中国石化行业在国际上的综合竞争力和国际影响力。本节重点介绍中国石油"十二五"期间大型乙烯成套技术、大型氮肥成套技术和大型PTA成套技术的主要进展。

一、大型乙烯成套技术

乙烯成套技术包括裂解、急冷、压缩、分离和制冷单元，具有工艺复杂、温度跨度大

（−160~1100℃）、技术集成难、关键装备制造难、技术壁垒高等特点，60年来建设的35套乙烯装置（总产能为1600×10^4t/a）技术均由国外引进，技术引进花费约5亿美元，严重制约石化工业发展。

开发大型乙烯成套技术，是几代石化人的夙愿。2008年，中国石油设立"大型乙烯装置工业化成套技术开发"重大科技专项，在多年乙烯工程经验积累的基础上经过5年集中攻关，开发出了具有自主知识产权的大型乙烯装置成套技术，形成了包括60×10^4t/a乙烯成套工艺包和具有新型辐射段炉管的大型裂解炉在内的工艺技术、关键工程技术、关键装备国产化、石油烃裂解产物预测系统和配套系列催化剂五大方面34项核心技术。2012年6月30日，采用了该大型乙烯成套技术的大庆石化新建60×10^4t/a乙烯工业装置实现了成功应用。2012年10月5日，该60×10^4t/a乙烯装置一次投料开车成功，生产出合格乙烯产品，并于投产后一直保持连续平稳运行。这标志着采用自主知识产权的国产化技术设计、建设的国内首套乙烯工业装置成功投产，标志着中国石油开发的60×10^4t/a乙烯成套技术以及部分关键设备成功实现工业应用，成功填补了国内空白，使中国成为世界上拥有自主知识产权的乙烯成套工艺技术的国家，使中国石油成为世界上少数几个大型乙烯成套技术的供应商之一，该技术总体达到国际先进水平，其中裂解炉和乙烯回收分离工艺关键技术达到国际领先水平[5]。2011年，中国石油又在国家"十二五"科技支撑计划项目——"百万吨级乙烯装置工业化成套技术"的支持下，成功开发了100×10^4t/a乙烯装置成套工艺包，研发出多项乙烯配套催化剂，采用了国产自动控制系统工程技术，并对乙烯装置实施国产优化运行技术。这些新研发的技术已陆续在大庆石化、吉林石化、独山子石化的装置上获得成功应用，实现了乙烯装置全产业链成套技术的国产化，收到显著效果。中国石油的大型乙烯成套技术促进了中国石化工业发展，带动上下游数千亿元产值，拉动产业升级，增强了中国石油行业在国际乙烯领域的竞争优势和合作话语权，提升了综合竞争力和国际影响力。

1. 主要技术进展

"十二五"期间，中国石油经过集团公司重大科技专项和国家"十二五"科技支撑计划项目的支持和技术攻关，先后成功开发出具有自主知识产权的大型乙烯成套技术：60×10^4t/a乙烯成套工艺包和100×10^4t/a乙烯装置成套工艺包。该成套技术取得了五大科技创新，实现了乙烯装置全产业链成套技术的国产化。

（1）自主研发国际先进的15×10^4t/a乙烯裂解炉[5]，实现了百万吨级乙烯核心装备的重大突破。

①首次开发了"石油烃裂解产物预测系统"软件。裂解产物分布是裂解与分离系统设计的基础，炉管出口温度是裂解炉设计和操作的最核心参数。发明了裂解炉管出口油气真实温度计算方法，与过程模拟相结合的裂解自由基反应网络构建与优化方法，创造性地将原料表征、反应网络自动构建、反应结焦与裂解过程模型关联，开发出"石油烃裂解产物预测系统"软件，优化了裂解炉管结构及产物分布，填补了国内外长期缺乏基于机理模型的裂解产物预测系统空白。

②创新了包括反应、燃烧及传热的辐射段与对流段耦合计算方法，精确描述流场分布，突破了对流和辐射过渡段最佳临界温度计算瓶颈，避免对流段结焦；与裂解产物预测软件集成，计算效率提高15倍；实现高产品收率、低能耗和氮氧化物排放，碳四原料排

烟温度低于100℃，在高寒地区石脑油原料热效率超过94%。

③创新了辐射段炉管的强化传热元件及加工工艺。石油烃在裂解炉管内高温裂解时易结焦、需周期性切换烧焦，根据边界层理论，首创了炉管内壁均匀布置的流线型强化传热元件（图7-1）及焊接加工工艺，通过破坏沿管壁的气体滞流层和液体边壁效应，强化管内流体状态，改善径向温差分布（图7-2），有效提高管壁传热效果，炉管表面温度降低10℃以上，缓解结焦生成，在线运行周期超过国外同类装置50%；并可以适当提高乙烯和双烯收率。

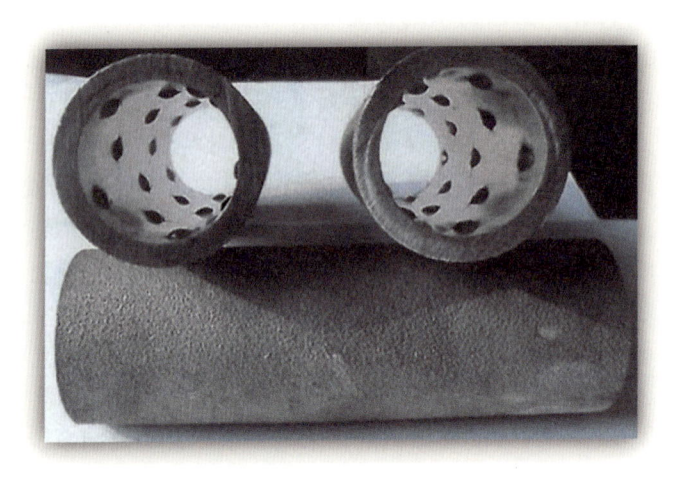

图7-1　辐射段炉管强化传热元件实物图

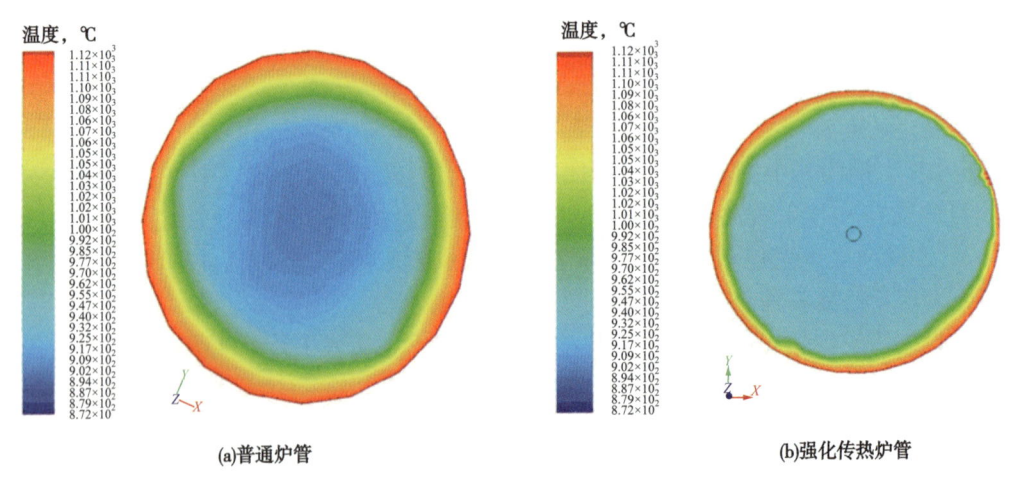

(a)普通炉管　　(b)强化传热炉管

图7-2　炉管径向温度分布对比图

④研发了小口径双套管裂解气急冷换热器。急冷换热器温差大，易泄漏；创新开发的小口径双套管急冷换热器，其裂解气高温入口采用具有自主知识产权的填料结构，吸收内外换热管大温差下的应力，有利于快速冷却裂解气，减少二次反应，打破了国外专利保护。

⑤研发了裂解炉抗火钢结构的设计方法。独创结构抗火计算破坏机构乘子法和变温场钢板剪力墙后屈曲塑性极限分析理论，开发出处于国际领先水平的辐射段钢板墙抗火计算技术、炉体结构减振（震）装置技术（图7-3）及计算方法。开发了大型裂解炉炉体钢结

构复杂力学计算模型及软件,进行了炉体结构的计算分析研究,解决了暴露在大量烃类介质下大型多箱体与框架组合大空间在火灾情况下的倒塌控制,保证极端工况下的安全。

(2)开发出高效分离流程和超低温甲烷吸收乙烯工艺。

①首创急冷油(水)双塔热回收的黄金分割技术。创新了模拟急冷油当量组分的方法,形成完备的急冷油当量组分数据库,保证了急冷系统计算的准确性;采用黄金分割技术确定水塔和油塔热量分配比例为4∶6,在急冷油塔顶水分不冷凝的条件下,塔顶最佳温度为97℃,低于100℃的传统界限,高温位热回收率提高8%以上,减少污水排放30%,达到国际领先水平。

②首创高低压塔碳三组分的黄金分割技术。采用黄金分割技术优化出高低压脱丙烷系统中碳三的分配比例为4∶6,开发了双塔脱丙烷工艺技术,高压脱丙烷塔釜最佳温度为75℃,优于国际先进的80℃指标,解决了塔釜双烯烃超过80℃快速聚合引起堵塞的问题,降低了压缩机负荷,保证了长周期运行。

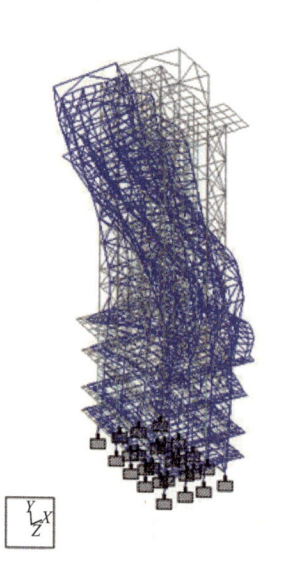

图7-3 裂解炉振动模型图

③首创脱甲烷塔碳二流量的黄金分割技术。采用黄金分割技术优化出脱甲烷塔和脱乙烷塔的碳二流量分配比例为3∶7,脱甲烷塔釜的碳二直接进入乙烯塔,降低脱甲烷塔负荷17%、脱乙烷塔负荷23%。

④发明了超低温甲烷吸收乙烯工艺。利用氢气分离的超低温位冷量,将甲烷温度由 –100℃降至 –150℃,实现超低温吸收,增强传质推动力,使尾气中乙烯含量由国际先进的500μmol/mol降至150μmol/mol,达到国际领先水平。

(3)发明了催化剂活性组分调控、碱性络合物负载的方法,研制出高稳定性乙烯专用系列加氢催化剂。

①发明了活性组分调控的方法。首先将锶、镧、铈、钼等元素组合,以特定的方式引入催化剂,通过对活性组分定向调控,提高活性组分钯原子的外层电子云密度,恰当地降低活性组分原子的电子结合能,弱化了活性中心对单烯烃和硫、砷等毒物的吸附力,提升碳二、碳四、裂解汽油一段加氢催化剂对炔烃、双烯烃、苯乙烯等的选择性和抗硫、砷等毒物能力,降低目标产品单烯烃的损失,延长催化剂运行周期。

②开发了裂解汽油一段选择性加氢催化剂。与进口催化剂相比,双烯烃加氢选择性提高11%,加氢产品中单烯烃含量高出35%,催化剂积硫率、积炭率分别降低30%和22%,优于进口催化剂;加氢选择性高,抗硫中毒性能强。

③开发了碳二选择性加氢催化剂。反应出口乙炔含量不大于1μg/g,乙烯增量比进口催化剂高0.35%(体积分数)、加氢选择性高20%以上,运转周期比国内其他催化剂延长1倍。

④开发了碳四选择性加氢催化剂。丁二烯加氢率不小于99.5%,1-丁烯转化为2-丁烯的异构化率不小于87%,达到国际先进水平;同时具有较强的抗硫、砷等毒物性能,运转周期比国内其他催化剂延长1倍,选择性提高10%以上。

⑤发明了碱性络合物负载活性组分的方法。裂解汽油二段加氢反应过程是高温气相反

应,既要脱除单烯烃、噻吩硫等,又要防止一段加氢残余的易聚合双烯、苯乙烯等生成胶质,导致催化剂失活、床层压差升高,还要防止苯加氢损失;传统的裂解汽油二段加氢催化剂采用酸性浸渍液负载活性组分,其酸性强,抗结焦性能差;该发明采用碱性络合物负载活性组分的方法,解决了催化剂酸中心易引发聚合反应,导致催化剂结焦的技术难题;同时提高了活性组分的分散度,降低了苯加氢损失。

⑥开发了裂解汽油二段加氢催化剂。与进口催化剂相比,活性组分片晶均匀分散(图7-4,透射电镜照片),活性组分分散度高。工业应用表明,三苯收率高出0.6个百分点,抗结焦性能突出,运转周期延长30%以上。

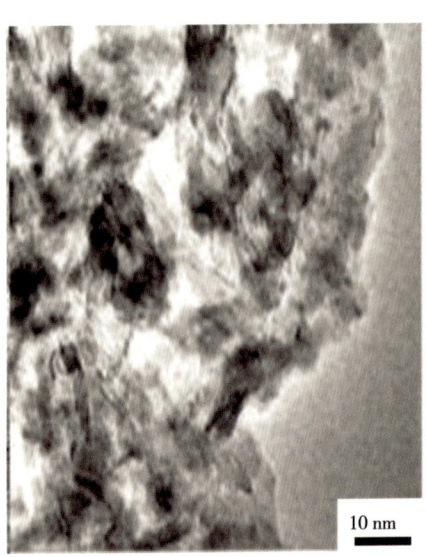

(a) 本成果催化剂　　　　　　　　　(b) 进口催化剂

图 7-4　本成果催化剂与进口催化剂活性组分片晶对比图

(4)实现国内首套百万吨级超低温乙烯压缩机组的"中国创造"。

①首创低温冷处理工艺。首创了改变晶相组织的低温冷处理工艺,突破了乙烯压缩机叶轮材料和主轴材料从常温到 -102 ℃温度变化过程中产生的不同变形速率问题,消除了应力巨变,为机组长周期稳定运行提供了技术基础。

②首创特殊转子结构。乙烯压缩机作为高速旋转的超低温机组,机械运转经历大梯度温变过程,且需满足多工况。开发了叶轮和主轴低过盈半圆键连接结构,攻克了低温过程中叶轮和主轴同时适应温变技术,突破了常温装配低温运行技术瓶颈,确保了机组安全稳定运行。

③首次研发出机组抽加气新型结构。研发了乙烯压缩机缸体内抽加气代替缸体外抽加气的结构,减少了两个排气风筒,缩小了缸体尺寸,降低了制造难度,减少了压力损失,提高了机组效率。

(5)创新系统集成方法,实现乙烯成套技术工程应用。

①创新了过程控制和安全智能控制的集成系统。开发了裂解炉协调控制系统和全流程PID参数优化及整定技术,集成了各单元的分散性控制、独立的安全联锁控制系统,确保装置长周期本质安全与高效精准运行。

②开发出高低温、大口径复杂管系应力分析技术。对 280 个高低温、大口径复杂管系进行应力分析和优化设计，满足裂解炉高温大集管、清焦管、大型压缩机组、冷箱连接等管系的应力要求，实现全装置无膨胀节使用，保证了本质安全。

③开发出工艺能量集成分析计算技术。建立了能量分析模型，并与流程模拟计算模型结合，创新了工艺能量集成分析计算技术，对全部工艺流程进行集成和优化，形成了覆盖 103 个位号换热器的 14 个系统的换热网络，实现最佳设计方案。

④创新开发了大型设备专项技术，降低了工程化难度。创新了急冷水塔釜油水分离技术，设置不同高度的收集管、分配管和隔板，实现油水界面自动平衡，提高了分离效率，简化了工艺流程；创新了 AXS 型换热器气体分配技术，使工艺介质分布更均匀，降低了阻力 10%，缩小了设备尺寸。大型设备专项技术的集成应用，降低了工程化难度。

上述五大科技创新共形成了 34 项核心技术及 77 件专利（其中发明专利 23 件），并先后获得多项国家级和省部级奖项。2012 年，"大型乙烯装置工业化成套技术开发与应用"研发团队获得全国总工会"全国五一劳动奖状"；2015 年，"大型乙烯装置工业化成套技术开发"荣获中国石油科技进步特等奖；2016 年，"大型乙烯装置成套工艺技术、关键装备与工业应用"荣获国家科学技术进步奖二等奖。

2012 年，大庆石化采用上述 60×10^4 t/a 大型乙烯装置工业化成套技术，成功应用于其新建 60×10^4 t/a 乙烯工业装置并实现了生产运行。图 7-5 为大庆石化 60×10^4 t/a 乙烯装置生产现场图。运行标定结果及专家鉴定表明，大庆石化乙烯成套技术的工业应用成果总体达到国际先进水平，其中裂解炉和乙烯回收分离工艺关键技术达到国际领先水平。该乙烯装置开车当年就为大庆石化实现了 4 亿余元利润。

图 7-5　大庆石化 60×10^4 t/a 乙烯装置生产现场

从 2014 年开始，中国石油的大型乙烯成套技术又分别成功中标了神华宁煤 100×10^4 t/a 裂解装置、山东玉皇盛世 100×10^4 t/a 轻烃综合利用项目乙烯装置、山东寿光鲁清石化有限公司 75×10^4 t/a 乙烯装置。目前正与白俄罗斯、乌兹别克斯坦等企业进行技术转让推广，实现了乙烯成套工艺技术在国内外的推广。该大型乙烯成套技术中单项技术也得到广泛推广应用，如乙烯专用催化剂在中国石油兰州石化、神华包头、中国石化广州石化等 22 家企业的 34 套装置上应用，6 套替代进口，14 套首装，裂解汽油一段催化剂市场占有率超过40%，裂解汽油二段催化剂超过70%。乙烯压缩机技术在中国石油抚顺石化、中国石化武汉石化、中国海油惠州炼化等10个项目得到应用。

2. 应用前景

该技术达到国际先进水平，且裂解炉和乙烯回收分离工艺关键技术达到国际领先水平，可与国外技术同台竞争且有较大优势，能为建设单位节约大量引进技术所需投资，单套装置节省总投资8%~10%。该先进的裂解炉技术和低能耗、流程简洁的乙烯分离技术有利于提高乙烯收率，优化乙烯产业结构，淘汰高能耗的落后装置，实现节能减排，提高行业整体技术水平。截至2015年底，国内当量消费自给率只有52%左右，有较大市场缺口。预计"十三五"期间，随着能源价格的趋稳、石化工业竞争力更迭和产品贸易再平衡的进程加快，国内乙烯行业仍有较大的市场需求。

二、大型氮肥成套技术

1. 合成氨生产技术

2009年中国石油设立"大型氮肥工业化成套技术开发"重大科技专项，2009年11月中国石油召开"大型氮肥工业化成套技术开发"重大科技专项启动会，着手开发$45×10^4$t/a合成氨和$80×10^4$t/a尿素成套技术。重大科技专项由中国石油寰球公司牵头宁夏石化等单位共同承担。2011年8月，重大科技专项课题之一"合成氨装置工艺包"编制完成，并顺利通过由中国石油科技管理部组织的专家审查。2012年3月，重大科技专项依托项目宁夏石化$45×10^4$t/a合成氨/$80×10^4$t/a尿素大化肥项目可行性研究报告获得批复。2012年6月28日宁夏石化$45×10^4$t/a合成氨/$80×10^4$t/a尿素大化肥项目在宁夏银川项目现场正式奠基建设，2015年装置顺利建成。中国石油重大科技专项"大型氮肥工业化成套技术开发"的成功，结束了中国石油大型氮肥成套技术长期依赖引进的历史，具有划时代里程碑意义。

$45×10^4$t/a合成氨工艺技术路线为：天然气压缩和脱硫、工艺空气压缩、蒸汽转化、一氧化碳变换、二氧化碳脱除、甲烷化、合成气压缩、氨合成、氨冷冻、氢回收等单元，实现年产$45×10^4$t合成氨的工艺流程。合成氨工艺技术流程如图7-6所示。

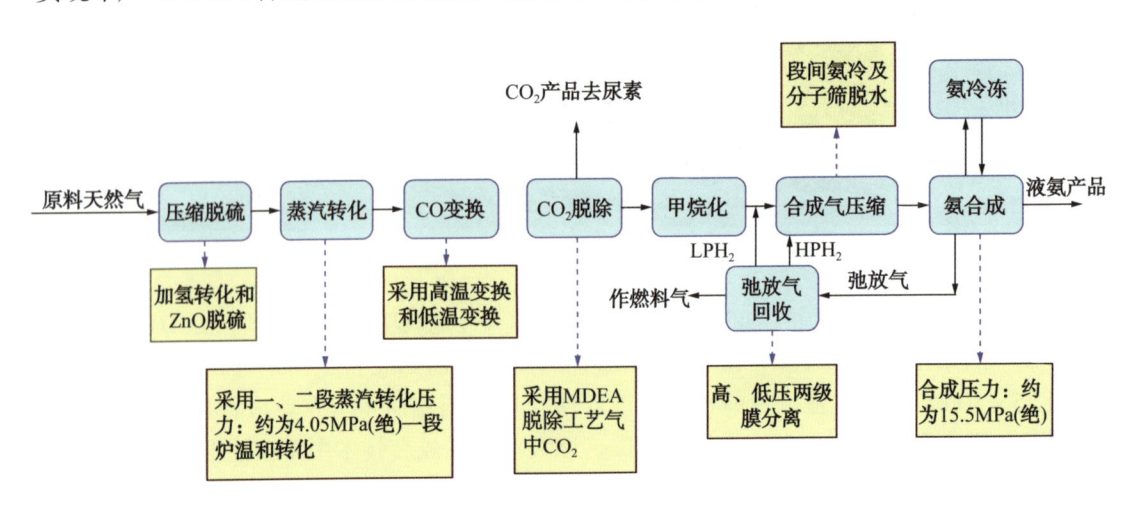

图7-6 中国石油合成氨工艺技术流程图

1）主要技术进展

中国石油大氮肥成套技术形成了中国首套以天然气为原料的 45×10^4t/a 合成氨工艺技术，实现了关键技术和系统集成的重大突破，解决了大通量、高温高压设备设计制造等工程化过程中的诸多难题，掌握了系统热集成技术、辐射段炉排优化技术、炉管蠕变分析、大型反应器设计等多项技术，中国石油自主氮肥技术水平及能耗、物耗等主要技术经济指标达到国际同类装置的先进水平。技术成果应用于宁夏石化 45×10^4t/a 合成氨装置、80×10^4t/a 尿素装置建设工程，装置实现 98% 的国产化率，获得自主知识产权数十项，为宁夏石化降低投资 3 亿元，年新增经济效益 6.4 亿元以上。凭借对大专院校、科研院所、制造厂等不同类型单位强大的资源整合能力，在大型氮肥成套工业化技术开发过程中，中国石油与清华大学、中国石油大学（北京）、天津大学等院校合作，完成了一段炉燃烧、温度及流场分析，炉管高温蠕变有限元分析，氨合成塔流场分析等工作，为技术开发提供了理论依据。通过与国内催化剂厂、压缩机制造厂、压力容器制造厂深度合作，不但确保了技术开发工作落地应用，同时实现了大型压缩机和大型反应器国产化，提升了国内装备制造水平。在宁夏石化大化肥项目中，一段蒸汽转化炉、二段蒸汽转化炉、氨合成塔、合成废热锅炉、大型空气压缩机组、合成气压缩机组等关键设备均为自行设计和国内制造。

合成氨主要工艺技术特点如下：

（1）采用较高的转化压力和 3.1 : 1 的中水碳比，以实现节能的效果；

（2）增加一段炉对流段各组能量回收盘管之间的温度调节措施，综合考虑一段转化炉对流段的能量回收利用和盘管材料的选择，保证装置安全长满优运行；

（3）将部分一段炉负荷转移至二段炉，缓和了一段炉操作条件，并降低了一段炉投资；

（4）采用节能环保的改良 MDEA 脱碳工艺，取得脱碳低能耗和高 CO_2 回收率的良好效果；

（5）合成回路采用 15.5MPa（绝）的合成压力；氨合成回路余热回收采用合成气在塔内不经换热，直接出塔进入废热锅炉和锅炉给水预热器，副产 12.5MPa（绝）、328℃的饱和蒸汽，经一段转化炉对流段盘管过热后，可用于驱动蒸汽轮机，提高余热回收利用等级，同时优化氨冷冻分离温度等级，综合平衡氨压缩机和合成气压缩机之间的压缩功；

（6）氨合成塔采用中国石油专利技术三床轴径向复合床间接换热式高效节能型氨合成塔，降低了专利费及基础设计费，并降低了设备制造成本，可实现设备制造自主化；

（7）采用 12.2MPa（绝）、4.9MPa（绝）、0.44MPa（绝）的蒸汽压力等级，在提高高压蒸汽压力、温度的前提下做到能量分级合理利用，提高能量的综合利用效率；

（8）充分考虑国内的装备制造能力，在成熟、可靠、保证稳定操作的前提下，主要装备实现国内设计、制造；例如，一段转化炉全部实现自主设计和国内制造一段转化炉辐射段管系应力分析模型如图 7-7 所示；

（9）选用国际通用软件 PRO Ⅱ、ASPEN PLUS、REFORM-3PC、FRNC-5PC、HTRI 等，结合中国石油设计开发经验和工厂操作数据，进行二次开发，对全流程和关键设备进行流程模拟、方案比选和设备计算，保证了设计、计算的准确性和可靠性。

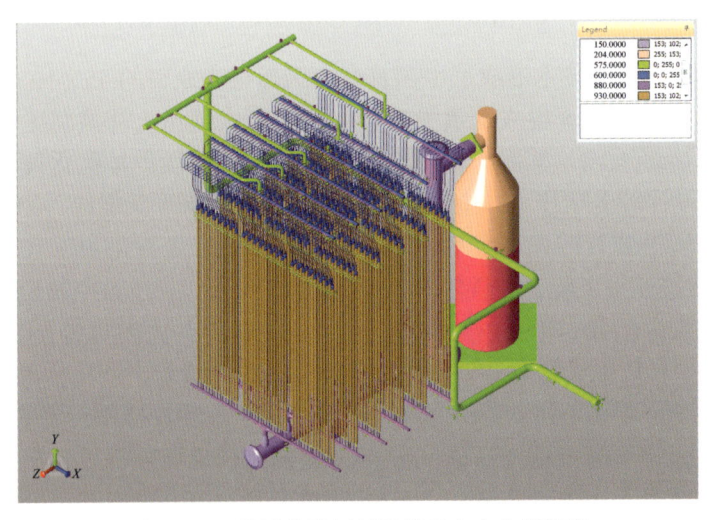

图 7-7　一段转化炉辐射段管系应力分析模型

大型合成氨装置的特点为高温、高压，且处于氢腐蚀环境，具有相当大的设计、制造难度。随着装置规模的大型化，设备的设计、制造难度显得尤为突出。外形尺寸的加大，面临超规范的问题和结构的特殊设计。板材、锻件的加厚，对钢厂冶炼技术、制造厂机加工能力都提出了更高的要求。尺寸、吨位的超限，给运输带来了难度。中国石油大型氮肥成套技术解决了大型合成氨装置中一段转化炉和氨合成塔等关键设备的国产化设计、制造难题，基本实现合成氨装置设备的国产化，大幅降低设备投资。

（1）一段转化炉。

一段转化炉为箱式、顶烧、多管排炉，由辐射段、对流段和烟风道系统（含鼓风机、引风机及烟囱）组成。辐射段共四排炉管，炉管内直径为114mm，炉管有效加热长度为12.5m。炉管系统由转化管，上、下猪尾管，冷、热集合管组成。一段转化炉对流段为"Π"式结构，对流段以模块形式进行设计、制造。为满足对流段各组换热盘管热负荷的要求，提高蒸汽过热温度，在高压蒸汽预热盘管低温段前的烟道处，设置过热烧嘴以提高烟气温度。所有烧嘴选用低 NO_x 烧嘴，并对烧嘴燃烧进行 CFD 计算，如图 7-8 所示。在对流段设置脱硝装置（SCR）以满足环保要求。一段转化炉的主要特点有：采用顶烧炉的设置，使炉管表面温度分布较为均匀；适当增加炉管有效管长，相同的转化气出口温度，炉管最大表面热强度降低；对流段采用模块设计，便于将来对流段管束的检修及维护；对流段管组末端设置燃烧空气预热器，使排烟温度降至120℃左右，炉子热效率可达92%以上。

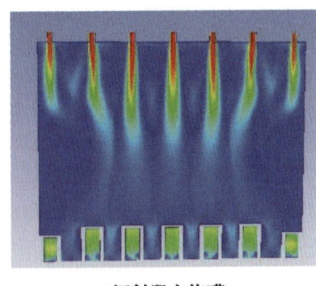

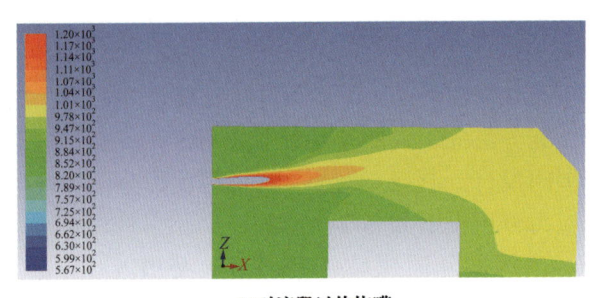

(a)辐射段主烧嘴　　(b)对流段过热烧嘴

图 7-8　一段转化炉烧嘴燃烧 CFD 计算结果

（2）氨合成塔。

氨合成塔包括合成塔内件和合成塔高压外壳两部分。内件包括三个催化剂床层（一轴两径床层）以及两台位于第一催化剂和第二催化剂床层中间的换热器（图7-9）。合成塔高压外壳属高温、高压、临氢设备，可采用多层包扎与大型锻件相结合的结构或段焊结构。中国石油氨合成塔的主要特点包括：一床为轴向流动，气体分布均匀，减轻有害物危害，有效利用催化剂；二、三床催化剂量大，为减少气体压力降，采用径向流动床，因此全塔压降小，循环压缩机的功耗低、节能；塔内有两台换热器，用于控制床层进气温度，与冷激式调温相比，氨净值高，可达15.87%，做到了高效、节能；三床反应后高温气体不经冷却出塔，出塔气体温度为426℃，高温热能的利用率较高，可副产高压饱和蒸汽［12.5MPa（绝），328℃］。

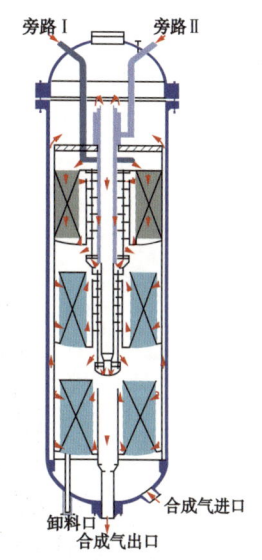

图7-9 中国石油专利技术三床轴径向复合床间接换热式高效节能型氨合成塔

在氨合成塔的设计中，对各床层催化剂装填量、内部换热器和塔内件的设计都进行了充分优化，并通过使用流体动力学技术（CFD）建模计算，对合成气在氨合成塔中流场及温度分布进行了相关研究，并以此改进关键部件结构，保证合成气在催化剂筐内的稳定、均匀分布，具有生产能力大、全塔压降小的特点，实现高氨净值、副产高压蒸汽的节能效果。氨合成塔一床气体分布器外表面温度CFD模拟如图7-10所示。

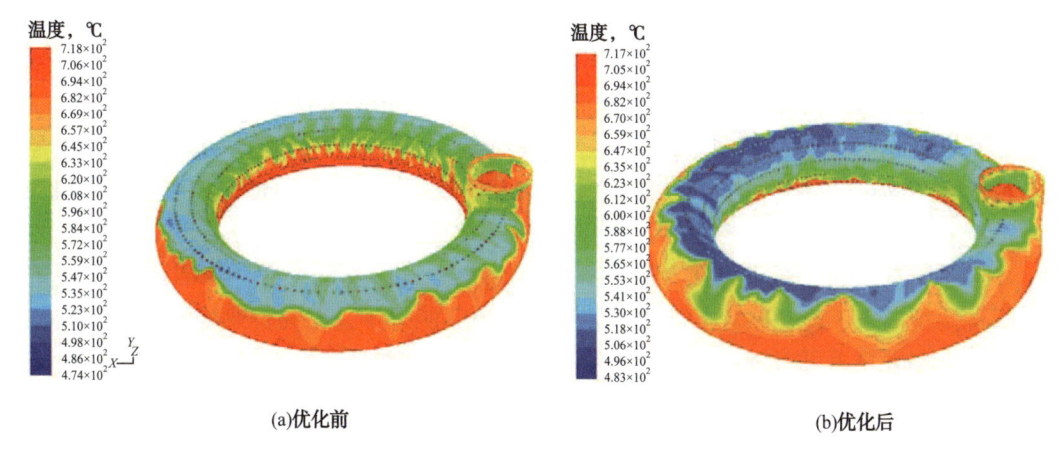

(a)优化前　　　　　　　　(b)优化后

图7-10 氨合成塔一床气体分布器外表面温度CFD模拟

目前，中国石油合成氨生产技术水平、经济指标及应用情况如下。

①技术水平。自主开发的大氮肥成套技术，其能耗与国际先进技术水平相当。

②技术经济指标。吨氨天然气消耗不大于995.7m³；吨氨电耗不大于82.5kW·h；吨氨循环冷却水消耗不大于221t；吨氨除盐水消耗不大于5.37t；合成氨装置吨氨能耗不大于31GJ，与国际先进技术水平相当。技术自主率为100%，节省合成氨装置专利费及工艺包费约700万美元。自主开发的合成氨技术获11件技术专利。

③应用情况。中国石油大型合成氨技术现已应用于宁夏石化年产 45×10^4t 合成氨/80×10^4t 尿素工程项目（图7-11）具有能耗低、操作简单、运行安全等特点。合成氨装置的综合能耗为 31GJ/t（NH_3），处于国际先进水平。

图7-11 宁夏石化年产 45×10^4t 合成氨/80×10^4t 尿素装置图

2）应用前景

2015年全球合成氨产能为 2.13×10^8t/a，2016年达到 2.18×10^8t/a，同比增长5%，主要增产国是中国、美国、沙特阿拉伯、印度尼西亚、尼日利亚和俄罗斯。预计到2021年，全球合成氨产能将增长至 3.24×10^8t/a，东欧、中亚、北美和非洲产能将明显增加，全球化肥产能向原料（天然气）资源产地集聚。中国石油合成氨技术的成功开发和应用标志着中国石油已具备自主设计、建设大型合成氨装置的能力和业绩。该技术可采用国产设备，带动了国家大型氮肥成套装备的制造、加工能力，降低了建设工程费用，提高了产品市场竞争力和经济效益，该技术可与国际主流合成氨专利商同台竞技，争取国际市场份额，也可以支撑中国石油海外业务，发展下游天然气化工，提高资源附加值，实现上下游协同发展。

中国是世界上最大的合成氨生产国，2016年占全球份额的34%。中国氮肥行业发展方向是淘汰规模小、能耗物耗高的落后装置，实现节能减排，提高行业整体技术水平。中国石油自主氮肥技术可对现有能耗高的氮肥装置进行节能改造，为今后大氮肥装置、制氢装置建设提供更先进的关键技术，提升成套技术水平。

2. 尿素生产技术

中国尿素装置荟萃了当今国际上大型尿素装置的主要工艺技术、设备技术和控制技术，且技术水平始终保持与世界同步。中国石油自20世纪开始参与大型尿素装置的设计工作，并且拥有多套大型尿素装置的操作经验。结合几十年的技术积累和工程经验，中国石油充分总结国内大型尿素工艺技术和设备材料的独特性、优缺点和可改进点，结合国内各厂成功改进经验，以集合创新为主，通过吸收再创新，成功开发了年产 80×10^4t 尿素装置工艺包技术，并对 CO_2 汽提工艺系统及高压圈关键设备进行了优化。中国石油自主尿素技术主要技术经济指标达到国际同类装置的先进水平，尿素合成塔、汽提塔、高压甲铵冷凝器、高压洗涤器、高压喷射器、二氧化碳压缩机、高压氨泵、高压甲铵泵等尿素装置关键设备全部可以国产化制造。年产 $80×10^4t$ 尿素装置工艺包技术开发过程中，对全流程进行工艺模拟计算，在计算中添加氨基甲酸铵组分，并拟合相关物料物性，对汽提过程和甲铵冷凝过程的机理进行定性和定量模拟与分析；可根据国内外主流尿素工艺技术，并结合工程项目的实际情况及装置生产经验，对工艺流程进行分析、优化和改进。

$80×10^4t/a$ 尿素工艺技术路线为：以二氧化碳和液氨为原料，进行二氧化碳压缩和脱氢、液氨升压、高压合成与汽提回收、低压分解与回收、蒸发与造粒、工艺冷凝液处理等，其技术流程如图 7–12 所示。

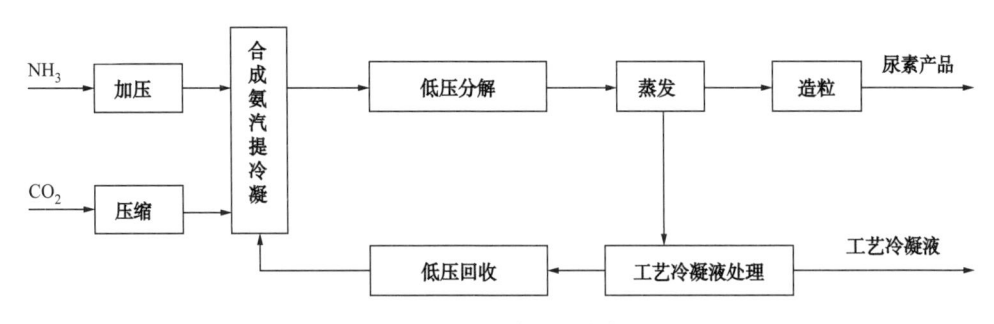

图 7–12 中国石油尿素工艺技术流程图

1）主要技术进展

2009 年 11 月，中国石油召开"大型氮肥工业化成套技术开发"重大科技专项启动会，要求开发 $45×10^4t/a$ 合成氨和 $80×10^4t/a$ 尿素技术，将重大科技专项成果直接转化成生产力。重大科技专项由中国石油设计单位、地区公司（宁夏石化）和研究单位共同承担。2011 年 8 月，重大科技专项课题之一"尿素装置工艺包"通过了由中国石油科技管理部组织的专家审查。2012 年 3 月，重大科技专项依托项目宁夏石化 $45×10^4t/a$ 合成氨$/80×10^4t/a$ 尿素大化肥项目可行性研究报告获得批复。2012 年 6 月 28 日宁夏石化 $45×10^4t/a$ 合成氨$/80×10^4t/a$ 尿素大化肥项目在宁夏银川项目现场正式奠基建设，2015 年装置顺利建成。

中国石油大型氮肥技术，经过研发、攻关，形成了 $80×10^4t/a$ 尿素装置工艺包及工程设计文件，成套工艺技术和国产化关键设备首次实现成功应用，各项工艺技术指标达到国际先进水平，技术成果应用于宁夏石化 $45×10^4t/a$ 合成氨装置、$80×10^4t/a$ 尿素装置建设工程。该成套技术为实现大氮肥技术国产化形成了有力支撑，为中国大化肥装置的国产化实践开了先河，极大地提升了中国石油乃至中国化肥行业在国际氮肥领域的地位。

对于自主建设年产 $80×10^4t$ 尿素装置，其关键技术是工艺流程、能耗水平和设备选型。根据主流尿素工艺技术及国内 30 多年来对尿素工艺技术的研究，结合宁夏石化现有两套尿素装置在建设、改造和生产实践中取得的经验，对现有尿素生产工艺技术进行比较、分析，确定 CO_2 汽提工艺技术作为研究的技术路线，重点在高压设备耐腐蚀材料及设备大型化、工程化研究，并依托宁夏石化建设大化肥生产装置。

与北京化工大学合作，采用 ASPEN 软件实现尿素工艺流程的全流程模拟计算，在软件中添加氨基甲酸铵组分，并拟合相关物料物性，对高压圈中尿素合成过程、甲铵冷凝过程和汽提过程分别建立计算模块，使之可以对汽提过程和甲铵冷凝过程的机理进行定性和定量模拟与分析。主要研究内容如下：

（1）利用基团贡献法，对尿素工艺中的物性进行了研究，对氨基甲酸铵进行了物性估算，建立了一套完整的尿素工艺基础物性数据；

（2）对尿素体系进行了分析研究，通过比较计算，选取了SR-POLAR作为尿素工艺模拟的热力学模型；

（3）通过对于尿素合成反应的系统分析，进行了独立反应分析，确定了独立反应方程数，建立了尿素合成反应网络；

（4）对尿素合成反应进行了深入的研究，探讨了温度、压力、氨碳比等影响因素对于氨基甲酸铵和尿素生成的影响；

（5）建立了尿素合成反应器、换热器、闪蒸罐、精馏塔等设备的数学模型；

（6）分别对尿素工艺5个工段进行了分析研究，并建立了数学模型，实现了整个尿素工艺的全流程模拟；

（7）确定了以序贯模块法作为全流程求解策略，通过对高压圈工艺分析研究，实现了高压圈循环流程的模拟计算。

尿素合成塔、汽提塔、甲铵冷凝器、高压洗涤器、高压喷射器、二氧化碳压缩机、高压氨泵和高压甲铵泵是尿素装置的关键设备，在尿素生产流程中均占有重要的地位。其结构设计与制造工艺有着密切关系，即不仅要满足工艺流程、生产能力的要求，还要适应承担设备制造的制造厂的制造工艺及能力要求。中国石油自主尿素技术实现了关键设备的国产化。

过程危险源分析（Process Hazard Analysis，PHA）作为工艺安全管理（PSM）体系中至关重要的一环，在本次科研开发项目中予以了充分的研究、重视和应用，特别设置了专题二"过程危险源分析及安全导则研究编制"，在形成具有自主知识产权的$80×10^4$t/a尿素工艺包的同时，开展过程危险源分析活动，完成了工艺包的早期危险源辨识（HAZID），以及尿素装置的HAZOP分析，最终形成了具有中国石油特点、包含装置工艺危险性研究在内的完整工艺包文件。除工艺包阶段完成了HAZID/HAZOP分析外，在所依托的工程建设项目"中国石油天然气股份有限公司宁夏石化分公司年产$45×10^4$t/a合成氨、$80×10^4$t/a尿素工程项目"中，在基础设计阶段和详细设计阶段，开展并完成了两次HAZOP分析，结合宁夏石化业主的操作经验和安全生产经验，对中国石油所研发的$80×10^4$t/a尿素工艺危害性、可操作性，进行了更为深入的研究，进一步完善了工艺安全设计，较好地实现了在尽可能早的阶段发现安全隐患、提升设计本质安全、强化风险控制措施的目的。为保证氮肥装置全生命周期的安全，也根据装置过程安全管理体系的要求，从工艺包开发、工程建设、开车试生产、正常生产运行，直至装置退役的各个生命阶段，都需做好装置危险源的辨识和风险持续有效管控。因此，在装置建成开车投产前，做好启动前安全检查（Pre Startup Safety Review，PSSR），确保工艺包、工程建设阶段各项危险源辨识、风险分析活动（如HAZID/HAZOP等）的建议措施均已得到落实关闭，对开车前可能出现的新危险源、新风险进行辨识和管控，并在试生产运行过程就试生产运行中发现的问题或安全隐患，在工程建设过程开展的HAZOP分析基础上开展补充的PHA分析，对氮肥装置工艺设计进行再一次安全提升。

中国石油大型尿素成套技术采用CO_2汽提尿素生产工艺技术，并结合了高效浸没式冷凝、三级真空浓缩等新方法。尿素合成塔、汽提塔、高压甲铵冷凝器及高压洗涤器等各种重要的大型塔器设备以及二氧化碳压缩机大型机组、高压泵均实现国内制造。技术的主要特色包括：

（1）采用过氧化氢作为高压圈的防腐介质，可以大大减少防腐空气的加入量，提高二氧化碳压缩机的有效功率和二氧化碳的转化率，减少了放空惰气中的氨损失和爆炸的危险性；

（2）低压分解回收工序采用双效并流蒸发流程的节能型工艺技术；

（3）工艺冷凝液处理工序中气相冷凝器采用卧式冷凝技术，增加冷凝吸收效果，减少尾气中的氨含量；

（4）利用高压调温水预热进合成塔液氨，既有效利用了余热，又提高了高压洗涤器的操作弹性；

（5）脱氢装置设计在二氧化碳压缩机二段出口，高压圈实现了较高氨碳比的低操作压力；

（6）高性能的吸收塔器，使正常生产时放空尾气中氨含量大幅度减少；

（7）结合中国石油先进的设计、操作经验，在尿素装置中通过使用先进的耐腐蚀材料，使装置的运行周期更长。

传统的尿素工艺往往伴随着不同程度的环境污染，环境友好清洁生产是先进生产工艺的必备条件。中国石油大型尿素工艺在生产过程中不生成或很少生成副产物，造粒塔顶部安装的尾气洗涤装置，使尾气中尿素粉尘含量小于 30mg/m^3，并建有 1000m^3 的污染物地下槽，可有效防止污染物流出。冷凝液直接回收利用，达到了经济发展与环境保护的和谐统一。

目前，中国石油尿素生产技术水平、经济指标及应用情况如下。

（1）技术水平。本技术已达国际先进水平，在开发过程中取得多件发明专利，并多次获奖，如使用该技术的缅甸化肥项目 2012 年获中国石油工程建设协会颁发的石油优秀工程设计一等奖和优质工程金奖，2014 年获中国石油和化工勘察设计协会颁发的优秀工程总承包一等奖。

（2）技术经济指标。尿素装置各类消耗，与国际先进技术水平相当。具体指标：氨消耗不大于 568kg/t（尿素）；二氧化碳消耗不大于 735kg/t（尿素）；电耗不大于 25kW·h/t（尿素）；循环冷却水消耗不大于 100t/t（尿素）（$\Delta t=10℃$）；蒸汽消耗不大于 1.036t/t（尿素）；技术自主率为 100%，节省尿素装置专利费及工艺包费约 400 万美元。

（3）应用情况。中国石油大型尿素技术已成功应用于缅甸化肥项目两套年产 15×10^{4}t 尿素装置和宁夏石化年产 45×10^{4}t 合成氨/80×10^{4}t 尿素工程项目中。缅甸化肥项目两套尿素装置分别于 2010 年 12 月和 2011 年 1 月开车成功，至今运行良好，在当地创造了满负荷长期稳定运行的纪录。缅甸项目的成功运行进一步拓宽了该技术在国内外市场的应用前景。宁夏石化年产 45×10^{4}t 合成氨/80×10^{4}t 尿素工程项目尿素装置的氨耗不大于 568kg/t（尿素），二氧化碳消耗不大于 735kg/t（尿素），处于国际先进水平；设备方面，透平驱二氧化碳压缩机组、高压氨泵、高压甲铵泵均与国内厂家联合开发制造，已达到国际先进水平。中国石油重大科技专项取得成功，标志着中国石油成为全球少数几家拥有大型尿素工艺技术的公司之一，极大地提升了中国石油乃至中国化肥行业在国际氮肥领域的地位。

2）应用前景

中国石油尿素技术的成功开发和应用标志着中国石油已具备自主设计、建设大型尿素装置的能力，带动了国家大型氮肥成套装备的制造、加工能力，降低了氮肥装置建设工程费用，提高了产品市场竞争力和经济效益；为今后不同规模的尿素装置建设提供先进可靠的关键技术，为利用海外油田伴生气等资源建设氮肥装置提供成套工艺技术；有利于优化氮肥产业结构，淘汰技术落后、规模小、能耗物耗高、排出废液污染物超标的落后装置，实现节能减排，提高行业整体技术水平。

本技术可支撑中国石油发展下游化肥业务，提高资源附加值，实现上下游协同发展。

三、大型 PTA 成套技术

1. PTA 工艺技术

中国石油经过多年的研发与工程实践，于 2005 年形成了 60×10^4 t/a PTA 装置专利技术和工艺包。2007 年 90 蓬威石化有限公司年产 90×10^4 t PTA 装置示范项目开始建设，并于 2009 年 11 月一次开车成功，生产出优质 PTA 产品，打破了国外专利商的技术垄断，为国内 PTA 行业和相关装备制造业的发展做出了重要贡献。2009 年起，在集团公司大力支持下，中国石油对自主 PTA 技术进行优化和升级，在 2009—2011 年开展了"百万吨级国产化 PTA 装置工艺配套技术开发"研究，在 2012—2015 年开展了"百万吨级 KPTA 成套工艺技术开发"研究，最终形成了采用加氢精制路线的二代 PTA 技术和基于深度氧化精制路线的 KPTA 技术。

中国石油 PTA 技术以对二甲苯（PX）为原料，醋酸钴、醋酸锰为催化剂，氢溴酸为促进剂，在中温、中压条件下生产出粗对苯二甲酸（TA），TA 再经加氢精制生产出产品 PTA，具体工艺流程如图 7-13 所示。

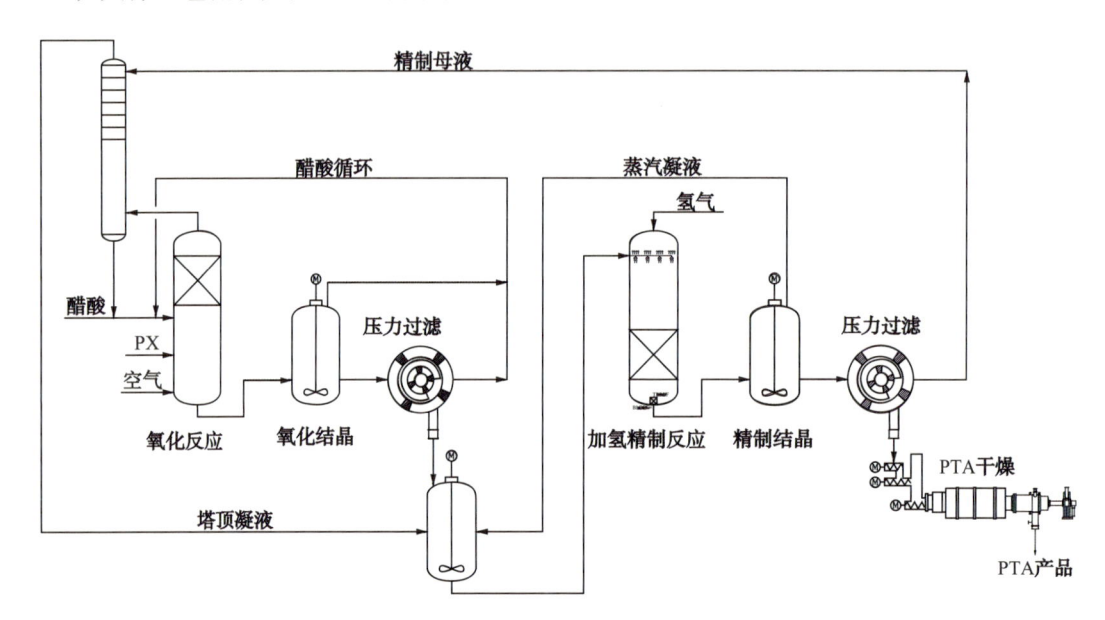

图 7-13 中国石油 PTA 技术工艺流程简图

采用中国石油百万吨级 PTA 技术生产的产品质量可达到优级品，其规格见表 7-5。

表 7-5 PTA 产品规格表

序号	项目	单位	指标
1	外观		白色粉末
2	酸值	mg（KOH）/g	675±2
3	灰分	μg/g	≤8
4	总重金属（Mo, Cr, Ni, Co, Ti, Mn, Fe）	μg/g	≤5
5	对羧基苯甲醛（4-CBA）	μg/g	≤25
6	对甲基苯甲酸（PT 酸）	μg/g	≤150
7	水分	%	≤0.2
8	色度	APHA	≤10
9	b 值		≤1.2
10	典型产品平均粒度	μm	110±15

中国石油 KPTA 技术以对二甲苯（PX）为原料，醋酸钴、醋酸锰为催化剂，氢溴酸为促进剂，在中温、中压条件下生产出粗对苯二甲酸（TA），之后 TA 通过二段深度氧化进行精制后生产出满足下游纤维级聚酯生产所需的 PTA 产品。KPTA 具有流程更短、能耗更低、投资更省等特点，拥有更强的市场竞争力，其产品规格指标见表 7-6。

表 7-6 KPTA 产品规格指标

序号	项目	单位	指标
1	外观		白色粉末
2	酸值	mg（KOH）/g	675±2
3	灰分	μg/g	≤6
4	总重金属（Mo, Cr, Ni, Co, Ti, Mn, Fe）	μg/g	≤5
5	对羧基苯甲醛（4-CBA）	μg/g	≤200
6	对甲基苯甲酸（PT 酸）	μg/g	≤15
7	水分	%	≤0.2
8	色度	APHA	≤10
9	b 值		≤3.2
10	典型产品平均粒度	μm	80~90

1）主要技术进展

（1）PTA 技术开发和示范应用。

中国石油从 2002 年开始牵头组织百万吨级 PTA 成套技术和装备的研发，先后联合浙江大学、天津大学、北京化工大学等高校合作开展了一系列基础研究工作，奠定了中国石油自主 PTA 技术的理论基础。2003—2005 年，又与济南正昊化纤公司、浙江大学、天津大学等合作，依托济南正昊化纤公司年产 8×10^4t PTA 装置开展工业试验，并在国家机械工业联合会的支持下联合国内空压机、干燥设备和大型钛材设备制造商联合开展关键设备攻关，取得突破。在以上工作成果基础上，2005 年初完成成套技术工艺包，并通过了国家发改委委托组织的审查和鉴定。

2007年7月，中国石油依托重庆蓬威PTA示范化项目，进一步优化工艺流程、调整装置规模、落实大型设备国产化的可行性，完成了 90×10^4 t/a PTA项目的基础设计和详细设计。该装置于2009年11月15日一次投料开车成功，并生产出优质PTA产品。图7-14为重庆蓬威PTA主装置全景图。项目在建设各方的共同努力和密切配合下，克服金融危机等种种困难，历时26个月建成投产，创下同类项目多项新的工程建设纪录：一是工艺技术实现自主化；二是关键设备实现国产化；三是建设规模大，装置实际产能达百万吨级；四是建设速度快，实际建设时间仅为24个月；五是工艺优化、节能减排要求高，项目每吨PTA产品的装置综合能耗（标油）较同期引进装置降低18%以上，达到国际先进水平。

图7-14 蓬威石化有限公司年产 90×10^4 t PTA 主装置

首套国产化示范装置的顺利投产，打破了国外对中国大型PTA装置40多年的技术垄断，结束了中国完全依赖引进技术建设PTA装置的历史，对PTA工业及相关行业的发展、振兴民族工业、推进新型工业化和重大技术装备国产化，都具有里程碑式的深远意义。形成的PTA成套技术成果经专家鉴定认为，成果整体技术水平达到国际先进水平，PX消耗等主要技术经济指标处于国际领先水平。

①集成创新开发了百万吨级PTA成套技术。通过组织产、学、研合作开展基础研究、工程开发和工业化试验，形成了以PX中温氧化、三段氧化结晶、浆料一道真空过滤、加氢精制、四段精制结晶、浆料一道压力过滤以及中温尾气焚烧、溶剂共沸精馏、PTA母液深度处理等为特色的工艺技术，开发了成套装备和分散型控制及仪表安全系统应用软件。产品质量优于国标优等品，示范装置万吨投资较同期引进装置降低40%，综合能耗降低18%以上。

②首创了带脱水段及特殊气体分布结构的大型无搅拌鼓泡塔式氧化反应器。研究发现了气体动力分散、悬浮规律，首次应用于塔式氧化反应器，省去搅拌器，投资节省400万美元，年节电 1600×10^4 kW·h以上，与国外主流工艺相比，PX年消耗降低5000t以上。

③首创了无分隔一步法旋转压力过滤（RPF）新工艺。该工艺采用无密封块分隔压力过滤机，操作维修简单，与传统两步法离心工艺相比，工艺流程缩短一半，投资节省60%，节电90%。与常规工艺相比，滤饼含湿率由10%~12%降到8%以下，后续干燥能耗降低20%以上。

④首创了"超滤+离子交换+反渗透"深度处理 PTA 母液新工艺。首次实现了精制工艺废水回用，回用率达 70%，TA 及 PT 酸回收率由 40% 提高到 75% 以上，化学需氧量（COD）排放总量降低 20%。

⑤首次实现了大型"三合一"工艺空压机组、大型氧化反应器、百万吨级精制反应器和 CTA/PTA 干燥机等关键设备的国产化。已建装置按投资计，设备国产化率达 80% 以上。

（2）PTA 工艺配套技术和持续优化。

在集团公司的支持下，从 2009 年开始，中国石油持续对 PTA 成套技术进行改进和优化，开发完成了"氧化尾气的高压焚烧装置技术""一步法旋转压力过滤分离 PTA 浆料技术""PTA 母液回收及深度处理工艺""氢气回收利用技术"等配套工艺技术，使成套工艺更加完善，在此基础上完成了对成套工艺的进一步优化，并开发形成了年产 100×10^4t、120×10^4t、150×10^4t 系列大容量 PTA 装置工艺包，结合技术转让完成了相应规模装置的工程化开发。形成的新一代技术，综合能耗较之前技术降低 40% 以上，年产百万吨以上规模系列化开发完成并实现工业建设和生产，使中国石油 PTA 技术持续保持国际先进水平。

截至 2015 年底，采用中国石油 PTA 技术已建及在建的 PTA 装置有 7 套，其中 5 套装置已建成投产（表 7-7），产品品质均优于国标优等品，装置的各项性能指标均达到合同要求。

表 7-7 采用中国石油 PTA 技术已建成投产的 PTA 装置一览表

企业名称	生产规模，10^4t/a	开车时间	建设周期，月
重庆市蓬威石化有限公司	90	2009 年 11 月	27
江苏海伦石化有限公司（一期）	120	2011 年 11 月	28
浙江绍兴远东石化有限公司	140	2012 年 5 月	24
江苏虹港石化有限公司	150	2014 年 5 月	26
江苏海伦石化有限公司（二期）	150	2014 年 9 月	26

其中，江苏虹港石化有限公司 150×10^4t/a PTA 项目装置于 2014 年 5 月 25 日投产，2015 年 5 月 25 日通过考核验收。该套装置在已投产装置的基础上，继续优化工艺设计，对整个工艺流程重新进行了校核、改进和放大，进一步降低了物耗、能耗，综合能耗低于同期同行业 18%，并创造性地解决了前所未遇的复杂地基难题。此项目的成功投产，对提高中国 PTA 工业的核心竞争能力，促进中国石化、化纤及相关行业的发展具有重要意义，标志着中国石油 PTA 国产化技术水平已进入国际先进行列。江苏虹港石化年产 150×10^4t PTA 主装置如图 7-15 所示。

图 7-15 江苏虹港石化年产 150×10^4t PTA 主装置

(3) 百万吨级 KPTA 成套技术。

为完善中国石油 PTA 的技术系列，开发具有更短流程的新型 PTA 技术，从 2011 年开始在集团公司工程建设分公司的支持下，中国石油开始研发基于 PX 深度氧化的百万吨级 KPTA（KPTA 质量指标见表 7-6）工艺技术，并于 2012 年获得中国石油科技管理部的立项支持。

KPTA 是中国石油深度氧化法制备满足纤维级聚酯生产需要的 PTA 工艺技术的特称。KPTA 工艺的核心是氧化—深度氧化技术，该技术将 CTA 中的主要杂质对羧基苯甲醛（4-CBA）和对甲基苯甲酸（PT 酸）在较高的温度、压力和较长的停留时间条件下，通入氧气进行二次氧化反应，将 4-CBA 和 PT 酸转化为 TA，产品的 4-CBA 含量降至 200μg/g 以下，PT 酸含量降至 15μg/g 以下，从而省略了传统的 PTA 生产技术中的加氢精制工序。

从 2012 年到 2015 年底，KPTA 技术开发完成了熟化反应及结晶系统的实验研究、TA 浆料过滤及母液处理系统的研究、深度氧化中试试验研究（图 7-16）、工艺开发等开发内容，形成了满足《石油炼制与化工装置工艺设计包编制内容规定》深度要求、拥有自主知识产权的百万吨级 KPTA 装置工艺设计包。取得了如下技术创新成果：

①开发形成了无加氢精制的两段降温、贫氧深度氧化和二段结晶新工艺；

②开发了一种节能无搅拌的新型深度氧化反应器及其氧化工艺；

③开发了 KPTA 浆料一步压力过滤洗涤的新技术，节能降耗，同时生产出的产品满足下游聚酯加工的质量要求；

④开发了一种 TA 母液净化和残渣回收工艺以及采用过滤＋离子交换＋沉淀、过滤方式回收钴锰催化剂的工艺方法；

⑤完成 KPTA 全流程模拟模型，为工程放大及应用提供技术支撑；

⑥开发出百万吨级 KPTA 工艺包，综合能耗降至 38.2kg（标油）/t（产品），指标比 GB 31533—2015《精对苯二甲酸单位产品能源消耗限额》的准入值低约 43%，比先进值低约 32%。

图 7-16 KPTA 深度氧化反应中试试验装置

与常规 PTA 工艺相比，该 KPTA 工艺具有以下特点：

①流程简化，无加氢精制单元，设备台数大约减少 40%；

②投资降低，建设投资可降低 25% 以上；

③能耗节省，能耗大约下降 30%；

④用水量少，用水量下降 75% 以上；

⑤污水和 COD 排放少，污水排放降低 75% 以上，COD 降低 80% 以上。

该 KPTA 技术特别适合于水资源缺乏地区建设，如果能与下游装置配套建设，则效益更佳。

(4) 技术水平。

中国石油 PTA 技术成功打破了国外专利和技术垄断，结束了中国 PTA 装置完全依赖引进技术和成套装备建设的历史，促进了中国化纤原料工业的快速发展，提高了聚酯产业链的市场竞争力及抗风险能力，也大幅提升了中国大型超限装备制造业的自主创新能力和核心竞争能力。该技术成果注重环境保护，工艺废气通过催化焚烧处理和有效洗涤后，排放指标优于国标。工艺废水采用全生化 UASB 厌氧+好氧活性污泥处理技术，产生的沼气用于锅炉燃料回收能量，废水处理后达到国家一级 A 排放标准。工艺废渣回收其中的重金属，并实现了综合利用。技术成果的应用取得了良好的经济效益和社会效益。2013 年，中国石油和化学工业联合会组织的专家鉴定认为，该成果整体技术水平达到国际先进水平，其中 PX 消耗指标达到国际领先水平。经过"十二五"期间的技术提升和发展，国内 PTA 技术水平均处于一个历史性的新高度，中国石油 PTA 技术创新团队不断进取，确保了自主技术的水平始终处于国际先进行列。

（5）专利与获奖情况。

中国石油对基础研究和工程开发成果相继申请了鼓泡塔氧化反应器、氧化反应器新型结构、氧化尾气处理、PTA 一步法分离技术、精制母液回收利用技术等 38 件专利，已授权发明专利 17 件（含 PCT 专利 5 件），实用新型专利 17 件，形成技术秘密近 70 项，体现了国产化技术的自主知识产权。基于 PTA 技术获得的成功以及取得的巨大经济效益和社会效益，百万吨级 PTA 装置成套技术开发与应用成果获 2012 年中国石油科技进步奖一等奖和 2014 年国家科学技术进步奖二等奖。

2）应用前景

经过 10 多年的开发积累，中国石油具备了 PTA 和 KPTA 两种工艺路线的技术，工艺技术水平整体达到国际先进水平，局部处于国际领先水平，特别是主要原料 PX 消耗指标国际领先。其中，大型 PTA 装置形成了年产 60×10^4t、90×10^4t、120×10^4t、150×10^4t、200×10^4t 及 240×10^4t 系列化工艺技术包和装置设计、建设能力；KPTA 形成了百万吨级成套技术和装备工艺包，可以为相关企业提供比较全面的 PTA 生产技术解决方案。大量国产化装备的成功开发应用显著降低了装置建设投资，能为顾客实现良好的经济效益和社会效益，特别适应于下游聚酯规模较大的民营企业或有 PX 产品的大型炼化企业。

PTA 技术的开发成功和不断成熟，为从下游合成纤维、合成材料向上游芳烃领域业务的拓展和芳烃产业链技术的完善打下了坚实的基础，极大地拓展了中国石油的市场空间，并为海外业务发展提供了服务和配套能力。

目前，中国石油百万吨级 PTA 技术已在国内多家企业得到应用，并同多个国内外企业进行技术洽谈，应用前景不断拓宽。当前在 PTA 国内市场阶段性过剩的情况下，中国石油积极拓展海外市场，已经与印度、泰国、印度尼西亚、阿曼、俄罗斯、伊朗等国潜在的 PTA 项目进行了技术交流，具有较好的市场应用前景。

2. PTA 关键装备技术

PTA 装置工艺过程具有高温、高压、浆料浓度高、介质腐蚀性强且易燃易爆等特点。PTA 生产装置设备具有数量多、种类繁、材料多样、结构复杂、加工精度高、制造难度大等特点。设备选材主要包括钛材、镍基合金、超级奥氏体不锈钢、双相不锈钢、奥氏体不锈钢、碳钢及对应材料的复合板。设备类型除了氧化反应器、结晶器、冷凝器、塔器等大型静设备外，还包括空压机、旋转列管式干燥机、压力过滤机等复杂的动设备。同时，由于目前 PTA 装置走大型化路线，因此大型复杂的机械设备较多，设备规格普遍大型化，如由工艺空气压缩机及蒸汽轮机和尾气膨胀机组成的工艺空气压缩机组、氧化反应器、热交换器、干燥机等。长期以来，PTA装置中的大型设备如空气压缩机组、氧化反应器、大型换热器、脱水塔、干燥器、大型搅拌器、离心机等长期依赖进口，投资高、周期长，备件采购困难，严重制约国内PTA技术的发展。

从2002年起，中国石油在国家机械工业联合会的支持下在开发工艺技术的同时联合国内空气压缩机、干燥设备和大型钛材设备制造商联合开展关键设备攻关，并取得较大突破。其中，大型"三合一"空气压缩机组联合沈阳鼓风机厂、杭州汽轮机厂进行开发；干燥机联合北京化工大学和锦西化工机械厂等进行开发；大型氧化反应器等钛材设备联合南京宝色股份有限公司进行研究。2009年首次实现了大型"三合一"工艺空气压缩机组、大型氧化反应器、百万吨级精制反应器和CTA/PTA干燥机等关键设备的国产化和工业应用，不仅为建设方节省投资近3亿元，同时关键装备国产化的成功促使国外设备制造商大幅降低了同类设备价格，为国家行业发展做出了重要贡献。

关键装备技术的成功研发和工程应用，实现了PTA装置设备国产化率85%以上，静设备国产化率98%，全面提高了中国石油集团所属工程公司的设计水平，形成并支撑了中国石油PTA技术的核心竞争力，奠定了全球主要PTA技术专利供应商的地位。

1）主要技术进展

（1）氧化反应器。

PTA生产中PX氧化过程处于高温、中压、强腐蚀的环境，氧化反应器作为PTA生产的核心设备，在中国石油PTA技术和装备开发成功之前由于技术封锁，再加上国内钛材冶炼水平不高、有色金属装备制造基础薄弱等因素，国内建设的PTA装置中反应器均由国外供应商垄断。因此，氧化反应器的开发不仅需要实现反应机理上的突破，还必须攻克材料、装备制造的难关。

PTA氧化反应器的发展，经历了反应机理研究和反应器冷模试验、中试工业化试验再到工业装置反应器开发和进一步优化、放大开发等过程。截至"十二五"末，已完成单系列能力30×10^4t/a、45×10^4t/a、60×10^4t/a、75×10^4t/a和100×10^4t/a工业化反应器的设计和开发。

①实验研究和中试开发。

中国石油PTA技术创新实现了以鼓泡式反应器为典型特点的中温反应。在氧化反应器内，介质包括液态的PX、醋酸、水，气态的空气以及形成微小晶核的PTA颗粒，反应过程涉及气液固三相的传质、传热，反应机理复杂。

在基础研究过程中，首先与浙江大学合作，通过热模实验建立气液反应动力学模型；开展冷模实验，获得了气含率与气液传质速率的计算式，确定过程的速率控制步骤，掌握气体分布器、外循环管、脱水段的水力学性能，提出鼓泡塔式反应器的工艺设计参数。随后，根据对工业反应器的设计构想，委托北京化工大学开展氧化反应器特殊进气分布器结构的冷模实验，对传质和流动情况进行进一步验证（图7-17）。最后，在中试装置上开展工业验证（图7-18），取得了突破性的实验结果和极其有价值的数据，有效地检验了基础实验结论以及计算模拟的技术能力和水平，形成了具有自主知识产权的中温氧化工艺和特殊结构氧化反应器技术。

(a)鼓泡塔冷模实验装置　　　　　　　(b)氧化反应器CFD模拟结果

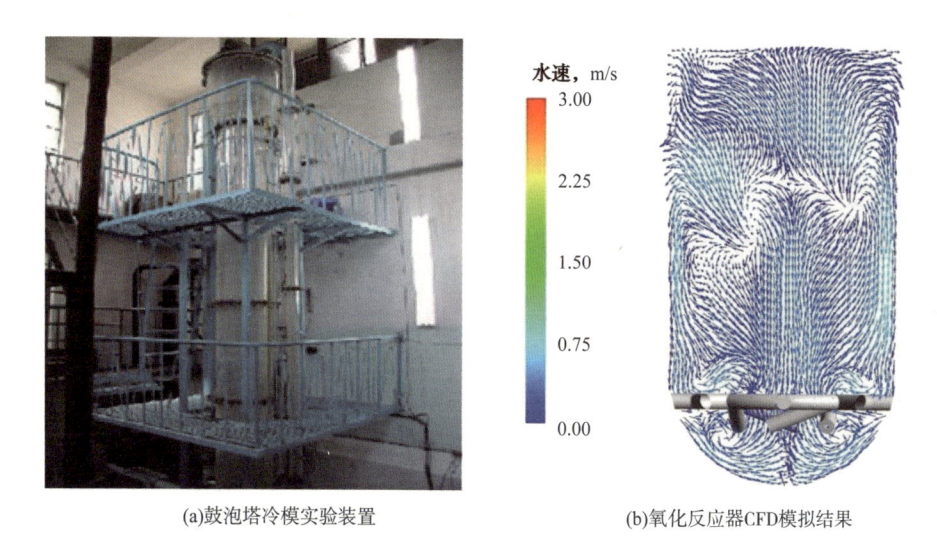

图 7-17　鼓泡塔冷模实验装置和氧化反应器 CFD 模拟结果

图 7-18　PTA 氧化反应中试装置

②工业反应器开发。

"十一五"至"十二五"期间是中国石油 PTA 技术形成和发展的重要阶段,在此期间,氧化反应器工业化开发和设计实现了从无到有零的突破。2009 年,首台国产化 50×10^4 t/a 氧化反应器正式投产运行,打破了国外专有技术的垄断,同时开了装置大型化的先河。随后,中国石油持续开发研究,成功引入节能、降耗新理念,先后建成 120×10^4 t/a、150×10^4 t/a PTA 装置,完成年产 200×10^4 t PTA 装置技术储备,实现了单台反应器能力 60×10^4 t/a、75×10^4 t/a 的工业应用,完成了单台能力 100×10^4 t/a 的氧化反应器设计开发,形成具有国际竞争力的核心技术。

氧化反应器为典型的钛钢复合板设备,结构复杂,内件安装精度要求高。以单台能力

以 $75×10^4$t/a 的氧化反应器为例，设备直径为 7800mm，质量超过 500t，需要克服一个个设计和制造难题。通过氧化反应器的开发设计，完成大型鼓泡式反应器的强度和稳定性设计；形成大型钛钢复合板设备设计、制造、检验技术；进行流场模拟，改进空气分布器设计，解决流场分布、底部卸料等问题；优化设备筒体、大接管、内部支撑等结构，提高设备运行的可靠性。

2009 年 11 月，重庆蓬威石化 $90×10^4$t/a PTA 装置正式投产运行，开启了国内 PTA 生产的新纪元。2010—2015 年，在已有示范化工程成功的技术基础上，通过流场模拟，进一步优化多功能空气分布器，确保设备放大后温度场、反应场分布的均匀性，并结合材料生产、装备制造，完善材料订货技术标准、制造技术文件、检验技术文件，提高装置运行的稳

图 7-19 PTA 装置氧化反应器

定性，成功实现了 $120×10^4$t/a、$150×10^4$t/a PTA 工业装置的一次开车成功，取得了很好的市场反响，奠定了中国石油 PTA 技术的市场地位。蓬威石化 PTA 装置使用的氧化反应器如图 7-19 所示。

截至 2015 年底，采用中国石油 PTA 技术已经建成投产 5 套装置，氧化反应器全部国产化，与引进反应器相比，设备投资节约 50% 以上，大大节省了建设投资，同时缩短了设备的采购周期和建设周期，取得显著的经济效益和社会效益。

（2）钛钢复合板设备。

大型钛钢复合板设备设计、制造技术的研究是基于大量工程设计案例分析和深入的理论计算。通过一系列的工艺计算、强度校核、稳定性分析、施工图设计，跟进设备制造过程的控制，跟踪设备的使用状况，收集、分析各种数据，在提高大型钛钢复合板设备设计水平的同时，形成钛钢复合板设备材料选择、设计计算、焊接、检验等专有技术，编制相关技术规定和技术标准。主要研究成果包括：大型钛钢复合板设备外压稳定性结构设计，设备筒体、封头成型技术，设备钛贴条分腔及检漏技术，设备内件支撑承载力的计算、优化内件支撑结构，接管翻边成型、组焊和检漏技术，现场组焊和热处理工艺，设备热态试验方法与规范。

开发成果用于实际工程设计，在保证设计本质安全的同时，有效地降低设备投资。以 $150×10^4$t/a PTA 生产装置为例，采用改进设计单台氧化反应器可节约设备投资约 400 万元，醋酸回收塔单台设备节约设备投资约 300 万元，同时缩短制造周期 1~2 个月。研究过程中申报发明专利设计 2 件，形成专有技术 10 项。

（3）大型钛材釜式换热器设备。

氧化冷凝器是 PTA 生产装置实现能量回收的核心设备，采用卧式固定管板釜式换热器结构，如图 7-20 所示。以 $120×10^4$t/a 装置为例，换热面积达到 5000m^2，管板直径接近 3.5m，采用 10m 长 ϕ19mm×1.2mm 的钛制换热管 8000 多根，设计制造技术被国外供应商垄断，采购价格昂贵，供货周期长。2014 年，中国石油组织设计力量进行攻关。

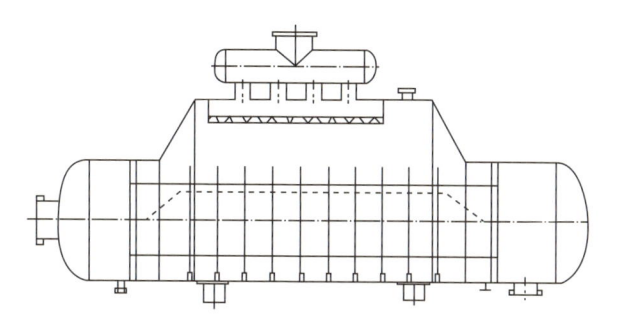

图 7-20　大型钛材釜式换热器

氧化冷凝器的设计开发主要研究内容包括：换热器各种工况的合理设计参数；釜式结构换热器计算方法的研究；不同设计工况下，设备整体应力分布的分析；关键部件的应力分布特点、应力水平及影响因素；优化设计工况；换热管轴向许用应力安全系数；换热器轴向刚度计算方法；管束振动分析；换热管、大型复合管板等主要材料的制造；设备制造、检验和验收技术条件；有限元分析参数化程序。形成以下主要研究成果：

①完成大型釜式换热器的有限元分析计算，填补公司此项技术空白；
②换热器计算工况优化方法；
③提出固定管板釜式换热器轴向刚度计算方法；
④开发了釜式换热器参数化有限元分析程序；
⑤发明了釜式换热器轴向补偿结构；
⑥发明了一种换热器管束防振支撑结构。

有限元分析参数化程序研究是基于压力容器分析设计思想，采用 ANSYS 有限元软件，采用壳体单元及实体单元建立包括管程筒体、壳程筒体、管板、管束及支持板等部件的整体有限元模型进行整体有限元分析和评定。与国内外其他公司的釜式换热器设计方法相比，该技术模型简化更科学、载荷施加更完整、计算结果更准确，达到了国内领先水平，有限元分析中单元类型的选择、模型简化和参数化技术达到国际先进水平。以 120×10^4t/a PTA 装置为例，氧化冷凝器实现国产化，与进口相比可节约设备投资 2000 万元。研究成果申报发明专利 2 件，认定技术秘密 5 项。

（4）大型空气压缩机组的设计与工程化。

大型空气压缩机组是 PTA 装置的核心装备，它除了承担为氧化反应提供氧气任务外，还需承担装置能量平衡和尾气利用的功能。PTA 装置工艺运行工况复杂，反应过程中固、液、气三相共存，装置联锁控制点多，故而作为核心设备的空气压缩机组需要具有极高的稳定性和可靠性。长期以来，世界上仅有少数制造商可以提供大型 PTA 装置的压缩机组。

自 2002 年开始，PTA 国产化成套技术开发项目被列入国家科技攻关项目。中国石油联合陕鼓、沈鼓、杭汽等公司，开展了"三合一"空气压缩机组的开发。开发的空气压缩机组采用了蒸汽轮机和尾气膨胀机联合驱动；利用长轴系转子动力学分析技术，攻克了叶轮与齿轮轴的连接方式；利用氧化副产低压和超低压蒸汽、催化焚烧尾气回收能量；开发了先进的系统控制方案。通过各方的共同努力，在国内首次攻克了"三合一"工艺空气压缩机组的设计和制造。首套大型"三合一"空气压缩机组在国产化 PTA 示范工程重庆蓬威年产 90×10^4t 国产化 PTA 装置成功应用，结束了 PTA 装置工艺空气压缩机组长期依赖进口的历史，单套装置工艺空气压缩机组同比引进装置投资节约近40%。

"十二五"期间，采用中国石油PTA工艺技术有4套PTA装置建成投产，均采用了"三合一"的国产空气压缩机组，并取得成功。其中，江苏虹港 $150×10^4$t/a PTA项目工艺空气压缩机组2013年底开始安装，2014年5月第一套机组投产。2014年6月第二套机组投产，两套机组至今运行良好。在开车过程中机组力学性能优良，运行平稳。在连续运行期间，振动、位移、温度稳定在正常范围，其最高轴振动小于27μm，轴承温度不高于74℃。两套压缩机组气动性能也满足用户的生产要求，运行平稳，压缩机效率和同等进口产品相当，膨胀机效率还高于进口设备。

在已投产的国产化PTA装置中，工艺空气压缩机组典型的配置方案是多轴空气压缩机+汽轮机+向心尾气膨胀机，即"三合一"空气压缩机组。空气压缩机组采用整体组装齿轮式离心压缩技术，为四级四段压缩。整体齿轮箱采用平行轴齿轮箱，包括一个大齿轮轴和两个小齿轮轴，小齿轮轴由大齿轮驱动，用于安装4级叶轮，大齿轮轴两端分别与蒸汽轮机和尾气膨胀机相连；压缩机采用进口可调导叶（IGV）来调节压缩机气量，确保该机组的机械可靠性和气动性能可靠性。这种大型整体组装齿轮式离心压缩机流量达到220000m³/h，压比达到14，与单轴串联式压缩机相比，具有机械结构简单、效率高、轴系短的特点，已经成为离心压缩机的配置趋势。之前国内尚没有整体组装齿轮式压缩机的设计和制造技术，依托于PTA装置国产化，国内压缩机制造厂商积极设计研发了这种整体组装压缩机，并经过不断地优化和改进，性能和效率方面已经趋近于进口产品，整体组装式压缩机技术在一定程度上填补了国内空白。图7-21为现场安装的大型"三合一"空气压缩机组，压缩机、膨胀机性能良好，轴振动等机械指标与进口设备差距不大，运行气量、压力等均达到设计值，并能稳定运行，技术水平达到21世纪初期的国际先进水平，完全可以取代进口产品。

图7-21 大型"三合一"空气压缩机组

截至2015年底，国产"三合一"PTA空气压缩机组最大单线能力为 $75×10^4$t/a，对于百万吨级PTA装置需配置两套"三合一"空气压缩机组；同时，为了回收利用装置的副产蒸汽能量，需配置一台低压蒸汽发电机组。国内现有的低压蒸汽轮机效率较进口产品低5%~7%，汽轮机的能耗同设计工况相比还存在一定差距，影响了装置的运行成本和产品竞争力。随着PTA装置产能的进一步扩大和透平设备的技术进步，配置产能更大、效率更高、投资更低的进口"四合一"工艺空气压缩机组成为主流。"四合一"工艺空气压缩机组由压缩机、汽轮机、膨胀机、电动/发电机集成在一个轴系里，组成一套设备机组。电动机既是压缩机组启动时的驱动马达，又是正常工作时的发电机，可以减少启动蒸汽消耗量，回收副产能量对外供电，并能够稳定机组转速，使装置开停车适应性更强。

（5）回转圆筒蒸汽管式干燥机。

目前，世界上的PTA装置，除个别厂仍采用桨叶式干燥机外，绝大部分采用回转圆筒蒸汽管式干燥机。早期国内已建及新建的PTA装置干燥机均从国外进口，设备成本及后期维护费用高昂，为结束中国大型PTA装置干燥机长期依赖进口的历史，国家相关部门积极组织人力、物力进行攻关研制，逐步实现了PTA生产装置中干燥机的国产化。

2009年11月，国内制造的两台百万吨级PTA/CTA干燥机在重庆市蓬威石化PTA装置投用，揭开了干燥机国产化的帷幕。2011年6月，中国石油联合相关制造厂自主研发、设计制造了两台国产百万吨级PTA/CTA蒸汽回转干燥机，产能最大分别为135t/h和138t/h，规格分别为直径4.2m、长32m和直径3.8m、长27.5m，质量分别达390t和285t，均为当时国内最大。目前，国内已积累了较为成熟的百万吨级PTA装置干燥机研制经验，并已有实际应用业绩，能够胜任国内PTA装置对干燥机的各项技术需求。运行中的PTA干燥机组如图7-22所示。

图7-22 大型PTA干燥机组

"十二五"期间，有4套采用中国石油PTA工艺技术的PTA装置建成投产，均采用了国产干燥机组，并取得成功。百万吨级PTA装置干燥机的研制成功，结束了中国大型PTA装置干燥机长期依赖进口的历史，对提升民族制造业水平和国际竞争力具有重大意义。

2）应用前景

关键装备技术的成功研究和应用，实现了PTA装置设备国产化率85%，静设备国产化率98%，全面提高了昆仑工程公司的设计水平，形成中国石油PTA技术核心竞争力，奠定了全球主要PTA技术专利供应商的地位。随着昆仑工程公司芳烃业务的发展，逐步形成聚酯、PTA、PX产业化优势，在未来的国内、国际市场可以获得更大的发展空间。

同时，中国石油工业化研究机制的建立、研究队伍的建设、研究成果的积累，必将引领公司业务更多领域技术的拓展。

PTA装置用钛材、双相不锈钢、超级奥氏体不锈钢等特殊材料及装备制造的研究是包括材料生产、设计计算、装备制造的全方位、深层次的研究，形成多项专利技术、国家行业标准、公司标准、技术规定，涵盖材料采购、材料选择、设计规定、设计文件、结构优化图集以及制造、检验和验收规范等。以钛钢设备、大型换热器为代表的设备设计制造研究，可以提高精细化、合理化设计能力，在保证本质安全的前提下，优化设计方案，成果可以推广应用到炼油、化工、海洋、环保、电力等其他领域。

多轴工艺空气压缩机组的研制和应用及旋转压力过滤机、干燥机等大型转机系统的研制和应用，可以进一步夯实中国石油PTA、KPTA的技术优势。低压、超低压汽轮机可广泛应用于石油化工装置中120℃以上的余热回收利用，实现节能降耗；尾气膨胀机可以用于有机工质膨胀机技术（ORC），可以广泛应用于石油化工装置中90~120℃以上的余热回收利用，实现节能降耗。

第三节　大型化工装置技术展望

化工是国民经济的重要支柱产业，在中国工业经济体系中占有重要地位，而大力发展大型化工装置技术则是化工行业结构调整和产业升级的必由之路。化工装置大型化水平是一个国家化工产业能力和工业化水平的体现，影响其在国际市场竞争中的地位。

"十二五"以来，国内大型化工装置技术取得了长足进步，中国石油也在大型乙烯、大型氮肥、大型PTA成套技术方面取得了较大成就，打破了国外技术封锁和垄断。但与国外技术相比，在技术创新、产业升级、提质增效、绿色发展等方面仍有一定差距。

"十三五"是中国由石化和化学工业大国向强国迈进的关键时期，《国民经济和社会发展第十三个五年规划纲要》《中国制造2025》和《国务院关于推进国际产能和装备制造合作的指导意见》等多个国家发展战略及规划中，都提出了要大力推动石化和化学工业由大变强，实现持续科学健康发展。

中国石油"十三五"及长远科技规划中也明确提出大力推进"优势领域保持领先、赶超领域实现跨越、超前储备领域抢占制高点"三大工程，坚持"科技创新与推广应用并重，市场导向与引领支撑并进"两大原则，努力成为拥有一大批自主知识产权核心技术的油气公司，实现国际先进。因此，为了持续保持中国石油在大型乙烯、大型氮肥、大型PTA技术领域所取得的领先优势，未来仍需不断加大科技创新投入与力度，加快技术推广与升级，提升技术综合性能与核心竞争力，不断开发绿色、低碳、低能耗、高效率、高质量、先进可靠的新技术，占领技术制高点，引领技术革新，引领市场导向。

在大型乙烯成套技术方面，近年来，国外乙烯生产原料逐渐向轻质化方向发展，加剧了乙烯市场竞争压力，导致国内以石脑油原料为主的乙烯生产路线面临巨大挑战。因此，急需加快开展技术革新与升级，以应对乙烯行业激烈的市场竞争，抢占市场。未来国内及中国石油大型乙烯技术发展需重点关注以下4个方面。

（1）原料轻质化、多元化。

中东地区以其低价的轻烃原料持续保持乙烯业务竞争优势，北美地区"页岩气革命"

持续推动乙烯原料轻质化，带动烯烃成本走低，国内乙烯行业的发展也呈现原料轻质化、多元化的趋势。中国石油乙烯装置则以石脑油、加氢尾油等液体原料为主，原料成本高、乙烯收率低、竞争力差，面临着较大的挑战。但随着长庆油田和塔里木油田的天然气伴生乙烷、轻烃的分离回收，可为中国石油提供数量可观的优质裂解原料。同时，还可考虑在部分有条件的乙烯厂用进口乙烷来代替部分石脑油作乙烯裂解原料。

（2）适应多原料、规模大型化的乙烯装置。

随着乙烯原料向多元化的发展，如天然气伴生乙烷、轻烃，乙烯装置副产乙烷、丙烷，煤基石脑油等原料多元化，未来与其配套的适应多原料、大型化乙烯装置将成为发展的重点方向。开发原料适应性更广、指标更为先进的百万吨级乙烯成套技术，持续提升中国石油在乙烯行业的竞争力，并不断保持技术优势。

（3）乙烯装置优化运行增效技术。

对乙烯生产过程实施优化运行技术，可充分挖掘装置潜力，降低装置能耗、物耗，统计表明实施该技术可提高装置产能3%~5%。因此，开展乙烯装置优化运行增效技术开发应用，可提高中国石油现有乙烯装置资源、能源利用率，提升装置整体运行水平和经济效益。

（4）非蒸汽裂解制乙烯技术。

中国石油资源有限，难以满足国民经济发展需求，且长期过度依赖进口，制约国家能源发展。然而，国内煤炭储量丰富、价格较为低廉。近年来，以煤炭作为基本原料采用现代煤化工技术生产烯烃的路线已越来越成熟，以煤（甲醇）制烯烃（CTO/MTO、MTP）为代表的非蒸汽裂解制烯烃路线所占比重也越来越突出。2015年末，国内煤（甲醇）制烯烃（含MTP）装置烯烃产能达到了899×10^4t/a，占国内烯烃总产能的13.7%，预计到"十三五"末将达到2500×10^4t/a。未来国内烯烃生产路线逐渐向多元化发展，非蒸汽裂解制烯烃路线将成为烯烃生产的重要路线之一。因此，加快开展非蒸汽裂解制乙烯技术开发，可为中国石油化工业务产业结构优化、提升产品市场竞争力和抗风险能力提供技术支撑。

此外，在大型氮肥成套技术方面，氮肥装置单系列规模越来越大（如提高至4000~5000t/d），以产生规模经济效益。预计"十三五"期间，在中国石油内部，大型氮肥成套技术可用于自有氮肥装置的增产及节能降耗改造，支撑中国石油海外油气业务，发展下游天然气化工，提高资源附加值，实现上下游协同发展。在中国石油外部，亚洲、南美洲及非洲国家均有建设氮肥装置需求，自主技术输出可带动国产设备、材料输出，国家"一带一路"倡议也为自主技术输出提供了契机。未来大型氮肥成套技术将向大型化、集成化、自动化、低能耗、低投资与环境更友好方向发展，需重点关注以下几个方面。

（1）新型工艺技术和新型催化剂开发。自热式转化技术、换热式转化技术等可以增大装置规模，降低装置投资比例，减少烟气排放，对环境更为友好。氨合成钌基催化剂的使用可以提高合成氨产量，降低合成回路压力，减小设备尺寸。"十二五"期间，中国石油已经在钌基催化剂开发及工业试验方面取得一定研究成果，上述这些技术的进一步开发和优化，对合成氨装置大型化、低能耗生产等具有一定应用价值。

（2）节能减排和环境友好。实施与环境友好的清洁生产是未来合成氨、尿素装置的必然和唯一的选择。生产过程中不生成或很少生成副产物、废物，实现或接近零排放的清洁生产技术将日趋成熟和完善，可应用于中国石油已有氮肥装置的节能、环保改造。

（3）长周期安全生产。通过优化工艺、采用先进控制技术等提高中国石油已有及新建氮肥装置的生产运转可靠性、延长运行周期是未来改善经济性的必要保证。

（4）原料产地建厂，整体效益最优化。利用国际资源支撑中国石油海外油气业务、选择天然气资源丰富的地方建设氮肥装置，实现效益最大化是未来大型氮肥装置的必然选择。

最后，在大型PTA成套技术方面，经过近10年的迅猛发展，PTA行业与产业链日趋成熟与饱和，且逐渐远离了最初的暴利时代。通过深度的市场竞争，逐渐走入了良性发展的轨道。如今的PTA生产企业，要想生存、发展，就必须接受残酷的市场考验。通过不断的技术优化、工艺改进、完善生产流程、规范管理制度，形成节能降耗、质优价廉的优势，方能在市场中立于不败之地。

近年来，为了降低原辅材料和公用工程消耗，节省建设投资，提高装置开工率，PTA专利商和生产商对工艺流程、工艺参数等不断进行完善和优化。装置规模不断扩大，从 60×10^4 t/a PTA 的装置规模增加到2015年的 220×10^4 t/a；装置能耗不断降低，每吨PTA的能耗从200kg标煤降至80kg标煤以下。PTA工艺（氧化+精制工艺）的发展已到了"极致"，很难满足进一步降低能耗、物耗要求。中国石油开发的采用深度氧化精制工艺的中纯度对苯二甲酸（KPTA）技术，流程短、能耗低，工业应用后必将会进一步完善产品系列，有利于PTA企业产业结构整合和优化，提高企业的竞争力，实现整体效益最大化。

经过"十二五"的发展，目前国内外PTA技术水平均处于一个历史性的新高度。中国石油PTA技术创新团队不断进取，使自主技术始终处于国际先进行列。与国外竞争对手相比，中国石油既是作为PTA技术专利商，也是PTA技术的研发和工程实施单位，具备工程技术研发、工程设计、咨询、技术服务、项目管理和工程总承包一体化能力及竞争优势，在技术优化和能量集成方面，瞄得更准、反应更快。未来将进一步紧密跟踪PTA技术和行业发展趋势，着力做好以下4个方面工作，力争取得更多新成果：

（1）持续开发反应强化技术，不断适应市场对装置大型化和低物耗的需要，降低单位产品的投资成本和运行成本，提升技术竞争能力；

（2）不断优化工艺流程，减少设备数，降低成本；

（3）进一步挖掘低品位热能的应用空间，在能量合理利用上持续挖掘潜力；

（4）实现芳烃、PTA和PET一体化（装置整合、源头开发等）。

参 考 文 献

[1] 张勇. 烯烃技术进展[M]. 北京：中国石化出版社，2008.

[2] 王松汉. 乙烯装置技术与运行[M]. 北京：中国石化出版社，2009.

[3] 王子宗，何细藕. 乙烯装置裂解技术进展及其国产化历程[J]. 化工进展，2014，33（1）：1-9.

[4] 何细藕. 中国石化CBL裂解技术的大型化及其应用[J]. 乙烯工业，2015，27（1）：49-52.

[5] 中国石油天然气集团公司. 我国首个国产化大型乙烯成套技术工业化获得成功[J]. 石油化工应用，2012，31（10）：97.

[6] 唐硕，马明燕，胡健. 国内、外气头大型合成氨装置规模研究[J]. 氮肥技术，2012，33（6）：7-10，49.

[7] Ammonia plant performance and economics[J]. Nitrogen+Syngas，2012，318：33-47.

[8] New technologies for ammonia plants[J]. Nitrogen+Syngas，2012，315：36-44.

[9] Ammonia plant rejuvenation[J].Nitrogen+Syngas,2011,312:39-46.

[10] 何静,王海滨.PTA装置能耗分析及节能措施[J].聚酯工业,2011,24(5):41-43.

[11] 王海滨,李虎.科学统筹管理实现PTA装置长周期运行[J].聚酯工业,2016,29(1):7-9.

[12] 曹超,李虎.新型促进剂应用性测评[J].聚酯工业,2015,28(3):25-28.

[13] 汪英枝.精对苯二甲酸项目的节能评估及建议[J].合成纤维工业,2015,38(3):44-47.

中国石油石油化工科技发展大事记

2006年4月25日，中国石油科技大会在北京召开。

2006年6月28日，中国石油天然气股份有限公司石油化工研究院组建。

2006年8月16日，中国石油与中国科学院在北京签订科技合作协议。

2006年8月29日，中国石油天然气股份有限公司重点实验室/试验基地建设启动会在北京梦溪宾馆召开。

2007年2月27日，2006年度国家科学技术奖励大会在北京举行。中国石油"高分子量抗盐聚丙烯酰胺工业化生产技术的研究开发与应用"研究成果荣获国家科学技术进步奖二等奖；中国石油昆仑工程公司领衔的"年产20万吨聚酯四釜流程工艺和装备研发暨国产化聚酯装置系列化"项目荣获国家科技进步奖二等奖。

2007年4月28日，中国石油在北京召开中国科学院、中国工程院院士座谈会，听取院士对中国石油科学发展的建议和意见。

2007年6月16日，中国石油与昌平区人民政府签署战略合作框架协议，在中关村国家工程技术创新基地建设中国石油科技园，共同打造在全国具有创新和技术辐射功能的区域能源科技产业基地。

2007年8月19日，中国石油与石油高校科技协作组成立，以进一步发挥中国石油与石油高校的联合优势，实现优势互补，共同推动石油工业自主创新和科技进步。

2008年4月7日，"中国科学院与中国石油先进制造与新材料技术交流研讨会"在黑龙江省大庆市召开。

2008年5月20日，中国石油炼油与化工专业标准化技术委员会成立。

2008年5月21—23日，中国石油在北京召开炼化企业科技工作座谈会。

2008年10月26—27日，全国化工科学技术大会在北京人民大会堂召开，中国石油22人被授予"全国化工优秀科技工作者"称号。

2008年11月7日，中共中央、国务院、中央军委在人民大会堂隆重举行庆祝"神舟七号"载人航天飞行圆满成功大会。兰州石化作为"神舟七号"载人航天飞行任务飞船和运载火箭研制配套单位受到表彰，获得奖牌和证书。

2008年11月9日，5000t/a 1-己烯工业试验获得圆满成功。

2008年11月12日，国家"863"重点项目汽车用聚烯烃材料单一化关键技术研究在北京启动。

2008年11月30日，中国石油科技创新基地奠基仪式在北京昌平举行。

2009年2月18日，中国石油技术有形化工作推进会召开。

2009年6月4—5日，中国石油科技工作座谈会在廊坊召开。

2009年6月22—23日，由中国科学院化学部和中国石油科技管理部联合举办的"西部能源化工可持续发展论坛"在新疆乌鲁木齐成功举办。

2009年7月10日，中国石油被国家科学技术部（以下简称国家科技部）、国务院国有资产监督管理委员会、中华全国总工会正式授予"第二批国家创新型企业"。

2009年7月21日，中国石油知识产权战略研究项目启动会在北京举行。

2009年8月19日，中国石油首批建成投用的3个炼化科研平台——重质油加工重点实验室、催化裂化催化剂及制备工艺中试基地、聚丙烯催化剂及工艺中试基地，在石油化工研究院正式挂牌运行。

2009年10月13日，国家碳纤维工程技术研究中心揭牌仪式在吉林石化举行。

2009年11月13日，采用中国石油昆仑工程公司具有自主知识产权的PTA专有技术，重庆市蓬威石化有限责任公司大型PTA装置一次投料开车成功，生产出优质PTA产品。

2009年12月9日，大庆石化自主研发的ABS600纳米大粒径附聚胶乳工业化生产获得成功，标志着中国石油拥有国际一流的具有自主知识产权的大粒径附聚胶乳专有技术。

2009年12月14日，中国石油自主研制的环保轮胎橡胶油（NAP10）通过德国环境致癌物生化研究所的检测，取得进入国际轮胎橡胶市场的通行证。

2009年12月29日，中国石油申报的"超高分子量聚丙烯酰胺合成工艺技术中的水解方法"荣获第十一届中国专利金奖。

2010年1月29日，国家科技部高新技术发展与产业化司在中国石油总部听取了公司炼油化工科技工作汇报。

2010年3月5日，中国石油在北京召开了2010年科技工作视频会议。

2010年4月22日，第四届"中国发明家论坛"暨第五届"发明创业奖"颁奖典礼在北京人民大会堂召开，中国石油高级专家高雄厚同志荣获第五届"发明创业奖"特等奖，同时被授予"当代发明家"荣誉称号。

2010年9月上旬，中国石油科技管理部在北京召开中国石油"炼化能量系统优化研究"重大科技专项成果技术交流会。

2010年10月12日，中国石油召开科技委员会会议，听取国家及集团公司重大科技专项、关键技术汇报。

2010年10月13日，中国石油代表团与台湾中油股份有限公司（CPC）代表团签署了下游业务技术交流备忘录，强调两岸携手共同推动炼化科技进步。

2010年11月19日，中国昆仑工程公司所属中国纺织工业设计院承担的百万吨级PTA研发项目在全国纺织科学技术大会上荣获科技进步一等奖。

2010年12月23日，中国石油石油化工研究院开发的PSP-01球形聚丙烯催化剂，在抚顺石化10×10^4t/a聚丙烯装置完成工业生产试验，并成功开发出两个牌号的专用料。

2011年5月11日，中国石油科学技术大会在北京开幕。

2011年5月19日，吉林石化申报的"大型乙烯装置节能降耗的优化运行技术创新及产业化示范工程项目"获得国家发改委批复立项。

2011年7月12日，中国石油具有自主知识产权的"千吨级异戊橡胶中试装置"在吉林石化建成并实现中交。

2011年7月13—14日，中国石油合成橡胶试验基地技术委员会第一次全体会议暨"十二五"重大科技项目下设课题顶层框架设计研讨会在兰州召开。

2011年8月2—4日，中国石油自主开发的国内首套45×10^4t/a合成氨及80×10^4t/a尿素装置工艺包通过审查。

2011年8月18日,中国石油与国家自然科学基金委员会共同设立的"石油化工联合基金"协议签字仪式在北京举行。

2011年9月6日,"863"重点项目"汽车用聚烯烃材料单一化关键技术"课题顺利通过国家科技部验收。

2011年11月16日,"百万吨级乙烯成套工艺技术、关键装备研发及示范应用"通过国家科技部召开的重大科技支撑计划项目可行性论证评审会。

2011年12月7日,国家发改委"大型乙烯装置节能降耗的优化运行技术创新及产业化示范工程项目"启动与推进会在中国石油吉林石化公司召开。

2012年5月6日,中国石油石油化工研究院开发的LY-C2-02催化剂,中标中国神华包头60×10^4t/a煤制烯烃工业装置,成为该类装置碳二加氢首装催化剂。

2012年6月,兰州石化收到中国载人航天工程办公室颁发的荣誉证书,对兰州石化液体端羧基聚丁二烯丙烯腈橡胶产品在载人航天工程成功应用给予肯定。

2012年9月13日,吉林石化研究院与长春应用化学所共同承担的国家科技部科技支撑项目、中国石油重点科技攻关项目"异戊橡胶生产技术开发"顺利通过国家科技部验收。

2012年10月5日,中国首套国产化新建60×10^4t/a乙烯装置在大庆石化投产成功。

2012年10月25日,大庆石化建成国内最大顺丁橡胶生产基地,累计生产顺丁橡胶8793t。

2012年11月,中国石油在国内首次生产出替代进口的柔性耐温聚乙烯管材料。

2012年11月,中国石油石油化工研究院申报的《一种烯烃聚合催化剂及其制备方法和应用》《一种不饱和共轭二烯腈共聚物的制备方法》荣获第十四届中国专利优秀奖。

2013年2月25—27日,中国石油石油化工研究院与中国科学院化学研究所联合开发的复合外给电子体SED2530,在兰州石化11×10^4t/a Hypol工艺聚丙烯装置上进行首次工业应用试验,生产出合格的聚丙烯产品约360t。

2013年3月19日,企业重大技术创新项目"基于烯烃聚合的专用高端高分子材料关键技术开发及产业化"通过国家科技部高新司组织的专家会议论证。

2013年7月,中国石油石油化工研究院开发的LY-C2-MTO催化剂,在神华包头60×10^4t/a煤制烯烃投入工业运行。

2013年7月18日,大庆石化试生产出合格DMDA6045聚乙烯新产品1057t,标志着汽车油箱料新产品试生产初获成功。

2013年8月14日,独山子石化1.5×10^4t/a稀土顺丁橡胶装置连续生产取得成功,产品填补了国内空白。

2013年9月5日,广西石化首次采用氢调法成功生产出聚丙烯纤维料新牌号LHF30H。

2013年9月,大庆石化生产的DMDB4506专用料通过了天津福将塑料工业有限公司综合评价试验。

2013年11月,中国石油石油化工研究院和兰州石化联合清华大学开发的"乙烯工业裂解炉模拟与优化软件系统(简称EPSOS)V2.0",成功申请国家版权局著作权证书。

2013年11月20日,中国石油石油化工研究院、独山子石化、西南化工销售公司与四川海大橡胶集团在成都签订技术合作框架协议。

2014年4月，吉林石化自主开发的环保型充油丁苯橡胶SBR1763在14×10^4t/a丁苯橡胶生产装置A线首次工业化试验取得成功。

2014年4月11日，中国石油科技管理部组织召开了国家"十二五"科技支撑计划"百万吨级乙烯成套工艺技术、关键装备研发及示范应用"项目推进会。

2014年4月15日，采用中国昆仑工程公司自主PTA工艺，江苏虹港石化有限公司150×10^4t/a精对苯二甲酸（PTA）项目实现装置机械竣工。

2014年10月10日，中国石油石油化工研究院、独山子石化、华北化工销售公司与山东金宇实业集团，在山东广饶举行"中国石油溶聚丁苯橡胶产品技术研讨会暨中国石油合成橡胶新产品应用试验基地挂牌仪式"。

2014年10月28日，采用中国石油自主技术的2×10^4t/a 1-己烯装置在独山子石化成功投产，生产出1-己烯含量大于99%的合格产品，主要技术指标优于国内外同类生产装置。

2014年10月29日，中国石油炼化新技术报告会在北京召开。

2014年12月12日，锦州石化研究院开发的稀土顺丁橡胶中试产品BR9110通过北京橡胶工业研究设计院的加工应用性能测评。

2015年1月9日，2014年度国家科技奖励项目揭晓。中国石油昆仑工程公司领衔的"百万吨PTA流程工艺和装备研发"项目荣获国家科学技术进步奖二等奖。

2015年1月22日，中国石油石油化工研究院研制的异戊橡胶门尼黏度标准物质［代号分别为GBW（E）130512和GBW（E）130513］，正式获得国家质量监督检验检疫总局的批准，成为国家二级标准物质，列入中华人民共和国标准物质目录，颁发了"国家标准物质定级证书"和"制造计量器具许可证"。

2015年2月13日，吉林石化等单位承担的国家发改委低碳技术创新及产业化示范工程项目"大型乙烯装置节能降耗的优化运行技术创新及产业化示范工程项目"通过验收。

2015年5月，中国石油石油化工研究院研制的"丁二烯橡胶评价用环烷基操作油标准样品"（代号GSB05-3267-2015），正式获得国家质量监督检验检疫总局和中国国家标准化管理委员会的批准，成为国家标准样品。

2015年6月11日，中国石油聚丙烯中试基地技术委员会第一次全体会议在兰州召开。

2015年7月31日，中国石油聚乙烯催化剂与工艺工程中试基地技术委员会召开第一次全体会议。

2015年8月，中国石油石油化工研究院开发的一种专门用于生产汽车密封件的高端专用橡胶新产品在兰州石化合成橡胶厂丁腈一车间下线，标志着中国石油环保丁腈橡胶向高端化、定制化生产又迈出了实质性一步。

2015年10月13日，由中国石油与金田集团联合建设的"中国石油BOPP特种薄膜应用联合试验基地"在安徽桐城举行挂牌仪式。

2015年11月，独山子石化试生产出合格的茂金属聚乙烯膜材料产品EZP2010HA粉料，标志着中国石化企业正式具备了生产高标号茂金属聚乙烯产品的能力。

2015年12月23日，中国石油合成树脂重点实验室学术委员会召开第一次全体会议。